中国科学院大学研究生教材系列

电磁场理论及数值分析

刘国强　刘　婧　编著

科 学 出 版 社

北 京

内 容 简 介

本书介绍电磁场的基本理论和数值分析方法，分为电磁场理论、电磁场中的数学物理方程以及电磁场分析与综合三部分。

本书是为中国科学院大学研究生编写的教材，可作为高等学校电气、电子类专业课程的教材或教学参考书，也可供相关工程技术人员参考。

图书在版编目(CIP)数据

电磁场理论及数值分析/刘国强,刘婧编著. —北京：科学出版社，2023.1
中国科学院大学研究生教材系列
ISBN 978-7-03-073897-4

Ⅰ. ①电… Ⅱ. ①刘… ②刘… Ⅲ. ①电磁场–理论–高等学校–教材②数值分析–高等学校–教材 Ⅳ. ①O441.4②O241

中国版本图书馆 CIP 数据核字(2022)第 0221241 号

责任编辑：刘凤娟　郭学雯／责任校对：杨聪敏
责任印制：吴兆东／封面设计：陈　敬

科学出版社 出版
北京东黄城根北街 16 号
邮政编码：100717
http://www.sciencep.com
北京建宏印刷有限公司印刷
科学出版社发行　各地新华书店经销
*
2023 年 1 月第　一　版　开本: 720 × 1000　1/16
2025 年 1 月第三次印刷　印张: 27 1/4
字数：533 000
定价: 188.00 元
(如有印装质量问题，我社负责调换)

前　言

自 2012 年起，本书作者之一刘国强在中国科学院大学讲授研究生课程“电磁场理论及数值分析”。选课学生来自校内外各单位，涉及电子科学与技术、电气工程、核科学与技术、地球物理学、信息与通信工程、物理学、光学工程、材料科学与工程、生物医学工程等多个一级学科。

考虑到研究生在科研中会遇到各种电磁问题，需要掌握电磁场初边值问题的求解方法，应电子电气与通信工程学院督导组的建议，特为中国科学院大学选课学生编写了本书。

本书分为三部分。

第一部分，即电磁场理论。涵盖静电场、稳恒电场、稳恒磁场、时变电磁场，以麦克斯韦方程组的导出为结束。此部分兼顾了在大学没有学过电磁场的学生，但并不偏重物理概念的阐释，也不涉及分离变量法、镜像法和保角变换法等常用的解析解法，而是为数值分析打基础。因此，所有场方程的导出全部基于矢量分析，部分涉及并矢分析、张量分析。

第二部分，即电磁场中的数学物理方程。涵盖了电磁场的基本定理、电磁场波动方程和电磁场扩散方程。

第三部分，即电磁场分析与综合。重点介绍电磁场波动方程的格林函数积分解法、电磁波的辐射与传播、电磁场近似解、电磁场有限元解、电磁耦合场分析以及电磁场反问题等。

本书系统地讨论了各种场定解问题解的唯一性。

若从讲义手稿算起，本书写作历时 10 个年头。2015 年选课学生罗端首先将课堂笔记电子化成 49 页的讲义要点。后来按中国科学院大学对岗位教师的考核规定，并根据选课学生的反馈，每年更新一部分电子版书稿。在成书过程中，中国科学院电工研究所工程电磁场及其应用技术研究部的同事和博士研究生参与了前期资料整理工作，包括赵筱赫、刘婧、闫孝姮、宋佳祥、李元园、赵欣哲、孙文秀、安慧林等。在讲义使用过程中，许多选课学生参与了教材的完善。包括 2017 年选课学生余益敏，2018 年选课学生王康帅、查文瀚、于旭亮、雷虎成、徐熙彤、李联炳、孙洪博、关翔、车英东、黄兴，2019 年选课学生张传升、江景成、李彦飞、王路忠，2020 年选课学生冯帆、李国超、刘洪家，2021 年选课学生倪星生、杨一丹、晋彤阳、代红林、云喆、郭启新、王贡伟、李亮、杨金利、赵冬荣、董浩、任浩、郝磊鹏、王尔德，2022 年选课学生李梦宇、刘永贤、武旭、林玉鑫、吴念霜、张可欣、黄立宗，特别感谢赵筱赫、黄兴、倪星生、杨一丹等学生通读书稿，纠正了很多错误。这里无法列出所有贡献者的名字，借此出版机会，向所有选课学生表示感谢！

感谢“中国科学院大学教材出版中心”资助。

本书由刘国强和刘婧编著，刘婧编写了 2.7 节和 14.6 节，分别是电容层析成像的数学物理建模、基于物理信息的神经网络模型反演方法，刘国强编写了其他章节。

本书涉及的部分内容，如刘婧编写的两节，以及 6.5 节中的电磁场动量互易定理、电磁场互易定理一般形式，13.2 节中的电磁场与固体位移场及流体声场的耦合等内容，也是我们当前从事的电磁场领域的科研工作，以体现中国科学院大学“科教融合”的教学理念，此部分内容作为学生课外阅读材料。

由于水平所限，书中不妥之处在所难免，请各位读者批评指正。

作 者
2022 年 10 月
于北京中关村

目　　录

第 1 章　矢量分析与电磁场概论

电磁场是由电荷运动产生的，可以脱离电荷和电流独立存在。静止电荷在其周围空间产生静电场，运动电荷则同时产生电场和磁场。变化的电场产生磁场，变化的磁场产生电场，电场和磁场相互激发形成电磁场，电磁场弥漫于整个空间。反过来，电磁场对处于其中的电荷及电流产生力的作用。

描述电磁场运动规律的理论即电磁场理论。英国物理学家麦克斯韦 (Maxwell，1831~1879) 是电磁场理论的主要奠基者。本书开篇第 1 章将从麦克斯韦方程组出发，先建立一个初步的印象。之后介绍矢量分析相关基础知识，为后续各章节的展开奠定基础。

本书并未将这部分内容放在附录中，是强调这一章内容的重要性，许多公式作为例题，诸如格林公式等定理给出了简要的推导过程，若能够全面掌握，而不是仅限于使用它，将有利于提升电磁场分析能力。

全书介绍了同一物理量的多种名词术语，主要原因是希望同学们熟悉物理量的多种表述，对更好地了解电磁发展史亦有所裨益。比如电位，也叫电势、电标位、标量电位等；又如介电常数，也叫电容率、介电常量等。

1.1　麦克斯韦方程组的第一印象

1.1.1　麦克斯韦方程组

麦克斯韦方程组的微分形式

$$
\begin{cases}
\nabla \times \boldsymbol{H} = \boldsymbol{J} + \dfrac{\partial \boldsymbol{D}}{\partial t} & \text{安培定律} & (1.1.1\text{a}) \\
\nabla \times \boldsymbol{E} = -\dfrac{\partial \boldsymbol{B}}{\partial t} & \text{法拉第电磁感应定律} & (1.1.1\text{b}) \\
\nabla \cdot \boldsymbol{B} = 0 & \text{高斯磁场定律} & (1.1.1\text{c}) \\
\nabla \cdot \boldsymbol{D} = \rho & \text{高斯电场定律} & (1.1.1\text{d}) \\
\nabla \cdot \boldsymbol{J} = -\dfrac{\partial \rho}{\partial t} & \text{电流连续性定理} & (1.1.1\text{e})
\end{cases}
$$

介质的性质方程，亦即本构关系为

$$\begin{cases}\boldsymbol{D}=\varepsilon\boldsymbol{E} & (1.1.1\text{f})\\ \boldsymbol{B}=\mu\boldsymbol{H} & (1.1.1\text{g})\\ \boldsymbol{J}=\sigma\boldsymbol{E} & (1.1.1\text{h})\end{cases}$$

式 (1.1.1f) 和式 (1.1.1g) 是一般形式的本构方程 $\boldsymbol{D}=\boldsymbol{D}(\boldsymbol{E},\ \boldsymbol{B})$ 和 $\boldsymbol{H}=\boldsymbol{H}(\boldsymbol{E},\ \boldsymbol{B})$ 泰勒展开的一级近似。

特别指明，在本书中，将电流连续性定理归在麦克斯韦方程组中。

式 (1.1.1) 中：$\boldsymbol{H}$ 为磁场强度，单位为安/米 (A/m)；$\boldsymbol{E}$ 为电场强度，单位为牛/库，或伏/米 (V/m)；$\boldsymbol{D}$ 为电位移矢量，或电通密度，单位为库/米^2(C/m^2)；$\boldsymbol{B}$ 为磁感应强度，或磁通密度，单位为特 (T)，或韦/米^2(Wb/m^2)；$\boldsymbol{J}$ 为体电流密度，简称电流密度，单位为安/米^2(A/m^2)；ρ 为体电荷密度，简称电荷密度，单位为库/米^3(C/m^3)；σ 为电导率，单位为西/米 (S/m)；ε 为介电常数，或介电常量，单位为法/米 (F/m)；μ 为磁导率，单位为亨/米 (H/m)。

电场强度 $\boldsymbol{E}$ 和磁通密度 $\boldsymbol{B}$ 可以用电荷在空间各点受到的洛伦兹力来定义，是基本物理量，而电通密度 $\boldsymbol{D}$ 和磁场强度 $\boldsymbol{H}$ 是与物质所处状态有关的物理量，是导出量。

1.1.2　电磁场物理量

将麦克斯韦方程组中的物理量分类，有助于对电磁场的理解。

按“原因”和“结果”，可将物理量划分为源量和场量。即将式 (1.1.1) 所示麦克斯韦方程组等式左边出现的物理量看成场量，将等式右边出现的物理量看成源量。因此，方程组中共有 5 个源量，即电荷密度 ρ、电流密度 $\boldsymbol{J}$、位移电流 $\dfrac{\partial \boldsymbol{D}}{\partial t}$、位移磁流 $\dfrac{\partial \boldsymbol{B}}{\partial t}$、电荷密度时间变化率 $\dfrac{\partial \rho}{\partial t}$。在这 5 个源量中，本质的有两个，即电荷密度和电流密度，它们也叫电荷源和电流源，通过电流连续性定理联系起来。考虑到电流是由电荷产生的，归根结底，最本质的源是电荷源。

按场量的性质，可将物理量划分为电场量、电流场量和磁场量。具体为

$$\begin{cases}\text{电场量 } \boldsymbol{D}、\boldsymbol{E}\\ \text{电流场量 } \boldsymbol{J}、\boldsymbol{E}\\ \text{磁场量 } \boldsymbol{B}、\boldsymbol{H}\end{cases}$$

还可以将物理量分为如下三类：矢量密度，标量密度和强度。

$$
\begin{cases}
\text{矢量密度}\begin{cases}\text{电流密度 } \boldsymbol{J}\\ \text{电通密度 } \boldsymbol{D}\\ \text{磁通密度 } \boldsymbol{B}\end{cases}\\
\text{标量密度} \quad \text{电荷密度 } \rho\\
\text{强度}\begin{cases}\text{电场强度 } \boldsymbol{E}\\ \text{磁场强度 } \boldsymbol{H}\end{cases}
\end{cases}
$$

矢量密度的单位是 $\otimes/\mathrm{m}^2$，对于电流密度、电通密度和磁通密度，$\otimes$ 分别指代安培 (A)、库仑 (C) 和韦伯 (Wb)。

标量密度的单位是 $\otimes/\mathrm{m}^3$，对于电荷密度，$\otimes$ 指代库仑 (C)。

强度的单位是 $\otimes/\mathrm{m}$,对于电场强度和磁场强度,$\otimes$ 分别指代伏特 (V) 和安培 (A)。

磁感应强度名称上虽然有强度，但在物理量划分上，不将它看成强度类的物理量，而是按照它磁通密度的名字，看成矢量密度类的物理量。

掌握了物理量的分类和单位，会加深对麦克斯韦方程组微分形式和积分形式的理解。

1.1.3 麦克斯韦方程组微分形式

麦克斯韦方程组中场在左边，源在右边的写法强调了所有的电磁场最终都可以归因于电荷与电流，麦克斯韦方程组描述了源如何产生场。

麦克斯韦方程组中涉及时间导数、旋度和散度运算。用 $\dfrac{\partial}{\partial t}$ 表示时间导数，用 $\nabla\times\boldsymbol{A}$ 和 $\nabla\cdot\boldsymbol{A}$ 分别表示对矢量 $\boldsymbol{A}$ 求旋度和散度。这两个概念将在后续介绍。这里先将散度和旋度理解为空间偏导数运算即可，不影响对麦克斯韦方程组的初步理解。

将麦克斯韦方程组分成两类方程：两个旋度方程，即式 (1.1.1a) 和式 (1.1.1b)；三个散度方程，即式 (1.1.1c)、式 (1.1.1d) 和式 (1.1.1e)。方程右端是源量，或者是场量的时间导数，左端是场量的空间导数，左右相等表达了场量在时间尺度上的变化和在空间尺度上的变化能够互相转化。当源量随时间变化时，源量周围的电场和磁场都将随时间变化。其中，安培定律表达了时变的电场转化为空间上变化的磁场，法拉第电磁感应定律表达了时变的磁场转化为空间上变化的电场。因此，随时间、空间变化的电场和磁场是相互关联的统一整体，这个整体称为电磁场。

麦克斯韦方程组描述了宏观电磁场的普遍变化规律，总结了经典电动力学的全部理论内容，是在库仑、奥斯特、安培、法拉第等许多人工作的基础上，由麦克斯韦进一步完善、集大成，又经过赫维赛德和赫兹后人整理才变成今天这样的紧凑形式，麦克斯韦方程组又称为电磁场方程组，适用于描述一切宏观领域的电磁现象。

本构关系反映了介质的电磁性质，也可称之为物质方程，从三个本构关系和麦克斯韦方程组方程中，可以区别不同介质中场的变化规律。需要说明，当 ε,μ,σ 取为常量时，只适用于场强不太大的静态场或者变化不太快的时变场。若场强很大，线性的本构关系就可能变为非线性关系；在一些场强不大但频率很高的情形下，ε,μ,σ 可能随频率改变，具体视物质性质而定。

1.1.4　麦克斯韦方程组积分形式

麦克斯韦方程组的积分形式

$$\begin{cases}\oint_C \boldsymbol{H}\cdot\mathrm{d}\boldsymbol{l}=\int_S\left(\boldsymbol{J}+\dfrac{\partial \boldsymbol{D}}{\partial t}\right)\cdot\mathrm{d}\boldsymbol{S}\\ \oint_C \boldsymbol{E}\cdot\mathrm{d}\boldsymbol{l}=\int_S-\dfrac{\partial \boldsymbol{B}}{\partial t}\cdot\mathrm{d}\boldsymbol{S}\\ \oint_S \boldsymbol{B}\cdot\mathrm{d}\boldsymbol{S}=0\\ \oint_S \boldsymbol{D}\cdot\mathrm{d}\boldsymbol{S}=\int_V\rho\mathrm{d}V\\ \oint_S \boldsymbol{J}\cdot\mathrm{d}\boldsymbol{S}=-\int_V\dfrac{\partial\rho}{\partial t}\mathrm{d}V\end{cases}$$

麦克斯韦方程组的微分形式描述了场量在场点及其邻域的性质，只有当存在空间的偏导数时，微分形式才成立。积分形式描述了场的区域性质，不论场量在区域内是否连续都成立。微分方程可以精确地描述场中每点的性质，原则上只要列出了微分方程并给定初边值，就可以研究场的变化规律。在电磁场理论中，微分形式的麦克斯韦方程组处于核心位置，可以进行更深层次的研究和揭示电磁场的变化规律。

从麦克斯韦方程组的积分形式可以得到与场量和源量对应的电路量。

电位 U 或感应电动势 $\mathscr{E}$，单位为伏特，表示为电场强度的线积分

$$U=\int_C\boldsymbol{E}\cdot\mathrm{d}\boldsymbol{l}\quad\text{或}\quad\mathscr{E}=\oint_C\boldsymbol{E}\cdot\mathrm{d}\boldsymbol{l}$$

磁势 V，单位为安培，表示为磁场强度的线积分

$$V=\int_C\boldsymbol{H}\cdot\mathrm{d}\boldsymbol{l}$$

电流 I，单位为安培，表示为电流密度的面积分

$$I=\int_S\boldsymbol{J}\cdot\mathrm{d}\boldsymbol{S}$$

电荷 q，单位为库仑，表示为电荷密度的体积分

$$q = \int_V \rho \mathrm{d}V$$

电通量 ψ_{e}，单位为库仑，表示为电通密度的面积分

$$\psi_{\mathrm{e}} = \int_S \boldsymbol{D} \cdot \mathrm{d}\boldsymbol{S}$$

磁通量 ψ，单位为韦伯，表示为磁通密度的面积分

$$\psi = \int_S \boldsymbol{B} \cdot \mathrm{d}\boldsymbol{S}$$

1.2 矢量代数与并矢代数

学习和运用电磁场方程，需要用到矢量运算甚至并矢运算，本节对此作简要概述。深入阅读建议参考黄克智 2020 年编著的《张量分析》(第三版)。

1.2.1 矢量代数

设矢量 $\boldsymbol{a} = a_x\boldsymbol{e}_x + a_y\boldsymbol{e}_y + a_z\boldsymbol{e}_z$，$\boldsymbol{b} = b_x\boldsymbol{e}_x + b_y\boldsymbol{e}_y + b_z\boldsymbol{e}_z$。式中 $\boldsymbol{e}_x$、$\boldsymbol{e}_y$ 和 $\boldsymbol{e}_z$ 分别为直角坐标系下三个方向的单位矢量。

两个矢量的标量积，亦称为点积或内积

$$\boldsymbol{a} \cdot \boldsymbol{b} = a_x b_x + a_y b_y + a_z b_z \tag{1.2.1a}$$

$$\boldsymbol{a} \cdot \boldsymbol{b} = |\boldsymbol{a}|\,|\boldsymbol{b}| \cos\theta \tag{1.2.1b}$$

式中 θ 为矢量 $\boldsymbol{a}$ 和 $\boldsymbol{b}$ 的夹角。

两个矢量的矢量积，亦称为叉积或外积

$$\boldsymbol{a} \times \boldsymbol{b} = \begin{vmatrix} \boldsymbol{e}_x & \boldsymbol{e}_y & \boldsymbol{e}_z \\ a_x & a_y & a_z \\ b_x & b_y & b_z \end{vmatrix} \tag{1.2.2a}$$

$$|\boldsymbol{a} \times \boldsymbol{b}| = |\boldsymbol{a}|\,|\boldsymbol{b}| \sin\theta \quad (0 \leqslant \theta \leqslant \pi) \tag{1.2.2b}$$

$$\boldsymbol{a} \times \boldsymbol{b} = -\boldsymbol{b} \times \boldsymbol{a} \tag{1.2.2c}$$

三个矢量的混合积为

$$\boldsymbol{a}\cdot(\boldsymbol{b}\times\boldsymbol{c})=\begin{vmatrix} a_x & a_y & a_z \\ b_x & b_y & b_z \\ c_x & c_y & c_z \end{vmatrix} \tag{1.2.3a}$$

$$\boldsymbol{a}\cdot(\boldsymbol{b}\times\boldsymbol{c})=\boldsymbol{b}\cdot(\boldsymbol{c}\times\boldsymbol{a})=\boldsymbol{c}\cdot(\boldsymbol{a}\times\boldsymbol{b}) \tag{1.2.3b}$$

混合积的绝对值等于以 $\boldsymbol{a}$、$\boldsymbol{b}$ 和 $\boldsymbol{c}$ 为边的平行六面体的体积。

二重矢积为

$$\boldsymbol{a}\times(\boldsymbol{b}\times\boldsymbol{c})=(\boldsymbol{a}\cdot\boldsymbol{c})\,\boldsymbol{b}-(\boldsymbol{a}\cdot\boldsymbol{b})\,\boldsymbol{c} \tag{1.2.4}$$

1.2.2　并矢代数

将两个矢量 $\boldsymbol{a}$ 和 $\boldsymbol{b}$ 并在一起，形成的量 $\boldsymbol{ab}$ 称为并矢，记为

$$\begin{aligned}\overline{\overline{\boldsymbol{D}}}=\boldsymbol{ab}&=(a_x\boldsymbol{e}_x+a_y\boldsymbol{e}_y+a_z\boldsymbol{e}_z)\,(b_x\boldsymbol{e}_x+b_y\boldsymbol{e}_y+b_z\boldsymbol{e}_z)\\&=a_xb_x\boldsymbol{e}_x\boldsymbol{e}_x+a_xb_y\boldsymbol{e}_x\boldsymbol{e}_y+a_xb_z\boldsymbol{e}_x\boldsymbol{e}_z\\&\quad+a_yb_x\boldsymbol{e}_y\boldsymbol{e}_x+a_yb_y\boldsymbol{e}_y\boldsymbol{e}_y+a_yb_z\boldsymbol{e}_y\boldsymbol{e}_z\\&\quad+a_zb_x\boldsymbol{e}_z\boldsymbol{e}_x+a_zb_y\boldsymbol{e}_z\boldsymbol{e}_y+a_zb_z\boldsymbol{e}_z\boldsymbol{e}_z\end{aligned}$$

也可以记成矩阵的形式

$$\overline{\overline{\boldsymbol{D}}}=\begin{bmatrix} a_xb_x & a_xb_y & a_xb_z \\ a_yb_x & a_yb_y & a_yb_z \\ a_zb_x & a_zb_y & a_zb_z \end{bmatrix}$$

当并矢 $\boldsymbol{ab}$ 与矢量作点积或叉积运算时，并矢起前因子和后因子两种作用，其原则是邻近相作用，不要改变顺序。

比如，并矢与矢量点乘，有

$$\boldsymbol{ab}\cdot\boldsymbol{c}=\boldsymbol{a}\,(\boldsymbol{b}\cdot\boldsymbol{c}) \tag{1.2.5a}$$

$$\boldsymbol{c}\cdot\boldsymbol{ab}=(\boldsymbol{c}\cdot\boldsymbol{a})\,\boldsymbol{b} \tag{1.2.5b}$$

并矢与矢量叉乘，有

$$(\boldsymbol{ab})\times\boldsymbol{c}=\boldsymbol{a}\,(\boldsymbol{b}\times\boldsymbol{c}) \tag{1.2.6}$$

两个并矢点乘，有

$$(\boldsymbol{ab})\cdot(\boldsymbol{cd})=\boldsymbol{a}\,(\boldsymbol{b}\cdot\boldsymbol{c})\,\boldsymbol{d} \tag{1.2.7}$$

并矢间作双重运算，则交叉作用，如：

(1) 并矢双重点乘，有

$$(\boldsymbol{ab}):\ (\boldsymbol{cd}) = (\boldsymbol{a}\cdot\boldsymbol{c})(\boldsymbol{b}\cdot\boldsymbol{d}) \tag{1.2.8}$$

(2) 并矢双重叉乘，有

$$(\boldsymbol{ab}) \mathop{}_{\times}^{\times} (\boldsymbol{cd}) = (\boldsymbol{a}\times\boldsymbol{c})(\boldsymbol{b}\times\boldsymbol{d}) \tag{1.2.9}$$

一般来说，并矢与矢量点乘，不能交换顺序，即 $\overline{\overline{\boldsymbol{a}}}\cdot\boldsymbol{b} \neq \boldsymbol{b}\cdot\overline{\overline{\boldsymbol{a}}}$，例外情况是，当并矢为对称并矢时，有 $\overline{\overline{\boldsymbol{a}}}\cdot\boldsymbol{b} = \boldsymbol{b}\cdot\overline{\overline{\boldsymbol{a}}}$，当并矢为反对称并矢时，则有 $\overline{\overline{\boldsymbol{a}}}\cdot\boldsymbol{b} = -\boldsymbol{b}\cdot\overline{\overline{\boldsymbol{a}}}$。

当矩阵为单位矩阵时，即 $\overline{\overline{\boldsymbol{I}}} = \boldsymbol{e}_x\boldsymbol{e}_x + \boldsymbol{e}_y\boldsymbol{e}_y + \boldsymbol{e}_z\boldsymbol{e}_z$，称为单位并矢。不难证明，当单位并矢与矢量点乘或叉乘时，满足顺序交换，这是因为单位并矢是对称并矢，即有

$$\overline{\overline{\boldsymbol{I}}}\cdot\boldsymbol{a} = \boldsymbol{a}\cdot\overline{\overline{\boldsymbol{I}}} = \boldsymbol{a} \tag{1.2.10}$$

$$\overline{\overline{\boldsymbol{I}}}\times\boldsymbol{a} = \boldsymbol{a}\times\overline{\overline{\boldsymbol{I}}} \tag{1.2.11}$$

此外，有如下关系式成立

$$\left(\overline{\overline{\boldsymbol{I}}}\times\boldsymbol{a}\right)\cdot\boldsymbol{b} = \boldsymbol{a}\cdot\left(\overline{\overline{\boldsymbol{I}}}\times\boldsymbol{b}\right) = \boldsymbol{a}\times\boldsymbol{b} \tag{1.2.12}$$

$$(\boldsymbol{a}\times\boldsymbol{b})\cdot\overline{\overline{\boldsymbol{c}}} = \boldsymbol{a}\cdot\left(\boldsymbol{b}\times\overline{\overline{\boldsymbol{c}}}\right) = -\boldsymbol{b}\cdot\left(\boldsymbol{a}\times\overline{\overline{\boldsymbol{c}}}\right) \tag{1.2.13}$$

$$\overline{\overline{\boldsymbol{I}}}\times(\boldsymbol{a}\times\boldsymbol{b}) = \boldsymbol{ba} - \boldsymbol{ab} \tag{1.2.14}$$

并矢概念将在第 2 章和第 4 章用到，用于分析位函数的多极展开，部分内容在第 9 章用到，主要涉及并矢格林函数。

1.3 矢量及并矢积分定理

高斯散度定理、斯托克斯公式和格林公式在场论中具有重要的地位，在电磁学中同样如此。本节可以先从积分定理入手，掌握通常的高斯散度定理和斯托克斯公式，它们在高等数学中有介绍。之后先跳过本节的其他内容，结合 1.4 节，熟悉梯度、散度和旋度等概念后，再回到本节学习旋度定理。散度定理、斯托克斯公式和旋度定理在后面的学习中特别常用，也是 1.9 节边界条件的重要基础。有了这些基础就可以阅读第 2 章和第 3 章，再回过头来学习本节其他内容，尤其是推广的斯托克斯公式等。

深入阅读建议参考数学领域的著作，例如俄罗斯经典数学教材《数学分析》(第二卷，第七版) (卓里奇著，2020)。

1.3.1　积分定理

闭合正则曲面 S 包含体积 V，在 V 内和 S 上 φ 为单值函数，在 V 内 $\dfrac{\partial\varphi}{\partial x_i}$ 连续。或者体积 V 包含有限个正则区域，即使 $\dfrac{\partial\varphi}{\partial x_i}$ 在各区域之间的边界上不连续，只要在各区域内部连续，则有曲面积分定理

$$\int_V \frac{\partial\varphi}{\partial x_i}\mathrm{d}V = \oint_S \varphi\boldsymbol{e}_{x_i}\cdot\mathrm{d}\boldsymbol{S} = \oint_S \varphi\left(\boldsymbol{n}\cdot\boldsymbol{e}_{x_i}\right)\mathrm{d}S \tag{1.3.1}$$

式中 $\boldsymbol{n}$ 为闭合曲面的外法向单位矢量，x_i $(i=1,2,3)$ 代表直角坐标系 x,y,z 的任一坐标，$\boldsymbol{e}_{x_i}$ 为 x_i 方向上的单位法向矢量。

式 (1.3.1) 是导出各种积分式的基础，φ 可表示某一标量函数，也可以表示矢量函数的三个直角坐标系分量。适当选取 φ 和 x_i，可以得到推广的"高斯定理"、"斯托克斯公式"和"格林公式"。

1.3.2　高斯定理的推广

推广的高斯定理的表达式为

$$\int_V \mathrm{d}V\nabla\blacksquare = \oint_S \mathrm{d}\boldsymbol{S}\blacksquare \tag{1.3.2}$$

分别用 $\cdot\boldsymbol{F}$、$\times\boldsymbol{F}$ 和 φ 代替式 (1.3.2) 中的 ■，则有

$$\int_V \nabla\cdot\boldsymbol{F}\mathrm{d}V = \oint_S \mathrm{d}\boldsymbol{S}\cdot\boldsymbol{F} = \oint_S \boldsymbol{n}\cdot\boldsymbol{F}\mathrm{d}S \tag{1.3.3a}$$

$$\int_V \nabla\times\boldsymbol{F}\mathrm{d}V = \oint_S \mathrm{d}\boldsymbol{S}\times\boldsymbol{F} = \oint_S \boldsymbol{n}\times\boldsymbol{F}\mathrm{d}S \tag{1.3.3b}$$

$$\int_V \nabla\varphi\mathrm{d}V = \oint_S \mathrm{d}\boldsymbol{S}\varphi = \oint_S \boldsymbol{n}\varphi\mathrm{d}S \tag{1.3.3c}$$

式 (1.3.3a) 就是高斯散度定理，式 (1.3.3b) 是旋度定理，式 (1.3.3c) 是梯度定理。

分别用 $\cdot\overline{\overline{\boldsymbol{F}}}$、$\times\overline{\overline{\boldsymbol{F}}}$ 和 $\boldsymbol{a}$ 代替式 (1.3.2) 中的 ■，则有

$$\int_V \nabla\cdot\overline{\overline{\boldsymbol{F}}}\mathrm{d}V = \oint_S \mathrm{d}\boldsymbol{S}\cdot\overline{\overline{\boldsymbol{F}}} = \oint_S \boldsymbol{n}\cdot\overline{\overline{\boldsymbol{F}}}\mathrm{d}S \tag{1.3.4a}$$

$$\int_V \nabla \times \overline{\overline{\boldsymbol{F}}} \mathrm{d}V = \oint_S \mathrm{d}\boldsymbol{S} \times \overline{\overline{\boldsymbol{F}}} = \oint_S \boldsymbol{n} \times \overline{\overline{\boldsymbol{F}}} \mathrm{d}S \tag{1.3.4b}$$

$$\int_V \nabla \boldsymbol{a} \mathrm{d}V = \oint_S \mathrm{d}\boldsymbol{S}\boldsymbol{a} = \oint_S \boldsymbol{n}\boldsymbol{a} \mathrm{d}S \tag{1.3.4c}$$

式 (1.3.4a) 就是并矢高斯散度定理，式 (1.3.4b) 是并矢旋度定理，式 (1.3.4c) 是矢量梯度定理。

应该注意，上面三个并矢公式需要严格地按照式 (1.3.2) 中符号的顺序导出。矢量点乘和叉乘可以互换顺序，叉积后取相反数即可，矢量和并矢的点乘和叉乘则不可交换顺序，组成并矢的两个矢量不可交换顺序。

如果将式 (1.3.1) 中的 φ 看成矢量函数的三个直角坐标系分量 F_{x_i}，求和可得

$$\int_V \frac{\partial F_{x_i}}{\partial x_i} \mathrm{d}V = \oint_S F_{x_i} \boldsymbol{e}_{x_i} \cdot \mathrm{d}\boldsymbol{S}$$

上式正是高斯散度定理式 (1.3.3a) 的直角坐标形式。后文将使用爱因斯坦求和约定，重复指标视为求和，并不再声明。

如果将式 (1.3.1) 中的 φ 看成矢量函数的两个直角坐标系分量 F_{x_j} 和 F_{x_k}，而 x_i 分别换成 x_k 和 x_j，则有

$$\begin{cases} \displaystyle\int_V \frac{\partial F_{x_j}}{\partial x_k} \mathrm{d}V = \oint_S F_{x_j} (\boldsymbol{n} \cdot \boldsymbol{e}_{x_k}) \mathrm{d}S = \oint_S F_{x_j} n_{x_k} \mathrm{d}S \\ \displaystyle\int_V \frac{\partial F_{x_k}}{\partial x_j} \mathrm{d}V = \oint_S F_{x_k} (\boldsymbol{n} \cdot \boldsymbol{e}_{x_j}) \mathrm{d}S = \oint_S F_{x_k} n_{x_j} \mathrm{d}S \end{cases}$$

上面两式相减后，再乘 $\boldsymbol{e}_{x_i}$，有

$$\int_V \left(\frac{\partial F_{x_j}}{\partial x_k} - \frac{\partial F_{x_k}}{\partial x_j} \right) \boldsymbol{e}_{x_i} \mathrm{d}V = \oint_S \left(F_{x_j} n_{x_k} - F_{x_k} n_{x_j} \right) \boldsymbol{e}_{x_i} \mathrm{d}S$$

上式中，n_{x_k} 和 n_{x_j} 是 $\boldsymbol{n}$ 的单位分量。

当 i 分别取 $1,2,3$ 时, 对应 j 分别取 $3,1,2$，k 分别取 $2,3,1$，可导出三个方程，相加后可得

$$\begin{aligned} &\int_V \left[\left(\frac{\partial F_{x_3}}{\partial x_2} - \frac{\partial F_{x_2}}{\partial x_3} \right) \boldsymbol{e}_{x_1} + \left(\frac{\partial F_{x_1}}{\partial x_3} - \frac{\partial F_{x_3}}{\partial x_1} \right) \boldsymbol{e}_{x_2} + \left(\frac{\partial F_{x_2}}{\partial x_1} - \frac{\partial F_{x_1}}{\partial x_2} \right) \boldsymbol{e}_{x_3} \right] \mathrm{d}V \\ = &\oint_S [\left(F_{x_3} n_{x_2} - F_{x_2} n_{x_3} \right) \boldsymbol{e}_{x_1} + \left(F_{x_1} n_{x_3} - F_{x_3} n_{x_1} \right) \boldsymbol{e}_{x_2} \\ &+ \left(F_{x_2} n_{x_1} - F_{x_1} n_{x_2} \right) \boldsymbol{e}_{x_3}] \mathrm{d}S \end{aligned}$$

上式正是旋度定理式 (1.3.3b) 的直角坐标形式。

如果将式 (1.3.1) 两边同乘 $\boldsymbol{e}_{x_i}$ 并求和，有

$$\int_V \frac{\partial \varphi}{\partial x_i}\boldsymbol{e}_{x_i}\mathrm{d}V = \oint_S \varphi\left(\boldsymbol{n}\cdot\boldsymbol{e}_{x_i}\right)\boldsymbol{e}_{x_i}\mathrm{d}S$$

上式正是梯度定理式 (1.3.3c) 的直角坐标形式。

1.3.3 格林公式的推广

1. 标量格林定理

取 $\boldsymbol{F} = c\psi\nabla\varphi$ 代入式 (1.3.3a) 中有

$$\int_V \nabla\cdot(c\psi\nabla\varphi)\,\mathrm{d}V = \oint_S c\psi\boldsymbol{n}\cdot\nabla\varphi\mathrm{d}S = \oint_S c\psi\frac{\partial\varphi}{\partial n}\mathrm{d}S$$

将矢量恒等式 $\nabla\cdot(c\psi\nabla\varphi) = \psi\nabla\cdot(c\nabla\varphi) + c\nabla\psi\cdot\nabla\varphi$ 代入上式，导出标量格林第一定理

$$\begin{aligned}\int_V \nabla\cdot(c\psi\nabla\varphi)\,\mathrm{d}V &= \int_V [\psi\nabla\cdot(c\nabla\varphi) + c\nabla\psi\cdot\nabla\varphi]\,\mathrm{d}V\\ &= \oint_S c\psi\boldsymbol{n}\cdot\nabla\varphi\mathrm{d}S = \oint_S c\psi\frac{\partial\varphi}{\partial n}\mathrm{d}S \end{aligned}\tag{1.3.5a}$$

特别地，当 $c = 1$ 时，有

$$\int_V \nabla\cdot(\psi\nabla\varphi)\,\mathrm{d}V = \int_V \left(\psi\nabla^2\varphi + \nabla\psi\cdot\nabla\varphi\right)\mathrm{d}V = \oint_S \psi\boldsymbol{n}\cdot\nabla\varphi\mathrm{d}S = \oint_S \psi\frac{\partial\varphi}{\partial n}\mathrm{d}S \tag{1.3.5b}$$

将式 (1.3.5b) 中 ψ 和 φ 互换并相减，导出标量格林第二定理

$$\int_V \left(\varphi\nabla^2\psi - \psi\nabla^2\varphi\right)\mathrm{d}V = \oint_S (\varphi\nabla\psi - \psi\nabla\varphi)\cdot\boldsymbol{n}\mathrm{d}S \tag{1.3.6}$$

2. 矢量格林定理

用 $\beta(\nabla\times\boldsymbol{b})$ 代替矢量恒等式 $\nabla\cdot(\boldsymbol{a}\times\boldsymbol{b}) = \boldsymbol{b}\cdot(\nabla\times\boldsymbol{a}) - \boldsymbol{a}\cdot(\nabla\times\boldsymbol{b})$ 中的 $\boldsymbol{b}$，有

$$\nabla\cdot[\boldsymbol{a}\times\beta(\nabla\times\boldsymbol{b})] = \beta(\nabla\times\boldsymbol{b})\cdot(\nabla\times\boldsymbol{a}) - \boldsymbol{a}\cdot(\nabla\times\beta\nabla\times\boldsymbol{b})$$

取 $\boldsymbol{F} = \boldsymbol{a}\times\beta(\nabla\times\boldsymbol{b})$ 代入式 (1.3.3a) 中，并考虑上面矢量恒等式，可以导出矢量格林第一定理

$$\int_V \nabla\cdot[\boldsymbol{a}\times(\beta\nabla\times\boldsymbol{b})]\,\mathrm{d}V = \int_V [\beta(\nabla\times\boldsymbol{b})\cdot(\nabla\times\boldsymbol{a}) - \boldsymbol{a}\cdot(\nabla\times\beta\nabla\times\boldsymbol{b})]\,\mathrm{d}V$$

$$= \oint_S \boldsymbol{n} \cdot \boldsymbol{a} \times \beta (\nabla \times \boldsymbol{b}) \, \mathrm{d}S = \oint_S (\boldsymbol{n} \times \boldsymbol{a}) \cdot \beta (\nabla \times \boldsymbol{b}) \, \mathrm{d}S \tag{1.3.7a}$$

特别地，当 $\beta = 1$ 时，有

$$\begin{aligned} &\int_V \nabla \cdot [\boldsymbol{a} \times (\nabla \times \boldsymbol{b})] \, \mathrm{d}V \\ &= \int_V [(\nabla \times \boldsymbol{b}) \cdot (\nabla \times \boldsymbol{a}) - \boldsymbol{a} \cdot (\nabla \times \nabla \times \boldsymbol{b})] \, \mathrm{d}V \\ &= \oint_S \boldsymbol{n} \cdot \boldsymbol{a} \times (\nabla \times \boldsymbol{b}) \, \mathrm{d}S = \oint_S (\boldsymbol{n} \times \boldsymbol{a}) \cdot (\nabla \times \boldsymbol{b}) \, \mathrm{d}S \end{aligned} \tag{1.3.7b}$$

将式 (1.3.7a) 中 $\boldsymbol{a}$ 和 $\boldsymbol{b}$ 互换并相减，导出矢量格林第二定理

$$\begin{aligned} &\int_V \nabla \cdot [\boldsymbol{a} \times \beta (\nabla \times \boldsymbol{b}) - \boldsymbol{b} \times \beta (\nabla \times \boldsymbol{a})] \, \mathrm{d}V \\ &= \int_V [\boldsymbol{b} \cdot (\nabla \times \beta \nabla \times \boldsymbol{a}) - \boldsymbol{a} \cdot (\nabla \times \beta \nabla \times \boldsymbol{b})] \, \mathrm{d}V \\ &= \oint_S \boldsymbol{n} \cdot [\boldsymbol{a} \times \beta (\nabla \times \boldsymbol{b}) - \boldsymbol{b} \times \beta (\nabla \times \boldsymbol{a})] \, \mathrm{d}S \\ &= \oint_S [(\boldsymbol{n} \times \boldsymbol{a}) \cdot \beta (\nabla \times \boldsymbol{b}) - (\boldsymbol{n} \times \boldsymbol{b}) \cdot \beta (\nabla \times \boldsymbol{a})] \, \mathrm{d}S \end{aligned} \tag{1.3.8a}$$

特别地，当 $\beta = 1$ 时，有

$$\begin{aligned} &\int_V \nabla \cdot [\boldsymbol{a} \times (\nabla \times \boldsymbol{b}) - \boldsymbol{b} \times (\nabla \times \boldsymbol{a})] \, \mathrm{d}V \\ &= \int_V [\boldsymbol{b} \cdot (\nabla \times \nabla \times \boldsymbol{a}) - \boldsymbol{a} \cdot (\nabla \times \nabla \times \boldsymbol{b})] \, \mathrm{d}V \\ &= \oint_S \boldsymbol{n} \cdot [\boldsymbol{a} \times (\nabla \times \boldsymbol{b}) - \boldsymbol{b} \times (\nabla \times \boldsymbol{a})] \, \mathrm{d}S \\ &= \oint_S [(\boldsymbol{n} \times \boldsymbol{a}) \cdot (\nabla \times \boldsymbol{b}) - (\boldsymbol{n} \times \boldsymbol{b}) \cdot (\nabla \times \boldsymbol{a})] \, \mathrm{d}S \end{aligned} \tag{1.3.8b}$$

3. 并矢格林定理

用 $\beta \nabla \times \overline{\overline{\boldsymbol{b}}}$ 代替并矢恒等式 $\nabla \cdot \left(\boldsymbol{a} \times \overline{\overline{\boldsymbol{b}}}\right) = (\nabla \times \boldsymbol{a}) \cdot \overline{\overline{\boldsymbol{b}}} - \boldsymbol{a} \cdot \left(\nabla \times \overline{\overline{\boldsymbol{b}}}\right)$ 中的 $\overline{\overline{\boldsymbol{b}}}$，有

$$\nabla \cdot \left(\boldsymbol{a} \times \beta \nabla \times \overline{\overline{\boldsymbol{b}}}\right) = \beta (\nabla \times \boldsymbol{a}) \cdot \left(\nabla \times \overline{\overline{\boldsymbol{b}}}\right) - \boldsymbol{a} \cdot \left(\nabla \times \beta \nabla \times \overline{\overline{\boldsymbol{b}}}\right)$$

取 $\overline{\overline{\boldsymbol{F}}}=\boldsymbol{a}\times\beta\left(\nabla\times\overline{\overline{\boldsymbol{b}}}\right)$ 代入式 (1.3.4a) 中，并考虑上面并矢恒等式，可以导出并矢格林第一定理

$$\begin{aligned}&\int_V\nabla\cdot\left[\boldsymbol{a}\times\left(\beta\nabla\times\overline{\overline{\boldsymbol{b}}}\right)\right]\mathrm{d}V\\&=\int_V\left[\beta\left(\nabla\times\boldsymbol{a}\right)\cdot\left(\nabla\times\overline{\overline{\boldsymbol{b}}}\right)-\boldsymbol{a}\cdot\left(\nabla\times\beta\nabla\times\overline{\overline{\boldsymbol{b}}}\right)\right]\mathrm{d}V\\&=\oint_S\boldsymbol{n}\cdot\boldsymbol{a}\times\beta\left(\nabla\times\overline{\overline{\boldsymbol{b}}}\right)\mathrm{d}S=\oint_S\left(\boldsymbol{n}\times\boldsymbol{a}\right)\cdot\beta\left(\nabla\times\overline{\overline{\boldsymbol{b}}}\right)\mathrm{d}S\\&=-\oint_S\boldsymbol{a}\cdot\left[\boldsymbol{n}\times\beta\left(\nabla\times\overline{\overline{\boldsymbol{b}}}\right)\right]\mathrm{d}S\end{aligned}\tag{1.3.9a}$$

特别地，当 $\beta=1$ 时，有

$$\begin{aligned}\int_V\nabla\cdot\left[\boldsymbol{a}\times\left(\nabla\times\overline{\overline{\boldsymbol{b}}}\right)\right]\mathrm{d}V&=\int_V\left[\left(\nabla\times\boldsymbol{a}\right)\cdot\left(\nabla\times\overline{\overline{\boldsymbol{b}}}\right)-\boldsymbol{a}\cdot\left(\nabla\times\nabla\times\overline{\overline{\boldsymbol{b}}}\right)\right]\mathrm{d}V\\&=\oint_S\boldsymbol{n}\cdot\boldsymbol{a}\times\left(\nabla\times\overline{\overline{\boldsymbol{b}}}\right)\mathrm{d}S=\oint_S\left(\boldsymbol{n}\times\boldsymbol{a}\right)\cdot\left(\nabla\times\overline{\overline{\boldsymbol{b}}}\right)\mathrm{d}S\\&=-\oint_S\boldsymbol{a}\cdot\left[\boldsymbol{n}\times\left(\nabla\times\overline{\overline{\boldsymbol{b}}}\right)\right]\mathrm{d}S\end{aligned}\tag{1.3.9b}$$

用 $\beta\nabla\times\boldsymbol{a}$ 代替并矢恒等式 $\nabla\cdot\left(\boldsymbol{a}\times\overline{\overline{\boldsymbol{b}}}\right)=\left(\nabla\times\boldsymbol{a}\right)\cdot\overline{\overline{\boldsymbol{b}}}-\boldsymbol{a}\cdot\left(\nabla\times\overline{\overline{\boldsymbol{b}}}\right)$ 中的 $\boldsymbol{a}$，有

$$\nabla\cdot\left[\left(\beta\nabla\times\boldsymbol{a}\right)\times\overline{\overline{\boldsymbol{b}}}\right]=\left(\nabla\times\beta\nabla\times\boldsymbol{a}\right)\cdot\overline{\overline{\boldsymbol{b}}}-\beta\left(\nabla\times\boldsymbol{a}\right)\cdot\left(\nabla\times\overline{\overline{\boldsymbol{b}}}\right)$$

取 $\overline{\overline{\boldsymbol{F}}}=\left(\beta\nabla\times\boldsymbol{a}\right)\times\overline{\overline{\boldsymbol{b}}}$ 代入式 (1.3.4a) 中，并考虑上面并矢恒等式，可以导出

$$\begin{aligned}\int_V\nabla\cdot\left[\left(\beta\nabla\times\boldsymbol{a}\right)\times\overline{\overline{\boldsymbol{b}}}\right]\mathrm{d}V&=\int_V\left(\nabla\times\beta\nabla\times\boldsymbol{a}\right)\cdot\overline{\overline{\boldsymbol{b}}}\mathrm{d}V-\int_V\beta\left(\nabla\times\boldsymbol{a}\right)\cdot\left(\nabla\times\overline{\overline{\boldsymbol{b}}}\right)\mathrm{d}V\\&=\oint_S\boldsymbol{n}\cdot\left(\beta\nabla\times\boldsymbol{a}\right)\times\overline{\overline{\boldsymbol{b}}}\mathrm{d}S=\oint_S\left(\boldsymbol{n}\times\beta\nabla\times\boldsymbol{a}\right)\cdot\overline{\overline{\boldsymbol{b}}}\mathrm{d}S\\&=-\oint_S\left(\beta\nabla\times\boldsymbol{a}\right)\cdot\left(\boldsymbol{n}\times\overline{\overline{\boldsymbol{b}}}\right)\mathrm{d}S\end{aligned}$$

上式和式 (1.3.9a) 相加，可以导出并矢格林第二定理

$$\int_V\left[\left(\nabla\times\beta\nabla\times\boldsymbol{a}\right)\cdot\overline{\overline{\boldsymbol{b}}}-\boldsymbol{a}\cdot\left(\nabla\times\beta\nabla\times\overline{\overline{\boldsymbol{b}}}\right)\right]\mathrm{d}V$$

$$= \oint_S \boldsymbol{n} \cdot \left[(\beta \nabla \times \boldsymbol{a}) \times \overline{\overline{\boldsymbol{b}}} + \boldsymbol{a} \times \beta \left(\nabla \times \overline{\overline{\boldsymbol{b}}} \right) \right] \mathrm{d}S$$

$$= \oint_S \left[(\boldsymbol{n} \times \boldsymbol{a}) \cdot \beta \left(\nabla \times \overline{\overline{\boldsymbol{b}}} \right) + (\boldsymbol{n} \times \beta \nabla \times \boldsymbol{a}) \cdot \overline{\overline{\boldsymbol{b}}} \right] \mathrm{d}S$$

$$= -\oint_S \left[\boldsymbol{a} \cdot \left(\boldsymbol{n} \times \beta \nabla \times \overline{\overline{\boldsymbol{b}}} \right) + (\beta \nabla \times \boldsymbol{a}) \cdot \left(\boldsymbol{n} \times \overline{\overline{\boldsymbol{b}}} \right) \right] \mathrm{d}S \tag{1.3.10a}$$

特别地，当 $\beta = 1$ 时，有

$$\int_V \left[(\nabla \times \nabla \times \boldsymbol{a}) \cdot \overline{\overline{\boldsymbol{b}}} - \boldsymbol{a} \cdot \left(\nabla \times \nabla \times \overline{\overline{\boldsymbol{b}}} \right) \right] \mathrm{d}V$$

$$= \oint_S \boldsymbol{n} \cdot \left[(\nabla \times \boldsymbol{a}) \times \overline{\overline{\boldsymbol{b}}} + \boldsymbol{a} \times \left(\nabla \times \overline{\overline{\boldsymbol{b}}} \right) \right] \mathrm{d}S$$

$$= \oint_S \left[(\boldsymbol{n} \times \boldsymbol{a}) \cdot \left(\nabla \times \overline{\overline{\boldsymbol{b}}} \right) + (\boldsymbol{n} \times \nabla \times \boldsymbol{a}) \cdot \overline{\overline{\boldsymbol{b}}} \right] \mathrm{d}S$$

$$= -\oint_S \left[\boldsymbol{a} \cdot \left(\boldsymbol{n} \times \nabla \times \overline{\overline{\boldsymbol{b}}} \right) + (\nabla \times \boldsymbol{a}) \cdot \left(\boldsymbol{n} \times \overline{\overline{\boldsymbol{b}}} \right) \right] \mathrm{d}S \tag{1.3.10b}$$

例 1.3.1 试证明

$$\int_V \boldsymbol{g} \cdot \nabla \times \boldsymbol{a} \mathrm{d}V - \int_V \boldsymbol{a} \cdot \nabla \times \boldsymbol{g} \mathrm{d}V = -\oint_S \boldsymbol{a} \cdot \boldsymbol{n} \times \boldsymbol{g} \mathrm{d}S = \oint_S \boldsymbol{g} \cdot \boldsymbol{n} \times \boldsymbol{a} \mathrm{d}S \tag{1.3.11}$$

$$\int_V \boldsymbol{g} \cdot \nabla f \mathrm{d}V = -\int_V f \nabla \cdot \boldsymbol{g} \mathrm{d}V + \oint_S f \boldsymbol{n} \cdot \boldsymbol{g} \mathrm{d}S \tag{1.3.12}$$

$$\int_V f \nabla \times \boldsymbol{a} \mathrm{d}V = \oint_S f \boldsymbol{n} \times \boldsymbol{a} \mathrm{d}S + \int_V \boldsymbol{a} \times \nabla f \mathrm{d}V \tag{1.3.13}$$

$$\int_V \boldsymbol{a} \cdot \nabla \nabla f \mathrm{d}V = \oint_S \boldsymbol{n} \cdot \boldsymbol{a} \nabla f \mathrm{d}S - \int_V (\nabla \cdot \boldsymbol{a}) \nabla f \mathrm{d}V \tag{1.3.14}$$

证明 对矢量恒等式

$$\nabla \cdot (\boldsymbol{a} \times \boldsymbol{g}) = \boldsymbol{g} \cdot \nabla \times \boldsymbol{a} - \boldsymbol{a} \cdot \nabla \times \boldsymbol{g}$$

作体积分，并利用高斯散度定理，有

$$\int_V \boldsymbol{g} \cdot \nabla \times \boldsymbol{a} \mathrm{d}V - \int_V \boldsymbol{a} \cdot \nabla \times \boldsymbol{g} \mathrm{d}V = \int_V \nabla \cdot (\boldsymbol{a} \times \boldsymbol{g}) \mathrm{d}V = \oint_S \boldsymbol{n} \cdot \boldsymbol{a} \times \boldsymbol{g} \mathrm{d}S$$

进一步由三个矢量的混合积

$$\boldsymbol{n}\cdot(\boldsymbol{a}\times\boldsymbol{g})=-\boldsymbol{a}\cdot\boldsymbol{n}\times\boldsymbol{g}=\boldsymbol{g}\cdot(\boldsymbol{n}\times\boldsymbol{a})$$

导出

$$\int_V \boldsymbol{g}\cdot\nabla\times\boldsymbol{a}\mathrm{d}V-\int_V \boldsymbol{a}\cdot\nabla\times\boldsymbol{g}\mathrm{d}V=-\oint_S \boldsymbol{a}\cdot\boldsymbol{n}\times\boldsymbol{g}\mathrm{d}S=\oint_S \boldsymbol{g}\cdot\boldsymbol{n}\times\boldsymbol{a}\mathrm{d}S \text{ (证毕)}$$

对矢量恒等式

$$\nabla\cdot(\boldsymbol{g}f)=\nabla f\cdot\boldsymbol{g}+f\nabla\cdot\boldsymbol{g}$$

作体积分，并利用高斯散度定理，有

$$\int_V \boldsymbol{g}\cdot\nabla f\mathrm{d}V+\int_V f\nabla\cdot\boldsymbol{g}\mathrm{d}V=\int_V \nabla\cdot(\boldsymbol{g}f)\,\mathrm{d}V=\oint_S f\boldsymbol{n}\cdot\boldsymbol{g}\mathrm{d}S \text{ (证毕)}$$

对矢量恒等式

$$f\nabla\times\boldsymbol{a}=\nabla\times(f\boldsymbol{a})+\boldsymbol{a}\times\nabla f$$

作体积分，并利用旋度定理，有

$$\begin{aligned}\int_V f\nabla\times\boldsymbol{a}\mathrm{d}V&=\int_V \nabla\times(f\boldsymbol{a})\,\mathrm{d}V+\int_V \boldsymbol{a}\times\nabla f\mathrm{d}V\\&=\oint_S f\boldsymbol{n}\times\boldsymbol{a}\mathrm{d}S+\int_V \boldsymbol{a}\times\nabla f\mathrm{d}V \text{ (证毕)}\end{aligned}$$

利用并矢恒等式

$$\nabla\cdot(\boldsymbol{a}\nabla f)=(\nabla\cdot\boldsymbol{a})\,\nabla f+\boldsymbol{a}\cdot\nabla\nabla f$$

作体积分，并利用并矢高斯散度定理，有

$$\int_V \nabla\cdot(\boldsymbol{a}\nabla f)\,\mathrm{d}V=\oint_S \boldsymbol{n}\cdot\boldsymbol{a}\nabla f\mathrm{d}S=\int_V [(\nabla\cdot\boldsymbol{a})\,\nabla f+\boldsymbol{a}\cdot\nabla\nabla f]\,\mathrm{d}V$$

即

$$\int_V \boldsymbol{a}\cdot\nabla\nabla f\mathrm{d}V=\oint_S \boldsymbol{n}\cdot\boldsymbol{a}\nabla f\mathrm{d}S-\int_V (\nabla\cdot\boldsymbol{a})\,\nabla f\mathrm{d}V \text{ (证毕)}$$

以上四式特别常用。

例 1.3.2　试导出矢量–标量格林定理

$$\int_V f\,(\nabla\times\nabla\times\boldsymbol{a})+(\nabla\cdot\boldsymbol{a})\,\nabla f+\boldsymbol{a}\nabla^2 f\mathrm{d}V$$

$$= \oint_S [(\boldsymbol{n} \times \boldsymbol{a}) \times \nabla f + f(\boldsymbol{n} \times \nabla \times \boldsymbol{a}) + (\boldsymbol{n} \cdot \boldsymbol{a}) \nabla f] \, \mathrm{d}S \tag{1.3.15a}$$

$$\int_V f(\nabla \times \nabla \times \boldsymbol{a}) - \boldsymbol{a} \cdot \nabla\nabla f + \boldsymbol{a}\nabla^2 f \mathrm{d}V$$
$$= \oint_S [(\boldsymbol{n} \times \boldsymbol{a}) \times \nabla f + f(\boldsymbol{n} \times \nabla \times \boldsymbol{a})] \, \mathrm{d}S \tag{1.3.15b}$$

证明 令 $\boldsymbol{b} = \boldsymbol{c}f$，$\boldsymbol{c}$ 为常矢量，代入式 (1.3.8b)，有

$$\int_V [\boldsymbol{c}f \cdot (\nabla \times \nabla \times \boldsymbol{a}) - \boldsymbol{a} \cdot \nabla \times \nabla \times (\boldsymbol{c}f)] \, \mathrm{d}V$$
$$= \oint_S \boldsymbol{n} \cdot [\boldsymbol{a} \times \nabla \times (f\boldsymbol{c}) - f\boldsymbol{c} \times (\nabla \times \boldsymbol{a})] \, \mathrm{d}S \tag{1.3.16}$$

由双旋度公式，知

$$\nabla \times \nabla \times (\boldsymbol{c}f) = \nabla\nabla \cdot (\boldsymbol{c}f) - \nabla^2(\boldsymbol{c}f) = \nabla(f\nabla \cdot \boldsymbol{c}) + \nabla(\nabla f \cdot \boldsymbol{c}) - \boldsymbol{c}\nabla^2 f$$
$$= \nabla(\nabla f \cdot \boldsymbol{c}) - \boldsymbol{c}\nabla^2 f$$

上式中 $\nabla \cdot \boldsymbol{c}$ 等于零。

于是

$$-\boldsymbol{a} \cdot \nabla \times \nabla \times (\boldsymbol{c}f) = -\boldsymbol{a} \cdot \nabla(\nabla f \cdot \boldsymbol{c}) + (\boldsymbol{a} \cdot \boldsymbol{c}) \nabla^2 f$$
$$= -\nabla \cdot [\boldsymbol{a}(\nabla f \cdot \boldsymbol{c})] + (\nabla \cdot \boldsymbol{a})(\nabla f \cdot \boldsymbol{c}) + (\boldsymbol{a} \cdot \boldsymbol{c}) \nabla^2 f$$

进一步有

$$\boldsymbol{c}f \cdot (\nabla \times \nabla \times \boldsymbol{a}) - \boldsymbol{a} \cdot \nabla \times \nabla \times (\boldsymbol{c}f)$$
$$= \left[f(\nabla \times \nabla \times \boldsymbol{a}) + (\nabla \cdot \boldsymbol{a}) \nabla f + \boldsymbol{a}\nabla^2 f\right] \cdot \boldsymbol{c} - \nabla \cdot [\boldsymbol{a}(\nabla f \cdot \boldsymbol{c})]$$

对上式作体积分，并利用高斯散度定理，则式 (1.3.16) 的左端为

$$\int_V \left[f(\nabla \times \nabla \times \boldsymbol{a}) + (\nabla \cdot \boldsymbol{a}) \nabla f + \boldsymbol{a}\nabla^2 f\right] \cdot \boldsymbol{c}\mathrm{d}V - \oint_S (\boldsymbol{n} \cdot \boldsymbol{a})(\nabla f \cdot \boldsymbol{c}) \, \mathrm{d}S$$

利用矢量恒等式有

$$\boldsymbol{n} \cdot [\boldsymbol{a} \times \nabla \times (f\boldsymbol{c})] = \boldsymbol{n} \cdot [\boldsymbol{a} \times \nabla f \times \boldsymbol{c} + \boldsymbol{a} \times (f\nabla \times \boldsymbol{c})] = \boldsymbol{n} \cdot (\boldsymbol{a} \times \nabla f \times \boldsymbol{c})$$

上式中 $\nabla \times \boldsymbol{c}$ 等于零。

利用三个矢量的混合积，有

$$\boldsymbol{n}\cdot[\boldsymbol{a}\times\nabla\times(f\boldsymbol{c})]=\boldsymbol{n}\cdot(\boldsymbol{a}\times\nabla f\times\boldsymbol{c})=(\boldsymbol{n}\times\boldsymbol{a})\cdot(\nabla f\times\boldsymbol{c})=[(\boldsymbol{n}\times\boldsymbol{a})\times\nabla f]\cdot\boldsymbol{c}$$

而

$$-\boldsymbol{n}\cdot[f\boldsymbol{c}\times(\nabla\times\boldsymbol{a})]=f(\boldsymbol{n}\times\nabla\times\boldsymbol{a})\cdot\boldsymbol{c}$$

于是

$$\boldsymbol{n}\cdot[\boldsymbol{a}\times\nabla\times(f\boldsymbol{c})]-\boldsymbol{n}\cdot[f\boldsymbol{c}\times(\nabla\times\boldsymbol{a})]=[(\boldsymbol{n}\times\boldsymbol{a})\times\nabla f+f(\boldsymbol{n}\times\nabla\times\boldsymbol{a})]\cdot\boldsymbol{c}$$

式 (1.3.16) 的右端为

$$\oint_S[(\boldsymbol{n}\times\boldsymbol{a})\times\nabla f+f(\boldsymbol{n}\times\nabla\times\boldsymbol{a})]\cdot\boldsymbol{c}\,\mathrm{d}S$$

于是有

$$\begin{aligned}&\int_V\left[f(\nabla\times\nabla\times\boldsymbol{a})+(\nabla\cdot\boldsymbol{a})\nabla f+\boldsymbol{a}\nabla^2 f\right]\cdot\boldsymbol{c}\,\mathrm{d}V\\=&\oint_S[(\boldsymbol{n}\times\boldsymbol{a})\times\nabla f+f(\boldsymbol{n}\times\nabla\times\boldsymbol{a})+(\boldsymbol{n}\cdot\boldsymbol{a})\nabla f]\cdot\boldsymbol{c}\,\mathrm{d}S\end{aligned}$$

$\boldsymbol{c}$ 为常矢量，可以移到积分外部，再考虑 $\boldsymbol{c}$ 的任意性，因此有

$$\begin{aligned}&\int_V f(\nabla\times\nabla\times\boldsymbol{a})+(\nabla\cdot\boldsymbol{a})\nabla f+\boldsymbol{a}\nabla^2 f\mathrm{d}V\\=&\oint_S[(\boldsymbol{n}\times\boldsymbol{a})\times\nabla f+f(\boldsymbol{n}\times\nabla\times\boldsymbol{a})+(\boldsymbol{n}\cdot\boldsymbol{a})\nabla f]\,\mathrm{d}S\end{aligned}$$

利用积分恒等式 (1.3.14)

$$\int_V\boldsymbol{a}\cdot\nabla\nabla f\mathrm{d}V=\oint_S(\boldsymbol{n}\cdot\boldsymbol{a})\nabla f\mathrm{d}S-\int_V(\nabla\cdot\boldsymbol{a})\nabla f\mathrm{d}V$$

有

$$\begin{aligned}&\int_V f(\nabla\times\nabla\times\boldsymbol{a})-\boldsymbol{a}\cdot\nabla\nabla f+\boldsymbol{a}\nabla^2 f\mathrm{d}V\\=&\oint_S[(\boldsymbol{n}\times\boldsymbol{a})\times\nabla f+f(\boldsymbol{n}\times\nabla\times\boldsymbol{a})]\,\mathrm{d}S\ \text{(证毕)}\end{aligned}$$

1.3.4 斯托克斯公式的推广

设 S 为以 C 为闭合路径的非封闭正则曲面，标量函数的各种偏导数在曲面内部连续，C 的方向与 S 上的法向单位矢量 $\boldsymbol{n}$ 符合右手螺旋定则，则推广的斯托克斯式为

$$\int_S \mathrm{d}\boldsymbol{S} \times \nabla \blacksquare = \oint_C \mathrm{d}\boldsymbol{l} \blacksquare \tag{1.3.17}$$

分别用 $\cdot\boldsymbol{F}$、$\times\boldsymbol{F}$ 和 φ 代替式 (1.3.17) 中的 $\blacksquare$，则有

$$\int_S \mathrm{d}\boldsymbol{S} \cdot (\nabla \times \boldsymbol{F}) = \oint_C \mathrm{d}\boldsymbol{l} \cdot \boldsymbol{F} \tag{1.3.18a}$$

$$\left(\int_S \mathrm{d}\boldsymbol{S} \times \nabla\right) \times \boldsymbol{F} = \oint_C \mathrm{d}\boldsymbol{l} \times \boldsymbol{F} \tag{1.3.18b}$$

$$\int_S \mathrm{d}\boldsymbol{S} \times \nabla\varphi = \oint_C \varphi \mathrm{d}\boldsymbol{l} \tag{1.3.18c}$$

式 (1.3.18a) 就是常见的斯托克斯公式。

分别用 $\cdot\overline{\overline{\boldsymbol{F}}}$、$\times\overline{\overline{\boldsymbol{F}}}$ 和 $\boldsymbol{a}$ 代替式 (1.3.17) 中的 $\blacksquare$，则有

$$\int_S \mathrm{d}\boldsymbol{S} \cdot \nabla \times \overline{\overline{\boldsymbol{F}}} = \oint_C \mathrm{d}\boldsymbol{l} \cdot \overline{\overline{\boldsymbol{F}}} \tag{1.3.19a}$$

$$\left(\int_S \mathrm{d}\boldsymbol{S} \times \nabla\right) \times \overline{\overline{\boldsymbol{F}}} = \oint_C \mathrm{d}\boldsymbol{l} \times \overline{\overline{\boldsymbol{F}}} \tag{1.3.19b}$$

$$\int_S \mathrm{d}\boldsymbol{S} \times \nabla\boldsymbol{a} = \oint_C \mathrm{d}\boldsymbol{l}\boldsymbol{a} \tag{1.3.19c}$$

1.4 梯度、散度与旋度

学习电磁场需要掌握三个基本概念：梯度、散度、旋度。

描述标量场每一点的变化情况，需要引进方向导数和梯度的概念。反映场量函数时空变化情况的数学工具是函数的导数或微分，本节从时间导数、空间导数和方向导数三方面进行阐述。

1.4.1 导数与梯度

假定某一质点沿着某一直线做匀速运动，该质点经过的路程与所用的时间成正比，任取一段时间间隔 Δt，经过的路程为 Δs，比值就是质点的运动速度

$$v = \frac{\Delta s}{\Delta t}$$

如果质点的运动不是匀速的，那么在不同的时间间隔内，比值 $\dfrac{\Delta s}{\Delta t}$ 是不同的，它可以表示质点在这一时间间隔的平均速度。为了刻画某一时刻的瞬时速度，引入极限和导数的概念

$$v(t)=\lim_{\Delta t\to 0}\frac{\Delta s}{\Delta t}=\frac{\mathrm{d}s}{\mathrm{d}t}$$

时间导数表示的是位移随时间变化的快慢。

设函数 $y=f(x)$ 在点 x_0 的某个邻域内有定义，当自变量 x 在 x_0 处取得增量 Δx，相应地函数 y 取得增量 $\Delta y=f(x_0+\Delta x)-f(x_0)$。

当 $\Delta x\to 0$ 时，如果 Δy 与 Δx 之比的极限存在，则称函数 $y=f(x)$ 在点 x_0 处可导，并称这个极限为函数 $y=f(x)$ 在点 x_0 处的导数，记为 $\dfrac{\mathrm{d}y}{\mathrm{d}x}$，即

$$\frac{\mathrm{d}y}{\mathrm{d}x}=\lim_{\Delta x\to 0}\frac{\Delta y}{\Delta x}$$

函数 $f(x)$ 在点 x_0 处可导有时也说成 $f(x)$ 在点 x_0 具有导数或导数存在，这个导数就是空间导数。

这里的函数 y 可以是电磁场的各分量，也可以是标量位函数。举例来说，假定标量位函数为 u，则 u 沿着 x,y,z 方向的空间导数为 $\dfrac{\partial u}{\partial x},\dfrac{\partial u}{\partial y},\dfrac{\partial u}{\partial z}$。

u 沿着任一方向 l 的空间导数为 $\dfrac{\partial u}{\partial l}$，这个导数称为方向导数，表示 u 在 l 方向的变化率。

在直角坐标系下，由标量函数 u 对三个坐标的偏导数组成一个矢量，称为标量函数的梯度，表达式为

$$\nabla u=\frac{\partial u}{\partial x}\boldsymbol{e}_x+\frac{\partial u}{\partial y}\boldsymbol{e}_y+\frac{\partial u}{\partial z}\boldsymbol{e}_z \tag{1.4.1}$$

利用标量内积 $\boldsymbol{a}\cdot\boldsymbol{b}=a_xb_x+a_yb_y+a_zb_z$，可知

$$\begin{cases}\nabla u\cdot\boldsymbol{e}_x=\dfrac{\partial u}{\partial x}\\[2ex]\nabla u\cdot\boldsymbol{e}_y=\dfrac{\partial u}{\partial y}\\[2ex]\nabla u\cdot\boldsymbol{e}_z=\dfrac{\partial u}{\partial z}\end{cases}$$

将上式中的 $\boldsymbol{e}_x$ 换成 $\boldsymbol{e}_l$，导出方向导数和梯度的关系

$$\nabla u \cdot \boldsymbol{e}_l = \frac{\partial u}{\partial l} \tag{1.4.2}$$

利用等式 $\boldsymbol{a} \cdot \boldsymbol{b} = |\boldsymbol{a}|\,|\boldsymbol{b}| \cos\theta$，有

$$|\nabla u| \cos\theta = \frac{\partial u}{\partial l}$$

$$|\nabla u| = \max_{l\text{任意}} \frac{\partial u}{\partial l}$$

式中，θ 为矢量 ∇u 和 $\boldsymbol{e}_l$ 的夹角。

上式表明，梯度的大小是所有方向导数中最大的，梯度的方向是取得最大方向导数的方向。

一个标量场在给定点的梯度是对该标量场函数进行梯度运算的结果。梯度运算是分析标量场的工具，梯度是描述标量场中任一点函数值在该点附近增减性质的量，标量场的梯度是矢量，标量场的每一点都有一个梯度，由此构成了标量场的梯度场，梯度场是矢量场。

1.4.2 通量与散度

在日常生活中常见喷泉喷射水流，以此描述散度概念易于理解。

假定水流在空间形成速度场 $\boldsymbol{v}$，密度为 ρ。任意选取一个闭合曲面 S，单位时间内通过 S 的体积流量是 $q_V = \oint_S \boldsymbol{v} \cdot \mathrm{d}\boldsymbol{S}$，质量流量是 $q_m = \oint_S \rho\boldsymbol{v} \cdot \mathrm{d}\boldsymbol{S}$。体积流量和质量流量统称为通量。有如下几种情况：

$$q_V = \oint_S \boldsymbol{v} \cdot \mathrm{d}\boldsymbol{S} \quad \text{或} \quad q_m = \oint_S \rho\boldsymbol{v} \cdot \mathrm{d}\boldsymbol{S} \quad \begin{cases} > 0, & \text{喷泉} \\ < 0, & \text{沟壑} \\ = 0 & \begin{cases} \text{既无喷泉也无沟壑} \\ \text{喷泉和沟壑抵消} \end{cases} \end{cases}$$

如果通量大于零或小于零，则说明闭合曲面内含有喷泉 (正源) 或沟壑 (负源)，如果通量等于零，则说明闭合曲面内既无喷泉也无沟壑，或者闭合曲面内喷泉和沟壑抵消。

任选一个矢径为 $\boldsymbol{r}$ 的点，设该点的邻域为 $\Delta V(\boldsymbol{r})$，这里仍用同样的符号表示邻域的体积，它围成的面积为 $\Delta\boldsymbol{S}$。单位时间平均体积喷流密度为 $\dfrac{q_V}{\Delta V}$，平均质量喷流密度为 $\dfrac{q_m}{\Delta V}$。当 $\Delta V \to 0$ 时，如果 $q_V/\Delta V$ 与 $q_m/\Delta V$ 的极限存在，则

该点的单位时间体积喷流密度 ρ_V 和质量喷流密度 ρ_m 为

$$\begin{cases} \rho_V = \lim\limits_{\Delta V \to 0} \dfrac{q_V}{\Delta V} = \lim\limits_{\Delta V \to 0} \dfrac{\oint_S \boldsymbol{v} \cdot \mathrm{d}\boldsymbol{S}}{\Delta V} \\ \rho_m = \lim\limits_{\Delta V \to 0} \dfrac{q_m}{\Delta V} = \lim\limits_{\Delta V \to 0} \dfrac{\oint_S \rho\boldsymbol{v} \cdot \mathrm{d}\boldsymbol{S}}{\Delta V} \end{cases} \tag{1.4.3}$$

式中，ρ_V 和 ρ_m 统称为通量源密度。

根据积分中值定理，由高斯散度定理式 (1.3.3a)，可得

$$\begin{cases} \oint_S \boldsymbol{v} \cdot \mathrm{d}\boldsymbol{S} = \Delta V(\boldsymbol{r}) \nabla \cdot \boldsymbol{v}(\boldsymbol{r}') \\ \oint_S \rho\boldsymbol{v} \cdot \mathrm{d}\boldsymbol{S} = \Delta V(\boldsymbol{r}) \nabla \cdot [\rho\boldsymbol{v}(\boldsymbol{r}')] \end{cases}$$

式中，$\boldsymbol{r}'$ 为邻域 $\Delta V(\boldsymbol{r})$ 中的某个点。

当 $\Delta V \to 0$ 时，由于 $\boldsymbol{v}$ 为光滑场，则有 $\nabla\cdot\boldsymbol{v}(\boldsymbol{r}') \to \nabla\cdot\boldsymbol{v}(\boldsymbol{r})$，$\nabla\cdot[\rho\boldsymbol{v}(\boldsymbol{r}')] \to \nabla\cdot[\rho\boldsymbol{v}(\boldsymbol{r})]$，这里的极限定义为场 $\boldsymbol{v}$ 或 $\rho\boldsymbol{v}$ 的散度，即

$$\begin{cases} \nabla \cdot \boldsymbol{v} = \lim\limits_{\Delta V \to 0} \dfrac{\oint_S \boldsymbol{v} \cdot \mathrm{d}\boldsymbol{S}}{\Delta V} \\ \nabla \cdot (\rho\boldsymbol{v}) = \lim\limits_{\Delta V \to 0} \dfrac{\oint_S \rho\boldsymbol{v} \cdot \mathrm{d}\boldsymbol{S}}{\Delta V} \end{cases} \tag{1.4.4}$$

比较式 (1.4.3) 和式 (1.4.4)，可知场 $\boldsymbol{v}$ 或 $\rho\boldsymbol{v}$ 的散度正是通量源密度，即

$$\begin{cases} \nabla \cdot \boldsymbol{v} = \rho_v \\ \nabla \cdot (\rho\boldsymbol{v}) = \rho_m \end{cases} \tag{1.4.5}$$

有如下几种情况

$$\nabla \cdot \boldsymbol{v} \text{ 或 } \nabla \cdot (\rho\boldsymbol{v}) \begin{cases} > 0, & \text{喷泉} \\ < 0, & \text{沟壑} \\ = 0, & \text{既无喷泉也无沟壑} \end{cases}$$

通过矢量场的散度可以判断空间源的情况。某一点散度值大于零、小于零或等于零，分别表示该点处存在喷泉 (正源)、含有沟壑 (负源) 或既无喷泉也无沟壑 (无源)。

散度表征的是流量密度，是标量，即矢量场的散度是标量场。

与水流相似，在电磁场中常用两个“流量”，分别是电通密度通量和磁通密度通量，简称为“电通量”和“磁通量”，它们的通量源密度分别是 $\nabla\cdot\boldsymbol{D}$ 和 $\nabla\cdot\boldsymbol{B}$。

电场散度方程和电通量方程分别为

$$\nabla\cdot\boldsymbol{D}=\rho$$

$$q=\int_V\rho\mathrm{d}V=\int_V\nabla\cdot\boldsymbol{D}\mathrm{d}V=\oint_S\boldsymbol{D}\cdot\mathrm{d}\boldsymbol{S}$$

磁场散度方程和磁通量方程分别为

$$\nabla\cdot\boldsymbol{B}=0$$

$$0=\int_V 0\mathrm{d}V=\int_V\nabla\cdot\boldsymbol{B}\mathrm{d}V=\oint_S\boldsymbol{B}\cdot\mathrm{d}\boldsymbol{S}$$

电流连续性定理的微分方程和积分方程分别为

$$\nabla\cdot\boldsymbol{J}=-\frac{\partial\rho}{\partial t}$$

$$I=-\frac{\mathrm{d}q}{\mathrm{d}t}=\int_V-\frac{\partial\rho}{\partial t}\mathrm{d}V=\int_V\nabla\cdot\boldsymbol{J}\mathrm{d}V=\oint_S\boldsymbol{J}\cdot\mathrm{d}\boldsymbol{S}$$

流场、电场、磁场、电流场的通量与通量源密度的对比如表 1.4.1 所示。

表 1.4.1 四种场对比表

物理场	通量	通量源密度
流场	$q_V=\int_V\rho_V\mathrm{d}V=\int_V\nabla\cdot\boldsymbol{v}\mathrm{d}V=\oint_S\boldsymbol{v}\cdot\mathrm{d}\boldsymbol{S}$	$\rho_V=\nabla\cdot\boldsymbol{v}$
电场	$q=\int_V\rho\mathrm{d}V=\int_V\nabla\cdot\boldsymbol{D}\mathrm{d}V=\oint_S\boldsymbol{D}\cdot\mathrm{d}\boldsymbol{S}$	$\rho=\nabla\cdot\boldsymbol{D}$
磁场	$0=\int_V 0\mathrm{d}V=\int_V\nabla\cdot\boldsymbol{B}\mathrm{d}V=\oint_S\boldsymbol{B}\cdot\mathrm{d}\boldsymbol{S}$	$0=\nabla\cdot\boldsymbol{B}$
电流场	$I=-\frac{\mathrm{d}q}{\mathrm{d}t}=\int_V-\frac{\partial\rho}{\partial t}\mathrm{d}V=\int_V\nabla\cdot\boldsymbol{J}\mathrm{d}V=\oint_S\boldsymbol{J}\cdot\mathrm{d}\boldsymbol{S}$	$-\frac{\partial\rho}{\partial t}=\nabla\cdot\boldsymbol{J}$

1.4.3 环量与旋度

矢量场的旋度问题可以形象地比喻成液体在漏斗中向下流动，或者空气在龙卷风中向上流动，或者河水中一个小旋涡。

任选一个矢径为 $\boldsymbol{r}$ 的点 P，作一个包围该点的有向闭合曲线 C，曲线围成的曲面为 S，$\boldsymbol{e}_n$ 为曲面方向，闭合曲线 C 的方向 $\mathrm{d}\boldsymbol{l}$ 和曲面 S 的方向 $\boldsymbol{e}_n$ 之间遵循右手螺旋定则。给定矢量 $\boldsymbol{F}$ 场，定义该矢量场沿着闭合曲线的积分为环量

$$A=\oint_C \boldsymbol{F}\cdot\mathrm{d}\boldsymbol{l} \tag{1.4.6}$$

当矢量场是力场时，环量表示沿着闭合曲线移动时力所做的功。

容易理解，所取的闭合曲线围成的曲面面积 ΔS 不同或者曲面法向方向 $\boldsymbol{e}_n$ 不同，水流旋转的强度也可能不同。为了描述水流的涡旋特性，引入平均环量密度的概念，它是环量和曲面面积的比值 $\dfrac{A_n}{\Delta S}$，当 $\Delta S\to 0$ 时，如果 $\dfrac{A_n}{\Delta S}$ 的极限存在，则该点的环量密度 ρ_{An} 为

$$\rho_{An}=\lim_{\Delta S\to 0}\frac{A_n}{\Delta S}=\lim_{\Delta S\to 0}\frac{\oint_C \boldsymbol{F}\cdot\mathrm{d}\boldsymbol{l}}{\Delta S} \tag{1.4.7}$$

由于闭合曲线是任意取定的，围成的曲面法向方向 $\boldsymbol{e}_n$ 是任意的，这样可以得到多个不同方向的环量密度。

根据积分中值定理，由斯托克斯公式 (1.3.18a)，可得

$$\oint_C \boldsymbol{F}\cdot\mathrm{d}\boldsymbol{l}=\Delta S\boldsymbol{e}_n\cdot\nabla\times\boldsymbol{F}(\boldsymbol{r}') \tag{1.4.8}$$

式中，$\boldsymbol{r}'$ 为 $\Delta S(\boldsymbol{r})$ 中的某个点。

当 $\Delta S\to 0$ 时，由于 $\boldsymbol{F}$ 为光滑场，则有 $\nabla\times\boldsymbol{F}(\boldsymbol{r}')\to\nabla\times\boldsymbol{F}(\boldsymbol{r})$，这里的极限定义为矢量场 $\boldsymbol{F}$ 的旋度在 $\boldsymbol{e}_n$ 方向上的投影，即

$$\boldsymbol{e}_n\cdot\nabla\times\boldsymbol{F}=\lim_{\Delta S\to 0}\frac{\oint_C \boldsymbol{F}\cdot\mathrm{d}\boldsymbol{l}}{\Delta S} \tag{1.4.9}$$

比较式 (1.4.9) 和式 (1.4.7) 可知，矢量场 $\boldsymbol{F}$ 的旋度在 $\boldsymbol{e}_n$ 方向上的投影为环量密度，即

$$\boldsymbol{e}_n\cdot\nabla\times\boldsymbol{F}=\rho_{An} \tag{1.4.10}$$

利用矢量内积等式 $\boldsymbol{a}\cdot\boldsymbol{b}=|\boldsymbol{a}|\,|\boldsymbol{b}|\cos\theta$，有 $|\nabla\times\boldsymbol{F}|\cos\theta=\rho_{An}$，式中 θ 为矢量 $\nabla\times\boldsymbol{F}$ 和 $\boldsymbol{e}_n$ 的夹角，有

$$|\nabla\times\boldsymbol{F}|=\max_{n\text{ 任意}}\rho_{An}$$

上式说明，旋度的大小是所有方向环量密度中最大的，旋度的方向是取得最大环量密度的方向。旋度描述了旋涡源的强度，在不存在旋涡源的无源区，旋度必然为零。显而易见，用旋度描述涡旋特性比环量密度更方便。

法拉第电磁感应定律和安培定律的积分方程分别为

$$\mathscr{E} = \oint_C \boldsymbol{E} \cdot \mathrm{d}\boldsymbol{l} = \int_S -\frac{\partial \boldsymbol{B}}{\partial t} \cdot \mathrm{d}\boldsymbol{S}$$

$$V = \oint_C \boldsymbol{H} \cdot \mathrm{d}\boldsymbol{l} = \int_S \left(\boldsymbol{J} + \frac{\partial \boldsymbol{D}}{\partial t}\right) \cdot \mathrm{d}\boldsymbol{S}$$

式中，$\mathscr{E}$ 看成单位电荷上的非静电力，根据磁荷理论，$\boldsymbol{H}$ 看成单位磁荷上的磁场力，将在第 4 章中介绍，电动势 $\mathscr{E}$ 和磁动势 V 表达的仍是某种“力”沿着某一路径的做功。

流场、电场和磁场的对比如表 1.4.2 所示。

表 1.4.2 流场、电场和磁场对比

物理场	环量	旋度
流场	$A = \oint_C \boldsymbol{F} \cdot \mathrm{d}\boldsymbol{l} = \int_S \nabla \times \boldsymbol{F} \cdot \mathrm{d}\boldsymbol{S}$	$\nabla \times \boldsymbol{F}$
电场	$\mathscr{E} = \oint_C \boldsymbol{E} \cdot \mathrm{d}\boldsymbol{l} = \int_S \nabla \times \boldsymbol{E} \cdot \mathrm{d}\boldsymbol{S}$	$\nabla \times \boldsymbol{E}$
磁场	$V = \oint_C \boldsymbol{H} \cdot \mathrm{d}\boldsymbol{l} = \int_S \nabla \times \boldsymbol{H} \cdot \mathrm{d}\boldsymbol{S}$	$\nabla \times \boldsymbol{H}$

1.4.4 梯度、散度与旋度的解读

若采用类似的思路处理式 (1.3.1) 所示的散度定理、旋度定理和梯度定理方程，则有

$$\nabla \cdot \boldsymbol{F} = \lim_{\Delta V \to 0} \frac{\oint_S \boldsymbol{F} \cdot \mathrm{d}\boldsymbol{S}}{\Delta V} \tag{1.4.11a}$$

$$\nabla \times \boldsymbol{F} = \lim_{\Delta V \to 0} \frac{\oint_S \mathrm{d}\boldsymbol{S} \times \boldsymbol{F}}{\Delta V} \tag{1.4.11b}$$

$$\nabla \varphi = \lim_{\Delta V \to 0} \frac{\oint_S \mathrm{d}\boldsymbol{S} \varphi}{\Delta V} \tag{1.4.11c}$$

式 (1.4.11b) 可看成旋度的另一种定义。

上面三式的右端项分别解释为矢量场 $\boldsymbol{F}$ 通过闭合面 S 的标量流、矢量流以及标量场 φ 通过闭合面 S 的矢量流。公式左端的量 $\nabla\cdot\boldsymbol{F}$、$\nabla\times\boldsymbol{F}$ 和 $\nabla\varphi$ 分别解释为这些场源在区域 V 中相应的分布密度。

1.5 等值线与矢量线

为了形象地理解电磁场，可以在场分析中使用等值线和矢量线。

1.5.1 等值线

假定标量函数是坐标变量连续可微函数，等值面方程为

$$u(x,y,z)=C \tag{1.5.1}$$

式中，C 为任意常数。顾名思义，等值面上各点函数值相同，因此，空间上各等值面互不相交。

对于平面标量场，等值面退化成为等值线，等值线方程为

$$u(x,y)=C \tag{1.5.2}$$

式中，C 为任意常数。等值线上各点函数值相同，平面上各等值线互不相交。

举例来说，地图上的等高线，温度场中的等温线和静电场中的等位线都是等值线。

1.5.2 矢量线

为了形象描绘矢量场 $\boldsymbol{F}$ 的空间分布，引入矢量线。线上每一点的切线方向表示该点的矢量场方向。矢量场中的每个点均有唯一的矢量线通过，矢量线充满了整个矢量场所在空间。

矢量线方程为

$$\boldsymbol{F}\times\mathrm{d}\boldsymbol{l}=\mathbf{0} \tag{1.5.3}$$

式中，$\mathrm{d}\boldsymbol{l}$ 为切线长度元。

在直角坐标系下，有

$$\boldsymbol{F}\times\mathrm{d}\boldsymbol{l}=\begin{vmatrix}\boldsymbol{e}_x & \boldsymbol{e}_y & \boldsymbol{e}_z\\ F_x & F_y & F_z\\ \mathrm{d}x & \mathrm{d}y & \mathrm{d}z\end{vmatrix}=\mathbf{0} \tag{1.5.4}$$

即 $F_y\mathrm{d}z=F_z\mathrm{d}y$，$F_x\mathrm{d}z=F_z\mathrm{d}x$，$F_x\mathrm{d}y=F_y\mathrm{d}x$，因此有

$$\frac{\mathrm{d}x}{F_x}=\frac{\mathrm{d}y}{F_y}=\frac{\mathrm{d}z}{F_z}$$

举例来说，电场强度的矢量线，常称为电力线，磁通密度的矢量线，常称为磁力线，电流密度的矢量线，即电流线。

1.6 哈密顿算子和矢量并矢恒等式

哈密顿算子 ∇，亦称为纳布拉算子、倒三角算子或劈形算子，是三个标量微分算子的线性组合，$\nabla = \boldsymbol{e}_x\dfrac{\partial}{\partial x} + \boldsymbol{e}_y\dfrac{\partial}{\partial y} + \boldsymbol{e}_z\dfrac{\partial}{\partial z}$，因此算子具有矢量和微分的双重性质，作用在标量函数和矢量函数上，要求函数具有连续的一阶偏导数。当哈密顿算子作用到两个函数 (标量函数或矢量函数) 乘积时，为了导出矢量运算恒等式，可利用算子的微分性和积分性，将其中一个附以下标 c 的函数暂时看成常量，待运算结束后再去掉下标。

需要注意，当将算子 ∇ 看作矢量时，必须将常矢量轮换到算子 ∇ 前面，将变矢放在算子 ∇ 之后。

例 1.6.1 试证明

$$\nabla\cdot(\boldsymbol{A}\times\boldsymbol{B}) = \boldsymbol{B}\cdot(\nabla\times\boldsymbol{A}) - \boldsymbol{A}\cdot(\nabla\times\boldsymbol{B}) \tag{1.6.1}$$

证明 先利用微分法则，将 $\nabla\cdot(\boldsymbol{A}\times\boldsymbol{B})$ 分为两项

$$\nabla\cdot(\boldsymbol{A}\times\boldsymbol{B}) = \nabla\cdot(\boldsymbol{A}_c\times\boldsymbol{B}) + \nabla\cdot(\boldsymbol{A}\times\boldsymbol{B}_c)$$

再根据矢量性质，将两项看成三个矢量的混合积，利用矢量混合积

$$\boldsymbol{a}\cdot(\boldsymbol{b}\times\boldsymbol{c}) = \boldsymbol{b}\cdot(\boldsymbol{c}\times\boldsymbol{a}) = \boldsymbol{c}\cdot(\boldsymbol{a}\times\boldsymbol{b})$$

有

$$\nabla\cdot(\boldsymbol{A}_c\times\boldsymbol{B}) = -\boldsymbol{A}_c\cdot(\nabla\times\boldsymbol{B})$$
$$\nabla\cdot(\boldsymbol{A}\times\boldsymbol{B}_c) = \boldsymbol{B}_c\cdot(\nabla\times\boldsymbol{A})$$

因此有

$$\nabla\cdot(\boldsymbol{A}\times\boldsymbol{B}) = \boldsymbol{B}_c\cdot(\nabla\times\boldsymbol{A}) - \boldsymbol{A}_c\cdot(\nabla\times\boldsymbol{B})$$

去掉下标 c，即得

$$\nabla\cdot(\boldsymbol{A}\times\boldsymbol{B}) = \boldsymbol{B}\cdot(\nabla\times\boldsymbol{A}) - \boldsymbol{A}\cdot(\nabla\times\boldsymbol{B})\ \text{(证毕)}$$

例 1.6.2 试证明 $\nabla\times(\boldsymbol{A}\times\boldsymbol{B}) = \boldsymbol{B}\cdot\nabla\boldsymbol{A} - \boldsymbol{A}\cdot\nabla\boldsymbol{B} - \boldsymbol{B}\nabla\cdot\boldsymbol{A} + \boldsymbol{A}\nabla\cdot\boldsymbol{B}$。

证明 先利用微分法则，将 $\nabla\times(\boldsymbol{A}\times\boldsymbol{B})$ 分为两项

$$\nabla\times(\boldsymbol{A}\times\boldsymbol{B}) = \nabla\times(\boldsymbol{A}_c\times\boldsymbol{B}) + \nabla\times(\boldsymbol{A}\times\boldsymbol{B}_c)$$

再根据矢量性质，将两项看成三个矢量的二重矢量积分

$$\boldsymbol{a}\times(\boldsymbol{b}\times\boldsymbol{c})=\boldsymbol{b}(\boldsymbol{a}\cdot\boldsymbol{c})-\boldsymbol{c}(\boldsymbol{a}\cdot\boldsymbol{b})$$

有

$$\nabla\times(\boldsymbol{A}_c\times\boldsymbol{B})=\boldsymbol{A}_c\nabla\cdot\boldsymbol{B}-\boldsymbol{A}_c\cdot\nabla\boldsymbol{B}$$

$$\nabla\times(\boldsymbol{A}\times\boldsymbol{B}_c)=\boldsymbol{B}_c\cdot\nabla\boldsymbol{A}-\boldsymbol{B}_c\nabla\cdot\boldsymbol{A}$$

于是

$$\nabla\times(\boldsymbol{A}\times\boldsymbol{B})=\boldsymbol{A}_c\nabla\cdot\boldsymbol{B}-\boldsymbol{A}_c\cdot\nabla\boldsymbol{B}+\boldsymbol{B}_c\cdot\nabla\boldsymbol{A}-\boldsymbol{B}_c\nabla\cdot\boldsymbol{A}$$

去掉下标 c，即得

$$\nabla\times(\boldsymbol{A}\times\boldsymbol{B})=\boldsymbol{A}\nabla\cdot\boldsymbol{B}-\boldsymbol{A}\cdot\nabla\boldsymbol{B}+\boldsymbol{B}\cdot\nabla\boldsymbol{A}-\boldsymbol{B}\nabla\cdot\boldsymbol{A}\text{ (证毕)}$$

例 1.6.3　试证明：(1) 标量场梯度的旋度恒等于零矢量，$\nabla\times\nabla u=\mathbf{0}$；(2) 矢量场梯度的旋度恒等于零矢量，$\nabla\times\nabla\boldsymbol{a}=\mathbf{0}$。

证明　(1)
$$\begin{aligned}\nabla\times\nabla u&=\left(\boldsymbol{e}_x\frac{\partial}{\partial x}+\boldsymbol{e}_y\frac{\partial}{\partial y}+\boldsymbol{e}_z\frac{\partial}{\partial z}\right)\times\left(\boldsymbol{e}_x\frac{\partial u}{\partial x}+\boldsymbol{e}_y\frac{\partial u}{\partial y}+\boldsymbol{e}_z\frac{\partial u}{\partial z}\right)\\&=\left(\frac{\partial}{\partial y}\frac{\partial u}{\partial z}-\frac{\partial}{\partial z}\frac{\partial u}{\partial y}\right)\boldsymbol{e}_x+\left(\frac{\partial}{\partial z}\frac{\partial u}{\partial x}-\frac{\partial}{\partial x}\frac{\partial u}{\partial z}\right)\boldsymbol{e}_y\\&\quad+\left(\frac{\partial}{\partial x}\frac{\partial u}{\partial y}-\frac{\partial}{\partial y}\frac{\partial u}{\partial x}\right)\boldsymbol{e}_z=\mathbf{0}\end{aligned}$$

(2) 设 $\boldsymbol{a}=a_x\boldsymbol{e}_x+a_y\boldsymbol{e}_y+a_z\boldsymbol{e}_z$，则有

$$\nabla\boldsymbol{a}=\nabla a_x\boldsymbol{e}_x+\nabla a_y\boldsymbol{e}_y+\nabla a_z\boldsymbol{e}_z$$

$$\nabla\times\nabla\boldsymbol{a}=\nabla\times\nabla a_x\boldsymbol{e}_x+\nabla\times\nabla a_y\boldsymbol{e}_y+\nabla\times\nabla a_z\boldsymbol{e}_z=\mathbf{0}$$

标量梯度的旋度恒等于零是梯度的一个重要性质，反过来说，若一个矢量场 $\boldsymbol{b}$ 的旋度处处为零，可以把这个矢量场 $\boldsymbol{b}$ 看成一个标量场 u 的梯度。

例 1.6.4　试证明：旋度的散度恒等于零，$\nabla\cdot(\nabla\times\boldsymbol{A})=0$。

证明　在直角坐标系下，旋度的展开式为

$$\nabla\times\boldsymbol{A}=\begin{vmatrix}\boldsymbol{e}_x&\boldsymbol{e}_y&\boldsymbol{e}_z\\\dfrac{\partial}{\partial x}&\dfrac{\partial}{\partial y}&\dfrac{\partial}{\partial z}\\A_x&A_y&A_z\end{vmatrix}$$

$$= \left(\frac{\partial A_z}{\partial y} - \frac{\partial A_y}{\partial z}\right)\boldsymbol{e}_x + \left(\frac{\partial A_x}{\partial z} - \frac{\partial A_z}{\partial x}\right)\boldsymbol{e}_y + \left(\frac{\partial A_y}{\partial x} - \frac{\partial A_x}{\partial y}\right)\boldsymbol{e}_z$$

于是

$$\nabla\cdot(\nabla\times\boldsymbol{A}) = \frac{\partial}{\partial x}\left(\frac{\partial A_z}{\partial y} - \frac{\partial A_y}{\partial z}\right) + \frac{\partial}{\partial y}\left(\frac{\partial A_x}{\partial z} - \frac{\partial A_z}{\partial x}\right) + \frac{\partial}{\partial z}\left(\frac{\partial A_y}{\partial x} - \frac{\partial A_x}{\partial y}\right) = 0$$

旋度的散度恒等于零是旋度的一个重要性质，反过来说，若一个矢量场 $\boldsymbol{b}$ 的散度处处为零，可以把这个矢量场 $\boldsymbol{b}$ 看成另外一个矢量场 $\boldsymbol{a}$ 的旋度。

例 1.6.5　试证明：$\nabla\times\nabla\times\boldsymbol{A} = \nabla\nabla\cdot\boldsymbol{A} - \nabla^2\boldsymbol{A}$。

证明　在直角坐标系下，双旋度的展开式为

$$\nabla\times\nabla\times\boldsymbol{A} = \begin{vmatrix} \boldsymbol{e}_x & \boldsymbol{e}_y & \boldsymbol{e}_z \\ \dfrac{\partial}{\partial x} & \dfrac{\partial}{\partial y} & \dfrac{\partial}{\partial z} \\ \dfrac{\partial A_z}{\partial y} - \dfrac{\partial A_y}{\partial z} & \dfrac{\partial A_x}{\partial z} - \dfrac{\partial A_z}{\partial x} & \dfrac{\partial A_y}{\partial x} - \dfrac{\partial A_x}{\partial y} \end{vmatrix}$$

$$\begin{aligned} &= \left[\frac{\partial}{\partial y}\left(\frac{\partial A_y}{\partial x} - \frac{\partial A_x}{\partial y}\right) - \frac{\partial}{\partial z}\left(\frac{\partial A_x}{\partial z} - \frac{\partial A_z}{\partial x}\right)\right]\boldsymbol{e}_x \\ &\quad + \left[\frac{\partial}{\partial z}\left(\frac{\partial A_z}{\partial y} - \frac{\partial A_y}{\partial z}\right) - \frac{\partial}{\partial x}\left(\frac{\partial A_y}{\partial x} - \frac{\partial A_x}{\partial y}\right)\right]\boldsymbol{e}_y \\ &\quad + \left[\frac{\partial}{\partial x}\left(\frac{\partial A_x}{\partial z} - \frac{\partial A_z}{\partial x}\right) - \frac{\partial}{\partial z}\left(\frac{\partial A_z}{\partial y} - \frac{\partial A_y}{\partial z}\right)\right]\boldsymbol{e}_z \end{aligned} \tag{1.6.2}$$

$$\begin{aligned} \nabla\nabla\cdot\boldsymbol{A} &= \frac{\partial}{\partial x}\left(\frac{\partial A_x}{\partial x} + \frac{\partial A_y}{\partial y} + \frac{\partial A_z}{\partial z}\right)\boldsymbol{e}_x + \frac{\partial}{\partial y}\left(\frac{\partial A_x}{\partial x} + \frac{\partial A_y}{\partial y} + \frac{\partial A_z}{\partial z}\right)\boldsymbol{e}_y \\ &\quad + \frac{\partial}{\partial z}\left(\frac{\partial A_x}{\partial x} + \frac{\partial A_y}{\partial y} + \frac{\partial A_z}{\partial z}\right)\boldsymbol{e}_z \end{aligned}$$

$$\begin{aligned} \nabla^2\boldsymbol{A} &= \left(\nabla^2 A_x\right)\boldsymbol{e}_x + \left(\nabla^2 A_y\right)\boldsymbol{e}_y + \left(\nabla^2 A_z\right)\boldsymbol{e}_z \\ &= \left(\frac{\partial^2 A_x}{\partial x^2} + \frac{\partial^2 A_x}{\partial y^2} + \frac{\partial^2 A_x}{\partial z^2}\right)\boldsymbol{e}_x + \left(\frac{\partial^2 A_y}{\partial x^2} + \frac{\partial^2 A_y}{\partial y^2} + \frac{\partial^2 A_y}{\partial z^2}\right)\boldsymbol{e}_y \\ &\quad + \left(\frac{\partial^2 A_z}{\partial x^2} + \frac{\partial^2 A_z}{\partial y^2} + \frac{\partial^2 A_z}{\partial z^2}\right)\boldsymbol{e}_z \end{aligned}$$

于是

$$\nabla\nabla\cdot\boldsymbol{A} - \nabla^2\boldsymbol{A} = \left[\frac{\partial}{\partial x}\left(\frac{\partial A_x}{\partial x} + \frac{\partial A_y}{\partial y} + \frac{\partial A_z}{\partial z}\right) - \left(\frac{\partial^2 A_x}{\partial x^2} + \frac{\partial^2 A_x}{\partial y^2} + \frac{\partial^2 A_x}{\partial z^2}\right)\right]\boldsymbol{e}_x$$

$$
\begin{aligned}
&+\left[\frac{\partial}{\partial y}\left(\frac{\partial A_x}{\partial x}+\frac{\partial A_y}{\partial y}+\frac{\partial A_z}{\partial z}\right)-\left(\frac{\partial^2 A_y}{\partial x^2}+\frac{\partial^2 A_y}{\partial y^2}+\frac{\partial^2 A_y}{\partial z^2}\right)\right]\boldsymbol{e}_y \\
&+\left[\frac{\partial}{\partial z}\left(\frac{\partial A_x}{\partial x}+\frac{\partial A_y}{\partial y}+\frac{\partial A_z}{\partial z}\right)-\left(\frac{\partial^2 A_z}{\partial x^2}+\frac{\partial^2 A_z}{\partial y^2}+\frac{\partial^2 A_z}{\partial z^2}\right)\right]\boldsymbol{e}_z \\
=&\left[\frac{\partial}{\partial x}\left(\frac{\partial A_y}{\partial y}+\frac{\partial A_z}{\partial z}\right)-\frac{\partial^2 A_x}{\partial y^2}-\frac{\partial^2 A_x}{\partial z^2}\right]\boldsymbol{e}_x \\
&+\left[\frac{\partial}{\partial y}\left(\frac{\partial A_x}{\partial x}+\frac{\partial A_z}{\partial z}\right)-\frac{\partial^2 A_y}{\partial x^2}-\frac{\partial^2 A_y}{\partial z^2}\right]\boldsymbol{e}_y \\
&+\left[\frac{\partial}{\partial z}\left(\frac{\partial A_x}{\partial x}+\frac{\partial A_y}{\partial y}\right)-\frac{\partial^2 A_z}{\partial x^2}-\frac{\partial^2 A_z}{\partial y^2}\right]\boldsymbol{e}_z
\end{aligned}
\tag{1.6.3}
$$

比较式 (1.6.2) 和式 (1.6.3) 各分量，可得 $\nabla\times\nabla\times\boldsymbol{A}=\nabla\nabla\cdot\boldsymbol{A}-\nabla^2\boldsymbol{A}$ (证毕)。

例 1.6.6　试证明：

$$
\nabla\cdot\left(\boldsymbol{A}\cdot\boldsymbol{B}\overline{\overline{\boldsymbol{I}}}-\boldsymbol{AB}-\boldsymbol{BA}\right)=\boldsymbol{A}\times(\nabla\times\boldsymbol{B})+\boldsymbol{B}\times(\nabla\times\boldsymbol{A})-(\nabla\cdot\boldsymbol{A})\,\boldsymbol{B}-(\nabla\cdot\boldsymbol{B})\,\boldsymbol{A}
\tag{1.6.4}
$$

证明　矢量恒等式

$$
\nabla\cdot(\boldsymbol{AB})=(\nabla\cdot\boldsymbol{A})\,\boldsymbol{B}+(\boldsymbol{A}\cdot\nabla)\,\boldsymbol{B}
\tag{1.6.5a}
$$

$$
\nabla\cdot(\boldsymbol{BA})=(\nabla\cdot\boldsymbol{B})\,\boldsymbol{A}+(\boldsymbol{B}\cdot\nabla)\,\boldsymbol{A}
\tag{1.6.5b}
$$

以上两式相加有

$$
\nabla\cdot(\boldsymbol{AB}+\boldsymbol{BA})=(\nabla\cdot\boldsymbol{A})\,\boldsymbol{B}+(\nabla\cdot\boldsymbol{B})\,\boldsymbol{A}+(\boldsymbol{A}\cdot\nabla)\,\boldsymbol{B}+(\boldsymbol{B}\cdot\nabla)\,\boldsymbol{A}
\tag{1.6.6}
$$

用 $\boldsymbol{A}\cdot\boldsymbol{B}$ 代替 $\nabla\varphi=\nabla\cdot\left(\varphi\overline{\overline{\boldsymbol{I}}}\right)$ 中的 φ，有

$$
\nabla(\boldsymbol{A}\cdot\boldsymbol{B})=\nabla\cdot\left(\boldsymbol{A}\cdot\boldsymbol{B}\overline{\overline{\boldsymbol{I}}}\right)
$$

另有

$$
\nabla(\boldsymbol{A}\cdot\boldsymbol{B})=\boldsymbol{A}\times(\nabla\times\boldsymbol{B})+\boldsymbol{B}\times(\nabla\times\boldsymbol{A})+(\boldsymbol{B}\cdot\nabla)\,\boldsymbol{A}+(\boldsymbol{A}\cdot\nabla)\,\boldsymbol{B}
$$

于是有

$$
\nabla\cdot\left(\boldsymbol{A}\cdot\boldsymbol{B}\overline{\overline{\boldsymbol{I}}}\right)=\boldsymbol{A}\times(\nabla\times\boldsymbol{B})+\boldsymbol{B}\times(\nabla\times\boldsymbol{A})+(\boldsymbol{B}\cdot\nabla)\,\boldsymbol{A}+(\boldsymbol{A}\cdot\nabla)\,\boldsymbol{B}
\tag{1.6.7}
$$

由式 (1.6.6) 和式 (1.6.7)，可得

$$
\nabla\cdot\left(\boldsymbol{A}\cdot\boldsymbol{B}\overline{\overline{\boldsymbol{I}}}-\boldsymbol{AB}-\boldsymbol{BA}\right)=\boldsymbol{A}\times(\nabla\times\boldsymbol{B})+\boldsymbol{B}\times(\nabla\times\boldsymbol{A})
$$

$$- (\nabla \cdot \boldsymbol{A}) \boldsymbol{B} - (\nabla \cdot \boldsymbol{B}) \boldsymbol{A} \text{ (证毕)}$$

特别地，当 $\boldsymbol{B} = \alpha \boldsymbol{A}$，$\alpha$ 为常数时，有

$$\nabla \cdot \left(\frac{1}{2} \alpha A^2 \overline{\overline{\boldsymbol{I}}} - \alpha \boldsymbol{A}\boldsymbol{A} \right) = \alpha \boldsymbol{A} \times (\nabla \times \boldsymbol{A}) - \alpha (\nabla \cdot \boldsymbol{A}) \boldsymbol{A} \tag{1.6.8}$$

式中，$A = |\boldsymbol{A}|$。式 (1.6.8) 可用在电磁场动量定理的导出中，特别方便。

1.7 广义正交坐标系

常见的坐标系包括直角坐标系、圆柱坐标系和球坐标系。系数如表 1.7.1 所示。

表 1.7.1 三种坐标系系数表

系数	直角坐标系	圆柱坐标系	球坐标系
q_1	x	ρ	r
q_2	y	φ	θ
q_3	z	z	φ
h_1	1	1	1
h_2	1	ρ	r
h_3	1	1	$r\sin\theta$

梯度、散度、旋度和拉普拉斯运算分别为

$$\nabla u = \sum_{i=1}^{3} \frac{1}{h_i} \frac{\partial u}{\partial q_i} \boldsymbol{e}_{q_i} \tag{1.7.1a}$$

$$\nabla \cdot \boldsymbol{F} = \frac{1}{h_1 h_2 h_3} \sum_{i=1}^{3} \left[\frac{\partial}{\partial q_i} \left(\frac{h_1 h_2 h_3}{h_i} F_{q_i} \right) \right] \tag{1.7.1b}$$

$$\nabla \times \boldsymbol{F} = \frac{1}{h_1 h_2 h_3} \begin{vmatrix} h_1 \boldsymbol{e}_{q_1} & h_2 \boldsymbol{e}_{q_2} & h_3 \boldsymbol{e}_{q_3} \\ \dfrac{\partial}{\partial q_1} & \dfrac{\partial}{\partial q_2} & \dfrac{\partial}{\partial q_3} \\ h_1 F_{q_1} & h_2 F_{q_2} & h_3 F_{q_3} \end{vmatrix} \tag{1.7.1c}$$

$$\nabla^2 u = \frac{1}{h_1 h_2 h_3} \sum_{i=1}^{3} \left[\frac{\partial}{\partial q_i} \left(\frac{h_1 h_2 h_3}{h_i^2} \frac{\partial u}{\partial q_i} \right) \right] \tag{1.7.1d}$$

三种坐标系下梯度展开式分别为

$$\nabla u=\frac{\partial u}{\partial x}\boldsymbol{e}_x+\frac{\partial u}{\partial y}\boldsymbol{e}_y+\frac{\partial u}{\partial z}\boldsymbol{e}_z \tag{1.7.2a}$$

$$\nabla u=\frac{\partial u}{\partial \rho}\boldsymbol{e}_\rho+\frac{1}{\rho}\frac{\partial u}{\partial \varphi}\boldsymbol{e}_\varphi+\frac{\partial u}{\partial z}\boldsymbol{e}_z \tag{1.7.2b}$$

$$\nabla u=\frac{\partial u}{\partial r}\boldsymbol{e}_r+\frac{1}{r}\frac{\partial u}{\partial \theta}\boldsymbol{e}_\theta+\frac{1}{r\sin\theta}\frac{\partial u}{\partial \varphi}\boldsymbol{e}_\varphi \tag{1.7.2c}$$

三种坐标系下散度展开式分别为

$$\nabla\cdot\boldsymbol{F}=\frac{\partial F_x}{\partial x}+\frac{\partial F_y}{\partial y}+\frac{\partial F_z}{\partial z} \tag{1.7.3a}$$

$$\nabla\cdot\boldsymbol{F}=\frac{1}{\rho}\frac{\partial}{\partial \rho}(\rho F_\rho)+\frac{1}{\rho}\frac{\partial F_\varphi}{\partial \varphi}+\frac{\partial F_z}{\partial z} \tag{1.7.3b}$$

$$\nabla\cdot\boldsymbol{F}=\frac{1}{r^2\sin\theta}\left[\frac{\partial}{\partial r}\left(r^2\sin\theta F_r\right)+\frac{\partial}{\partial \theta}(r\sin\theta F_\theta)+\frac{\partial}{\partial \varphi}(rF_\varphi)\right] \tag{1.7.3c}$$

三种坐标系下旋度展开式分别为

$$\nabla\times\boldsymbol{F}=\begin{vmatrix}\boldsymbol{e}_x & \boldsymbol{e}_y & \boldsymbol{e}_z\\ \dfrac{\partial}{\partial x} & \dfrac{\partial}{\partial y} & \dfrac{\partial}{\partial z}\\ F_x & F_y & F_z\end{vmatrix} \tag{1.7.4a}$$

$$\nabla\times\boldsymbol{F}=\frac{1}{\rho}\begin{vmatrix}\boldsymbol{e}_\rho & \rho\boldsymbol{e}_\varphi & \boldsymbol{e}_z\\ \dfrac{\partial}{\partial \rho} & \dfrac{\partial}{\partial \varphi} & \dfrac{\partial}{\partial z}\\ F_\rho & \rho F_\varphi & F_z\end{vmatrix} \tag{1.7.4b}$$

$$\nabla\times\boldsymbol{F}=\frac{1}{r^2\sin\theta}\begin{vmatrix}\boldsymbol{e}_r & r\boldsymbol{e}_\theta & r\sin\theta\boldsymbol{e}_\varphi\\ \dfrac{\partial}{\partial r} & \dfrac{\partial}{\partial \theta} & \dfrac{\partial}{\partial \varphi}\\ F_r & rF_\theta & r\sin\theta F_\varphi\end{vmatrix} \tag{1.7.4c}$$

三种坐标系下拉普拉斯运算展开式分别为

$$\nabla^2 u=\frac{\partial^2 u}{\partial x^2}+\frac{\partial^2 u}{\partial y^2}+\frac{\partial^2 u}{\partial z^2} \tag{1.7.5a}$$

$$\nabla^2 u = \frac{1}{\rho}\frac{\partial}{\partial\rho}\left(\rho\frac{\partial u}{\partial\rho}\right) + \frac{1}{\rho^2}\frac{\partial^2 u}{\partial\varphi^2} + \frac{\partial^2 u}{\partial z^2} \tag{1.7.5b}$$

$$\nabla^2 u = \frac{1}{r^2}\frac{\partial}{\partial r}\left(r^2\frac{\partial u}{\partial r}\right) + \frac{1}{r^2\sin\theta}\frac{\partial}{\partial\theta}\left(\sin\theta\frac{\partial u}{\partial\theta}\right) + \frac{1}{r^2\sin^2\theta}\frac{\partial^2 u}{\partial\varphi^2} \tag{1.7.5c}$$

1.8 亥姆霍兹定理

亥姆霍兹定理表明，若矢量场 $\boldsymbol{F}(\boldsymbol{r})$ 在无界空间中处处单值，且其导数连续有界，源分布在有限区域 V 中，则该矢量场 $\boldsymbol{F}(\boldsymbol{r})$ 唯一地由其散度、旋度和边界条件 (限定体积的闭合曲面上的矢量场分布) 所确定，且可被表示为一个标量函数的梯度和一个矢量函数的旋度之和，即

$$\boldsymbol{F}(\boldsymbol{r}) = -\nabla\varphi(\boldsymbol{r}) + \nabla\times\boldsymbol{A}(\boldsymbol{r})$$

式中

$$\begin{cases} \varphi(\boldsymbol{r}) = \dfrac{1}{4\pi}\displaystyle\int_V \frac{\nabla'\cdot\boldsymbol{F}(\boldsymbol{r}')}{R}\mathrm{d}V' - \frac{1}{4\pi}\oint_S \frac{\boldsymbol{F}(\boldsymbol{r}')}{R}\cdot\mathrm{d}\boldsymbol{S}' \\ \boldsymbol{A}(\boldsymbol{r}) = \dfrac{1}{4\pi}\displaystyle\int_V \frac{\nabla'\times\boldsymbol{F}(\boldsymbol{r}')}{R}\mathrm{d}V' + \frac{1}{4\pi}\oint_S \frac{\boldsymbol{F}(\boldsymbol{r}')}{R}\times\mathrm{d}\boldsymbol{S}' \end{cases} \tag{1.8.1}$$

其中，$R = |\boldsymbol{r}-\boldsymbol{r}'|$ 是源点 $\boldsymbol{r}'$ 到场点 $\boldsymbol{r}$ 的距离，算子 $\nabla' = \boldsymbol{e}_x\dfrac{\partial}{\partial x'} + \boldsymbol{e}_y\dfrac{\partial}{\partial y'} + \boldsymbol{e}_z\dfrac{\partial}{\partial z'}$ 是对源点坐标 $\boldsymbol{r}'$ 进行运算的，积分也是对源点坐标展开。

如果矢量场在无限远处衰减为零，式 (1.8.1) 可以简化为

$$\begin{cases} \varphi(\boldsymbol{r}) = \dfrac{1}{4\pi}\displaystyle\int_V \frac{\nabla'\cdot\boldsymbol{F}(\boldsymbol{r}')}{R}\mathrm{d}V' \\ \boldsymbol{A}(\boldsymbol{r}) = \dfrac{1}{4\pi}\displaystyle\int_V \frac{\nabla'\times\boldsymbol{F}(\boldsymbol{r}')}{R}\mathrm{d}V' \end{cases} \tag{1.8.2}$$

上面两式中，$\varphi(\boldsymbol{r})$ 和 $\boldsymbol{A}(\boldsymbol{r})$ 具体给出了矢量场与其散度源和旋度源之间的定量关系。

对于无界空间，当 $\varphi(\boldsymbol{r})$ 和 $\boldsymbol{A}(\boldsymbol{r})$ 均为零时，$\boldsymbol{F}(\boldsymbol{r}) = 0$。无散且无旋的矢量场在无界空间中是不存在的，它只可能存在于局部的无源区域中。

亥姆霍兹定理表明，如果仅仅知道矢量场的散度，或仅仅知道矢量场的旋度，都不能唯一确定该矢量场。

亥姆霍兹定理在电磁场理论中具有重要的意义，根据该定理可以从麦克斯韦方程组中导出静电场、稳恒电场和稳恒磁场等。

1.9 散度与旋度方程内部边界条件一般形式

假设在空间两种介质的分界面 S 的两侧，矢量发生突变，曲面 S 上的场不能用微分形式的散度方程和旋度方程描述。此时，为了导出曲面上满足的方程，需要使用散度方程和旋度方程对应的积分形式，即高斯散度定理和旋度定理，得到边界条件。

1.3 节给出了高斯散度定理式 (1.3.3a) 及旋度定理式 (1.3.3b)

$$\int_V \nabla \cdot \boldsymbol{F} \mathrm{d}V = \oint_S \boldsymbol{n} \cdot \boldsymbol{F} \mathrm{d}S$$

$$\int_V \nabla \times \boldsymbol{F} \mathrm{d}V = \oint_S \boldsymbol{n} \times \boldsymbol{F} \mathrm{d}S$$

高斯散度定理成立的前提条件通常被描述为 $\boldsymbol{F}$ 的各分量及其偏导数在 V-S 区域上连续。实际上，常常需要处理分区均匀介质，在介质分界面上可能不存在一阶连续的偏导数。如前所述，从曲面积分定理的使用条件可知它适用于分区均匀介质，以此为基础导出的高斯散度定理也是适用于分区均匀介质的。

从本节起，包括其下各节中，讨论的旋度方程和散度方程均为

$$\begin{cases} \nabla \times \boldsymbol{G} = \boldsymbol{Q} \\ \nabla \cdot \boldsymbol{P} = q \end{cases} \tag{1.9.1}$$

式中，q 为标量体密度通量源，$\boldsymbol{Q}$ 为矢量体密度涡旋源。这里 q 特指电荷密度或磁荷密度，$\boldsymbol{Q}$ 特指电流密度或磁流密度。

对式 (1.9.1) 作体积分，有

$$\begin{cases} \displaystyle\int_V \nabla \times \boldsymbol{G} \mathrm{d}V = \int_V \boldsymbol{Q} \mathrm{d}V \\ \displaystyle\int_V \nabla \cdot \boldsymbol{P} \mathrm{d}V = \int_V q \mathrm{d}V \end{cases} \tag{1.9.2}$$

将旋度定理 (1.3.3b) 与高斯散度定理 (1.3.3a) 代入式 (1.9.2)，有

$$\begin{cases} \displaystyle\oint_S \boldsymbol{n} \times \boldsymbol{G} \mathrm{d}S = \int_V \boldsymbol{Q} \mathrm{d}V \\ \displaystyle\oint_S \boldsymbol{n} \cdot \boldsymbol{P} \mathrm{d}S = \int_V q \mathrm{d}V \end{cases}$$

假定有一闭合圆柱面包含两种不同介质的分界面，如图 1.9.1 所示。

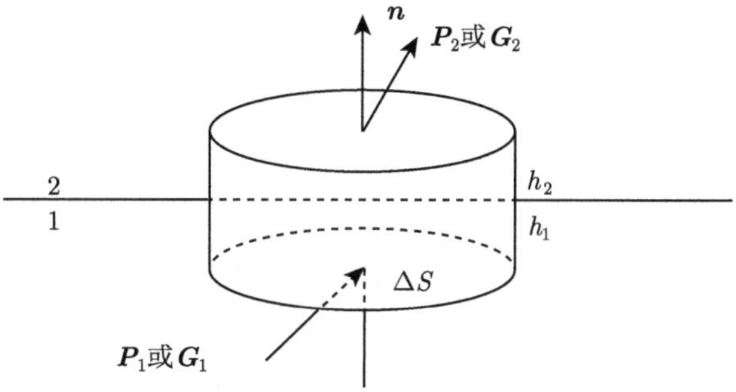

图 1.9.1 闭合圆柱面

设圆柱底面积 ΔS 很小，其上的 $\boldsymbol{G}$、$\boldsymbol{P}$、$\boldsymbol{Q}$ 和 q 均匀。忽略上式中圆柱侧面的通量，有

$$\begin{cases} \boldsymbol{n} \times (\boldsymbol{G}_2 - \boldsymbol{G}_1)|_S \, \Delta S = (\boldsymbol{Q}_1 h_1 + \boldsymbol{Q}_2 h_2)\Delta S \\ \boldsymbol{n} \cdot (\boldsymbol{P}_2 - \boldsymbol{P}_1)|_S \, \Delta S = (q_1 h_1 + q_2 h_2)\, \Delta S \end{cases}$$

即

$$\begin{cases} \boldsymbol{n} \times (\boldsymbol{G}_2 - \boldsymbol{G}_1)|_S = \boldsymbol{Q}_1 h_1 + \boldsymbol{Q}_2 h_2 \\ \boldsymbol{n} \cdot (\boldsymbol{P}_2 - \boldsymbol{P}_1)|_S = q_1 h_1 + q_2 h_2 \end{cases} \tag{1.9.3}$$

如果分界面两侧附近没有标量体密度通量源 q 或矢量体密度涡旋源 $\boldsymbol{Q}$，或 $\boldsymbol{Q}$ 和 q 是有限的，则有

$$\begin{cases} \lim\limits_{h_1,h_2\to 0} (\boldsymbol{Q}_1 h_1 + \boldsymbol{Q}_2 h_2) = 0 \\ \lim\limits_{h_1,h_2\to 0} (q_1 h_1 + q_2 h_2) = 0 \end{cases}$$

边界条件为

$$\begin{cases} \boldsymbol{n} \times (\boldsymbol{G}_2 - \boldsymbol{G}_1)|_S = 0 \\ \boldsymbol{n} \cdot (\boldsymbol{P}_2 - \boldsymbol{P}_1)|_S = 0 \end{cases} \tag{1.9.4}$$

在分界面上，$\boldsymbol{G}$ 的切向分量连续，$\boldsymbol{P}$ 的法向分量连续。

如果分界面上 $\boldsymbol{Q}$ 和 q 是奇异的，需要用面密度代替，定义为

$$\begin{cases} \boldsymbol{Q}_\mathrm{s} = \lim\limits_{h_1,h_2\to 0} (\boldsymbol{Q}_1 h_1 + \boldsymbol{Q}_2 h_2) \\ q_\mathrm{s} = \lim\limits_{h_1,h_2\to 0} (q_1 h_1 + q_2 h_2) \end{cases} \tag{1.9.5}$$

边界条件为

$$\begin{cases} \boldsymbol{n} \times (\boldsymbol{G}_2 - \boldsymbol{G}_1)|_S = \boldsymbol{Q}_\mathrm{s} \\ \boldsymbol{n} \cdot (\boldsymbol{P}_2 - \boldsymbol{P}_1)|_S = q_\mathrm{s} \end{cases} \tag{1.9.6}$$

在分界面上，$\boldsymbol{G}$ 的切向分量不连续，$\boldsymbol{P}$ 的法向分量不连续。

需要注意，设定矢量 $\boldsymbol{G}$ 或 $\boldsymbol{P}$ 在曲面两侧突变是为了便于数学分析而给出的一种理想化的处理方式。在实际矢量场中，场量的突变面位于不同介质的边界面，如果把边界面上的一点放大来看，可以认为矢量跨越边界面时是连续变化的。

1.10 泊 松 方 程

泊松方程在静电场、稳恒电场、无旋稳恒磁场以及二维稳恒磁场中常常用到，本节介绍的内容，在后续电磁场理论的学习中可以直接引用。

考虑如下偏微分方程

$$\begin{cases} \nabla \times \boldsymbol{G} = \boldsymbol{0} \\ \nabla \cdot \boldsymbol{P} = q \\ \boldsymbol{P} = \alpha \boldsymbol{G} \end{cases} \tag{1.10.1}$$

式中，$\boldsymbol{G}$ 和 $\boldsymbol{P}$ 为矢量场，假定 q 为标量体密度通量源，α 为材料参数，在本书中特指电导率、磁导率或介电常量，为恒大于零的参数。

$\boldsymbol{G}$ 是无旋场，引入标量位函数，$\boldsymbol{G} = -\nabla\varphi$，则 $\boldsymbol{P} = -\alpha\nabla\varphi$，代入 $\nabla \cdot \boldsymbol{P} = q$，得到泊松方程

$$\nabla \cdot (\alpha \nabla \varphi) = -q \tag{1.10.2}$$

1.10.1 内部边界条件

在区域内部两种介质的交界面 S 上，$\boldsymbol{G}$ 的切向分量满足

$$(\boldsymbol{n} \times \boldsymbol{G}_1)\,|_S = (\boldsymbol{n} \times \boldsymbol{G}_2)\,|_S \tag{1.10.3a}$$

因此，标量位满足

$$\varphi_1|_S = \varphi_2|_S \tag{1.10.3b}$$

$\boldsymbol{P}$ 的法向分量满足

$$(\boldsymbol{n} \cdot \boldsymbol{P}_2)|_S - (\boldsymbol{n} \cdot \boldsymbol{P}_1)|_S = q_\mathrm{s} \tag{1.10.4a}$$

即

$$\alpha_2 \frac{\partial \varphi_2}{\partial n}\bigg|_S - \alpha_1 \frac{\partial \varphi_1}{\partial n}\bigg|_S = -q_\mathrm{s} \tag{1.10.4b}$$

综上所述，泊松方程的内部边界条件为

$$\begin{cases} \varphi_1|_S = \varphi_2|_S \\ \alpha_2 \dfrac{\partial \varphi_2}{\partial n}\bigg|_S - \alpha_1 \dfrac{\partial \varphi_1}{\partial n}\bigg|_S = -q_s \end{cases} \tag{1.10.5}$$

式中,q_s 为交界面上的标量体密度通量源对应的面密度源,在一般情况下,q_s 为零。

1.10.2 泊松方程边值问题解的唯一性

泊松方程边值问题解的唯一性定理为：在一有限区域中，如果标量体密度通量源分布已知，在边界上标量位或标量位的法向分量 (实际上还要乘以介质参数 α，以下同) 或边界上不同部分的标量位和标量位的法向分量已知，那么区域中的场就被唯一地确定了。

边值问题有如下几种表述：

狄利克雷 (Dirichlet) 边值问题，即第一类边值问题为

$$\begin{cases} \nabla \cdot (\alpha \nabla \varphi) = -q \\ \varphi|_S = \varphi_0 \end{cases} \tag{1.10.6a}$$

式中，φ_0 为已知函数或常数。

诺依曼边值问题，即第二类边值问题

$$\begin{cases} \nabla \cdot (\alpha \nabla \varphi) = -q \\ \alpha \dfrac{\partial \varphi}{\partial n}\bigg|_S = -P_n \end{cases} \tag{1.10.6b}$$

混合边值问题

$$\begin{cases} \nabla \cdot (\alpha \nabla \varphi) = -q \\ \varphi|_{S_1} = \varphi_0 \\ \alpha \dfrac{\partial \varphi}{\partial n}\bigg|_{S_2} = -P_n \end{cases} \tag{1.10.6c}$$

式中，φ_0 和 P_n 是已知函数或常数。

下面以第一类边值问题和第二类边值问题为例，利用反证法证明泊松方程解的唯一性。

假定式 (1.10.6) 有两个不同的解，则差场 $u = \varphi_1 - \varphi_2$ 满足的边值问题为

$$\begin{cases} \nabla \cdot (\alpha \nabla u) = 0 \\ u|_S = 0 \end{cases} \tag{1.10.7a}$$

或

$$\begin{cases} \nabla \cdot (\alpha \nabla u) = 0 \\ \alpha \dfrac{\partial u}{\partial n}\Big|_S = 0 \end{cases} \tag{1.10.7b}$$

将拉普拉斯方程乘以 u，作体积分有

$$\int_V u\nabla \cdot (\alpha \nabla u)\, \mathrm{d}V = 0$$

利用标量第一格林定理式 (1.3.5a)，有

$$\oint_S \alpha u \frac{\partial u}{\partial n} \mathrm{d}S - \int_V \alpha \left|\nabla u\right|^2 \mathrm{d}V = 0$$

无论 u 满足齐次狄利克雷边界还是齐次诺依曼边界条件，均有 $\int_V \alpha \left|\nabla u\right|^2 \mathrm{d}V = 0$。由于 $\alpha \left|\nabla u\right|^2$ 是恒正的，此式成立的条件是：在区域 V 内部，标量位 $u(\boldsymbol{r})$ 为常数 C。

当边界 S 上标量位 φ 已知时，u 满足齐次狄利克雷边界条件，则可确定常数 C 等于零，在区域 V 内，u 处处为零，即 $\varphi_1 = \varphi_2$，因此解是唯一的。

当边界 S 上标量位的法向导数 $\alpha \dfrac{\partial \varphi}{\partial n}$ 已知时，u 满足齐次诺依曼边界条件，即边界上 $\alpha \dfrac{\partial u}{\partial n}$ 为零，然而这并不意味着在边界上 u 为零。因此，在区域 V 内，u 处处为常数，即 $\varphi_1 - \varphi_2 = C$，但无法确定这个常数是否为零。尽管如此，由于两组解的梯度相同，除了一个无关紧要的常数外，二者给出相同的 $\boldsymbol{G}$ 场分布，所以也认为解是唯一的。不难证明，满足混合边界条件的问题也有唯一解。

需要注意，在闭合边界面上，不能同时任意给定标量位和它的法向导数，否则泊松方程没有唯一解，因为狄利克雷问题和诺依曼问题各有一个唯一解，而这两个解一般是不相同的。

1.11　双旋度方程

稳恒磁场可以用双旋度方程表示，稳恒电流场亦可以，只是不太常用。矢量波动方程或扩散方程中也会遇到双旋度算子。

考虑如下偏微分方程

$$\begin{cases} \nabla \times \boldsymbol{G} = \boldsymbol{Q} \\ \nabla \cdot \boldsymbol{P} = 0 \\ \boldsymbol{P} = \alpha \boldsymbol{G} \end{cases} \tag{1.11.1}$$

式中，$\boldsymbol{G}$ 和 $\boldsymbol{P}$ 为矢量场，假定 $\boldsymbol{Q}$ 为矢量体密度涡旋源，α 为材料参数，$\beta=\alpha^{-1}$。

$\boldsymbol{P}$ 是无散场，引入矢量位函数，$\boldsymbol{P}=\nabla\times\boldsymbol{A}$，则 $\boldsymbol{G}=\beta\nabla\times\boldsymbol{A}$，代入式 (1.11.1)，得到双旋度方程

$$\nabla\times(\beta\nabla\times\boldsymbol{A})=\boldsymbol{Q} \tag{1.11.2}$$

若 β 为常数，则可得到

$$\nabla\times\nabla\times\boldsymbol{A}=\alpha\boldsymbol{Q} \tag{1.11.3}$$

1.11.1 内部边界条件

在区域内部两种介质的交界面上，$\boldsymbol{G}$ 的切向分量满足

$$(\boldsymbol{n}\times\boldsymbol{G}_2)|_S-(\boldsymbol{n}\times\boldsymbol{G}_1)|_S=\boldsymbol{Q}_{\mathrm{s}} \tag{1.11.4a}$$

或

$$\beta_2(\boldsymbol{n}\times\nabla\times\boldsymbol{A}_2)|_S-\beta_1(\boldsymbol{n}\times\nabla\times\boldsymbol{A}_1)|_S=\boldsymbol{Q}_{\mathrm{s}} \tag{1.11.4b}$$

利用 $\nabla\times\boldsymbol{A}=\boldsymbol{P}$，可得矢量位的切向分量满足

$$\boldsymbol{n}\times\boldsymbol{A}_1|_S=\boldsymbol{n}\times\boldsymbol{A}_2|_S \tag{1.11.5}$$

综上所述，双旋度方程的内部边界条件为

$$\begin{cases}\boldsymbol{n}\times\boldsymbol{A}_1|_S=\boldsymbol{n}\times\boldsymbol{A}_2|_S\\ \beta_2(\boldsymbol{n}\times\nabla\times\boldsymbol{A}_2)|_S-\beta_1(\boldsymbol{n}\times\nabla\times\boldsymbol{A}_1)|_S=\boldsymbol{Q}_{\mathrm{s}}\end{cases} \tag{1.11.6}$$

式中，$\boldsymbol{Q}_{\mathrm{s}}$ 为交界面上的矢量体密度旋度源 $\boldsymbol{Q}$ 对应的面密度，在一般情况下 $\boldsymbol{Q}_{\mathrm{s}}$ 为零。

1.11.2 双旋度方程边值问题解的唯一性

双旋度方程边值问题解的唯一性定理为：在一有限区域中，如果矢量体密度涡旋源分布已知，在边界上矢量位 $\boldsymbol{A}$ 的切向分量或 $\boldsymbol{G}$ 场的切向分量或边界上不同部分矢量位的切向分量和 $\boldsymbol{G}$ 场的切向分量已知，那么区域中的 $\boldsymbol{P}$ 场就被唯一地确定了。

第一类边值问题

$$\begin{cases}\nabla\times(\beta\nabla\times\boldsymbol{A})=\boldsymbol{Q}\\ (\boldsymbol{n}\times\boldsymbol{A})|_S=\boldsymbol{A}_t\end{cases} \tag{1.11.7a}$$

第二类边值问题

$$\begin{cases}\nabla\times(\beta\nabla\times\boldsymbol{A})=\boldsymbol{Q}\\ \beta(\boldsymbol{n}\times\nabla\times\boldsymbol{A})|_S=\boldsymbol{G}_t\end{cases} \tag{1.11.7b}$$

混合边值问题

$$
\begin{cases}
\nabla \times (\beta \nabla \times \boldsymbol{A}) = \boldsymbol{Q} \\
(\boldsymbol{n} \times \boldsymbol{A})|_{S_1} = \boldsymbol{A}_t \\
\beta (\boldsymbol{n} \times \nabla \times \boldsymbol{A})|_{S_2} = \boldsymbol{G}_t
\end{cases}
\tag{1.11.7c}
$$

式中，$\boldsymbol{A}_t$ 和 $\boldsymbol{G}_t$ 为已知函数或常数。

下面以第一类边值问题和第二类边值问题为例，利用反证法对双旋度方程解的唯一性给予证明。

假定式 (1.11.7) 有两个不同的解，则差场 $\boldsymbol{a} = \boldsymbol{A}_1 - \boldsymbol{A}_2$，且有 $\boldsymbol{p} = \nabla \times \boldsymbol{a}$，$\boldsymbol{g} = \beta \nabla \times \boldsymbol{a}$，满足的边值问题为

$$
\begin{cases}
\nabla \times (\beta \nabla \times \boldsymbol{a}) = \boldsymbol{0} \\
(\boldsymbol{n} \times \boldsymbol{a})|_{S} = \boldsymbol{0}
\end{cases}
\tag{1.11.8a}
$$

$$
\begin{cases}
\nabla \times (\beta \nabla \times \boldsymbol{a}) = \boldsymbol{0} \\
\beta (\boldsymbol{n} \times \nabla \times \boldsymbol{a})|_{S} = \boldsymbol{0}
\end{cases}
\tag{1.11.8b}
$$

利用式 (1.3.11)，有

$$
\int_V \boldsymbol{g} \cdot \nabla \times \boldsymbol{a} \mathrm{d}V - \int_V \boldsymbol{a} \cdot \nabla \times \boldsymbol{g} \mathrm{d}V = -\oint_S \boldsymbol{a} \cdot \boldsymbol{n} \times \boldsymbol{g} \mathrm{d}S = \oint_S \boldsymbol{g} \cdot \boldsymbol{n} \times \boldsymbol{a} \mathrm{d}S
$$

整理得

$$
\int_V \beta |\boldsymbol{p}|^2 \mathrm{d}V = \int_V \beta |\nabla \times \boldsymbol{a}|^2 \mathrm{d}V = -\oint_S \boldsymbol{a} \cdot \boldsymbol{n} \times \boldsymbol{g} \mathrm{d}S = \oint_S \boldsymbol{g} \cdot \boldsymbol{n} \times \boldsymbol{a} \mathrm{d}S \tag{1.11.9}
$$

无论 $\boldsymbol{a}$ 满足齐次第一类边界条件还是第二类边界条件，均有

$$
\int_V \beta |\boldsymbol{p}|^2 \mathrm{d}V = \int_V \beta |\nabla \times \boldsymbol{a}|^2 \mathrm{d}V = 0
$$

由于 $\beta |\boldsymbol{p}|^2$ 是恒正的，此式成立的条件是：在区域内部 $\boldsymbol{p}$ 处处等于零，矢量位 $\boldsymbol{a}$ 可以表示为某个标量函数的梯度 $\nabla\varphi$。两类边界条件并不能导出 $\boldsymbol{a}$ 处处为零，但两组解至多相差一个标量函数的梯度，两组解的旋度相同，二者给出同一 $\boldsymbol{P}$ 场分布，所以认为 $\boldsymbol{P}$ 解是唯一的。

归纳起来，对于双旋度方程，当边界上给定 $\boldsymbol{n} \times \boldsymbol{A}$ 或给定 $\boldsymbol{n} \times \boldsymbol{G}$ 或部分给定 $\boldsymbol{n} \times \boldsymbol{A}$、部分给定 $\boldsymbol{n} \times \boldsymbol{G}$ 时，只能保证 $\boldsymbol{P}$ 的唯一性，无法保证 $\boldsymbol{A}$ 的唯一性。

1.11.3 双旋度方程和库仑规范的内部边界条件

根据亥姆霍兹定理，为保证 $\boldsymbol{A}$ 的唯一性，还需规定 $\boldsymbol{A}$ 的散度，常用的就是库仑规范 $\nabla\cdot\boldsymbol{A}=0$，双旋度方程常与库仑规范联合使用。

库仑规范的引入，使得矢量位满足法向边界条件 $\boldsymbol{n}\cdot\boldsymbol{A}_1|_S=\boldsymbol{n}\cdot\boldsymbol{A}_2|_S$，因此，在边界上矢量位连续：

$$\boldsymbol{A}_1|_S=\boldsymbol{A}_2|_S$$

$\boldsymbol{P}$ 的法向分量满足 $(\boldsymbol{n}\cdot\boldsymbol{P}_1)|_S=(\boldsymbol{n}\cdot\boldsymbol{P}_2)|_S$，即 $(\boldsymbol{n}\cdot\nabla\times\boldsymbol{A}_1)|_S=(\boldsymbol{n}\cdot\nabla\times\boldsymbol{A}_2)|_S$。可以证明，只要交界面上给出矢量磁位连续条件，则 $\boldsymbol{P}$ 场法向连续条件将自动满足，不必列出。不失一般性，设交界面的法向与 z 方向重合，则有

$$\boldsymbol{n}\cdot\nabla\times\boldsymbol{A}_i=\frac{\partial A_{iy}}{\partial x}-\frac{\partial A_{ix}}{\partial y}$$

在分界面 $\boldsymbol{A}_1=\boldsymbol{A}_2$，则它们各分量沿着分界面表面的切向导数必然相等。

综上所述，双旋度方程和库仑规范的内部边界条件为

$$\begin{cases}\boldsymbol{A}_1|_S=\boldsymbol{A}_2|_S\\ \beta_2\left(\boldsymbol{n}\times\nabla\times\boldsymbol{A}_2\right)|_S-\beta_1\left(\boldsymbol{n}\times\nabla\times\boldsymbol{A}_1\right)|_S=\boldsymbol{Q}_{\mathrm{s}}\end{cases}\tag{1.11.10}$$

式中，$\boldsymbol{Q}_{\mathrm{s}}$ 为交界面上的矢量体密度旋度源 $\boldsymbol{Q}$ 对应的面密度，在一般情况下 $\boldsymbol{Q}_{\mathrm{s}}$ 为零。

1.11.4 双旋度方程与库仑规范方程边值问题解的唯一性

双旋度方程强加库仑规范，边值问题有如下几种表述：

边值问题一

$$\begin{cases}\nabla\times(\beta\nabla\times\boldsymbol{A})=\boldsymbol{Q}\\ \nabla\cdot\boldsymbol{A}=0\\ (\boldsymbol{n}\times\boldsymbol{A})|_S=\boldsymbol{A}_t\end{cases}\tag{1.11.11a}$$

边值问题二

$$\begin{cases}\nabla\times(\beta\nabla\times\boldsymbol{A})=\boldsymbol{Q}\\ \nabla\cdot\boldsymbol{A}=0\\ \beta\left(\boldsymbol{n}\times\nabla\times\boldsymbol{A}\right)|_S=\boldsymbol{G}_t\\ (\boldsymbol{n}\cdot\boldsymbol{A})|_S=0\end{cases}\tag{1.11.11b}$$

混合边值问题

$$\begin{cases} \nabla \times (\beta \nabla \times \boldsymbol{A}) = \boldsymbol{Q} \\ \nabla \cdot \boldsymbol{A} = 0 \\ (\boldsymbol{n} \times \boldsymbol{A})|_{S_1} = \boldsymbol{A}_t \\ \beta (\boldsymbol{n} \times \nabla \times \boldsymbol{A})|_{S_2} = \boldsymbol{G}_t \\ (\boldsymbol{n} \cdot \boldsymbol{A})|_{S_2} = 0 \end{cases} \tag{1.11.11c}$$

式中，$\boldsymbol{A}_t$ 和 $\boldsymbol{G}_t$ 为已知函数或常数。若 $\boldsymbol{A}$ 为矢量磁位等不可测的量，则 $\boldsymbol{n} \times \boldsymbol{A}$ 和 $\boldsymbol{n} \cdot \boldsymbol{A}$ 难以确定，通常给定齐次边界条件。

下面分析下矢量位 $\boldsymbol{A}$ 的唯一性。

如前所述，边值问题式 (1.11.7)，使 $\boldsymbol{P}$ 的唯一性得到保证。但只规定了 $\boldsymbol{A}$ 的旋度，为了保证矢量位唯一，还需规定 $\boldsymbol{A}$ 的散度和 $\boldsymbol{A}$ 的边界条件。比较式 (1.11.7a) 和式 (1.11.11a)，除了强制库仑规范外，并未增加任何其他条件，而式 (1.11.11b) 和式 (1.11.7b) 相比，还增加了 $\boldsymbol{A}$ 的齐次法向分量条件。

若 $\boldsymbol{A}$ 满足库仑规范，则差场 $\boldsymbol{a}$ 也满足库仑规范，将 $\boldsymbol{a} = \nabla\varphi$ 代入，在区域内部有

$$\nabla^2\varphi = 0$$

若边界 S 上矢量位 $\boldsymbol{A}$ 的切向分量或法向分量已知，则 $\boldsymbol{n} \times \boldsymbol{a}$ 或 $\boldsymbol{n} \cdot \boldsymbol{a}$ 为零，边界上 $\dfrac{\partial\varphi}{\partial t}$ 或 $\dfrac{\partial\varphi}{\partial n}$ 为零 (这里 t 和 n 分别为边界面的切向和法向)，即在边界上分别有 φ 为常数以及 $\dfrac{\partial\varphi}{\partial n}$ 为零。

参考泊松方程标量位处理方法，有

$$\oint_S \varphi \frac{\partial\varphi}{\partial n} \mathrm{d}S = \int_V |\nabla\varphi|^2 \,\mathrm{d}V$$

若边界上 φ 为常数 C，将上式中的常数提到面积分外，再根据高斯散度定理，可得面积分为零；若边界上 $\dfrac{\partial\varphi}{\partial n}$ 为零，可得面积分为零。这两种情况都可使得体积分为零。对于混合边界条件，亦有此结论。由 $|\nabla\varphi|^2$ 的恒正性知区域内 $\nabla\varphi$ 处处为零，于是矢量位 $\boldsymbol{a}$ 处处为零，即 $\boldsymbol{A}_1 = \boldsymbol{A}_2$，因此 $\boldsymbol{A}$ 解是唯一的。

综合起来，对于双旋度方程联合库仑规范方程，当边界上给定 $\boldsymbol{n} \times \boldsymbol{A}$，或边界上给定 $\boldsymbol{n} \times \boldsymbol{G}$ 以及给定 $\boldsymbol{n} \cdot \boldsymbol{A}$ 为零，或边界上部分给定 $\boldsymbol{n} \times \boldsymbol{A}$、部分给定 $\boldsymbol{n} \times \boldsymbol{G}$ 以及给定 $\boldsymbol{n} \cdot \boldsymbol{A}$ 为零，可同时保证 $\boldsymbol{A}$ 和 $\boldsymbol{P}$ 的唯一性。

1.12 矢量泊松方程

考虑如下方程

$$\begin{cases} \nabla \times \boldsymbol{G} = \boldsymbol{Q} \\ \nabla \cdot \boldsymbol{P} = 0 \\ \boldsymbol{P} = \alpha \boldsymbol{G} \end{cases} \tag{1.12.1}$$

式中，$\boldsymbol{G}$ 和 $\boldsymbol{P}$ 为矢量场，假定 $\boldsymbol{Q}$ 为矢量体密度涡旋源，α 为材料参数，$\beta = \alpha^{-1}$。

对式 (1.12.1) 中的第一式求散度，有

$$\nabla \cdot \boldsymbol{Q} = 0 \tag{1.12.2}$$

考虑到 $\nabla \times \beta \nabla \times \boldsymbol{A} = \nabla(\beta \nabla \cdot \boldsymbol{A}) - \nabla \cdot \beta \nabla \boldsymbol{A}$，将 $\nabla(\beta \nabla \cdot \boldsymbol{A})$ 并入双旋度方程式中，得到 $\boldsymbol{A}$ 满足的矢量泊松方程

$$\nabla \times (\beta \nabla \times \boldsymbol{A}) - \nabla(\beta \nabla \cdot \boldsymbol{A}) = \boldsymbol{Q} \tag{1.12.3}$$

即 $\nabla \cdot \beta \nabla \boldsymbol{A} = -\boldsymbol{Q}$，当 β 为常数时，有 $\nabla^2 \boldsymbol{A} = -\alpha \boldsymbol{Q}$。

对矢量泊松方程式 (1.12.3) 求散度，并结合 $\boldsymbol{Q}$ 的无散性，有

$$\nabla^2(\beta \nabla \cdot \boldsymbol{A}) = 0 \tag{1.12.4}$$

式 (1.12.4) 表明，矢量泊松方程中隐含了关于 $\beta \nabla \cdot \boldsymbol{A}$ 的拉普拉斯方程，参考 1.10 节，如果在边界面上给定了 $\beta \nabla \cdot \boldsymbol{A}$ 的齐次第一类边界条件，即

$$(\beta \nabla \cdot \boldsymbol{A})|_S = 0 \tag{1.12.5}$$

必然可以导出在区域内 $\beta \nabla \cdot \boldsymbol{A}$ 处处为零，而 β 为有限值，因此可以保证区域内 $\boldsymbol{A}$ 满足库仑规范。

1.12.1 矢量泊松方程的矢量位连续条件

对于矢量泊松方程，因为并入了 $\nabla(\beta \nabla \cdot \boldsymbol{A})$ 项，在区域内部介质的交界面上，为保证 $\nabla \cdot \boldsymbol{A}$ 满足库仑规范，需要规定 $\beta \nabla \cdot \boldsymbol{A}$ 连续，即

$$(\beta_1 \nabla \cdot \boldsymbol{A}_1)|_S = (\beta_2 \nabla \cdot \boldsymbol{A}_2)|_S \tag{1.12.6}$$

综上所述，矢量泊松方程的内部边界条件为

$$\begin{cases} \boldsymbol{A}_1|_S = \boldsymbol{A}_2|_S \\ \beta_2(\boldsymbol{n} \times \nabla \times \boldsymbol{A}_2)|_S - \beta_1(\boldsymbol{n} \times \nabla \times \boldsymbol{A}_1)|_S = \boldsymbol{Q}_\mathrm{s} \\ (\beta_1 \nabla \cdot \boldsymbol{A}_1)|_S = (\beta_2 \nabla \cdot \boldsymbol{A}_2)|_S \end{cases} \tag{1.12.7}$$

1.12.2　矢量泊松方程边值问题的唯一性

矢量泊松方程边值问题有如下几种表述：

边值问题一

$$\begin{cases} \nabla\times(\beta\nabla\times\boldsymbol{A})-\nabla(\beta\nabla\cdot\boldsymbol{A})=\boldsymbol{Q} \\ (\boldsymbol{n}\times\boldsymbol{A})|_S=\boldsymbol{A}_t \\ (\beta\nabla\cdot\boldsymbol{A})|_S=0 \text{ 或 } (\boldsymbol{n}\cdot\boldsymbol{A})|_S=0 \end{cases} \tag{1.12.8a}$$

边值问题二

$$\begin{cases} \nabla\times(\beta\nabla\times\boldsymbol{A})-\nabla(\beta\nabla\cdot\boldsymbol{A})=\boldsymbol{Q} \\ \beta(\boldsymbol{n}\times\nabla\times\boldsymbol{A})|_S=\boldsymbol{G}_t \\ (\boldsymbol{n}\cdot\boldsymbol{A})|_S=0 \end{cases} \tag{1.12.8b}$$

混合边值问题

$$\begin{cases} \nabla\times(\beta\nabla\times\boldsymbol{A})-\nabla(\beta\nabla\cdot\boldsymbol{A})=\boldsymbol{Q} \\ (\boldsymbol{n}\times\boldsymbol{A})|_{S_1}=\boldsymbol{A}_t \\ (\beta\nabla\cdot\boldsymbol{A})|_{S_1}=0 \\ \beta(\boldsymbol{n}\times\nabla\times\boldsymbol{A})|_{S_2}=\boldsymbol{G}_t \\ (\boldsymbol{n}\cdot\boldsymbol{A})|_{S_2}=0 \end{cases} \tag{1.12.8c}$$

或

$$\begin{cases} \nabla\times(\beta\nabla\times\boldsymbol{A})-\nabla(\beta\nabla\cdot\boldsymbol{A})=\boldsymbol{Q} \\ (\boldsymbol{n}\times\boldsymbol{A})|_{S_1}=\boldsymbol{A}_t \\ \beta(\boldsymbol{n}\times\nabla\times\boldsymbol{A})|_{S_2}=\boldsymbol{G}_t \\ (\boldsymbol{n}\cdot\boldsymbol{A})|_S=0 \end{cases} \tag{1.12.8d}$$

式中，$\boldsymbol{A}_t$ 和 $\boldsymbol{G}_t$ 为已知函数和常数。

下面以边值问题一和边值问题二为例，利用反证法对矢量泊松方程解的唯一性给予证明。

假定方程式 (1.12.8) 有两个不同的解，则差场 $\boldsymbol{a}=\boldsymbol{A}_1-\boldsymbol{A}_2$ 满足如下边值问题。

边值问题一

$$\begin{cases} \nabla\times(\beta\nabla\times\boldsymbol{a})-\nabla(\beta\nabla\cdot\boldsymbol{a})=\boldsymbol{0} \\ (\boldsymbol{n}\times\boldsymbol{a})|_S=\boldsymbol{0} \\ (\boldsymbol{n}\cdot\boldsymbol{a})|_S=0 \text{ 或 } (\beta\nabla\cdot\boldsymbol{a})|_S=0 \end{cases} \tag{1.12.9a}$$

边值问题二

$$\left\{\begin{array}{l}\nabla\times(\beta\nabla\times\boldsymbol{a})-\nabla(\beta\nabla\cdot\boldsymbol{a})=\mathbf{0}\\ \beta(\boldsymbol{n}\times\nabla\times\boldsymbol{a})|_S=\mathbf{0}\\ (\boldsymbol{n}\cdot\boldsymbol{a})|_S=0\end{array}\right.\tag{1.12.9b}$$

先对式 (1.12.5) 做些说明。

对于边值问题二，给定了 $\beta(\boldsymbol{n}\times\nabla\times\boldsymbol{a})|_S=\mathbf{0}$，就意味着式 $\left.\dfrac{\partial}{\partial n}(\beta\nabla\cdot\boldsymbol{a})\right|_S=0$ 自动满足，不必列出。结合矢量泊松方程，即可保证区域内库仑规范成立，理由如下：

取矢量泊松方程在边界上的法向分量，有

$$\boldsymbol{n}\cdot\nabla\times(\beta\nabla\times\boldsymbol{a})|_S-\left.\frac{\partial}{\partial n}(\beta\nabla\cdot\boldsymbol{a})\right|_S=0\tag{1.12.10}$$

利用矢量恒等式 $\nabla\cdot(\boldsymbol{A}\times\boldsymbol{B})=\boldsymbol{B}\cdot(\nabla\times\boldsymbol{A})-\boldsymbol{A}\cdot(\nabla\times\boldsymbol{B})$，有

$$\nabla\cdot(\boldsymbol{n}\times\beta\nabla\times\boldsymbol{a})=\beta\nabla\times\boldsymbol{a}\cdot(\nabla\times\boldsymbol{n})-\boldsymbol{n}\cdot\nabla\times(\beta\nabla\times\boldsymbol{a})\tag{1.12.11}$$

在边界上，$\beta(\boldsymbol{n}\times\nabla\times\boldsymbol{a})$ 为零，说明 $\beta\nabla\times\boldsymbol{a}$ 只有法向分量，则 $\beta\nabla\times\boldsymbol{a}\cdot(\nabla\times\boldsymbol{n})$ 为零，由式 (1.12.11) 知，$\boldsymbol{n}\cdot\nabla\times(\beta\nabla\times\boldsymbol{a})$ 为零，再由式 (1.12.10) 知，$\dfrac{\partial}{\partial n}(\beta\nabla\cdot\boldsymbol{a})$ 为零。

对于边值问题一，需要给定如式 (1.12.5) 所示的边界条件，结合矢量泊松方程，保证区域内库仑规范成立。或者，在边界上给定 $\boldsymbol{n}\cdot\boldsymbol{A}$ 为零亦可。从下面的证明中，也将看到这一点。

将矢量泊松方程点乘 $\boldsymbol{a}$ 并作体积分，有

$$\int_V\boldsymbol{a}\cdot\nabla\times(\beta\nabla\times\boldsymbol{a})\,\mathrm{d}V-\int_V\boldsymbol{a}\cdot\nabla(\beta\nabla\cdot\boldsymbol{a})\,\mathrm{d}V=0\tag{1.12.12}$$

利用式 (1.3.11) 和式 (1.3.12)，式 (1.12.12) 中两项分别化为

$$\int_V\boldsymbol{a}\cdot\nabla\times(\beta\nabla\times\boldsymbol{a})\,\mathrm{d}V=\int_V\beta|\nabla\times\boldsymbol{a}|^2\,\mathrm{d}V-\oint_S\boldsymbol{n}\cdot\boldsymbol{a}\times\boldsymbol{g}\mathrm{d}S$$

$$\int_V\boldsymbol{a}\cdot\nabla(\beta\nabla\cdot\boldsymbol{a})\,\mathrm{d}V=\oint_S\beta(\boldsymbol{n}\cdot\boldsymbol{a})(\nabla\cdot\boldsymbol{a})\,\mathrm{d}S-\int_V\beta|\nabla\cdot\boldsymbol{a}|^2\,\mathrm{d}V$$

于是，有

$$\int_V\beta|\nabla\times\boldsymbol{a}|^2\,\mathrm{d}V+\int_V\beta|\nabla\cdot\boldsymbol{a}|^2\,\mathrm{d}V$$

$$= \oint_S \boldsymbol{g} \cdot \boldsymbol{n} \times \boldsymbol{a} \mathrm{d}S + \oint_S (\beta \nabla \cdot \boldsymbol{a}) (\boldsymbol{n} \cdot \boldsymbol{a}) \mathrm{d}S$$

$$= - \oint_S \boldsymbol{a} \cdot \boldsymbol{n} \times \boldsymbol{g} \mathrm{d}S + \oint_S (\beta \nabla \cdot \boldsymbol{a}) (\boldsymbol{n} \cdot \boldsymbol{a}) \mathrm{d}S \tag{1.12.13}$$

式 (1.12.13) 包含着式 (1.11.9) 相关的体积分项和面积分项，前面已经分析过，不再赘述。结论是，若边界 S 上满足 $\boldsymbol{n} \times \boldsymbol{a}$ 为零或 $\boldsymbol{n} \times \boldsymbol{g}$ 为零，再补上 $\boldsymbol{n} \cdot \boldsymbol{a}$ 为零 (对于边值问题一，$\boldsymbol{n} \cdot \boldsymbol{a}$ 为零亦可替换为 $\beta \nabla \cdot \boldsymbol{a}$ 为零)，可以保证式 (1.12.13) 中两项面积分为零。进一步，保证式 (1.12.13) 体积分为零

$$\int_V \beta |\nabla \times \boldsymbol{a}|^2 \mathrm{d}V + \int_V \beta |\nabla \cdot \boldsymbol{a}|^2 \mathrm{d}V = 0 \tag{1.12.14}$$

由于 $\beta |\nabla \times \boldsymbol{a}|^2$ 和 $\beta |\nabla \cdot \boldsymbol{a}|^2$ 是恒正的，式 (1.12.14) 成立的条件是：在区域内部 $\nabla \times \boldsymbol{a}$ 和 $\nabla \cdot \boldsymbol{a}$ 处处等于零。在区域内部，矢量磁位 $\boldsymbol{a}$ 为某个标量函数的梯度 $\nabla \varphi$，有

$$\nabla^2 \varphi = 0$$

参考 1.11 节的分析方法，边界 S 上 $\boldsymbol{n} \times \boldsymbol{a}$ 为零或 $\boldsymbol{n} \cdot \boldsymbol{a}$ 为零，皆可导出区域内 $\nabla \varphi$ 处处为零，于是矢量位 $\boldsymbol{a}$ 处处为零，即 $\boldsymbol{A}_1 = \boldsymbol{A}_2$，因此解是唯一的。

需要说明的是，对于边值问题二，式 (1.12.13) 似乎说明也可以给定 $\beta \nabla \cdot \boldsymbol{a}$ 为零的条件，但实际上是不行的，这是因为 $\boldsymbol{n} \times \boldsymbol{g}$ 为零和 $\beta \nabla \cdot \boldsymbol{a}$ 为零只能保证式 (1.12.13) 中面积分为零，在区域内部 $\nabla \times \boldsymbol{a}$ 和 $\nabla \cdot \boldsymbol{a}$ 处处等于零，却无法保证 $\boldsymbol{A}$ 唯一，而且如 1.10 节所述，边界上不能同时给定 $\beta \nabla \cdot \boldsymbol{a}$ 和其法向导数 $\dfrac{\partial}{\partial n} (\beta \nabla \cdot \boldsymbol{a})$。

1.13　二维对称模型场的定解问题

在满足二维模型情况下，库仑规范自动满足，双旋度方程和矢量泊松方程相同，均化为标量泊松方程，问题得到简化。本节假定介质交界线上 $\boldsymbol{Q}$ 源对应的线源为零。

1.13.1　平面对称模型的定解问题

考虑二维平面对称模型，假定 $\boldsymbol{Q}$ 源沿着 z 方向，$\boldsymbol{Q} = Q\boldsymbol{e}_z$，则矢量位只有 z 分量，即 $\boldsymbol{A} = A\boldsymbol{e}_z$，则有 $\nabla \cdot \boldsymbol{A} = \dfrac{\partial A}{\partial z} = 0$，库仑规范自动满足。

$\boldsymbol{P}$ 场为

$$\boldsymbol{P}=\nabla\times\boldsymbol{A}=\begin{vmatrix}\boldsymbol{e}_x & \boldsymbol{e}_y & \boldsymbol{e}_z\\ \dfrac{\partial}{\partial x} & \dfrac{\partial}{\partial y} & \dfrac{\partial}{\partial z}\\ 0 & 0 & A\end{vmatrix}=\frac{\partial A}{\partial y}\boldsymbol{e}_x-\frac{\partial A}{\partial x}\boldsymbol{e}_y \tag{1.13.1}$$

将式 (1.13.1) 代入双旋度方程，有

$$\nabla\times\beta\nabla\times\boldsymbol{A}=\begin{vmatrix}\boldsymbol{e}_x & \boldsymbol{e}_y & \boldsymbol{e}_z\\ \dfrac{\partial}{\partial x} & \dfrac{\partial}{\partial y} & \dfrac{\partial}{\partial z}\\ \beta\dfrac{\partial A}{\partial y} & -\beta\dfrac{\partial A}{\partial x} & 0\end{vmatrix}=Q\boldsymbol{e}_z \tag{1.13.2}$$

取式 (1.13.2) 的 z 分量，有

$$\frac{\partial}{\partial x}\left(\beta\frac{\partial A}{\partial x}\right)+\frac{\partial}{\partial y}\left(\beta\frac{\partial A}{\partial y}\right)=-Q \tag{1.13.3a}$$

即

$$\nabla\cdot(\beta\nabla A)=-Q \tag{1.13.3b}$$

可以看出，双旋度方程变成了泊松方程。

由式 (1.13.2) 可知，$\boldsymbol{G}$ 场与 $\beta\nabla A$ 分别为

$$\boldsymbol{G}=\beta\boldsymbol{P}=\beta\frac{\partial A}{\partial y}\boldsymbol{e}_x-\beta\frac{\partial A}{\partial x}\boldsymbol{e}_y \tag{1.13.4a}$$

$$\beta\nabla A=\beta\frac{\partial A}{\partial x}\boldsymbol{e}_x+\beta\frac{\partial A}{\partial y}\boldsymbol{e}_y \tag{1.13.4b}$$

由式 (1.13.4) 可知，$\boldsymbol{G}$ 场与 $\beta\nabla A$ 大小相等且相互垂直，则 $\boldsymbol{G}$ 场的切向分量对应 $\beta\nabla A$ 的法向分量，因此 $\boldsymbol{G}$ 场的切向分量连续性条件化为

$$\beta_1\left.\frac{\partial A_1}{\partial n}\right|_l=\beta_2\left.\frac{\partial A_2}{\partial n}\right|_l \tag{1.13.5a}$$

矢量位连续条件

$$A_1|_l=A_2|_l \tag{1.13.5b}$$

式 (1.13.5) 为区域内部介质的交界线上的连续性条件。

边值问题有如下几种表述。

在整个边界线 l 上给定第一类边值，即

$$\begin{cases} \dfrac{\partial}{\partial x}\left(\beta\dfrac{\partial A}{\partial x}\right)+\dfrac{\partial}{\partial y}\left(\beta\dfrac{\partial A}{\partial y}\right)=-Q \\ A|_l = A_0 \end{cases} \tag{1.13.6a}$$

式中，A_0 为已知函数或常数。

在整个边界线 l 上给定第二类边值，即

$$\begin{cases} \dfrac{\partial}{\partial x}\left(\beta\dfrac{\partial A}{\partial x}\right)+\dfrac{\partial}{\partial y}\left(\beta\dfrac{\partial A}{\partial y}\right)=-Q \\ \beta\left.\dfrac{\partial A}{\partial n}\right|_l = -G_t \end{cases} \tag{1.13.6b}$$

整个边界线 l 分为 l_1 和 l_2 两部分，在 l_1 上给定第一类边值，在 l_2 上给定第二类边值，即

$$\begin{cases} \dfrac{\partial}{\partial x}\left(\beta\dfrac{\partial A}{\partial x}\right)+\dfrac{\partial}{\partial y}\left(\beta\dfrac{\partial A}{\partial y}\right)=-Q \\ A|_{l_1} = A_0 \\ \beta\left.\dfrac{\partial A}{\partial n}\right|_{l_2} = -G_t \end{cases} \tag{1.13.6c}$$

式中，A_0 和 G_t 为已知函数或常数。

$\boldsymbol{P}$ 场矢量线方程为

$$\boldsymbol{P}\times \mathrm{d}\boldsymbol{l}=\boldsymbol{0} \tag{1.13.7}$$

将式 (1.13.1) 代入式 (1.13.7)，并整理有

$$\frac{\partial A}{\partial x}\mathrm{d}x+\frac{\partial A}{\partial y}\mathrm{d}y=0 \tag{1.13.8}$$

于是 $\mathrm{d}A=0$，即有 $A=C$，其中 C 为任意常数。式 (1.13.8) 表明等 A 线就是 $\boldsymbol{P}$ 线。因此，在场域边界处的 $\boldsymbol{P}$ 线可以作为 A 的第一类边界条件。若 $\boldsymbol{P}$ 线与边界垂直，则可以把 $\dfrac{\partial A}{\partial n}=0$ 作为第二类边界条件。

1.13.2 轴对称模型的定解问题

对于轴对称模型，假定 $\boldsymbol{Q}$ 源沿着 φ 方向，$\boldsymbol{Q}=Q\boldsymbol{e}_\varphi$，则矢量位只有 φ 分量，即 $\boldsymbol{A}=A\boldsymbol{e}_\varphi$，则有 $\nabla\cdot\boldsymbol{A}=\dfrac{1}{r}\dfrac{\partial A}{\partial\varphi}=0$，库仑规范自动满足。

$\boldsymbol{P}$ 场为

$$\boldsymbol{P}=\nabla\times\boldsymbol{A}=\frac{1}{\boldsymbol{r}}\begin{vmatrix}\boldsymbol{e}_r & r\boldsymbol{e}_\varphi & \boldsymbol{e}_z\\ \dfrac{\partial}{\partial r} & \dfrac{\partial}{\partial\varphi} & \dfrac{\partial}{\partial z}\\ 0 & rA & 0\end{vmatrix}=-\frac{1}{r}\frac{\partial(rA)}{\partial z}\boldsymbol{e}_r+\frac{1}{r}\frac{\partial(rA)}{\partial r}\boldsymbol{e}_z \tag{1.13.9}$$

将式 (1.13.9) 代入双旋度方程，有

$$\begin{aligned}\nabla\times\beta\nabla\times\boldsymbol{A}&=\frac{1}{r}\begin{vmatrix}\boldsymbol{e}_r & r\boldsymbol{e}_\varphi & \boldsymbol{e}_z\\ \dfrac{\partial}{\partial r} & \dfrac{\partial}{\partial\varphi} & \dfrac{\partial}{\partial z}\\ -\beta\dfrac{1}{r}\dfrac{\partial(rA)}{\partial z} & 0 & \beta\dfrac{1}{r}\dfrac{\partial(rA)}{\partial r}\end{vmatrix}\\&=-\left\{\frac{\partial}{\partial r}\left[\beta\frac{1}{r}\frac{\partial(rA)}{\partial r}\right]+\frac{\partial}{\partial z}\left[\beta\frac{1}{r}\frac{\partial(rA)}{\partial z}\right]\right\}\boldsymbol{e}_\varphi=Q\boldsymbol{e}_\varphi\end{aligned} \tag{1.13.10}$$

取式 (1.13.10) 的 φ 分量，矢量位满足的方程

$$\frac{\partial}{\partial r}\left[\beta\frac{1}{r}\frac{\partial(rA)}{\partial r}\right]+\frac{\partial}{\partial z}\left[\beta\frac{1}{r}\frac{\partial(rA)}{\partial z}\right]=-Q \tag{1.13.11a}$$

即

$$\nabla_c\cdot\left[\frac{\beta}{r}\nabla_c(rA)\right]=-Q \tag{1.13.11b}$$

需要注意，对于轴对称模型，∇_c 无论是作为梯度算子还是散度算子，均定义为 $\nabla_c=\dfrac{\partial}{\partial r}\boldsymbol{e}_r+\dfrac{\partial}{\partial z}\boldsymbol{e}_z$，此处散度运算与轴对称坐标系下的散度运算定义不同。

由式 (1.13.9) 可知，$\boldsymbol{G}$ 场与 $\beta\dfrac{1}{r}\nabla_c(rA)$ 分别为

$$\boldsymbol{G}=-\beta\frac{1}{r}\frac{\partial(rA)}{\partial z}\boldsymbol{e}_r+\beta\frac{1}{r}\frac{\partial(rA)}{\partial r}\boldsymbol{e}_z \tag{1.13.12a}$$

$$\beta\frac{1}{r}\nabla_c(rA)=\beta\frac{1}{r}\frac{\partial(rA)}{\partial r}\boldsymbol{e}_r+\beta\frac{1}{r}\frac{\partial(rA)}{\partial z}\boldsymbol{e}_z \tag{1.13.12b}$$

由式 (1.13.12) 可知，$\boldsymbol{G}$ 场与 $\beta\frac{1}{r}\nabla_c(rA)$ 大小相等且相互垂直，则 $\boldsymbol{G}$ 场的切向分量对应 $\beta\frac{1}{r}\nabla_c(rA)$ 的法向分量，因此 $\boldsymbol{G}$ 场的切向分量连续性条件化为

$$\beta_1\frac{1}{r}\left.\frac{\partial(rA_1)}{\partial n}\right|_l=\beta_2\frac{1}{r}\left.\frac{\partial(rA_2)}{\partial n}\right|_l \tag{1.13.13a}$$

矢量位连续条件

$$A_1|_l=A_2|_l \tag{1.13.13b}$$

式 (1.13.13) 为区域内部介质交界线上的连续性条件。

将 $U=rA$ 作为求解变量，边值问题有如下几种表述：

第一类边值问题

$$\begin{cases}\dfrac{\partial}{\partial r}\left(\dfrac{\beta}{r}\dfrac{\partial U}{\partial r}\right)+\dfrac{\partial}{\partial z}\left(\dfrac{\beta}{r}\dfrac{\partial U}{\partial z}\right)=-Q\\ U|_l=U_0\end{cases} \tag{1.13.14a}$$

式中，U_0 为已知常数，即 U 满足第一类边界条件。

第二类边值问题

$$\begin{cases}\dfrac{\partial}{\partial r}\left(\dfrac{\beta}{r}\dfrac{\partial U}{\partial r}\right)+\dfrac{\partial}{\partial z}\left(\dfrac{\beta}{r}\dfrac{\partial U}{\partial z}\right)=-Q\\ \left.\dfrac{\beta}{r}\dfrac{\partial U}{\partial n}\right|_l=-G_t\end{cases} \tag{1.13.14b}$$

即 U 满足第二类边界条件。

混合边值问题

$$\begin{cases}\dfrac{\partial}{\partial r}\left(\dfrac{\beta}{r}\dfrac{\partial U}{\partial r}\right)+\dfrac{\partial}{\partial z}\left(\dfrac{\beta}{r}\dfrac{\partial U}{\partial z}\right)=-Q\\ U|_{l_1}=U_0\\ \left.\dfrac{\beta}{r}\dfrac{\partial U}{\partial n}\right|_{l_2}=-G_t\end{cases} \tag{1.13.14c}$$

式中，U_0 和 G_t 为已知函数或常数。

将式 (1.13.9) 代入式 (1.13.7)，有

$$
\boldsymbol{P}\times \mathrm{d}\boldsymbol{l}=\begin{vmatrix}\boldsymbol{e}_r & \boldsymbol{e}_\varphi & \boldsymbol{e}_z\\ -\dfrac{1}{r}\dfrac{\partial U}{\partial z} & 0 & \dfrac{1}{r}\dfrac{\partial U}{\partial r}\\ \mathrm{d}r & 0 & \mathrm{d}z\end{vmatrix}=\left(\frac{1}{r}\frac{\partial U}{\partial r}\mathrm{d}r+\frac{1}{r}\frac{\partial U}{\partial z}\mathrm{d}z\right)\boldsymbol{e}_\varphi=\boldsymbol{0} \qquad (1.13.15)
$$

整理有

$$
\frac{\partial U}{\partial r}\mathrm{d}r+\frac{\partial U}{\partial z}\mathrm{d}z=0 \qquad (1.13.16)
$$

于是 $\mathrm{d}U=0$，即有 $U=C$，式中 C 为任意常数。上式表明等 U 线 (即等 rA 线) 就是 $\boldsymbol{P}$ 线。因此，在场域边界处的 $\boldsymbol{P}$ 线可以作为 U 的第一类边界条件。若 $\boldsymbol{P}$ 线与边界垂直，则可以把 $\dfrac{1}{r}\dfrac{\partial U}{\partial n}=0$ 作为第二类边界条件。

习　题

证明下面的矢量微分恒等式。

1.1 $\nabla\cdot\left(\nabla^2\boldsymbol{a}\right)=\nabla^2\left(\nabla\cdot\boldsymbol{a}\right)$

1.2 $\left(\boldsymbol{v}\cdot\nabla\right)\boldsymbol{v}=\dfrac{1}{2}\nabla v^2-\boldsymbol{v}\times\left(\nabla\times\boldsymbol{v}\right)$

1.3 $\nabla^2\left(\dfrac{1}{r}\right)=-4\pi\delta\left(\boldsymbol{r}\right)$

1.4 $\nabla\left(\boldsymbol{a}\cdot\boldsymbol{b}\right)=\left(\boldsymbol{a}\times\nabla\right)\times\boldsymbol{b}+\boldsymbol{b}\times\left(\nabla\times\boldsymbol{a}\right)+\boldsymbol{a}\nabla\cdot\boldsymbol{b}+\boldsymbol{b}\cdot\nabla\boldsymbol{a}$

1.5 $\nabla\left(\boldsymbol{a}\cdot\boldsymbol{b}\right)=\boldsymbol{a}\times\left(\nabla\times\boldsymbol{b}\right)+\boldsymbol{b}\times\left(\nabla\times\boldsymbol{a}\right)+\boldsymbol{a}\cdot\nabla\boldsymbol{b}+\boldsymbol{b}\cdot\nabla\boldsymbol{a}$

1.6 $\nabla\cdot\left(u\boldsymbol{F}\right)=\nabla u\cdot\boldsymbol{F}+u\nabla\cdot\boldsymbol{F}$

1.7 $\nabla\times\left(u\boldsymbol{F}\right)=\nabla u\times\boldsymbol{F}+u\nabla\times\boldsymbol{F}$

1.8 $\nabla^2\left(uv\right)=u\nabla^2v+v\nabla^2u+2\nabla u\cdot\nabla v$

1.9 $\nabla\boldsymbol{a}=\boldsymbol{e}_x\dfrac{\partial\boldsymbol{a}}{\partial x}+\boldsymbol{e}_y\dfrac{\partial\boldsymbol{a}}{\partial y}+\boldsymbol{e}_z\dfrac{\partial\boldsymbol{a}}{\partial z}=\nabla a_x\boldsymbol{e}_x+\nabla a_y\boldsymbol{e}_y+\nabla a_z\boldsymbol{e}_z$

1.10 $\boldsymbol{a}\nabla=\dfrac{\partial\boldsymbol{a}}{\partial x}\boldsymbol{e}_x+\dfrac{\partial\boldsymbol{a}}{\partial y}\boldsymbol{e}_y+\dfrac{\partial\boldsymbol{a}}{\partial z}\boldsymbol{e}_z$

将并矢 $\overline{\overline{\boldsymbol{a}}}$ 写成如下形式

$$
\begin{aligned}
\overline{\overline{\boldsymbol{a}}}&=\boldsymbol{e}_x\left(a_{xx}\boldsymbol{e}_x+a_{xy}\boldsymbol{e}_y+a_{xz}\boldsymbol{e}_z\right)+\boldsymbol{e}_y\left(a_{yx}\boldsymbol{e}_x+a_{yy}\boldsymbol{e}_y+a_{yz}\boldsymbol{e}_z\right)+\boldsymbol{e}_z\left(a_{zx}\boldsymbol{e}_x+a_{zy}\boldsymbol{e}_y+a_{zz}\boldsymbol{e}_z\right)\\
&=\boldsymbol{e}_x\boldsymbol{a}_x+\boldsymbol{e}_y\boldsymbol{a}_y+\boldsymbol{e}_z\boldsymbol{a}_z
\end{aligned}
$$

试导出直角坐标下并矢的散度、旋度和矢量拉普拉斯展开式。

1.11 $\nabla\cdot\overline{\overline{\boldsymbol{a}}}=\dfrac{\partial\boldsymbol{a}_x}{\partial x}+\dfrac{\partial\boldsymbol{a}_y}{\partial y}+\dfrac{\partial\boldsymbol{a}_z}{\partial z}$

1.12 $\nabla\times\overline{\overline{\boldsymbol{a}}}=\boldsymbol{e}_x\left(\dfrac{\partial\boldsymbol{a}_z}{\partial y}-\dfrac{\partial\boldsymbol{a}_y}{\partial z}\right)+\boldsymbol{e}_y\left(\dfrac{\partial\boldsymbol{a}_x}{\partial z}-\dfrac{\partial\boldsymbol{a}_z}{\partial x}\right)+\boldsymbol{e}_z\left(\dfrac{\partial\boldsymbol{a}_y}{\partial x}-\dfrac{\partial\boldsymbol{a}_x}{\partial y}\right)$

1.13　$\nabla^2\overline{\overline{\boldsymbol{a}}} = \dfrac{\partial^2\overline{\overline{\boldsymbol{a}}}}{\partial x^2} + \dfrac{\partial^2\overline{\overline{\boldsymbol{a}}}}{\partial y^2} + \dfrac{\partial^2\overline{\overline{\boldsymbol{a}}}}{\partial z^2}$

证明下面的并矢微分恒等式。

1.14　$\nabla^2\overline{\overline{\boldsymbol{a}}} = \nabla\nabla\cdot\overline{\overline{\boldsymbol{a}}} - \nabla\times\nabla\times\overline{\overline{\boldsymbol{a}}}$

1.15　$\nabla\cdot\nabla\times\overline{\overline{\boldsymbol{a}}} = \boldsymbol{0}$

1.16　$\nabla\times\left(\varphi\overline{\overline{\boldsymbol{I}}}\right) = \nabla\varphi\times\overline{\overline{\boldsymbol{I}}}$

1.17　$\nabla\cdot\left(\boldsymbol{a}\times\overline{\overline{\boldsymbol{b}}}\right) = (\nabla\times\boldsymbol{a})\cdot\overline{\overline{\boldsymbol{b}}} - \boldsymbol{a}\cdot\left(\nabla\times\overline{\overline{\boldsymbol{b}}}\right)$

1.18　$\nabla\cdot(\boldsymbol{a}\boldsymbol{b}) = (\nabla\cdot\boldsymbol{a})\,\boldsymbol{b} - \boldsymbol{a}\cdot\nabla\boldsymbol{b}$

第 2 章　静　电　场

从宏观意义上看，相对于观察者静止且电量不随时间变化的电荷称为静电荷，由静电荷产生的电场称为静电场。事实上，从微观看，带电粒子都是运动的，因此电场也是随时间变化的，但是当变化在观测时间内引起的宏观效果可以忽略时，就认为电荷是静止的。静电场是矢量场，本章从静电场的基本实验定律——库仑定律出发，导出静电场基本方程的微分形式和积分形式。微分形式表明，静电场为有源无旋场，其散度源为电荷。由静电场的无旋性引入了电位的概念。在此基础上，本章还讨论了电偶极子、电场能量、静电力以及多导体系统的电容矩阵。

2.1　电荷相互作用的实验规律

2.1.1　库仑定律

1755~1773 年间，普里斯特利 (Priestley，1733~1804) 和鲁宾逊 (Robinson，1739~1805) 等或通过实验或根据猜测，认为同种电荷之间的排斥力与距离满足平方反比关系，卡文迪什 (Cavendish，1731~1810) 实验验证了电力遵守平方反比定律，但他的结果当时没有发表。直到 1785~1787 年间，法国物理学家库仑 (Coulomb，1736~1806)，通过扭秤实验总结出电荷间相互作用的规律，被后人命名为库仑定律，它是电磁学的基本规律之一，也是电学进入定量科学的开始。

库仑定律表述如下：真空中两个静止的点电荷之间相互作用力的大小和它们电量的乘积成正比，和它们之间距离的平方成反比；作用力的方向沿着它们的连线，同号电荷相斥，异号电荷相吸。这里点电荷指的是它自身的几何线度远小于它到其他带电体距离，可以将它抽象成一个几何点，带电体的形状及电荷在其中的分布已无关紧要。

如图 2.1.1 所示。对于真空中两个静止点电荷 q 和 q'，位于 $\boldsymbol{r}$ 和 $\boldsymbol{r}'$ 处，它们之间的相互作用力为 $\boldsymbol{F}$ 和 $\boldsymbol{F}'$，$\boldsymbol{F}$ 表示 q' 对 q 的力，$\boldsymbol{F}'$ 表示 q 对 q' 的力。

有

$$\begin{cases} \boldsymbol{F} = k\dfrac{qq'}{R^2}\boldsymbol{e}_R = k\dfrac{qq'}{R^3}\boldsymbol{R} \\[2ex] \boldsymbol{F}' = k\dfrac{qq'}{R^2}\boldsymbol{e}_{R'} = k\dfrac{qq'}{R^3}\boldsymbol{R}' \end{cases}$$

式中，k 为比例系数，$R=|\boldsymbol{r}-\boldsymbol{r}'|=|\boldsymbol{r}'-\boldsymbol{r}|$ 是两点之间的距离，$\boldsymbol{e}_R$ 和 $\boldsymbol{e}_{R'}$ 分别是 $\boldsymbol{R}$ 和 $\boldsymbol{R}'$ 方向的单位矢量，即

$$\begin{cases}\boldsymbol{R}=\boldsymbol{r}-\boldsymbol{r}'\\ \boldsymbol{R}'=\boldsymbol{r}'-\boldsymbol{r}\\ \boldsymbol{e}_R=\dfrac{\boldsymbol{r}-\boldsymbol{r}'}{|\boldsymbol{r}-\boldsymbol{r}'|}=\dfrac{\boldsymbol{R}}{R}\\ \boldsymbol{e}_{R'}=\dfrac{\boldsymbol{r}'-\boldsymbol{r}}{|\boldsymbol{r}'-\boldsymbol{r}|}=\dfrac{\boldsymbol{R}'}{R}\end{cases}$$

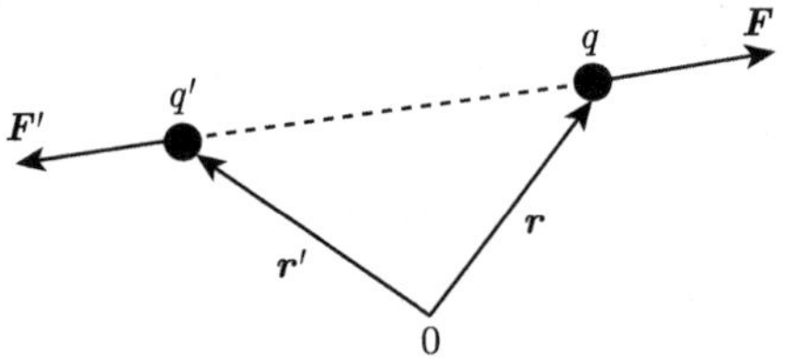

图 2.1.1　点电荷之间的作用力

在国际单位制 (SI) 中，力的单位为牛顿 (N)，电荷的单位为库仑 (C)，距离的单位为米 (m)。在这种单位制下，通常将 k 写成 $k=\dfrac{1}{4\pi\varepsilon_0}$，其中 ε_0 称为真空介电常数或真空电容率。$\varepsilon_0=(8.854187818\pm0.000000017)\times10^{-12}\mathrm{C}^2/(\mathrm{N}\cdot\mathrm{m}^2)$。于是库仑定律写成

$$\boldsymbol{F}=\frac{1}{4\pi\varepsilon_0}\frac{qq'}{R^2}\boldsymbol{e}_R=\frac{1}{4\pi\varepsilon_0}\frac{qq'}{R^3}\boldsymbol{R}\tag{2.1.1}$$

这样的表述方式能够令常用的电磁学规律表达式中不再出现 “4π” 因子，从而变得简洁。

2.1.2　电场强度

电荷之间的相互作用力是发生在两个相隔一定距离的电荷之间的，它有别于通过接触而产生的力，不需要任何由原子、分子组成的物质做媒介。

电场的最基本性质是对位于电场中的其他电荷产生电场力。在 q' 附近的点电荷受到的作用力是 q' 的电场给予的，q' 称为源电荷，q 称为试探电荷。由库仑定律可知，q 所受的电场力与其电荷量成正比，即

$$\boldsymbol{F}=q\boldsymbol{E}$$

结合式 (2.1.1)，有

$$\boldsymbol{E}(\boldsymbol{r})=\frac{\boldsymbol{F}}{q}=\frac{1}{4\pi\varepsilon_0}\frac{q'}{R^2}\boldsymbol{e}_R=\frac{1}{4\pi\varepsilon_0}\frac{q'}{R^3}\boldsymbol{R}\tag{2.1.2}$$

式中，$\boldsymbol{R}$ 是源点 $\boldsymbol{r}'$ 到场点 $\boldsymbol{r}$ 的距离矢量，$\boldsymbol{E}$ 表示单位正电荷所受的力。对于电场中的固定点，$\boldsymbol{E}$ 反映的是电场本身的性质，大小和方向都与试探电荷无关，只与源电荷的量值和位置有关，将其定义为电场强度，简称场强。

2.1.3 电场力和电场强度叠加原理

库仑定律描述了真空中两个静止点电荷之间的相互作用力的大小和方向。当真空中存在多个点电荷时，点电荷 q 所受的电场力等于其他各个点电荷 $q_1', q_2', \cdots,$ q_N' 单独作用的电场力的矢量和，即 $\boldsymbol{F} = \boldsymbol{F}_{q_1'q} + \boldsymbol{F}_{q_2'q} + \cdots + \boldsymbol{F}_{q_N'q}$，等号右端各项均由库仑定律确定。

因此，空间点电荷 q 在其他点电荷 $q_1', q_2', \cdots, q_N'$ 的共同作用下所受电场力为

$$\boldsymbol{F} = \frac{1}{4\pi\varepsilon_0}\sum_n \frac{qq_n'}{R_n^2}\boldsymbol{e}_{R_n} = \frac{1}{4\pi\varepsilon_0}\sum_n \frac{qq_n'}{R_n^3}\boldsymbol{R}_n \tag{2.1.3}$$

式中，$R_n = |\boldsymbol{r} - \boldsymbol{r}_n'|$，$\boldsymbol{r}$ 是点电荷 q 的位置，$\boldsymbol{r}_n'$ 是第 n 个点电荷 q_n' 的位置。

需要说明的是，电场力叠加原理也是建立在实验基础上的。结合场强定义 $\boldsymbol{F}/q$ 可知：多个点电荷 $q_1', q_2', \cdots, q_N'$ 产生的电场在某点的场强等于每个点电荷单独产生的电场在该点场强的矢量叠加，这就是电场强度叠加原理，简称场强叠加原理。

$$\boldsymbol{E}(\boldsymbol{r}) = \frac{1}{4\pi\varepsilon_0}\sum_n \frac{q_n'}{R_n^2}\boldsymbol{e}_{R_n} = \frac{1}{4\pi\varepsilon_0}\sum_n \frac{q_n'}{R_n^3}\boldsymbol{R}_n \tag{2.1.4}$$

根据物质的结构理论，电荷的分布实际上是不连续的，并不能定义一个空间位置的连续函数。在研究宏观电磁现象时，通常可以把电荷近似看成连续分布而不影响结果的准确性。由此，可以引入体电荷密度、面电荷密度和线电荷密度三个概念。如果电荷连续地分布在体积 V 内，记 $\rho(\boldsymbol{r}')$ 是单位体积内的电荷密度，即体电荷密度；如果分布在面 S 上，记 $\sigma(\boldsymbol{r}')$ 是单位面积内的电荷密度，即面电荷密度；如果分布在线 l 上，记 $\tau(\boldsymbol{r}')$ 是单位长度内的电荷密度，即线电荷密度。于是

$$\begin{cases} \rho(\boldsymbol{r}') = \dfrac{\mathrm{d}q(\boldsymbol{r}')}{\mathrm{d}V'} \\[2ex] \sigma(\boldsymbol{r}') = \dfrac{\mathrm{d}q(\boldsymbol{r}')}{\mathrm{d}S'} \\[2ex] \tau(\boldsymbol{r}') = \dfrac{\mathrm{d}q(\boldsymbol{r}')}{\mathrm{d}l'} \end{cases} \tag{2.1.5}$$

对于体积电荷，将电荷所在区域分成很多体积元，其电荷量为 $\mathrm{d}q(\boldsymbol{r}') = \rho(\boldsymbol{r}') \cdot \mathrm{d}V'$，则连续分布的电荷系统便可以看成是由多个点电荷构成的。根据场强叠加

原理，可知

$$\begin{cases} \boldsymbol{E}(\boldsymbol{r}) = \dfrac{1}{4\pi\varepsilon_0}\displaystyle\int_V \rho(\boldsymbol{r}')\frac{\boldsymbol{e}_R}{R^2}\mathrm{d}V' = \dfrac{1}{4\pi\varepsilon_0}\displaystyle\int_V \rho(\boldsymbol{r}')\frac{\boldsymbol{R}}{R^3}\mathrm{d}V' \\ \boldsymbol{E}(\boldsymbol{r}) = \dfrac{1}{4\pi\varepsilon_0}\displaystyle\int_S \sigma(\boldsymbol{r}')\frac{\boldsymbol{e}_R}{R^2}\mathrm{d}S' = \dfrac{1}{4\pi\varepsilon_0}\displaystyle\int_S \sigma(\boldsymbol{r}')\frac{\boldsymbol{R}}{R^3}\mathrm{d}S' \\ \boldsymbol{E}(\boldsymbol{r}) = \dfrac{1}{4\pi\varepsilon_0}\displaystyle\int_l \tau(\boldsymbol{r}')\frac{\boldsymbol{e}_R}{R^2}\mathrm{d}l' = \dfrac{1}{4\pi\varepsilon_0}\displaystyle\int_l \tau(\boldsymbol{r}')\frac{\boldsymbol{R}}{R^3}\mathrm{d}l' \end{cases} \tag{2.1.6}$$

为了形象地描绘电场的分布，引入了电场线的概念。电场线是一系列假想的曲线，曲线上每一点的切线方向表示该点场强的方向，电场线越集中的区域电场强度越大。静电荷在其周围空间产生的电场称为静电场，静电场的电场线不闭合，始于正电荷或无限远，终于负电荷或无限远。如图 2.1.2 所示为正电荷、电偶极子和平行板电容器三种典型的静止电荷的电场示意图。

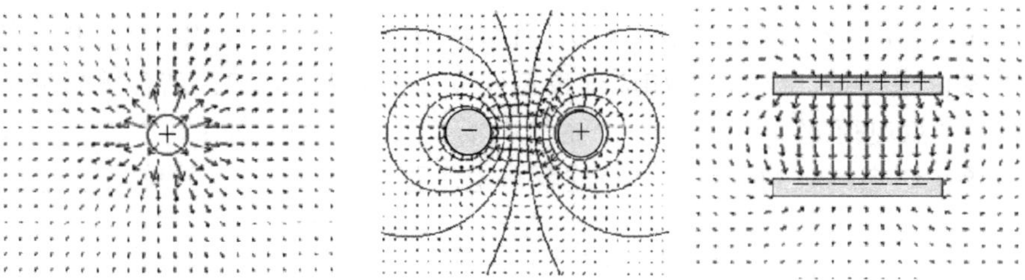

(a) 正电荷　　(b) 电偶极子　　(c) 平行板电容器

图 2.1.2　几种静止电荷的电场示意图

2.2　真空中静电场方程

电场强度是矢量，根据矢量场解的唯一性，研究真空中静电场的规律，必须掌握电场强度的散度和旋度。原则上说，无限大真空中以任何形式分布的电荷产生的电场都可以通过已知其电场强度的散度和旋度表达式来确定。可以采用两种思路导出电场强度的散度方程和旋度方程。

思路 1：从库仑定律和叠加定理出发，求静电场中任一闭合曲面的通量，结合高斯散度定理导出真空中静电场的散度方程；求静电场中任一闭合曲线的环量，结合斯托克斯公式导出真空中静电场的旋度方程。

思路 2：从库仑定律出发，直接导出电场强度的散度和旋度方程。

2.2.1　高斯电场定律

在宏观上，体电荷模型最接近实际情况且能够代表面、线、点电荷模型。因此当研究静电场特性时，以体电荷产生的电场作为研究对象。本节从库仑定律和叠加定理出发，求静电场中任一闭合曲面的通量，结合高斯散度定理导出散度方程。

1. 点电荷在闭合曲面内部

如图 2.2.1(a) 所示，在闭合曲面 S 上截出面元 $\mathrm{d}\boldsymbol{S}$，其大小为 $\mathrm{d}S$，其外法线单位矢量为 $\boldsymbol{e}_n$，$\mathrm{d}\boldsymbol{S}$ 到 q 的距离为 R，$\mathrm{d}\boldsymbol{S}$ 处的电场强度为 $\boldsymbol{E}$，θ 为 $\boldsymbol{E}$ 和 $\boldsymbol{e}_n$ 的夹角，面元 $\mathrm{d}\boldsymbol{S}$ 对点电荷 q 所张的锥角记为 $\mathrm{d}\varOmega$，称为立体角。通过 $\mathrm{d}\boldsymbol{S}$ 的电场强度通量为

$$\mathrm{d}\varPhi_{\mathrm{e}} = \boldsymbol{E}\cdot\mathrm{d}\boldsymbol{S} = E\mathrm{d}S\cos\theta$$

立体角 $\mathrm{d}\varOmega = \dfrac{\mathrm{d}S\cos\theta}{R^2}$，将电场强度式 (2.1.2) 代入上式，有

$$\mathrm{d}\varPhi_{\mathrm{e}} = \frac{q}{4\pi\varepsilon_0}\frac{\boldsymbol{e}_R\cdot\mathrm{d}\boldsymbol{S}}{R^2} = \frac{q}{4\pi\varepsilon_0}\frac{\mathrm{d}S\cos\theta}{R^2} = \frac{q}{4\pi\varepsilon_0}\mathrm{d}\varOmega$$

因此，通过闭合曲面 S 的电场强度通量为

$$\varPhi_{\mathrm{e}} = \oint_S \mathrm{d}\varPhi_{\mathrm{e}} = \oint_S \boldsymbol{E}\cdot\mathrm{d}\boldsymbol{S} = \oint_S \frac{q}{4\pi\varepsilon_0 R^2}\boldsymbol{e}_R\cdot\mathrm{d}\boldsymbol{S} = \frac{q}{4\pi\varepsilon_0}\oint_S \mathrm{d}\varOmega \tag{2.2.1}$$

式中，立体角对闭合曲面的积分 $\oint_S \mathrm{d}\varOmega = 4\pi$，于是可得

$$\varPhi_{\mathrm{e}} = \oint_S \boldsymbol{E}\cdot\mathrm{d}\boldsymbol{S} = \frac{q}{\varepsilon_0} \tag{2.2.2}$$

2. 点电荷在闭合曲面外部

如图 2.2.1(b) 所示，在这种情况下，以 q 为顶点作一个立体角为 $\mathrm{d}\varOmega$ 的小圆锥，在闭合曲面 S 上截出一对面元 $\mathrm{d}\boldsymbol{S}_1$、$\mathrm{d}\boldsymbol{S}_2$，它们到 q 的距离分别为 R_1、R_2，在 $\mathrm{d}\boldsymbol{S}_1$、$\mathrm{d}\boldsymbol{S}_2$ 处的电场强度分别为 $\boldsymbol{E}_1$、$\boldsymbol{E}_2$，θ_1、θ_2 分别为各自电场强度与法线单位矢量的夹角。

通过 $\mathrm{d}\boldsymbol{S}_1$ 与 $\mathrm{d}\boldsymbol{S}_2$ 的电场强度通量分别为

$$\mathrm{d}\varPhi_{\mathrm{e1}} = \boldsymbol{E}_1\cdot\mathrm{d}\boldsymbol{S}_1 = E_1\cos\theta_1\mathrm{d}S_1 = -\frac{q}{4\pi\varepsilon_0}\mathrm{d}\varOmega$$

$$\mathrm{d}\varPhi_{\mathrm{e2}} = \boldsymbol{E}_2\cdot\mathrm{d}\boldsymbol{S}_2 = E_2\cos\theta_2\mathrm{d}S_2 = \frac{q}{4\pi\varepsilon_0}\mathrm{d}\varOmega$$

由以上两式可知，$\mathrm{d}\varPhi_{\mathrm{e1}} + \mathrm{d}\varPhi_{\mathrm{e2}} = 0$，表示面元 $\mathrm{d}\boldsymbol{S}_1$、$\mathrm{d}\boldsymbol{S}_2$ 处的电场强度元通量等值异号，净通量为零，以此类推，闭合曲面 S 分割成这样许多对面元，每一对面元上的电场强度元通量都相互抵消，因此可得

$$\varPhi_{\mathrm{e}} = \oint_S \boldsymbol{E}\cdot\mathrm{d}\boldsymbol{S} = 0$$

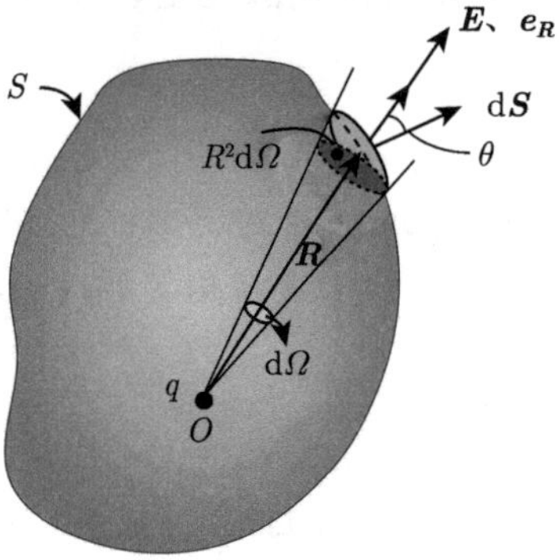

(a) 电荷在闭合曲面内

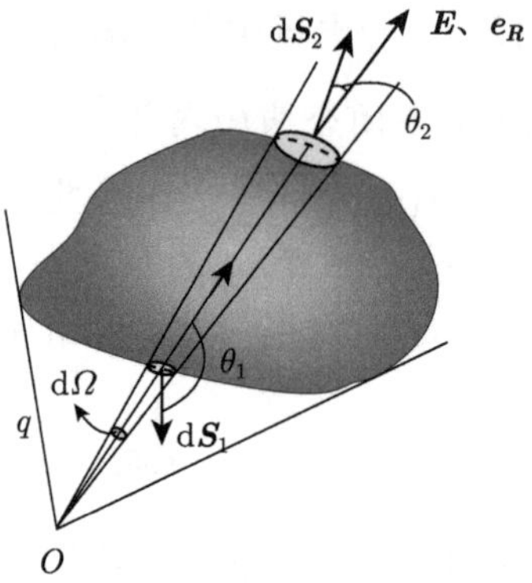

(b) 电荷在闭合曲面外

图 2.2.1　通过任意闭合曲面的电通量

于是，任何闭合曲面 S 的电场强度通量为

$$\oint_S \boldsymbol{E}\cdot\mathrm{d}\boldsymbol{S}=\oint_S \frac{q}{4\pi\varepsilon_0 R^2}\boldsymbol{e}_R\cdot\mathrm{d}\boldsymbol{S}=\frac{q}{4\pi\varepsilon_0}\oint_S \mathrm{d}\Omega=\begin{cases}\dfrac{q}{\varepsilon_0}, & q\ \text{在闭合曲面内}\\ 0, & q\text{在闭合曲面外}\end{cases}\tag{2.2.3}$$

式中，$\oint_S \mathrm{d}\Omega$ 是闭合曲面 S 对点电荷 q 所张的总立体角，S 的方向是闭合曲面上指向外侧的法向矢量方向。

考虑一个带电体，其内部的所有点电荷对闭合曲面的电通量满足叠加原理，但是只有处于闭合曲面内的电荷才对闭合曲面电通量有贡献，将这部分电荷的电量记为 $\int_V \rho\mathrm{d}V$，则任何闭合曲面的电通量为

$$\oint_S \boldsymbol{E}\cdot\mathrm{d}\boldsymbol{S}=\int_V \frac{\rho}{\varepsilon_0}\mathrm{d}V\tag{2.2.4}$$

式 (2.2.4) 即为高斯电场定律的积分形式。

对高斯电场定律的理解应注意以下几点：① 高斯电场定律表达式中的电场强度 $\boldsymbol{E}$ 是曲面上各点的电场强度，它是由空间所有电荷 (包括曲面内的电荷与曲面外的电荷) 共同产生的电场强度的叠加，并非只有闭合曲面内的电荷 $\sum q_{in}$ 产生。② 通过闭合曲面的总电通量只取决于它所包围的电荷，即只有闭合曲面内部的电荷才对闭合曲面上的总电通量有贡献，闭合曲面外的电荷对这一通量无贡献。

根据高斯散度定理

$$\oint_S \boldsymbol{F}\cdot\mathrm{d}\boldsymbol{S}=\int_V \nabla\cdot\boldsymbol{F}\mathrm{d}V$$

可以导出高斯电场定律

$$\int_V \nabla \cdot \boldsymbol{E} \mathrm{d}V = \int_V \frac{\rho}{\varepsilon_0} \mathrm{d}V \tag{2.2.5}$$

$$\nabla \cdot \boldsymbol{E} = \frac{\rho}{\varepsilon_0} \tag{2.2.6}$$

高斯电场定律的成立是以库仑定律和电场力叠加定理为基础的，是电磁场理论中的重要定理。

式 (2.2.6) 也可以包括点电荷的情况，关键是怎样用电荷密度来描写点电荷。点电荷本身就是实际物理问题的一种数学极限概念。利用 δ 函数，将位于 $\boldsymbol{r}'$ 点的点电荷 q 用电荷密度表示为

$$\rho(\boldsymbol{r}) = q\delta(\boldsymbol{r} - \boldsymbol{r}')$$

总电荷为

$$\int_V \rho \mathrm{d}V = \int_V q\delta(\boldsymbol{r} - \boldsymbol{r}') \mathrm{d}V = q$$

积分限 V 为包含 $\boldsymbol{r}'$ 点的任意体积。

这种情况下，高斯电场定律的微分形式为

$$\nabla \cdot \boldsymbol{E} = \frac{q}{\varepsilon_0} \delta(\boldsymbol{r} - \boldsymbol{r}') \tag{2.2.7}$$

根据式 (2.1.6)，点电荷 q 的电场强度为

$$\boldsymbol{E}(\boldsymbol{r}) = \frac{1}{4\pi\varepsilon_0} \frac{q}{R^2} \boldsymbol{e}_R = \frac{1}{4\pi\varepsilon_0} \frac{q}{R^3} \boldsymbol{R} \tag{2.2.8}$$

代入式 (2.2.7)，有

$$\nabla \cdot \frac{\boldsymbol{R}}{R^3} = 4\pi\delta(\boldsymbol{r} - \boldsymbol{r}') \tag{2.2.9}$$

考虑到

$$\frac{\boldsymbol{R}}{R^3} = -\nabla \frac{1}{R} \tag{2.2.10}$$

因此，有

$$\nabla^2 \frac{1}{R} = -4\pi\delta(\boldsymbol{r} - \boldsymbol{r}') \tag{2.2.11}$$

式 (2.2.11) 是由高斯电场定律导出的，但是其成立并不依赖于高斯电场定律。该结论是关于 δ 函数的一个重要恒等式，在数学、物理问题分析中广泛使用。本书后文中遇到相关问题，直接使用式 (2.2.11) 的结论，不再证明。

2.2.2　静电场环路定律

在静电场中取任意闭合曲线 l，围成曲面为 S，l 的方向和曲面 S 的单位法向矢量 $\boldsymbol{e}_n$ 满足右手螺旋关系，如图 2.2.2 所示，求解电场力在整个闭合路径 l 上做的功。

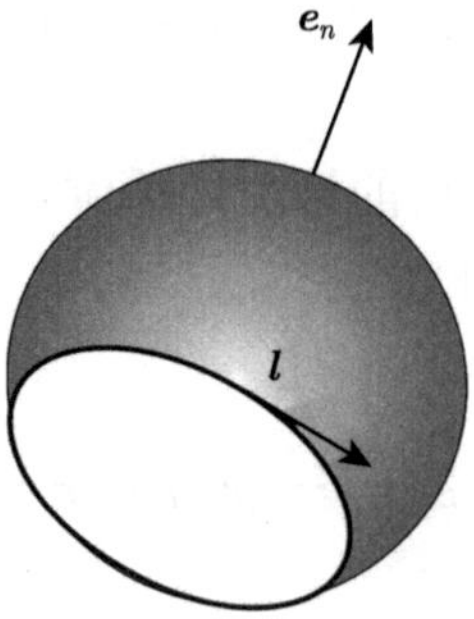

图 2.2.2　闭合曲线与开曲面

对于真空中位于 $\boldsymbol{r}'=\boldsymbol{0}$ 的点电荷 q，产生的电场强度为 $\boldsymbol{E}=\dfrac{q}{4\pi\varepsilon_0 r^2}\boldsymbol{e}_r$。如图 2.2.3 所示，从 P 点到 Q 点任选一个路径移动单位正电荷，电场力所做的功为

$$W=\int_P^Q \boldsymbol{E}\cdot \mathrm{d}\boldsymbol{l} \tag{2.2.12}$$

进一步有

$$\begin{aligned}W&=\int_P^Q \frac{q}{4\pi\varepsilon_0 r^2}\boldsymbol{e}_r\cdot \mathrm{d}\boldsymbol{l}=\int_P^Q \frac{q}{4\pi\varepsilon_0 r^2}\mathrm{d}l\cos\theta\\&=\int_P^Q \frac{q}{4\pi\varepsilon_0 r^2}\mathrm{d}r=\frac{q}{4\pi\varepsilon_0}\left(\frac{1}{r_P}-\frac{1}{r_Q}\right)\end{aligned} \tag{2.2.13}$$

式中，r_P 和 r_Q 分别是 P 点和 Q 点到源点的距离。

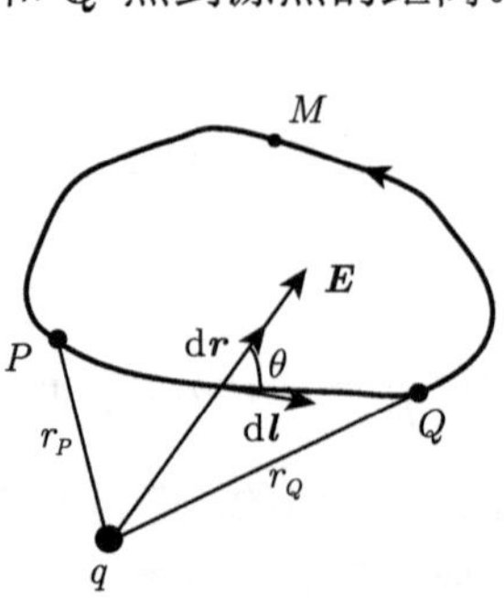

图 2.2.3　单位正电荷电场力做功

如果电荷由 P 点出发，经 Q、M 点又回到 P 点，电场力在整个闭合路径上所做的功为零，此即静电场环路定律 (定理)：

$$\oint_l \boldsymbol{E}\cdot \mathrm{d}\boldsymbol{l}=0$$

根据斯托克斯公式可得

$$\oint_l \boldsymbol{E}\cdot \mathrm{d}\boldsymbol{l}=\int_S \nabla\times\boldsymbol{E}\cdot \mathrm{d}\boldsymbol{S}=0$$

由此导出静电场环路定律的微分形式，亦称为静电场的旋度定理

$$\nabla\times\boldsymbol{E}=0 \tag{2.2.14}$$

总结，真空中静电场基本方程为

$$\begin{cases}\nabla\cdot\boldsymbol{E}=\dfrac{\rho}{\varepsilon_0}\\ \nabla\times\boldsymbol{E}=0\end{cases} \tag{2.2.15}$$

即静电场是有源无旋场。

此外，式 (2.2.4) 中右端的积分表示区域 V 中全部自由电荷之和。设闭合曲面 S 内的总电荷为 q，则式 (2.2.4) 可写成

$$\oint_S \boldsymbol{E}\cdot \mathrm{d}\boldsymbol{S}=\frac{q}{\varepsilon_0}$$

因此，真空中静电场的基本方程对应的积分形式为

$$\begin{cases}\displaystyle\oint_S \boldsymbol{E}\cdot \mathrm{d}\boldsymbol{S}=\frac{q}{\varepsilon_0}\\ \displaystyle\oint_l \boldsymbol{E}\cdot \mathrm{d}\boldsymbol{l}=0\end{cases} \tag{2.2.16}$$

式 (2.2.15) 称为真空中静电场基本方程的微分形式，式 (2.2.16) 称为静电场基本方程的积分形式，积分形式刻画了场的整体区域性质，当场高度对称 (如球对称、轴对称) 时，可以直接利用积分形式求解。它们区别于 2.1 节中电场强度的定义式，可以在不必已知所有电荷分布的情况下对静电场进行求解，适用范围更广泛。

实际上，也可以从库仑定律出发，直接导出电场散度方程和旋度方程。

根据 $\nabla\frac{1}{R}=-\frac{\boldsymbol{R}}{R^3}$，结合场强叠加原理 $\boldsymbol{E}(\boldsymbol{r})=\frac{1}{4\pi\varepsilon_0}\int_V\rho(\boldsymbol{r}')\frac{\boldsymbol{e}_R}{R^2}\mathrm{d}V'=\frac{1}{4\pi\varepsilon_0}\int_V\rho(\boldsymbol{r}')\frac{\boldsymbol{R}}{R^3}\mathrm{d}V'$，将场强写成

$$\boldsymbol{E}(\boldsymbol{r})=-\frac{1}{4\pi\varepsilon_0}\int_V\rho(\boldsymbol{r}')\nabla\frac{1}{R}\mathrm{d}V(\boldsymbol{r}') \tag{2.2.17}$$

式中，哈密顿算子 ∇ 是对场点坐标的微分运算，而积分是对源点坐标进行的。在式 (2.2.17) 两边对场点坐标取散度运算，得

$$\nabla\cdot\boldsymbol{E}(\boldsymbol{r})=-\frac{1}{4\pi\varepsilon_0}\int_V\rho(\boldsymbol{r}')\nabla^2\frac{1}{R}\mathrm{d}V(\boldsymbol{r}') \tag{2.2.18}$$

将式 (2.2.11) 代入式 (2.2.18)，利用 δ 函数的挑选性，可得真空中电场强度的散度方程

$$\nabla\cdot\boldsymbol{E}(\boldsymbol{r})=\frac{1}{\varepsilon_0}\int_V\rho(\boldsymbol{r}')\delta(\boldsymbol{r}-\boldsymbol{r}')\mathrm{d}V(\boldsymbol{r}')=\frac{\rho(\boldsymbol{r})}{\varepsilon_0} \tag{2.2.19}$$

对式 (2.2.17) 两端场点坐标取旋度运算，有

$$\nabla\times\boldsymbol{E}(\boldsymbol{r})=-\frac{1}{4\pi\varepsilon_0}\int_V\rho(\boldsymbol{r}')\nabla\times\nabla\frac{1}{R}\mathrm{d}V(\boldsymbol{r}') \tag{2.2.20}$$

根据矢量恒等式 $\nabla\times\nabla\varphi=0$，得到真空中电场强度的旋度方程

$$\nabla\times\boldsymbol{E}(\boldsymbol{r})=0 \tag{2.2.21}$$

2.2.3　标量电位

静电场为无旋场，即 $\nabla\times\boldsymbol{E}=0$，根据矢量恒等式 $\nabla\times\nabla\varphi=0$，可将静电场表示为某一个标量函数的梯度，即

$$\boldsymbol{E}(\boldsymbol{r})=-\nabla\varphi(\boldsymbol{r}) \tag{2.2.22}$$

式中，标量函数 $\varphi(\boldsymbol{r})$ 称为静电场的标量位函数，又称标量电位或电位。式 (2.2.22) 可表述为：自由空间中任一点静电场的电场强度 $\boldsymbol{E}$ 等于该点标量电位梯度的负值，式中负号的引入目的是使电场强度 $\boldsymbol{E}$ 的方向与电位的梯度 $\nabla\varphi$ 的方向相反，即指向电位减小最快的方向。

在直角坐标系中

$$\boldsymbol{E}=-\left(\frac{\partial\varphi}{\partial x}\boldsymbol{e}_x+\frac{\partial\varphi}{\partial y}\boldsymbol{e}_y+\frac{\partial\varphi}{\partial z}\boldsymbol{e}_z\right)$$

由亥姆霍兹定理

$$\boldsymbol{E}(\boldsymbol{r}) = -\nabla\varphi(\boldsymbol{r}) + \nabla\times\boldsymbol{A}(\boldsymbol{r})$$

式中

$$\varphi(\boldsymbol{r}) = \frac{1}{4\pi}\int_V \frac{\nabla'\cdot\boldsymbol{E}(\boldsymbol{r}')}{R}\mathrm{d}V' = \frac{1}{4\pi\varepsilon_0}\int_V \frac{\rho(\boldsymbol{r}')}{R}\mathrm{d}V' \tag{2.2.23}$$

$$\boldsymbol{A}(\boldsymbol{r}) = \frac{1}{4\pi}\int_V \frac{\nabla'\times\boldsymbol{E}(\boldsymbol{r}')}{R}\mathrm{d}V' = 0 \tag{2.2.24}$$

其中，R 是源点 $\boldsymbol{r}'$ 到场点 $\boldsymbol{r}$ 的距离，算子 $\nabla' = \boldsymbol{e}_x\frac{\partial}{\partial x'} + \boldsymbol{e}_y\frac{\partial}{\partial y'} + \boldsymbol{e}_z\frac{\partial}{\partial z'}$ 是对源点坐标进行运算的，积分也对源点坐标展开。

由此可见，若已知电荷的分布函数 $\rho(\boldsymbol{r}')$，由式 (2.2.23) 可求出空间任一点的电位 $\varphi(\boldsymbol{r})$，然后由式 (2.2.22) 进行微分求解便可得到该点的电场强度 $\boldsymbol{E}(\boldsymbol{r})$。需要说明的是，式 (2.2.23) 只能用于计算无限大真空中电荷产生的电位。

将式 (2.2.22) 代入式 (2.2.12)，有

$$W = \int_P^Q \boldsymbol{E}\cdot\mathrm{d}\boldsymbol{l} = -\int_P^Q \nabla\varphi\cdot\mathrm{d}\boldsymbol{l} = -\int_P^Q \frac{\partial\varphi}{\partial l}\mathrm{d}l = \varphi_P - \varphi_Q \tag{2.2.25}$$

式中，φ_P 和 φ_Q 分别是 P 点和 Q 点的电位。此式的物理意义为：移动单位正电荷时电场力所做的功等于两点间的电位差，即电位增量的负值。

对比式 (2.2.13) 和式 (2.2.25) 可知点电荷 q 在空间任一点的电位为

$$\varphi(\boldsymbol{r}) = \frac{1}{4\pi\varepsilon_0}\frac{q}{R} \tag{2.2.26}$$

由场强叠加原理可知，多个电荷的电位按代数方式叠加。连续分布的体电荷、面电荷和线电荷产生的电位可采用积分计算

$$\begin{cases} \varphi(\boldsymbol{r}) = \dfrac{1}{4\pi\varepsilon_0}\displaystyle\int_V \frac{\rho(\boldsymbol{r}')}{R}\mathrm{d}V' \\ \varphi(\boldsymbol{r}) = \dfrac{1}{4\pi\varepsilon_0}\displaystyle\int_S \frac{\sigma(\boldsymbol{r}')}{R}\mathrm{d}S' \\ \varphi(\boldsymbol{r}) = \dfrac{1}{4\pi\varepsilon_0}\displaystyle\int_l \frac{\tau(\boldsymbol{r}')}{R}\mathrm{d}l' \end{cases} \tag{2.2.27}$$

实际的电荷都是分布在有限区域内，它们在任意点产生的电位都可以采用式 (2.2.27) 计算。然而在有些特定情况下，例如，电荷均匀分布在无限大面上，用式

(2.2.27) 会出现积分发散的情况。出现这种结果的原因是，将大的带电面看成无限大是有条件的，只有求近处的场强时才可以这样做。

通过引入电位函数可以简化电场的求解。当直接求解电场强度困难时，就可以通过先求解电位函数，再由关系 $\boldsymbol{E} = -\nabla\varphi$ 得到电场解。

取 Q 点处的电位 $\varphi_Q = 0$，称 Q 点为电位参考点。确定电位参考点 Q 后，静电场中点 P 的标量电位即为

$$\varphi_P = \int_P^Q \boldsymbol{E} \cdot \mathrm{d}\boldsymbol{l} \tag{2.2.28}$$

理论上，电场中任一点均可作为电位参考点。为了简化计算，标量电位参考点的选择遵循以下原则：当全部电荷分布于有限区域内时，选取无限远处作为电位参考点；当电荷分布区域延伸至无限远处时，选取坐标原点附近的任一点作为标量电位参考点；当所分析的问题是大地上方的静电场时，选取大地表面作为电位参考点。

2.3　电偶极子与电位的多极展开

2.3.1　电偶极子

一对等量、异号、中心不重合的点电荷，当它们之间的距离远小于场点到这两个电荷的距离时，由这两个电荷所构成的电荷系统叫做电偶极子 (electric dipole)。

设电偶极子两个电荷的电荷量分别为 $+q$ 和 $-q$，从负电荷到正电荷的距离矢量为 $\boldsymbol{l}$，可以用电偶极矩矢量 $\boldsymbol{p}$ 来表示电偶极子，即

$$\boldsymbol{p} = q\boldsymbol{l} \tag{2.3.1}$$

采用球坐标系，如图 2.3.1 所示，设原点在电偶极子中心，z 轴与 $\boldsymbol{l}$ 重合，P 点到电偶极子中点 O 的距离为 $\boldsymbol{r}$，PO 连线与电偶极矩方向的夹角为 θ，场点 P 坐标为 $P(r,\theta)$。

利用叠加原理，可得 P 点的电位为

$$\varphi = \varphi_1 + \varphi_2 = \frac{1}{4\pi\varepsilon_0}\left(\frac{q}{r_1} - \frac{q}{r_2}\right) = \frac{q}{4\pi\varepsilon_0}\frac{r_2 - r_1}{r_1 r_2} \tag{2.3.2}$$

式中，φ_1 与 φ_2 分别为 $+q$ 和 $-q$ 单独存在时 P 点的电位。

对于远场区，当 r 很大时，r 与 r_1、r_2 近乎平行，有

$$r_2 - r_1 = r_2 - r + r - r_1 \approx l\cos\theta, \quad r_1 r_2 \approx r^2 \tag{2.3.3}$$

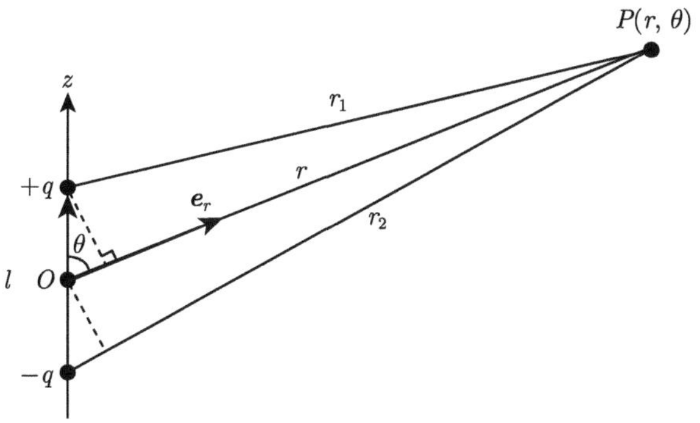

图 2.3.1 电偶极子

将式 (2.3.3) 代入式 (2.3.2)，可得电偶极子的电位为

$$\varphi=\frac{q}{4\pi\varepsilon_0}\frac{l\cos\theta}{r^2}=\frac{1}{4\pi\varepsilon_0}\frac{\boldsymbol{p}\cdot\boldsymbol{e}_r}{r^2}=-\frac{1}{4\pi\varepsilon_0}\boldsymbol{p}\cdot\nabla\frac{1}{r} \tag{2.3.4}$$

进一步，得到电偶极子的电场强度为

$$\boldsymbol{E}=-\nabla\varphi=\frac{1}{4\pi\varepsilon_0}\nabla\left(\boldsymbol{p}\cdot\nabla\frac{1}{r}\right) \tag{2.3.5}$$

利用直角坐标系与球坐标系之间的单位矢量转换关系，在球坐标系下，有

$$\boldsymbol{p}=p\boldsymbol{e}_z=p(\cos\theta\boldsymbol{e}_r-\sin\theta\boldsymbol{e}_\theta),\quad \boldsymbol{r}=r\boldsymbol{e}_r$$

由式 (2.3.5)，电偶极子的电场为

$$\boldsymbol{E}=\frac{p}{4\pi\varepsilon_0r^3}(2\cos\theta\boldsymbol{e}_r+\sin\theta\boldsymbol{e}_\theta) \tag{2.3.6}$$

由式 (2.3.4) 可知，电偶极子的电位与距离平方成反比，由式 (2.3.6) 可知，电场强度的大小与距离的三次方成反比，此外，其电位或电场强度均与方位角 θ 相关。因此电偶极子的电场特征明显不同于点电荷的电场。

2.3.2 电位的多极展开

若真空中电荷系统集中在空间很小的区域内，可以采用电位的多极展开研究远处的电场。将电位的积分表达式展开为泰勒级数，将级数中各项与电多极子等效，将远场用多极子源的远场叠加等效，这种方法称为电位的多极展开。

设在无限大均匀介质内，体电荷密度为 $\rho(\boldsymbol{r}')$，则电位表达式为

$$\varphi(\boldsymbol{r})=\frac{1}{4\pi\varepsilon_0}\int_V\frac{\rho(\boldsymbol{r}')}{|\boldsymbol{r}-\boldsymbol{r}'|}\mathrm{d}V' \tag{2.3.7}$$

式中

$$\boldsymbol{r} = x\boldsymbol{e}_x + y\boldsymbol{e}_y + z\boldsymbol{e}_z$$

$$\boldsymbol{r}' = x'\boldsymbol{e}'_x + y'\boldsymbol{e}'_y + z'\boldsymbol{e}'_z$$

$$|\boldsymbol{r} - \boldsymbol{r}'| = [(x - x')^2 + (y - y')^2 + (z - z')^2]^{1/2}$$

在数学中，若函数 $f(x')$ 在 $x' = 0$ 处有任意阶导数，记为上角标 n，则 $f(x')$ 可在 $x' = 0$ 处展开为泰勒级数

$$f(x') = \sum_{n=0}^{\infty} (x')^n \frac{f^n(x')|_{x'=0}}{n!}$$

同样空间函数 $f(\boldsymbol{r}')$ 在某点 $\boldsymbol{r}' = 0$ 处的泰勒级数展开式为

$$f(\boldsymbol{r}') = \sum_{n=0}^{\infty} \frac{1}{n!} (\boldsymbol{r}' \cdot \nabla')^n f(\boldsymbol{r}')|_{\boldsymbol{r}'=0}$$

空间复合函数 $f(\boldsymbol{r} - \boldsymbol{r}')$ 在原点处对 $\boldsymbol{r}'$ 的泰勒级数展开为

$$f(\boldsymbol{r} - \boldsymbol{r}') = \sum_{n=0}^{\infty} \frac{1}{n!} (-\boldsymbol{r}' \cdot \nabla)^n f(\boldsymbol{r} - \boldsymbol{r}')|_{\boldsymbol{r}'=0} = \sum_{n=0}^{\infty} \frac{1}{n!} (-\boldsymbol{r}' \cdot \nabla)^n f(\boldsymbol{r})$$

在许多物理问题中，电荷只分布于一个小体积 V' 内，其线度远小于 $|\boldsymbol{r} - \boldsymbol{r}'|$，因此可以将 $\dfrac{1}{|\boldsymbol{r} - \boldsymbol{r}'|}$ 在原点附近关于 $\boldsymbol{r}'$ 展开成泰勒级数。利用空间泰勒级数展开式可得

$$\frac{1}{|\boldsymbol{r}-\boldsymbol{r}'|} = \sum_{n=0}^{\infty} \frac{1}{n!} (-\boldsymbol{r}' \cdot \nabla)^n \frac{1}{r} = \frac{1}{r} - \boldsymbol{r}' \cdot \nabla \frac{1}{r} + \frac{1}{2} \boldsymbol{r}'\boldsymbol{r}' : \left(\nabla\nabla \frac{1}{r}\right) - \cdots$$

其中，$\boldsymbol{r}'\boldsymbol{r}' : \nabla\nabla$ 表示并矢的双重点积，其定义可参考式 (1.2.8)，由 $(-\boldsymbol{r}' \cdot \nabla)^2 = (\boldsymbol{r}' \cdot \nabla)(\boldsymbol{r}' \cdot \nabla)$ 导出。

因此

$$\varphi(\boldsymbol{r}) = \sum_{n=0}^{\infty} \frac{1}{4\pi\varepsilon_0} \int_V \rho(\boldsymbol{r}') \frac{1}{n!} (-\boldsymbol{r}' \cdot \nabla)^n \frac{1}{r} \mathrm{d}V' \tag{2.3.8}$$

取式 (2.3.8) 中 $n=0$、1、2 时的积分项，有

$$\begin{cases}\varphi_0(\boldsymbol{r})=\dfrac{1}{4\pi\varepsilon_0}\displaystyle\int_V\rho(\boldsymbol{r}')\frac{1}{r}\mathrm{d}V'\\ \varphi_1(\boldsymbol{r})=\dfrac{1}{4\pi\varepsilon_0}\displaystyle\int_V\rho(\boldsymbol{r}')(-\boldsymbol{r}'\cdot\nabla)\frac{1}{r}\mathrm{d}V'\\ \varphi_2(\boldsymbol{r})=\dfrac{1}{4\pi\varepsilon_0}\displaystyle\int_V\frac{1}{2}\rho(\boldsymbol{r}')(-\boldsymbol{r}'\cdot\nabla)^2\frac{1}{r}\mathrm{d}V'\end{cases}\tag{2.3.9}$$

将式 (2.3.9) 中与 $\boldsymbol{r}'$ 无关的项移到积分外，可得

$$\begin{cases}\varphi_0(\boldsymbol{r})=\dfrac{1}{4\pi\varepsilon_0 r}\displaystyle\int_V\rho(\boldsymbol{r}')\mathrm{d}V'\\ \varphi_1(\boldsymbol{r})=\dfrac{1}{4\pi\varepsilon_0}\displaystyle\int_V\rho(\boldsymbol{r}')\boldsymbol{r}'\mathrm{d}V'\cdot\left(-\nabla\frac{1}{r}\right)\\ \varphi_2(\boldsymbol{r})=\dfrac{1}{4\pi\varepsilon_0}\displaystyle\int_V\frac{1}{2}\rho(\boldsymbol{r}')\boldsymbol{r}'\boldsymbol{r}'\mathrm{d}V':\nabla\nabla\frac{1}{r}\end{cases}\tag{2.3.10}$$

定义电偶极矩矢量 $\boldsymbol{p}$ 和电四极矩 $\overline{\overline{\boldsymbol{Q}}}$ (对称张量) 为

$$\boldsymbol{p}(\boldsymbol{r})=\int_V\rho(\boldsymbol{r}')\boldsymbol{r}'\mathrm{d}V'\tag{2.3.11}$$

$$\overline{\overline{\boldsymbol{Q}}}(\boldsymbol{r})=\frac{1}{2}\int_V\boldsymbol{r}'\boldsymbol{r}'\rho(\boldsymbol{r}')\mathrm{d}V'\tag{2.3.12}$$

并考虑电荷量与电荷密度的关系

$$q(\boldsymbol{r})=\int_V\rho(\boldsymbol{r}')\mathrm{d}V'\tag{2.3.13}$$

将式 (2.3.11)~ 式 (2.3.13) 代入式 (2.3.10)，有

$$\begin{cases}\varphi_0(\boldsymbol{r})=\dfrac{q}{4\pi\varepsilon_0 r}\\ \varphi_1(\boldsymbol{r})=-\dfrac{1}{4\pi\varepsilon_0}\boldsymbol{p}\cdot\nabla\dfrac{1}{r}\\ \varphi_2(\boldsymbol{r})=\dfrac{1}{4\pi\varepsilon_0}\displaystyle\int_{V'}\rho(\boldsymbol{r}')(-\boldsymbol{r}'\cdot\nabla)^2\frac{1}{r}\mathrm{d}V'=\frac{1}{4\pi\varepsilon_0}\overline{\overline{\boldsymbol{Q}}}:\nabla\nabla\frac{1}{r}\end{cases}\tag{2.3.14}$$

展开式中的第一项为置于原点的等效电荷 q 产生的电位 $\varphi_0(\boldsymbol{r})$，称为电单极子项。作为一级近似，可以把电荷体系看成集中于原点上, 它激发的标量电位即为 φ_0。

展开式的第二项是置于原点的电偶极矩 $\boldsymbol{p}$ 产生的电位 $\varphi_1(\boldsymbol{r})$，称为电偶极子项。

展开式的第三项是置于原点的电四极矩 $\overline{\overline{\boldsymbol{Q}}}(\boldsymbol{r})$ 产生的电位 $\varphi_2(\boldsymbol{r})$，称为电四极子项。

电偶极子、四极子的电场与电位分布如图 2.3.2 所示。

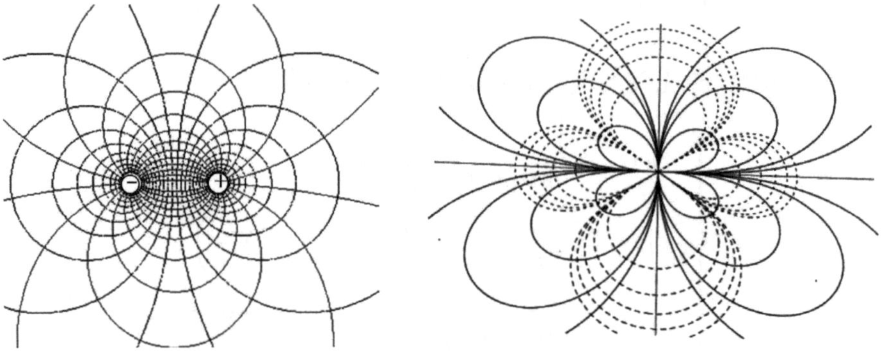

图 2.3.2 电偶极子、四极子的电场与电位分布

八极子及以上的多极子项，这里不再讨论。

多极展开方法可将复杂的场分布问题展开成为多个简单场模型的叠加，广泛应用于数学、物理问题的分析与计算。做理论计算时，因为高阶项的影响较小，在允许误差范围内，通常可以只取多极展开的最低阶的几个非零项，忽略其他高阶项。

2.4 电介质中的静电场

为研究静电场的基本性质，场空间被视为理想的无界自由空间。实际上，在工程静电场问题的场域中，总是存在某种实体介质，因此，当研究有介质存在的静电场问题时，必须考虑介质的电磁性能。

导体和电介质都是电场中的介质，介质对电场的影响归结为介质中的电荷对电场的影响。导体中的电荷是自由电荷，在外电场的作用下，这些自由电荷可以做宏观运动。与导体不同，电介质中的电荷不能自由移动，这些电荷被束缚在分子或原子范围之内，只能做微小的局部移动，叫做束缚电荷。从宏观上看，当没有外加电场时，电介质内部的正、负束缚电荷对外电场的贡献处处抵消，对外不显示电性；当外电场作用时，束缚电荷的局部移动导致电介质表面和内部不均匀处出现净的束缚电荷，使电介质对外显示电性，这种现象称作电介质的极化。

2.4.1 电介质的极化

电介质的极化机理与其分子微观机构有关：无极分子的极化称为位移极化 (如 H_2、N_2、O_2、CH_4、CCl_4 等)；有极分子的极化称为取向极化 (如 H_2O、N_2O、SO_2 和有机酸等)。无论哪一种极化过程，其结果都使束缚电荷的分布发生变化，从而在宏观上可将电介质在静电场中因极化而表现的电性，归结为真空中电偶极子呈现的极化电场效应。

在实际的电介质中，除分布有大量的束缚电荷外，还有少量的自由电荷。理想电介质中没有自由电荷。当外电场不太强时，束缚电荷与导体中的自由电荷在电场中的运动形式不同。它既不能在电介质内部宏观移动，也不能在物体之间宏观转移。但在强电场作用下，介质中的束缚电荷可能脱离分子而自由移动，这时电介质就丧失了其介电性能，称为电介质的击穿。

2.4.2 极化强度、束缚电荷

无论哪一种形式的极化，极化后的电介质内部都存在大量的按一定规律分布的电偶极子。为表征介质的极化程度，对于极化电场的分析，可引入极化强度 $\boldsymbol{P}$，其定义是极化后形成的每单位体积内电偶极矩的矢量和，即

$$\boldsymbol{P} = \lim_{\Delta V \to 0} \frac{\sum \boldsymbol{p}}{\Delta V} \quad (\text{单位: C/m}^2) \tag{2.4.1}$$

式中，$\sum \boldsymbol{p}$ 为体积元 ΔV 内全部电偶极矩的矢量和。

设图 2.4.1 中 V 是已极化的介质的体积，极化强度为 $\boldsymbol{P}(\boldsymbol{r}')$。由式 (2.4.1) 知体积元 $\mathrm{d}V'$ 内的等效电偶极子的电偶极矩为 $\sum \boldsymbol{p} = \boldsymbol{P}(\boldsymbol{r}')\mathrm{d}V'$，参照 $\varphi = \dfrac{\boldsymbol{p}\cdot\boldsymbol{R}}{4\pi\varepsilon_0 R^3}$，可得它在远场区 P 点处产生的电位为

$$\mathrm{d}\varphi(\boldsymbol{r}) = \frac{\boldsymbol{P}(\boldsymbol{r}')\,\mathrm{d}V'\cdot\boldsymbol{R}}{4\pi\varepsilon_0 R^3} = \frac{\boldsymbol{P}(\boldsymbol{r}')\cdot\boldsymbol{R}}{4\pi\varepsilon_0 R^3}\mathrm{d}V'$$

$$\varphi(\boldsymbol{r}) = \frac{1}{4\pi\varepsilon_0}\int_V \frac{\boldsymbol{P}(\boldsymbol{r}')\cdot\boldsymbol{R}}{R^3}\mathrm{d}V' = \frac{1}{4\pi\varepsilon_0}\int_V \boldsymbol{P}(\boldsymbol{r}')\cdot\nabla'\frac{1}{R}\mathrm{d}V' \tag{2.4.2}$$

利用矢量恒等式 (1.3.12)

$$\int_V \boldsymbol{g}\cdot\nabla f\mathrm{d}V = -\int_V f\nabla\cdot\boldsymbol{g}\mathrm{d}V + \oint_S f\boldsymbol{n}\cdot\boldsymbol{g}\mathrm{d}S$$

式 (2.4.2) 化为

$$\varphi(\boldsymbol{r}) = \frac{1}{4\pi\varepsilon_0}\oint_S \frac{\boldsymbol{P}(\boldsymbol{r}')\cdot\boldsymbol{e}_n}{R}\mathrm{d}S' + \frac{1}{4\pi\varepsilon_0}\int_V \frac{-\nabla'\cdot\boldsymbol{P}(\boldsymbol{r}')}{R}\mathrm{d}V' \tag{2.4.3}$$

式中，S 为介质区域 V 的边界面，$\boldsymbol{e}_n$ 为闭合面 S 的外法线方向的单位矢量。

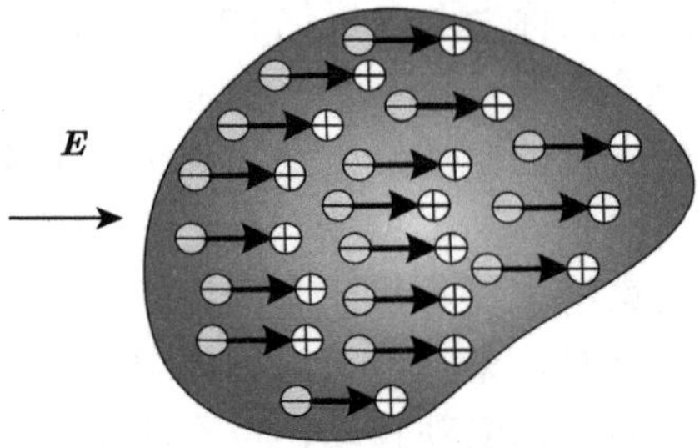

(a) 束缚电荷分布的示意图

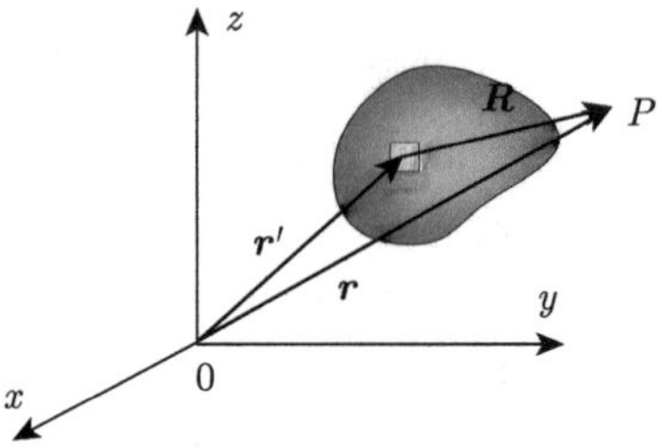

(b) 束缚电荷建立的电场

图 2.4.1　电介质的极化电场

对比式 (2.2.27)，可以看出，面积分中 $\boldsymbol{P}(\boldsymbol{r}')\cdot\boldsymbol{e}_n$ 相当于一种电荷面密度；体积分中的 $-\nabla'\cdot\boldsymbol{P}(\boldsymbol{r}')$ 相当于一种电荷体密度。这两种源量起因于电介质在电场作用下极化而产生的束缚电荷。由此，定义束缚电荷的面密度和体密度分别为

$$\sigma_{\mathrm{p}}=\boldsymbol{P}\cdot\boldsymbol{e}_n,\quad \rho_{\mathrm{p}}=-\nabla\cdot\boldsymbol{P} \tag{2.4.4}$$

下标 “p” 表示以上两种电荷分布形式是由于电介质极化产生的。引入极化电荷密度后，类比自由电荷产生的电场，极化电荷在真空中产生的极化电场可通过电位和场强表示为

$$\varphi(\boldsymbol{r})=\frac{1}{4\pi\varepsilon_0}\int_V\frac{\rho_{\mathrm{p}}(\boldsymbol{r}')}{R}\mathrm{d}V'+\frac{1}{4\pi\varepsilon_0}\oint_S\frac{\sigma_{\mathrm{p}}(\boldsymbol{r}')}{R}\mathrm{d}S' \tag{2.4.5}$$

$$\boldsymbol{E}(\boldsymbol{r})=-\nabla\varphi(\boldsymbol{r})=\frac{1}{4\pi\varepsilon_0}\int_V\frac{\rho_{\mathrm{p}}(\boldsymbol{r}')}{R^2}\boldsymbol{e}_R\mathrm{d}V'+\frac{1}{4\pi\varepsilon_0}\oint_S\frac{\sigma_{\mathrm{p}}(\boldsymbol{r}')}{R^2}\boldsymbol{e}_R\mathrm{d}S' \tag{2.4.6}$$

这样，在有电介质存在的静电场中，可以将电介质所在区域认为是真空，以电介质区域内分布的束缚电荷体密度 ρ_{p} 和其表面分布的束缚电荷面密度 σ_{p} 产生的场代替极化效应，极化电介质的电场就等于全部束缚电荷在无限大真空中产生的电场。

式 (2.4.2) 与式 (2.4.5)、式 (2.4.6) 分别将静电场中的电介质表示为偶极子模型与极化电荷模型，两种模型相互等效。需要说明的是这两类等效源的密度均是空间位置的函数，在电场求解前通常是未知的，因此电场的求解很少直接采用这两种等效模型。

2.4.3 电介质中的静电场方程

当电场中有电介质存在时，电介质内部电场是由自由电荷和束缚电荷共同产生的，为得到总电场的散度方程，只要将式 (2.2.6) 中的电荷体密度替代为自由电荷体密度 ρ 与束缚电荷体密度 ρ_p 之和，有

$$\nabla\cdot\boldsymbol{E}=\frac{\rho+\rho_\text{p}}{\varepsilon_0}=\frac{\rho-\nabla\cdot\boldsymbol{P}}{\varepsilon_0}$$

$$\nabla\cdot(\varepsilon_0\boldsymbol{E}+\boldsymbol{P})=\rho \tag{2.4.7}$$

引入新的矢量 $\boldsymbol{D}$

$$\boldsymbol{D}=\varepsilon_0\boldsymbol{E}+\boldsymbol{P} \tag{2.4.8}$$

该矢量称为电通密度，或称为电位移矢量，单位是 C/m^2。
于是有

$$\nabla\cdot\boldsymbol{D}=\rho \tag{2.4.9}$$

式 (2.4.9) 为电介质中的静电场散度方程，称为高斯电场定律的微分形式，是电磁场理论中的重要方程。由散度的物理意义可知，电位移矢量的源是自由电荷，而电场强度的源则既可以是自由电荷，也可以是束缚电荷。

在电场中任取一闭合曲面 S，规定 S 的方向为穿出曲面向外的法线方向，S 所包围的区域是 V，设闭合曲面 S 内全部自由电荷的电量为 Q，对式 (2.4.9) 两边取积分，得高斯电场定律的积分形式为

$$\oint_S\boldsymbol{D}\cdot\mathrm{d}\boldsymbol{S}=Q \tag{2.4.10}$$

式 (2.4.10) 表明，穿过电介质内任意闭合曲面的电位移矢量通量，仅与闭合曲面内的自由电荷有关，与束缚电荷无关。介质中束缚电荷的分布特性通常不易确定，因此对介质中的静电场，采用电位移矢量分析比较方便。但是，这绝非意味着电位移矢量 $\boldsymbol{D}$ 的分布与电介质无关，因为如式 (2.4.8) 所示，电位移矢量 $\boldsymbol{D}$ 本身的定义就表征电介质极化的物理本质。

在静电场作用下，介质中束缚电荷产生的电场仍然是静电场，该电场的基本性质遵循库仑定律，束缚电荷产生的电场同样也是无旋场，因此总电场满足

$$\nabla\times\boldsymbol{E}=0$$

总结一下，介质中的静电场基本方程为

$$\begin{cases}\nabla\cdot\boldsymbol{D}=\rho\\ \nabla\times\boldsymbol{E}=0\end{cases} \tag{2.4.11}$$

因此，电介质中的静电场是有源无旋场。

2.4.4 介质的性质方程

对于任何电介质，式 (2.4.7) 与式 (2.4.9) 均成立。极化强度不仅与总电场有关，而且与介质本身的性质有关。实验表明，对于大多数电介质而言，当场强不太强时，电极化强度和场强之间存在着简单的线性关系，即

$$\boldsymbol{P} = \varepsilon_0 \chi_{\mathrm{e}} \boldsymbol{E} \tag{2.4.12}$$

式中，χ_{e} 称为电极化率，对于均匀、各向同性的线性电介质，χ_{e} 是一个无量纲的正实数，其值由电介质本身决定，可通过实验测定。

由电位移矢量的定义，即式 (2.4.8)，可得

$$\boldsymbol{D} = \varepsilon_0 \left(1 + \chi_{\mathrm{e}}\right) \boldsymbol{E} \tag{2.4.13}$$

令 $\varepsilon_{\mathrm{r}} = 1 + \chi_{\mathrm{e}}$，$\varepsilon = \varepsilon_0 \varepsilon_{\mathrm{r}}$，则有

$$\boldsymbol{D} = \varepsilon \boldsymbol{E} \tag{2.4.14}$$

式中，ε_{r} 和 ε 分别称为相对介电常量和介电常量。

介质的静电场方程 (2.4.11) 是静电场的普遍规律，而介质的性质方程 (2.4.12) 和 (2.4.14) 仅适用于均匀、各向同性的线性介质。当介质为非均匀介质时，χ_{e} 为空间位置的函数；若介质为非线性，则 χ_{e} 为电场强度 $\boldsymbol{E}$ 的函数；对于各向异性的电介质，χ_{e} 为一个三阶张量的形式。本书主要讨论均匀、各向同性的线性电介质中的电场。

2.5 电场能量、电容与电场力

2.5.1 电场能量

静电场中的带电体受到电场力的作用会产生运动，这一事实说明静电场有做功的能力，而做功必须要消耗能量，由此可见，静电场是具有能量的。电场能量来源于建立电荷系统过程中外界提供的能量。对于由 q_1 和 q_2 组成的系统，电场能量为

$$W = \int_r^\infty \boldsymbol{F} \cdot \mathrm{d}\boldsymbol{r} = \int_r^\infty \frac{q_1 q_2}{4\pi\varepsilon_0 r^2} \boldsymbol{e}_r \cdot \mathrm{d}\boldsymbol{r} = \frac{q_1 q_2}{4\pi\varepsilon_0 r} = q_1\varphi_1 = q_2\varphi_2 = \frac{1}{2}(q_1\varphi_1 + q_2\varphi_2)$$

式中，φ_1 为电荷 q_2 在 q_1 处产生的电位，φ_2 为电荷 q_1 在 q_2 处产生的电位。

推广可得，由 n 个电荷 $q_k\,(k = 1, 2, \cdots, n)$ 组成的系统，电场能量为

$$W = \frac{1}{2}\sum_{k=1}^{n} q_k \varphi_k$$

式中，φ_k 为电荷 q_k 以外的其他电荷在 q_k 处产生的电位。

当系统中的电荷为体分布时，电场能量为

$$W=\frac{1}{2}\int_V \varphi\rho \mathrm{d}V$$

电荷通常分布在有限区域内，上式积分区域即电荷分布区域，实际上，若令分布区域外电荷密度 $\rho=0$，则上式的积分区域可以扩展到无限远处。

将高斯电场定律 $\nabla\cdot\boldsymbol{D}=\rho$ 代入上式，有

$$W=\frac{1}{2}\int_V \varphi\nabla\cdot\boldsymbol{D}\mathrm{d}V \tag{2.5.1}$$

利用矢量积分恒等式 (1.3.12)

$$\int_V \boldsymbol{g}\cdot\nabla f\mathrm{d}V=-\int_V f\nabla\cdot\boldsymbol{g}\mathrm{d}V+\oint_S f\boldsymbol{n}\cdot\boldsymbol{g}\mathrm{d}S$$

有

$$W=\frac{1}{2}\oint_S \varphi\boldsymbol{D}\cdot\mathrm{d}\boldsymbol{S}-\frac{1}{2}\int_V \nabla\varphi\cdot\boldsymbol{D}\mathrm{d}V=\frac{1}{2}\oint_S \varphi\boldsymbol{D}\cdot\mathrm{d}\boldsymbol{S}+\frac{1}{2}\int_V \boldsymbol{E}\cdot\boldsymbol{D}\mathrm{d}V$$

在无限远处，$\varphi\propto\dfrac{1}{r}$，$D\propto\dfrac{1}{r^2}$，$S\propto r^2$，则面积分 $\oint_S \varphi\boldsymbol{D}\cdot\mathrm{d}\boldsymbol{S}$ 趋于零，因此有

$$W=\frac{1}{2}\int_V \boldsymbol{E}\cdot\boldsymbol{D}\mathrm{d}V \tag{2.5.2}$$

式 (2.5.2) 说明，存在电场的地方就有电场能量，电场的能量密度为

$$w=\frac{1}{2}\boldsymbol{E}\cdot\boldsymbol{D} \tag{2.5.3}$$

电场能量以体密度的形式分布于整个电场中。对于各向同性的线性介质，$\boldsymbol{D}=\varepsilon\boldsymbol{E}$，代入式 (2.5.3) 后得

$$w=\frac{1}{2}\varepsilon E^2 \tag{2.5.4}$$

式 (2.5.4) 表明，在各向同性的线性介质中，静电场能量密度与电场强度的平方成正比，因此电场能量不符合叠加原理。

2.5.2 电容

由物理学得知，电容器两电极上携带等量异号电荷，其电荷量 q 与极板间的电位差 U 的比值是一个常数，该常数称为电容器的电容，即电容的定义为

$$C = \frac{q}{U} \tag{2.5.5}$$

国际单位制中，电容的单位名称是法拉，简称法，符号是 F。

以平行板电容器为例，极板上电荷为 q，面积为 S，极板间距为 d，极板间介质的介电常量为 ε，忽略边界效应，认为极板间电场是均匀电场，根据高斯电场定律

$$\oint_S \boldsymbol{D} \cdot \mathrm{d}\boldsymbol{S} = \oint_S \varepsilon \boldsymbol{E} \cdot \mathrm{d}\boldsymbol{S} = q$$

可导出

$$E = \frac{q}{\varepsilon S}$$

两极板间的电压为

$$U = \int_l \boldsymbol{E} \cdot \mathrm{d}\boldsymbol{l} = Ed \tag{2.5.6}$$

对比上面两式，可以得到平板电容器的电容为

$$C = \frac{q}{U} = \frac{\varepsilon S}{d} \tag{2.5.7}$$

式 (2.5.7) 中，当极板面积、间距和填充介质给定时，电容器储存电荷量与电压的比值不变，即电容器的电容不变。

需要注意，不同结构的电容器电容表达式是不同的。电容的大小取决于电容器的结构及电介质性质，与电容器的带电情况无关，其电容值仅表征电容器储存电场能量的能力。

将式 (2.5.6) 和式 (2.5.7) 代入式 (2.5.2)，则平行板电容器储存的静电能为

$$W = \frac{1}{2}\int_V \varepsilon \boldsymbol{E} \cdot \boldsymbol{E} \mathrm{d}V = \frac{1}{2}\varepsilon \frac{U^2}{d^2} dS = \frac{1}{2}CU^2 \tag{2.5.8}$$

说明电容器上储存的静电能与电容器的电容成正比，与极板间电压的平方成正比。式 (2.5.8) 的结论虽然是由平板电容器导出的，但是可以证明，其对任何结构和形状的电容器均适用。

2.5.3 电容矩阵

电容不仅存在于两个导体之间，在多个导体系统中的任何两个导体间都存在电容。对于静电孤立系统，其中电场分布只与系统内各带电体的形状、尺寸、相互位置和电介质的性质有关，而与系统外的带电体无关，并且所有导体所带电荷量的代数和为零。

假定电介质是线性的。根据叠加定理，在这个系统中，每个导体的电位均可以表示为电位系数与各导体电荷间线性组合的形式。不失一般性，考虑图 2.5.1 所示的三个导体与大地组成的系统。

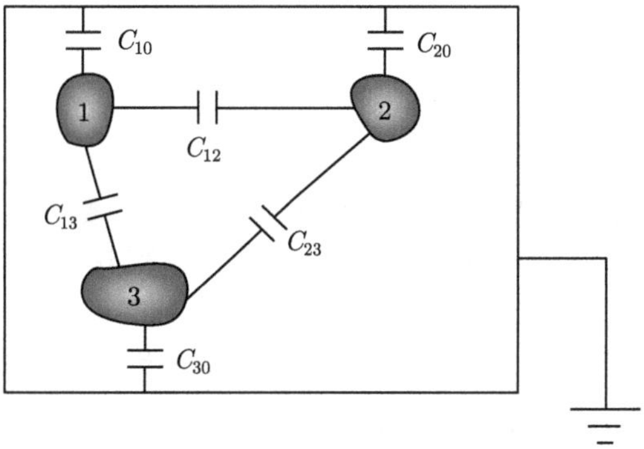

图 2.5.1　三个导体与大地组成的系统

大地为 0 号导体，选为电位参考点，即 $U_0=0$。设 $i=1$，2，3 分别为三个导体的编号，q_i 表示第 i 个导体上的电荷量，U_i 表示第 i 个导体的电位。各电极与 0 号导体的电压 $U_{i0}=U_i-U_0=U_i$。设三导体的电位向量为 $[U]$，电荷向量为 $[q]$，即

$$[U]=\begin{bmatrix}U_1 & U_2 & U_3\end{bmatrix}^{\mathrm{T}}=\begin{bmatrix}U_{10} & U_{20} & U_{30}\end{bmatrix}^{\mathrm{T}} \tag{2.5.9a}$$

$$[q]=\begin{bmatrix}q_1 & q_2 & q_3\end{bmatrix}^{\mathrm{T}} \tag{2.5.9b}$$

电位向量与电荷向量满足

$$[U]=[\alpha]\,[q] \tag{2.5.10}$$

式中，$[\alpha]$ 为电位系数矩阵

$$[\alpha]=\begin{bmatrix}\alpha_{11} & \alpha_{12} & \alpha_{13}\\ \alpha_{21} & \alpha_{22} & \alpha_{23}\\ \alpha_{31} & \alpha_{32} & \alpha_{33}\end{bmatrix} \tag{2.5.11}$$

α_{ii} 称为自有电位系数，$\alpha_{ij}\,(i \neq j)$ 称为互有电位系数。电位系数都是正值，且有 $\alpha_{ii} > \alpha_{ij}$，只和电极的几何形状、尺寸、相互位置及电介质的介电常量有关。矩阵 $[\alpha]$ 是对称矩阵。

若已知各导体电极的电位或各导体间的电压，由式 (2.5.10) 可解

$$[q] = \begin{bmatrix} q_1 \\ q_2 \\ q_3 \end{bmatrix} = [\alpha]^{-}\,[U] = \begin{bmatrix} \beta_{11} & \beta_{12} & \beta_{13} \\ \beta_{21} & \beta_{22} & \beta_{23} \\ \beta_{31} & \beta_{32} & \beta_{33} \end{bmatrix} \begin{bmatrix} U_1 \\ U_2 \\ U_3 \end{bmatrix} \tag{2.5.12}$$

式中，令

$$\begin{bmatrix} \beta_{11} & \beta_{12} & \beta_{13} \\ \beta_{21} & \beta_{22} & \beta_{23} \\ \beta_{31} & \beta_{32} & \beta_{33} \end{bmatrix} = [\beta] \tag{2.5.13}$$

$[\beta]$ 为静电感应系数矩阵，$\beta_{ii} > 0$ 称为自有感应系数，$\beta_{ij} < 0\,(i \neq j)$ 称为互有感应系数，且有 $\beta_{ii} > |\beta_{ij}|$，它们只和电极的几何形状、尺寸、相互位置及电介质的介电常量有关。矩阵 $[\beta]$ 是对称矩阵。

在工程分析中，常用任意两个导体以及各导体与大地之间的部分电容表示电荷与电位的关系。因此，先将式 (2.5.12) 改写为电荷与电压的关系

$$\begin{cases} q_1 = (\beta_{11} + \beta_{12} + \beta_{13})\,(U_1 - U_0) - \beta_{12}\,(U_1 - U_2) - \beta_{13}\,(U_1 - U_3) \\ q_2 = -\beta_{21}\,(U_2 - U_1) + (\beta_{21} + \beta_{22} + \beta_{23})\,(U_2 - U_0) - \beta_{23}\,(U_2 - U_3) \\ q_3 = -\beta_{31}\,(U_3 - U_1) - \beta_{32}\,(U_3 - U_2) + (\beta_{31} + \beta_{32} + \beta_{33})\,(U_3 - U_0) \end{cases} \tag{2.5.14}$$

进一步，记电极 i 和电极 j 的电压为 $U_{ij} = U_{i0} - U_{j0}$，$C_{i0} = \sum\limits_{j=1}^{3} \beta_{ij}$，$C_{ij} = -\beta_{ij}\,(i \neq j)$，则式 (2.5.14) 化为

$$\begin{cases} q_1 = C_{10}U_{10} + C_{12}U_{12} + C_{13}U_{13} \\ q_2 = C_{21}U_{21} + C_{20}U_{20} + C_{23}U_{23} \\ q_3 = C_{31}U_{31} + C_{32}U_{32} + C_{30}U_{30} \end{cases} \tag{2.5.15}$$

式 (2.5.15) 还可以写成

$$\begin{bmatrix} q_1 \\ q_2 \\ q_3 \end{bmatrix} = \begin{bmatrix} C_{10} + C_{12} + C_{13} & -C_{12} & -C_{13} \\ -C_{21} & C_{20} + C_{21} + C_{23} & -C_{23} \\ -C_{31} & -C_{32} & C_{30} + C_{31} + C_{32} \end{bmatrix} \begin{bmatrix} U_1 \\ U_2 \\ U_3 \end{bmatrix} \tag{2.5.16}$$

由式 (2.5.15) 和式 (2.5.16) 可以定义两个电容矩阵：互电容矩阵和麦克斯韦电容矩阵，分别为

$$[C]=\begin{bmatrix} C_{10} & C_{12} & C_{13} \\ C_{21} & C_{20} & C_{23} \\ C_{31} & C_{32} & C_{30} \end{bmatrix} \tag{2.5.17}$$

$$\begin{aligned}\left[C^{\mathrm{M}}\right]&=\begin{bmatrix} C_{11}^{\mathrm{M}} & C_{12}^{\mathrm{M}} & C_{13}^{\mathrm{M}} \\ C_{21}^{\mathrm{M}} & C_{22}^{\mathrm{M}} & C_{23}^{\mathrm{M}} \\ C_{31}^{\mathrm{M}} & C_{32}^{\mathrm{M}} & C_{33}^{\mathrm{M}} \end{bmatrix}\\ &=\begin{bmatrix} C_{10}+C_{12}+C_{13} & -C_{12} & -C_{13} \\ -C_{21} & C_{20}+C_{21}+C_{23} & -C_{23} \\ -C_{31} & -C_{32} & C_{30}+C_{31}+C_{32} \end{bmatrix}\end{aligned} \tag{2.5.18}$$

互电容矩阵中各元素在图 2.5.1 中均已标出，所有部分电容均为正值。主对角线元素 C_{i0} 为自有部分电容，即各电极与 0 号电极间的部分电容，在数值上等于三个导体各施加 1V 电压，导体 i 上的电荷量 q_i；而非主对角线元素 C_{ij} 或 C_{ji} 为互有部分电容，即各电极间的部分电容，在数值上等于导体 j 施加 0V 电压，其他两个导体各施加 1V 电压，导体 i 上的电荷量 q_i 减去 C_{i0}，也等于导体 i 施加 0V 电压，其他两个导体各施加 1V 电压，导体 j 上的电荷量 q_j 减去 C_{j0}。

麦克斯韦电容矩阵又称接地电容矩阵。主对角线上的元素 C_{ii}^{M}，是导体 i 与大地及其他导体部分电容的总和 $C_{i0}+C_{i2}+C_{i3}$，称作导体的自容。在数值上等于导体 i 施加 1V 电压，其他导体接地时，该导体上的电荷量 q_i。矩阵中非主对角线上的元素 C_{ij}^{M} 为导体 i 和导体 j 间互有部分电容 C_{ij} 的相反数。在数值上等于系统中某一个导体施加 1V 电压，在其他导体上感应的电荷量。

举例说明，如果对导体 1 施加 1V 电压，导体 2、3 施加 0V 电压，式 (2.5.16) 化为

$$\begin{bmatrix} q_1 \\ q_2 \\ q_3 \end{bmatrix}=\left[C^{\mathrm{M}}\right]\begin{bmatrix} 1 \\ 0 \\ 0 \end{bmatrix}=\begin{bmatrix} C_{11}^{\mathrm{M}} \\ C_{21}^{\mathrm{M}} \\ C_{31}^{\mathrm{M}} \end{bmatrix}=\begin{bmatrix} C_{10}+C_{12}+C_{13} \\ -C_{21} \\ -C_{31} \end{bmatrix}$$

上式相当于取出麦克斯韦电容矩阵 $\left[C^{\mathrm{M}}\right]$ 的第一列。$\left[C^{\mathrm{M}}\right]$ 矩阵中第一列在数值上等于导体 1 上施加 1V 电压，其他导体接地时，在各导体上感应的电荷量，即导体 1 的自容 $C_{11}^{\mathrm{M}}=C_{10}+C_{12}+C_{13}$，在数值上等于 q_1；C_{21}^{M} 为导体 1 和导体 2 的互有部分电容 C_{21} 的相反数 $-C_{21}$，在数值上等于 q_2；C_{31}^{M} 等于互有部分电容

C_{31} 的相反数 $-C_{21}$，在数值上等于 q_3。依次类推，取出麦克斯韦电容矩阵 $[C^{\mathrm{M}}]$ 的第二列和第三列。

由于任意两个导体间的影响是等价的，即 $C_{ij}=C_{ji}$。

采用电容矩阵表示导体组电压和电量之间的关系，可以简化多导体系统问题的分析，便于实现计算机辅助计算。为计算某一系统的电容矩阵，在每一次静电场模拟过程中，给一个导体施加 1V 电压，其他导体接地。因此对于一个包含 n 个导体的系统，自动进行 n 次电场数值模拟。

根据式 (2.5.8) 可以导出电容的计算式为

$$C=\frac{2W}{U^2} \tag{2.5.19}$$

式中，W 为静电储能，C 是电容，U 是介质两端的电压。

两个导体 i 和 j 的电容可以通过下式获得

$$C_{ij}=\frac{2W_{ij}}{U^2}=\int_V \boldsymbol{D}_i\cdot\boldsymbol{E}_j\mathrm{d}V \tag{2.5.20}$$

式中，W_{ij} 为导体 i 和导体 j 之间的静电储能，$\boldsymbol{D}_i$ 是作用在导体 i 上加 1V 电压产生的电位移矢量，$\boldsymbol{E}_j$ 是作用在导体 j 上加 1V 电压产生的电场强度。

类似地，也可以用互电容矩阵表示图 2.5.2 所示的导体系统中电流与时变电压的关系。

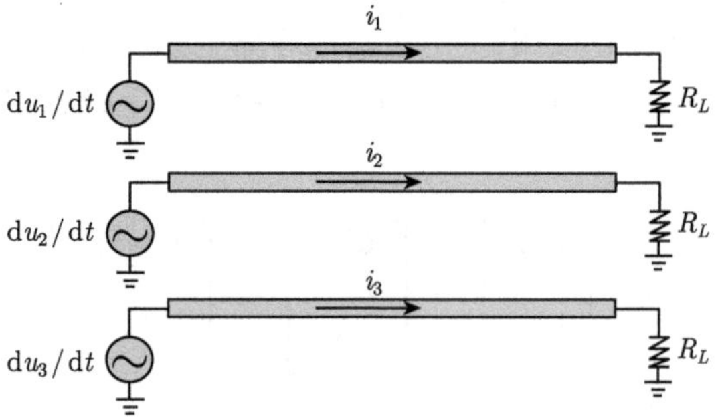

图 2.5.2 具有时变电压的三个接地导体系统

式 (2.5.16) 对时间求导，时变电压源在每条线上产生的电流与电压具有如下关系

$$\begin{bmatrix} I_1 \\ I_2 \\ I_3 \end{bmatrix} = [C] \begin{bmatrix} \dfrac{\mathrm{d}u_1}{\mathrm{d}t} \\ \dfrac{\mathrm{d}u_2}{\mathrm{d}t} \\ \dfrac{\mathrm{d}u_3}{\mathrm{d}t} \end{bmatrix} \tag{2.5.21}$$

式 (2.5.21) 中如果设定 $\dfrac{\mathrm{d}u_2}{\mathrm{d}t}$ 和 $\dfrac{\mathrm{d}u_3}{\mathrm{d}t}$ 为零，则关系式变为

$$\begin{bmatrix} I_1 \\ I_2 \\ I_3 \end{bmatrix} = [C] \begin{bmatrix} 1 \\ 0 \\ 0 \end{bmatrix} \frac{\mathrm{d}u_1}{\mathrm{d}t}$$

自电容在数值上等于时变电压源 $\dfrac{\mathrm{d}u_1}{\mathrm{d}t}$ 作用在线 1 时线 1 上的电流。

$$C_{10} + C_{12} + C_{13} = I_1$$

线 1 与线 2，线 1 与线 3 的互有部分电容的相反数，在数值上分别为时变电压源作用在线 1 上时，线 2 和线 3 上的感应电流。

2.5.4 虚位移法求电场力

静电场对电荷的作用力，即电场力或库仑力，是静电场具有能量的一种体现。对于电场中的带电体所受电场力的计算，原则上可以从库仑定律出发，对各元电荷作用力积分得出，但这需要先确定带电体上的电荷分布，而许多情况下电荷的分布难以获得，比较方便的方法就是利用虚功原理来计算静电力。

根据能量守恒定律，系统内电场力所做的功，等于系统中电场总能量的减少量。虚功原理也称虚位移原理。虚位移是指在给定位置质点系的假想位移，并未真实发生。

在 N 个导体组成的系统中，假设只有某一个带电导体在电场力 F_i 的作用下有一个广义坐标 g 发生位移 $\mathrm{d}g$，若规定广义电场力 $\boldsymbol{F}$ 的正方向为广义坐标 g 增加的方向，则电场力所做的功 $A = F\mathrm{d}g$，系统的静电能增加量为 $\mathrm{d}W_\mathrm{e}$，$\mathrm{d}W_S$ 是与各带电体相连接的外电源所提供的能量，则该系统的能量关系为

$$\mathrm{d}W_S = \mathrm{d}W_\mathrm{e} + A = \mathrm{d}W_\mathrm{e} + F\mathrm{d}g \tag{2.5.22a}$$

$$\mathrm{d}W_S = \sum U_i I_i \Delta t = \sum \mathrm{d}(\varphi_i q_i) = \sum \varphi_i \mathrm{d}q_i \tag{2.5.22b}$$

$$\mathrm{d}W_\mathrm{e} = \frac{1}{2}\sum \varphi_i \mathrm{d}q_i + \frac{1}{2}\sum q_i \mathrm{d}\varphi_i \tag{2.5.22c}$$

根据系统的求解条件，静电力可分为以下两种情况：

1. 常电位系统

如果各导体都是与外电源相连的，则电源将保持各导体电位不变，某一导体有一位移，引起电场变化，各导体所带电荷也要发生变化，即导体通过电源充电或放电。

由式 (2.5.22)，结合 $\mathrm{d}\varphi_i = 0$ 导出

$$\mathrm{d}W_S\big|_{\varphi_i=\text{常数}} = 2\mathrm{d}W_{\mathrm{e}}$$

上式表明外电源供给的能量等于静电能增量的两倍，即外电源提供的能量一半转化为导体系统的静电能量,另一半转化为电场力所做的功。将上式代入式 (2.5.22a)，得

$$A = F\mathrm{d}g = \mathrm{d}W_{\mathrm{e}} = \frac{\mathrm{d}W_{\mathrm{e}}}{\mathrm{d}g}\mathrm{d}g$$

于是得广义电场力

$$F = \left.\frac{\mathrm{d}W_{\mathrm{e}}}{\mathrm{d}g}\right|_{\varphi_i=\text{常数}} \tag{2.5.23}$$

2. 常电荷系统

如果导体系统是孤立的，在导体移动过程中无外电源参与，当其中一个导体有位移时，所有导体上的总电荷均不会改变。即

$$\mathrm{d}q_i = 0, \quad \mathrm{d}W_S = 0$$

则式 (2.5.22a) 可写成

$$\mathrm{d}W_{\mathrm{e}} + F\mathrm{d}g = 0$$

于是

$$F = -\left.\frac{\mathrm{d}W_{\mathrm{e}}}{\mathrm{d}g}\right|_{q_i=\text{常数}} \tag{2.5.24}$$

在这种情况下，外电源被隔绝，电场力做功所需的能量唯有取自系统内电场能量的减少值。

以上两种情况所得的结果应该是相同的。因为采用虚位移计算电场力，实际上带电体并未发生位移，电场分布也没有变化，求得的是系统对应于同一状态的电荷和电位情况下的力。因此有

$$F = \left.\frac{\mathrm{d}W_{\mathrm{e}}}{\mathrm{d}g}\right|_{\varphi_i=\text{常数}} = -\left.\frac{\mathrm{d}W_{\mathrm{e}}}{\mathrm{d}g}\right|_{q_i=\text{常数}} \tag{2.5.25}$$

推而广之，式中 g 可用来代表广义坐标：位移、面积、体积和角度等。企图改变这种广义坐标的力称为广义力。对于不同的广义坐标，其广义力的含义不同。对于位移、面积、体积和角度，广义力分别为力 (N)、表面张力 (N/m)、压力 (N/m^2) 以及转矩 (N·m)。

由于广义力的正方向与广义坐标增加的方向相同，则广义力与广义坐标的乘积仍然等于功，也就是说，无论哪种情况的广义力，$A = F\mathrm{d}g$ 恒成立。

2.6 静电场解的定解问题

1811～1813 年间，泊松 (Poisson 1781～1840) 指出，电荷间相互作用力的定律与万有引力定律形式相同，可以用势函数处理静电问题，为现代静电学理论奠定了数学基础，证明了电荷密度处的静电势满足的方程，就是今天所说的泊松方程。

静电场方程为

$$\begin{cases} \nabla \times \boldsymbol{E} = 0 \\ \nabla \cdot \boldsymbol{D} = \rho \\ \boldsymbol{D} = \varepsilon \boldsymbol{E} \end{cases} \tag{2.6.1}$$

与式 (1.10.1) 对比，有 $\boldsymbol{G}$、$\boldsymbol{P}$ 和 α 分别对应 $\boldsymbol{E}$、$\boldsymbol{D}$ 和 ε，$\boldsymbol{Q}$ 为零，q 对应 ρ。

参考式 (1.9.6)，场满足边界条件为

$$\begin{cases} \boldsymbol{n} \times (\boldsymbol{E}_2 - \boldsymbol{E}_1) = \boldsymbol{0} \\ \boldsymbol{n} \cdot (\boldsymbol{D}_2 - \boldsymbol{D}_1) = \rho_{\mathrm{s}} \end{cases} \tag{2.6.2}$$

参考式 (1.10.2)，静电场满足的泊松方程

$$\nabla \cdot (\varepsilon \nabla \varphi) = -\rho \tag{2.6.3}$$

式中，φ 为标量电位。

由式 (1.10.5)，标量电位满足的边界条件为

$$\begin{cases} \varphi_1|_S = \varphi_2|_S \\ \varepsilon_2 \dfrac{\partial \varphi_2}{\partial n}\bigg|_S - \varepsilon_1 \dfrac{\partial \varphi_1}{\partial n}\bigg|_S = -\rho_{\mathrm{s}} \end{cases} \tag{2.6.4}$$

式中，ρ_{s} 为两种介质分界面的面电荷，当两种介质都是电介质时，ρ_{s} 为零。

泛定方程是描述物理问题的共性问题，对于具体的物理问题求解，必须结合实际问题，给出具体的定解条件。泊松方程和拉普拉斯方程的定解条件是在方程定义域 (场域 V) 的边界 S 上给定边界条件，即给定边值。

由式 (1.10.6)，边值问题有如下几种表述：

第一类边值问题

$$\begin{cases} \nabla \cdot (\varepsilon \nabla \varphi) = -\rho \\ \varphi|_S = \varphi_0 \end{cases} \tag{2.6.5a}$$

式中，φ_0 为已知函数或常数。

第二类边值问题

$$\begin{cases} \nabla \cdot (\varepsilon \nabla \varphi) = -\rho \\ \varepsilon \left.\dfrac{\partial \varphi}{\partial n}\right|_S = -D_n \end{cases} \tag{2.6.5b}$$

混合边值问题

$$\begin{cases} \nabla \cdot (\varepsilon \nabla \varphi) = -\rho \\ \varphi|_{S_1} = \varphi_0 \\ \varepsilon \left.\dfrac{\partial \varphi}{\partial n}\right|_{S_2} = -D_n \end{cases} \tag{2.6.5c}$$

式中，φ_0 和 D_n 是已知函数或常数。

2.7 电容层析成像的数学物理建模

电容层析成像 (electrical capacitance tomography, ECT) 是较早发展起来的一种过程层析成像技术，如图 2.7.1 所示。其成像原理类似于医学成像中的 CT 技术，是通过在测量管道外布置的电极上施加激励电压，根据不均匀绝缘工质的介电常量分布差异，测量管道外极板间的响应电容值，重建管道中不同物质所对应的介电常量分布图像，进而获取管道截面的工质状态。电容层析成像技术适合于对各种非导电体组成的混合物进行测量，具有非侵入性、结构简单、无辐射危害、价格便宜、动态响应快等优势。

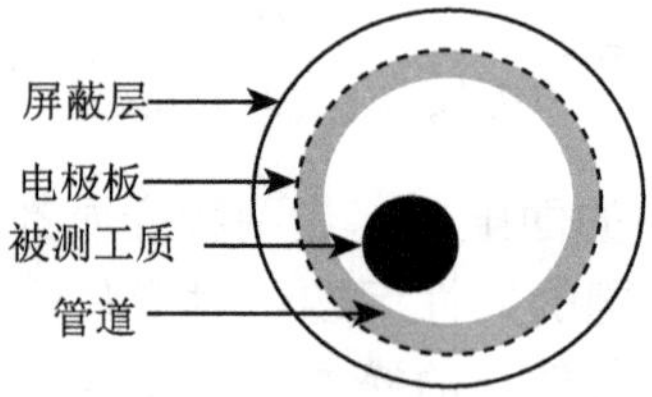

图 2.7.1 电容层析成像示意图

电容层析成像的正问题是在已知传感器结构尺寸和激励、测量的模式下，设定测量场域内工质的介电常量分布，对其施加激励和边界条件，求解场域内电磁场的分布，最终获得场域的边界响应值与工质的介电常量分布之间的对应关系。

对于电容层析成像系统，虽然采用交流激励信号，但电磁场随时间变化缓慢，电场近似为准静态，呈现无旋特性，有

$$\nabla \times \boldsymbol{E} = 0 \tag{2.7.1}$$

因此，电容层析成像的正问题可以用 2.6 节中静电场方程式 (2.6.1) 来描述，且一般认为被测场域中无自由体电荷或自由体电荷的影响可以忽略 ($\rho = 0$)，即式 (2.6.3) 泊松方程可以简化为如下拉普拉斯方程

$$\nabla \cdot (\varepsilon \nabla \varphi) = 0 \tag{2.7.2}$$

式 (2.7.2) 中标量电位 φ 满足式 (2.6.4) 的连续条件。这里要注意，对电容层析成像系统而言，在测量管道与空气之间、测量管道与被测绝缘工质之间以及不同介电常量的绝缘工质之间，面电荷密度 σ 均为零；但在考虑电极与绝缘管壁之间的连续条件时，注意到管道外布置的测量极板，材料一般为铜或镍等金属材料，σ 不为零，而应当为电极与绝缘管壁接触面上分布在金属电极表面的面电荷密度。

根据 2.6 节所述，具体物理问题的求解必须结合实际情况给出具体的定解条件。对于电容层析成像系统而言，实际测量时采用电极轮换激励检测模式，其中一个极板作为激励极板，施加幅值已知的激励电压，其余极板作为测量电极，处于虚地状态，为了能使问题有唯一解，选取此时测量电极的电位为参考电位，即电位为零。此外，实际系统一般在电极外布置有金属屏蔽层，工作时接地 (即电位为零)，起到屏蔽外界电磁信号干扰的作用。

对电容层析成像的正问题建模时，电极表面均满足第一类边界条件，易于设定，困难的是如何对绝缘管壁施加边界条件。对绝缘管壁条件的不同处理，则构成了不同的求解模型：零电位模型、零电荷模型与电位连续模型。

(1) 零电位模型

设传感器管道的成像区域为 V，绝缘管壁上布置的金属极板厚度忽略不计，金属极板与电极间的绝缘管壁部分共同构成区域边界 S。若能指定整个边界 S 上的电位值，则构成第一类边值问题模型。

用 S_e 表示激励极板的边界表面，S_d 表示检测极板的边界表面，S_g 表示极板间绝缘管壁的边界表面。激励极板上的边界表面电位为 φ_0，检测电极的边界表面电位为零。

假设极板间绝缘管壁的边界表面电位为零，则零电位模型为

$$\begin{cases} \nabla\cdot(\varepsilon\nabla\varphi)=0 \\ \varphi|_{S_e}=\varphi_0 \\ \varphi|_{S_d}=0 \\ \varphi|_{S_g}=0 \end{cases} \tag{2.7.3}$$

实际上，ECT 系统工作时，只有激励极板和检测极板上的电位已知，而电极间绝缘管壁的边界表面电位是未知的，因此零电位模型是一种近似。

(2) 零电荷模型

考虑到电极间绝缘管壁的边界表面与测量极板的边界表面之间的差异性，便构成了 ECT 的零电荷模型。电极上边界条件与零电位模型一致，在绝缘管壁部分，近似认为满足零电荷边界条件，因此有 $\varepsilon\left.\dfrac{\partial\varphi}{\partial n}\right|_{S_g}=0$，这里 n 表示测量区域边界上的外法线方向，由于绝缘管壁的介电常量不可能为零，因此该边界条件也可以简写为 $\left.\dfrac{\partial\varphi}{\partial n}\right|_{S_g}=0$。

零电荷模型为

$$\begin{cases} \nabla\cdot(\varepsilon\nabla\varphi)=0 \\ \varphi|_{S_e}=\varphi_0 \\ \varphi|_{S_d}=0 \\ \varepsilon\left.\dfrac{\partial\varphi}{\partial n}\right|_{S_g}=0 \end{cases} \tag{2.7.4}$$

零电荷模型假定绝缘管壁的边界表面上没有自由电荷，这也是对实际情况的一种近似。

(3) 电位连续模型

在前面两种模型中，绝缘管壁作为外部边界条件，由于无法确定其真实值，分别作了零电位和零电荷的假设。其实也可以将绝缘管壁作为内部边界来考虑。这是因为 ECT 系统实际工作时通常会在传感器管道外放置接地的金属屏蔽层来隔绝外界环境中电磁信号对测量系统的干扰，如图 2.7.1 所示。金属屏蔽层接地之后可以看作等势体，且电位为零。将屏蔽层考虑在求解域中，则屏蔽层构成模型的外部边界 S'，绝缘管壁则变为内部边界，自然满足电位连续条件。

电位连续模型为

$$\begin{cases} \nabla \cdot (\varepsilon \nabla \varphi) = 0 \\ \varphi|_{S_e} = \varphi_0 \\ \varphi|_{S_d} = 0 \\ \varphi|_{S'} = 0 \end{cases} \tag{2.7.5}$$

电位连续模型与实际物理过程吻合较好，且数学上易于处理，是目前电容层析成像中采用较多的建模方式。

习 题

2.1 试证明公式 $\nabla^2 \dfrac{1}{R} = -4\pi\delta\left(\boldsymbol{r} - \boldsymbol{r}'\right)$。

2.2 试论证：在没有电荷的地方，电位既不能达到极大值，也不能达到极小值。

2.3 试证明静电位平均值定理：在没有电荷的区域里，任一点的电位值等于以该点为球心的球面上电位的平均值。

2.4 设有一半径为 r，电荷密度为 ρ 的均匀带电球体，试导出球内外电场强度，并证明电场强度满足式 (2.2.6)。

2.5 真空中有电荷量为 $-q$、$2q$ 和 $-q$ 的三个点电荷在同一直线上，其间距都是 a，如习题 2.5 图所示。对于 $r \gg a$ 的区域来说，这三个点电荷构成一个线性电四极子。试求该线性电四极子在 P 点产生的电位。

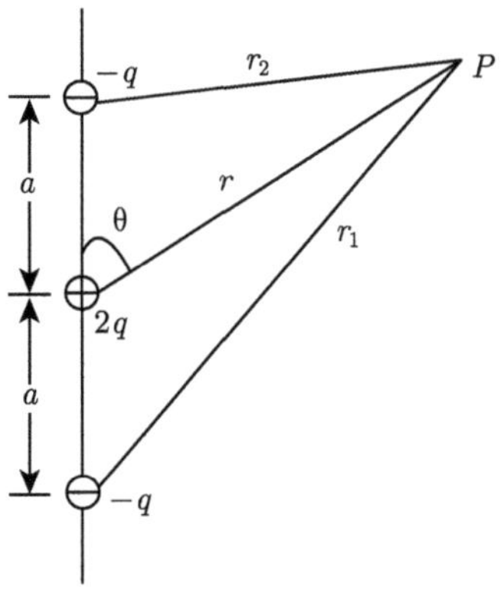

习题 2.5 图

2.6 试讨论电偶极矩为 $\boldsymbol{p}$ 的电偶极子在外电场 $\boldsymbol{E}$ 中的位能为 $W = -\boldsymbol{p} \cdot \boldsymbol{E}$，受力为 $\boldsymbol{F} = (\boldsymbol{p} \cdot \nabla)\boldsymbol{E}$，力矩为 $\boldsymbol{T} = \boldsymbol{p} \times \boldsymbol{E}$。

2.7 真空中有一均匀电场 $\boldsymbol{E}_0$，将一个半径为 R，介电常量为 ε 的均匀介质球置于其中，求空间的电场和极化电荷。

2.8 试对比互电容矩阵和麦克斯韦电容矩阵。

2.9 如习题 2.9 图所示，设平板电容器的极板面积为 S，两极板间的距离为 x，外加电压为 U，极板间介质的电容率为 ε。忽略边缘效应，在常电位系统下，求垂直作用在两极板上的电场力。

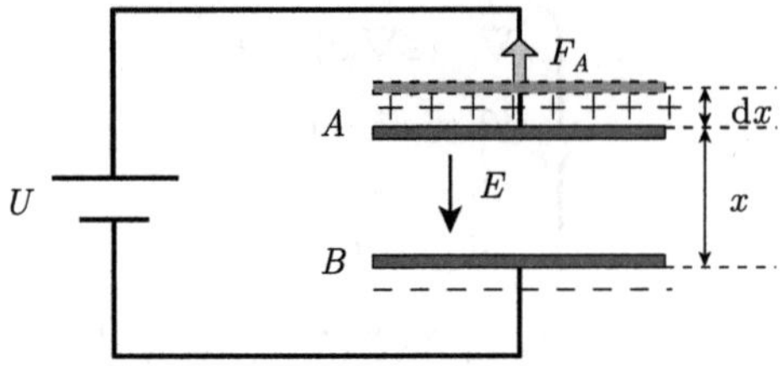

习题 2.9 图

2.10　试导出静电场中导体存在时的边值关系。

第 3 章 稳 恒 电 场

电荷的定向运动形成电流，大小与方向均不随时间变化的电流称为稳恒电流或直流，稳恒电流空间存在的电场，称为稳恒电场。据此定义电流与电流密度。由电荷守恒定律导出稳恒电场的基本方程；根据维持稳恒电流的条件，引出电源电动势和局外电场强度的概念；在此基础上，导出电路中的基尔霍夫定律，说明“场”模型与“路”模型的区别与联系，对两种模型进行理论上的统一。最后，根据稳恒电场的基本方程，导出其满足的泊松方程及不同导电介质分界面上的衔接条件，讨论不同形式的边界条件下的边值问题。

3.1 基 本 方 程

当电荷在导线中流动时，可采用电流来描述单位时间内流过一个截面的总电荷量，即 $I=\dfrac{\mathrm{d}q}{\mathrm{d}t}$。电流是标量，通常所说的电流的方向指的是正电荷在导体中移动的方向。

在实际问题中有时会遇到电流在大块导体中流动的情形，电流不能反映导体内各点的电荷运动情况，需要引入电流密度的概念。先考虑一种最简单的情况是，即只有一种载流子，电荷密度均为 ρ，运动速度均为 $\boldsymbol{v}$，电荷密度为 ρ 的载流子，在 $\mathrm{d}t$ 时间内通过截面 $\mathrm{d}S$ 的电量 $\mathrm{d}q$ 为 $\mathrm{d}t\rho\boldsymbol{v}\cdot\mathrm{d}\boldsymbol{S}$，于是电流为 $\mathrm{d}I=\dfrac{\mathrm{d}q}{\mathrm{d}t}=\rho\boldsymbol{v}\cdot\mathrm{d}\boldsymbol{S}$，定义电流密度 $\boldsymbol{J}=\rho\boldsymbol{v}$，表示空间中的运动电荷产生的运流电流。电流 $\mathrm{d}I=\boldsymbol{J}\cdot\mathrm{d}\boldsymbol{S}$，于是有 $J=\dfrac{\mathrm{d}I}{\mathrm{d}S}$，即电流密度矢量的大小等于通过该点的单位横截面积上的电流。

实际导体中可能有多种载流子，此时 $\boldsymbol{J}$ 是各种载流子电流密度矢量和，表示总的电流密度。流过导体中任意曲面 S 的电流可表示为

$$I=\int_S \boldsymbol{J}\cdot\mathrm{d}\boldsymbol{S} \tag{3.1.1}$$

实验表明，对于一个孤立系统，任何时刻电荷总量保持不变，这一结论称为电荷守恒定律，是自然界的基本规律之一，说明电荷既不能产生也不能消失。物体的带电过程就是电荷的迁移过程，一个物体带电量为零只能说明其所带的正电荷与负电荷总量相等。

3.1.1 电流连续性定理

对于空间的电流场，任选一个闭合曲面 S，则通过 S 的电流为

$$I = \oint_S \boldsymbol{J} \cdot \mathrm{d}\boldsymbol{S} = \oint_S \rho \boldsymbol{v} \cdot \mathrm{d}\boldsymbol{S} \tag{3.1.2}$$

根据电荷守恒定律，通过 S 的电流等于体积内电荷随时间的减少率，于是有

$$\oint_S \boldsymbol{J} \cdot \mathrm{d}\boldsymbol{S} = -\frac{\mathrm{d}}{\mathrm{d}t}\int_V \rho(\boldsymbol{r}, t)\mathrm{d}V \tag{3.1.3}$$

式中，V 是 S 所包围的体积。

使电荷穿过表面有两种方式：S 固定不动，电荷密度 ρ 为时空坐标的函数；电荷密度 ρ 是空间坐标函数，S 是运动的。对于前者，可以将 $\mathrm{d}/\mathrm{d}t$ 化为偏导数，放于积分号内部，于是有

$$\oint_S \boldsymbol{J} \cdot \mathrm{d}\boldsymbol{S} = -\int_V \frac{\partial \rho}{\partial t}\mathrm{d}V \tag{3.1.4}$$

利用高斯散度定理将式左边的面积分化为体积分，有

$$\int_V \left(\nabla \cdot \boldsymbol{J} + \frac{\partial \rho}{\partial t}\right)\mathrm{d}V = 0 \tag{3.1.5}$$

式中，被积函数为连续函数，因此必定存在一个小的区域，其中被积函数的符号不变。若对于任何体积 V 的积分等于零，被积函数必为零。有

$$\nabla \cdot \boldsymbol{J} = -\frac{\partial \rho}{\partial t} \tag{3.1.6}$$

微分方程 (3.1.6) 表示在一点邻域内的电荷守恒。

3.1.2 稳恒电场方程

在稳恒电场中，电荷的分布不随时间变化，则 $\dfrac{\partial \rho}{\partial t} = 0$，于是有

$$\nabla \cdot \boldsymbol{J} = 0 \tag{3.1.7}$$

式 (3.1.7) 称为稳恒电场的电流连续性方程，是描述稳恒电场基本特性的第一个方程。

稳恒电场同静电场一样，也是电荷产生的场，二者具有相同的性质，因此稳恒电场也是保守场，描述稳恒电场基本特性的第二个方程为

$$\nabla \times \boldsymbol{E} = 0 \tag{3.1.8}$$

实验证明，导电介质中电流密度与电场强度成正比，即

$$\boldsymbol{J}=\sigma\boldsymbol{E} \tag{3.1.9}$$

式 (3.1.9) 称为欧姆定律的微分形式。

综上，稳恒电场的基本方程为

$$\begin{cases}\nabla\times\boldsymbol{E}=0\\ \nabla\cdot\boldsymbol{J}=0\\ \boldsymbol{J}=\sigma\boldsymbol{E}\end{cases} \tag{3.1.10}$$

由此可见，导电介质中 (电源区除外) 的稳恒电场具有无散 (无源)、无旋场的基本特征。

3.2 电 动 势

3.2.1 非静电力

只有静电力不可能形成稳恒电流。由式 (3.1.8) 可知，稳恒电场为无旋场，因此电场力沿闭合回路 $\boldsymbol{l}$ 移动电荷所做的功为零，即

$$\oint_l \boldsymbol{E}\cdot\mathrm{d}\boldsymbol{l}=0$$

如图 3.2.1 所示，以平板电源模型为例，电场力将正电荷从正极移到负极，电场力做正功，电位能减小。由于导体存在电阻，电场力移动电荷所做的功转化为电阻上消耗的焦耳热，这就不可能使电荷再返回电位较高的位置，即电流线不可能是闭合的，于是会引起电荷堆积，破坏了稳恒电场的条件。因此，仅靠静电力$\boldsymbol{F}$

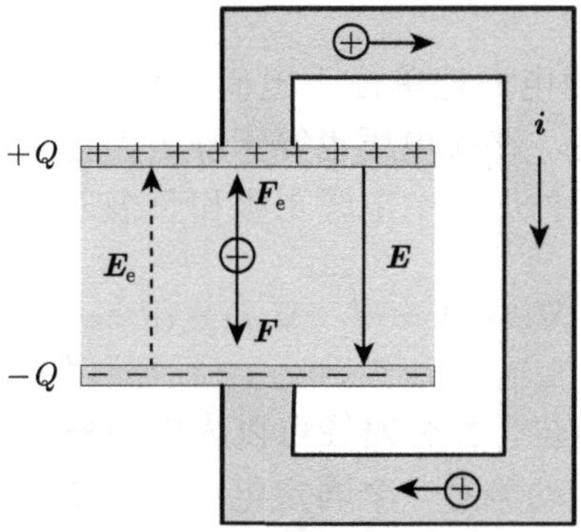

图 3.2.1 电源的工作原理

是无法维持稳恒电流的，必须有一种非静电力 $\boldsymbol{F}_{\rm e}$ 来维持。通过非静电力所做的功，将其他形式的能量补充给电路，使正电荷能够逆着电场线方向运动，返回至电位较高的正极，从而维持电流线的闭合。

3.2.2 电源电动势与广义欧姆定律

提供非静电力的装置称为电源。不同形式的电源，提供的非静电力本质也不同。例如，化学电池中的非静电力是与离子溶解和沉积过程中有关的化学作用产生的，发电机中的非静电力是电磁感应作用产生的洛伦兹力。无论何种类型的电源，其产生的非静电力都是使正电荷受力方向与静电力相反。

相同电量的电荷通过不同的电源，各电源装置提供的电能是不同的。为了描述电源提供电能的能力，引入电动势这个物理概念。电源电动势 $\mathscr{E}$ 数值上等于把单位正电荷经电源内部从负极移到正极的过程中非静电力做的功，也是单位正电荷经电源内部从负极移到正极的过程中其他形式能量转化为电能的数量。

用场的概念，可以把非静电力的作用看作等效的“非静电场”或“局外场”的作用，定义 $\boldsymbol{E}_{\rm e}$ 为非静电场强或局外场强，表示单位正电荷所受到的非静电力，其方向由电源负极指向正极。这样可通过 $\boldsymbol{E}_{\rm e}$ 来描述电源的特性，电源的电动势 $\mathscr{E}$ 可表示为

$$\mathscr{E}=\int_-^+\frac{\boldsymbol{F}_{\rm e}}{q}\cdot{\rm d}\boldsymbol{l}=\int_-^+\boldsymbol{E}_{\rm e}\cdot{\rm d}\boldsymbol{l} \tag{3.2.1}$$

电源的电动势与外电路无关，它是表示电源本身性质的特征量。

考虑电源内部的非静电场，当导体中有非静电场和静电场同时存在时，稳恒电场的电流密度应由两者共同决定，则欧姆定律的微分形式可扩展为

$$\boldsymbol{J}=\sigma\left(\boldsymbol{E}+\boldsymbol{E}_{\rm e}\right)=\sigma\boldsymbol{E}+\boldsymbol{J}_{\rm e} \tag{3.2.2}$$

式 (3.2.2) 称为广义欧姆定律，$\boldsymbol{J}_{\rm e}$ 可看作外加电流源。电路中无源导体中只有静电力作用，而电源处，既有静电力又有非静电力，则式 (3.2.2) 比式 (3.1.9) 具有更广泛的适用范围。

电源的路端电压是静电力把单位正电荷从正极经外电路移到负极所做的功。由于稳恒电场是保守力场，路端电压也等于静电力把单位正电荷从正极经电源内部移到负极所做的功。即外电路中电源正极和负极之间的电位差

$$U=-\int_-^+\boldsymbol{E}\cdot{\rm d}\boldsymbol{l}=\int_-^+\nabla\varphi\cdot{\rm d}\boldsymbol{l}=\int_-^+\nabla\varphi\cdot\boldsymbol{e}_l{\rm d}l=\int_-^+\frac{\partial\varphi}{\partial l}{\rm d}l=\varphi_+-\varphi_- \tag{3.2.3}$$

式中，φ 为外电路中的电位，积分路径可以为电源外，或者是电源内。

一般来说，电源的电动势对一个固定电源来说是不变的，而电源的路端电压却是随外电路的负载而变化的。

3.2.3 开路、放电、充电三种情况讨论

当电源未接入电路时，电源内无电流，如图 3.2.2(a) 所示，这种状态叫做开路。将电源接入电路，一般情况下就会有电流 I 流过，流过电源的电流有两种情况：由负极到正极，或从正极到负极，因此对应于电源的两种工作状态，放电和充电，如图 3.2.2(b)、(c) 所示。

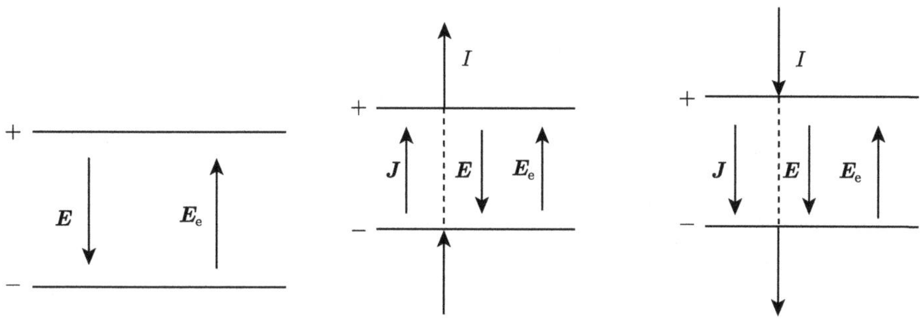

(a) 电源开路 (b) 放电情况 (c) 充电情况

图 3.2.2 电源的工作状态

1. 电源开路

如图 3.2.2(a) 电源开路所示，无电流流过电源，电源内部载流子所受的电场力与非静电力平衡，此时非静电场强 $\boldsymbol{E}_{\mathrm{e}}$ 与电场强度 $\boldsymbol{E}$ 大小相等，方向相反，即

$$\boldsymbol{E}_{\mathrm{e}}=-\boldsymbol{E}$$

则电动势为

$$\mathscr{E}=\int_{-}^{+}\boldsymbol{E}_{\mathrm{e}}\cdot\mathrm{d}\boldsymbol{l}=-\int_{-}^{+}\boldsymbol{E}\cdot\mathrm{d}\boldsymbol{l}=U$$

因此，电源开路时，电源电动势与路端电压相等。

2. 电源通过外电路放电

如图 3.2.2(b) 所示，当电源通过外电路放电时，对外电路提供能量，电源内的载流子受力与局外电场方向一致，载流子沿局外电场的方向运动，形成放电电流，有

$$\boldsymbol{E}_{\mathrm{e}}=\frac{\boldsymbol{J}}{\sigma}-\boldsymbol{E}$$

则电动势为

$$\mathscr{E}=\int_{-}^{+}\boldsymbol{E}_{\mathrm{e}}\cdot\mathrm{d}\boldsymbol{l}=\int_{-}^{+}\frac{\boldsymbol{J}}{\sigma}\cdot\mathrm{d}\boldsymbol{l}-\int_{-}^{+}\boldsymbol{E}\cdot\mathrm{d}\boldsymbol{l}$$

设电源内导体的电导率为 σ，导体截面积为 S，则有

$$\int_{-}^{+} \frac{\boldsymbol{J}}{\sigma} \cdot \mathrm{d}\boldsymbol{l} = \int_{-}^{+} \frac{I}{S\sigma}\mathrm{d}l = \int_{-}^{+} \frac{\rho I}{S}\mathrm{d}l = IR$$

其中，R 为电源内阻。

电动势为

$$\mathscr{E} = U + IR$$

当电源通过外电路放电时，电动势为路端电压与电源内压降之和。电动势大于电源路端电压。

3. 外电路对电源充电

如图 3.2.2(c) 所示，电源充电时，作为外电路的负载，由外电路提供能量，电源内的载流子受到的电场力大于局外力，因此载流子沿电场方向运动，形成充电电流，电动势为

$$\mathscr{E} = -IR + U$$

即

$$U = \mathscr{E} + IR$$

综上所述，电源内部的电流方向与路端电压由外电路决定。

3.3 电场与电路

3.3.1 基尔霍夫第一定律

根据稳恒电场的电流连续性定理，在稳恒电场中选取闭合曲面 S，其包围的体积为 V，则式 (3.1.8) 的积分形式为

$$\int_V \nabla \cdot \boldsymbol{J} \mathrm{d}V = \oint_S \boldsymbol{J} \cdot \mathrm{d}\boldsymbol{S} = 0 \tag{3.3.1}$$

式 (3.3.1) 为电流恒定的条件，它表明从 S 面一侧流入的电荷量等于从另一侧流出的电荷量，即电流线是连续地穿过了 S 所包围的体积 V。

在稳恒电场中，考虑以闭合曲面包围电路中的一个节点，通过该节点的总电流为 $\sum I_k$。如图 3.3.1 所示，在电流线穿入曲面 S 的位置，$\boldsymbol{J}$ 与 $\mathrm{d}\boldsymbol{S}$ 夹角为钝角，这一部分的电流为“−”，记为 $\sum I_{k\mathrm{in}}$；在电流线穿出曲面的位置，$\boldsymbol{J}$ 与 $\mathrm{d}\boldsymbol{S}$ 夹角为锐角，相应的电流为“ +”，记为 $\sum I_{k\mathrm{out}}$，则流入闭合曲面的总电流为

$$\sum I = \oint_S \boldsymbol{J} \cdot \mathrm{d}\boldsymbol{S} = -\sum I_{k\mathrm{in}} + \sum I_{k\mathrm{out}} = 0 \tag{3.3.2}$$

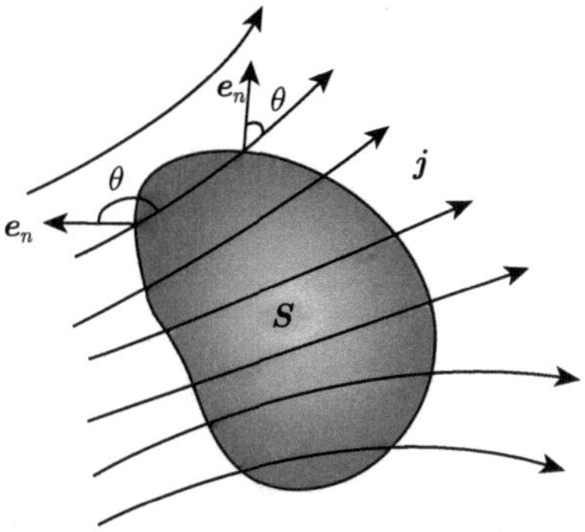

图 3.3.1 电流连续性原理

式 (3.3.2) 为基尔霍夫电流定律 (Kirchhoff's current law，KCL)，或称基尔霍夫第一定律，在电路中任一节点处，任意时刻节点的电流代数和为零，即流入节点的总电流等于流出节点的总电流

$$\sum I_{k\text{in}} = \sum I_{k\text{out}} \tag{3.3.3}$$

可以证明，若电路中有 n 个节点，能且只能写出 $n-1$ 个独立的节点电流方程。这 $n-1$ 个方程组成的方程组，叫做基尔霍夫第一方程组，也称为节点电流方程组。

3.3.2 基尔霍夫第二定律

根据稳恒电场的环路定律

$$\oint_l \boldsymbol{E} \cdot \mathrm{d}\boldsymbol{l} = 0$$

沿着任一闭合回路绕行一周，电场强度的环流为零。若规定沿回路绕行方向，电位降落为负，电位升高为正，则沿回路一周，总电位为零，即

$$\sum u = 0 \tag{3.3.4}$$

式 (3.3.4) 即为基尔霍夫电压定律 (Kirchhoff's voltage law，KVL)，或称基尔霍夫第二定律，利用该定律列出的回路电压方程称为基尔霍夫电压方程或基尔霍夫第二方程。

当利用基尔霍夫第二定律时，电阻上的电位符号要看绕行方向与电流之间的关系，若电流方向与回路绕行方向一致，则电流流入的一端电位取 “+” 号，反之，取 “−” 号。理想电源上电位的正负则要看回路的绕行方向与电源极性的关系：若理想电源的电动势的方向与回路绕行方向相同，电源上的电流流入的一端取 “ −”

号，反之，取“+”号，对于有内阻的实际电源，可以将其等效为理想电源与内阻串联的形式。对如图 3.3.2 所示的回路 $ABCDA$，选择顺时针作为回路的绕行方向，则该回路的基尔霍夫第二方程为

$$-\mathscr{E}_1 + I_1 r_1 + I_2 R_2 + \mathscr{E}_2 + I_3 (r_2 + R_3) - I_4 R_1 = 0$$

对于每一个回路，都可以按同样方法写出一个回路方程。

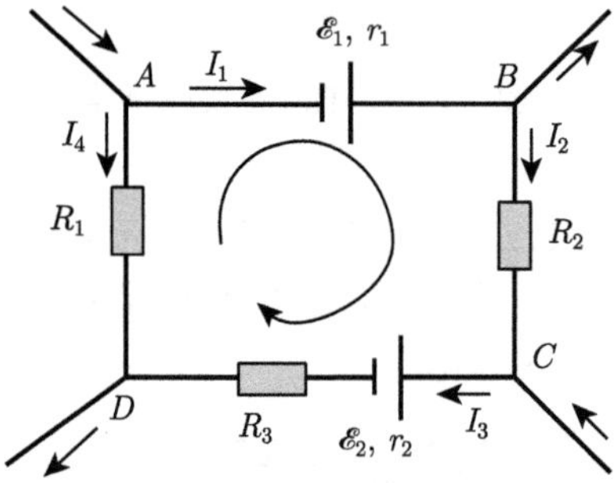

图 3.3.2　回路示意图

综上所述，基尔霍夫第一定律和第二定律的实质分别是电流连续性定理和电场的环路定律在电路中的描述形式，再次说明“场”的理论是“路”的基础，而“路”是“场”在一定条件下的简化模型。

3.3.3　电导矩阵

不失一般性，考虑各向同性导电介质中由三个导体电极与大地组成的系统。如图 3.3.3 所示。

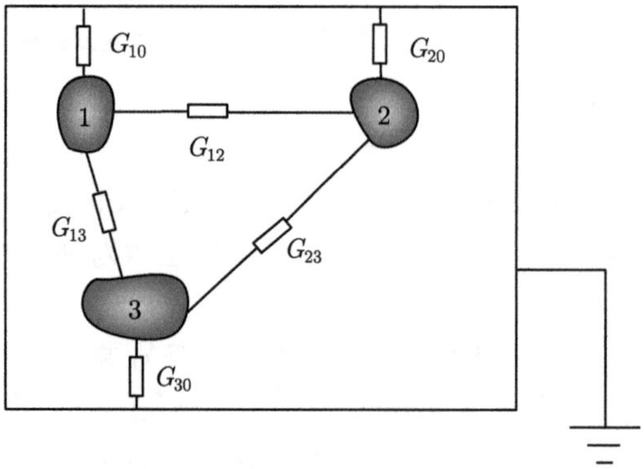

图 3.3.3　三个导体组成的系统

大地为 0 号导体，选为电位参考点，即 $U_0=0$。设 $i=1$，2，3 分别为三个导体电极的编号，I_i 表示第 i 个导体的电流，U_i 表示第 i 个导体电极的电位，假定电极为良导体，看成等位体，各电极与 0 号导体的电压 $U_{i0}=U_i-U_0=U_i$。设三导体的电位向量为 $[U]$，电流向量为 $[I]$，即

$$[U]=\begin{bmatrix}U_1 & U_2 & U_3\end{bmatrix}^{\mathrm{T}}=\begin{bmatrix}U_{10} & U_{20} & U_{30}\end{bmatrix}^{\mathrm{T}} \tag{3.3.5}$$

$$[I]=\begin{bmatrix}I_1 & I_2 & I_3\end{bmatrix}^{\mathrm{T}} \tag{3.3.6}$$

电位向量与电流向量满足

$$[U]=[R]\,[I] \tag{3.3.7}$$

式中，$[R]$ 为电阻系数矩阵

$$[R]=\begin{bmatrix}R_{11} & R_{12} & R_{13}\\ R_{21} & R_{22} & R_{23}\\ R_{31} & R_{32} & R_{33}\end{bmatrix} \tag{3.3.8}$$

R_{ii} 称为自有电阻系数，$R_{ij}\,(i\neq j)$ 称为互有电阻系数。电阻系数只和电极的几何形状、尺寸、相互位置及导电介质的电阻率有关。矩阵 $[R]$ 是对称矩阵。

由式 (3.3.7) 可解

$$[I]=[R]^{-}\,[U]=[P]\,[U] \tag{3.3.9}$$

即

$$\begin{bmatrix}I_1\\ I_2\\ I_3\end{bmatrix}=\begin{bmatrix}P_{11} & P_{12} & P_{13}\\ P_{21} & P_{22} & P_{23}\\ P_{31} & P_{32} & P_{33}\end{bmatrix}\begin{bmatrix}U_{10}\\ U_{20}\\ U_{30}\end{bmatrix} \tag{3.3.10}$$

其中，$[P]$ 为电导系数矩阵，$P_{ii}>0$，$P_{ij}<0\,(i\neq j)$ 称为电导系数，且有 $P_{ii}>|P_{ij}|$，只与电极的几何形状、尺寸、相互位置及导电介质的电导率有关。矩阵 $[P]$ 是对称矩阵。

将式 (3.3.10) 改写为

$$\begin{cases}I_1=(P_{11}+P_{12}+P_{13})\,U_{10}-P_{12}\,(U_{10}-U_{20})-P_{13}\,(U_{10}-U_{30})\\ I_2=-P_{21}\,(U_{20}-U_{10})+(P_{21}+P_{22}+P_{23})\,U_{20}-P_{23}\,(U_{20}-U_{30})\\ I_3=-P_{31}\,(U_{30}-U_{10})-P_{32}\,(U_{30}-U_{20})+(P_{31}+P_{32}+P_{33})\,U_{30}\end{cases} \tag{3.3.11}$$

若记电极 i 和电极 j 的电压为 $U_{ij} = U_{i0} - U_{j0}$，$G_{i0} = \sum_{j=1}^{3} P_{ij}$，$G_{ij} = -P_{ij}\,(i \neq j)$，则式 (3.3.11) 为

$$\begin{cases} I_1 = G_{10}U_{10} + G_{12}U_{12} + G_{13}U_{13} \\ I_2 = G_{21}U_{21} + G_{20}U_{20} + G_{22}U_{22} \\ I_3 = G_{31}U_{31} + G_{32}U_{32} + G_{30}U_{30} \end{cases} \tag{3.3.12}$$

式中，G_{i0} 为自有部分电导，即各电极与 0 号电极间的部分电导，而 G_{ij} 为互有部分电导，即各电极间的部分电导，所有部分电导均为正值。

3.4 泊松方程与边界条件

考虑拉普拉斯方程和泊松方程两种情况。

3.4.1 拉普拉斯方程及边界条件

稳恒电场方程为

$$\begin{cases} \nabla \times \boldsymbol{E} = 0 \\ \nabla \cdot \boldsymbol{J} = 0 \\ \boldsymbol{J} = \sigma \boldsymbol{E} \end{cases} \tag{3.4.1}$$

与式 (1.10.1) 对比，有 $\boldsymbol{G}$、$\boldsymbol{P}$ 和 α 分别对应 $\boldsymbol{E}$、$\boldsymbol{J}$ 和 σ，q 为零。

由式 (1.9.6)，场连续条件为

$$\boldsymbol{n} \times \boldsymbol{E}_1|_S = \boldsymbol{n} \times \boldsymbol{E}_2|_S \tag{3.4.2a}$$

$$\boldsymbol{n} \cdot \boldsymbol{J}_1|_S = \boldsymbol{n} \cdot \boldsymbol{J}_2|_S \tag{3.4.2b}$$

由式 (1.10.2)，稳恒电场的拉普拉斯方程为

$$\nabla \cdot (\sigma \nabla \varphi) = 0 \tag{3.4.3}$$

式中，φ 为标量电位。

由式 (1.10.5)，标量电位满足的连续条件：

$$\begin{cases} \varphi_1|_S = \varphi_2|_S \\ \sigma_1 \dfrac{\partial \varphi_1}{\partial n}\bigg|_S = \sigma_2 \dfrac{\partial \varphi_2}{\partial n}\bigg|_S \end{cases} \tag{3.4.4}$$

根据亥姆霍兹定理，无散且无旋的矢量场在无界空间中是不存在的，它只可能存在于局部的无源区域中。对于拉普拉斯方程式 (3.4.3)，可以通过施加边界条件，引入电压源或电流源。

参考式 (1.10.6)，边界条件有如下几种表述：

(1) 第一类边界条件即狄利克雷边界条件：

$$\varphi|_S = \varphi_0 \tag{3.4.5a}$$

式中，φ_0 为已知函数或常数。

例如，接地的边界可设 $\varphi|_S$ 为零；无限远边界上的电位可取为零；又如，在电极上，由于电极面是导体，其上电位为常数。对于连接恒压源的电极表面，电位为已知常数，边界可设为 $\varphi|_S = \varphi_0$，φ_0 为恒压源施加给电极的电压。这类边界条件与拉普拉斯方程构成第一类边值问题。

(2) 第二类边界条件即诺伊曼 (Neumann) 边界条件：

$$\sigma \frac{\partial \varphi}{\partial n}\bigg|_S = -J_n \tag{3.4.5b}$$

这里，J_n 为已知函数或常数。这类边界条件与方程组合构成第二类边值问题。

例如，在绝缘材料构成的边界上，由于没有电流流入此边界，此时 J_n 为零，有 $\sigma \dfrac{\partial \varphi}{\partial n}\bigg|_S$ 或 $\dfrac{\partial \varphi}{\partial n}\bigg|_S$ 为零，该条件称为齐次诺依曼边界条件。

(3) 混合边界条件：

$$\begin{cases} \varphi|_{S_1} = \varphi_0 \\ \sigma \dfrac{\partial \varphi}{\partial n}\bigg|_{S_2} = -J_n \end{cases} \tag{3.4.5c}$$

式中，φ_0 和 J_n 是已知函数或常数。

此外，还可以考虑积分边界条件，即总电流边界条件。在连接恒流源的电极 S_E 表面，电位 φ 服从不完全约束条件，即 φ 是未知常数。当通过电极向区域内注入的稳恒电流 I 为已知常数时，电极 S 上的电流密度在电极表面的积分，等于注入电流 I，有

$$\int_S \sigma \frac{\partial \varphi}{\partial n} \mathrm{d}S = I \tag{3.4.5d}$$

由此，稳恒电场的边值问题，就是在给定边界条件下，求电位 φ 满足的泊松方程定解问题。

3.4.2 泊松方程及边界条件

对于电极注入电流的边值问题，除了上述通过施加非齐次诺伊曼边界、积分边界条件两种引入电流源的方式外，还可以借助广义欧姆定律引入电流源。

稳恒电场方程为

$$\begin{cases} \nabla \times \boldsymbol{E} = 0 \\ \nabla \cdot \boldsymbol{J} = 0 \\ \boldsymbol{J} = \sigma \boldsymbol{E} + \boldsymbol{J}_{\mathrm{e}} \end{cases} \tag{3.4.6}$$

式中，$\boldsymbol{J}_{\mathrm{e}}$ 为电源提供的电流密度，它只存在于电源内部，方向由电源的负极指向正极，在电源外，$\boldsymbol{J}_{\mathrm{e}} = 0$。

将 $\boldsymbol{E} = -\nabla\varphi$ 代入上式，有

$$\nabla \cdot \boldsymbol{J} = -\nabla \cdot (\sigma\nabla\varphi) + \nabla \cdot \boldsymbol{J}_{\mathrm{e}} = 0$$

稳恒电场满足的泊松方程为

$$\nabla \cdot (\sigma\nabla\varphi) = \nabla \cdot \boldsymbol{J}_{\mathrm{e}} \tag{3.4.7}$$

对于通过两个点电极注入稳恒电流 I 的情况，$\nabla \cdot \boldsymbol{J}_{\mathrm{e}}$ 可写成 δ 函数的形式，有

$$\nabla \cdot (\sigma\nabla u) = I\left[\delta\left(\boldsymbol{r} - \boldsymbol{r}_1\right) - \delta\left(\boldsymbol{r} - \boldsymbol{r}_2\right)\right]$$

式中，$\boldsymbol{r}_1$ 和 $\boldsymbol{r}_2$ 是两个电极的位置坐标。

至于交界面边界条件和区域边界条件，此处不再展开。

3.5 双旋度方程与库仑规范

由于 $\boldsymbol{J}$ 是无散场，可引入矢量电流位 $\boldsymbol{T}$，$\boldsymbol{J} = \nabla \times \boldsymbol{T}$，则 $\boldsymbol{E} = \rho\nabla \times \boldsymbol{T}$，其中 ρ 为电阻率。

为使矢量电流位 $\boldsymbol{T}$ 和稳恒电场均满足唯一性，可采用双旋度方程与库仑规范联合求解

$$\begin{cases} \nabla \times (\rho\nabla \times \boldsymbol{T}) = \boldsymbol{0} \\ \nabla \cdot \boldsymbol{T} = 0 \end{cases} \tag{3.5.1}$$

参考式 (1.11.10)，双旋度方程和库仑规范的内部边界条件为

$$\begin{cases} \boldsymbol{T}_1|_S = \boldsymbol{T}_2|_S \\ \rho_1\left(\boldsymbol{n} \times \nabla \times \boldsymbol{T}_1\right)|_S = \rho_2\left(\boldsymbol{n} \times \nabla \times \boldsymbol{T}_2\right)|_S \end{cases} \tag{3.5.2}$$

参考式 (1.11.11)，边值问题有如下几种表述。

第一类边值问题

$$\begin{cases} \nabla \times (\rho \nabla \times \boldsymbol{T}) = 0 \\ \nabla \cdot \boldsymbol{T} = 0 \\ (\boldsymbol{n} \times \boldsymbol{T})|_S = \boldsymbol{T}_t \end{cases} \tag{3.5.3a}$$

式中，$\boldsymbol{T}_t$ 为已知函数或常数。

第二类边值问题

$$\begin{cases} \nabla \times (\rho \nabla \times \boldsymbol{T}) = 0 \\ \nabla \cdot \boldsymbol{T} = 0 \\ \rho (\boldsymbol{n} \times \nabla \times \boldsymbol{T})|_S = \boldsymbol{E}_t \\ (\boldsymbol{n} \cdot \boldsymbol{T})|_S = 0 \end{cases} \tag{3.5.3b}$$

式中，$\boldsymbol{E}_t$ 为已知函数。

混合边值问题

$$\begin{cases} \nabla \times (\rho \nabla \times \boldsymbol{T}) = 0 \\ \nabla \cdot \boldsymbol{T} = 0 \\ (\boldsymbol{n} \times \boldsymbol{T})|_{S_1} = \boldsymbol{T}_t \\ \rho (\boldsymbol{n} \times \nabla \times \boldsymbol{T})|_{S_2} = \boldsymbol{E}_t \\ (\boldsymbol{n} \cdot \boldsymbol{T})|_{S_2} = 0 \end{cases} \tag{3.5.3c}$$

考虑二维平面模型，假定电流 $\boldsymbol{J}$ 分布在二维平面内，电流位 $\boldsymbol{T}$ 沿着 z 方向，$\boldsymbol{T} = T\boldsymbol{e}_z$，则有 $\nabla \cdot \boldsymbol{T} = \dfrac{\partial T}{\partial z} = 0$，库仑规范自动满足。

参考式 (1.13.3a)，双旋度方程变成了拉普拉斯方程

$$\frac{\partial}{\partial x}\left(\rho \frac{\partial T}{\partial x}\right) + \frac{\partial}{\partial y}\left(\rho \frac{\partial T}{\partial y}\right) = 0 \tag{3.5.4}$$

参考式 (1.13.5)，区域内部介质的交界线上的连续性条件为

电场强度的切向分量连续性：

$$\rho_1 \left.\frac{\partial T_1}{\partial n}\right|_l = \rho_2 \left.\frac{\partial T_2}{\partial n}\right|_l \tag{3.5.5a}$$

电流位连续条件：

$$T_1|_l = T_2|_l \tag{3.5.5b}$$

参考式 (1.13.6)，边值问题有如下几种表述。

在整个边界线 l 上给定第一类边值，即

$$\begin{cases} \dfrac{\partial}{\partial x}\left(\rho\dfrac{\partial T}{\partial x}\right)+\dfrac{\partial}{\partial y}\left(\rho\dfrac{\partial T}{\partial y}\right)=0 \\ T\big|_{l}=T_0 \end{cases} \tag{3.5.6a}$$

式中，T_0 为已知函数或常数。

在整个边界线 l 上给定第二类边值，即

$$\begin{cases} \dfrac{\partial}{\partial x}\left(\rho\dfrac{\partial T}{\partial x}\right)+\dfrac{\partial}{\partial y}\left(\rho\dfrac{\partial T}{\partial y}\right)=0 \\ \rho\left.\dfrac{\partial T}{\partial n}\right|_{l}=-E_t \end{cases} \tag{3.5.6b}$$

整个边界线 l 分为 l_1 和 l_2 两部分，在 l_1 上给定第一类边值，在 l_2 上给定第二类边值，即

$$\begin{cases} \dfrac{\partial}{\partial x}\left(\rho\dfrac{\partial T}{\partial x}\right)+\dfrac{\partial}{\partial y}\left(\rho\dfrac{\partial T}{\partial y}\right)=0 \\ T\big|_{l_1}=T_0 \\ \rho\left.\dfrac{\partial T}{\partial n}\right|_{l_2}=-E_t \end{cases} \tag{3.5.6c}$$

式中，T_0 和 E_t 为已知函数或常数。

参考式 (1.13.8)，电流线方程为

$$\frac{\partial T}{\partial x}\mathrm{d}x+\frac{\partial T}{\partial y}\mathrm{d}y=0 \tag{3.5.7}$$

于是 $\mathrm{d}T=0$，即有 $T=C$，C 为任意常数。式 (3.5.7) 表明等 T 就是电流线。因此，在场域边界处的电流线可以作为 T 的第一类边界条件。若电流线与边界垂直，则可以把 $\dfrac{\partial T}{\partial n}=0$ 作为第二类边界条件。

同理，参考 1.13 节，可导出二维轴对称模型稳恒电场方程为

$$\nabla\cdot\left(\frac{\rho}{r}\nabla U\right)=\frac{\partial}{\partial r}\left(\frac{\rho}{r}\frac{\partial U}{\partial r}\right)+\frac{\partial}{\partial z}\left(\frac{\rho}{r}\frac{\partial U}{\partial z}\right)=0$$

需注意，式中 ∇ 无论是作为梯度算子还是散度算子，均定义为 $\nabla=\dfrac{\partial}{\partial r}\boldsymbol{e}_r+\dfrac{\partial}{\partial z}\boldsymbol{e}_z$。

3.6 注入电流电阻抗成像的数学物理建模

注入电流电阻抗成像 (ACEIT) 是提出最早、研究历史最长的电阻抗成像方法，其原理是根据不均匀目标体的电导率分布差异，通过电极给目标体施加驱动电流或电压，在目标体外测量响应电压或电流信号，来重建目标体内部的电阻抗分布或变化图像，其示意图如图 3.6.1 所示。利用人体组织在不同的生理、病理状态下电导率的差异性，可以通过电导率图像来反映人体组织的不同生理、病理状态，从而为临床诊断提供图像参考依据。

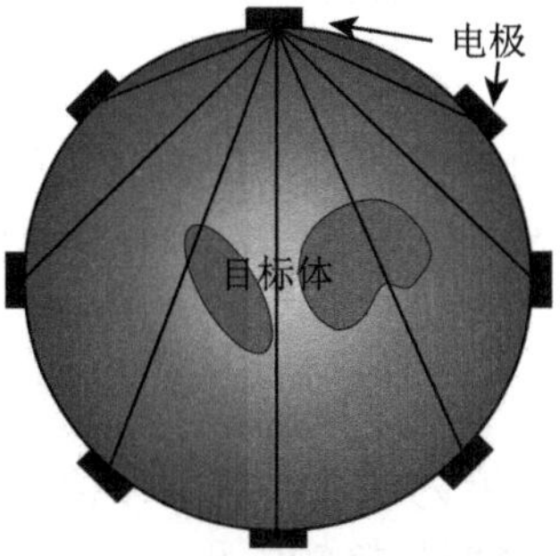

图 3.6.1 注入电流电阻抗成像示意图

在注入电流电阻抗成像边值问题研究的历史上曾提出多种模型，如下四种模型较为常见：连续模型 (continuum model)、间隙模型 (gap model)、分流模型 (shunting model) 和全电极模型 (complete electrod model，CEM)。

3.6.1 连续模型

设成像区域为 V，区域的边界为 S。从成像区域边界 S 施加激励电流。若已知整个边界上的电位为 φ_0，则有第一类边界条件 $\varphi|_S = \varphi_0$。

第一类边值问题为

$$\begin{cases} \nabla \cdot (\sigma \nabla \varphi) = 0 \\ \varphi|_S = \varphi_0 \end{cases} \tag{3.6.1}$$

若已知激励电流在边界 S 上产生的电流密度外法向分量为 J_n，则有第二类边界条件 $\sigma \left.\dfrac{\partial \varphi}{\partial n}\right|_S = -J_n$。考虑电荷守恒定律，有总电流边界条件 $\displaystyle\int_S J\mathrm{d}S = 0$。为了能使问题有唯一解，需要选取参考电位或接地电压，有齐次边界条件 $\displaystyle\int_S \varphi\mathrm{d}S = 0$。

综上所述，第二类边值问题为

$$\begin{cases} \nabla\cdot(\sigma\nabla\varphi)=0 \\ \sigma\dfrac{\partial\varphi}{\partial n}\Big|_S=-J_n \\ \displaystyle\int_S J\mathrm{d}S=0 \\ \displaystyle\int_S \varphi\mathrm{d}S=0 \end{cases} \tag{3.6.2}$$

需要指出的是，连续模型并不是符合实际的数学模型，因为实际问题中通常只知道边界 $\boldsymbol{S}$ 上电极处的电压 (对于恒压源而言) 或电流 (对于恒流源而言)，而边界 $\boldsymbol{S}$ 非电极处，即电极间的绝缘部分的电压或电流密度未知。

3.6.2 间隙模型

考虑到电极和电极之间的绝缘间隙，便构成了间隙模型。在间隙模型中，将边界 S 分为 $S_g\cup S_E$，其中 $S_g\,(S_g=S\backslash S_E)$ 为电极之间的间隙，而 S_E 为所有电极的表面边界，$S_E=\bigcup\limits_{l=1}^{L}S_l$，这里 S_l 为第 l 个电极，L 为电极数目。

近似认为电极上的电流密度为常数，取近似值 $J_l=I_l/A_l$，这里 I_l 为已知的注入电流，A_l 为电极与成像区域的接触面积。

在间隙部分，由于没有法向电流，因此有 $\sigma\dfrac{\partial\varphi}{\partial n}\Big|_{S_g}$ 为零。考虑电荷守恒定律，总电流边界条件 $\displaystyle\int_S J\mathrm{d}S$ 为零具体变为 $\sum\limits_{l=1}^{L}I_l$ 为零。为了能使问题有唯一解，需要选取参考电位或接地电压，则边界条件 $\displaystyle\int_S\varphi\mathrm{d}S$ 为零具体变为 $\sum\limits_{l=1}^{L}\varphi_l$ 为零。其中，I_l 和 φ_l 分别为第 l 个电极上的电流和电压。

边值问题为

$$\begin{cases} \nabla\cdot(\sigma\nabla\varphi)=0 \\ \sigma\dfrac{\partial\varphi}{\partial n}\Big|_{S_l}=-J_l,\quad l=1,2,\cdots,L \\ \dfrac{\partial\varphi}{\partial n}\Big|_{S_g}=0 \\ \displaystyle\sum_{l=1}^{L}I_l=0 \\ \displaystyle\sum_{l=1}^{L}\varphi_l=0 \end{cases} \tag{3.6.3}$$

式中，S_g 为电极间的绝缘部分，L 为总电极数，其他符号与连续模型对应的符号含义相同。

与连续模型相比，间隙模型考虑了电极部分与电极之间的间隙部分，是较为实际的模型，其主要优点是数学上较容易处理。但这种模型由于忽略了短路电极和分流的影响，获得的电阻率偏高，也就是说，金属电极本身提供了低阻电流通道。

3.6.3 分流模型

需要考虑短路电极的影响。与间隙模型相同，将边界 S 分为电极的表面边界和电极之间的间隙边界。

对于连接恒流源的电极表面，注入电流是已知常数，但将电流密度近似为常数实际上并不合理。与间隙模型不同，分流模型不再认为电极的电流密度为常数。若设第 l 个电极的注入电流为 $\boldsymbol{I}_l$，在每个电极表面可以施加总电流边界条件 $\int_{S_l} \sigma \frac{\partial \varphi}{\partial n} \mathrm{d}S = I_l$。

分流模型满足的边值问题为

$$
\begin{cases}
\nabla \cdot (\sigma \nabla \varphi) = 0 \\
\int_{S_l} \sigma \frac{\partial \varphi}{\partial n} \mathrm{d}S = I_l, \quad l = 1, 2, \cdots, L \\
\left. \frac{\partial \varphi}{\partial n} \right|_{S_g} = 0 \\
\sum_{l=1}^{L} I_l = 0 \\
\sum_{l=1}^{L} \varphi_l = 0
\end{cases}
\tag{3.6.4}
$$

式中，I_l 为第 l 个电极的注入电流，其他符号与连续模型对应的符号含义相同。

分流模型考虑了电极本身的影响，但还是不能与实际物理过程很好得吻合，其主要原因在于此模型不能考虑电极与生物体接触处电化学的影响。

3.6.4 全电极模型

考虑电极表面与成像区域表面由于电化学的影响而存在一个非常薄的高阻层。设这一薄层的阻抗为 z_l，称为有效接触阻抗或表面阻抗。第 l 个电极表面的电压 V_l 等于此电极与成像区域接触面的电压 φ 和经过有效接触阻抗 z_l 的电压降之和

$$V_l = \text{const} = \varphi + z_l\sigma\frac{\partial\varphi}{\partial n}, \quad l = 1, 2, \cdots, L$$

因此全电极模型所满足的边值问题为

$$\begin{cases} \nabla\cdot\sigma\left(\nabla\varphi\right) = 0 \\ \displaystyle\int_{S_l}\sigma\frac{\partial\varphi}{\partial n}\mathrm{d}S = I_l, \quad l = 1, 2, \cdots, L \\ V_l = \varphi + z_l\sigma\dfrac{\partial\varphi}{\partial n}, \quad l = 1, 2, \cdots, L \\ \left.\dfrac{\partial\varphi}{\partial n}\right|_{S_g} = 0 \\ \displaystyle\sum_{l=1}^{L} I_l = 0 \\ \displaystyle\sum_{l=1}^{L} \varphi_l = 0 \end{cases} \tag{3.6.5}$$

式中，φ 为成像体内部的电位，V_l 为成像体表面的电位，其他符号与连续模型对应的符号含义相同。

未知常数 V_l 可通过所描述的电位和电流密度的线性组合作为求解的约束条件，通过边值问题的求解确定。

全电极模型充分考虑了电极与成像体的接触阻抗，与其他三种计算模型相比，全电极模型最接近实际情况，被认为是较为合理的模型，常被注入电流电阻抗成像所采用。

3.7　稳恒电场与静电场的对比

无电荷分布区域的静电场与电源外的导电介质的稳恒电场是相似系统，对应的物理量满足的方程具有相同的形式，可以通过一个场的计算结果，经过类比得到另一个场的计算结果，这种分析方法称为静电比拟。

表 3.7.1 是稳恒电场与静电场的对比。应用静电比拟方法，静电场中的很多求解方法，可推广到稳恒电场中，如通过导体系统的电容，得到导体系统的电导等。

静电场和稳恒电场的标量电位 φ 满足拉普拉斯方程，若考虑二维问题，标量电位 φ 满足二维拉普拉斯方程。对于稳恒电场，除了标量电位 φ，还可以采用矢量电流位 $\boldsymbol{T}$ 求解。对于二维平面对称问题，求解量是矢量电流位的 z 分量 T_z，简

表 3.7.1　稳恒电场与静电场的对比

静电场 (电荷外)	稳恒电场 (电源外)
$\begin{cases} \nabla\cdot\boldsymbol{D}=0 \\ \nabla\times\boldsymbol{E}=0 \\ \boldsymbol{D}=\varepsilon\boldsymbol{E} \end{cases}$	$\begin{cases} \nabla\cdot\boldsymbol{J}=0 \\ \nabla\times\boldsymbol{E}=\mathbf{0} \\ \boldsymbol{J}=\sigma\boldsymbol{E} \end{cases}$
$\nabla\cdot(\varepsilon\nabla\varphi)=0$	$\nabla\cdot(\sigma\nabla\varphi)=0$
$\varphi_1\|_S=\varphi_2\|_S$	$\varphi_1\|_S=\varphi_2\|_S$
$\varepsilon_1\left.\dfrac{\partial\varphi_1}{\partial n}\right\|_S=\varepsilon_2\left.\dfrac{\partial\varphi_2}{\partial n}\right\|_S$	$\sigma_1\left.\dfrac{\partial\varphi_1}{\partial n}\right\|_S=\sigma_2\left.\dfrac{\partial\varphi_2}{\partial n}\right\|_S$
$\boldsymbol{D}=-\varepsilon\nabla\varphi$	$\boldsymbol{J}=-\sigma\nabla\varphi$
$\boldsymbol{E}=-\nabla\varphi$	$\boldsymbol{E}=-\nabla\varphi$
ε	σ
φ	φ
$q=\oint_S\boldsymbol{D}\cdot\mathrm{d}\boldsymbol{S}$	$I=\int_S\boldsymbol{J}\cdot\mathrm{d}\boldsymbol{S}$
$C=\dfrac{\oint_S\boldsymbol{D}\cdot\mathrm{d}\boldsymbol{S}}{U}$ (电容)	$G=\dfrac{\int_S\boldsymbol{J}\cdot\mathrm{d}\boldsymbol{S}}{U}$ (电导)

记为 T，T 满足二维拉普拉斯方程。对于二维轴对称问题，求解量为 r 与矢量电流位的 φ 分量的乘积 rT_φ，简记 U，参考 1.13 节，U 满足如下方程：

$$\nabla_c\cdot\left(\frac{\rho}{r}\nabla_c U\right)=\frac{\partial}{\partial r}\left[\frac{\rho}{r}\frac{\partial(rT_\varphi)}{\partial r}\right]+\frac{\partial}{\partial z}\left[\frac{\rho}{r}\frac{\partial(rT_\varphi)}{\partial z}\right]=0$$

式中，∇_c 的定义参考 1.13 节，即无论是作为梯度算子还是散度算子，均定义为 $\nabla_c=\dfrac{\partial}{\partial r}\boldsymbol{e}_r+\dfrac{\partial}{\partial z}\boldsymbol{e}_z$。

表 3.7.2 是二维稳恒电场与静电场的对比，便于对表中几个边值问题类比求解。

表 3.7.2　二维稳恒电场与静电场的对比

静电场	稳恒电场	平面对称稳恒电场	轴对称稳恒电场
φ	φ	T	$U=rT_\varphi$
$\nabla\cdot(\varepsilon\nabla\varphi)=0$	$\nabla\cdot(\sigma\nabla\varphi)=0$	$\nabla\cdot(\rho\nabla T)=0$	$\nabla_c\cdot\left(\dfrac{\rho}{r}\nabla U\right)=0$
ε	σ	ρ	$\dfrac{\rho}{r}$
$\varphi_1\|_{Sl}=\varphi_2\|_l$	$\varphi_1\|_l=\varphi_2\|_l$	$T_1\|_l=T_2\|_l$	$U_1\|_l=U_2\|_l$
$\varepsilon_1\left.\dfrac{\partial\varphi_1}{\partial n}\right\|_l=\varepsilon_2\left.\dfrac{\partial\varphi_2}{\partial n}\right\|_l$	$\sigma_1\left.\dfrac{\partial\varphi_1}{\partial n}\right\|_l=\sigma_2\left.\dfrac{\partial\varphi_2}{\partial n}\right\|_l$	$\rho_1\left.\dfrac{\partial T_1}{\partial n}\right\|_l=\rho_2\left.\dfrac{\partial T_2}{\partial n}\right\|_l$	$\dfrac{\rho_1}{r}\left.\dfrac{\partial U_1}{\partial n}\right\|_l=\dfrac{\rho_2}{r}\left.\dfrac{\partial U_2}{\partial n}\right\|_l$
$\varphi\|_l=\varphi_0$	$\varphi\|_l=\varphi_0$	$T\|_{l_1}=T_0$	$U\|_{l_1}=U_0$
$\varepsilon\left.\dfrac{\partial\varphi}{\partial n}\right\|_l=-D_n$	$\sigma\left.\dfrac{\partial\varphi}{\partial n}\right\|_l=-J_n$	$\rho\left.\dfrac{\partial T}{\partial n}\right\|_l=-E_t$	$\dfrac{\rho}{r}\left.\dfrac{\partial U}{\partial n}\right\|_l=-E_t$
$\varphi_1\|_l=\varphi_2\|_l$	$\varphi_1\|_l=\varphi_2\|_l$	$T_1\|_l=T_2\|_l$	$U_1\|_l=U_2\|_l$
电力线与等位线垂直	电力线与等位线垂直	等 T 线即电流线	等 U 线即电流线

习 题

3.1 试说明电动势和电位差的区别。

3.2 圆柱形接地器作为埋入土壤中的金属电极，电流流入接地器后，经土壤流散到无限远处。土壤的电导率为 0.01S/m，金属的电导率为 5×10^6S/m，根据电流线的折射定律，计算当入射角为 $30°$ 和 $89°$ 时，折射角是多少。

3.3 求半球形接地器的接地电阻。

3.4 试导出稳恒电流场和静电场的电位控制方程。

3.5 试证明在稳恒电流情况下，导体内的电流遵循欧姆定律时，产生的焦耳热最小。

3.6 试论证，电场强度 $\boldsymbol{E}$ 经过真空中的偶电层连续。

3.7 两种导电介质的介电常量和电导率分别为 ε_1、σ_1 和 ε_2、σ_2，设交界面上稳恒电流密度的法向分量为 J_n，试求交界面的自由电荷面密度。

3.8 试导出二维轴对称稳恒电场的矢量电流位方程。

3.9 无限长的同轴电缆，内部是圆柱导线，内半径为 a, 外面是同轴导体柱壳，内半径为 b, 两导体中间充有电导率为 σ 的均匀介质，若在两导线间加有电压 φ, 求电流分布。

3.10 试证明稳恒电场解的唯一性。

第 4 章 稳恒磁场

导体中有稳恒电流通过时，在导体内部和它周围的介质中，不仅有稳恒电场，同时还有不随时间变化的磁场，简称稳恒磁场。本章从实验定律出发，引出磁场的基本概念及电流产生磁场的基本方程，即高斯磁场定律和安培定律，并依此引入矢量磁位的概念，导出矢量磁位满足的基本方程和磁偶极子的矢量磁位，对真空中电流系统集中在很小空间区域内的矢量磁位进行多极展开。以磁偶极子模型为基础，引入磁化电流，导出磁介质中磁场的基本方程。随即介绍磁荷理论下介质中的磁场方程，并分别以分子电流观点和磁荷观点重点分析永磁体的磁场。还引入了电感及电感矩阵的概念，分析磁场能量，并在此基础上利用虚位移原理分析磁场力。讨论了稳恒磁场边值问题。最后，将稳恒磁场与静电场的基本方程及基本性质进行对比，得出两种静态场的区别与联系。

4.1 基本定律

4.1.1 磁学理论的发展

磁现象的发现和电磁理论的发展经历了漫长的历史过程。我国古籍《吕氏春秋》中的“磁石召铁”就是对磁力的描述。1731 年，英国商人发现雷电过后刀叉被磁化，1751 年，美国物理学家富兰克林 (Franklin，1706~1790) 发现莱顿瓶放电缝纫针被磁化。1785~1787 年，库仑确定了电荷之间和磁极之间相互作用力的规律，后人称为电库仑定律和磁库仑定律。

1820 年，这是电磁学发展史上重要的一年。丹麦物理学家奥斯特 (Hans Christian Oersted, 1777~1851) 通过实验证明了通电导线周围存在磁场，且磁场的方向与电流的方向有关，在电磁学研究历史上具有划时代的意义。法国物理学家毕奥 (Jeans Baptist Biot，1774~1862) 和萨伐尔 (Félix Savart，1791~1841) 研究了长直和弯折导线对磁极的作用力，得出作用力与距离和弯折角的关系，在数学家拉普拉斯 (Pierre-Simon Laplace, 1749~1827) 的帮助下，导出了电流元对磁极作用力的规律，称为毕奥–萨伐尔–拉普拉斯定律 (Biot-Savart-Laplace's Law，简称毕奥–萨伐尔定律)，用于计算电流元产生磁通密度的大小和方向。法国物理学家安培 (Ampère, 1775~1836) 通过实验证明了通电线圈的磁效应与磁铁相似，且电流产生的磁场方向与电流方向呈右手螺旋关系，据此安培提出了分子电流假说。

为进一步说明电流之间的相互作用，安培于 1821~1825 年间做了关于电流相互作用的四个精巧的实验，在 1823 年，安培发表了著名的定律，即安培定律或安培环路定律 (定理)。根据实验结果，安培推导了两个电流元之间相互作用力的公式，并把研究电流相互作用力的学科称为“电动力学”，从而奠定了电动力学的基础。安培的电动力学能够说明很多电磁现象，且能够进行定量计算，但是它无法说明电磁感应，也没有包括库仑定律。

1840 年，高斯从距离平方反比定律出发，推导出了高斯定理，把库仑定律提到了新的高度，成为后来麦克斯韦方程中两个散度方程的基础。

4.1.2　安培力定律

与静电场中的库仑定律相对应，安培力定律 (Ampère force law) 是描述真空中两个载流回路之间作用力的实验规律，是恒定磁场的基本规律。

如图 4.1.1 所示，设真空中有两个载流闭合线 l_1、l_2，其电流分别为 I_1、I_2，在两线圈上分别取电流元 $I_1\mathrm{d}\boldsymbol{l}_1$ 和 $I_2\mathrm{d}\boldsymbol{l}_2$，根据安培定律，电流元 $I_2\mathrm{d}\boldsymbol{l}_2$ 受到电流元 $I_1\mathrm{d}\boldsymbol{l}_1$ 的安培力可表示为

$$\mathrm{d}\boldsymbol{F}_{12}=k\frac{I_2\mathrm{d}\boldsymbol{l}_2\times(I_1\mathrm{d}\boldsymbol{l}_1\times\boldsymbol{e}_R)}{R^2}\tag{4.1.1}$$

比例系数 k 一般写作 $k=\dfrac{\mu_0}{4\pi}$，其中 $\mu_0=4\pi\times10^{-7}\mathrm{H/m}$，叫做真空磁导率。这种写法使后面许多式里不再有 4π 因子，使公式更加简洁。

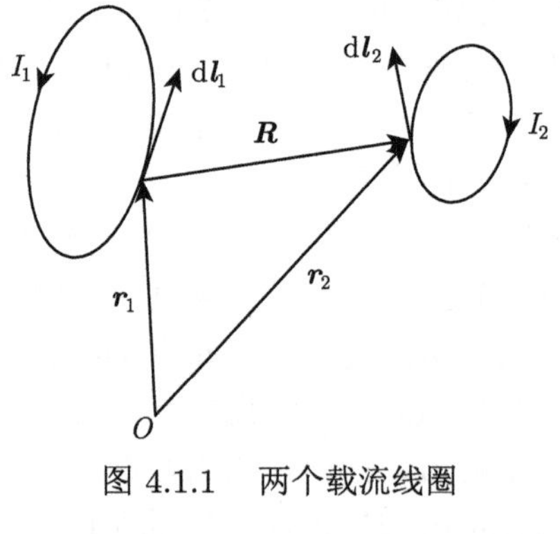

图 4.1.1　两个载流线圈

由式 (4.1.1) 可知，两个电流元之间的作用力 (也称为安培力或磁场力) 与静电场中两个点电荷之间的库仑力相似，安培力的大小与两电流元的乘积成正比，而与它们之间距离的平方成反比，其方向垂直于电流元 $I_2\mathrm{d}\boldsymbol{l}_2$，且在电流元 $I_1\mathrm{d}\boldsymbol{l}_1$ 与距离单位矢量 $\boldsymbol{e}_R$ 所构成的平面内。

需要注意，稳定的电流元是不可能单独存在的，安培设计的实验是以各种形状的闭合线电流为前提的，因此安培力公式只对闭合电流回路才有实际意义。利用它对一个闭合的电流回路求积分，能够得到该回路实际受到的安培力。

对于两个载流分别为 I_1 和 I_2 的闭合回路 l_1 和 l_2，I_1 对 I_2 的作用力为

$$\boldsymbol{F}_{12}(\boldsymbol{r}) = \oint_{l_1}\oint_{l_2} \mathrm{d}\boldsymbol{F}_{12} = \frac{\mu_0 I_1 I_2}{4\pi}\oint_{l_1}\oint_{l_2}\frac{1}{R^2}\mathrm{d}\boldsymbol{l}_2 \times (\mathrm{d}\boldsymbol{l}_1 \times \boldsymbol{e}_R) \tag{4.1.2}$$

式 (4.1.2) 所表示的是 l_1 对 l_2 的安培力。由于安培力中的电流元都是矢量，故其计算要比库仑力复杂得多。

4.1.3 毕奥–萨伐尔–拉普拉斯定律

安培力定律只能说明载流回路之间作用力的大小和方向，但无法说明力的传递方式，采用场的观点是解释力传递方式最有效的方法。引入磁场概念的目的是将求解一个电流对另一个电流作用力的问题归结为电流在磁场中的受力问题。因此 4.1.2 节中所述的两个载流回路的作用力可以等效为其中一个载流回路在另一个载流回路产生的磁场中所受到的力。

毕奥、萨伐尔和拉普拉斯通过弯折电流对磁极的作用力实验与分析，得到了电流元对磁极作用力的规律，即毕奥–萨伐尔定律，它是稳恒电流产生磁场的基本规律，是整个磁场理论的基石。

毕奥–萨伐尔定律实验示意图如图 4.1.2 所示，将长直导线弯折成夹角为 2α 的折线，磁极与折线电流共面且位于其对称轴上的 P 点，与对折点 A 之间的距离为 r。

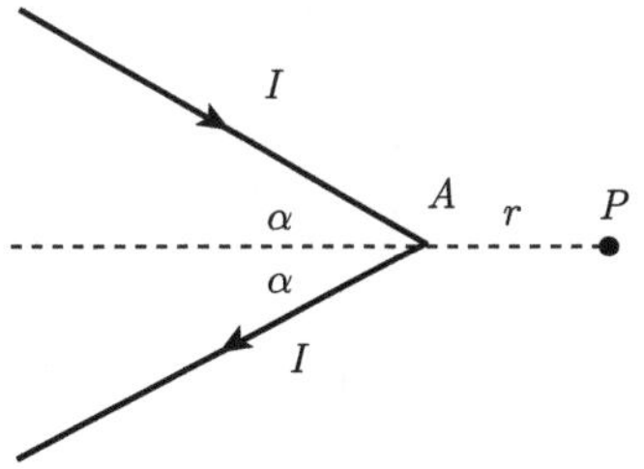

(a) 折线电流实验

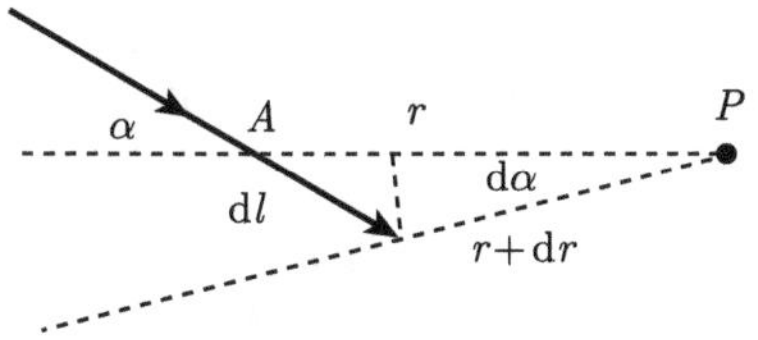

(b) 几何关系

图 4.1.2 毕奥–萨伐尔定律实验示意图

实验表明，弯折导线对磁极的作用力大小与距离 r 成反比，还与弯折的角度 α 有关。给定 r，当 $\alpha = 0$ 时，弯折导线为对折导线，作用力为零；当 $\alpha = \dfrac{\pi}{2}$ 时，弯折导线为长直导线，作用力最大；当 $\alpha = \dfrac{\pi}{4}$ 时，弯折导线的作用力约为最大作用力的 0.414 倍，此值与 $\tan\dfrac{\alpha}{2} = \tan\dfrac{\pi}{8}$ 最接近。若 P 点的磁极为单位磁极，则

其受到的力在数值上等于该点的磁感应强度。于是得出，弯折导线在 P 点的磁感应强度表达式为

$$B = \frac{kI}{r}\tan\frac{\alpha}{2} \tag{4.1.3}$$

式中，k 为比例系数。

电流元在 P 点的磁感应强度 $\mathrm{d}B$ 的大小与 α 和 r 有关，有

$$\mathrm{d}B = \left(\frac{\partial B}{\partial r}\frac{\partial r}{\partial l} + \frac{\partial B}{\partial \alpha}\frac{\partial \alpha}{\partial l}\right)\mathrm{d}l \tag{4.1.4}$$

利用式 (4.1.3)，可以导出

$$\begin{cases} \dfrac{\partial B}{\partial r} = -\dfrac{kI}{r^2}\tan\dfrac{\alpha}{2} \\ \dfrac{\partial B}{\partial \alpha} = \dfrac{kI}{2r\cos^2\dfrac{\alpha}{2}} \end{cases}$$

根据几何关系，可以导出

$$\begin{cases} \dfrac{\partial \alpha}{\partial l} = \dfrac{\sin\alpha}{r} \\ \dfrac{\partial r}{\partial l} = -\cos\alpha \end{cases}$$

将上式代入式 (4.1.4) 则有

$$\begin{aligned} \mathrm{d}B &= \left(\frac{kI}{r^2}\tan\frac{\alpha}{2}\cos\alpha + \frac{kI}{2r\cos^2\dfrac{\alpha}{2}}\frac{\sin\alpha}{r}\right)\mathrm{d}l \\ &= \frac{kI}{r^2}\tan\frac{\alpha}{2}(\cos\alpha + 1)\,\mathrm{d}l = \frac{kI}{r^2}\sin\alpha\mathrm{d}l \end{aligned}$$

写成矢量形式，有

$$\mathrm{d}\boldsymbol{B} = \frac{kI\mathrm{d}\boldsymbol{l} \times \boldsymbol{e}_r}{r^2}$$

采用国际单位制 (SI)，力的单位为牛顿 (N)，电流的单位为安培 (A)，距离的单位为米 (m)。在这种单位制下，通常将 k 写成 $k = \dfrac{\mu_0}{4\pi}$，于是毕奥–萨伐尔定律写成

$$\mathrm{d}\boldsymbol{B} = \frac{\mu_0}{4\pi}\frac{I\mathrm{d}\boldsymbol{l} \times \boldsymbol{e}_r}{r^2} \tag{4.1.5}$$

根据法拉第提出的场的概念，电流之间的相互作用是通过场实现的，安培力定律所描述的电流 I_2 受到电流 I_1 的力即为电流 I_1 产生的磁场对 I_2 的作用力，则式 (4.1.1) 可改写为

$$\begin{aligned} \mathrm{d}\boldsymbol{F}_{12} &= \frac{\mu_0}{4\pi}\frac{I_2\mathrm{d}\boldsymbol{l}_2 \times (I_1\mathrm{d}\boldsymbol{l}_1 \times \boldsymbol{e}_R)}{R^2} \\ &= I_2\mathrm{d}\boldsymbol{l}_2 \times \frac{\mu_0}{4\pi}\frac{I_1\mathrm{d}\boldsymbol{l}_1 \times \boldsymbol{e}_R}{R^2} = I_2\mathrm{d}\boldsymbol{l}_2 \times \mathrm{d}\boldsymbol{B} \end{aligned} \tag{4.1.6}$$

式 (4.1.6) 即为安培力公式。这也进一步证明了电流之间的作用力实质上是通过场的作用，而不是所谓的“超距作用”，验证了场的物质性。

4.1.4 磁场叠加原理

就电流元概念来说，可以等效为电荷元按速度 $\boldsymbol{v}$ 定向运动，即 $I\mathrm{d}\boldsymbol{l} = \mathrm{d}q\boldsymbol{v}$。鉴于导体中电流分布的不同形态，面密度 σ 分布的运动电荷，形成面电流矢量 $\boldsymbol{K} = \sigma\boldsymbol{v}$ (A/m)；当按体密度 ρ 分布的电荷以速度 $\boldsymbol{v}$ 流过导体时，形成体电流密度矢量 $\boldsymbol{J} = \rho\boldsymbol{v}$ (A/m^2)；因此电流元在不同电流分布状态下的表达式为

$$\mathrm{d}q\boldsymbol{v} = I\mathrm{d}\boldsymbol{l} = \boldsymbol{K}\mathrm{d}S = \boldsymbol{J}\mathrm{d}V \tag{4.1.7}$$

磁场为矢量场，符合矢量场的叠加原理。磁场叠加原理包括两方面内容，首先，当通过毕奥–萨伐尔定律计算一个稳定的闭合回路产生的磁场时，回路中各电流元 $I\mathrm{d}\boldsymbol{l}$ 在空间同一点的磁感应强度按照矢量叠加的方式。同理，对于面电流和体电流分布，沿着电流方向取电流元，则空间中某点的磁感应强度均可用各个电流元产生的磁感应强度叠加来表示，因此，稳恒线电流、面电流、体电流和产生的磁场为

$$\left\{\begin{aligned} \boldsymbol{B}(\boldsymbol{r}) &= \frac{\mu_0}{4\pi}\oint_L \frac{I\mathrm{d}\boldsymbol{l}(\boldsymbol{r}') \times \boldsymbol{e}_R}{R^2} \\ \boldsymbol{B}(\boldsymbol{r}) &= \frac{\mu_0}{4\pi}\int_S \frac{\boldsymbol{K}(\boldsymbol{r}') \times \boldsymbol{e}_R}{R^2}\mathrm{d}S' \\ \boldsymbol{B}(\boldsymbol{r}) &= \frac{\mu_0}{4\pi}\int_V \frac{\boldsymbol{J}(\boldsymbol{r}') \times \boldsymbol{e}_R}{R^2}\mathrm{d}V' \end{aligned}\right. \tag{4.1.8}$$

实验只能验证式 (4.1.8)，而不能验证回路中某一电流元的磁感应强度表达式。就电流元而言，磁场叠加原理和毕奥–萨伐尔定律不应作为两个独立的原理。

磁场叠加原理的另一层含义是，对于多个稳恒的闭合电流回路，它们产生的总磁场是它们各自磁场的矢量叠加。这点可以直接用实验验证。在这种前提下，磁场叠加原理是一条独立的实验定律。

4.2 真空中稳恒磁场的基本方程

4.2.1 高斯磁场定律

根据毕奥–萨伐尔定律

$$\mathrm{d}\boldsymbol{B}=\frac{\mu_0}{4\pi}\frac{I\mathrm{d}\boldsymbol{l}\times\boldsymbol{e}_r}{r^2}$$

单位电流元 $I\mathrm{d}\boldsymbol{l}$ 产生的磁感应线是一系列以 $I\mathrm{d}\boldsymbol{l}$ 为轴线的同心圆，如图 4.2.1 所示，在 $I\mathrm{d}\boldsymbol{l}$ 的磁场中任取一个闭合曲面 S，任何一条穿入闭合曲面的磁感应线必定从 S 再穿出，穿入闭合曲面的磁通量与穿出闭合曲面的磁通量相等，所以稳恒电流上任意电流元产生的磁场对闭合曲面 S 的磁通量贡献为零，即

$$\mathrm{d}\Phi=\oint_S\frac{\mu_0}{4\pi}\frac{I\mathrm{d}\boldsymbol{l}\times\boldsymbol{e}_r}{r^2}\cdot\mathrm{d}\boldsymbol{S}=0$$

则总电流产生的磁场对闭合曲面 S 的磁通量为

$$\Phi=\oint_S\boldsymbol{B}\cdot\mathrm{d}\boldsymbol{S}=\oint_S\left(\oint_l\frac{\mu_0}{4\pi}\frac{I\mathrm{d}\boldsymbol{l}\times\boldsymbol{e}_r}{r^2}\right)\cdot\mathrm{d}\boldsymbol{S}=\oint_l\oint_S\frac{\mu_0}{4\pi}\frac{I\mathrm{d}\boldsymbol{l}\times\boldsymbol{e}_r}{r^2}\cdot\mathrm{d}\boldsymbol{S}=0$$

即磁感应强度对闭合曲面 S 的磁通量为

$$\oint_S\boldsymbol{B}\cdot\mathrm{d}\boldsymbol{S}=0 \tag{4.2.1}$$

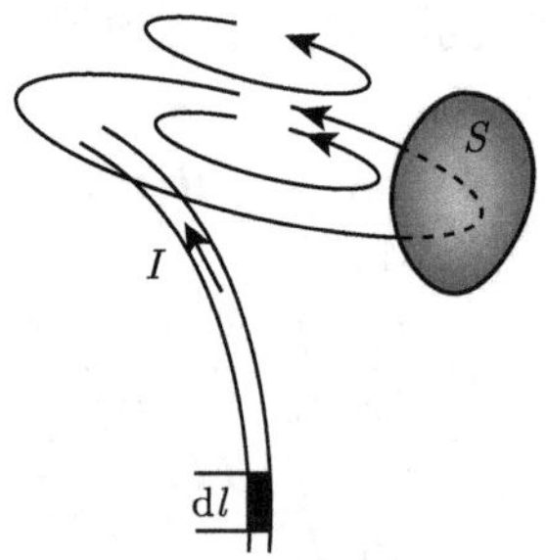

图 4.2.1 电流元产生的磁场

根据高斯散度定理得

$$\nabla\cdot\boldsymbol{B}=0 \tag{4.2.2}$$

式 (4.2.2) 表明，通过任何闭合曲面的磁通量总为零。说明磁力线是无头无尾的闭合曲线，磁单极是不存在的，这与静电场的性质完全不同。

4.2.2 安培环路定律

在载流回路 L' 上选取一个电流元 $I\mathrm{d}\boldsymbol{l}'$，则载流回路产生的磁通密度为

$$\boldsymbol{B}=\frac{\mu_0 I}{4\pi}\oint_{L'}\frac{\mathrm{d}\boldsymbol{l}'\times\boldsymbol{e}_R}{R^2}$$

在闭合回路 L 上选取一个线元 $\mathrm{d}\boldsymbol{l}$，如图 4.2.2 所示，场点 P 沿 $\mathrm{d}\boldsymbol{l}$ 的移动可等效为场源沿 $-\mathrm{d}\boldsymbol{l}$ 的移动，则有

$$\boldsymbol{B}\cdot\mathrm{d}\boldsymbol{l}=\frac{\mu_0 I}{4\pi}\oint_{L'}\frac{\mathrm{d}\boldsymbol{l}'\times\boldsymbol{e}_R}{R^2}\cdot\mathrm{d}\boldsymbol{l}=\frac{\mu_0 I}{4\pi}\oint_{L'}\frac{\mathrm{d}\boldsymbol{l}\times\mathrm{d}\boldsymbol{l}'}{R'^2}\cdot\boldsymbol{e}_R=-\frac{\mu_0 I}{4\pi}\oint_{L'}\frac{\mathrm{d}\boldsymbol{l}'\times(-\mathrm{d}\boldsymbol{l})}{R'^2}\cdot\boldsymbol{e}_{R'}$$

式中，$\boldsymbol{e}_R$ 表示源点到场点的单位矢量，$\boldsymbol{e}_{R'}=-\boldsymbol{e}_R$ 表示场点到源点的单位矢量。

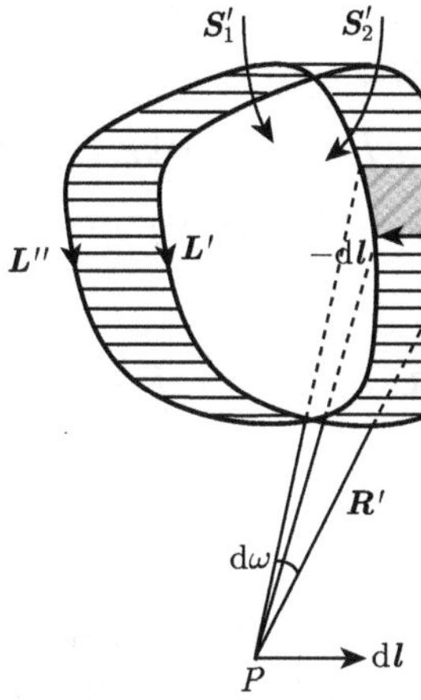

图 4.2.2 安培环路定律的证明

矢量积 $\mathrm{d}\boldsymbol{l}'\times(-\mathrm{d}\boldsymbol{l})$ 的大小代表电流元 $I\mathrm{d}\boldsymbol{l}'$ 产生 $-\mathrm{d}\boldsymbol{l}$ 位移时扫过的平行四边形面积 $\mathrm{d}S$,其方向如图 4.2.2 所示,与 $\mathrm{d}\boldsymbol{l}'$ 和 $-\mathrm{d}\boldsymbol{l}$ 呈右手螺旋关系。$[\mathrm{d}\boldsymbol{l}'\times(-\mathrm{d}\boldsymbol{l})]\cdot\boldsymbol{e}_{R'}$ 是 $\mathrm{d}\boldsymbol{S}$ 在垂直于 $\boldsymbol{e}_{R'}$ 方向上的投影面积，从而 $\dfrac{\mathrm{d}\boldsymbol{l}'\times(-\mathrm{d}\boldsymbol{l})}{R'^2}\cdot\boldsymbol{e}_{R'}$ 代表面元 $\mathrm{d}\boldsymbol{S}$ 对场点 P 所张开的立体角 $\mathrm{d}\omega$，则沿 L' 的积分代表整个载流回路产生位移 $-\mathrm{d}\boldsymbol{l}$ 时扫过的带状面对 P 点所张的立体角 ω，即

$$\boldsymbol{B}\cdot\mathrm{d}\boldsymbol{l}=-\frac{\mu_0 I}{4\pi}\omega$$

设载流回路 L' 产生 $-\mathrm{d}\boldsymbol{l}$ 平移前所围的面积为 S_1'，平移到 L'' 位置后，所围的面积为 S_2'，设平移扫过的带状面为 S，则由 S、S_1'、S_2' 组成闭合曲面，设 Ω_1、

Ω_2 为 S_1'、S_2' 对场点 P 张开的立体角，由于场点 P 在闭合曲面之外，则有

$$\Omega_2 - \Omega_1 + \omega = 0$$

即

$$-\omega = \Omega_2 - \Omega_1$$

因此有

$$\boldsymbol{B} \cdot \mathrm{d}\boldsymbol{l} = \frac{\mu_0 I}{4\pi}(\Omega_2 - \Omega_1) = \frac{\mu_0 I}{4\pi}\mathrm{d}\Omega \tag{4.2.3}$$

式中，$\mathrm{d}\Omega$ 为载流回路 L' 在作 $-\mathrm{d}\boldsymbol{l}$ 平移时，所围的面积对 P 点所张立体角的变化量。

上述推导过程中假设场点不动，载流回路沿 $-\mathrm{d}\boldsymbol{l}$ 做了平移。如前所述，这与载流回路不动，场点沿 $\mathrm{d}\boldsymbol{l}$ 平移是等价的。故 Ω_1、Ω_2 也可以认为是不动的载流回路对运动的场点 P 的新、旧位置所张的立体角。式 (4.2.3) 表明，$\boldsymbol{B} \cdot \mathrm{d}\boldsymbol{l}$ 与立体角的增量成正比。为便于表述，场点 P 运动的闭合路径称为安培环路，则 P 点沿安培环路移动一周后，载流回路 L' 所围面积的立体角总变化为 $\oint_L \mathrm{d}\Omega$，于是有

$$\oint_L \boldsymbol{B} \cdot \mathrm{d}\boldsymbol{l} = \frac{\mu_0 I}{4\pi}\oint_L \mathrm{d}\Omega \tag{4.2.4}$$

分三种情况讨论：

$$\oint_L \mathrm{d}\Omega = \begin{cases} 4\pi, & \text{右手定则沿 } L \text{ 定出的方向与 } I \text{ 同向} \\ -4\pi, & \text{右手定则沿 } L \text{ 定出的方向与 } I \text{ 反向} \\ 0, & \text{积分回路 } L \text{ 与截流回路 } L' \text{ 不铰链} \end{cases}$$

$$\oint_L \boldsymbol{B} \cdot \mathrm{d}\boldsymbol{l} = \mu_0 I \tag{4.2.5}$$

式 (4.2.5) 即为单个载流回路的安培环路定律。

在此基础上，运用磁场叠加原理，即可解决多个载流回路或同一回路多次穿过安培环路的情形。即

$$\oint_L \boldsymbol{B} \cdot \mathrm{d}\boldsymbol{l} = \mu_0 \sum I \tag{4.2.6}$$

式 (4.2.6) 可表述为：在磁场中，磁感应强度沿任意闭合路径的环流等于与闭合路径相铰链的电流代数和，与闭合路径绕行方向满足右手螺旋的电流取“+”，反之取“−”，与闭合路径无铰链的电流对该环量无贡献。

如图 4.2.3 所示的各电流与闭合路径 l 的铰链方式不同，式 (4.2.6) 右侧展开式中各电流的系数及符号也有区别。

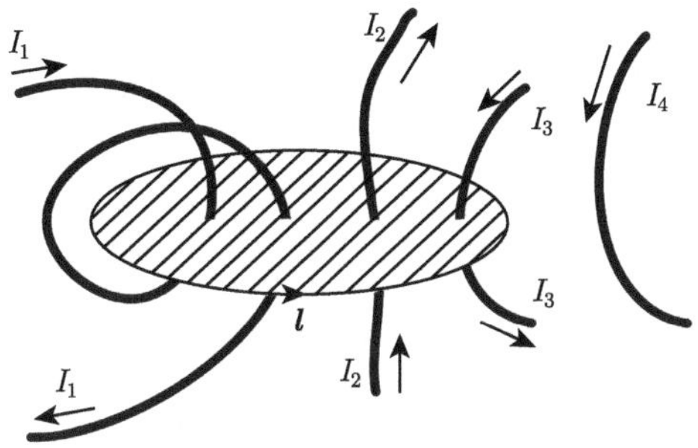

图 4.2.3　穿过安培环路的电流示意图

由斯托克斯公式

$$\oint_L \boldsymbol{B} \cdot \mathrm{d}\boldsymbol{l} = \int_S \nabla \times \boldsymbol{B} \cdot \mathrm{d}\boldsymbol{S}$$

由式 (4.2.6) 得

$$\oint_L \boldsymbol{B} \cdot \mathrm{d}\boldsymbol{l} = \mu_0 \sum I = \int_S \mu_0 \boldsymbol{J} \cdot \mathrm{d}\boldsymbol{S}$$

将上式写成微分方程有

$$\nabla \times \boldsymbol{B} = \mu_0 \boldsymbol{J} \tag{4.2.7}$$

式 (4.2.7) 表明稳恒磁场是具有旋度的矢量场，其旋度源就是电流密度 $\boldsymbol{J}$。这与静电场的无旋性完全不同。

总结，真空中稳恒磁场的基本方程为

$$\begin{cases} \nabla \cdot \boldsymbol{B} = 0 \\ \nabla \times \boldsymbol{B} = \mu_0 \boldsymbol{J} \end{cases} \tag{4.2.8}$$

式 (4.2.8) 说明稳恒磁场为有旋无源场。

磁场积分形式为

$$\begin{cases} \oint_S \boldsymbol{B} \cdot \mathrm{d}\boldsymbol{S} = 0 \\ \oint_L \boldsymbol{B} \cdot \mathrm{d}\boldsymbol{l} = \mu_0 \sum I \end{cases} \tag{4.2.9}$$

式 (4.2.8) 与式 (4.2.9) 中的第一个方程为磁通连续性原理，说明磁场线是无头无尾的闭合曲线，磁单极是不存在的。第二个方程为安培环路定律，利用安培环路定律的积分形式可以方便地求解具有对称分布特点的电流产生的磁场。

4.3 矢量磁位

为了简化磁场的求解，通常采用间接方法。包括引入矢量磁位或标量磁位，矢量磁位也称为磁矢势、磁矢位，标量磁位也称为磁标位。

4.3.1 矢量磁位的定义

由毕奥–萨伐尔定律可知，体电流密度 $\boldsymbol{J}(\boldsymbol{r}')$ 在自由空间中产生的磁感应强度为

$$\boldsymbol{B}(\boldsymbol{r})=\frac{\mu_0}{4\pi}\int_V\frac{\boldsymbol{J}\times\boldsymbol{e}_R}{R^2}\mathrm{d}V'=\frac{\mu_0}{4\pi}\int_V-\frac{\boldsymbol{e}_R}{R^2}\times\boldsymbol{J}\mathrm{d}V'$$

利用矢量恒等式

$$\nabla\frac{1}{R}=-\nabla'\frac{1}{R}=-\frac{\boldsymbol{e}_R}{R^2}$$

有

$$\boldsymbol{B}(\boldsymbol{r})=\frac{\mu_0}{4\pi}\int_V\nabla\frac{1}{R}\times\boldsymbol{J}\mathrm{d}V' \tag{4.3.1}$$

由矢量恒等式

$$\nabla\times(f\boldsymbol{A})=\nabla f\times\boldsymbol{A}+f\nabla\times\boldsymbol{A}$$

并考虑 ∇ 是对场点坐标 $\boldsymbol{r}$ 的运算，而体电流密度 $\boldsymbol{J}$ 是 $\boldsymbol{r}'$ 的函数，因此有

$$\nabla\times\frac{\boldsymbol{J}}{R}=\nabla\frac{1}{R}\times\boldsymbol{J} \tag{4.3.2}$$

将式 (4.3.2) 代入式 (4.3.1)，由于 ∇ 与变量 $\boldsymbol{r}'$ 无关，可以提到积分外面，因此有

$$\boldsymbol{B}(\boldsymbol{r})=\frac{\mu_0}{4\pi}\int_V\nabla\times\frac{\boldsymbol{J}}{R}\mathrm{d}V'=\nabla\times\left(\frac{\mu_0}{4\pi}\int_V\frac{\boldsymbol{J}}{R}\mathrm{d}V'\right) \tag{4.3.3}$$

可以引入体电流产生的矢量磁位

$$\boldsymbol{A}(\boldsymbol{r})=\frac{\mu_0}{4\pi}\int_V\frac{\boldsymbol{J}}{R}\mathrm{d}V' \tag{4.3.4a}$$

对于线电流和面电流情况，将式 (4.3.4a) 中的体电流元 $\boldsymbol{J}\mathrm{d}V'$ 换为线电流元 $I\mathrm{d}\boldsymbol{l}'$ 或面电流元 $\boldsymbol{K}\mathrm{d}S'$，可以导出线电流和面电流产生的矢量磁位为

$$\boldsymbol{A}(\boldsymbol{r})=\frac{\mu_0 I}{4\pi}\oint_C\frac{1}{R}\mathrm{d}\boldsymbol{l}' \tag{4.3.4b}$$

$$\boldsymbol{A}(\boldsymbol{r})=\frac{\mu_0}{4\pi}\int_S\frac{\boldsymbol{K}}{R}\mathrm{d}S' \tag{4.3.4c}$$

则式 (4.3.3) 可写成

$$\boldsymbol{B}=\nabla\times\boldsymbol{A} \tag{4.3.5}$$

可见，磁通密度可以表示为矢量磁位的旋度。对该式求散度，并由矢量恒等式 $\nabla\cdot\nabla\times\boldsymbol{A}\equiv 0$，有 $\nabla\cdot\boldsymbol{B}=0$，再次证明磁场是无源场。

对已知电流分布，可以通过式 (4.3.4) 求得矢量磁位，矢量磁位的方向与电流方向一致，再利用式 (4.3.5) 求得磁感应强度 $\boldsymbol{B}$。

考虑以回路 C 为边界的开曲面 S，通过曲面 S 的磁通量为

$$\int_S\boldsymbol{B}\cdot\mathrm{d}\boldsymbol{S}=\int_S(\nabla\times\boldsymbol{A})\cdot\mathrm{d}\boldsymbol{S}=\oint_C\boldsymbol{A}\cdot\mathrm{d}\boldsymbol{l} \tag{4.3.6}$$

在经典电磁场理论中，电场强度和磁感应强度是基本量，标量电位和矢量磁位是辅助量，标量电位可以实验测量，矢量磁位 $\boldsymbol{A}$ 不能实验测量，没有明确的物理意义，$\boldsymbol{A}$ 沿任一回路的环量才有物理意义，表达的是通过以该回路为边界的任一曲面的磁通量。$\boldsymbol{A}$ 本身可看作一个纯粹的计算辅助量，由于矢量磁位的方向与电流元方向一致，与直接分析计算磁感应强度矢量相比，可以简化磁场的计算，特别适用于二维磁场问题的分析计算。在量子力学意义上，矢量磁位具有直接的可观测的物理效应。这里不详细展开，感兴趣的同学可阅读阿哈罗诺夫-波姆效应 (A-B 效应)。

4.3.2 矢量磁位的微分方程

对式 (4.3.5) 两端直接求旋度，利用矢量计算式，得

$$\nabla\times\boldsymbol{B}=\nabla\times\nabla\times\boldsymbol{A}=\nabla\nabla\cdot\boldsymbol{A}-\nabla^2\boldsymbol{A} \tag{4.3.7}$$

式中

$$\begin{aligned}\nabla\cdot\boldsymbol{A}(\boldsymbol{r})&=\nabla\cdot\frac{\mu_0}{4\pi}\int_V\frac{\boldsymbol{J}(\boldsymbol{r}')}{R}\mathrm{d}V'=\frac{\mu_0}{4\pi}\int_V\nabla\cdot\frac{\boldsymbol{J}(\boldsymbol{r}')}{R}\mathrm{d}V'=\frac{\mu_0}{4\pi}\int_V\nabla\frac{1}{R}\cdot\boldsymbol{J}(\boldsymbol{r}')\mathrm{d}V'\\&=-\frac{\mu_0}{4\pi}\int_V\nabla'\frac{1}{R}\cdot\boldsymbol{J}(\boldsymbol{r}')\mathrm{d}V'\end{aligned}$$

根据电流连续性定理，有 $\nabla'\cdot\boldsymbol{J}(\boldsymbol{r}')=0$，因此有

$$\nabla'\cdot\frac{\boldsymbol{J}(\boldsymbol{r}')}{R}=\nabla'\frac{1}{R}\cdot\boldsymbol{J}(\boldsymbol{r}')+\frac{1}{R}\nabla'\cdot\boldsymbol{J}(\boldsymbol{r}')=\nabla'\frac{1}{R}\cdot\boldsymbol{J}(\boldsymbol{r}') \tag{4.3.8}$$

于是

$$\nabla \cdot \boldsymbol{A}(\boldsymbol{r}) = -\frac{\mu_0}{4\pi}\int_V \nabla' \cdot \frac{\boldsymbol{J}(\boldsymbol{r}')}{R}\mathrm{d}V' \tag{4.3.9}$$

由高斯散度定理得

$$\nabla \cdot \boldsymbol{A}(\boldsymbol{r}) = -\frac{\mu_0}{4\pi}\oint_S \frac{\boldsymbol{J}\cdot\boldsymbol{n}}{R}\mathrm{d}S'$$

再由电流连续性定理，知闭合曲面 S 上电流密度的法向分量为零，于是

$$\nabla \cdot \boldsymbol{A} = 0 \tag{4.3.10}$$

式 (4.3.10) 称为库仑规范。

求式 (4.3.7) 中的矢量拉普拉斯项

$$\nabla^2 \boldsymbol{A}(\boldsymbol{r}) = \frac{\mu_0}{4\pi}\int_V \boldsymbol{J}\nabla^2\frac{1}{R}\mathrm{d}V'$$

利用式

$$\nabla^2\frac{1}{R} = -4\pi\delta(\boldsymbol{r}-\boldsymbol{r}')$$

可得

$$\nabla^2 \boldsymbol{A}(\boldsymbol{r}) = -\mu_0\int_V \boldsymbol{J}(\boldsymbol{r}')\,\delta(\boldsymbol{r}-\boldsymbol{r}')\,\mathrm{d}V' = -\mu_0\boldsymbol{J}(\boldsymbol{r}) \tag{4.3.11}$$

将式 (4.3.10) 和式 (4.3.11) 代入式 (4.3.7)，可以导出安培环路定律的微分形式

$$\nabla \times \boldsymbol{B} = \mu_0\boldsymbol{J}$$

因此，引入矢量磁位分析稳恒磁场，其结果与基于毕奥–萨伐尔定律得出的结果完全一致。

4.4　磁偶极子与矢量磁位的多极展开

当场点距离载流线圈的距离远大于载流线圈区域的尺寸时，可以将该载流线圈看作磁偶极子。

4.4.1　磁偶极子的矢量磁位

设球坐标系中，如图 4.4.1 所示，一个位于原点附近的小电流环，由于距离观测点 P 很远，可看作磁偶极子。电流环回路中的电流为 I，围成的面积为 $\boldsymbol{S}$，定义矢量 $\boldsymbol{m} = I\boldsymbol{S}$ 为磁偶极子的磁偶极矩。

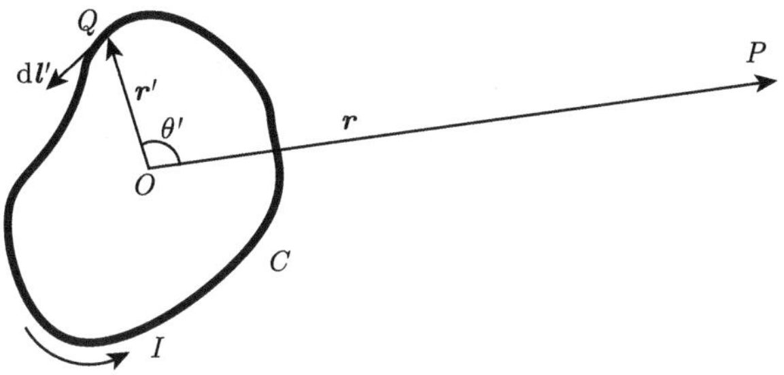

图 4.4.1　真空中的磁偶极子

在空间任一点 P 产生的矢量磁位为

$$\boldsymbol{A}(\boldsymbol{r})=\frac{\mu_0 I}{4\pi}\oint_C\frac{1}{R}\mathrm{d}\boldsymbol{l}' \tag{4.4.1}$$

式中，$R=|\boldsymbol{r}-\boldsymbol{r}'|$ 为场点 P 与电流元之间的距离。

将 R 和 $\dfrac{1}{R}$ 作泰勒展开，由于 $r\gg r'$，r' 值很小，将 r'^2 舍去，有

$$\left\{\begin{array}{l}R=|\boldsymbol{r}-\boldsymbol{r}'|=\left(r^2+r'^2-2\boldsymbol{r}\cdot\boldsymbol{r}'\right)^{\frac{1}{2}}\approx\left(r^2-2\boldsymbol{r}\cdot\boldsymbol{r}'\right)^{\frac{1}{2}}\\ \dfrac{1}{R}\approx\left(r^2-2\boldsymbol{r}\cdot\boldsymbol{r}'\right)^{-\frac{1}{2}}=\dfrac{1}{r}+\dfrac{\boldsymbol{r}\cdot\boldsymbol{r}'}{r^3}\end{array}\right. \tag{4.4.2}$$

将式 (4.4.2) 代入式 (4.4.1)，将矢量磁位分为两项

$$\boldsymbol{A}(\boldsymbol{r})=\frac{\mu_0 I}{4\pi r}\oint_C\mathrm{d}\boldsymbol{l}'+\frac{\mu_0 I}{4\pi r^3}\oint_C\boldsymbol{r}\cdot\boldsymbol{r}'\mathrm{d}\boldsymbol{l}' \tag{4.4.3}$$

利用推广的斯托克斯公式 (1.3.18c)

$$\int_S\mathrm{d}\boldsymbol{S}\times\nabla\varphi=\oint_C\varphi\mathrm{d}\boldsymbol{l}$$

导出

$$\oint_C\mathrm{d}\boldsymbol{l}'=0,\quad I\oint_C\boldsymbol{r}\cdot\boldsymbol{r}'\mathrm{d}\boldsymbol{l}'=I\int_S\mathrm{d}\boldsymbol{S}'\times\nabla'(\boldsymbol{r}\cdot\boldsymbol{r}')=I\int_S\mathrm{d}\boldsymbol{S}'\times\boldsymbol{r}$$

电流环的磁偶极矩可写为

$$\boldsymbol{m}=I\int_S\mathrm{d}\boldsymbol{S}'=\frac{I}{2}\oint_C\boldsymbol{r}'\times\mathrm{d}\boldsymbol{l}' \tag{4.4.4}$$

于是

$$\boldsymbol{A}(\boldsymbol{r})=\frac{\mu_0}{4\pi r^3}\boldsymbol{m}\times\boldsymbol{r}=\frac{\mu_0\boldsymbol{m}\times\boldsymbol{e}_r}{4\pi r^2} \tag{4.4.5a}$$

代入恒等式 $\nabla\frac{1}{r}=-\frac{\boldsymbol{e}_r}{r^2}$，矢量磁位亦可写为

$$\boldsymbol{A}(\boldsymbol{r})=\frac{\mu_0}{4\pi}\nabla\frac{1}{r}\times\boldsymbol{m} \tag{4.4.5b}$$

则磁偶极子在远处产生的磁感应强度为

$$\boldsymbol{B}=\nabla\times\boldsymbol{A}=\frac{\mu_0}{4\pi}\nabla\times\left(\nabla\frac{1}{r}\times\boldsymbol{m}\right) \tag{4.4.6}$$

利用矢量恒等式

$$\nabla\times(\boldsymbol{A}\times\boldsymbol{B})=\boldsymbol{A}(\nabla\cdot\boldsymbol{B})-\boldsymbol{B}(\nabla\cdot\boldsymbol{A})+(\boldsymbol{B}\cdot\nabla)\boldsymbol{A}-(\boldsymbol{A}\cdot\nabla)\boldsymbol{B}$$

有

$$\nabla\times\left(\nabla\frac{1}{r}\times\boldsymbol{m}\right)=\nabla\frac{1}{r}(\nabla\cdot\boldsymbol{m})-\boldsymbol{m}\left(\nabla\cdot\nabla\frac{1}{r}\right)+(\boldsymbol{m}\cdot\nabla)\nabla\frac{1}{r}-\left(\nabla\frac{1}{r}\cdot\nabla\right)\boldsymbol{m}$$

考虑到 $\boldsymbol{m}$ 为常矢量，即 $\nabla\cdot\boldsymbol{m}=0$，同时当 $r\neq 0$ 时，$\nabla\cdot\nabla\frac{1}{r}=\nabla^2\frac{1}{r}=0$，则有

$$\nabla\times\left(\nabla\frac{1}{r}\times\boldsymbol{m}\right)=(\boldsymbol{m}\cdot\nabla)\nabla\frac{1}{r}$$

利用矢量恒等式

$$\nabla(\boldsymbol{A}\cdot\boldsymbol{B})=(\boldsymbol{A}\cdot\nabla)\boldsymbol{B}+(\boldsymbol{B}\cdot\nabla)\boldsymbol{A}+\boldsymbol{A}\times(\nabla\times\boldsymbol{B})+\boldsymbol{B}\times(\nabla\times\boldsymbol{A})$$

则有

$$\nabla\left(\boldsymbol{m}\cdot\nabla\frac{1}{r}\right)=(\boldsymbol{m}\cdot\nabla)\nabla\frac{1}{r}+\left(\nabla\frac{1}{r}\cdot\nabla\right)\boldsymbol{m}+\boldsymbol{m}\times\left(\nabla\times\nabla\frac{1}{r}\right)+\nabla\frac{1}{r}\times(\nabla\times\boldsymbol{m})$$

考虑到 $\boldsymbol{m}$ 为常矢量，并根据 $\nabla\times\nabla\frac{1}{r}\equiv 0$，则有

$$\nabla\left(\boldsymbol{m}\cdot\nabla\frac{1}{r}\right)=(\boldsymbol{m}\cdot\nabla)\nabla\frac{1}{r}$$

则

$$\nabla \times \left(\nabla \frac{1}{r} \times \boldsymbol{m}\right) = (\boldsymbol{m} \cdot \nabla) \nabla \frac{1}{r} = \nabla \left(\boldsymbol{m} \cdot \nabla \frac{1}{r}\right)$$

因此

$$\boldsymbol{B} = \nabla \times \boldsymbol{A} = \frac{\mu_0}{4\pi} \nabla \times \left(\nabla \frac{1}{r} \times \boldsymbol{m}\right) = \frac{\mu_0}{4\pi} \nabla \left(\boldsymbol{m} \cdot \nabla \frac{1}{r}\right) \tag{4.4.7a}$$

$$\boldsymbol{H} = \frac{1}{4\pi} \nabla \times \left(\nabla \frac{1}{r} \times \boldsymbol{m}\right) = \frac{1}{4\pi} \nabla \left(\boldsymbol{m} \cdot \nabla \frac{1}{r}\right) \tag{4.4.7b}$$

待学习磁荷理论后将明白，磁极化强度 $\boldsymbol{p}_{\rm m} = \mu_0 \boldsymbol{m}$，则磁场强度化为

$$\boldsymbol{H} = \frac{1}{4\pi\mu_0} \nabla \left(\boldsymbol{p}_{\rm m} \cdot \nabla \frac{1}{r}\right) \tag{4.4.7c}$$

静电场中已经得到的电偶极子的电场表示式 (2.3.5) 为

$$\boldsymbol{E} = \frac{1}{4\pi\varepsilon_0} \nabla \left(\boldsymbol{p} \cdot \nabla \frac{1}{r}\right)$$

类比式 (4.4.7c) 可知，磁偶极子的磁场强度 $\boldsymbol{H}$ 与电偶极子的电场强度 $\boldsymbol{E}$ 表达式互为对偶关系。

考察位于坐标原点且偶极矩沿 z 轴方向的磁偶极子的磁场分布，即将 $\boldsymbol{m} = m\boldsymbol{e}_z$ 代入式 (4.4.7a)，便可得

$$\boldsymbol{B} = \frac{\mu_0 m}{4\pi r^3} (2\cos\theta \boldsymbol{e}_r + \sin\theta \boldsymbol{e}_\theta)$$

由此可见，磁偶极子与电偶极子一样，场分布也具有方向性，磁偶极子的场分布如图 4.4.2 所示。

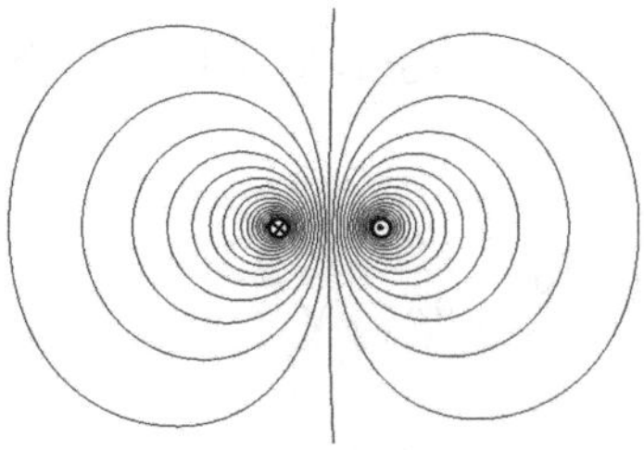

图 4.4.2 磁偶极子的场分布

4.4.2　矢量磁位的多极展开

当电流限定在有限区域中，场点到电流的距离远大于区域的尺寸时，可以采用矢量磁位的多极展开研究远处的磁场。将矢量磁位的积分表达式展开为泰勒级数，将级数中各项与磁多极子等效，将远场用多极子源的远场叠加等效。

在无限均匀介质内，体电流密度为 $\boldsymbol{J}(\boldsymbol{r}')$。将 $\dfrac{1}{R}$ 展成泰勒级数，有

$$\frac{1}{R}=\frac{1}{|\boldsymbol{r}-\boldsymbol{r}'|}=\sum_{n=0}^{\infty}\frac{1}{n!}(-\boldsymbol{r}'\cdot\nabla)^n\frac{1}{r} \tag{4.4.8}$$

因此有

$$\boldsymbol{A}(\boldsymbol{r})=\sum_{n=0}^{\infty}\frac{\mu_0}{4\pi}\int_V \boldsymbol{J}\frac{1}{n!}(-\boldsymbol{r}'\cdot\nabla)^n\frac{1}{r}\mathrm{d}V' \tag{4.4.9}$$

式中，上角标 n 表示 n 阶导数。

取式 (4.4.9) 中 $n=0$、1、2 时的积分项，并将与 $\boldsymbol{r}'$ 无关的项移到积分外，有

$$\begin{cases}\boldsymbol{I}_0=\dfrac{\mu_0}{4\pi r}\displaystyle\int_V \boldsymbol{J}\mathrm{d}V'\\ \boldsymbol{I}_1=\dfrac{\mu_0}{4\pi}\displaystyle\int_V \boldsymbol{J}\boldsymbol{r}'\mathrm{d}V'\cdot\left(-\nabla\frac{1}{r}\right)\\ \boldsymbol{I}_2=\dfrac{\mu_0}{4\pi}\displaystyle\int_V \frac{1}{2}\boldsymbol{J}\boldsymbol{r}'\boldsymbol{r}'\mathrm{d}V':\nabla\nabla\frac{1}{r}\end{cases} \tag{4.4.10}$$

式 (4.4.10) $\boldsymbol{I}_2$ 中的 $\boldsymbol{r}'\boldsymbol{r}':\nabla\nabla$ 表示并矢的双重点积，其定义可参考式 (1.2.8)，由 $(-\boldsymbol{r}'\cdot\nabla)^2=(\boldsymbol{r}'\cdot\nabla)(\boldsymbol{r}'\cdot\nabla)$ 导出。

下面对式 (4.4.10) 逐项分析。

1. 分析 $\boldsymbol{I}_0$

将体电流分为多个闭合线电流，体电流元 $\boldsymbol{J}\mathrm{d}V'$ 的体积分看成多个线电流元 $I\mathrm{d}\boldsymbol{l}'$ 的线积分的叠加。

利用推广的斯托克斯公式 (1.3.18c)，对于每个闭合线电流，有 $\dfrac{\mu_0 I}{4\pi}\displaystyle\oint_C \mathrm{d}\boldsymbol{l}'=0$，于是有

$$\boldsymbol{I}_0=\frac{\mu_0}{4\pi r}\int_V \boldsymbol{J}\mathrm{d}V'=0 \tag{4.4.11}$$

2. 分析 $\boldsymbol{I}_1$

由式 (4.4.10)，可以导出每个闭合线电流产生的矢量磁位为

$$-\frac{\mu_0 I}{4\pi}\oint_C \mathrm{d}\boldsymbol{l}'\boldsymbol{r}'\cdot\nabla\frac{1}{r}$$

利用推广的斯托克斯公式，即式 (1.3.19c)

$$\oint_C \mathrm{d}\boldsymbol{l}'\boldsymbol{a}=\int_S \mathrm{d}\boldsymbol{S}'\times\nabla'\boldsymbol{a}$$

每个闭合线电流产生的矢量磁位化为

$$-\frac{\mu_0 I}{4\pi}\left(\int_S \mathrm{d}\boldsymbol{S}'\times\nabla'\boldsymbol{r}'\right)\cdot\nabla\frac{1}{r}=-\frac{\mu_0 I}{4\pi}\left(\int_S \mathrm{d}\boldsymbol{S}'\times\overline{\overline{\boldsymbol{I}}}\right)\cdot\nabla\frac{1}{r}$$

式中，$\overline{\overline{\boldsymbol{I}}}$ 为单位并矢。

利用并矢恒等式

$$\left(\boldsymbol{a}\times\overline{\overline{\boldsymbol{I}}}\right)\cdot\boldsymbol{b}=\boldsymbol{a}\times\boldsymbol{b}$$

则有

$$-\frac{\mu_0 I}{4\pi}\left(\int_S \mathrm{d}\boldsymbol{S}'\times\nabla'\boldsymbol{r}'\right)\cdot\nabla\frac{1}{r}=-\frac{\mu_0 I}{4\pi}\int_S \mathrm{d}\boldsymbol{S}'\times\nabla\frac{1}{r}\tag{4.4.12}$$

按式 (4.4.4) 定义闭合线电流的磁偶极矩，对于体电流分布，将线电流元 $I\mathrm{d}\boldsymbol{l}'$ 换成体电流元 $\boldsymbol{J}\mathrm{d}V'$，定义体电流的磁偶极矩为

$$\boldsymbol{m}=\frac{1}{2}\int_V \boldsymbol{r}'\times\boldsymbol{J}\mathrm{d}V'\tag{4.4.13}$$

式中，$\boldsymbol{m}$ 为体电流的磁偶极矩。

于是

$$\boldsymbol{I}_1=\frac{\mu_0}{4\pi}\nabla\frac{1}{r}\times\boldsymbol{m}\tag{4.4.14}$$

式 (4.4.14) 与式 (4.4.5b) 形式相同。

3. 分析 $\boldsymbol{I}_2$

定义体电流的磁四极矩 $\overline{\overline{\boldsymbol{M}}}$(对称张量) 为

$$\overline{\overline{\boldsymbol{M}}}=\frac{1}{2}\int_V \boldsymbol{J}\boldsymbol{r}'\boldsymbol{r}'\mathrm{d}V'\tag{4.4.15}$$

则有

$$\boldsymbol{I}_2=\frac{\mu_0}{4\pi}\overline{\overline{\boldsymbol{M}}}:\nabla\nabla\frac{1}{r}\tag{4.4.16}$$

于是有

$$\begin{cases} \boldsymbol{I}_0 = 0 \\ \boldsymbol{I}_1 = \dfrac{\mu_0}{4\pi} \nabla \dfrac{1}{r} \times \boldsymbol{m} \\ \boldsymbol{I}_2 = \dfrac{\mu_0}{4\pi} \overline{\overline{\boldsymbol{M}}} : \nabla\nabla \dfrac{1}{r} \end{cases} \tag{4.4.17}$$

展开式中的第一项为零，这表明，矢量磁位的展开式中不含有与等效点源相对应的项，即不存在磁单极子项。

展开式的第二项是置于原点的磁偶极矩 $\boldsymbol{m}$ 产生的矢量磁位，称为磁偶极子项。

展开式的第三项是置于原点的磁四极矩 $\overline{\overline{\boldsymbol{M}}}$ 产生的矢量磁位，称为磁四极子项。

磁八极子和更高级的多极子实际很少用到，这里不再讨论。

4.5　磁介质中的稳恒磁场

为讨论磁场中源量与场量之间的关系，通常将场空间化为理想的无界自由空间，或无界均匀介质空间。但是工程上常使用某些磁介质，特别是铁磁性介质。当磁场中有介质存在时，介质被磁化，被磁化的介质产生附加磁场，从而使原有的磁场发生变化。

各种物质在磁场的作用下，都产生宏观磁矩。一些物质磁化后产生的磁矩方向与外磁场方向相同，能使磁场略有增强，这类物质叫做顺磁质，如铝、钨、钛等。有些物质磁化后产生的磁矩与外磁场方向相反，能使磁场略有减弱，这类物质称为抗磁质，如水、铜、银、金等。还有一类物质，当置于外磁场中时，能使磁场大大增强，这类物质被称为铁磁质，如铁、钴、镍及其合金等。

磁化现象可用分子电流模型解释。介质中含有大量的原子，原子中有自旋的原子核和运动的电子，原子核的自旋和电子的轨道运动形成原子内的微观环形电流，这种电流被限制在原子范围内。每一个环形电流都可以看成一个磁偶极子，具有磁偶极矩 $\boldsymbol{m}$。在没有磁场的情况下，磁介质内部各原子的磁偶极矩的方向是随机的，从宏观上看，在任何一个体积元内，磁偶极矩的矢量和为零，对外不显示磁性。

在外磁场的作用下，原子的磁偶极矩在磁场力的作用下发生有规律的偏转，使得宏观上任一体积元内磁偶极矩的矢量和不再为零，对外产生磁场，这一现象称为介质的磁化。

4.5.1 磁化强度与束缚电流

在磁介质的磁偶极子模型中，用磁化强度来描述介质宏观的磁化状态。磁化强度为磁化后形成的每单位体积内磁偶极矩的矢量和，用 $\boldsymbol{M}$ 表示。

$$\boldsymbol{M} = \lim_{\Delta V \to 0} \frac{\sum \boldsymbol{m}}{\Delta V}, \quad \text{单位为安/米 (A/m)} \tag{4.5.1}$$

磁化强度不仅与总磁场有关，而且与介质本身的性质有关。

从产生磁场的角度来看，磁化后磁介质的磁场，相当于磁化区等效的磁偶极子在真空中产生的磁场。这样就可以用真空中磁场的数学模型来分析磁介质磁化后所产生的磁场。

设图 4.5.1 中 V 为已磁化的介质的体积，磁化强度为 $\boldsymbol{M}(\boldsymbol{r}')$。由式 (4.5.1)，知体积元 $\mathrm{d}V'$ 内的等效磁偶极子的磁偶极矩为 $\mathrm{d}\boldsymbol{m} = \boldsymbol{M}(\boldsymbol{r}')\mathrm{d}V'$，参照式 (4.4.5)，可得磁偶极矩 $\mathrm{d}\boldsymbol{m}$ 在远区 P 点处产生的矢量磁位为

$$\mathrm{d}\boldsymbol{A}(\boldsymbol{r}) = \frac{\mu_0}{4\pi}\boldsymbol{M}(\boldsymbol{r}') \times \frac{\boldsymbol{R}}{R^3}\mathrm{d}V' = \frac{\mu_0}{4\pi}\boldsymbol{M}(\boldsymbol{r}') \times \nabla' \frac{1}{R}\mathrm{d}V'$$

则磁化后的全部磁偶极矩产生的矢量磁位为

$$\boldsymbol{A}(\boldsymbol{r}) = \frac{\mu_0}{4\pi}\int_V \boldsymbol{M}(\boldsymbol{r}') \times \nabla' \frac{1}{R}\mathrm{d}V' \tag{4.5.2}$$

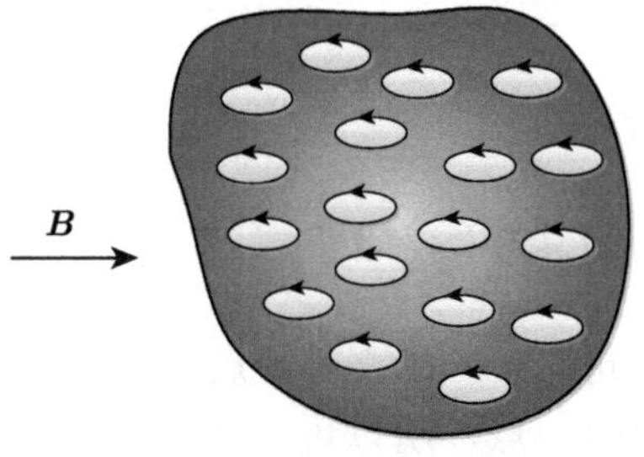

(a) 磁化电流分布的示意图

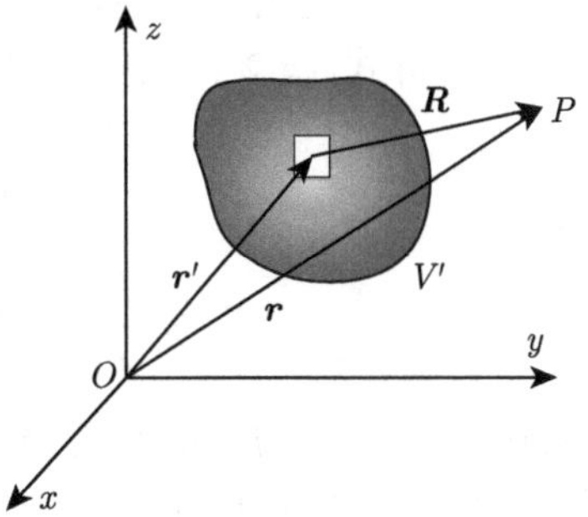

(b) 磁化电流建立的磁场

图 4.5.1 磁介质的磁化

利用积分恒等式 (1.3.13)

$$\int_V f\nabla \times \boldsymbol{a}\mathrm{d}V = \oint_S f\boldsymbol{n} \times \boldsymbol{a}\mathrm{d}S + \int_V \boldsymbol{a} \times \nabla f\mathrm{d}V$$

得到

$$\boldsymbol{A}(\boldsymbol{r})=\frac{\mu_0}{4\pi}\oint_S\frac{\boldsymbol{M}(\boldsymbol{r}')\times\boldsymbol{e}_n}{R}\mathrm{d}S'+\frac{\mu_0}{4\pi}\int_V\frac{\nabla'\times\boldsymbol{M}(\boldsymbol{r}')}{R}\mathrm{d}V' \tag{4.5.3}$$

式中，$\boldsymbol{e}_n$ 为闭合面 S 的外法线方向的单位矢量。

对比式 (4.5.3) 与式 (4.3.4)，可以看出，面积分中 $\boldsymbol{M}(\boldsymbol{r}')\times\boldsymbol{e}_n$ 相当于一种面电流密度；体积分中的 $\nabla'\times\boldsymbol{M}(\boldsymbol{r}')$ 相当于一种体电流密度。这两项源量起因于磁介质在磁场作用下发生磁化而产生的磁化电流。由此，定义磁化电流的面密度和体密度分别为

$$\boldsymbol{K}_\mathrm{m}=\boldsymbol{M}(\boldsymbol{r}')\times\boldsymbol{e}_n,\quad \boldsymbol{J}_\mathrm{m}=\nabla'\times\boldsymbol{M}(\boldsymbol{r}') \tag{4.5.4}$$

引入磁化电流密度后，类比自由电流产生的磁场，磁化电流在真空中产生的磁场可通过矢量磁位和磁感应强度表示为

$$\boldsymbol{A}(\boldsymbol{r})=\frac{\mu_0}{4\pi}\oint_S\frac{\boldsymbol{K}_\mathrm{m}}{R}\mathrm{d}S'+\frac{\mu_0}{4\pi}\int_V\frac{\boldsymbol{J}_\mathrm{m}}{R}\mathrm{d}V' \tag{4.5.5}$$

$$\boldsymbol{B}=\nabla\times\boldsymbol{A} \tag{4.5.6}$$

$\boldsymbol{J}_\mathrm{m}$ 和 $\boldsymbol{K}_\mathrm{m}$ 分别分布于磁介质内部和表面，它们共同产生了磁化磁场。对于均匀磁化，磁化强度矢量 $\boldsymbol{M}$ 为常矢量，此时 $\boldsymbol{J}_\mathrm{m}$ 为零，仅在磁介质表面有磁化电流分布。

4.5.2　介质的磁场方程

介质内部磁场是由传导电流和束缚电流共同产生的，为得到总电流在介质中的方程，只要将式 (4.2.7) 中的传导电流密度改成传导电流密度与束缚电流密度之和，于是

$$\nabla\times\boldsymbol{B}=\mu_0(\boldsymbol{J}+\boldsymbol{J}_\mathrm{m})$$

$$\nabla\times\frac{\boldsymbol{B}}{\mu_0}=\boldsymbol{J}+\boldsymbol{J}_\mathrm{m}=\boldsymbol{J}+\nabla'\times\boldsymbol{M}$$

上式中等号两侧的旋度符号原本意义不同，$\nabla\times$ 代表对场点求旋度，$\nabla'\times$ 代表对源点求旋度。现在由于是针对空间中的同一点，所以可以统一用场点的旋度表示，即将磁化强度也看作场点的函数。于是有

$$\nabla\times\left(\frac{\boldsymbol{B}}{\mu_0}-\boldsymbol{M}\right)=\boldsymbol{J} \tag{4.5.7}$$

引入矢量 $\boldsymbol{H}$

$$\boldsymbol{H}=\frac{\boldsymbol{B}}{\mu_0}-\boldsymbol{M} \tag{4.5.8}$$

可以导出介质中的安培定律

$$\nabla \times \boldsymbol{H} = \boldsymbol{J} \tag{4.5.9}$$

矢量 $\boldsymbol{H}$ 称为磁场强度，单位是安/米 (A/m)。由旋度的物理意义可知，稳恒磁场是有旋场，其“涡旋源”是传导电流密度，磁场强度线围绕传导电流构成闭合曲线。

有介质存在时，磁场由传导电流和磁化电流共同产生，仍有散度方程成立

$$\nabla \cdot \boldsymbol{B} = 0 \tag{4.5.10}$$

式 (4.5.9) 与式 (4.5.10) 为稳恒磁场的基本方程，其对应的积分形式为

$$\oint_C \boldsymbol{H} \cdot \mathrm{d}\boldsymbol{l} = \int_S \boldsymbol{J} \cdot \mathrm{d}\boldsymbol{S} = I$$

$$\oint_S \boldsymbol{B} \cdot \mathrm{d}\boldsymbol{S} = 0$$

这说明无论介质存在与否，磁场都是无源场，磁场线是闭合曲线，磁单极是不存在的。

4.5.3 介质的性质方程

实验表明，对于大多数顺磁性介质或抗磁性介质而言，当场强不太强时，磁化强度和场强之间存在着简单的线性关系，即

$$\boldsymbol{M} = \chi_{\mathrm{m}} \boldsymbol{H} \tag{4.5.11}$$

式中，χ_{m} 称为磁化率，是一个无量纲的数，可由实验测定。

看到式 (4.5.11) 可能会有些费解。回忆静电场介质的性质方程，对于静电场，电场强度是基本物理量，表示电场的大小。当场强不太强的情况下，假定介质极化强度 $\boldsymbol{P}$ 与场强 $\boldsymbol{E}$ 有正比关系 $\boldsymbol{P} = \varepsilon_0 \chi_{\mathrm{e}} \boldsymbol{E}$。同样的思路考虑稳恒磁场，根据分子电流理论，磁感应强度 $\boldsymbol{B}$ 是基本物理量，表示磁场的大小，磁化强度 $\boldsymbol{M}$ 表示介质的磁化，这里并没有直接给出磁化强度 $\boldsymbol{M}$ 与磁感应强度 $\boldsymbol{B}$ 的正比关系。待 4.6 节学完磁荷理论后就会明白。

由式 (4.5.8) 和式 (4.5.11) 可得，

$$\boldsymbol{B} = \mu_0 (\boldsymbol{H} + \boldsymbol{M}) = \mu_0 (1 + \chi_{\mathrm{m}}) \boldsymbol{H} \tag{4.5.12}$$

令 $\mu_{\mathrm{r}} = 1 + \chi_{\mathrm{m}}, \mu = \mu_0 \mu_{\mathrm{r}}$，则有

$$\boldsymbol{B} = \mu_0 \mu_{\mathrm{r}} \boldsymbol{H} = \mu \boldsymbol{H} \tag{4.5.13}$$

式中，μ_r 和 μ 分别称为相对磁导率和磁导率。

介质中稳恒磁场的旋度方程式 (4.5.9) 和散度方程式 (4.5.10) 是稳恒磁场的普遍规律，其成立是无条件的。而介质的性质方程 (4.5.11) ~ 式 (4.5.13) 的成立是有条件的，要视具体情况而定。对于磁场而言，除了铁磁介质外，绝大多数物质的磁导率与真空非常接近，这些物质几乎不会影响稳恒磁场的分布，如水、铜、铝、木材、玻璃、橡胶等，稳恒磁场穿越这些物质几乎不会发生改变，因此在计算稳恒电流产生的磁场时，只要场中没有铁磁性物质，就可以认为场域为无限大真空，直接利用毕奥–萨伐尔定律计算。

4.6 磁 荷 理 论

4.6.1 磁荷理论的磁场方程

历史上，有两种磁介质理论：分子电流理论和磁荷理论。前者描述磁场的基本物理量是磁感应强度，当介质被磁化，由于分子电流的有序排列，在介质内部和表面出现磁化电流，磁化电流与传导电流都遵循毕奥–萨伐尔定律，磁场强度是导出量，反映了介质的磁化。分子电流理论符合事实，对于永磁体和传导电流两种磁源的磁场问题都可以处理。磁荷理论是人们尚未对“电流产生磁场”本质认识的情况下提出的，类比于静电场，电荷产生电场、电荷之间遵循电库仑定律，电场强度是基本物理量，认为永磁体的磁场是由磁荷产生的，描述磁场的基本物理量是磁场强度，磁荷之间遵循磁库仑定律。这种观点存在明显的缺点。首先，磁荷总是成对出现的，目前尚未发现单个磁荷，即磁单极子；其次，处理既有传导电流又有磁介质问题时不能同时采用两种理论，否则就意味着承认了磁场有两种不同的起因。尽管如此，磁荷理论作为处理问题的一种数学方法，在某些条件下仍可以采用。

实验表明，电荷产生静电场，满足库仑定律和叠加原理，由此导出真空中、介质中的电场方程。根据磁荷理论，假定磁场是由磁荷产生，也满足库仑定律和叠加原理，由此可以导出真空中、介质中的磁场方程。

类比电库仑定律，两个磁极之间的作用力满足磁库仑定律

$$\boldsymbol{F}_{\mathrm{m}}=\frac{q_{\mathrm{m}}{q'}_{\mathrm{m}}}{4\pi\mu_0R^2}\boldsymbol{e}_R \tag{4.6.1}$$

式中，磁极为细长磁棒的端极，而不是孤立磁极。

引入磁场强度表示磁场的大小，为

$$\boldsymbol{H}=\frac{q_{\mathrm{m}}}{4\pi\mu_0R^2}\boldsymbol{e}_R \tag{4.6.2}$$

磁场的散度方程为

$$\nabla \cdot \boldsymbol{H} = \frac{\rho_{\mathrm{m}}}{\mu_0} = 0 \tag{4.6.3}$$

这是由于至今没有发现磁单极子，真空中 $\rho_{\mathrm{m}} = 0$。

对于静电场可以由电库仑定律导出无旋场方程

$$\nabla \times \boldsymbol{E} = 0$$

而对于稳恒磁场，无法从磁库仑定律导出无旋场方程，这是因为产生磁场的涡旋源是电流，它满足的实验定律是毕奥–萨伐尔定律。即真空中

$$\nabla \times \boldsymbol{H} \neq 0 \tag{4.6.4}$$

类比电偶极子的定义，将磁偶极子定义为由一对等值异号的点磁荷 $\pm q_{\mathrm{m}}$，相距一段很小距离 l 所组成的系统。观测点距离 $r \gg l$ 定义磁偶极矩大小为 $p_{\mathrm{m}} = q_{\mathrm{m}} l$，方向从 $-q_{\mathrm{m}}$ 指向 $+q_{\mathrm{m}}$，即以磁荷描述的磁偶极矩为

$$\boldsymbol{p}_{\mathrm{m}} = q_{\mathrm{m}} \boldsymbol{l} \tag{4.6.5}$$

这样定义的磁偶极子与电偶极子形式上完全对应，可类比电偶极子的结论来分析磁偶极子的磁场。

处于外磁场中的磁介质，发生磁极化，产生磁偶极子。因此可参考静电场介质极化的电偶极子模型，分析磁偶极子模型下的介质磁化。

引入磁极化强度

$$\boldsymbol{P}_{\mathrm{m}} = \lim_{\Delta V \to 0} \frac{\sum \boldsymbol{p}_{\mathrm{m}}}{\Delta V}$$

束缚体磁荷和面磁荷分别为

$$\rho'_{\mathrm{m}} = -\nabla \cdot \boldsymbol{P}_{\mathrm{m}}$$

$$\sigma'_{\mathrm{m}} = \boldsymbol{P} \cdot \boldsymbol{e}_n$$

磁介质中散度方程为

$$\nabla \cdot \boldsymbol{H} = \frac{\rho'_{\mathrm{m}}}{\mu_0} = -\frac{\nabla \cdot \boldsymbol{P}_{\mathrm{m}}}{\mu_0}$$

合成后的散度方程为

$$\nabla \cdot \boldsymbol{H} = \frac{\rho_{\mathrm{m}} + \rho'_{\mathrm{m}}}{\mu_0} = \frac{0 - \nabla \cdot \boldsymbol{P}_{\mathrm{m}}}{\mu_0}$$

引入磁位移矢量

$$\boldsymbol{B}=\mu_0\boldsymbol{H}+\boldsymbol{P}_{\mathrm{m}} \tag{4.6.6}$$

假定磁极化强度和磁场强度之间存在着简单的线性关系，即

$$\boldsymbol{P}_{\mathrm{m}}=\mu_0\chi_{\mathrm{m}}\boldsymbol{H} \tag{4.6.7}$$

式中，χ_{m} 称为磁极化率，可由实验测定。

因此有

$$\boldsymbol{B}=\mu_0\left(1+\chi_{\mathrm{m}}\right)\boldsymbol{H}=\mu_0\mu_{\mathrm{r}}\boldsymbol{H}=\mu\boldsymbol{H}$$

导出介质中的散度方程

$$\nabla\cdot\boldsymbol{B}=0$$

对比式 (4.6.6) 与式 (4.5.12) 可知，只要令

$$\boldsymbol{P}_{\mathrm{m}}=\mu_0\boldsymbol{M} \tag{4.6.8}$$

磁荷理论与分子电流理论的磁感应强度的表达式就是相同的。

回到 4.5 节遗留的问题，现在已经很清楚了。人类研究磁铁的磁效应早于电流的磁效应，假定磁铁的两极聚集着正负磁荷，磁荷理论早于分子电流理论。在磁荷理论中，磁场强度 $\boldsymbol{H}$ 是基本物理量，表示磁场的大小，其地位与静电场中的电场强度相当。类比于电极化强度 $\boldsymbol{P}$，磁极化强度 $\boldsymbol{P}_{\mathrm{m}}$ 用来表征物质磁化，于是，假定了磁极化强度 $\boldsymbol{P}_{\mathrm{m}}$ 和磁场强度 $\boldsymbol{H}$ 之间存在着正比关系，即式 (4.6.7)。而在分子电流理论中，磁化强度 $\boldsymbol{M}$ 是表征物质磁化的物理量，等式 $\boldsymbol{P}_{\mathrm{m}}=\mu_0\boldsymbol{M}$ 作为连接两种理论的桥梁，因此，可以导出式 (4.5.11)，即 $\boldsymbol{M}=\chi_{\mathrm{m}}\boldsymbol{H}$。在这种前提下，磁化强度 $\boldsymbol{M}$ 与磁感应强度 $\boldsymbol{B}$ 满足

$$\boldsymbol{M}=\frac{\chi_{\mathrm{m}}}{\mu_0\left(1+\chi_{\mathrm{m}}\right)}\boldsymbol{B} \tag{4.6.9}$$

式 (4.6.9) 才是分子电流理论应该假定的关系。

基于磁库仑定律的磁场分析及其数学模型与静电场具有一一对应关系，如表 4.6.1 所示。可见，用磁荷理论分析问题的过程中，可以借鉴静电场的概念、定理、计算方法甚至计算结果。虽然迄今为止证明磁荷确实存在的实验数据还没有出现，但是作为一种等效计算方法，磁荷理论在解决实际问题中带来许多方便。因此作为一种有效的磁场分析工具，磁荷观点在磁场计算中仍然发挥重要作用。

需要说明的是，在实际磁场计算中，采用磁荷理论与采用分子电流理论的结果是完全等效的，用其中一种理论分析磁介质问题时，要把这种理论贯彻到底，而不能把这两种理论混淆使用。例如，当我们讨论一根沿轴向磁化的介质棒时，在

假定了它两端面出现正、负“磁荷”的同时，切不可认为其侧面还有磁化电流，反之亦然。

表 4.6.1 磁场的磁荷观点与静电场的类比

电库仑定律	磁库仑定律
电场力 $\boldsymbol{F}=\dfrac{qq'}{4\pi\varepsilon_0 R^2}\boldsymbol{e}_R$	磁场力 $\boldsymbol{F}_{\mathrm{m}}=\dfrac{q_{\mathrm{m}}q'_{\mathrm{m}}}{4\pi\mu_0 R^2}\boldsymbol{e}_R$
电场强度 $\boldsymbol{E}=\dfrac{q}{4\pi\varepsilon_0 R^2}\boldsymbol{e}_R$	磁场强度 $\boldsymbol{H}=\dfrac{q_{\mathrm{m}}}{4\pi\mu_0 R^2}\boldsymbol{e}_R$
真空中电场的散度方程 $\nabla\cdot\boldsymbol{E}=\dfrac{\rho}{\varepsilon_0}$	真空中磁场的散度方程 $\nabla\cdot\boldsymbol{H}=\dfrac{\rho_{\mathrm{m}}}{\mu_0}=0$
电偶极矩 $\boldsymbol{p}=q\boldsymbol{l}$	磁偶极矩 $\boldsymbol{p}_{\mathrm{m}}=q_{\mathrm{m}}\boldsymbol{l}$
引入电极化强度 $\boldsymbol{P}=\lim\limits_{\Delta V\to 0}\dfrac{\sum\boldsymbol{p}}{\Delta V}$	引入磁极化强度 $\boldsymbol{P}_{\mathrm{m}}=\lim\limits_{\Delta V\to 0}\dfrac{\sum\boldsymbol{p}_{\mathrm{m}}}{\Delta V}$
束缚体电荷 $\rho'=-\nabla\cdot\boldsymbol{P}$	束缚体磁荷 $\rho'_{\mathrm{m}}=-\nabla\cdot\boldsymbol{P}_{\mathrm{m}}$
束缚面电荷 $\sigma'=\boldsymbol{P}\cdot\boldsymbol{e}_n$	束缚面磁荷 $\sigma'_{\mathrm{m}}=\boldsymbol{P}_{\mathrm{m}}\cdot\boldsymbol{e}_n$
电介质中散度 $\nabla\cdot\boldsymbol{E}=\dfrac{\rho'}{\varepsilon_0}=-\dfrac{\nabla\cdot\boldsymbol{P}}{\varepsilon_0}$	磁介质中散度 $\nabla\cdot\boldsymbol{H}=\dfrac{\rho'_{\mathrm{m}}}{\mu_0}=-\dfrac{\nabla\cdot\boldsymbol{P}_{\mathrm{m}}}{\mu_0}$
合成后的散度 $\nabla\cdot\boldsymbol{E}=\dfrac{\rho+\rho'}{\varepsilon_0}=\dfrac{\rho-\nabla\cdot\boldsymbol{P}}{\varepsilon_0}$	合成后的散度 $\nabla\cdot\boldsymbol{H}=\dfrac{\rho_{\mathrm{m}}+\rho'_{\mathrm{m}}}{\mu_0}=\dfrac{0-\nabla\cdot\boldsymbol{P}_{\mathrm{m}}}{\mu_0}$
引入电位移矢量 $\boldsymbol{D}=\varepsilon_0\boldsymbol{E}+\boldsymbol{P}$	引入磁位移矢量 $\boldsymbol{B}=\mu_0\boldsymbol{H}+\boldsymbol{P}_{\mathrm{m}}$
电极化强度 $P=\varepsilon_0\chi_{\mathrm{e}}E$	磁极化强度 $\boldsymbol{P}_{\mathrm{m}}=\mu_0\chi_{\mathrm{m}}\boldsymbol{H}$
$\boldsymbol{D}=\varepsilon_0(1+\chi_{\mathrm{e}})\boldsymbol{E}$	$\boldsymbol{B}=\mu_0(1+\chi_{\mathrm{m}})\boldsymbol{H}$
$\boldsymbol{D}=\varepsilon_0\varepsilon_{\mathrm{r}}\boldsymbol{E}$	$\boldsymbol{B}=\mu_0\mu_{\mathrm{r}}\boldsymbol{H}$
$\boldsymbol{D}=\varepsilon\boldsymbol{E}$	$\boldsymbol{B}=\mu\boldsymbol{H}$
介质中的散度方程 $\nabla\cdot\boldsymbol{D}=\rho$	介质中的散度方程 $\nabla\cdot\boldsymbol{B}=0$
真空中旋度方程 $\nabla\times\boldsymbol{E}=0$	真空中旋度方程 $\nabla\times\boldsymbol{H}=0$ 不成立
电介质中旋度方程 $\nabla\times\boldsymbol{E}=0$	磁介质中旋度方程 $\nabla\times\boldsymbol{H}=0$
合成后的旋度方程 $\nabla\times\boldsymbol{E}=0$	合成后的旋度方程 $\nabla\times\boldsymbol{H}=0$ 不成立
真空或电介质中均可以引入标量电位 φ	无电流区域可以引入标量磁位 φ_{m}
$\boldsymbol{E}=-\nabla\varphi$	$\boldsymbol{H}=-\nabla\varphi_{\mathrm{m}}$

4.6.2 标量磁位

在无电流 $\boldsymbol{J}=0$ 区域，磁场是无旋场，即 $\nabla\times\boldsymbol{H}=0$，根据矢量恒等式 $\nabla\times\nabla\varphi\equiv 0$，引入标量位函数以简化磁场的计算

$$\boldsymbol{H}=-\nabla\varphi_{\mathrm{m}}$$

φ_{m} 称为标量磁位或磁标位，它仅适合于无自由电流区域，且无物理意义。由于磁场为无散场，标量磁位 φ_{m} 满足的拉普拉斯方程为

$$\nabla\cdot(\mu\nabla\varphi_{\mathrm{m}})=0$$

需要注意，当利用标量磁位求解稳恒磁场问题时，在求解区域中不能有传导电流，而且求解区必须是单连通区域，若不能同时满足这两个条件，标量磁位就不存在。

4.6.3　电偶极子与磁偶极子的类比

电偶极子与磁偶极子是两种重要的物理模型，在场分析中具有广泛的应用。磁偶极子的分析可用磁荷理论与分子电流理论，两种分析结果是等效的。

参考电偶极子的数学模型，磁荷理论中，磁偶极子的标量磁位和磁场强度为

$$\varphi_{\mathrm{m}} = -\frac{1}{4\pi\mu_0}\left(\boldsymbol{p}_{\mathrm{m}} \cdot \nabla\frac{1}{r}\right)$$

$$\boldsymbol{H} = -\nabla\varphi_{\mathrm{m}} = \frac{1}{4\pi\mu_0}\nabla\left(\boldsymbol{p}_{\mathrm{m}} \cdot \nabla\frac{1}{r}\right)$$

则有

$$\boldsymbol{B} = \mu_0\boldsymbol{H} = -\mu_0\nabla\varphi_{\mathrm{m}} = \frac{1}{4\pi}\nabla\left(\boldsymbol{p}_{\mathrm{m}} \cdot \nabla\frac{1}{r}\right)$$

按照分子电流理论，将小电流环看成磁偶极子。对比分子电流理论和磁荷理论导出的磁通密度，若令 $\boldsymbol{p}_{\mathrm{m}} = \mu_0\boldsymbol{m}$，则二者的磁场强度和磁感应强度是一致的，如表 4.6.2 所示，在磁荷模型与分子电流模型下，磁场的分布形式是一致的。因此，当考察小电流环远处磁场分布时，可以将小电流环看成磁偶极子。分子电流理论与磁荷理论在磁偶极子远场中是等效的。图 4.6.1 表示了分子电流模型与磁荷模型下的磁偶极子的场分布，可见，两种模型在偶极子远场分布情况下是完全相同的，而在近场区磁场分布不同。

表 4.6.2　电偶极子与磁偶极子数学模型对比

	电偶极子	磁偶极子 (磁荷理论)	磁偶极子 (分子电流理论)
偶极子定义	$\boldsymbol{p} = q\boldsymbol{l}$	$\boldsymbol{p}_{\mathrm{m}} = q_{\mathrm{m}}\boldsymbol{l}$	$\boldsymbol{m} = I\boldsymbol{S}$
位函数	标量电位 $\varphi_{\mathrm{e}} = -\frac{1}{4\pi\varepsilon_0}\left(\boldsymbol{p} \cdot \nabla\frac{1}{r}\right)$	标量磁位 $\varphi_{\mathrm{m}} = -\frac{1}{4\pi\mu_0}\left(\boldsymbol{p}_{\mathrm{m}} \cdot \nabla\frac{1}{r}\right)$	矢量磁位 $\boldsymbol{A} = \frac{\mu_0\boldsymbol{m} \times \boldsymbol{e}_r}{4\pi r^2}$
强度	$\boldsymbol{E} = -\nabla\varphi_{\mathrm{e}}$ $= \frac{1}{4\pi\varepsilon_0}\nabla\left(\boldsymbol{p} \cdot \nabla\frac{1}{r}\right)$	$\boldsymbol{H} = -\nabla\varphi_{\mathrm{m}}$ $= \frac{1}{4\pi\mu_0}\nabla\left(\boldsymbol{p}_{\mathrm{m}} \cdot \nabla\frac{1}{r}\right)$	$\boldsymbol{H} = \frac{1}{\mu_0}\boldsymbol{B}$ $= \frac{1}{4\pi}\nabla\left(\boldsymbol{m} \cdot \nabla\frac{1}{r}\right)$
通量源密度	$\boldsymbol{D} = \varepsilon_0\boldsymbol{E}$ $= \frac{1}{4\pi}\nabla\left(\boldsymbol{p} \cdot \nabla\frac{1}{r}\right)$	$\boldsymbol{B} = \mu_0\boldsymbol{H}$ $= \frac{1}{4\pi}\nabla\left(\boldsymbol{p}_{\mathrm{m}} \cdot \nabla\frac{1}{r}\right)$	$\boldsymbol{B} = \nabla \times \boldsymbol{A}$ $= \frac{\mu_0}{4\pi}\nabla\left(\boldsymbol{m} \cdot \nabla\frac{1}{r}\right)$
在外场中的位能	$W = -\boldsymbol{p} \cdot \boldsymbol{E}$	$W = -\boldsymbol{p}_{\mathrm{m}} \cdot \boldsymbol{H} = -\boldsymbol{m} \cdot \boldsymbol{B}$	$W = -\boldsymbol{m} \cdot \boldsymbol{B}$
在外场中的受力	$\boldsymbol{F} = \boldsymbol{p} \cdot \nabla\boldsymbol{E} = \nabla(\boldsymbol{p} \cdot \boldsymbol{E})$	$\boldsymbol{F} = \boldsymbol{p}_{\mathrm{m}} \cdot \nabla\boldsymbol{H} = \nabla(\boldsymbol{p}_{\mathrm{m}} \cdot \boldsymbol{H})$	$\boldsymbol{F} = \boldsymbol{m} \cdot \nabla\boldsymbol{B} = \nabla(\boldsymbol{m} \cdot \boldsymbol{B})$
在外场中受到的力矩	$\boldsymbol{T} = \boldsymbol{p} \times \boldsymbol{E}$	$\boldsymbol{T} = \boldsymbol{p}_{\mathrm{m}} \times \boldsymbol{H}$	$\boldsymbol{T} = \boldsymbol{m} \times \boldsymbol{B}$

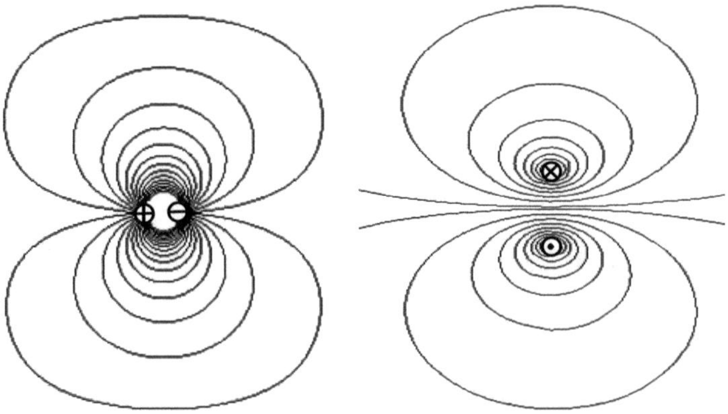

(a) (b)

图 4.6.1 磁偶极子两种模型的等效性 (a) 磁荷模型；(b) 分子电流模型

4.7 永磁体的磁场

铁磁材料中有一类永磁材料，其剩磁大，矫顽力大，不易磁化，磁化后去掉外加磁场，可以保持较强的磁性，这种磁化后的永磁材料常被用作永磁体。永磁体是一种特殊磁介质，具有固有磁化强度 $\boldsymbol{M}_0$，在激发磁场上起着双重作用：既是磁源也是磁介质。体磁化电流可以用磁化强度的旋度表示，面磁化电流则为磁化强度的法向分量。作为磁源，磁化电流可以激发磁场，这点与传导电流激发的磁场性质是相同的；作为磁介质，永磁体在外磁场或自身激发的磁场中会产生磁化，具有特殊的磁导率。正因为如此，使得永磁体和传导电流所激发的磁场不同，是无旋磁场。下面重点讨论永磁体在真空中的磁场。简化起见，将永磁体的磁化强度 $\boldsymbol{M}_0$ 仍记成 $\boldsymbol{M}$，则空间磁场满足的方程为

$$\nabla \times \boldsymbol{H} = \boldsymbol{0} \tag{4.7.1a}$$

$$\nabla \cdot \boldsymbol{B} = \boldsymbol{0} \tag{4.7.1b}$$

$$\boldsymbol{B} = \mu_0 (\boldsymbol{M} + \boldsymbol{H}) \tag{4.7.1c}$$

以下将分别采用分子电流理论和磁荷理论进行永磁体的磁场分析。

4.7.1 分子电流观点

对式 (4.7.1c) 取旋度，并考虑式 (4.7.1a)，有

$$\nabla \times \boldsymbol{B} = \mu_0 \nabla \times \boldsymbol{M} \tag{4.7.2}$$

由式 (4.5.4) 可知，永磁体内部磁化电流体密度为

$$\boldsymbol{J}_{\mathrm{m}} = \nabla \times \boldsymbol{M} \tag{4.7.3}$$

于是有

$$\nabla \times \boldsymbol{B} = \mu_0 \boldsymbol{J}_{\mathrm{m}} \tag{4.7.4}$$

在永磁体边界面，有磁化面电流

$$\boldsymbol{K}_{\mathrm{m}} = \boldsymbol{n} \times (\boldsymbol{M}_2 - \boldsymbol{M}_1) \tag{4.7.5}$$

式中，$\boldsymbol{n}$ 为分界面法线方向的单位矢量，从介质 1 指向介质 2，如图 4.7.1 所示。特别是当永磁体外是真空时，$\boldsymbol{M}_2 = 0$，令 $\boldsymbol{M}_1 = \boldsymbol{M}$，则有

$$\boldsymbol{K}_{\mathrm{m}} = -\boldsymbol{n} \times \boldsymbol{M} \tag{4.7.6}$$

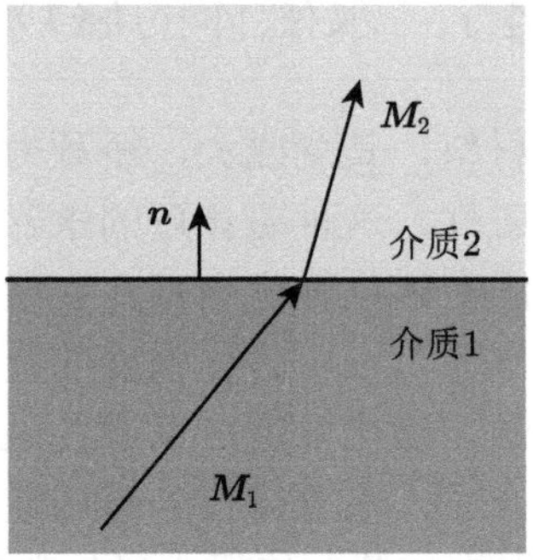

图 4.7.1　永磁体边界面示意图

根据毕奥–萨伐尔定律，磁化体电流和磁化面电流产生的磁感应强度分别为

$$\boldsymbol{B}(\boldsymbol{r}) = \frac{\mu_0}{4\pi} \int_V \frac{\boldsymbol{J}_{\mathrm{m}}(\boldsymbol{r}') \times \boldsymbol{e}_R}{R^2} \mathrm{d}V' \tag{4.7.7}$$

$$\boldsymbol{B}(\boldsymbol{r}) = \frac{\mu_0}{4\pi} \int_S \frac{\boldsymbol{K}_{\mathrm{m}}(\boldsymbol{r}') \times \boldsymbol{e}_R}{R^2} \mathrm{d}S' \tag{4.7.8}$$

下面考虑一个具体的例子：真空中有一圆柱形永磁体，沿着轴向均匀磁化，磁化强度为 $\boldsymbol{M}$。由于是均匀磁化，介质内部 $\boldsymbol{M}$ 是常矢量，因此 $\boldsymbol{J}_{\mathrm{m}} = 0$，即在永磁体内部无体磁化电流，在圆柱两个端面，$\boldsymbol{n}$ 与 $\boldsymbol{M}$ 同向或反向，$\boldsymbol{K}_{\mathrm{m}} = -\boldsymbol{n} \times \boldsymbol{M} = 0$，即没有面磁化电流。在圆柱侧面，$\boldsymbol{n}$ 与 $\boldsymbol{M}$ 垂直，面磁化电流的绕行方向与 $\boldsymbol{M}$ 的方向呈右手螺旋关系。由图 4.7.2 可以看出，圆柱形永磁体在产生磁场方面等效于空心密绕的有限长通电螺线管。

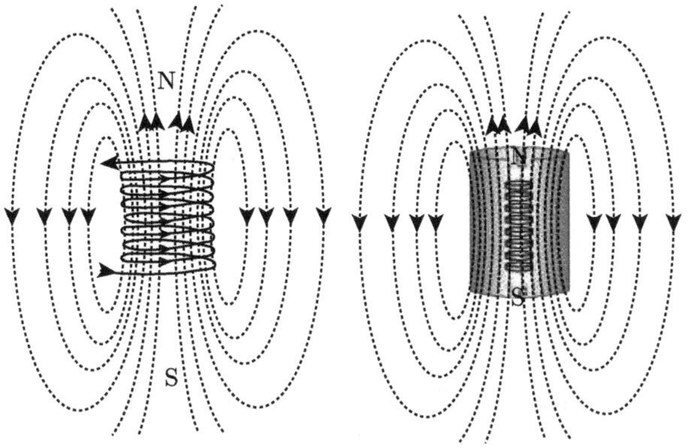

图 4.7.2 圆柱形永磁体与空心密绕螺线管的磁场分布

将式 (4.7.6) 代入式 (4.7.8)，有

$$\boldsymbol{B}(\boldsymbol{r}) = -\frac{\mu_0}{4\pi}\int_S \frac{(\boldsymbol{n}\times\boldsymbol{M})\times\boldsymbol{e}_R}{R^2}\mathrm{d}S' \tag{4.7.9}$$

利用二重矢积恒等式

$$\boldsymbol{A}\times(\boldsymbol{B}\times\boldsymbol{C}) = \boldsymbol{B}(\boldsymbol{A}\cdot\boldsymbol{C}) - \boldsymbol{C}(\boldsymbol{A}\cdot\boldsymbol{B})$$

以及

$$\nabla'\frac{1}{R} = \frac{\boldsymbol{e}_R}{R^2}$$

可得

$$-\frac{(\boldsymbol{n}\times\boldsymbol{M})\times\boldsymbol{e}_R}{R^2} = \nabla'\frac{1}{R}\times(\boldsymbol{n}\times\boldsymbol{M}) = \boldsymbol{n}\left(\boldsymbol{M}\cdot\nabla'\frac{1}{R}\right) - \boldsymbol{M}\left(\nabla'\frac{1}{R}\cdot\boldsymbol{n}\right)$$

于是，磁感应强度可分为两项

$$\boldsymbol{B}(\boldsymbol{r}) = \frac{\mu_0}{4\pi}\int_S\left(\boldsymbol{M}\cdot\nabla'\frac{1}{R}\right)\boldsymbol{n}\mathrm{d}S' - \frac{\mu_0}{4\pi}\boldsymbol{M}\int_S\left(\nabla'\frac{1}{R}\cdot\boldsymbol{n}\right)\mathrm{d}S' \tag{4.7.10}$$

式中，由于 $\boldsymbol{M}$ 为常矢量，可提到积分外。

利用式 (1.3.3c) 的梯度定理

$$\int_V \nabla\varphi\mathrm{d}V = \oint_S \varphi\mathrm{d}\boldsymbol{S}$$

式 (4.7.10) 第一项化为

$$\frac{\mu_0}{4\pi}\oint_S\left(\boldsymbol{M}\cdot\nabla'\frac{1}{R}\right)\boldsymbol{n}\mathrm{d}S'=\frac{\mu_0}{4\pi}\int_V\nabla'\left(\boldsymbol{M}\cdot\nabla'\frac{1}{R}\right)\mathrm{d}V'$$

利用高斯散度定理和矢量恒等式 $\nabla^2\dfrac{1}{R}=-4\pi\delta(\boldsymbol{r}-\boldsymbol{r}')$，式 (4.7.10) 第二项化为

$$\frac{\mu_0}{4\pi}\oint_S\boldsymbol{M}\left(\nabla'\frac{1}{R}\cdot\boldsymbol{n}\right)\mathrm{d}S'=\frac{\mu_0}{4\pi}\boldsymbol{M}\int_V\nabla'^2\frac{1}{R}\mathrm{d}V'=-\mu_0\boldsymbol{M}\int_V\delta(\boldsymbol{r}-\boldsymbol{r}')\mathrm{d}V'$$

按照场点在永磁体内部和外部两种情况，根据 δ 函数的挑选性，磁感应强度化为

$$\boldsymbol{B}(\boldsymbol{r})=\frac{\mu_0}{4\pi}\int_V\nabla'\left(\boldsymbol{M}\cdot\nabla'\frac{1}{R}\right)\mathrm{d}V'+\begin{cases}\mu_0\boldsymbol{M}, & \boldsymbol{r}\in V\\ \boldsymbol{0}, & \boldsymbol{r}\notin V\end{cases}\tag{4.7.11}$$

由式 (4.7.1c)，有

$$\boldsymbol{B}=\mu_0\boldsymbol{H}+\begin{cases}\mu_0\boldsymbol{M}, & \boldsymbol{r}\in V\\ \boldsymbol{0}, & \boldsymbol{r}\notin V\end{cases}\tag{4.7.12}$$

对比式 (4.7.11) 和式 (4.7.12)，可知在空间任意位置，磁场强度为

$$\boldsymbol{H}(\boldsymbol{r})=\frac{1}{4\pi}\int_V\nabla'\left(\boldsymbol{M}\cdot\nabla'\frac{1}{R}\right)\mathrm{d}V'$$

利用 $\nabla'=-\nabla$，上式可化为

$$\boldsymbol{H}(\boldsymbol{r})=-\nabla\left[\frac{1}{4\pi}\int_V\left(\boldsymbol{M}\cdot\nabla'\frac{1}{R}\right)\mathrm{d}V'\right]\tag{4.7.13}$$

由式 (4.7.1a)，引入标量磁位，满足

$$\boldsymbol{H}=-\nabla\varphi_{\mathrm{m}}\tag{4.7.14}$$

比较式 (4.7.13) 和式 (4.7.14)，可知在空间任意位置，标量磁位为

$$\varphi_{\mathrm{m}}(\boldsymbol{r})=\frac{1}{4\pi}\int_V\left(\boldsymbol{M}\cdot\nabla'\frac{1}{R}\right)\mathrm{d}V'\tag{4.7.15}$$

4.7.2 磁荷观点

将 $\boldsymbol{H}$ 看成基本物理量，它是由磁荷产生的。将式 (4.7.1c) 代入式 (4.7.1b)，有

$$\nabla \cdot \boldsymbol{H} = -\nabla \cdot \boldsymbol{M} \tag{4.7.16}$$

考虑到

$$\nabla \cdot \boldsymbol{H} = \frac{\rho_{\mathrm{m}}}{\mu_0} \tag{4.7.17}$$

永磁体内部的体磁荷密度为

$$\rho_{\mathrm{m}} = -\mu_0 \nabla \cdot \boldsymbol{M} \tag{4.7.18}$$

磁介质与真空交界面上的面磁荷密度为

$$\sigma_{\mathrm{m}} = \mu_0 \boldsymbol{n} \cdot \boldsymbol{M} \tag{4.7.19}$$

体磁荷密度和面磁荷密度产生的标量磁位为

$$\varphi_{\mathrm{m}}(\boldsymbol{r}) = \frac{1}{4\pi\mu_0} \int_V \frac{\rho_{\mathrm{m}}(\boldsymbol{r}')}{R} \mathrm{d}V' = -\frac{1}{4\pi} \int_V \frac{\nabla' \cdot \boldsymbol{M}}{R} \mathrm{d}V' \tag{4.7.20}$$

$$\varphi_{\mathrm{m}}(\boldsymbol{r}) = \frac{1}{4\pi\mu_0} \oint_S \frac{\sigma_{\mathrm{m}}(\boldsymbol{r}')}{R} \mathrm{d}S' = \frac{1}{4\pi} \oint_S \frac{\boldsymbol{n} \cdot \boldsymbol{M}}{R} \mathrm{d}S' \tag{4.7.21}$$

仍以真空中的圆柱形永磁体为例，沿着轴向均匀磁化，介质内部 $\boldsymbol{M}$ 是常矢量，因此体磁荷 $\rho_{\mathrm{m}} = 0$，在圆柱侧面，$\boldsymbol{n}$ 与 $\boldsymbol{M}$ 垂直，面磁化电荷 $\sigma_{\mathrm{m}} = \mu_0 \boldsymbol{n} \cdot \boldsymbol{M} = 0$。在圆柱两个端面，$\boldsymbol{n}$ 与 $\boldsymbol{M}$ 同向或反向，一个端面是正磁荷，一个端面是负磁荷。

根据高斯散度定理，式 (4.7.21) 可化为

$$\varphi_{\mathrm{m}}(\boldsymbol{r}) = \frac{1}{4\pi} \oint_S \frac{\boldsymbol{n} \cdot \boldsymbol{M}}{R} \mathrm{d}S' = \frac{1}{4\pi} \int_V \nabla' \cdot \frac{\boldsymbol{M}}{R} \mathrm{d}V' = \frac{1}{4\pi} \int_V \boldsymbol{M} \cdot \nabla' \frac{1}{R} \mathrm{d}V' \tag{4.7.22}$$

式 (4.7.22) 与式 (4.7.15) 是一致的。

可见，磁荷观点与分子电流观点在分析磁场问题时出发点不同，分析方法也不同，但结论是一致的，再次说明两种磁场分析观点的通用性。

4.8 电感、磁场能量与磁场力

4.8.1 电感

一个通有电流 I 的载流回路，它在空间任意点 $\boldsymbol{r}$ 产生的矢量磁位为

$$\boldsymbol{A}(\boldsymbol{r}) = \frac{\mu_0 I}{4\pi} \oint_l \frac{1}{R} \mathrm{d}\boldsymbol{l}(\boldsymbol{r}') \tag{4.8.1}$$

式中，$R=|\boldsymbol{r}-\boldsymbol{r}'|$，$\boldsymbol{r}'$ 为载流回路上任意点的位置矢量。

穿过回路的磁链为

$$\psi=\oint_l \boldsymbol{A}\cdot \mathrm{d}\boldsymbol{l}\,(\boldsymbol{r})=\frac{\mu_0 I}{4\pi}\oint_l\oint_l \frac{1}{R}\mathrm{d}\boldsymbol{l}\,(\boldsymbol{r}')\cdot \mathrm{d}\boldsymbol{l}\,(\boldsymbol{r})$$

上式表明，穿过任意回路的磁链与电流成正比，当磁场由自身回路的电流产生时，定义回路磁链与电流之比为回路的自感系数，单位是亨 (H)。

$$L=\frac{\psi}{I} \tag{4.8.2}$$

对于线形闭合回路，自感为

$$L=\frac{\mu_0}{4\pi}\oint_l\oint_l \frac{1}{R}\mathrm{d}\boldsymbol{l}\,(\boldsymbol{r}')\cdot \mathrm{d}\boldsymbol{l}\,(\boldsymbol{r}) \tag{4.8.3}$$

无限大真空中的两个载流回路 l_1 和 l_2，分别通有 I_1 和 I_2 的电流，设回路 l_1 中电流 I_1 产生的磁场与回路 l_2 交链的磁链为 ψ_{12}，定义比值

$$L_{12}=\frac{\psi_{12}}{I_1} \tag{4.8.4}$$

为两个回路的互感系数。

设回路 l_2 中电流 I_2 产生的磁场与回路 l_1 交链的磁链为 ψ_{21}，其比值同样称为互感系数

$$L_{21}=\frac{\psi_{21}}{I_2}$$

自感与互感都仅取决于回路的形状、尺寸、匝数和介质的磁导率。互感还与两个回路的相互位置有关。

可以求得两个回路的互感为

$$L_{12}=L_{21}=\frac{\mu_0}{4\pi}\oint_{l_1}\oint_{l_2} \frac{1}{R}\mathrm{d}\boldsymbol{l}\,(\boldsymbol{r}')\cdot \mathrm{d}\boldsymbol{l}\,(\boldsymbol{r}) \tag{4.8.5}$$

4.8.2 电感矩阵

在多回路系统中，每个回路电流所产生的磁场除了与其自身铰链外，还与场中其他回路相铰链，回路系统中除了各自回路的自感外，每个回路与其余回路之间都存在互感。因此与每个回路的磁链均可表示为回路自感和回路之间互感与相应回路电流线性组合的形式。电感矩阵表示各闭合回路间磁链的关系。

对于如图 4.8.1 所示的三个闭合回路的系统，磁链与电流的关系为

$$\psi_1 = L_{11}I_1 + L_{12}I_2 + L_{13}I_3$$

$$\psi_2 = L_{21}I_1 + L_{22}I_2 + L_{23}I_3$$

$$\psi_3 = L_{31}I_1 + L_{32}I_2 + L_{33}I_3$$

写成矩阵形式，有

$$\begin{bmatrix} \psi_1 \\ \psi_2 \\ \psi_3 \end{bmatrix} = \begin{bmatrix} L_{11} & L_{12} & L_{13} \\ L_{21} & L_{22} & L_{23} \\ L_{31} & L_{32} & L_{33} \end{bmatrix} \begin{bmatrix} I_1 \\ I_2 \\ I_3 \end{bmatrix} \tag{4.8.6}$$

电感矩阵为

$$L = \begin{bmatrix} L_{11} & L_{12} & L_{13} \\ L_{21} & L_{22} & L_{23} \\ L_{31} & L_{32} & L_{33} \end{bmatrix}$$

上述 3×3 阶电感矩阵描述了三个闭合回路组成的系统中磁链与电流的关系。推而广之，如果系统中包含有 n 个闭合回路，磁链与电流的关系可以用 $n \times n$ 阶电感矩阵来描述。电感矩阵中矩阵元素的单位是亨利。

电感矩阵中主对角线上的元素表示每一个闭合回路的自感，如 L_{11} 表示闭合回路 1 的自感。某一回路的自感在数值上等于该闭合回路通有单位电流，而其他闭合回路中无电流时，穿过该回路的磁链大小。

电感矩阵中，非主对角线上的元素 (如 L_{21}、L_{23} 等) 表示闭合回路间的互感。一个回路对另外一个回路的互感在数值上等于一个回路施加 1A 的电流而其他回路中无电流时，电流在另外一个闭合回路中产生的磁链大小。

如图 4.8.1 所示的三回路系统，给闭合回路 1 施加 1A 的电流，另外两个闭合回路施加的电流为 0A，即令

$$\begin{cases} I_1 = 1 \\ I_2 = 0 \\ I_3 = 0 \end{cases}$$

则电感矩阵变为

$$\begin{bmatrix} \psi_1 \\ \psi_2 \\ \psi_3 \end{bmatrix} = \begin{bmatrix} L_{11} & L_{12} & L_{13} \\ L_{21} & L_{22} & L_{23} \\ L_{31} & L_{32} & L_{33} \end{bmatrix} \begin{bmatrix} 1 \\ 0 \\ 0 \end{bmatrix} = \begin{bmatrix} L_{11} \\ L_{21} \\ L_{31} \end{bmatrix}$$

其中

$$\psi_1 = L_{11}$$

$$\psi_2 = L_{21}$$

上式表明，闭合回路 1 的自感 L_{11} 在数值上等于当回路 1 施加 1A 电流，回路 2 和 3 中没有电流时，穿过闭合回路 1 的磁链大小。而互感 L_{21} 表示在此条件下，电流在闭合回路 2 中产生的磁链大小。

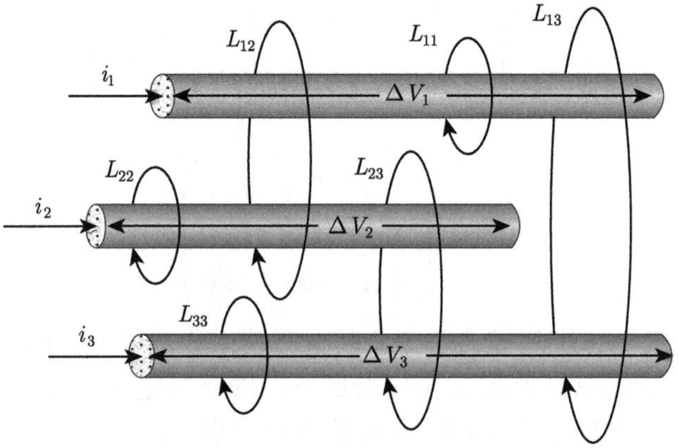

图 4.8.1　闭合回路的一部分

需要注意：由于回路间的相互影响是等价的，所以电感矩阵是对称的。

电感矩阵也可以用来表示系统中的电压与电流波动的关系。假定图 4.8.2 所示的三条传输线，每一线上的时变电流源引起的电压变化为

$$\begin{bmatrix} U_1 \\ U_2 \\ U_3 \end{bmatrix} = \begin{bmatrix} \dfrac{\mathrm{d}\psi_1}{\mathrm{d}t} \\ \dfrac{\mathrm{d}\psi_2}{\mathrm{d}t} \\ \dfrac{\mathrm{d}\psi_3}{\mathrm{d}t} \end{bmatrix} = \begin{bmatrix} L_{11} & L_{12} & L_{13} \\ L_{21} & L_{22} & L_{23} \\ L_{31} & L_{32} & L_{33} \end{bmatrix} \begin{bmatrix} \dfrac{\mathrm{d}i_1}{\mathrm{d}t} \\ \dfrac{\mathrm{d}i_2}{\mathrm{d}t} \\ \dfrac{\mathrm{d}i_3}{\mathrm{d}t} \end{bmatrix} \tag{4.8.7}$$

上述电感矩阵给出了传输线的电压 U 与 $\dfrac{\mathrm{d}I}{\mathrm{d}t}$ 的关系。

采用电感矩阵表示闭合回路之间电流与磁链的关系，可以简化多回路系统问题的分析，便于实现计算机辅助计算。

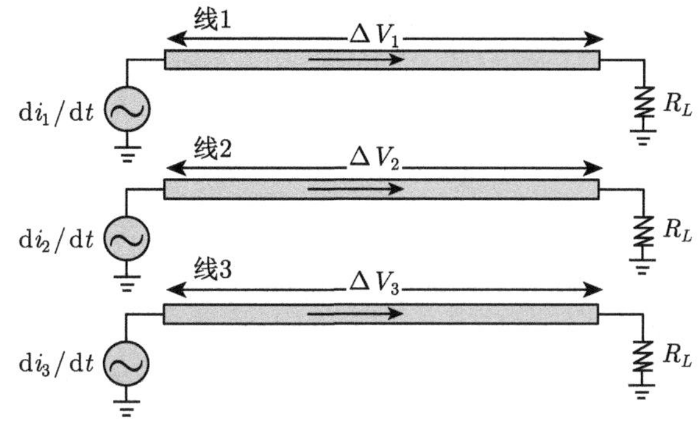

图 4.8.2 传输线

4.8.3 磁场能量

位于磁场中的小磁针会发生偏转，说明磁场具有能量。在能量分布和力的问题上，稳恒磁场与静电场有许多相似之处。

磁场能量来源于建立电流过程中外界提供的能量。如图 4.8.3 所示，由两个载流回路 l_1 和 l_2 组成的系统，在外电源的作用下电流分别从零增加到 I_1 和 I_2，为简化分析，假定导线电阻为零，则在此过程中不计导电损耗，外电源所做的功全部转化为磁场能量。

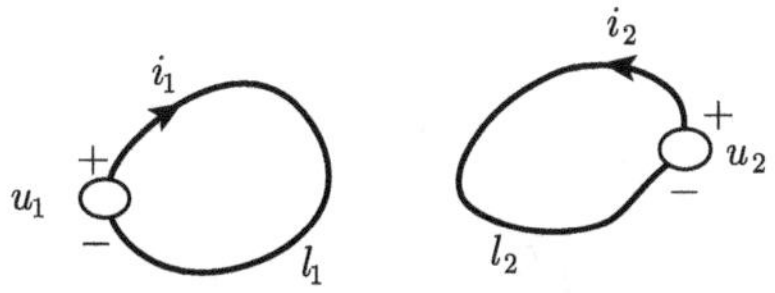

图 4.8.3 两个磁耦合线圈的磁场能量

先考虑回路 l_1，当回路中的电流由 i_1 增加时，与回路 l_1 相铰链的磁链 ψ_1 将发生变化，产生感应电动势 $\mathscr{E}_1$ 阻止电流的增加，感应电动势为

$$\mathscr{E}_1 = -\frac{\mathrm{d}\psi_1}{\mathrm{d}t}$$

为了维持电流 i_1 增加，外电源必须提供电压 u_1 对抗感应电动势，即

$$u_1 = -\mathscr{E}_1 = \frac{\mathrm{d}\psi_1}{\mathrm{d}t}$$

于是，当回路电流为 i_1 时，在 $\mathrm{d}t$ 时间内外电源做功为

$$\mathrm{d}W_1 = u_1 i_1 \mathrm{d}t = i_1 \mathrm{d}\psi_1 = L_1 i_1 \mathrm{d}i_1$$

因此，在回路 l_2 电流为零、回路 l_1 电流 i_1 从零增加到 I_1 的过程中，外电源做功为

$$W_1=\int_0^{I_1}L_1i_1\mathrm{d}i_1=\frac{1}{2}L_1I_1^2$$

外电源所做的这部分功转化为磁场能量。

接下来，在回路 l_1 的电流保持 I_1 不变时，分析回路 l_2 电流 i_2 从零增加到 I_2 过程中外电源的做功。

在外电源的作用下，当回路 l_2 中电流 i_2 变化时，在两个回路中分别产生感应电动势

$$\mathscr{E}_1=-\frac{\mathrm{d}\psi_{21}}{\mathrm{d}t}$$

$$\mathscr{E}_2=-\frac{\mathrm{d}\psi_2}{\mathrm{d}t}$$

为了维持电流 i_2 增加，同时保持回路 l_1 的电流 I_1 不变，外电源必须提供电压 u_2 和 u_1 对抗感应电动势。

因此，在 $\mathrm{d}t$ 时间内外电源做功为

$$\begin{cases}\mathrm{d}W_2=u_2i_2\mathrm{d}t=i_2\mathrm{d}\psi_2=L_2i_2\mathrm{d}i_2\\ \mathrm{d}W_{21}=I_1\mathrm{d}\psi_{21}=M_{21}I_1\mathrm{d}i_2\end{cases}$$

于是，当回路 l_1 的电流保持 I_1 不变时，回路 l_2 电流 i_2 从零增加到 I_2 的过程中，外电源做功为

$$\begin{cases}W_2=\displaystyle\int_0^{I_2}L_2i_2\mathrm{d}i_2=\frac{1}{2}L_2I_2^2\\ W_{21}=\displaystyle\int_0^{I_2}M_{21}I_1\mathrm{d}i_2=M_{21}I_1I_2\end{cases}$$

综上，两个回路电流分别从零增加到 I_1 和 I_2 的过程，系统总的磁场能量为

$$W_{\mathrm{m}}=W_1+W_2+W_{21}=\frac{1}{2}L_1I_1^2+\frac{1}{2}L_2I_2^2+M_{21}I_1I_2=\frac{1}{2}\sum_{i=1}^{2}\sum_{j=1}^{2}M_{ij}I_iI_j$$

式中，W_1 和 W_2 称为回路的自有能量，而 W_{21} 称为两个回路间的互相作用能量。

若用 ψ_i 表示与第 i 个回路相铰链的自磁链和互磁链之和，即

$$\begin{cases}\psi_1=L_1I_1+M_{12}I_2\\ \psi_2=M_{21}I_1+L_2I_2\end{cases}$$

则总的磁场能量可写为

$$W_{\mathrm{m}}=\frac{1}{2}\psi_1 I_1+\frac{1}{2}\psi_2 I_2=\frac{1}{2}\sum_{i=1}^{2}\psi_i I_i$$

推广可得，由 $I_k\,(k=1,2,\cdots,n)$ 电流回路组成的系统中，磁场能量为

$$W_{\mathrm{m}}=\frac{1}{2}\sum_{i=1}^{n}\psi_i I_i$$

将 $\psi_i=\oint_l \boldsymbol{A}\cdot\mathrm{d}\boldsymbol{l}$ 代入上式，有

$$W_{\mathrm{m}}=\frac{1}{2}\sum_{i=1}^{n}I_i\oint_{l_i}\boldsymbol{A}\cdot\mathrm{d}\boldsymbol{l}_i$$

考虑电流成体分布，将电流元 $I_i\mathrm{d}\boldsymbol{l}_i$ 换成 $\boldsymbol{J}\mathrm{d}V$，线积分换成体积分，磁场能量为

$$W_{\mathrm{m}}=\frac{1}{2}\int_V \boldsymbol{A}\cdot\boldsymbol{J}\mathrm{d}V$$

式中，积分区域可以扩展到无限大，因为在 $\boldsymbol{J}=0$ 的空间积分不会改变磁场能量的大小。

将安培定律 $\nabla\times\boldsymbol{H}=\boldsymbol{J}$ 代入上式，并利用矢量恒等式

$$\nabla\cdot(\boldsymbol{a}\times\boldsymbol{b})=\boldsymbol{b}\cdot\nabla\times\boldsymbol{a}-\boldsymbol{a}\cdot\nabla\times\boldsymbol{b}$$

有

$$W_{\mathrm{m}}=\frac{1}{2}\int_V \boldsymbol{A}\cdot\nabla\times\boldsymbol{H}\mathrm{d}V=\frac{1}{2}\int_V\nabla\cdot(\boldsymbol{H}\times\boldsymbol{A})\,\mathrm{d}V+\frac{1}{2}\int_V\boldsymbol{H}\cdot\nabla\times\boldsymbol{A}\mathrm{d}V$$

根据高斯散度定理，有

$$W_{\mathrm{m}}=\frac{1}{2}\int_V\nabla\cdot(\boldsymbol{H}\times\boldsymbol{A})\,\mathrm{d}V+\frac{1}{2}\int_V\boldsymbol{H}\cdot\nabla\times\boldsymbol{A}\mathrm{d}V$$

$$W_{\mathrm{m}}=\frac{1}{2}\oint_S\boldsymbol{n}\cdot(\boldsymbol{H}\times\boldsymbol{A})\,\mathrm{d}S+\frac{1}{2}\int_V\boldsymbol{H}\cdot\boldsymbol{B}\mathrm{d}V$$

在积分区域的外表面，$r\to\infty$，有

$$A\propto\frac{1}{r},\quad H\propto\frac{1}{r^2},\quad S\propto r^2$$

则在无限远处，面积分趋于零

$$\oint_S \boldsymbol{n}\cdot(\boldsymbol{H}\times\boldsymbol{A})\,\mathrm{d}S=0$$

因此有

$$W_{\mathrm{m}}=\frac{1}{2}\int_V \boldsymbol{H}\cdot\boldsymbol{B}\mathrm{d}V \tag{4.8.8}$$

式 (4.8.8) 说明，存在磁场的地方就有磁场能量，磁场的能量密度为

$$w_{\mathrm{m}}=\frac{1}{2}\boldsymbol{H}\cdot\boldsymbol{B} \tag{4.8.9}$$

式 (4.8.9) 与静电场能量密度 $w_{\mathrm{e}}=\dfrac{1}{2}\boldsymbol{D}\cdot\boldsymbol{E}$ 相比，二者具有对偶关系。在线性磁介质中，$\boldsymbol{B}=\mu\boldsymbol{H}$，代入上式，得 $w_{\mathrm{m}}=\dfrac{1}{2}\mu H^2$。

对于非线性磁介质，当磁感应强度由零增至 B 时，总磁场能量和能量密度分别为

$$W_{\mathrm{m}}=\int_V\left(\int_0^B \boldsymbol{H}\cdot\mathrm{d}\boldsymbol{B}\right)\mathrm{d}V \tag{4.8.10}$$

$$w_{\mathrm{m}}=\int_0^B \boldsymbol{H}\cdot\mathrm{d}\boldsymbol{B} \tag{4.8.11}$$

式中的积分值与过去的磁化历史有关。

4.8.4 电感矩阵的计算

与电容矩阵的计算过程类似，对于 n 个回路组成的多回路系统，进行 n 次磁场数值模拟，在每一次模拟过程中，给定其中一个导体施加 1A 电流，而其他导体中无电流。导体 i 和 j 的磁场能量为

$$W_{ij}=\frac{1}{2}LI^2=\frac{1}{2}\int_V \boldsymbol{B}_i\cdot\boldsymbol{H}_j\mathrm{d}V$$

式中，I 是导体 i 中的电流，取值为 1；$\boldsymbol{B}_i$ 是导体 i 中施加 1A 电流产生的磁通密度；$\boldsymbol{H}_j$ 是导体 j 中产生的磁场强度。

由上式可以导出，导体 i 和 j 间的互感为

$$L=\int_V \boldsymbol{B}_i\cdot\boldsymbol{H}_j\mathrm{d}V \tag{4.8.12}$$

4.8.5 磁场力

两个载流回路间的磁场力原则上可由安培力式直接计算。在许多情况下这样做是非常困难的，比较便捷的方法就是仿照静电力的处理思路，利用虚功原理，根据磁场能量的空间变化率来计算磁场力。

在 n 个载流回路组成的稳恒电流系统中，为简便起见，假设回路的电阻为零，设回路 l_i 与电压为 U_i 的外电源相连接，若某一回路在磁场力 F 的作用下有一个广义坐标 g 发生位移 $\mathrm{d}g$，而其他回路都固定不动，则广义磁场力做功 $F\mathrm{d}g$，系统的静磁能增加量为 $\mathrm{d}W_{\mathrm{m}}$，$\mathrm{d}W_{\mathrm{S}}$ 是与各回路相连接的外电源所提供的能量，则该系统的能量关系为

$$\mathrm{d}W_{\mathrm{S}} = \mathrm{d}W_{\mathrm{m}} + F\mathrm{d}g$$

其中

$$\mathrm{d}W_{\mathrm{S}} = \sum U_i I_i \Delta t = \sum I_i \mathrm{d}\Psi_i$$

$$\mathrm{d}W_{\mathrm{m}} = \frac{1}{2}\sum \Psi_i \mathrm{d}I_i + \frac{1}{2}\sum I_i \mathrm{d}\Psi_i$$

可以分为如下两种情况讨论。

1. 常磁链系统

各回路的磁链不变，即 $\mathrm{d}\Psi_i = 0$，由此可以导出

$$\mathrm{d}W_{\mathrm{S}} = 0$$

$$F\mathrm{d}g = -\mathrm{d}W_{\mathrm{m}} = -\frac{\mathrm{d}W_{\mathrm{m}}}{\mathrm{d}g}\mathrm{d}g$$

于是

$$F = -\left.\frac{\mathrm{d}W_{\mathrm{m}}}{\mathrm{d}g}\right|_{\Psi_i=\text{常数}} \tag{4.8.13}$$

若某一回路发生位移，各回路中电流必定发生变化，才能维持回路的磁链不变，则回路中没有感应电动势，故与回路相连的外电源不对回路输入能量，某一回路发生位移时所需的机械功只有靠磁场能量减少来完成，故式 (4.8.13) 中有一个负号。

2. 常电流系统

回路电流不变。即

$$\mathrm{d}I_i = 0$$

导出

$$\mathrm{d}W_{\mathrm{S}}=\sum I_i\mathrm{d}\varPsi_i$$

$$\mathrm{d}W_{\mathrm{m}}=\frac{1}{2}\sum I_i\mathrm{d}\varPsi_i$$

上面两式表明

$$\mathrm{d}W_{\mathrm{S}}=2\mathrm{d}W_{\mathrm{m}}$$

则有

$$F\mathrm{d}g=\mathrm{d}W_{\mathrm{m}}=\frac{\mathrm{d}W_{\mathrm{m}}}{\mathrm{d}g}\mathrm{d}g$$

于是

$$F=\left.\frac{\mathrm{d}W_{\mathrm{m}}}{\mathrm{d}g}\right|_{I_i=常数} \tag{4.8.14}$$

式 (4.8.14) 表明，当某一回路发生位移，回路中的磁链必定发生变化，才能维持回路电流不变。因为磁链发生变化，引起回路中产生感应电动势，与回路相连的外电源要做功来克服感应电动势以保持回路的电流不变。电源做功为 $\mathrm{d}W_{\mathrm{S}}=\sum I_i\mathrm{d}\varPsi_i=2\mathrm{d}W_{\mathrm{m}}$，即电源输入能量的一半用于增加磁场储能，另一半用于回路产生位移所需的机械功。

在上述两种情形中，$\varPsi_i$ 不变和 I_i 不变是在某一个回路发生位移时的两种假设，电流回路实际上并未移动，磁场分布也未改变，待求的磁场力是在当时的电流和磁场作用下产生的力。因此和应用虚位移法求电场力一样，采用虚位移法求磁场力，两种情况得到的结果是一致的。

如图 4.8.4 的直进式电磁铁，作用在衔铁上的力沿着虚位移 S 的方向，有

$$F=\left.\frac{\mathrm{d}W_{\mathrm{m}}}{\mathrm{d}x}\right|_{i=常数}=\frac{\partial}{\partial x}\left[\int_V\left(\int_0^B\boldsymbol{H}\cdot\mathrm{d}\boldsymbol{B}\right)\mathrm{d}V\right]$$

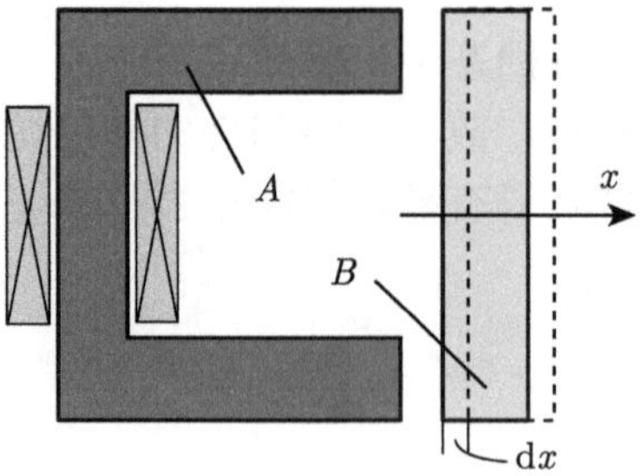

图 4.8.4 直进式电磁铁

与磁场力的计算相似，使用虚位移原理计算物体上的转矩。如图 4.8.5 所示拍合式电磁铁结构中，物体 B 关于转轴的转矩为

$$T=\left.\frac{\mathrm{d}W_m}{\mathrm{d}\theta}\right|_{i=\text{常数}}=\frac{\partial}{\partial\theta}\left[\int_V\left(\int_0^B\boldsymbol{H}\cdot\mathrm{d}\boldsymbol{B}\right)\mathrm{d}V\right]$$

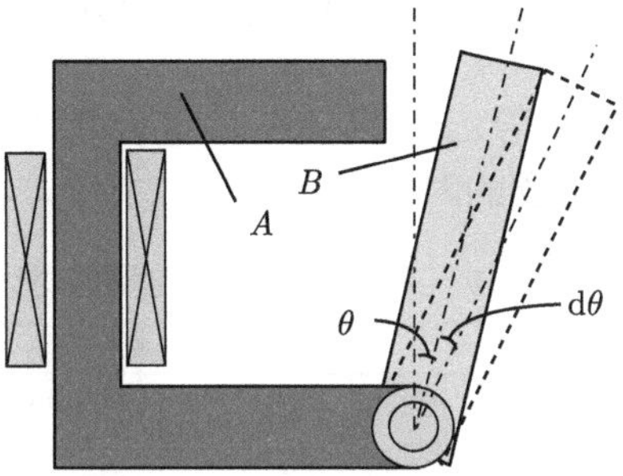

图 4.8.5 拍合式电磁铁

4.9 稳恒磁场边值问题

对于没有电流的区域，磁场为无旋磁场

$$\begin{cases}\nabla\times\boldsymbol{H}=\boldsymbol{0}\\ \nabla\cdot\boldsymbol{B}=0\\ \boldsymbol{B}=\mu\boldsymbol{H}\end{cases}\tag{4.9.1}$$

与式 (1.10.1) 对比，有 $\boldsymbol{G}$、$\boldsymbol{P}$ 和 α 分别对应 $\boldsymbol{H}$、$\boldsymbol{B}$ 和 μ，q 为零。

参考式 (1.9.6)，场连续性条件为

$$\begin{cases}\boldsymbol{n}\times(\boldsymbol{H}_2-\boldsymbol{H}_1)|_S=\boldsymbol{0}\\ \boldsymbol{n}\cdot(\boldsymbol{B}_2-\boldsymbol{B}_1)|_S=0\end{cases}\tag{4.9.2}$$

引入标量磁位 φ_{m}，$\boldsymbol{H}=-\nabla\varphi_{\mathrm{m}}$，则 $\boldsymbol{B}=-\mu\nabla\varphi_{\mathrm{m}}$，参考式 (1.10.2)，无旋磁场满足的拉普拉斯方程：

$$\nabla\cdot(\mu\nabla\varphi_{\mathrm{m}})=0\tag{4.9.3}$$

式 (4.9.3) 是 1826 年由泊松导出的。

参考式 (1.10.5)，拉普拉斯方程的内部边界条件为

$$\begin{cases}\varphi_{\mathrm{m}1}|_S=\varphi_{\mathrm{m}2}|_S\\ \mu_1\left.\dfrac{\partial\varphi_{\mathrm{m}1}}{\partial n}\right|_S=\mu_2\left.\dfrac{\partial\varphi_{\mathrm{m}2}}{\partial n}\right|_S\end{cases}\tag{4.9.4}$$

对于有旋磁场，只需参考 1.11 节和 1.12 节中各公式，用 $\boldsymbol{H}$、$\boldsymbol{B}$、$\boldsymbol{J}$ 和 μ 分别替换对应的 $\boldsymbol{G}$、$\boldsymbol{P}$、$\boldsymbol{Q}$ 和 α 各项，并令 q 为零，$\vartheta=\mu^{-1}$，用 ϑ 替换 β，将矢量位看成矢量磁位，就可以方便地给出稳恒磁场的双旋度方程、库仑规范、矢量泊松方程、内部连续条件、定解问题等，这里不再赘述。

4.10　稳恒磁场与静电场的对比

稳恒磁场与静电场都是静态矢量场，二者分析方法与性质具有相似之处，表 4.10.1 为静电场与稳恒磁场的对比。

表 4.10.1　稳恒磁场与静电场的对比

静电场	稳恒磁场
静电荷 (q、$\sigma\mathrm{d}S$、$\rho\mathrm{d}V$)	稳恒电流 ($I\mathrm{d}\boldsymbol{l}$、$\boldsymbol{K}\mathrm{d}S$、$\boldsymbol{J}\mathrm{d}V$)
库仑定律	毕奥–萨伐尔定律
$\boldsymbol{E}(\boldsymbol{r})=\dfrac{1}{4\pi\varepsilon_0}\displaystyle\int_V\rho\frac{\boldsymbol{e}_R}{R^2}\mathrm{d}V'$	$\boldsymbol{B}(\boldsymbol{r})=\dfrac{\mu_0}{4\pi}\displaystyle\int_V\frac{\boldsymbol{J}\times\boldsymbol{e}_R}{R^2}\mathrm{d}V'$
$\boldsymbol{F}(\boldsymbol{r})=\displaystyle\int_V\rho\boldsymbol{E}\mathrm{d}V$	$\boldsymbol{F}(\boldsymbol{r})=\displaystyle\int_V\boldsymbol{J}\times\boldsymbol{B}\mathrm{d}V$
环量 $\displaystyle\oint_C\boldsymbol{E}\cdot\mathrm{d}\boldsymbol{l}=0$	环量 $\displaystyle\oint_C\boldsymbol{B}\cdot\mathrm{d}\boldsymbol{l}=\mu_0\sum I$
电通量 $\displaystyle\oint_S\boldsymbol{D}\cdot\mathrm{d}\boldsymbol{S}=q$	闭合面磁通量 $\displaystyle\oint_S\boldsymbol{B}\cdot\mathrm{d}\boldsymbol{S}=0$
	曲面磁通量 $\displaystyle\int_S\boldsymbol{B}\cdot\mathrm{d}\boldsymbol{S}=\phi_\mathrm{m}$
电场能量密度	磁场能量密度
$w_\mathrm{e}=\dfrac{1}{2}\boldsymbol{E}\cdot\boldsymbol{D}$	$w_\mathrm{m}=\dfrac{1}{2}\boldsymbol{H}\cdot\boldsymbol{B}$
电场能	磁场能
$W_\mathrm{e}=\dfrac{1}{2}CU^2$	$W_\mathrm{m}=\dfrac{1}{2}LI^2$
$W_\mathrm{e}=\dfrac{1}{2}\displaystyle\int_V\varphi\rho\mathrm{d}V$	$W_\mathrm{m}=\dfrac{1}{2}\displaystyle\int_V\boldsymbol{A}\cdot\boldsymbol{J}\mathrm{d}V$
$W_\mathrm{e}=\displaystyle\int_V\frac{1}{2}\boldsymbol{E}\cdot\boldsymbol{D}\mathrm{d}V$	$W_\mathrm{m}=\displaystyle\int_V\frac{1}{2}\boldsymbol{H}\cdot\boldsymbol{B}\mathrm{d}V$
$C=\dfrac{\displaystyle\oint_S\boldsymbol{D}\cdot\mathrm{d}\boldsymbol{S}}{U}$	$L=\dfrac{\displaystyle\int_S\boldsymbol{B}\cdot\mathrm{d}\boldsymbol{S}}{I}$
$C=\dfrac{\displaystyle\int_V\boldsymbol{D}_i\cdot\boldsymbol{E}_j\mathrm{d}V}{U^2}$	$L=\dfrac{\displaystyle\int_V\boldsymbol{B}_i\cdot\boldsymbol{H}_j\mathrm{d}V}{I^2}$
虚功原理求电场力	虚功原理求磁场力
常电位系统：$F=\dfrac{\mathrm{d}W_\mathrm{e}}{\mathrm{d}g}$	常电流系统：$F=\dfrac{\mathrm{d}W_\mathrm{m}}{\mathrm{d}g}$
常电荷系统：$F=-\dfrac{\mathrm{d}W_\mathrm{e}}{\mathrm{d}g}$	常磁链系统：$F=-\dfrac{\mathrm{d}W_\mathrm{m}}{\mathrm{d}g}$

续表

静电场	稳恒磁场		
静电场 $\begin{cases} \nabla\times\boldsymbol{E}=0 \\ \nabla\cdot\boldsymbol{D}=\rho \\ \boldsymbol{D}=\varepsilon\boldsymbol{E} \end{cases}$	无旋磁场 $\begin{cases} \nabla\times\boldsymbol{H}=\boldsymbol{0} \\ \nabla\cdot\boldsymbol{B}=0 \\ \boldsymbol{B}=\mu\boldsymbol{H} \end{cases}$	有旋磁场 $\begin{cases} \nabla\times\boldsymbol{H}=\boldsymbol{J} \\ \nabla\cdot\boldsymbol{B}=0 \\ \boldsymbol{B}=\mu\boldsymbol{H} \end{cases}$	
标量电位 φ	标量磁位 φ_{m}	矢量磁位 $\boldsymbol{A}$	
位方程 $\nabla\cdot(\varepsilon\nabla\varphi)=-\rho$	$\nabla\cdot(\mu\nabla\varphi_{\mathrm{m}})=0$	$\nabla\times(\vartheta\nabla\times\boldsymbol{A})=\boldsymbol{J}$	
		平面对称模型 $\nabla\cdot(\vartheta\nabla A)=-J$	轴对称模型 $\nabla_{\mathrm{c}}\cdot\left[\dfrac{\vartheta}{r}\nabla(rA)\right]=-J$
电力线与等位线垂直	磁场强度线与等位线垂直	等 A 线即磁力线(磁感应强度线)	等 rA 线即磁力线

参考 1.13 节，二维轴对称稳恒磁场方程为

$$\nabla_{\mathrm{c}}\cdot\left[\frac{\vartheta}{r}\nabla(rA)\right]=\frac{\partial}{\partial r}\left[\frac{\vartheta}{r}\frac{\partial(rA)}{\partial r}\right]+\frac{\partial}{\partial z}\left[\frac{\vartheta}{r}\frac{\partial(rA)}{\partial z}\right]=-J$$

式中，A 为矢量磁位的 φ 分量。

需要注意，∇_{c} 无论是作为梯度算子还是散度算子，均定义为 $\nabla_{\mathrm{c}}=\dfrac{\partial}{\partial r}\boldsymbol{e}_r+\dfrac{\partial}{\partial z}\boldsymbol{e}_z$。

通过类比和对比，可以加深对两种静态场的理解，掌握两种场的求解分析方法。此外，还可以引发对概念的扩展。例如，$\boldsymbol{D}$ 为电位移矢量，与之对应，$\boldsymbol{B}$ 可以叫磁位移矢量；与永磁体对应的是永电体等。

习　题

4.1　试根据磁荷理论与分子电流理论，说明小电流环对于远场的观测点，可视为磁偶极子。

4.2　一个边长为 a 的正 n 边形线圈中通过的电流为 I，试证明线圈中心的磁感应强度为

$$B=\frac{\mu_0 nI}{2\pi a}\tan\frac{\pi}{n}$$

4.3　试讨论磁偶极矩为 $\boldsymbol{m}$ 的磁偶极子在外磁场 $\boldsymbol{B}$ 中的位能为 $W=-\boldsymbol{m}\cdot\boldsymbol{B}$，受力为 $\boldsymbol{F}=(\boldsymbol{m}\times\nabla)\times\boldsymbol{B}$，力矩为 $\boldsymbol{T}=\boldsymbol{m}\times\boldsymbol{B}$。

4.4　试证明，在相对磁导率为 μ_{r} 的均匀磁介质内部，磁化电流密度与传导电流密度之比为

$$\frac{J_M}{J}=\mu_{\mathrm{r}}-1$$

4.5　在真空中有一均匀磁场 $\boldsymbol{H}_0$，放入一磁导率为 μ、半径为 R 的球体，试证明球内、外的磁场强度分别为

$$\boldsymbol{H}_1=\frac{3\mu_0}{\mu+2\mu_0}\boldsymbol{H}_0$$

$$\boldsymbol{H}_2=\boldsymbol{H}_0+\frac{\mu-\mu_0}{\mu+2\mu_0}\left(\frac{R}{r}\right)^3\left[\frac{3\left(\boldsymbol{H}_0\cdot\boldsymbol{r}\right)\boldsymbol{r}}{r^2}-\boldsymbol{H}_0\right]$$

4.6　试从 $\boldsymbol{B}=\frac{\mu_0}{4\pi}\nabla\left(\boldsymbol{m}\cdot\nabla\frac{1}{r}\right)$ 导出磁偶极子的磁场：

(1) $\boldsymbol{B}=\frac{\mu_0 m}{4\pi r^3}(2\cos\theta\boldsymbol{e}_r+\sin\theta\boldsymbol{e}_\theta)$；

(2) $\boldsymbol{B}=\frac{\mu_0}{4\pi r^3}\left[\frac{3\left(\boldsymbol{m}\cdot\boldsymbol{r}\right)\boldsymbol{r}}{r^2}-\boldsymbol{m}\right]$

4.7　如习题 4.7 图所示，两个磁偶极子 $\boldsymbol{m}_1$ 和 $\boldsymbol{m}_2$，位于同一平面内，$\boldsymbol{m}_1$ 固定不动，$\boldsymbol{m}_2$ 则可以在该平面内绕自己的中心自由转动；从 $\boldsymbol{m}_1$ 到 $\boldsymbol{m}_2$ 的位矢为 $\boldsymbol{r}$，$\boldsymbol{m}_1$ 和 $\boldsymbol{r}$ 的夹角为 α_1。设 $\boldsymbol{m}_2$ 在平衡时与 $\boldsymbol{r}$ 的夹角为 α_2，试求 α_1 与 α_2 的关系。

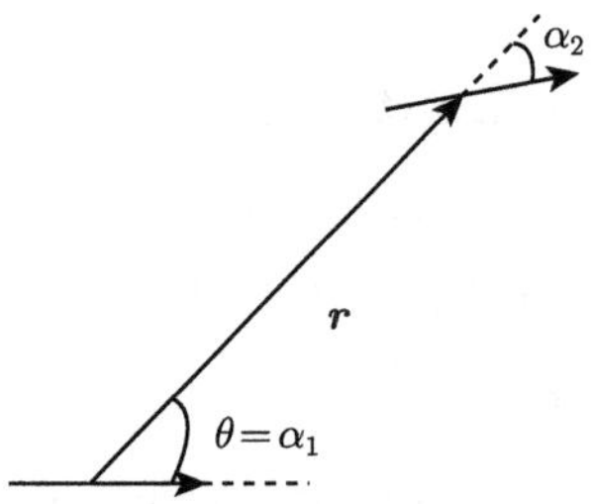

习题 4.7 图

4.8　试证明双旋度方程解的唯一性。

4.9　试证明双旋度方程与库仑规范解的唯一性。

4.10　试证明矢量泊松方程的解的唯一性。

第 5 章　时变电磁场

随时间变化的电磁场称为时变电磁场，在时变电磁场中，不仅空间的场量随时间变化，而且还有电场与磁场之间的相互激发与转化。本章从法拉第电磁感应定律出发，将静电场环路定律扩展应用到时变场的情况，根据电荷守恒原理，引入位移电流，将安培环路定律推广应用到时变场。综合时变电磁场的基本方程，得出麦克斯韦方程组的一般形式，并给出时谐电磁场的麦克斯韦方程组。

5.1　法拉第电磁感应定律

在丹麦物理学家奥斯特 (Hans Christian Oersted，1777～1851) 于 1820 年演示了电流对罗盘指针的作用后，英国物理学家法拉第 (Michael Faraday，1791～1867) 坚信如果电流能够产生磁场，那么磁场也可以产生电流，在 1831 年法拉第发现了电磁感应现象。实验表明，穿过闭合回路的磁通量发生变化时产生感应电流。法拉第电磁感应定律：回路中感应电动势的大小，与该回路所围曲面的磁通量的变化率成正比

$$\mathscr{E} = -\frac{\mathrm{d}\Phi}{\mathrm{d}t} = -\frac{\mathrm{d}}{\mathrm{d}t}\int_S \boldsymbol{B}\cdot\mathrm{d}\boldsymbol{S} \tag{5.1.1}$$

式中，S 为回路 l 所界定的任意曲面，其方向与 l 的绕行方向满足右手螺旋关系，负号是楞次定律的体现。式 (5.1.1) 右端项的全导数为

$$\mathscr{E} = -\int_S \frac{\partial \boldsymbol{B}}{\partial t}\cdot\mathrm{d}\boldsymbol{S} - \int_S \boldsymbol{B}\cdot\frac{\partial(\mathrm{d}\boldsymbol{S})}{\partial t} \tag{5.1.2}$$

由式 (5.12) 可知，导体回路中的感应电动势由两项组成：第一项相当于导体回路与磁场无相对运动时，由于磁场随时间变化而引起的感应电动势，叫做感生电动势；第二项则是当磁场不随时间变化时，由于导体回路相对于磁场运动而引起的感应电动势，称为动生电动势。因此感应电动势的产生可分为三种情况讨论。

(1) 时变磁场中的静止回路——感生电动势。回路与磁场无相对运动，此时 $\dfrac{\partial(\mathrm{d}\boldsymbol{S})}{\partial t} = 0$，式 (5.1.2) 中第二项为零，则回路感应电动势为

$$\mathscr{E} = -\frac{\mathrm{d}}{\mathrm{d}t}\int_S \boldsymbol{B}\cdot\mathrm{d}\boldsymbol{S} = -\int_S \frac{\partial \boldsymbol{B}}{\partial t}\cdot\mathrm{d}\boldsymbol{S} \tag{5.1.3}$$

变压器二次绕阻上的电动势即为感生电动势，因此工程上也称感生电动势为变压器电动势。

(2) 稳恒磁场中的运动回路——动生电动势。$\boldsymbol{B}$ 为稳恒磁场，导体回路 l 或部分导体回路和磁场有相对运动。此时 $\dfrac{\partial \boldsymbol{B}}{\partial t}=0$，式 (5.1.2) 中第一项为零，则回路感应电动势为

$$\mathscr{E}=-\int_S \boldsymbol{B}\cdot\frac{\partial\,(\mathrm{d}\boldsymbol{S})}{\partial t} \tag{5.1.4}$$

设稳恒磁场 $\boldsymbol{B}$ 中任意闭合曲线 l，其界定的曲面为 S，该回路相对于磁场 $\boldsymbol{B}$ 运动。如图 5.1.1 所示，在时间 $\mathrm{d}t$ 内，曲线上每一个长度元扫过的面积为 $\mathrm{d}\boldsymbol{S}=(\boldsymbol{v}\times\mathrm{d}\boldsymbol{l})\,\mathrm{d}t$，所以

$$\frac{\partial\,(\mathrm{d}\boldsymbol{S})}{\partial t}=\frac{\partial}{\partial t}(\boldsymbol{v}\times\mathrm{d}\boldsymbol{l})\,\mathrm{d}t=\boldsymbol{v}\times\mathrm{d}\boldsymbol{l}$$

由于 $\boldsymbol{v}$ 是对应于时间 $\mathrm{d}t$ 的速度，而 $\mathrm{d}\boldsymbol{l}$ 是一个固定量，回代至式 (5.1.4)，并利用矢量混合积恒等式 $\boldsymbol{A}\cdot(\boldsymbol{B}\times\boldsymbol{C})=\boldsymbol{C}\cdot(\boldsymbol{A}\times\boldsymbol{B})$ 得

$$\mathscr{E}=-\int_S \boldsymbol{B}\cdot\frac{\partial\,(\mathrm{d}\boldsymbol{S})}{\partial t}=-\oint_l \boldsymbol{B}\cdot(\boldsymbol{v}\times\mathrm{d}\boldsymbol{l})=\oint_l(\boldsymbol{v}\times\boldsymbol{B})\cdot\mathrm{d}\boldsymbol{l} \tag{5.1.5}$$

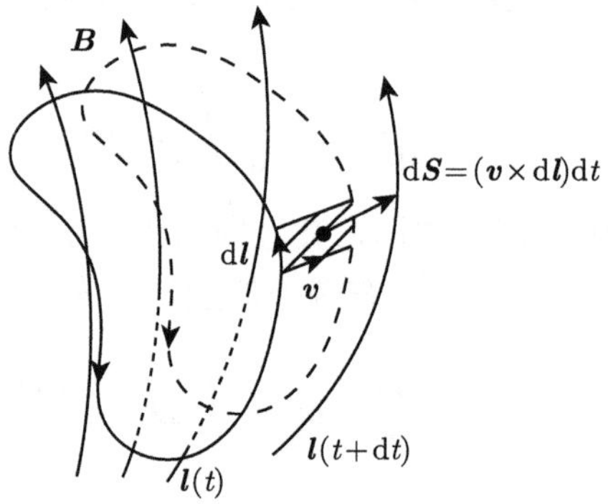

图 5.1.1　磁场中的运动回路产生的动生电动势

旋转发电机电动势就是在稳恒磁场 $\boldsymbol{B}$ 下，由导体回路在磁场中运动而产生的感应电动势，因此工程上也称这种由于导体回路与磁场的相对运动引起的感应电动势为发电机电动势。

(3) 时变磁场中的运动回路——感生电动势与动生电动势共同存在。当导体回路在时变磁场中运动时，回路中的电动势为感生电动势与动生电动势之和，即

$$\mathscr{E}=-\int_S \frac{\partial \boldsymbol{B}}{\partial t}\cdot\mathrm{d}\boldsymbol{S}+\oint_l(\boldsymbol{v}\times\boldsymbol{B})\cdot\mathrm{d}\boldsymbol{l} \tag{5.1.6}$$

式 (5.1.6) 表明回路在变化磁场运动产生的感应电动势包括感生电动势和动生电动势两种效应的叠加。从本质上来说，式 (5.1.6) 与式 (5.1.1) 的意义完全相同。

麦克斯韦认为，感应电动势的出现是由于回路中存在非静电性质的感应电场，电力线呈涡旋分布，且感应电场不依赖介质而存在，也称为涡旋电场 $\boldsymbol{E}_i$。由电动势的定义，结合式 (5.1.3)，有

$$\mathscr{E} = \oint_l \boldsymbol{E}_i \cdot \mathrm{d}\boldsymbol{l} = \int_S -\frac{\partial \boldsymbol{B}}{\partial t} \cdot \mathrm{d}\boldsymbol{S}$$

利用斯托克斯公式

$$\int_S \nabla \times \boldsymbol{E}_i \cdot \mathrm{d}\boldsymbol{S} = \oint_l \boldsymbol{E}_i \cdot \mathrm{d}\boldsymbol{l}$$

导出法拉第电磁感应定律的微分形式为

$$\nabla \times \boldsymbol{E}_i = -\frac{\partial \boldsymbol{B}}{\partial t} \tag{5.1.7}$$

因此，产生电场的场源有两种：电荷和变化的磁场。虽然两种源产生的电场性质不同，但是都能对其中的电荷有力的作用，因此，当两种场源共同存在时，空间中的合成电场为

$$\boldsymbol{E} = \boldsymbol{E}_i + \boldsymbol{E}_c \tag{5.1.8}$$

其中，电荷产生的电场为库仑电场 $\boldsymbol{E}_c$，是保守力场，其旋度为零，即 $\nabla \times \boldsymbol{E}_c = 0$，则对式 (5.1.8) 求旋度为

$$\nabla \times \boldsymbol{E} = -\frac{\partial \boldsymbol{B}}{\partial t} \tag{5.1.9}$$

由于感应电场的有旋性，合成电场为有旋场。对任意闭合曲线 l 围成的曲面 S 作面积分，根据斯托克斯公式，得其积分形式

$$\oint_l \boldsymbol{E} \cdot \mathrm{d}\boldsymbol{l} = -\int_S \frac{\partial \boldsymbol{B}}{\partial t} \cdot \mathrm{d}\boldsymbol{S} \tag{5.1.10}$$

需要说明的是，法拉第电磁感应定律虽然是从导体回路的实验中得出来的，但是回路中的感应电动势与回路中材料的电导率无关。因此涡旋电场的存在是不依赖于回路的。电磁感应的本质就是变化的磁场产生电场。

5.2　安培定律

5.2.1　稳恒电流的安培环路定律及其在交变电磁场中的矛盾

由第 4 章分析可知，稳恒电磁场中的安培环路定律

$$\oint_l \boldsymbol{H}\cdot \mathrm{d}\boldsymbol{l}=\int_S \boldsymbol{J}\cdot \mathrm{d}\boldsymbol{S}=I \tag{5.2.1a}$$

$$\nabla\times\boldsymbol{H}=\boldsymbol{J} \tag{5.2.1b}$$

式中，I 为传导电流，$\boldsymbol{J}$ 为传导电流密度，l 为闭合曲线，S 为以 l 为边界的任意曲面。

若将该定理直接应用于时变电磁场中，将出现矛盾。可以通过以下两种途径说明这种矛盾。

途径一：直接采用安培环路定律的积分形式处理时变场问题。

对于如图 5.2.1(a) 所示的稳恒电流条件下，通过曲面 S_1 与 S_2 的传导电流是相同的，即

$$\oint_l \boldsymbol{H}\cdot \mathrm{d}\boldsymbol{l}=\int_{S_1} \boldsymbol{J}\cdot \mathrm{d}\boldsymbol{S}=\int_{S_2} \boldsymbol{J}\cdot \mathrm{d}\boldsymbol{S}=I$$

对于如图 5.2.1(b) 中的非稳恒电流情况，考察其对应的安培环路定律，对曲面 S_1 与 S_2 分别有

$$\oint_l \boldsymbol{H}\cdot \mathrm{d}\boldsymbol{l}=\int_{S_1} \boldsymbol{J}\cdot \mathrm{d}\boldsymbol{S}=I$$

$$\oint_l \boldsymbol{H}\cdot \mathrm{d}\boldsymbol{l}=\int_{S_2} \boldsymbol{J}\cdot \mathrm{d}\boldsymbol{S}=0$$

以上两式是同一时刻磁场强度 $\boldsymbol{H}$ 沿同一闭合曲线 l 的环流，根据电磁场唯一性定理，它只能有一个值，而上面两式右端却不相等。这表明稳恒情况下的安培环路定律不适用于时变场。

途径二：从安培定律和电流连续性方程，分析安培定律应用于时变场的问题。

对式 (5.2.1b) 求散度，并由矢量恒等式 $\nabla\cdot(\nabla\times\boldsymbol{H})\equiv 0$，得

$$\nabla\cdot\boldsymbol{J}=0 \tag{5.2.2}$$

式 (5.2.2) 为在稳恒电场中电流连续性方程的微分形式。

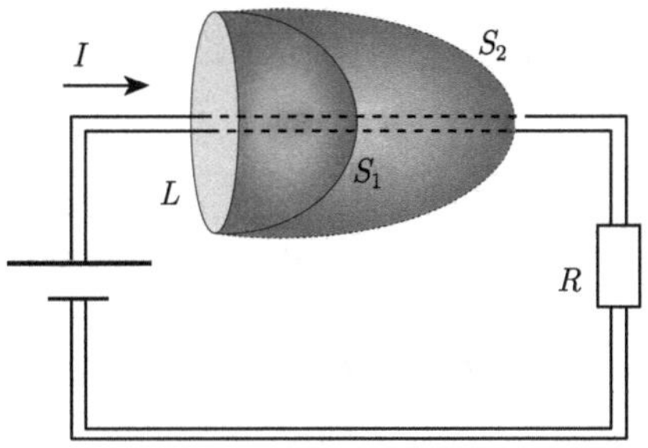

(a) 穿过以 L 为边界的曲面 S_1 与 S_2 的传导电流相同

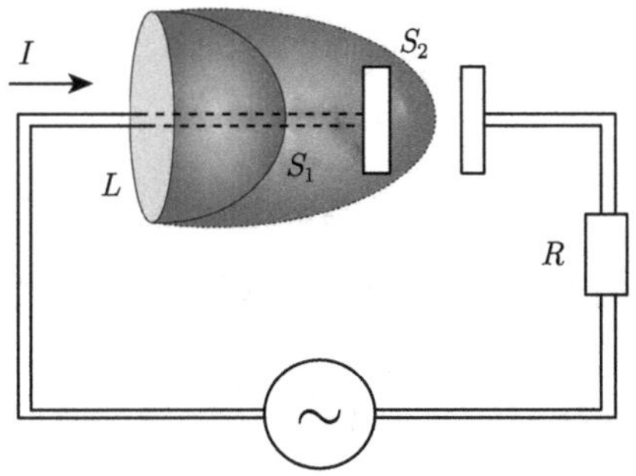

(b) 穿过以 L 为边界的曲面 S_1 与 S_2 的传导电流不同

图 5.2.1　安培环路定律应用中的矛盾

电流连续性定理即电荷守恒定律为

$$\nabla \cdot \boldsymbol{J} = -\frac{\partial \rho}{\partial t} \tag{5.2.3}$$

将式 (5.2.2) 与式 (5.2.3) 对比发现，仅在稳恒电流的情况下式 (5.2.2) 才成立。对于时变电流，$\dfrac{\partial \rho}{\partial t} \neq 0$，因此，如果将稳恒磁场的安培定律直接应用于时变电磁场，必然和电荷守恒定律发生矛盾，安培环路定律必须加以修正才能应用于时变场的情况。

5.2.2 麦克斯韦位移电流假设及全电流定律

为解决稳恒电流的安培环路定律用于时变场条件下出现的矛盾，麦克斯韦于 1861 年提出了“位移电流”的假设，即随时间变化的电场等效为位移电流，它与传导电流一样，也能够产生磁场，并以此修正了稳恒场中的安培环路定律。

电荷守恒定律 $\nabla \cdot \boldsymbol{J} = -\dfrac{\partial \rho}{\partial t}$ 是普遍规律，麦克斯韦认为静电场的高斯定理 $\nabla \cdot \boldsymbol{D} = \rho$ 对时变场仍然有效，因此

$$\nabla \cdot \boldsymbol{J}+\frac{\partial \rho}{\partial t}=\nabla \cdot\left(\boldsymbol{J}+\frac{\partial \boldsymbol{D}}{\partial t}\right)=0 \tag{5.2.4}$$

这就是时变场中的电流连续性方程。

在时变场中，当 $\nabla \cdot \dfrac{\partial \boldsymbol{D}}{\partial t} \neq 0$ 时，传导电流不再保持连续。设全电流密度 $\boldsymbol{J}_T$ 为传导电流与位移电流之和，即 $\boldsymbol{J}_T=\boldsymbol{J}+\dfrac{\partial \boldsymbol{D}}{\partial t}$，则 $\nabla \cdot \boldsymbol{J}_T=0$，即全电流符合电流连续性定理，安培定律就可以推广应用到时变场。

因此，将式 (5.2.1b) 中的传导电流密度替换为全电流密度，即得

$$\nabla \times \boldsymbol{H}=\boldsymbol{J}+\frac{\partial \boldsymbol{D}}{\partial t} \tag{5.2.5}$$

式中，$\dfrac{\partial \boldsymbol{D}}{\partial t}$ 就是麦克斯韦假定的位移电流密度，具有电流密度的量纲。

对式 (5.2.5) 两边取面积分，并利用斯托克斯公式，可得其积分形式为

$$\oint_l \boldsymbol{H} \cdot \mathrm{d} \boldsymbol{l}=\int_S\left(\boldsymbol{J}+\frac{\partial \boldsymbol{D}}{\partial t}\right) \cdot \mathrm{d} \boldsymbol{S} \tag{5.2.6}$$

式 (5.2.5) 与式 (5.2.6) 即是在麦克斯韦有关“位移电流”假设的基础上，经修正后的安培定律。因此，式 (5.2.5) 也称为安培–麦克斯韦定律。引入位移电流后，安培环路定律可以应用于一般情况，妥善解决了稳恒电流的安培环路定律应用于时变场时出现的矛盾，并给出了安培环路定律更全面的含义。

麦克斯韦位移电流假设揭示了一个新的物理规律：时变电场等效的位移电流 $\boldsymbol{J}_d=\dfrac{\partial \boldsymbol{D}}{\partial t}$ 与传导电流 $\boldsymbol{J}$ 按相同规律激发磁场，从理论上论证了变化的电场与传导电流在激发磁场方面是等效的，并预见了电磁波的存在。这一预见，在 1888 年被德国学者赫兹 (H. R. Hertz，1857~1894) 通过实验证实，从而间接地证明了位移电流假设的正确性。

需要说明的是，式 (5.2.5) 与式 (5.2.6) 仅表明位移电流与传导电流产生磁场的规律是相同的，但其实质上是完全不同的两个概念。位移电流的本质是变化的电场，而传导电流则对应的是导体中电荷的定向运动。

对电位移矢量 $\boldsymbol{D}=\varepsilon_0 \boldsymbol{E}+\boldsymbol{P}$ 求时间导数，位移电流密度为

$$\boldsymbol{J}_d=\frac{\partial \boldsymbol{D}}{\partial t}=\varepsilon_0 \frac{\partial \boldsymbol{E}}{\partial t}+\frac{\partial \boldsymbol{P}}{\partial t} \tag{5.2.7}$$

由式 (5.2.7) 可知，位移电流实际上包含两项，真空中变化的电场与介质在时变电场中的极化电流。变化的电场不产生焦耳热，介质中的极化电流 $\dfrac{\partial \boldsymbol{P}}{\partial t}$ 产生焦

耳热，特别是在高频时，由于介质的反复极化，将在介质中产生较多的热量，与导体中的传导电流产生焦耳热所遵循的是完全不同的规律。

5.3 麦克斯韦方程组

5.3.1 麦克斯韦方程组的导出

1. 关于电场的讨论

在真空中，自由电荷 ρ_0 产生的静电场 $\boldsymbol{E}_0$ 遵循库仑定律和叠加原理，满足的散度方程和旋度方程分别为

$$\begin{cases} \nabla \cdot \boldsymbol{E}_0 = \dfrac{\rho_0}{\varepsilon_0} \\ \nabla \times \boldsymbol{E}_0 = 0 \end{cases} \tag{5.3.1}$$

在电介质中，束缚电荷 ρ_{p} 产生的静电场也遵循库仑定律和叠加原理，满足的散度方程和旋度方程分别为

$$\begin{cases} \nabla \cdot \boldsymbol{E}_{\mathrm{p}} = \dfrac{\rho_{\mathrm{p}}}{\varepsilon_0} \\ \nabla \times \boldsymbol{E}_{\mathrm{p}} = 0 \end{cases} \tag{5.3.2}$$

自由电荷和束缚电荷的电场称为库仑电场，其合成场记为 $\boldsymbol{E}_c$，满足

$$\begin{cases} \nabla \cdot \boldsymbol{E}_c = \dfrac{\rho_0 + \rho_{\mathrm{p}}}{\varepsilon_0} \\ \nabla \times \boldsymbol{E}_c = 0 \end{cases} \tag{5.3.3}$$

根据法拉第电磁感应定律，由变化的磁场产生的涡旋电场满足

$$\begin{cases} \nabla \cdot \boldsymbol{E}_i = 0 \\ \nabla \times \boldsymbol{E}_i = -\dfrac{\partial \boldsymbol{B}}{\partial t} \end{cases} \tag{5.3.4}$$

库仑电场与涡旋电场均具有电场的性质，其合成电场记为 $\boldsymbol{E}$，将式 (5.3.3) 与式 (5.3.4) 中的相应方程分别相加，得

$$\begin{cases} \nabla \cdot \boldsymbol{E} = \dfrac{\rho_0 + \rho_{\mathrm{p}}}{\varepsilon_0} \\ \nabla \times \boldsymbol{E} = -\dfrac{\partial \boldsymbol{B}}{\partial t} \end{cases} \tag{5.3.5}$$

需要注意，式 (5.3.4) 和式 (5.3.5) 中的第二个方程形式相同，但内涵不同，前者的电场是涡旋电场，表示的是变化的磁场产生的电场，而后者是总的电场，包含库仑电场和涡旋电场。

2. 关于磁场的讨论

在真空中，自由电流 $\boldsymbol{J}_0$ 产生的稳恒磁场 $\boldsymbol{B}_0$ 遵循毕奥–萨伐尔定律和叠加原理，满足的散度方程和旋度方程分别为

$$\begin{cases} \nabla \cdot \boldsymbol{B}_0 = 0 \\ \nabla \times \boldsymbol{B}_0 = \mu_0 \boldsymbol{J}_0 \end{cases} \tag{5.3.6}$$

在磁介质中，磁化电流 $\boldsymbol{J}_{\mathrm{m}}$ 产生的稳恒磁场仍遵循毕奥–萨伐尔定律和叠加原理，满足的散度方程和旋度方程分别为

$$\begin{cases} \nabla \cdot \boldsymbol{B}_{\mathrm{m}} = 0 \\ \nabla \times \boldsymbol{B}_{\mathrm{m}} = \mu_0 \boldsymbol{J}_{\mathrm{m}} \end{cases} \tag{5.3.7}$$

由麦克斯韦位移电流假设，变化的电场也产生磁场，同时，考虑到在变化电场中，介质中的极化电流 $\boldsymbol{J}_{\mathrm{p}}$ 是由极化电荷 ρ_{p} 产生的，遵循电流连续性定理

$$\nabla \cdot \boldsymbol{J}_{\mathrm{p}} = -\frac{\partial \rho_{\mathrm{p}}}{\partial t} \tag{5.3.8}$$

因此，变化的电场 $\boldsymbol{J}_{\mathrm{p}} + \varepsilon_0 \dfrac{\partial \boldsymbol{E}}{\partial t}$ 产生的磁场，其散度与旋度方程满足

$$\begin{cases} \nabla \cdot \boldsymbol{B}_{\frac{\partial \boldsymbol{D}}{\partial t}} = 0 \\ \nabla \times \boldsymbol{B}_{\frac{\partial \boldsymbol{D}}{\partial t}} = \mu_0 \left(\boldsymbol{J}_{\mathrm{p}} + \varepsilon_0 \dfrac{\partial \boldsymbol{E}}{\partial t} \right) \end{cases} \tag{5.3.9}$$

电流与变化的电场均产生磁场，其合成磁场记为 $\boldsymbol{B}$，将式 (5.3.6)、式 (5.3.7) 和式 (5.3.9) 各方程分别相加，得

$$\begin{cases} \nabla \cdot \boldsymbol{B} = 0 \\ \nabla \times \boldsymbol{B} = \mu_0 \left(\boldsymbol{J}_0 + \boldsymbol{J}_{\mathrm{m}} + \boldsymbol{J}_{\mathrm{p}} + \varepsilon_0 \dfrac{\partial \boldsymbol{E}}{\partial t} \right) \end{cases} \tag{5.3.10}$$

于是，电磁场满足的方程为

$$
\begin{cases}
\nabla \cdot \boldsymbol{E} = \dfrac{\rho_0 + \rho_\mathrm{p}}{\varepsilon_0} & (5.3.11\mathrm{a}) \\
\nabla \times \boldsymbol{E} = -\dfrac{\partial \boldsymbol{B}}{\partial t} & (5.3.11\mathrm{b}) \\
\nabla \cdot \boldsymbol{B} = 0 & (5.3.11\mathrm{c}) \\
\nabla \times \boldsymbol{B} = \mu_0 \left(\boldsymbol{J}_0 + \boldsymbol{J}_\mathrm{m} + \boldsymbol{J}_\mathrm{p} + \varepsilon_0 \dfrac{\partial \boldsymbol{E}}{\partial t} \right) & (5.3.11\mathrm{d})
\end{cases}
$$

由于极化电荷 ρ_p 和磁化电流 $\boldsymbol{J}_\mathrm{m}$ 无法测量和控制，式 (5.3.11) 是不完备的。为了消去它们，需要补充介质的性质方程。

引入极化强度 $\boldsymbol{P}$，极化电荷 ρ_p 满足

$$\rho_\mathrm{p} = -\nabla \cdot \boldsymbol{P} \tag{5.3.12}$$

进一步引入电位移矢量 $\boldsymbol{D}$

$$\boldsymbol{D} = \varepsilon_0 \boldsymbol{E} + \boldsymbol{P} \tag{5.3.13}$$

对式 (5.3.13) 求散度，并代入式 (5.3.11a) 及式 (5.3.12)，得

$$\nabla \cdot \boldsymbol{D} = \rho_0 \tag{5.3.14}$$

将式 (5.3.12) 代入式 (5.3.8) 得

$$\boldsymbol{J}_\mathrm{p} = \frac{\partial \boldsymbol{P}}{\partial t} \tag{5.3.15}$$

将式 (5.3.13) 两边对时间求导，并将式 (5.3.15) 代入，得

$$\frac{\partial \boldsymbol{D}}{\partial t} = \varepsilon_0 \frac{\partial \boldsymbol{E}}{\partial t} + \frac{\partial \boldsymbol{P}}{\partial t} = \varepsilon_0 \frac{\partial \boldsymbol{E}}{\partial t} + \boldsymbol{J}_\mathrm{p} \tag{5.3.16}$$

引入磁化强度 $\boldsymbol{M}$，可以导出磁化电流 $\boldsymbol{J}_\mathrm{m}$ 满足

$$\boldsymbol{J}_\mathrm{m} = \nabla \times \boldsymbol{M} \tag{5.3.17}$$

进一步引入磁场强度 $\boldsymbol{H}$，有

$$\boldsymbol{H} = \frac{\boldsymbol{B}}{\mu_0} - \boldsymbol{M} \tag{5.3.18}$$

对式 (5.3.18) 求旋度，并代入式 (5.3.11d)，结合式 (5.3.16) 与式 (5.3.17)，整理得

$$\nabla \times \boldsymbol{H} = \boldsymbol{J}_0 + \frac{\partial \boldsymbol{D}}{\partial t} \tag{5.3.19}$$

于是，电磁场满足的方程组 (5.3.11) 修改为

$$\begin{cases} \nabla \times \boldsymbol{E} = -\dfrac{\partial \boldsymbol{B}}{\partial t} \\ \nabla \times \boldsymbol{H} = \boldsymbol{J}_0 + \dfrac{\partial \boldsymbol{D}}{\partial t} \\ \nabla \cdot \boldsymbol{B} = 0 \\ \nabla \cdot \boldsymbol{D} = \rho_0 \end{cases} \tag{5.3.20}$$

介质中的特性方程

$$\begin{cases} \boldsymbol{D} = \varepsilon \boldsymbol{E} \\ \boldsymbol{B} = \mu \boldsymbol{H} \\ \boldsymbol{J} = \sigma \boldsymbol{E} \end{cases} \tag{5.3.21}$$

式 (5.3.20) 和式 (5.3.21) 是完备的麦克斯韦方程组。

由微分形式的麦克斯韦方程组可知，在时变电磁场中，时变电场是有旋有源场，也就是说，除了作为散度源的时变电荷外，变化的磁场也是时变电场的旋度源；时变磁场是有旋无源场，这表明传导电流与变化的电场是时变磁场的旋度源。

对于时变电磁场，两个旋度方程所描述的时变电场和时变磁场互为因果，二者是不可分割的。在不存在电荷与电流的无源区域中，时变电磁场是有旋无源场，自行闭合的电场线与磁场线相互铰链、激发，从而形成向周围空间传播的电磁波。另外，根据旋度的定义，时变电场与时变磁场的方向处处相互垂直。

以上是麦克斯韦方程组的导出过程，可以简记为如下形式

$$\begin{cases} \begin{cases} \nabla \cdot \boldsymbol{E} = \dfrac{\rho_0 + \rho_{\mathrm{p}}}{\varepsilon_0} \\ \nabla \times \boldsymbol{E} = -\dfrac{\partial \boldsymbol{B}}{\partial t} \\ \nabla \cdot \boldsymbol{B} = 0 \\ \nabla \times \boldsymbol{B} = \mu_0 \left(\boldsymbol{J}_0 + \boldsymbol{J}_{\mathrm{m}} + \boldsymbol{J}_{\mathrm{p}} + \varepsilon_0 \dfrac{\partial \boldsymbol{E}}{\partial t} \right) \end{cases} \\ \begin{cases} \rho_{\mathrm{p}} = -\nabla \cdot \boldsymbol{P} \\ \boldsymbol{J}_{\mathrm{m}} = \nabla \times \boldsymbol{M} \\ \boldsymbol{J}_{\mathrm{p}} = \dfrac{\partial \boldsymbol{P}}{\partial t} \end{cases} \end{cases}$$

$$\xrightarrow{\frac{\partial \boldsymbol{D}}{\partial t}=\varepsilon_0\frac{\partial \boldsymbol{E}}{\partial t}+\frac{\partial \boldsymbol{P}}{\partial t}}\left\{\begin{array}{l}\left\{\begin{array}{l}\nabla\cdot\boldsymbol{D}=\rho_0\\ \nabla\times\boldsymbol{E}=-\dfrac{\partial\boldsymbol{B}}{\partial t}\\ \nabla\cdot\boldsymbol{B}=0\\ \nabla\times\boldsymbol{H}=\boldsymbol{J}_0+\dfrac{\partial\boldsymbol{D}}{\partial t}\\ \boldsymbol{D}=\varepsilon_0\boldsymbol{E}+\boldsymbol{P}\\ \boldsymbol{H}=\dfrac{\boldsymbol{B}}{\mu_0}-\boldsymbol{M}\end{array}\right.\\ \left\{\begin{array}{l}\boldsymbol{D}=\varepsilon\boldsymbol{E}\\ \boldsymbol{B}=\mu\boldsymbol{H}\\ \boldsymbol{J}=\sigma\boldsymbol{E}\end{array}\right.\end{array}\right.$$

除此之外，也可以通过变分原理 (详见吴大猷的著作《电磁学》) 等方法建立麦克斯韦方程组，这也从侧面说明科学原理是相通的。在物理学史中，麦克斯韦电磁理论是继牛顿力学之后划时代的卓越贡献。麦克斯韦电磁场理论是一个完整的理论体系，它的建立不仅为电磁学领域已有的研究成果作了很好的总结，而且为进一步研究奠定了理论基础。

至此，已完成了对电磁学中各种典型场的分析，为便于理解，罗列如表 5.3.1 所示。

表 5.3.1 电磁场典型模型及其方程

场	介质	源	源表达式	实验定理	散度方程	旋度方程	特点
静电场	真空	自由电荷	ρ_0	库仑定律	$\nabla\cdot\boldsymbol{E}_0=\dfrac{\rho_0}{\varepsilon_0}$	$\nabla\times\boldsymbol{E}_0=0$	有源无旋场
静电场	电介质	束缚电荷	$\rho_{\rm p}$	库仑定律	$\nabla\cdot\boldsymbol{E}_{\rm p}=\dfrac{\rho_{\rm p}}{\varepsilon_0}$	$\nabla\times\boldsymbol{E}_{\rm p}=0$	有源无旋场
静电场	真空 + 电介质	自由电荷 + 束缚电荷	$\rho_0+\rho_{\rm p}$	库仑定律	$\nabla\cdot\boldsymbol{E}_{\rm c}=\dfrac{\rho_0+\rho_{\rm p}}{\varepsilon_0}$	$\nabla\times\boldsymbol{E}_{\rm c}=0$	有源无旋场
时变电场	不限	变化磁场	$\dfrac{\partial\boldsymbol{B}}{\partial t}$	法拉第电磁感应定律	$\nabla\cdot\boldsymbol{E}_i=0$	$\nabla\times\boldsymbol{E}_i=-\dfrac{\partial\boldsymbol{B}}{\partial t}$	有旋无源场
时变电场	不限	自由 + 束缚电荷 + 变化磁场	$\rho_0+\rho_{\rm p}$ $-\dfrac{\partial\boldsymbol{B}}{\partial t}$		$\nabla\cdot\boldsymbol{E}=\dfrac{\rho_0+\rho_{\rm p}}{\varepsilon_0}$	$\nabla\times\boldsymbol{E}=-\dfrac{\partial\boldsymbol{B}}{\partial t}$	有源有旋场
稳恒磁场	真空	传导电流	$\boldsymbol{J}_0$	毕奥–萨伐尔定律	$\nabla\cdot\boldsymbol{B}_0=0$	$\nabla\times\boldsymbol{B}_0=\mu_0\boldsymbol{J}_0$	有旋无源场
稳恒磁场	磁介质	磁化电流	$\boldsymbol{J}_{\rm m}$	毕奥–萨伐尔定律	$\nabla\cdot\boldsymbol{B}_{\rm m}=0$	$\nabla\times\boldsymbol{B}_{\rm m}=\mu_0\boldsymbol{J}_{\rm m}$	有旋无源场
时变磁场	电介质	位移电流	$\boldsymbol{J}_{\rm p}+\varepsilon_0\dfrac{\partial\boldsymbol{E}}{\partial t}$	电流连续性方程 $\nabla\cdot\boldsymbol{J}_{\rm p}=-\dfrac{\partial\rho_{\rm p}}{\partial t}$ 麦克斯韦位移电流假设	$\nabla\cdot\boldsymbol{B}_{\frac{\partial\boldsymbol{D}}{\partial t}}=0$	$\nabla\times\boldsymbol{B}_{\frac{\partial\boldsymbol{D}}{\partial t}}=\mu_0\left(\boldsymbol{J}_{\rm p}+\varepsilon_0\dfrac{\partial\boldsymbol{E}}{\partial t}\right)$	有旋无源场
时变磁场	不限	所有磁源	$\boldsymbol{J}_0\boldsymbol{J}_{\rm m}\boldsymbol{J}_{\rm p}$ $\varepsilon_0\dfrac{\partial\boldsymbol{E}}{\partial t}$	毕奥–萨伐尔定律 电流连续性方程 麦克斯韦位移电流假设	$\nabla\cdot\boldsymbol{B}=0$	$\nabla\times\boldsymbol{B}=\mu_0\left(\boldsymbol{J}_0+\boldsymbol{J}_{\rm m}+\boldsymbol{J}_{\rm p}+\varepsilon_0\dfrac{\partial\boldsymbol{E}}{\partial t}\right)$	有旋无源场

5.3.2 时谐场麦克斯韦方程组

麦克斯韦方程组可以用于求解任意瞬态电磁场量，对于线性介质，电磁场量随时间变化取决于场源和区域内介质的电磁特性参数。当场源电荷、电流随时间做简谐变化时，由它们所产生的场也随时间做简谐变化，这种场称为时谐电磁场。即使场源按非简谐规律变化，也可以将其分解为基波和各高次谐波分量效应的叠加来研究。因此在动态电磁场的工程问题中，时谐电磁场为最基本的研究对象。

将一个复数表示为

$$A_0\mathrm{e}^{\mathrm{j}(\omega t+\phi)}=\sqrt{2}A\mathrm{e}^{\mathrm{j}\omega t}\mathrm{e}^{\mathrm{j}\phi}=A_0\cos(\omega t+\phi)+\mathrm{j}A_0\sin(\omega t+\phi)$$

式中，A_0 和 ϕ 分别为幅值和初相角。

则该复数的实部和虚部分别为

$$\begin{cases}\mathrm{Re}\left[A_0\mathrm{e}^{\mathrm{j}(\omega t+\phi)}\right]=\mathrm{Re}\left[\sqrt{2}A\mathrm{e}^{\mathrm{j}\omega t}\mathrm{e}^{\mathrm{j}\phi}\right]=A_0\cos(\omega t+\phi)\\ \mathrm{Im}\left[A_0\mathrm{e}^{\mathrm{j}(\omega t+\phi)}\right]=\mathrm{Im}\left[\sqrt{2}A\mathrm{e}^{\mathrm{j}\omega t}\mathrm{e}^{\mathrm{j}\phi}\right]=A_0\sin(\omega t+\phi)\end{cases}\tag{5.3.22}$$

于是，在角频率确定的情况下，复数 $A\mathrm{e}^{\mathrm{j}\phi}$ 可以代表正弦量或余弦量。例如，选择复数代表余弦量 $A_0\cos(\omega t+\phi)$，式 (5.3.22) 刻画的正是它们之间的对应关系。已知幅值和初相角，可以唯一地确定复数 $A\mathrm{e}^{\mathrm{j}\phi}$ 或 $\dfrac{A_0}{\sqrt{2}}\mathrm{e}^{\mathrm{j}\phi}$，$A=\dfrac{A_0}{\sqrt{2}}$ 为正弦或余弦量的有效值；反之，已知复数 $A\mathrm{e}^{\mathrm{j}\phi}$，可以唯一地确定余弦量 $A_0\cos(\omega t+\phi)$ 或 $A\cos(\omega t+\phi)$。复数 $A\mathrm{e}^{\mathrm{j}\phi}$ 称为相量，通常用符号上面加点的形式表示，$\dot{A}=A\mathrm{e}^{\mathrm{j}\phi}$。在不引起歧义的情况下，本书仍使用原来符号表示相量。这里的 A 既可以是标量函数，也可以是矢量函数。为书写方便，同时也基于实际测量中通常所得为正弦量的有效值，一般采用复矢量的有效值展开时谐场的讨论。

利用相量和余弦量之间的这种一一对应关系，便于将余弦量微积分运算转化为相量的代数运算。转化的规则为

$$\begin{cases}\dfrac{\partial}{\partial t}=\mathrm{j}\omega\\ \dfrac{\partial^2}{\partial t^2}=-\omega^2\end{cases}\tag{5.3.23}$$

将上述处理方法用于麦克斯韦方程组 (5.3.20)，则可导出相量形式的电磁场方程组为

$$\begin{cases}\nabla\times\boldsymbol{E}=-\mathrm{j}\omega\boldsymbol{B}=-\mathrm{j}\omega\mu\boldsymbol{H}\\ \nabla\times\boldsymbol{H}=\boldsymbol{J}+\mathrm{j}\omega\boldsymbol{D}=\boldsymbol{J}+\mathrm{j}\omega\varepsilon\boldsymbol{E}\\ \nabla\cdot\boldsymbol{B}=\nabla\cdot(\mu\boldsymbol{H})=0\\ \nabla\cdot\boldsymbol{D}=\nabla\cdot(\varepsilon\boldsymbol{E})=\rho\end{cases}\tag{5.3.24}$$

需要注意，式 (5.3.24) 中所有物理量均是相量形式。同样也可以写出介质构成方程的相量形式。

一般称式 (5.3.20) 为麦克斯韦方程组的时域形式，而称式 (5.3.24) 为麦克斯韦方程组的频域形式。采用复数表示时谐电磁场，麦克斯韦方程组的频域形式中不再含有场量对时间的导数项，从而使时谐电磁场的分析与直接进行时域分析相比，得以明显地简化。

需要注意，除了式 (5.3.23) 的时间变化因子 $\mathrm{e}^{\mathrm{j}\omega t}$ 外，也可以采用时间变化因子 $\mathrm{e}^{-\mathrm{j}\omega t}$，由此得到另一种相量形式

$$\begin{cases} \nabla \times \boldsymbol{E} = \mathrm{j}\omega \boldsymbol{B} = \mathrm{j}\omega\mu \boldsymbol{H} \\ \nabla \times \boldsymbol{H} = \boldsymbol{J} - \mathrm{j}\omega \boldsymbol{D} = \boldsymbol{J} - \mathrm{j}\omega\varepsilon \boldsymbol{E} \\ \nabla \cdot \boldsymbol{B} = \nabla \cdot (\mu \boldsymbol{H}) = 0 \\ \nabla \cdot \boldsymbol{D} = \nabla \cdot (\varepsilon \boldsymbol{E}) = \rho \end{cases} \tag{5.3.25}$$

采用不同的时间变化因子，部分导出的物理量的形式可能会有所不同，但只要在推导的过程中一直采用同样的时间因子即可，否则可能得出错误的结论。

本书默认的时间变化因子为 $\mathrm{e}^{\mathrm{j}\omega t}$。

5.4 对称形式的麦克斯韦方程组

5.4.1 时变麦克斯韦方程组

虽然至今为止，人类一直未发现 (孤立) 磁荷、磁流的存在。但是, 根据电磁对偶原理，人为地引入磁荷、磁流的概念可以使某些求解电磁场的问题得以简化。

引入磁荷与磁流概念后，将电磁场的源分为电性源 (体电荷密度 ρ_e 及体电流密度 $\boldsymbol{J}_\mathrm{e}$) 和磁性源 (体磁荷密度 ρ_m 及体磁流密度 $\boldsymbol{J}_\mathrm{m}$)，将麦克斯韦方程写成对称形式

$$\nabla \times \boldsymbol{E} = -\boldsymbol{J}_\mathrm{m} - \frac{\partial \boldsymbol{B}}{\partial t} = -\boldsymbol{J}_\mathrm{m} - \mu\frac{\partial \boldsymbol{H}}{\partial t} \tag{5.4.1a}$$

$$\nabla \times \boldsymbol{H} = \boldsymbol{J}_\mathrm{e} + \frac{\partial \boldsymbol{D}}{\partial t} = \boldsymbol{J}_\mathrm{e} + \varepsilon\frac{\partial \boldsymbol{E}}{\partial t} \tag{5.4.1b}$$

$$\nabla \cdot \boldsymbol{D} = \nabla \cdot (\varepsilon \boldsymbol{E}) = \rho_\mathrm{e} \tag{5.4.1c}$$

$$\nabla \cdot \boldsymbol{B} = \nabla \cdot (\mu \boldsymbol{H}) = \rho_\mathrm{m} \tag{5.4.1d}$$

$$\nabla \cdot \boldsymbol{J}_\mathrm{e} = -\frac{\partial \rho_\mathrm{e}}{\partial t} \tag{5.4.1e}$$

$$\nabla \cdot \boldsymbol{J}_\mathrm{m} = -\frac{\partial \rho_\mathrm{m}}{\partial t} \tag{5.4.1f}$$

本构关系为

$$\boldsymbol{D} = \varepsilon \boldsymbol{E} \tag{5.4.1g}$$

$$\boldsymbol{B} = \mu \boldsymbol{H} \tag{5.4.1h}$$

$$\boldsymbol{J} = \sigma \boldsymbol{E} \tag{5.4.1i}$$

考虑导电介质，式 (5.4.1b) 的右端项需要补充一项 $\sigma\boldsymbol{E}$，即

$$\nabla \times \boldsymbol{H} = \boldsymbol{J}_{\mathrm{e}} + \sigma\,\boldsymbol{E} + \varepsilon\frac{\partial \boldsymbol{E}}{\partial t} \tag{5.4.2}$$

在本节中，为了便于对比研究和区分，分别以下角标 e 和 m 表示与电性源和磁性源有关的源量和场量。需要注意，这里引入的磁荷和磁流概念，是作为电磁场的激励源的，其目的是简化分析和计算，其中磁荷与磁荷理论中磁介质磁化时的极化磁荷不同，磁流密度与分子电流理论中磁介质磁化时的磁化电流不同。

由式 (5.4.1) 可知，引入磁荷与磁流概念后，麦克斯韦方程组为完全对称的形式，其关于电场与磁场的源量与场量具有对偶关系，且磁性源激励下的电磁场量名称可以借用电性源激励的场量名称。与电位移矢量 $\boldsymbol{D}$ 对应，磁感应强度 $\boldsymbol{B}$ 可称为磁位移矢量。与位移电流 $\dfrac{\partial \boldsymbol{D}}{\partial t}$ 相对应，$\dfrac{\partial \boldsymbol{B}}{\partial t}$ 可称为位移磁流，$\boldsymbol{J}_{\mathrm{e}} + \dfrac{\partial \boldsymbol{D}}{\partial t}$ 为全电流，$\boldsymbol{J}_{\mathrm{m}} + \dfrac{\partial \boldsymbol{B}}{\partial t}$ 为全磁流。式 (5.4.1f) 与式 (5.4.1e) 的电荷守恒方程对应，为磁流连续性定理，即磁荷守恒方程。

利用高斯散度定理和斯托克斯公式，导出对称形式麦克斯韦方程组的积分形式为

$$\mathscr{E} = \oint_C \boldsymbol{E}\cdot\mathrm{d}\boldsymbol{l} = -\int_S \left(\boldsymbol{J}_{\mathrm{m}} + \frac{\partial \boldsymbol{B}}{\partial t}\right)\cdot\mathrm{d}\boldsymbol{S} = -I_{\mathrm{m}} \tag{5.4.3a}$$

$$\oint_C \boldsymbol{H}\cdot\mathrm{d}\boldsymbol{l} = \int_S \left(\boldsymbol{J}_{\mathrm{e}} + \frac{\partial \boldsymbol{D}}{\partial t}\right)\cdot\mathrm{d}\boldsymbol{S} = I_{\mathrm{e}} \tag{5.4.3b}$$

$$\oint_S \boldsymbol{n}\cdot\boldsymbol{B}\mathrm{d}S = \oint_S \mu\left(\boldsymbol{n}\cdot\boldsymbol{H}\right)\mathrm{d}S = \int_V \rho_{\mathrm{m}}\mathrm{d}V = q_{\mathrm{m}} \tag{5.4.3c}$$

$$\oint_S \boldsymbol{n}\cdot\boldsymbol{D}\mathrm{d}S = \oint_S \varepsilon\left(\boldsymbol{n}\cdot\boldsymbol{E}\right)\mathrm{d}S = \int_V \rho_{\mathrm{e}}\mathrm{d}V = q_{\mathrm{e}} \tag{5.4.3d}$$

式中，$\mathscr{E}$ 为感应电动势，I_{m} 为磁流强度，I_{e} 为电流强度，q_{m} 为磁荷量，q_{e} 为电荷量。

5.4.2 时谐麦克斯韦方程组

时间变化因子 $\mathrm{e}^{\mathrm{j}\omega t}$，麦克斯韦方程组的时谐场微分方程为

$$\nabla\times\boldsymbol{E}=-\boldsymbol{J}_{\mathrm{m}}-\mathrm{j}\omega\boldsymbol{B}=-\boldsymbol{J}_{\mathrm{m}}-\mathrm{j}\omega\mu\boldsymbol{H} \tag{5.4.4a}$$

$$\nabla\times\boldsymbol{H}=\boldsymbol{J}_{\mathrm{e}}+\mathrm{j}\omega\boldsymbol{D}=\boldsymbol{J}_{\mathrm{e}}+\mathrm{j}\omega\varepsilon\boldsymbol{E} \tag{5.4.4b}$$

$$\nabla\cdot\boldsymbol{D}=\nabla\cdot\varepsilon\boldsymbol{E}=\rho_{\mathrm{e}} \tag{5.4.4c}$$

$$\nabla\cdot\boldsymbol{B}=\nabla\cdot(\mu\boldsymbol{H})=\rho_{\mathrm{m}} \tag{5.4.4d}$$

$$\nabla\cdot\boldsymbol{J}_{\mathrm{e}}=-\mathrm{j}\omega\rho_{\mathrm{e}} \tag{5.4.4e}$$

$$\nabla\cdot\boldsymbol{J}_{\mathrm{m}}=-\mathrm{j}\omega\rho_{\mathrm{m}} \tag{5.4.4f}$$

时谐场积分方程为

$$\mathscr{E}=\oint_C\boldsymbol{E}\cdot\mathrm{d}\boldsymbol{l}=-\int_S(\boldsymbol{J}_{\mathrm{m}}+\mathrm{j}\omega\boldsymbol{B})\cdot\mathrm{d}\boldsymbol{S}=-I_{\mathrm{m}} \tag{5.4.5a}$$

$$\oint_C\boldsymbol{H}\cdot\mathrm{d}\boldsymbol{l}=\int_S(\boldsymbol{J}+\mathrm{j}\omega\boldsymbol{D})\cdot\mathrm{d}\boldsymbol{S}=I_{\mathrm{e}} \tag{5.4.5b}$$

$$\oint_S\boldsymbol{n}\cdot\boldsymbol{B}\mathrm{d}S=\oint_S\mu\left(\boldsymbol{n}\cdot\boldsymbol{H}\right)\mathrm{d}S=\int_V\rho_{\mathrm{m}}\mathrm{d}V=q_{\mathrm{m}} \tag{5.4.5c}$$

$$\oint_S\boldsymbol{n}\cdot\boldsymbol{D}\mathrm{d}S=\oint_S\varepsilon\left(\boldsymbol{n}\cdot\boldsymbol{E}\right)\mathrm{d}S=\int_V\rho_{\mathrm{e}}\mathrm{d}V=q_{\mathrm{e}} \tag{5.4.5d}$$

考虑导电介质，对应的时谐场微分方程为

$$\nabla\times\boldsymbol{H}=\boldsymbol{J}_{\mathrm{e}}+\mathrm{j}\omega\boldsymbol{D}=\boldsymbol{J}_{\mathrm{e}}+\sigma^*\boldsymbol{E}=\boldsymbol{J}_{\mathrm{e}}+\mathrm{j}\omega\varepsilon^*\boldsymbol{E} \tag{5.4.6}$$

式中，$\varepsilon^*=\varepsilon-\dfrac{\mathrm{j}\sigma}{\omega}$ 为复介电常量，$\sigma^*=\sigma+\mathrm{j}\omega\varepsilon$ 为复电导率。比较式 (5.4.4) 和式 (5.4.6) 可以看出，对于损耗介质，式 (5.4.4) 中的介电常量为复介电常量。

需要注意，若采用时间变化因子 $\mathrm{e}^{-\mathrm{j}\omega t}$，则复介电常量为 $\varepsilon^*=\varepsilon+\dfrac{\mathrm{j}\sigma}{\omega}$，复电导率为 $\sigma^*=\sigma-\mathrm{j}\omega\varepsilon$。

5.4.3 麦克斯韦方程组各方程的关系

麦克斯韦方程组中各方程之间不是独立的，如果将两个旋度方程和电流连续性定理视为独立方程，则可导出两个散度方程。

对式 (5.4.1a) 求散度有 $\nabla\cdot\left(\boldsymbol{J}_{\mathrm{m}}+\dfrac{\partial \boldsymbol{B}}{\partial t}\right)$ 为零，将式 (5.4.1f) 代入其中，有 $\dfrac{\partial}{\partial t}(\nabla\cdot\boldsymbol{B}-\rho_{\mathrm{m}})$ 为零，即 $\nabla\cdot\boldsymbol{B}-\rho_{\mathrm{m}}$ 为与时间无关的常数 C，取初始时刻 C 为零，则有 $\nabla\cdot\boldsymbol{B}=\rho_{\mathrm{m}}$，即导出高斯磁场定律。

对式 (5.4.2a) 求散度有 $\nabla\cdot\left(\boldsymbol{J}_{\mathrm{e}}+\dfrac{\partial \boldsymbol{D}}{\partial t}\right)$ 为零，将式 (5.4.1e) 代入其中，有 $\dfrac{\partial}{\partial t}(\nabla\cdot\boldsymbol{D}-\rho_{\mathrm{e}})$ 为零，即 $\nabla\cdot\boldsymbol{D}-\rho_{\mathrm{e}}$ 为与时间无关的常数 C，取初始时刻 C 为零，则有 $\nabla\cdot\boldsymbol{D}=\rho_{\mathrm{e}}$，即导出高斯电场定律。

电性源麦克斯方程组和磁性源麦克斯韦方程组通常分开求解。

对于电性源麦克斯韦方程组，两个散度方程不是独立方程。将两个旋度方程和电流连续性定理视为独立方程，这三个方程中共有五个矢量和一个标量。由于一个矢量可以分解为三个标量，因此共有十六个标量函数，而这三个独立方程实际上可分解为七个标量方程，是无法确定十六个未知量的。要使方程个数等于未知量个数，必须补充其他方程。当补充三个本构关系矢量方程后，相当于补充了九个标量方程，这样，未知量与方程的个数一致，场方程变成可解的了。磁性源麦克斯韦方程组亦是如此，两个旋度方程和磁流连续性定理视为独立方程，此处不再详细讨论。

5.5 麦克斯韦等人导出方程回顾

麦克斯韦在 1865 年发表了论文《电磁场的动力学理论》，并于 1873 年出版了著作《电磁通论》。在这两份文献中列出了麦克斯韦本人导出或整理的方程，我们只要稍加推导就可以化成当今常见的麦克斯韦方程组。为便于学生了解当年麦克斯韦这项开创性工作，领略物理大师之风采，本节将麦克斯韦导出的方程列在了三个表格中：两份文献原文的符号和术语，以及现今的符号与术语对照如表 5.5.1 所示；论文《电磁场的动力学理论》中包含 20 个标量方程，如表 5.5.2 所示；《电磁通论》中的方程如表 5.5.3 所示。

在表 5.5.1 中，两份文献原文中矢量场或位均采用花体德文字母，现今多采用大写罗马字母。

在表 5.5.2 中，(A)~(H) 是原文中方程的编号，共有 20 个标量方程，未知变量包括：$\boldsymbol{J}_T$、$\boldsymbol{J}$、$\boldsymbol{E}$、$\boldsymbol{D}$、$\boldsymbol{H}$、$\boldsymbol{A}$、ρ_{e} 和 φ 共 6 个矢量和 2 个标量，合计标量变量也是 20 个，方程组是完备的。

表 5.5.3 参考了麦克斯韦专著《电磁通论》(1891 年克拉伦登出版社第三版，多佛出版社 1954 年重印)、《电磁通论》(戈革译)，主要针对第四编第 8 章 “Exploration of the field by means of the secondary circuit” (第 591 节和第 598 节) 与第四编第 9 章 “General equations of the electromagnetic field” (第 604 节至第

619 节) 中的方程。

表 5.5.1 麦克斯韦专著《电磁通论》(1891) 与论文《电磁场的动力学理论》中用到的符号及术语

原文符号	现今符号	原文术语	术语直译	现今术语	直角坐标系下三分量
$\mathfrak{A}$	$\boldsymbol{A}$	Electromagnetic momentum	电磁动量	矢量磁位	FGH
Ψ	φ	Electric potential	电势	电势	
$\mathfrak{B}$	$\boldsymbol{B}$	Magnetic induction	磁感	磁感应强度	abc
$\mathfrak{H}$	$\boldsymbol{H}$	Magnetic force	磁力	磁场强度	$\alpha\beta\gamma$
$\mathfrak{D}$	$\boldsymbol{D}$	Electric displacement	电位移	电位移	fgh
$\mathfrak{K}$	$\boldsymbol{J}$	Current of conduction	传导电流	传导电流	pqr
$\mathfrak{E}$	$\boldsymbol{E}$	Electromotive intensity	电动强度	电场强度	PQR
$\mathfrak{C}$	$\boldsymbol{J}_T$	Total electric current	全电流	全电流	uvw 《电磁通论》 $p'q'r'$ 《电磁场的动力学理论》
e	ρ_e	Electric density	电荷密度	电荷密度	
K	ε	Dielectric inductive capacity	电容率	介电常量	《电磁通论》
k	$\dfrac{1}{\varepsilon}$	Ratio of the electromotive force to the electric displacement			《电磁场的动力学理论》
C	σ	Conductivity for electric current	电导率	电导率	
μ	μ	Magnetic inductive capacity	磁导率	磁导率	

表 5.5.2 论文《电磁场的动力学理论》中 20 个标量方程

原文方程	写成矢量式	进一步整理出麦克斯韦方程组
Equations of electromotive force 电动力方程 $\begin{cases} P=\mu\left(\gamma\dfrac{\mathrm{d}y}{\mathrm{d}t}-\beta\dfrac{\mathrm{d}z}{\mathrm{d}t}\right)-\dfrac{\mathrm{d}F}{\mathrm{d}t}-\dfrac{\mathrm{d}\varphi}{\mathrm{d}x} \\ Q=\mu\left(\alpha\dfrac{\mathrm{d}z}{\mathrm{d}t}-\gamma\dfrac{\mathrm{d}x}{\mathrm{d}t}\right)-\dfrac{\mathrm{d}G}{\mathrm{d}t}-\dfrac{\mathrm{d}\varphi}{\mathrm{d}y} \\ R=\mu\left(\beta\dfrac{\mathrm{d}x}{\mathrm{d}t}-\alpha\dfrac{\mathrm{d}y}{\mathrm{d}t}\right)-\dfrac{\mathrm{d}H}{\mathrm{d}t}-\dfrac{\mathrm{d}\varphi}{\mathrm{d}z} \end{cases}$ (D)	$\boldsymbol{E}=\mu\boldsymbol{v}\times\boldsymbol{H}-\dfrac{\partial\boldsymbol{A}}{\partial t}-\nabla\varphi$	取 $\boldsymbol{B}=\mu\boldsymbol{H}$ 有 $\boldsymbol{B}=\nabla\times\boldsymbol{A}$ 对上式求散度有 $\nabla\cdot\boldsymbol{B}=0$ 对 $\boldsymbol{E}$ 求旋度 并利用上面公式 $\nabla\times\boldsymbol{E}=-\dfrac{\partial\boldsymbol{B}}{\partial t}$ $+\nabla\times(\boldsymbol{v}\times\boldsymbol{B})$
Equations of magnetic force 磁力方程 $\begin{cases} \mu\alpha=\dfrac{\mathrm{d}H}{\mathrm{d}y}-\dfrac{\mathrm{d}G}{\mathrm{d}z} \\ \mu\beta=\dfrac{\mathrm{d}F}{\mathrm{d}z}-\dfrac{\mathrm{d}H}{\mathrm{d}x} \\ \mu\gamma=\dfrac{\mathrm{d}G}{\mathrm{d}x}-\dfrac{\mathrm{d}F}{\mathrm{d}z} \end{cases}$ (B)	$\mu\boldsymbol{H}=\nabla\times\boldsymbol{A}$	

续表

原文方程	写成矢量式	进一步整理出麦克斯韦方程组
Total motion of electricity 全电流方程 $$\begin{cases} p'=p+\dfrac{\mathrm{d}f}{\mathrm{d}t} \\ q'=q+\dfrac{\mathrm{d}g}{\mathrm{d}t} \\ h'=h+\dfrac{\mathrm{d}h}{\mathrm{d}t} \end{cases} \quad \text{(A)}$$	$\boldsymbol{J}_T=\boldsymbol{J}+\dfrac{\partial \boldsymbol{D}}{\partial t}$	将 $\boldsymbol{J}_T=\boldsymbol{J}+\dfrac{\partial \boldsymbol{D}}{\partial t}$ 代入 $\nabla\times\boldsymbol{H}=\boldsymbol{J}_T$，有 $\nabla\times\boldsymbol{H}=\boldsymbol{J}+\dfrac{\partial \boldsymbol{D}}{\partial t}$ 由 $\boldsymbol{E}=\dfrac{1}{\varepsilon}\boldsymbol{D}$，可得 $\boldsymbol{D}=\varepsilon\boldsymbol{E}$ 令 $\sigma=\dfrac{1}{\rho}$， 由 $\boldsymbol{E}=\rho\boldsymbol{J}$ 可得 $\boldsymbol{J}=\sigma\boldsymbol{E}$
Equations of currents 电流方程 $$\begin{cases} \dfrac{\mathrm{d}\gamma}{\mathrm{d}y}-\dfrac{\mathrm{d}\beta}{\mathrm{d}z}=4\pi p' \\ \dfrac{\mathrm{d}\alpha}{\mathrm{d}z}-\dfrac{\mathrm{d}\gamma}{\mathrm{d}x}=4\pi q' \\ \dfrac{\mathrm{d}\beta}{\mathrm{d}x}-\dfrac{\mathrm{d}\alpha}{\mathrm{d}z}=4\pi h' \end{cases} \quad \text{(C)}$$	$\nabla\times\boldsymbol{H}=\boldsymbol{J}_T$	
Equations of electric Elasticity 电弹性方程 $$\begin{cases} P=kf \\ Q=kg \\ R=kh \end{cases} \quad \text{(E)}$$	$\boldsymbol{E}=\dfrac{1}{\varepsilon}\boldsymbol{D}$	
Equations of electric Resistance 电阻方程 $$\begin{cases} P=-\rho p \\ Q=-\rho q \\ R=-\rho r \end{cases} \quad \text{(F)}$$	$\boldsymbol{E}=\rho\boldsymbol{J}$ 方程中的 $-\rho$ 变成 ρ	
Equations of free electricity 自由电荷方程 $$e+\dfrac{\mathrm{d}f}{\mathrm{d}x}+\dfrac{\mathrm{d}g}{\mathrm{d}y}+\dfrac{\mathrm{d}h}{\mathrm{d}z}=0 \ \text{(G)}$$	$\nabla\cdot\boldsymbol{D}=\rho_{\mathrm{e}}$ 方程中的 e 变成 $-e$	$\nabla\cdot\boldsymbol{D}=\rho_{\mathrm{e}}$
Equations of Continuity 连续性方程 $$\dfrac{\mathrm{d}e}{\mathrm{d}t}+\dfrac{\mathrm{d}p}{\mathrm{d}x}+\dfrac{\mathrm{d}q}{\mathrm{d}y}+\dfrac{\mathrm{d}r}{\mathrm{d}z}=0 \ \text{(H)}$$	$\nabla\cdot\boldsymbol{J}+\dfrac{\partial\rho_{\mathrm{e}}}{\partial t}=0$	

原文从方程 (A) 至方程 (L)，此外还有两个导出方程 (原文未给出标号)，其中方程 (C)、(D) 和 (K) 分别为电磁力方程、磁化方程和面电荷密度方程，与导出麦克斯韦方程组无关，表 5.5.3 中未列出。

表 5.5.3 中的方程 (D)，在《电磁通论》第 595 节至第 598 节，麦克斯韦给出了该标量方程的推导过程，本节则给出了对应的矢量方程推导作为对照。

表 5.5.3　麦克斯韦专著《电磁通论》中标量方程和矢量方程

原著方程	写成标量式	写成矢量式	进一步整理出麦克斯韦方程组
$\begin{cases} a = \dfrac{\mathrm{d}H}{\mathrm{d}y} - \dfrac{\mathrm{d}G}{\mathrm{d}z} \\ b = \dfrac{\mathrm{d}F}{\mathrm{d}z} - \dfrac{\mathrm{d}H}{\mathrm{d}x} \\ c = \dfrac{\mathrm{d}G}{\mathrm{d}x} - \dfrac{\mathrm{d}F}{\mathrm{d}z} \end{cases}$ (A)	$\begin{cases} a = \dfrac{\mathrm{d}H}{\mathrm{d}y} - \dfrac{\mathrm{d}G}{\mathrm{d}z} \\ b = \dfrac{\mathrm{d}F}{\mathrm{d}z} - \dfrac{\mathrm{d}H}{\mathrm{d}x} \\ c = \dfrac{\mathrm{d}G}{\mathrm{d}x} - \dfrac{\mathrm{d}F}{\mathrm{d}z} \end{cases}$	$\boldsymbol{B} = \nabla \times \boldsymbol{A}$	$\nabla \times \boldsymbol{E} = -\dfrac{\partial \boldsymbol{B}}{\partial t} + \nabla \times (\boldsymbol{v} \times \boldsymbol{B})$
Equations of electromotive force 电动力方程 $\begin{cases} P = c\dfrac{\mathrm{d}y}{\mathrm{d}t} - b\dfrac{\mathrm{d}z}{\mathrm{d}t} - \dfrac{\mathrm{d}F}{\mathrm{d}t} - \dfrac{\mathrm{d}\varphi}{\mathrm{d}x} \\ Q = a\dfrac{\mathrm{d}z}{\mathrm{d}t} - c\dfrac{\mathrm{d}x}{\mathrm{d}t} - \dfrac{\mathrm{d}G}{\mathrm{d}t} - \dfrac{\mathrm{d}\varphi}{\mathrm{d}y} \\ R = b\dfrac{\mathrm{d}x}{\mathrm{d}t} - a\dfrac{\mathrm{d}y}{\mathrm{d}t} - \dfrac{\mathrm{d}H}{\mathrm{d}t} - \dfrac{\mathrm{d}\varphi}{\mathrm{d}z} \end{cases}$ (B)	$\begin{cases} P = c\dfrac{\mathrm{d}y}{\mathrm{d}t} - b\dfrac{\mathrm{d}z}{\mathrm{d}t} - \dfrac{\mathrm{d}F}{\mathrm{d}t} - \dfrac{\mathrm{d}\varphi}{\mathrm{d}x} \\ Q = a\dfrac{\mathrm{d}z}{\mathrm{d}t} - c\dfrac{\mathrm{d}x}{\mathrm{d}t} - \dfrac{\mathrm{d}G}{\mathrm{d}t} - \dfrac{\mathrm{d}\varphi}{\mathrm{d}y} \\ R = b\dfrac{\mathrm{d}x}{\mathrm{d}t} - a\dfrac{\mathrm{d}y}{\mathrm{d}t} - \dfrac{\mathrm{d}H}{\mathrm{d}t} - \dfrac{\mathrm{d}\varphi}{\mathrm{d}z} \end{cases}$	$\boldsymbol{E} = \boldsymbol{v} \times \boldsymbol{B} - \dfrac{\partial \boldsymbol{A}}{\partial t} - \nabla\varphi$	
$\dfrac{\mathrm{d}a}{\mathrm{d}x} + \dfrac{\mathrm{d}b}{\mathrm{d}y} + \dfrac{\mathrm{d}c}{\mathrm{d}z} = 0$ 原文从方程 (A) 可导出此方程	$\dfrac{\mathrm{d}a}{\mathrm{d}x} + \dfrac{\mathrm{d}b}{\mathrm{d}y} + \dfrac{\mathrm{d}c}{\mathrm{d}z} = 0$	$\nabla \cdot \boldsymbol{B} = 0$	$\nabla \cdot \boldsymbol{B} = 0$
Equations of electric currents 电流方程 $\begin{cases} 4\pi u = \dfrac{\mathrm{d}\gamma}{\mathrm{d}y} - \dfrac{\mathrm{d}\beta}{\mathrm{d}z} \\ 4\pi v = \dfrac{\mathrm{d}\alpha}{\mathrm{d}z} - \dfrac{\mathrm{d}\gamma}{\mathrm{d}x} \\ 4\pi w = \dfrac{\mathrm{d}\beta}{\mathrm{d}x} - \dfrac{\mathrm{d}\alpha}{\mathrm{d}z} \end{cases}$ (E)	$\begin{cases} u = \dfrac{\mathrm{d}\gamma}{\mathrm{d}y} - \dfrac{\mathrm{d}\beta}{\mathrm{d}z} \\ v = \dfrac{\mathrm{d}\alpha}{\mathrm{d}z} - \dfrac{\mathrm{d}\gamma}{\mathrm{d}x} \\ w = \dfrac{\mathrm{d}\beta}{\mathrm{d}x} - \dfrac{\mathrm{d}\alpha}{\mathrm{d}z} \end{cases}$	$\nabla \times \boldsymbol{H} = \boldsymbol{J}_T$	$\nabla \times \boldsymbol{H} = \boldsymbol{J} + \dfrac{\partial \boldsymbol{D}}{\partial t}$ $\boldsymbol{D} = \varepsilon \boldsymbol{E}$ $\boldsymbol{J} = \sigma \boldsymbol{E}$
Equation of electric displacement $\mathfrak{D} = \dfrac{1}{4\pi} K \mathfrak{E}$ (F)	$\begin{cases} f = \varepsilon P \\ g = \varepsilon Q \\ h = \varepsilon R \end{cases}$	$\boldsymbol{D} = \varepsilon \boldsymbol{E}$	

续表

原著方程	写成标量式	写成矢量式	进一步整理出麦克斯韦方程组
Equation of conductivity $\mathfrak{K} = C\mathfrak{E}$ (G)	$\begin{cases} p = cP \\ q = cQ \\ r = cR \end{cases}$	$\boldsymbol{J} = \sigma \boldsymbol{E}$	
Equation of true currents 真实电流方程 $\mathfrak{C} = \mathfrak{K} + \dot{\mathfrak{D}}$(H) $\begin{cases} u = p + \dfrac{\mathrm{d}f}{\mathrm{d}t} \\ v = q + \dfrac{\mathrm{d}g}{\mathrm{d}t} \\ w = h + \dfrac{\mathrm{d}h}{\mathrm{d}t} \end{cases}$ (H*)	$\begin{cases} u = p + \dfrac{\mathrm{d}f}{\mathrm{d}t} \\ v = q + \dfrac{\mathrm{d}g}{\mathrm{d}t} \\ w = h + \dfrac{\mathrm{d}h}{\mathrm{d}t} \end{cases}$	$\boldsymbol{J}_T = \boldsymbol{J} + \dfrac{\partial \boldsymbol{D}}{\partial t}$	
$\mathfrak{C} = \left(C + \dfrac{1}{4\pi}K\dfrac{\mathrm{d}}{\mathrm{d}t}\right)\mathfrak{E}$ (I) $\begin{cases} u = CP + \dfrac{1}{4\pi}K\dfrac{\mathrm{d}P}{\mathrm{d}t} \\ v = CQ + \dfrac{1}{4\pi}K\dfrac{\mathrm{d}Q}{\mathrm{d}t} \\ w = CR + \dfrac{1}{4\pi}K\dfrac{\mathrm{d}R}{\mathrm{d}t} \end{cases}$ (I*)	$\begin{cases} u = \sigma P + \varepsilon\dfrac{\mathrm{d}P}{\mathrm{d}t} \\ v = \sigma Q + \varepsilon\dfrac{\mathrm{d}Q}{\mathrm{d}t} \\ w = \sigma R + \varepsilon\dfrac{\mathrm{d}R}{\mathrm{d}t} \end{cases}$	$\boldsymbol{J}_T = \sigma\boldsymbol{E} + \varepsilon\dfrac{\partial \boldsymbol{E}}{\partial t}$	
$\dfrac{\mathrm{d}u}{\mathrm{d}x} + \dfrac{\mathrm{d}v}{\mathrm{d}y} + \dfrac{\mathrm{d}w}{\mathrm{d}z} = 0$ 原文从方程 (E) 可导出此方程	$\dfrac{\mathrm{d}u}{\mathrm{d}x} + \dfrac{\mathrm{d}v}{\mathrm{d}y} + \dfrac{\mathrm{d}w}{\mathrm{d}z} = 0$	$\nabla \cdot \boldsymbol{J}_T = 0$	
$\rho = \dfrac{\mathrm{d}f}{\mathrm{d}x} + \dfrac{\mathrm{d}g}{\mathrm{d}y} + \dfrac{\mathrm{d}h}{\mathrm{d}z}$(J)	$\rho_\mathrm{e} = \dfrac{\mathrm{d}f}{\mathrm{d}x} + \dfrac{\mathrm{d}g}{\mathrm{d}y} + \dfrac{\mathrm{d}h}{\mathrm{d}z}$	$\nabla \cdot \boldsymbol{D} = \rho_\mathrm{e}$	$\nabla \cdot \boldsymbol{D} = \rho_\mathrm{e}$
$\mathfrak{B} = \mu\mathfrak{H}$ (L)	$\begin{cases} a = \mu\alpha \\ b = \mu\beta \\ c = \mu\gamma \end{cases}$	$\boldsymbol{B} = \mu\boldsymbol{H}$	$\boldsymbol{B} = \mu\boldsymbol{H}$

对复合函数 $\boldsymbol{A}$ 求全导数，有

$$\frac{\mathrm{d}\boldsymbol{A}}{\mathrm{d}t}=\frac{\partial \boldsymbol{A}}{\partial t}+\boldsymbol{v}\cdot\nabla\boldsymbol{A} \tag{5.5.1}$$

1845 年，诺依曼 (F. E. Neumann, 1798~1895) 给出了感应电动势表达式

$$\mathscr{E}=-\frac{\mathrm{d}\varPhi}{\mathrm{d}t}=-\frac{\mathrm{d}}{\mathrm{d}t}\oint_l \boldsymbol{A}\cdot\mathrm{d}\boldsymbol{l}=-\oint_l\left(\frac{\partial \boldsymbol{A}}{\partial t}+\boldsymbol{v}\cdot\nabla\boldsymbol{A}\right)\cdot\mathrm{d}\boldsymbol{l} \tag{5.5.2}$$

根据习题 1.4 所给的矢量恒等式

$$\nabla(\boldsymbol{a}\cdot\boldsymbol{b})=(\boldsymbol{a}\times\nabla)\times\boldsymbol{b}+\boldsymbol{b}\times(\nabla\times\boldsymbol{a})+\boldsymbol{a}\,\nabla\cdot\boldsymbol{b}+\boldsymbol{b}\cdot\nabla\boldsymbol{a}$$

有

$$\nabla(\boldsymbol{A}\cdot\boldsymbol{v})=(\boldsymbol{A}\times\nabla)\times\boldsymbol{v}+\boldsymbol{v}\times(\nabla\times\boldsymbol{A})+\boldsymbol{A}\,\nabla\cdot\boldsymbol{v}+\boldsymbol{v}\cdot\nabla\boldsymbol{A}$$

假定 $\boldsymbol{v}$ 为常矢量，则有

$$\boldsymbol{v}\cdot\nabla\,\boldsymbol{A}=\nabla(\boldsymbol{A}\cdot\boldsymbol{v})-\boldsymbol{v}\times(\nabla\times\boldsymbol{A}) \tag{5.5.3}$$

将式 (5.5.3) 代入式 (5.5.2)，有

$$\mathscr{E}=-\oint_l\left[\frac{\partial \boldsymbol{A}}{\partial t}+\nabla(\boldsymbol{A}\cdot\boldsymbol{v})-\boldsymbol{v}\times(\nabla\times\boldsymbol{A})\right]\cdot\mathrm{d}\boldsymbol{l}=\oint_l\left(-\frac{\partial \boldsymbol{A}}{\partial t}+\boldsymbol{v}\times\boldsymbol{B}\right)\cdot\mathrm{d}\boldsymbol{l} \tag{5.5.4}$$

式中，$\nabla(\boldsymbol{A}\cdot\boldsymbol{v})$ 在闭合路径上的线积分为零，$\boldsymbol{B}=\nabla\times\boldsymbol{A}$。

根据感应电动势的意义，$\mathscr{E}=\oint_l \boldsymbol{E}\cdot\mathrm{d}\boldsymbol{l}$，则有

$$\mathscr{E}=\oint_l \boldsymbol{E}\cdot\mathrm{d}\boldsymbol{l}=\oint_l\left(-\frac{\partial \boldsymbol{A}}{\partial t}+\boldsymbol{v}\times\boldsymbol{B}\right)\cdot\mathrm{d}\boldsymbol{l} \tag{5.5.5}$$

进一步有

$$\boldsymbol{E}=\boldsymbol{v}\times\boldsymbol{B}-\frac{\partial \boldsymbol{A}}{\partial t}-\nabla\varphi \tag{5.5.6}$$

式 (5.5.6) 即表 5.5.2 中的方程 (D)，也是表 5.5.3 中的方程 (B)，式中 φ 就是标量电位。

原文方程中，总共有 29 个标量方程。方程 (H) 和方程 (I) 不独立，可只保留其中一个。原文从方程 (A) 可导出高斯磁场定律 $\nabla\cdot\boldsymbol{B}=0$，这个标量方程可去掉。原文从方程 (E) 导出了全电流连续定理 $\nabla\cdot\boldsymbol{J}_T=0$，但这个标量方程不能去

掉。这是因为它与方程 (E)、方程 (J) 以及连续性方程 $\nabla\cdot\boldsymbol{J}+\dfrac{\partial\rho_{\mathrm{e}}}{\partial t}=0$ 四个方程中，除了方程 (E) 需要保留外，另外三个标量方程只能保留两个，由于这里没有列出连续性方程，需要保留 $\nabla\cdot\boldsymbol{J}_T=0$。因此，实际上共有 23 个独立的标量方程。未知变量包括：$\boldsymbol{J}_T$、$\boldsymbol{J}$、$\boldsymbol{E}$、$\boldsymbol{D}$、$\boldsymbol{H}$、$\boldsymbol{A}$、$\boldsymbol{B}$、ρ_{e} 和 φ 共 7 个矢量和 2 个标量，合计标量变量也是 23 个，方程组是完备的。

表 5.5.2 和表 5.5.3 最后一列，是根据原文给出的麦克斯韦方程组的现今形式。对于其中的法拉第电磁感应定律的微分形式，只要对式 (5.5.6) 求旋度就可以导出

$$\nabla\times\boldsymbol{E}=-\frac{\partial\boldsymbol{B}}{\partial t}+\nabla\times(\boldsymbol{v}\times\boldsymbol{B})\tag{5.5.7}$$

实际上也可以直接使用高斯散度定理从式 (5.5.5) 导出式 (5.5.7)。在《电磁通论》中第 24 节的定理四就是高斯散度定理。此外的其他方程，都是显而易见的，不需要推导，将直角坐标系下的标量方程写成矢量形式即可。

比较表 5.5.2 和表 5.5.3，可看到二者差别不大。与《电磁场的动力学理论》中 20 个独立方程、6 个矢量变量、2 个标量变量相比，《电磁通论》中增加了 1 个矢量方程、1 个矢量变量。主要差异是后者的求解变量增加了磁通密度 $\boldsymbol{B}$，方程增加了本构关系 $\boldsymbol{B}=\mu\boldsymbol{H}$，并把前者中的连续性方程 $\nabla\cdot\boldsymbol{J}+\dfrac{\partial\rho_{\mathrm{e}}}{\partial t}=0$ 换成了全电流连续定理 $\nabla\cdot\boldsymbol{J}_T=0$。

习　　题

5.1　写出两种时间因子 $\mathrm{e}^{\mathrm{j}\omega t}$ 和 $\mathrm{e}^{-\mathrm{j}\omega t}$ 表示的时谐场麦克斯韦方程组。

5.2　请自学电准静态场和磁准静态场。

5.3　试从麦克斯韦方程组出发，根据亥姆霍兹定理，导出静电场、稳恒电场、稳恒磁场方程。

5.4　试说明库仑电场和涡旋电场的区别。

5.5　试说明极化电流和磁化电流的区别。

5.6　设处于某种导电介质中的电磁场, 其电场强度的大小 $E(t)=E_{\mathrm{m}}\cos\omega t$，这里 $\omega=10^3\mathrm{rad/s}$，导电介质的电导率 $\sigma=1\times10^{-6}\mathrm{S/m}$，相对介电常量 $\varepsilon_{\mathrm{r}}=2.5$。计算此介质中的传导电流密度和位移电流密度之比。

5.7　试从麦克斯韦方程组出发，导出描写角频率为 ω 的平面波在无限大介质中传播的表达式。介质的电导率为 σ，介电常量为 ε，磁导率为 μ。

5.8　极板面积为 S 的平板电容器中填充有两层不同介质，介质厚度分别为 h_1 和 h_2，电容器外加交变电压 $u=U_m\cos\omega t$，如习题 5.8 图所示。设介质 1 的参数 (ε_1，μ_1，σ_1) 和介质 2 的参数 (ε_2，μ_2，σ_2) 是已知的，试求在下列两种情况下，电容器中的电场强度、损耗功率 P 以及介质分界面上的电荷面密度 σ_s。

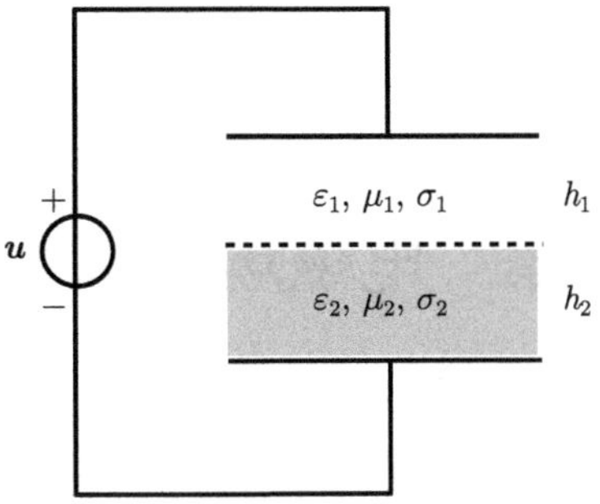

习题 5.8 图

(1) 两种介质均为导电介质，即 $\sigma_1 \neq \sigma_2 \neq 0$;

(2) 介质 1 为空气，介质 2 为导电介质，即 $\sigma_1 = 0$，$\sigma_2 \neq 0$。

5.9 请自学：

(1) 根据能量原理和近距作用原理建立麦克斯韦方程组的方法。

(2) 根据库仑定律及洛伦兹变换建立麦克斯韦方程组的方法。

(3) 根据变分原理建立麦克斯韦方程组的方法 (陈秉乾等，2001)。

5.10 请阅读麦克斯韦的著作《电磁通论》。

5.11 奥利弗·赫维赛德 (Oliver Heaviside) 将麦克斯韦在《电磁场的动力学理论》导出的 20 个标量方程总结为目前我们熟知的形式，请自学二者的对应关系。

第 6 章　电磁场的基本定理

麦克斯韦方程组全面概括了宏观电磁现象的基本规律和特性。本章首先介绍电磁场坡印亭定理；在此基础上，从坡印亭矢量的时间变化率和麦克斯韦方程组两个旋度方程出发，导出电磁场动量守恒定律，从而引出电磁场的动量密度和动量流密度概念。最后介绍唯一性定理、对偶原理、互易定理和相似定理。

6.1　坡印亭定理

6.1.1　时变电磁场坡印亭定理

在均匀各向同性有耗线性定常介质中，对称形式麦克斯韦方程组中的两个旋度方程为

$$\nabla \times \boldsymbol{E} = -\boldsymbol{J}_{\mathrm{m}} - \frac{\partial \boldsymbol{B}}{\partial t}$$

$$\nabla \times \boldsymbol{H} = \boldsymbol{J}_{\mathrm{e}} + \sigma \boldsymbol{E} + \frac{\partial \boldsymbol{D}}{\partial t}$$

用 $\boldsymbol{H}$ 和 $\boldsymbol{E}$ 分别点乘以上式两个方程，二者差值为

$$\boldsymbol{H}\cdot\nabla \times \boldsymbol{E} - \boldsymbol{E}\cdot\nabla \times \boldsymbol{H} = -\boldsymbol{H}\cdot\boldsymbol{J}_{\mathrm{m}} - \boldsymbol{H}\cdot\frac{\partial \boldsymbol{B}}{\partial t} - \boldsymbol{E}\cdot\boldsymbol{J}_{\mathrm{e}} - \sigma \boldsymbol{E}\cdot\boldsymbol{E} - \boldsymbol{E}\cdot\frac{\partial \boldsymbol{D}}{\partial t}$$

利用矢量恒等式 $\nabla\cdot(\boldsymbol{E}\times\boldsymbol{H}) = \boldsymbol{H}\cdot(\nabla\times\boldsymbol{E}) - \boldsymbol{E}\cdot(\nabla\times\boldsymbol{H})$，有

$$-(\boldsymbol{H}\cdot\boldsymbol{J}_{\mathrm{m}} + \boldsymbol{E}\cdot\boldsymbol{J}_{\mathrm{e}}) = \nabla\cdot(\boldsymbol{E}\times\boldsymbol{H}) + \frac{\partial}{\partial t}\left(\frac{1}{2}\boldsymbol{H}\cdot\boldsymbol{B} + \frac{1}{2}\boldsymbol{E}\cdot\boldsymbol{D}\right) + \sigma E^2$$

引入坡印亭矢量

$$\boldsymbol{S} = \boldsymbol{E}\times\boldsymbol{H}$$

则有

$$-(\boldsymbol{H}\cdot\boldsymbol{J}_{\mathrm{m}} + \boldsymbol{E}\cdot\boldsymbol{J}_{\mathrm{e}}) = \nabla\cdot\boldsymbol{S} + \frac{\partial}{\partial t}\left(\frac{1}{2}\boldsymbol{H}\cdot\boldsymbol{B} + \frac{1}{2}\boldsymbol{E}\cdot\boldsymbol{D}\right) + \sigma E^2 \tag{6.1.1}$$

$\boldsymbol{S}$ 的量纲为瓦/米^2。方向指向电磁能量传播的方向，大小为穿过单位面积的电磁功率流。坡印亭矢量又称为能流密度矢量或功率流密度矢量。

将能流密度加上一个矢量的旋度，仍然满足式 (6.1.1)，说明能流密度不唯一。关于它在狭义相对论下的讨论，感兴趣的同学可阅读胡友秋等 (2008) 的著作。

电场 $\boldsymbol{E}$、磁场 $\boldsymbol{H}$ 和坡印亭矢量 $\boldsymbol{S}$ 三者之间存在右手螺旋关系，如图 6.1.1 所示。

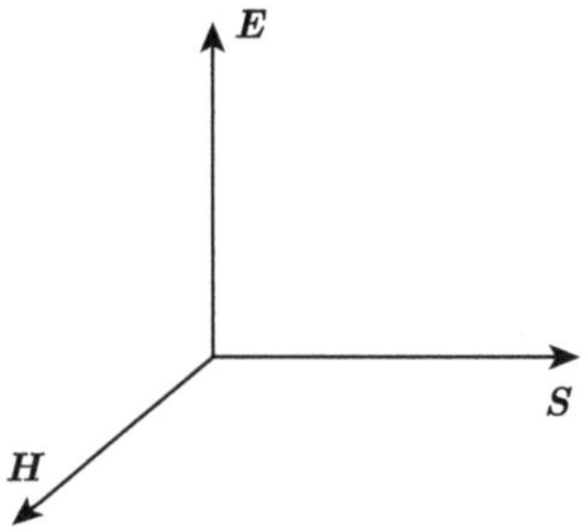

图 6.1.1 电场、磁场和坡印亭矢量

任意点上坡印亭矢量的方向表示该点瞬时功率流的方向。于是，某点能流密度的通量密度可表示为

$$p = \nabla \cdot \boldsymbol{S} = \nabla \cdot (\boldsymbol{E} \times \boldsymbol{H})$$

若记 $E = |\boldsymbol{E}|$，$H = |\boldsymbol{H}|$，则电磁场储能密度为

$$w = w_{\mathrm{e}} + w_{\mathrm{m}}$$

其中电场储能密度和磁场储能密度分别为

$$w_{\mathrm{e}} = \frac{1}{2}\,\boldsymbol{E} \cdot \boldsymbol{D} = \frac{1}{2}\varepsilon E^2, \quad w_{\mathrm{m}} = \frac{1}{2}\,\boldsymbol{H} \cdot \boldsymbol{B} = \frac{1}{2}\mu H^2$$

焦耳热引起的耗散功率密度为

$$p_c = \sigma E^2$$

外部源提供的功率密度为

$$p_s = \boldsymbol{H} \cdot \boldsymbol{J}_{\mathrm{m}} + \boldsymbol{E} \cdot \boldsymbol{J}_{\mathrm{e}}$$

对式 (6.1.1) 作体积分，并利用高斯散度定理，有

$$\begin{aligned} & -\int_V (\boldsymbol{H} \cdot \boldsymbol{J}_{\mathrm{m}} + \boldsymbol{E} \cdot \boldsymbol{J}_{\mathrm{e}})\,\mathrm{d}V - \oint_S \boldsymbol{n} \cdot \boldsymbol{E} \times \boldsymbol{H}\mathrm{d}S \\ &= \int_V \frac{\partial}{\partial t}\left(\frac{1}{2}\boldsymbol{H} \cdot \boldsymbol{B} + \frac{1}{2}\boldsymbol{E} \cdot \boldsymbol{D}\right)\mathrm{d}V + \int_V \sigma E^2 \mathrm{d}V \end{aligned}$$

由于积分区域不随时间变化，上式右端第一项对时间 t 的偏导数可以移到积分号外，有

$$-\int_V (\boldsymbol{H}\cdot\boldsymbol{J}_{\mathrm{m}}+\boldsymbol{E}\cdot\boldsymbol{J}_{\mathrm{e}})\,\mathrm{d}V-\oint_S \boldsymbol{n}\cdot\boldsymbol{E}\times\boldsymbol{H}\mathrm{d}S$$
$$=\frac{\mathrm{d}}{\mathrm{d}t}\int_V\left(\frac{1}{2}\boldsymbol{H}\cdot\boldsymbol{B}+\frac{1}{2}\boldsymbol{E}\cdot\boldsymbol{D}\right)\mathrm{d}V+\int_V \sigma E^2\mathrm{d}V \tag{6.1.2}$$

式中，闭合曲面 S 内的通量为

$$P=\oint_S(\boldsymbol{E}\times\boldsymbol{H})\cdot\mathrm{d}\boldsymbol{S}$$

时变场电磁场能量为

$$W=W_{\mathrm{e}}+W_{\mathrm{m}}$$

其中，电场能量与磁场能量分别为

$$W_{\mathrm{e}}=\int_V\frac{1}{2}\boldsymbol{E}\cdot\boldsymbol{D}\mathrm{d}V,\quad W_{\mathrm{m}}=\int_V\frac{1}{2}\boldsymbol{H}\cdot\boldsymbol{B}\mathrm{d}V$$

焦耳热引起的耗散功率为

$$P_c=\int_V\sigma E^2\mathrm{d}V$$

外部源提供的功率为

$$P_s=\int_V(\boldsymbol{H}\cdot\boldsymbol{J}_{\mathrm{m}}+\boldsymbol{E}\cdot\boldsymbol{J}_{\mathrm{e}})\,\mathrm{d}V$$

于是，式 (6.1.1) 和式 (6.1.2) 可表示为

$$-p_s-p=\frac{\partial w}{\partial t}+p_c$$

$$-P_s-P=\frac{\mathrm{d}W}{\mathrm{d}t}+P_c$$

式 (6.1.2) 的左边表示供给体积 V 的总电磁功率，其来源为体积以外的汇入电磁功率，对应 $-P$ 项，或由该体积内的电流源和磁流源提供的功率，对应 $-P_s$ 项；右端表示体积内电磁场吸收的电磁功率和热损耗之和，分别对应 $\frac{\mathrm{d}W}{\mathrm{d}t}$ 项和 P_c 项。

式 (6.1.2) 称为有源区域的时变电磁场坡印亭定理。

无源区时变电磁场坡印亭定理的积分形式为

$$-\oint_S \boldsymbol{n}\cdot\boldsymbol{E}\times\boldsymbol{H}\mathrm{d}S=\frac{\mathrm{d}}{\mathrm{d}t}\int_V\frac{1}{2}\left(\varepsilon E^2+\mu H^2\right)\mathrm{d}V+\int_V\sigma E^2\mathrm{d}V$$

利用三个矢量的混合积 $\boldsymbol{n}\cdot\boldsymbol{E}\times\boldsymbol{H}=-\boldsymbol{E}\cdot\boldsymbol{n}\times\boldsymbol{H}=\boldsymbol{H}\cdot\boldsymbol{n}\times\boldsymbol{E}$，有

$$-\oint_S \boldsymbol{H}\cdot\boldsymbol{n}\times\boldsymbol{E}\mathrm{d}S=\oint_S \boldsymbol{E}\cdot\boldsymbol{n}\times\boldsymbol{H}\mathrm{d}S=\frac{\mathrm{d}}{\mathrm{d}t}\int_V\frac{1}{2}\left(\varepsilon E^2+\mu H^2\right)\mathrm{d}V+\int_V\sigma E^2\mathrm{d}V \tag{6.1.3}$$

6.1.2 时谐电磁场量的叉积与点积

对于时谐场，场量采用复数表示很方便。复矢量的运算规则与实矢量相同，但是复矢量一般没有类似实矢量及其运算的几何意义。在电磁场中，人为定义复矢量的方向为其实部的方向。处理功率关系时，涉及两个时谐场量的叉积，这时将 $\dfrac{\partial}{\partial t}$ 换成 $\mathrm{j}\omega$ 没有意义，因为场量相乘的结果，将出现二次谐波和直流分量。为了将复数表示法应用于包含功率的问题，只能采用平均功率的概念。

两个时谐场的叉积为

$$\begin{aligned}\mathrm{Re}\boldsymbol{a}\times\mathrm{Re}\boldsymbol{b}&=\frac{1}{2}\left(\boldsymbol{a}+\boldsymbol{a}^*\right)\times\frac{1}{2}\left(\boldsymbol{b}+\boldsymbol{b}^*\right)=\frac{1}{4}\left(\boldsymbol{a}\times\boldsymbol{b}+\boldsymbol{a}^*\times\boldsymbol{b}^*+\boldsymbol{a}^*\times\boldsymbol{b}+\boldsymbol{a}\times\boldsymbol{b}^*\right)\\&=\frac{1}{4}\left[(\boldsymbol{a}\times\boldsymbol{b})+(\boldsymbol{a}\times\boldsymbol{b})^*\right]+\frac{1}{4}\left[(\boldsymbol{a}\times\boldsymbol{b}^*)+(\boldsymbol{a}\times\boldsymbol{b}^*)^*\right]\end{aligned}$$

式中，$\boldsymbol{a}^*$、$\boldsymbol{b}^*$ 是 $\boldsymbol{a}$、$\boldsymbol{b}$ 的共轭复数。

进一步有

$$\mathrm{Re}\left(\boldsymbol{a}\right)\times\mathrm{Re}\left(\boldsymbol{b}\right)=\frac{1}{2}\mathrm{Re}\left[(\boldsymbol{a}\times\boldsymbol{b})+(\boldsymbol{a}\times\boldsymbol{b}^*)\right]$$

上式右端第一项 $\boldsymbol{a}\times\boldsymbol{b}$ 的时间变化因子为 $\mathrm{e}^{2\mathrm{j}\omega t}$，而第二项 $\boldsymbol{a}\times\boldsymbol{b}^*$ 与时间无关。因此，两个实矢量叉积的时间平均值为

$$\langle\mathrm{Re}\boldsymbol{a}\times\mathrm{Re}\boldsymbol{b}\rangle=\frac{1}{2}\mathrm{Re}\left(\boldsymbol{a}\times\boldsymbol{b}^*\right)$$

上式表示的是平均功率或复数功率。

同理

$$\mathrm{Re}\left(\boldsymbol{a}\right)\cdot\mathrm{Re}\left(\boldsymbol{b}\right)=\frac{1}{2}\mathrm{Re}\left[(\boldsymbol{a}\cdot\boldsymbol{b})+(\boldsymbol{a}\cdot\boldsymbol{b}^*)\right]$$

$$\langle\mathrm{Re}(\boldsymbol{a})\cdot\mathrm{Re}(\boldsymbol{b})\rangle=\frac{1}{2}\mathrm{Re}\left(\boldsymbol{a}\cdot\boldsymbol{b}^*\right)$$

根据上式可知，两正弦瞬时量乘积的时间平均值等于前一个瞬时量对应复振幅与后一个瞬时量对应复振幅共轭乘积的实部的 1/2。

6.1.3 时谐电磁场量的复数坡印亭定理

对于时谐场，坡印亭矢量的时间平均值定义为

$$\langle \mathrm{Re}(\boldsymbol{E}) \times \mathrm{Re}(\boldsymbol{H}) \rangle = \frac{1}{T}\int_0^T \mathrm{Re}(\boldsymbol{E}) \times \mathrm{Re}(\boldsymbol{H})\mathrm{d}t$$

且有，复数坡印亭矢量定义为

$$\boldsymbol{S} = \frac{1}{2}\boldsymbol{E} \times \boldsymbol{H}^*$$

上式的实部是坡印亭矢量的时间平均值。$\boldsymbol{H}^*$ 表示 $\boldsymbol{H}$ 的共轭复数。复数坡印亭矢量具有明确的物理含义，实部给出的是时间平均的有功能流密度，而虚部则给出振荡的无功能流密度。

由瞬时坡印亭矢量和复数坡印亭矢量均可以计算得到平均坡印亭矢量。需要强调的是，瞬时坡印亭矢量和复数坡印亭矢量之间无任何直接关系，它们之间并不是瞬时值与复振幅的简单转换关系。

闭合曲面 S 内的通量的时间平均值为

$$\langle P \rangle = \frac{1}{2}\oint_S \mathrm{Re}(\boldsymbol{E} \times \boldsymbol{H}^*) \cdot \boldsymbol{n}\mathrm{d}S$$

电场储能密度和磁场储能密度的平均值为

$$\langle w_\mathrm{e} \rangle = \frac{1}{4}\mathrm{Re}\left(\boldsymbol{E}\cdot\boldsymbol{D}^*\right)$$

$$\langle w_\mathrm{m} \rangle = \frac{1}{4}\mathrm{Re}\left(\boldsymbol{H}\cdot\boldsymbol{B}^*\right)$$

电场储能和磁场储能的平均值为

$$\langle W_\mathrm{e} \rangle = \frac{1}{4}\mathrm{Re}\int_V \boldsymbol{E}\cdot\boldsymbol{D}^*\mathrm{d}V$$

$$\langle W_\mathrm{m} \rangle = \frac{1}{4}\mathrm{Re}\int_V \boldsymbol{H}\cdot\boldsymbol{B}^*\mathrm{d}V$$

取 $\varepsilon = \varepsilon' - \mathrm{j}\varepsilon''$, $\mu = \mu' - \mathrm{j}\mu''$，$\boldsymbol{D} = (\varepsilon' - \mathrm{j}\varepsilon'')\boldsymbol{E}$，$\boldsymbol{B} = (\mu' - \mathrm{j}\mu'')\boldsymbol{H}$，代入以上四式，有

$$\langle w_\mathrm{e} \rangle = \frac{1}{4}\varepsilon'\,\boldsymbol{E}\cdot\boldsymbol{E}^*$$

$$\langle w_{\mathrm{m}}\rangle = \frac{1}{4}\mu'\,\boldsymbol{H}\cdot\boldsymbol{H}^*$$

$$\langle W_{\mathrm{e}}\rangle = \frac{1}{4}\int_V \varepsilon'\,\boldsymbol{E}\cdot\boldsymbol{E}^*\mathrm{d}V$$

$$\langle W_{\mathrm{m}}\rangle = \frac{1}{4}\int_V \mu'\,\boldsymbol{H}\cdot\boldsymbol{H}^*\mathrm{d}V$$

焦耳热、介质磁化阻尼和极化阻尼引起的损耗功率平均值分别为

$$\langle P_c\rangle = \frac{1}{2}\int_V \sigma\,\boldsymbol{E}\cdot\boldsymbol{E}^*\mathrm{d}V$$

$$\langle P_E\rangle = \frac{1}{2}\int_V \omega\varepsilon''\boldsymbol{E}\cdot\boldsymbol{E}^*\mathrm{d}V$$

$$\langle P_H\rangle = \frac{1}{2}\int_V \omega\mu''\boldsymbol{H}\cdot\boldsymbol{H}^*\mathrm{d}V$$

外部源提供的功率的平均值为

$$\langle P_s\rangle = \frac{1}{2}\mathrm{Re}\int_V (\boldsymbol{H}^*\cdot\boldsymbol{J}_{\mathrm{m}} + \boldsymbol{E}\cdot\boldsymbol{J}_{\mathrm{e}}^*)\,\mathrm{d}V$$

下面导出复数坡印亭定理。

两个旋度方程为

$$\nabla\times\boldsymbol{E} = -\boldsymbol{J}_{\mathrm{m}} - \mathrm{j}\omega\boldsymbol{B}$$

$$\nabla\times\boldsymbol{H}^* = \boldsymbol{J}_{\mathrm{e}}^* + \sigma\boldsymbol{E}^* - \mathrm{j}\omega\boldsymbol{D}^*$$

用 $\boldsymbol{H}^*$ 和 $\boldsymbol{E}$ 分别点乘以上两个方程后，二者差值为

$$\boldsymbol{H}^*\cdot\nabla\times\boldsymbol{E} - \boldsymbol{E}\cdot\nabla\times\boldsymbol{H}^* = -\boldsymbol{H}^*\cdot\boldsymbol{J}_{\mathrm{m}} - \mathrm{j}\omega\boldsymbol{B}\cdot\boldsymbol{H}^* - \boldsymbol{E}\cdot\boldsymbol{J}_{\mathrm{e}}^* - \boldsymbol{E}\cdot\sigma\boldsymbol{E}^* + \mathrm{j}\omega\boldsymbol{E}\cdot\boldsymbol{D}^*$$

利用矢量恒等式，有

$$\nabla\cdot(\boldsymbol{E}\times\boldsymbol{H}^*) = -(\boldsymbol{H}^*\cdot\boldsymbol{J}_{\mathrm{m}} + \boldsymbol{E}\cdot\boldsymbol{J}_{\mathrm{e}}^*) - \boldsymbol{E}\cdot\sigma\boldsymbol{E}^* - \mathrm{j}\omega(\boldsymbol{B}\cdot\boldsymbol{H}^* - \boldsymbol{E}\cdot\boldsymbol{D}^*)$$

进一步，有

$$-(\boldsymbol{H}^*\cdot\boldsymbol{J}_{\mathrm{m}} + \boldsymbol{E}\cdot\boldsymbol{J}_{\mathrm{e}}^*) = \nabla\cdot(\boldsymbol{E}\times\boldsymbol{H}^*) + \boldsymbol{E}\cdot\sigma\boldsymbol{E}^* + \mathrm{j}\omega(\boldsymbol{B}\cdot\boldsymbol{H}^* - \boldsymbol{E}\cdot\boldsymbol{D}^*) \tag{6.1.4}$$

取式 (6.1.4) 的体积分，并利用高斯散度定理有

$$-\frac{1}{2}\int_V (\boldsymbol{H}^*\cdot\boldsymbol{J}_{\mathrm{m}} + \boldsymbol{E}\cdot\boldsymbol{J}_{\mathrm{e}}^*)\,\mathrm{d}V = \frac{1}{2}\oint_S \boldsymbol{n}\cdot\boldsymbol{E}\times\boldsymbol{H}^*\mathrm{d}S + \frac{1}{2}\int_V \boldsymbol{E}\cdot\sigma\boldsymbol{E}^*\mathrm{d}V$$

$$+2\mathrm{j}\omega\int_V\left(\frac{1}{4}\boldsymbol{B}\cdot\boldsymbol{H}^*-\frac{1}{4}\boldsymbol{E}\cdot\boldsymbol{D}^*\right)\mathrm{d}V \tag{6.1.5}$$

式 (6.1.4) 和式 (6.1.5) 称为有源区域的复数坡印亭定理。

由于 $\varepsilon=\varepsilon'-\mathrm{j}\varepsilon'',\mu=\mu'-\mathrm{j}\mu''$，则有

$$-\frac{1}{2}\int_V(\boldsymbol{H}^*\cdot\boldsymbol{J}_\mathrm{m}+\boldsymbol{E}\cdot\boldsymbol{J}_\mathrm{e}^*)\,\mathrm{d}V=\frac{1}{2}\oint_S\boldsymbol{n}\cdot\boldsymbol{E}\times\boldsymbol{H}^*\mathrm{d}S+\frac{1}{2}\int_V\boldsymbol{E}\cdot\sigma\boldsymbol{E}^*\mathrm{d}V$$
$$+\frac{1}{2}\int_V(\omega\mu''\boldsymbol{H}\cdot\boldsymbol{H}^*+\omega\varepsilon''\boldsymbol{E}\cdot\boldsymbol{E}^*)\,\mathrm{d}V+2\mathrm{j}\omega\left[\int_V\frac{1}{4}(\mu'\boldsymbol{H}\cdot\boldsymbol{H}^*-\varepsilon'\boldsymbol{E}\cdot\boldsymbol{E}^*)\,\mathrm{d}V\right] \tag{6.1.6}$$

若考虑无源区域，则有

$$\begin{aligned}&-\frac{1}{2}\oint_S\boldsymbol{n}\cdot\boldsymbol{E}\times\boldsymbol{H}^*\mathrm{d}S\\&=\frac{1}{2}\int_V(\sigma\boldsymbol{E}\cdot\boldsymbol{E}^*+\omega\varepsilon''\boldsymbol{E}\cdot\boldsymbol{E}^*+\omega\mu''\boldsymbol{H}\cdot\boldsymbol{H}^*)\,\mathrm{d}V\\&\quad+2\mathrm{j}\omega\left[\int_V\frac{1}{4}(\mu'\boldsymbol{H}\cdot\boldsymbol{H}^*-\varepsilon'\boldsymbol{E}\cdot\boldsymbol{E}^*)\,\mathrm{d}V\right]\end{aligned}$$

利用三个矢量的混合积 $\boldsymbol{n}\cdot\boldsymbol{E}\times\boldsymbol{H}^*=-\boldsymbol{E}\cdot\boldsymbol{n}\times\boldsymbol{H}^*=\boldsymbol{H}^*\cdot\boldsymbol{n}\times\boldsymbol{E}$，有

$$-\frac{1}{2}\oint_S\boldsymbol{H}^*\cdot\boldsymbol{n}\times\boldsymbol{E}\mathrm{d}S=\frac{1}{2}\oint_S\boldsymbol{E}\cdot\boldsymbol{n}\times\boldsymbol{H}^*\mathrm{d}S=-\frac{1}{2}\oint_S\boldsymbol{n}\cdot\boldsymbol{E}\times\boldsymbol{H}^*\mathrm{d}S$$
$$\begin{aligned}&=\frac{1}{2}\int_V(\sigma\boldsymbol{E}\cdot\boldsymbol{E}^*+\omega\varepsilon''\boldsymbol{E}\cdot\boldsymbol{E}^*+\omega\mu''\boldsymbol{H}\cdot\boldsymbol{H}^*)\,\mathrm{d}V\\&\quad+2\mathrm{j}\omega\left[\int_V\frac{1}{4}(\mu'\boldsymbol{H}\cdot\boldsymbol{H}^*-\varepsilon'\boldsymbol{E}\cdot\boldsymbol{E}^*)\,\mathrm{d}V\right]\end{aligned} \tag{6.1.7}$$

取式 (6.1.7) 实部和虚部，有

$$-\frac{1}{2}\mathrm{Re}\oint_S\boldsymbol{n}\cdot\boldsymbol{E}\times\boldsymbol{H}^*\mathrm{d}S=\frac{1}{2}\int_V(\sigma\boldsymbol{E}\cdot\boldsymbol{E}^*+\omega\varepsilon''\boldsymbol{E}\cdot\boldsymbol{E}^*+\omega\mu''\boldsymbol{H}\cdot\boldsymbol{H}^*)\,\mathrm{d}V \tag{6.1.8a}$$

$$-\frac{1}{2}\mathrm{Im}\oint_S\boldsymbol{n}\cdot\boldsymbol{E}\times\boldsymbol{H}^*\mathrm{d}S=2\omega\left[\int_V\frac{1}{4}(\mu'\boldsymbol{H}\cdot\boldsymbol{H}^*-\varepsilon'\boldsymbol{E}\cdot\boldsymbol{E}^*)\,\mathrm{d}V\right] \tag{6.1.8b}$$

式 (6.1.7) 和式 (6.1.8) 可分别简记为

$$-\langle P\rangle=\langle P_c\rangle+\langle P_E\rangle+\langle P_H\rangle+2\mathrm{j}\omega\left(\langle W_\mathrm{m}\rangle-\langle W_\mathrm{e}\rangle\right) \tag{6.1.9}$$

$$-\mathrm{Re}\langle P\rangle = \langle P_c\rangle + \langle P_E\rangle + \langle P_H\rangle \tag{6.1.10a}$$

$$-\mathrm{Im}\langle P\rangle = 2\omega\left(\langle W_{\mathrm{m}}\rangle - \langle W_{\mathrm{e}}\rangle\right) \tag{6.1.10b}$$

式中，$\langle W_{\mathrm{m}}\rangle$ 为磁场时间平均能量，$\langle W_{\mathrm{e}}\rangle$ 为电场时间平均能量。

式 (6.1.10a) 表明，流入闭合曲面的有功功率等于闭合曲面包围的体积内由传导电流引起的焦耳热损耗功率与介质磁化阻尼、极化阻尼引起的损耗功率之和。式 (6.1.10b) 表明，流入闭合曲面的无功功率等于闭合曲面包围的体积内储存的磁场能量平均值与电场能量平均值之差的 2ω 倍。

下面举例说明复数坡印亭定理在低频电路中的应用。如图 6.1.2 所示 RLC 串联电路，外接交流电压 U，则回路中的电流 I 为

$$I = \frac{U}{Z_{in}} = \frac{U}{R + \mathrm{j}\omega L + \dfrac{1}{\mathrm{j}\omega C}}$$

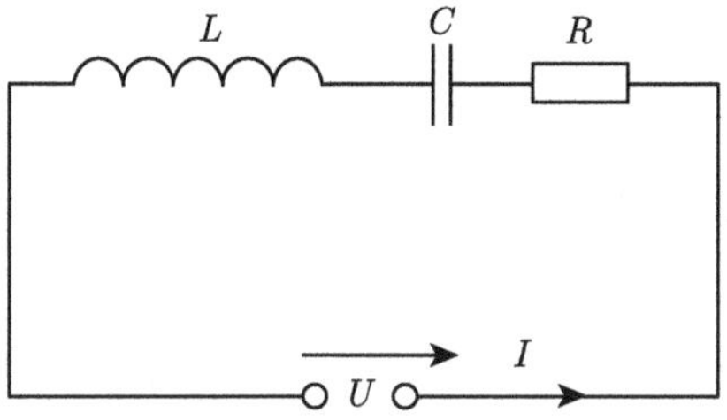

图 6.1.2 RLC 串联电路

流入电路的复数功率为

$$P = \frac{1}{2}UI^* = \frac{1}{2}II^*Z_{\mathrm{in}} = \frac{1}{2}II^*R + \mathrm{j}2\omega\left(\frac{1}{4}II^*L - \frac{II^*C}{4\omega^2C^2}\right)$$

式中 $(1/2)II^*R$ 表示电阻中的平均损耗功率；$(1/4)II^*L$ 表示电感中储存的平均磁能。因为 $I/\omega C$ 表示电容器上的电压，所以 $II^*C/4\omega^2C^2$ 表示电容器中储存的平均电能。由此可得

$$P = \frac{1}{2}II^*Z_{\mathrm{in}} = \langle P_L\rangle + \mathrm{j}2\omega\left(\langle W_{\mathrm{m}}\rangle - \langle W_{\mathrm{e}}\rangle\right)$$

上式可用来定义单端口电路的输入阻抗。因此，在微波电路中，复数坡印亭定理可用来分析单端口电路的阻抗特性。

6.2　电磁场动量守恒定律

从坡印亭矢量的时间变化率和麦克斯韦方程组两个旋度方程出发，导出电磁场动量守恒方程，从而引出电磁场的动量密度、动量流密度和应力张量等概念。

假设自由空间中存在电磁场 $(\boldsymbol{E},\boldsymbol{H})$ 和连续分布荷流系统 $(\rho_{\mathrm{e}},\rho_{\mathrm{m}},\boldsymbol{J}_{\mathrm{e}},\boldsymbol{J}_{\mathrm{m}})$。坡印亭矢量 $\boldsymbol{S}=\boldsymbol{E}\times\boldsymbol{H}$ 对时间 t 求偏导数，并乘以 $\mu\varepsilon$，有

$$\mu\varepsilon\frac{\partial\boldsymbol{S}}{\partial t}=\frac{\partial\boldsymbol{D}}{\partial t}\times\boldsymbol{B}+\boldsymbol{D}\times\frac{\partial\boldsymbol{B}}{\partial t}\tag{6.2.1}$$

由麦克斯韦方程组中的两个旋度方程，可以导出

$$\frac{\partial\boldsymbol{B}}{\partial t}=-\boldsymbol{J}_{\mathrm{m}}-\nabla\times\boldsymbol{E}\tag{6.2.2a}$$

$$\frac{\partial\boldsymbol{D}}{\partial t}=\nabla\times\boldsymbol{H}-\boldsymbol{J}_{\mathrm{e}}\tag{6.2.2b}$$

将式 (6.2.2) 代入式 (6.2.1)，有

$$\mu\varepsilon\frac{\partial\boldsymbol{S}}{\partial t}+\boldsymbol{J}_{\mathrm{e}}\times\boldsymbol{B}-\boldsymbol{J}_{\mathrm{m}}\times\boldsymbol{D}=-\boldsymbol{B}\times(\nabla\times\boldsymbol{H})-\boldsymbol{D}\times(\nabla\times\boldsymbol{E})\tag{6.2.3}$$

并矢恒等式 (1.6.8) 中，取 α 和 $\boldsymbol{A}$ 分别为 ε 和 $\boldsymbol{E}$，或取 α 和 $\boldsymbol{A}$ 分别为 μ 和 $\boldsymbol{H}$，并利用麦克斯韦方程组的两个散度方程，有

$$\nabla\cdot\left(\frac{1}{2}\varepsilon E^2\overline{\overline{\boldsymbol{I}}}-\varepsilon\boldsymbol{E}\boldsymbol{E}\right)=\boldsymbol{D}\times(\nabla\times\boldsymbol{E})-\rho_{\mathrm{e}}\boldsymbol{E}\tag{6.2.4a}$$

$$\nabla\cdot\left(\frac{1}{2}\mu H^2\overline{\overline{\boldsymbol{I}}}-\mu\boldsymbol{H}\boldsymbol{H}\right)=\boldsymbol{B}\times(\nabla\times\boldsymbol{H})-\rho_{\mathrm{m}}\boldsymbol{H}\tag{6.2.4b}$$

将式 (6.2.4) 代入式 (6.2.3)，电磁场动量守恒定律的微分形式为

$$\begin{aligned}&\mu\varepsilon\frac{\partial\boldsymbol{S}}{\partial t}+\boldsymbol{J}_{\mathrm{e}}\times\boldsymbol{B}+\rho_{\mathrm{e}}\boldsymbol{E}-\boldsymbol{J}_{\mathrm{m}}\times\boldsymbol{D}+\rho_{\mathrm{m}}\boldsymbol{H}\\&=-\nabla\cdot\left[\left(\frac{1}{2}\varepsilon E^2+\frac{1}{2}\mu H^2\right)\overline{\overline{\boldsymbol{I}}}-\varepsilon\boldsymbol{E}\boldsymbol{E}-\mu\boldsymbol{H}\boldsymbol{H}\right]\end{aligned}\tag{6.2.5}$$

若记 $\boldsymbol{g}_p$ 和 $\boldsymbol{g}_f$ 分别为荷流系统动量密度和电磁场的动量密度，$\overline{\overline{\boldsymbol{\Phi}}}$ 为电磁场的动量流密度张量，洛伦兹力为 $\boldsymbol{f}$，表达式为

$$\boldsymbol{f}=\boldsymbol{J}_{\mathrm{e}}\times\boldsymbol{B}+\rho_{\mathrm{e}}\boldsymbol{E}-\boldsymbol{J}_{\mathrm{m}}\times\boldsymbol{D}+\rho_{\mathrm{m}}\boldsymbol{H}=\frac{\partial\boldsymbol{g}_p}{\partial t}\tag{6.2.6a}$$

$$\boldsymbol{g}_f=\mu\varepsilon\boldsymbol{S}\tag{6.2.6b}$$

$$\overline{\overline{\boldsymbol{\Phi}}}=\left(\frac{1}{2}\varepsilon E^2+\frac{1}{2}\mu H^2\right)\overline{\overline{\boldsymbol{I}}}-\varepsilon\boldsymbol{E}\boldsymbol{E}-\mu\boldsymbol{H}\boldsymbol{H}\tag{6.2.6c}$$

则有

$$\frac{\partial}{\partial t}\left(\boldsymbol{g}_f+\boldsymbol{g}_p\right)=-\nabla\cdot\overline{\overline{\boldsymbol{\Phi}}}\tag{6.2.7a}$$

将动量流密度张量加上一个散度为零的张量，仍然满足式 (6.2.7a)，说明动量流密度不唯一。关于它在狭义相对论下的讨论，感兴趣的同学可阅读故友秋等 (2008) 的著作。

对式 (6.2.7a) 作体积分，并利用并矢高斯散度定理式 (1.3.4a)，有

$$\int_V\frac{\partial}{\partial t}\left(\boldsymbol{g}_f+\boldsymbol{g}_p\right)\mathrm{d}V=-\int_V\nabla\cdot\overline{\overline{\boldsymbol{\Phi}}}\mathrm{d}V=-\oint_S\mathrm{d}\boldsymbol{S}\cdot\overline{\overline{\boldsymbol{\Phi}}}$$

由于积分区域不随时间变化，上式左端项对时间 t 的偏导数可以移到积分号外，有

$$\frac{\mathrm{d}}{\mathrm{d}t}\int_V\left(\boldsymbol{g}_f+\boldsymbol{g}_p\right)\mathrm{d}V=-\int_V\nabla\cdot\overline{\overline{\boldsymbol{\Phi}}}\mathrm{d}V=-\oint_S\mathrm{d}\boldsymbol{S}\cdot\overline{\overline{\boldsymbol{\Phi}}}\tag{6.2.7b}$$

若定义 $\overline{\overline{\boldsymbol{T}}}=-\overline{\overline{\boldsymbol{\Phi}}}$ 为电磁场应力张量，则有

$$\overline{\overline{\boldsymbol{T}}}=-\left(\frac{1}{2}\varepsilon E^2+\frac{1}{2}\mu H^2\right)\overline{\overline{\boldsymbol{I}}}+\varepsilon\boldsymbol{E}\boldsymbol{E}+\mu\boldsymbol{H}\boldsymbol{H}$$

则

$$\boldsymbol{F}=\frac{\mathrm{d}}{\mathrm{d}t}\int_V\left(\boldsymbol{g}_f+\boldsymbol{g}_p\right)\mathrm{d}V=\int_V\nabla\cdot\overline{\overline{\boldsymbol{T}}}\mathrm{d}V=\oint_S\mathrm{d}\boldsymbol{S}\cdot\overline{\overline{\boldsymbol{T}}}\tag{6.2.8}$$

式 (6.2.8) 的左端表示体积 V 内总动量的时间变化率，右端的体积分等于体积 V 受到来自体积 V 外的总作用力，因此 $\nabla\cdot\overline{\overline{\boldsymbol{T}}}$ 为体积力密度。

作用在面元 d$\boldsymbol{S}$ 上的力为

$$\mathrm{d}\boldsymbol{F} = \overline{\overline{\boldsymbol{T}}} \cdot \mathrm{d}\boldsymbol{S} = \mathrm{d}\boldsymbol{S} \cdot \overline{\overline{\boldsymbol{T}}} \tag{6.2.9}$$

式 (6.2.9) 表明，作用在体积 V 内的体积力可等效地看作包围体积 V 的闭合面 S 上的应力，$\boldsymbol{T}$ 为作用在单位面积上的电磁场应力张量，电磁场应力是麦克斯韦首先提出来的，因此又称为麦克斯韦应力张量。

$\overline{\overline{\boldsymbol{T}}}$ 为对称张量，有 9 个分量，可用矩阵表示为

$$\overline{\overline{\boldsymbol{T}}} = \begin{bmatrix} T_{xx} & T_{xy} & T_{xz} \\ T_{yx} & T_{yy} & T_{yz} \\ T_{zx} & T_{zy} & T_{zz} \end{bmatrix}$$

其中

$$T_{ij} = \varepsilon E_i E_j + \mu H_i H_j - \frac{1}{2}\left(\varepsilon E^2 + \mu H^2\right)\delta_{ij}, \quad i, j = x, y, z$$

$$\delta_{ij} = \begin{cases} 1, & i = j \\ 0, & i \neq j \end{cases}$$

T_{ij} 的意义是作用在垂直于 j 轴单位面积上的电磁场力在 i 轴上的分量。

作用在面元 d$\boldsymbol{S}$ 上的张力为 $\mathrm{d}\boldsymbol{F} = \overline{\overline{\boldsymbol{T}}} \cdot \mathrm{d}\boldsymbol{S}$ 在 i 轴上的分量为

$$\mathrm{d}F_i = \sum_j T_{ij}\mathrm{d}S_j$$

式中，$\mathrm{d}S_j = n_j dS$ 是面积元 d$\boldsymbol{S}$ 在第 j 坐标方向上的投影。

对于时谐场，麦克斯韦张力张量的时间平均值为

$$\langle\overline{\overline{\boldsymbol{T}}}\rangle = \frac{1}{2}\mathrm{Re}\left(\varepsilon \boldsymbol{E}\boldsymbol{E}^* + \mu \boldsymbol{H}\boldsymbol{H}^*\right) - \frac{1}{4}\mathrm{Re}\left(\mu\, \boldsymbol{H}\cdot \boldsymbol{H}^* + \varepsilon\, \boldsymbol{E}\cdot \boldsymbol{E}^*\right)\overline{\overline{\boldsymbol{I}}}$$

应用上式可以计算时谐场中任一面积上所受电磁场力的时间平均值。

6.3　唯一性定理

微分方程组规定了物理问题的一般性，而微分方程组加上边界条件才规定了具体问题的特殊性。当处理边值问题时，很自然地会提出这样的问题：在给定的边界上究竟需要多少场分量的值，才能确定整个区域中的电磁场？在什么样的边界条件下，满足边界条件的微分方程组的解是唯一的？这就是麦克斯韦方程组解的唯一性问题。

6.3.1 时变电磁场的唯一性

概括起来，时变电磁场的唯一性定理为：对于线性介质，在一有限区域中，如果场源已知，当 $t=0$ 时，电场强度和磁场强度的初始值处处已知，并且当 $t>0$ 时，边界面上电场强度的切向分量或磁场强度的切向分量或边界面上不同部分的电场强度的切向分量和磁场强度切向分量已知，那么在 $t>0$ 的所有时刻，区域中的电磁场就被唯一地确定了。

下面利用反证法对唯一性定理给予证明。假设在线性介质区域内的解不是唯一的，设 $(\boldsymbol{E}_1，\boldsymbol{H}_1)$、$(\boldsymbol{E}_2，\boldsymbol{H}_2)$ 是有源麦克斯韦方程组的两组解，它们的差场 $(\boldsymbol{E}，\boldsymbol{H})$ 是无源麦克斯韦方程组的解。差场满足无源区时变电磁场坡印亭定理式 (6.1.3)，有

$$-\oint_S \boldsymbol{H}\cdot\boldsymbol{n}\times\boldsymbol{E}\mathrm{d}S=\oint_S \boldsymbol{E}\cdot\boldsymbol{n}\times\boldsymbol{H}\mathrm{d}S=\frac{\mathrm{d}W}{\mathrm{d}t}+\int_V \sigma E^2\mathrm{d}V \tag{6.3.1}$$

式中，电磁能量 W 为

$$W=\int_V \frac{1}{2}\left(\varepsilon E^2+\mu H^2\right)\mathrm{d}V$$

式 (6.3.1) 左端等于零的条件：当 $t>0$ 时，或者边界面 S 上 $\boldsymbol{E}$ 的切向分量为零 $(\boldsymbol{n}\times\boldsymbol{E}=\boldsymbol{0})$，或者 $\boldsymbol{H}$ 的切向分量为零 $(\boldsymbol{n}\times\boldsymbol{H}=\boldsymbol{0})$，或者部分边界面 S 上 $\boldsymbol{E}$ 的切向分量为零，其他部分边界上 $\boldsymbol{H}$ 的切向分量为零。在这种情况下，由式 (6.3.1) 可得

$$\frac{\mathrm{d}W}{\mathrm{d}t}=-\int_V \sigma E^2\mathrm{d}V \tag{6.3.2}$$

当 $t>0$ 时，式 (6.3.2) 的右端小于或等于零，则 $\dfrac{\mathrm{d}W}{\mathrm{d}t}$ 小于或等于零。先分析 $\dfrac{\mathrm{d}W}{\mathrm{d}t}<0$ 情况。这个不等式说明 W 是单调函数，随着时间 t 的增加单调下降。当 $t=0$ 时，$W(0)$ 为零，当 $t>0$ 时，$W(t)$ 小于零。由于电磁能量 W 总大于零或等于零，W 小于零是不可能的。因此，$\dfrac{\mathrm{d}W}{\mathrm{d}t}$ 小于零不成立，它只能等于零。于是，W 在任何时刻均为与时间无关的常数。考虑到 $t=0$，W 为零，那么当 $t>0$ 时，W 总等于零。因此，当 $t>0$ 时，式 (6.3.2) 成立的条件是，差场 $(\boldsymbol{E}，\boldsymbol{H})$ 为零，即 $\boldsymbol{E}_1=\boldsymbol{E}_2$，$\boldsymbol{H}_1=\boldsymbol{H}_2$，即两个解完全相同，这就证明了解的唯一性。

对于无耗介质，由式 (6.3.2) 可以直接导出 $\dfrac{\mathrm{d}W}{\mathrm{d}t}$ 等于零，之后的分析与前面类似，不再赘述。

对于无界空间，当体积趋于无限大时，即 $S \to S_\infty$，假定 S_∞ 是一半径趋向于无穷大的球面，假定在有限时刻内分布在有限区域内的源激发的电磁波以有限的速度向空间四周辐射，在考虑的时刻，电磁波尚未到达无限远边界，因此，无限远处满足

$$\oint_{S_\infty} \boldsymbol{n} \cdot \boldsymbol{E} \times \boldsymbol{H} \mathrm{d}S = 0 \tag{6.3.3}$$

场量有唯一解。为使式 (6.3.3) 成立，任一组场量需要满足无限远边界条件。

6.3.2 时谐电磁场的唯一性

时谐电磁场的唯一性定理为：对于线性介质，在一有限区域中，如果场源已知，在边界面上电场强度的切向分量或磁场强度的切向分量或边界面上不同部分的电场强度的切向分量和磁场强度切向分量已知，那么区域中的电磁场就被唯一地确定了。

设 $(\boldsymbol{E}_1，\boldsymbol{H}_1)$、$(\boldsymbol{E}_2，\boldsymbol{H}_2)$ 是有源麦克斯韦方程组的两组解，它们的差场 $(\boldsymbol{E}，\boldsymbol{H})$ 是无源麦克斯韦方程组的解。差场满足无源区复数坡印亭定理式 (6.1.7)，有

$$\begin{aligned}-\frac{1}{2}\oint_S \boldsymbol{n} \cdot \boldsymbol{E} \times \boldsymbol{H}^* \mathrm{d}S = &\frac{1}{2}\int_V (\sigma \boldsymbol{E}\cdot\boldsymbol{E}^* + \omega\varepsilon'' \boldsymbol{E}\cdot\boldsymbol{E}^* + \omega\mu'' \boldsymbol{H}\cdot\boldsymbol{H}^*)\,\mathrm{d}V \\ &+ 2\mathrm{j}\omega \left[\int_V \frac{1}{4}(\mu' \boldsymbol{H}\cdot\boldsymbol{H}^* - \varepsilon' \boldsymbol{E}\cdot\boldsymbol{E}^*)\,\mathrm{d}V\right]\end{aligned} \tag{6.3.4}$$

式 (6.3.4) 左端等于零的条件，或者是边界面 S 上 $\boldsymbol{E}$ 的切向分量为零 $(\boldsymbol{n} \times \boldsymbol{E} = \boldsymbol{0})$，或者 $\boldsymbol{H}$ 的切向分量为零 $(\boldsymbol{n} \times \boldsymbol{H} = \boldsymbol{0})$，或者部分边界面 S 上 $\boldsymbol{E}$ 的切向分量为零，其他部分边界上 $\boldsymbol{H}$ 的切向分量为零。

在这种情况下，由式 (6.3.4) 可得

$$\frac{1}{2}\int_V (\sigma \boldsymbol{E}\cdot\boldsymbol{E}^* + \omega\varepsilon'' \boldsymbol{E}\cdot\boldsymbol{E}^* + \omega\mu'' \boldsymbol{H}\cdot\boldsymbol{H}^*)\,\mathrm{d}V = 0 \tag{6.3.5a}$$

$$2\omega \left[\int_V \frac{1}{4}(\mu' \boldsymbol{H}\cdot\boldsymbol{H}^* - \varepsilon' \boldsymbol{E}\cdot\boldsymbol{E}^*)\,\mathrm{d}V\right] = 0 \tag{6.3.5b}$$

对于有耗介质，无论是存在导电损耗 $(\sigma > 0)$、极化损耗 $(\varepsilon'' > 0)$ 和磁化损耗 $(\mu'' > 0)$ 中的任意一种或几种，式 (6.3.5) 成立的条件，只能是 $(\boldsymbol{E}，\boldsymbol{H})$ 等于零。即 $\boldsymbol{E}_1 = \boldsymbol{E}_2$，$\boldsymbol{H}_1 = \boldsymbol{H}_2$，即两个解完全相同，这就证明了解的唯一性。

对于无耗介质，由式 (6.3.5b) 并不能导出区域内部 $(\boldsymbol{E}，\boldsymbol{H})$ 为零，不能保证解唯一。这是因为在谐振频率处，储存在电场中的能量和储存在磁场中的能量达

到了理想的平衡状态。在这种情况下，可以引入微弱的导电损耗，将其中的电磁场看作导电损耗趋于零时相应场的极限，按此方式得到的解也是唯一的。

对于无界空间的有耗介质，源并非发生在有限时刻，只有取向无限远处传播的滞后解才满足无限远条件，要求在无限远处为外向波，即满足辐射条件，这部分内容在学完第 9 章索末菲辐射条件自然就会明白。

6.4 对偶原理

稳态电磁场中，电场的源是静止的电荷，磁场的源是恒定电流。电荷是产生电磁场的唯一的源。在理论上可以引入假想的磁荷和磁流概念，将一部分原本是电荷和电流产生的电磁场用能够产生同样电磁场的等效磁荷和等效磁流来代替，即将“电源”换成“磁源”，有时可以大大简化计算工作量。稳态电磁场具有这种特性，时变电磁场也具有这种特性。

引入假想的磁荷和磁流概念之后，磁荷和磁流也产生电磁场，将对称形式的麦克斯韦方程组分为电性源产生的电磁场方程和磁性源产生的电磁场方程，电性源及相关场量下角标用 e 表示，而磁性源及相关场量下角标用 m 表示。

6.4.1 第一组对偶方式

在理想介质 ($\sigma = 0$) 中, 有

电性源 磁性源

$$
\begin{cases}
\nabla \times \boldsymbol{E}_{\rm e} = -\dfrac{\partial \boldsymbol{B}_{\rm e}}{\partial t} \\
\nabla \times \boldsymbol{H}_{\rm e} = \boldsymbol{J}_{\rm e} + \dfrac{\partial \boldsymbol{D}_{\rm e}}{\partial t} \\
\nabla \cdot \boldsymbol{D}_{\rm e} = \rho_{\rm e} \\
\nabla \cdot \boldsymbol{B}_{\rm e} = 0 \\
\nabla \cdot \boldsymbol{J}_{\rm e} + \dfrac{\partial \rho_{\rm e}}{\partial t} = 0
\end{cases}
\qquad
\begin{cases}
\nabla \times \boldsymbol{H}_{\rm m} = \dfrac{\partial \boldsymbol{D}_{\rm m}}{\partial t} \\
\nabla \times \boldsymbol{E}_{\rm m} = -\boldsymbol{J}_{\rm m} - \dfrac{\partial \boldsymbol{B}_{\rm m}}{\partial t} \\
\nabla \cdot \boldsymbol{B}_{\rm m} = \rho_{\rm m} \\
\nabla \cdot \boldsymbol{D}_{\rm m} = 0 \\
\nabla \cdot \boldsymbol{J}_{\rm m} + \dfrac{\partial \rho_{\rm m}}{\partial t} = 0
\end{cases}
$$

这两组方程满足对偶关系。为了明显表示这种对应关系，方程顺序进行了调整。

类比电性源与磁性源，很容易得到如下对偶关系

$$
\begin{cases}
\boldsymbol{E}_{\rm e} \to \boldsymbol{H}_{\rm m} \\
-\boldsymbol{B}_{\rm e} \to \boldsymbol{D}_{\rm m}
\end{cases}
\quad
\begin{cases}
\boldsymbol{H}_{\rm e} \to \boldsymbol{E}_{\rm m} \\
\boldsymbol{J}_{\rm e} \to -\boldsymbol{J}_{\rm m}
\end{cases}
\quad
\begin{cases}
\boldsymbol{D}_{\rm e} \to -\boldsymbol{B}_{\rm m} \\
\rho_{\rm e} \to -\rho_{\rm m}
\end{cases}
\quad
\begin{cases}
\mu \to -\varepsilon \\
\varepsilon \to -\mu
\end{cases}
\tag{6.4.1}
$$

这种对应关系称为电磁场的对偶原理。

6.4.2　第二组对偶方式

也可以将两组方程写成如下形式

电性源

$$\begin{cases} \nabla \times \boldsymbol{E}_{\mathrm{e}} = -\dfrac{\partial \boldsymbol{B}_{\mathrm{e}}}{\partial t} = -\mu \dfrac{\partial \boldsymbol{H}_{\mathrm{e}}}{\partial t} \\ \nabla \times \boldsymbol{H}_{\mathrm{e}} = \boldsymbol{J}_{\mathrm{e}} + \dfrac{\partial \boldsymbol{D}_{\mathrm{e}}}{\partial t} = \boldsymbol{J}_{\mathrm{e}} + \varepsilon \dfrac{\partial \boldsymbol{E}_{\mathrm{e}}}{\partial t} \\ \nabla \cdot \boldsymbol{D}_{\mathrm{e}} = \nabla \cdot \varepsilon \boldsymbol{E}_{\mathrm{e}} = \rho_{\mathrm{e}} \\ \nabla \cdot \boldsymbol{B}_{\mathrm{e}} = \nabla \cdot \mu \boldsymbol{H}_{\mathrm{e}} = 0 \\ \nabla \cdot \boldsymbol{J}_{\mathrm{e}} + \dfrac{\partial \rho_{\mathrm{e}}}{\partial t} = 0 \end{cases}$$

磁性源

$$\begin{cases} \nabla \times \boldsymbol{H}_{\mathrm{m}} = \dfrac{\partial \boldsymbol{D}_{\mathrm{m}}}{\partial t} = \varepsilon \dfrac{\partial \boldsymbol{E}_{\mathrm{m}}}{\partial t} \\ \nabla \times (-\boldsymbol{E}_{\mathrm{m}}) = \boldsymbol{J}_{\mathrm{m}} + \dfrac{\partial \boldsymbol{B}_{\mathrm{m}}}{\partial t} \\ \qquad\qquad\quad = \boldsymbol{J}_{\mathrm{m}} + \mu \dfrac{\partial \boldsymbol{H}_{\mathrm{m}}}{\partial t} \\ \nabla \cdot \boldsymbol{B}_{\mathrm{m}} = \nabla \cdot \mu \boldsymbol{H}_{\mathrm{m}} = \rho_{\mathrm{m}} \\ \nabla \cdot \boldsymbol{D}_{\mathrm{m}} = \nabla \cdot \varepsilon \boldsymbol{E}_{\mathrm{m}} = 0 \\ \nabla \cdot \boldsymbol{J}_{\mathrm{m}} + \dfrac{\partial \rho_{\mathrm{m}}}{\partial t} = 0 \end{cases}$$

类比电性源与磁性源，很容易得到如下对偶关系

$$\boldsymbol{E}_{\mathrm{e}} \to \boldsymbol{H}_{\mathrm{m}},\quad \boldsymbol{H}_{\mathrm{e}} \to -\boldsymbol{E}_{\mathrm{m}},\quad \boldsymbol{J}_{\mathrm{e}} \to \boldsymbol{J}_{\mathrm{m}},\quad \rho_{\mathrm{e}} \to \rho_{\mathrm{m}},\quad \mu \to \varepsilon,\quad \varepsilon \to \mu \tag{6.4.2}$$

如果有两个问题，第一个问题是满足电性源麦克斯韦方程组和相应的边界条件，第二个问题是满足磁性源麦克斯韦方程组和相应的边界条件，按照对偶关系做对偶量代换，可由第一个问题的解得到第二个问题的解，反之亦然。

6.5　互 易 定 理

洛伦兹互易定理是电磁理论中最有用的定理之一，它联系着两个场源及场源在空间区域和封闭面上产生的场。如果已知一组源及其产生的电磁场，那么，利用互易定理即可建立另一组源及其产生的电磁场之间的关系。电路理论中的互易定理是电磁场的洛伦兹互易定理的特殊情况。

洛伦兹互易定理、Feld-Tai 互易定理等，都是从“能量”一个侧面反映了两个场源之间的相互作用关系。事实上，电磁场除了具有能量外，还具有动量和角动量，因此两个场源的作用关系，除了能量作用关系，还有动量作用关系，需要有反映两种场源之间动量作用关系的定理加以描述。本节除了重点介绍洛伦兹互易定理外，还给出了互易定理研究的最新进展，供同学们参考。

6.5.1　洛伦兹互易定理

设在同一线性各向同性介质中同时存在两组相同频率的交流源：电流源 $\boldsymbol{J}_{\mathrm{e1}}$ 和磁流源 $\boldsymbol{J}_{\mathrm{m1}}$、电流源 $\boldsymbol{J}_{\mathrm{e2}}$ 和磁流源 $\boldsymbol{J}_{\mathrm{m2}}$。设 $\boldsymbol{E}_1$、$\boldsymbol{H}_1$ 是由电流源 $\boldsymbol{J}_{\mathrm{e1}}$ 和磁流源 $\boldsymbol{J}_{\mathrm{m1}}$ 产生的电磁场，$\boldsymbol{E}_2$、$\boldsymbol{H}_2$ 是由电流源 $\boldsymbol{J}_{\mathrm{e2}}$ 和磁流源 $\boldsymbol{J}_{\mathrm{m2}}$ 产生的电磁场。

于是有

$$\nabla \times \boldsymbol{E}_1 = -\boldsymbol{J}_{\mathrm{m}1} - \mathrm{j}\omega\mu\boldsymbol{H}_1 \tag{6.5.1a}$$

$$\nabla \times \boldsymbol{E}_2 = -\boldsymbol{J}_{\mathrm{m}2} - \mathrm{j}\omega\mu\boldsymbol{H}_2 \tag{6.5.1b}$$

$$\nabla \times \boldsymbol{H}_1 = \boldsymbol{J}_{\mathrm{e}1} + \mathrm{j}\omega\varepsilon\boldsymbol{E}_1 \tag{6.5.1c}$$

$$\nabla \times \boldsymbol{H}_2 = \boldsymbol{J}_{\mathrm{e}2} + \mathrm{j}\omega\varepsilon\boldsymbol{E}_2 \tag{6.5.1d}$$

对式 (6.5.1a) ~ 式 (6.5.1d) 两边分别点乘 $\boldsymbol{H}_2$、$\boldsymbol{H}_1$、$\boldsymbol{E}_2$ 和 $\boldsymbol{E}_1$，有

$$\boldsymbol{H}_2 \cdot \nabla \times \boldsymbol{E}_1 = -\boldsymbol{H}_2 \cdot \boldsymbol{J}_{\mathrm{m}1} - \mathrm{j}\omega\mu\boldsymbol{H}_1 \cdot \boldsymbol{H}_2 \tag{6.5.2a}$$

$$\boldsymbol{H}_1 \cdot \nabla \times \boldsymbol{E}_2 = -\boldsymbol{H}_1 \cdot \boldsymbol{J}_{\mathrm{m}2} - \mathrm{j}\omega\mu\boldsymbol{H}_1 \cdot \boldsymbol{H}_2 \tag{6.5.2b}$$

$$\boldsymbol{E}_2 \cdot \nabla \times \boldsymbol{H}_1 = \boldsymbol{E}_2 \cdot \boldsymbol{J}_{\mathrm{e}1} + \mathrm{j}\omega\varepsilon\boldsymbol{E}_1 \cdot \boldsymbol{E}_2 \tag{6.5.2c}$$

$$\boldsymbol{E}_1 \cdot \nabla \times \boldsymbol{H}_2 = \boldsymbol{E}_1 \cdot \boldsymbol{J}_{\mathrm{e}2} + \mathrm{j}\omega\varepsilon\boldsymbol{E}_1 \cdot \boldsymbol{E}_2 \tag{6.5.2d}$$

式 (6.5.2a) 减去式 (6.5.2b)，加上式 (6.5.2c) 减去式 (6.5.2d)，有

$$\begin{aligned}&\boldsymbol{H}_2 \cdot \nabla \times \boldsymbol{E}_1 - \boldsymbol{H}_1 \cdot \nabla \times \boldsymbol{E}_2 + \boldsymbol{E}_2 \cdot \nabla \times \boldsymbol{H}_1 - \boldsymbol{E}_1 \cdot \nabla \times \boldsymbol{H}_2 \\ =& \boldsymbol{H}_1 \cdot \boldsymbol{J}_{\mathrm{m}2} - \boldsymbol{H}_2 \cdot \boldsymbol{J}_{\mathrm{m}1} + \boldsymbol{E}_2 \cdot \boldsymbol{J}_{\mathrm{e}1} - \boldsymbol{E}_1 \cdot \boldsymbol{J}_{\mathrm{e}2}\end{aligned}$$

利用矢量恒等式 $\nabla \cdot (\boldsymbol{A} \times \boldsymbol{B}) = (\nabla \times \boldsymbol{A}) \cdot \boldsymbol{B} - (\nabla \times \boldsymbol{B}) \cdot \boldsymbol{A}$，导出互易定理的微分形式为

$$\nabla \cdot (\boldsymbol{E}_1 \times \boldsymbol{H}_2) - \nabla \cdot (\boldsymbol{E}_2 \times \boldsymbol{H}_1) = \boldsymbol{H}_1 \cdot \boldsymbol{J}_{\mathrm{m}2} - \boldsymbol{H}_2 \cdot \boldsymbol{J}_{\mathrm{m}1} + \boldsymbol{E}_2 \cdot \boldsymbol{J}_{\mathrm{e}1} - \boldsymbol{E}_1 \cdot \boldsymbol{J}_{\mathrm{e}2} \tag{6.5.3}$$

对式 (6.5.3) 两边作体积分,并利用高斯散度定理,导出互易定理的积分形式为

$$\begin{aligned}&\oint_S [(\boldsymbol{E}_1 \times \boldsymbol{H}_2) - (\boldsymbol{E}_2 \times \boldsymbol{H}_1)] \cdot \boldsymbol{n} \mathrm{d}S \\ =& \int_V (\boldsymbol{H}_1 \cdot \boldsymbol{J}_{\mathrm{m}2} - \boldsymbol{H}_2 \cdot \boldsymbol{J}_{\mathrm{m}1} + \boldsymbol{E}_2 \cdot \boldsymbol{J}_{\mathrm{e}1} - \boldsymbol{E}_1 \cdot \boldsymbol{J}_{\mathrm{e}2}) \mathrm{d}V\end{aligned} \tag{6.5.4}$$

式中，S 是包围体积 V 的闭合面，$\boldsymbol{n}$ 为闭合面 S 的外法线单位矢量。

考虑如下三种情况：

(1) 两组源均在体积外。

此时体积 V 为无源空间，式 (6.5.4) 仅对无源区积分，那么闭合曲面不包含任何源，则洛伦兹互易定理可以简化为

$$\oint_S [(\boldsymbol{E}_1 \times \boldsymbol{H}_2) - (\boldsymbol{E}_2 \times \boldsymbol{H}_1)] \cdot \boldsymbol{n} \mathrm{d}S = 0 \tag{6.5.5}$$

(2) 两组源均在体积内。

闭合曲面内包括了全部源，闭合曲面外没有任何其他源，如图 6.5.1 所示。式 (6.5.4) 中无论闭合曲面的面积如何变化，右端的体积分不变。这说明左边的面积分应为常数。将闭合曲面扩张到无限远处，远场辐射区为 TEM 波，传播方向与闭合曲面的外法向一致，即

$$\begin{cases} \boldsymbol{E}_1 = Z\boldsymbol{H}_1 \times \boldsymbol{e}_r \\ \boldsymbol{E}_2 = Z\boldsymbol{H}_2 \times \boldsymbol{e}_r \\ \boldsymbol{e}_r = \boldsymbol{n} \end{cases} \tag{6.5.6}$$

式中，Z 为介质波阻抗。TEM 波 (transverse electromagnetic wave) 是指电磁波的电场和磁场都在垂直于传播方向的平面上的一种电磁波。

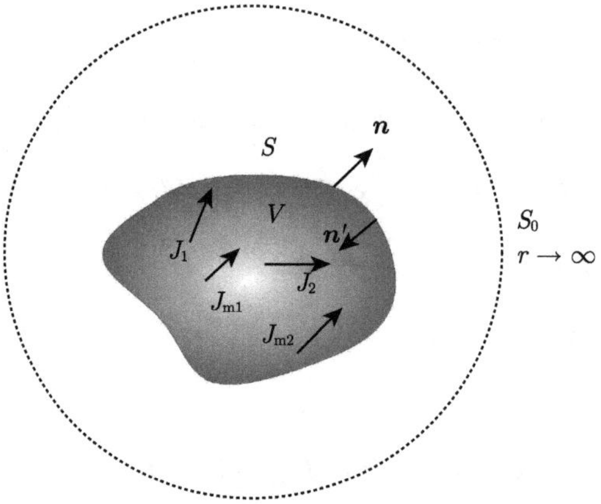

图 6.5.1 两组源均在 V 内

将式 (6.5.6) 代入式 (6.5.4)，仍然可以导出式 (6.5.5)。

(3) 闭合面 S 为电壁或磁壁。

在闭合面上，有

$$\begin{cases} \boldsymbol{n} \times \boldsymbol{E}_1 = \boldsymbol{0} \\ \boldsymbol{n} \times \boldsymbol{E}_2 = \boldsymbol{0} \end{cases} \tag{6.5.7}$$

或

$$\begin{cases} \boldsymbol{n} \times \boldsymbol{H}_1 = \boldsymbol{0} \\ \boldsymbol{n} \times \boldsymbol{H}_2 = \boldsymbol{0} \end{cases} \tag{6.5.8}$$

利用矢量恒等式，有

$$[(\boldsymbol{E}_1 \times \boldsymbol{H}_2) - (\boldsymbol{E}_2 \times \boldsymbol{H}_1)] \cdot \boldsymbol{n} = (\boldsymbol{n}\times\boldsymbol{E}_1) \cdot \boldsymbol{H}_2 - (\boldsymbol{n}\times\boldsymbol{E}_2) \cdot \boldsymbol{H}_1$$

$$= (\boldsymbol{n}\times\boldsymbol{H}_1)\cdot\boldsymbol{E}_2 - (\boldsymbol{n}\times\boldsymbol{H}_2)\cdot\boldsymbol{E}_1 \tag{6.5.9}$$

将式 (6.5.7) 或式 (6.5.8) 代入式 (6.5.9)，仍然可以导出式 (6.5.5)。

因此，洛伦兹互易定理表明，当自由空间只有两种源时，无论闭合曲面是否包围了两种源，由两种源产生的场均满足式 (6.5.5)。当闭合面为电壁或磁壁，同样满足式 (6.5.5)。

当式 (6.5.5) 成立，由式 (6.5.4) 可以导出

$$\int_V (\boldsymbol{H}_1\cdot\boldsymbol{J}_{\mathrm{m}2} - \boldsymbol{H}_2\cdot\boldsymbol{J}_{\mathrm{m}1} + \boldsymbol{E}_2\cdot\boldsymbol{J}_{\mathrm{e}1} - \boldsymbol{E}_1\cdot\boldsymbol{J}_{\mathrm{e}2})\,\mathrm{d}V = 0$$

若源 1 仅存在于 V_1 中，源 2 仅存在于 V_2 中，则导出卡尔松互易原理

$$\int_{V_1} (\boldsymbol{E}_2\cdot\boldsymbol{J}_{\mathrm{e}1} - \boldsymbol{H}_2\cdot\boldsymbol{J}_{\mathrm{m}1})\,\mathrm{d}V = \int_{V_2} (\boldsymbol{E}_1\cdot\boldsymbol{J}_{\mathrm{e}2} - \boldsymbol{H}_1\cdot\boldsymbol{J}_{\mathrm{m}2})\,\mathrm{d}V \tag{6.5.10}$$

洛伦兹互易定理常常用来推论实际器件的若干基本性质。它为论证微波电路的互易性，以及证明天线具有相同的接收和发射特性提供了理论基础。它也常用来确定在波导和空腔谐振器中可能存在的模式的正交性。互易定理的另一重要应用是用来导出由探针、小环或耦合孔隙激励或耦合到波导和空腔谐振器中的适当展开式。洛伦兹互易定理对于时谐场和任意时变场，都是适用的。

6.5.2 电磁场动量互易定理

本书作者提出并推导了动量型互易定理 (刘国强等,2020)。电磁场动量互易定理反映的是电流源与磁通密度的叉乘关系以及电荷源与电场强度的相乘关系，即两个电流源 $\boldsymbol{J}_1$、$\boldsymbol{J}_2$ 与两个磁通密度 $\boldsymbol{B}_1$、$\boldsymbol{B}_2$ 叉乘，以及两个电荷源 ρ_1、ρ_2 与两个电场强度 $\boldsymbol{E}_1$、$\boldsymbol{E}_2$ 相乘的关系式，具有动量变化率或角动量变化率 (即力或力矩) 的量纲。动量型互易方程与能量型互易方程分别从动量和能量两种不同的角度给出了两个电磁系统之间的相互作用关系。

假定在具有电磁参数 ε 和 μ 的线性均匀无耗介质中，同时存在两个频率相同彼此独立的时谐电流源 $\boldsymbol{J}_1$ 和 $\boldsymbol{J}_2$，它们分别激发两个电磁场 $\boldsymbol{D}_1$、$\boldsymbol{H}_1$ 和 $\boldsymbol{D}_2$、$\boldsymbol{H}_2$，并满足麦克斯韦方程组。

注意，在这部分推导过程中，只考虑电性源，因此，电流源下角标并未标注 e。

安培定律

$$\nabla\times\boldsymbol{H}_1 = \boldsymbol{J}_1 + \mathrm{j}\omega\boldsymbol{D}_1 \tag{6.5.11a}$$

法拉第电磁感应定律

$$\nabla\times\boldsymbol{E}_2 = -\mathrm{j}\omega\boldsymbol{B}_2 \tag{6.5.11b}$$

式 (6.5.11a) 叉乘 $\boldsymbol{B}_2$，有

$$(\nabla \times \boldsymbol{H}_1) \times \boldsymbol{B}_2 = \boldsymbol{J}_1 \times \boldsymbol{B}_2 + \mathrm{j}\omega \boldsymbol{D}_1 \times \boldsymbol{B}_2 \tag{6.5.12}$$

用 $\boldsymbol{D}_1$ 叉乘式 (6.5.11b)，有

$$\boldsymbol{D}_1 \times (\nabla \times \boldsymbol{E}_2) = -\mathrm{j}\omega \boldsymbol{D}_1 \times \boldsymbol{B}_2 \tag{6.5.13}$$

式 (6.5.12) 与式 (6.5.13) 相加，有

$$(\nabla \times \boldsymbol{H}_1) \times \boldsymbol{B}_2 + \boldsymbol{D}_1 \times (\nabla \times \boldsymbol{E}_2) = \boldsymbol{J}_1 \times \boldsymbol{B}_2 \tag{6.5.14}$$

同理有

$$(\nabla \times \boldsymbol{H}_2) \times \boldsymbol{B}_1 + \boldsymbol{D}_2 \times (\nabla \times \boldsymbol{E}_1) = \boldsymbol{J}_2 \times \boldsymbol{B}_1 \tag{6.5.15}$$

式 (6.5.14) 与式 (6.5.15) 相加，有

$$\begin{aligned}(\nabla \times \boldsymbol{H}_1) \times \boldsymbol{B}_2 + (\nabla \times \boldsymbol{H}_2) \times \boldsymbol{B}_1 + \boldsymbol{D}_1 \times (\nabla \times \boldsymbol{E}_2) + \boldsymbol{D}_2 \times (\nabla \times \boldsymbol{E}_1)\\ = \boldsymbol{J}_1 \times \boldsymbol{B}_2 + \boldsymbol{J}_2 \times \boldsymbol{B}_1\end{aligned} \tag{6.5.16}$$

并矢恒等式 (1.6.4) 为

$$\nabla \cdot \left(\boldsymbol{A} \cdot \boldsymbol{B}\overline{\overline{\boldsymbol{I}}} - \boldsymbol{A}\boldsymbol{B} - \boldsymbol{B}\boldsymbol{A}\right) = \boldsymbol{A} \times (\nabla \times \boldsymbol{B}) + \boldsymbol{B} \times (\nabla \times \boldsymbol{A}) - (\nabla \cdot \boldsymbol{A})\boldsymbol{B} - (\nabla \cdot \boldsymbol{B})\boldsymbol{A} \tag{6.5.17}$$

式中，$\overline{\overline{\boldsymbol{I}}}$ 为单位并矢。

将 $\boldsymbol{H}_1$ 和 $\boldsymbol{B}_2$ 代入式 (6.5.17)，并利用 $\boldsymbol{B}_1 = \mu \boldsymbol{H}_1$，$\boldsymbol{B}_2 = \mu \boldsymbol{H}_2$，$\nabla \cdot \boldsymbol{B}_1 = 0$，$\nabla \cdot \boldsymbol{B}_2 = 0$，有

$$\nabla \cdot \left(\boldsymbol{H}_1 \cdot \boldsymbol{B}_2\overline{\overline{\boldsymbol{I}}} - \boldsymbol{H}_1\boldsymbol{B}_2 - \boldsymbol{B}_2\boldsymbol{H}_1\right) = \boldsymbol{B}_1 \times (\nabla \times \boldsymbol{H}_2) + \boldsymbol{B}_2 \times (\nabla \times \boldsymbol{H}_1) \tag{6.5.18a}$$

或

$$(\nabla \times \boldsymbol{H}_2) \times \boldsymbol{B}_1 + (\nabla \times \boldsymbol{H}_1) \times \boldsymbol{B}_2 = -\nabla \cdot \left(\boldsymbol{H}_1 \cdot \boldsymbol{B}_2\overline{\overline{\boldsymbol{I}}} - \boldsymbol{H}_1\boldsymbol{B}_2 - \boldsymbol{B}_2\boldsymbol{H}_1\right) \tag{6.5.18b}$$

将 $\boldsymbol{D}_1$ 和 $\boldsymbol{E}_2$ 代入式 (6.5.17)，并利用 $\boldsymbol{D}_1 = \varepsilon \boldsymbol{E}_1$，$\boldsymbol{D}_2 = \varepsilon \boldsymbol{E}_2$，$\nabla \cdot \boldsymbol{D}_1 = \rho_1$，$\nabla \cdot \boldsymbol{D}_2 = \rho_2$，有

$$\nabla \cdot \left(\boldsymbol{D}_1 \cdot \boldsymbol{E}_2\overline{\overline{\boldsymbol{I}}} - \boldsymbol{D}_1\boldsymbol{E}_2 - \boldsymbol{E}_2\boldsymbol{D}_1\right) = \boldsymbol{D}_1 \times (\nabla \times \boldsymbol{E}_2) + \boldsymbol{D}_2 \times (\nabla \times \boldsymbol{E}_1) - \rho_1 \boldsymbol{E}_2 - \rho_2 \boldsymbol{E}_1 \tag{6.5.19a}$$

或

$$\boldsymbol{D}_1\times(\nabla\times\boldsymbol{E}_2)+\boldsymbol{D}_2\times(\nabla\times\boldsymbol{E}_1)=\nabla\cdot\left(\boldsymbol{D}_1\cdot\boldsymbol{E}_2\overline{\overline{\boldsymbol{I}}}-\boldsymbol{D}_1\boldsymbol{E}_2-\boldsymbol{E}_2\boldsymbol{D}_1\right)+\rho_1\boldsymbol{E}_2+\rho_2\boldsymbol{E}_1 \tag{6.5.19b}$$

式 (6.5.18b) 与式 (6.5.19b) 相加，有

$$\begin{aligned}&(\nabla\times\boldsymbol{H}_2)\times\boldsymbol{B}_1+(\nabla\times\boldsymbol{H}_1)\times\boldsymbol{B}_2+\boldsymbol{D}_1\times(\nabla\times\boldsymbol{E}_2)+\boldsymbol{D}_2\times(\nabla\times\boldsymbol{E}_1)\\&=\nabla\cdot\left[-\left(\boldsymbol{H}_1\cdot\boldsymbol{B}_2\overline{\overline{\boldsymbol{I}}}-\boldsymbol{H}_1\boldsymbol{B}_2-\boldsymbol{B}_2\boldsymbol{H}_1\right)+\left(\boldsymbol{D}_1\cdot\boldsymbol{E}_2\overline{\overline{\boldsymbol{I}}}-\boldsymbol{D}_1\boldsymbol{E}_2-\boldsymbol{E}_2\boldsymbol{D}_1\right)\right]\\&\quad+(\rho_1\boldsymbol{E}_2+\rho_2\boldsymbol{E}_1)\end{aligned} \tag{6.5.20}$$

由式 (6.5.16) 和式 (6.5.20) 有

$$\begin{aligned}&\boldsymbol{J}_1\times\boldsymbol{B}_2+\boldsymbol{J}_2\times\boldsymbol{B}_1-\rho_1\boldsymbol{E}_2-\rho_2\boldsymbol{E}_1\\&=-\nabla\cdot\left[\left(\boldsymbol{H}_1\cdot\boldsymbol{B}_2\overline{\overline{\boldsymbol{I}}}-\boldsymbol{H}_1\boldsymbol{B}_2-\boldsymbol{B}_2\boldsymbol{H}_1\right)-\left(\boldsymbol{D}_1\cdot\boldsymbol{E}_2\overline{\overline{\boldsymbol{I}}}-\boldsymbol{D}_1\boldsymbol{E}_2-\boldsymbol{E}_2\boldsymbol{D}_1\right)\right]\end{aligned} \tag{6.5.21}$$

式 (6.5.21) 为频域动量互易方程的微分形式。

用位置矢量 $\boldsymbol{r}$ 叉乘式 (6.5.21)，可以得到频域角动量互易方程，有

$$\begin{aligned}&\boldsymbol{r}\times(\boldsymbol{J}_1\times\boldsymbol{B}_2+\boldsymbol{J}_2\times\boldsymbol{B}_1-\rho_1\boldsymbol{E}_2-\rho_2\boldsymbol{E}_1)\\&=-\boldsymbol{r}\times\nabla\cdot\left[\left(\boldsymbol{H}_1\cdot\boldsymbol{B}_2\overline{\overline{\boldsymbol{I}}}-\boldsymbol{H}_1\boldsymbol{B}_2-\boldsymbol{B}_2\boldsymbol{H}_1\right)-\left(\boldsymbol{D}_1\cdot\boldsymbol{E}_2\overline{\overline{\boldsymbol{I}}}-\boldsymbol{D}_1\boldsymbol{E}_2-\boldsymbol{E}_2\boldsymbol{D}_1\right)\right]\end{aligned} \tag{6.5.22}$$

下面分析式 (6.5.22) 的右端项。

恒等式为

$$-\boldsymbol{r}\times\nabla\cdot(\varphi\boldsymbol{A}\boldsymbol{B})=\nabla\cdot(\varphi\boldsymbol{A}\boldsymbol{B}\times\boldsymbol{r})+\varphi\boldsymbol{A}\times\boldsymbol{B}$$

式 (6.5.22) 右端散度内的张量项恰好就是 $\boldsymbol{AB}$ 并矢的线性组合，则有

$$\begin{aligned}-\boldsymbol{r}\times\nabla\cdot\left[(\boldsymbol{D}_1\cdot\boldsymbol{E}_2-\boldsymbol{B}_1\cdot\boldsymbol{H}_2)\overline{\overline{\boldsymbol{I}}}\right]&=\nabla\cdot\left[(\boldsymbol{D}_1\cdot\boldsymbol{E}_2-\boldsymbol{B}_1\cdot\boldsymbol{H}_2)\overline{\overline{\boldsymbol{I}}}\times\boldsymbol{r}\right]\\&\quad+(\boldsymbol{D}_1\cdot\boldsymbol{E}_2-\boldsymbol{B}_1\cdot\boldsymbol{H}_2)(\boldsymbol{e}_x\times\boldsymbol{e}_x+\boldsymbol{e}_y\times\boldsymbol{e}_y+\boldsymbol{e}_z\times\boldsymbol{e}_z)\end{aligned} \tag{6.5.23a}$$

$$-\boldsymbol{r}\times\nabla\cdot(\boldsymbol{D}_1\boldsymbol{E}_2+\boldsymbol{E}_2\boldsymbol{D}_1)=\nabla\cdot[(\boldsymbol{D}_1\boldsymbol{E}_2+\boldsymbol{E}_2\boldsymbol{D}_1)\times\boldsymbol{r}]+(\boldsymbol{D}_1\times\boldsymbol{E}_2+\boldsymbol{E}_2\times\boldsymbol{D}_1) \tag{6.5.23b}$$

$$-\boldsymbol{r}\times\nabla\cdot(\boldsymbol{B}_1\boldsymbol{H}_2+\boldsymbol{H}_2\boldsymbol{B}_1)=\nabla\cdot[(\boldsymbol{B}_1\boldsymbol{H}_2+\boldsymbol{H}_2\boldsymbol{B}_1)\times\boldsymbol{r}]+(\boldsymbol{B}_1\times\boldsymbol{H}_2+\boldsymbol{H}_2\times\boldsymbol{B}_1) \tag{6.5.23c}$$

式 (6.5.23) 中各式的右端第二项均为零，于是式 (6.5.22) 可化为

$$\begin{aligned}&\boldsymbol{r}\times(\boldsymbol{J}_1\times\boldsymbol{B}_2+\boldsymbol{J}_2\times\boldsymbol{B}_1-\rho_1\boldsymbol{E}_2-\rho_2\boldsymbol{E}_1)\\&=-\nabla\cdot\Big\{-\Big[\Big(\boldsymbol{H}_1\cdot\boldsymbol{B}_2\overline{\overline{\boldsymbol{I}}}-\boldsymbol{H}_1\boldsymbol{B}_2-\boldsymbol{B}_2\boldsymbol{H}_1\Big)\\&\quad-\Big(\boldsymbol{D}_1\cdot\boldsymbol{E}_2\overline{\overline{\boldsymbol{I}}}-\boldsymbol{D}_1\boldsymbol{E}_2-\boldsymbol{E}_2\boldsymbol{D}_1\Big)\Big]\times\boldsymbol{r}\Big\}\end{aligned} \tag{6.5.24}$$

应用并矢高斯散度定理，对式 (6.5.21) 作体积分，可以导出频域动量互易方程的积分形式，有

$$\begin{aligned}&\int_V(\boldsymbol{J}_1\times\boldsymbol{B}_2+\boldsymbol{J}_2\times\boldsymbol{B}_1-\rho_1\boldsymbol{E}_2-\rho_2\boldsymbol{E}_1)\,\mathrm{d}V\\&=-\oint_S\mathrm{d}\boldsymbol{S}\cdot\Big[\Big(\boldsymbol{H}_1\cdot\boldsymbol{B}_2\overline{\overline{\boldsymbol{I}}}-\boldsymbol{H}_1\boldsymbol{B}_2-\boldsymbol{B}_2\boldsymbol{H}_1\Big)-\Big(\boldsymbol{D}_1\cdot\boldsymbol{E}_2\overline{\overline{\boldsymbol{I}}}-\boldsymbol{D}_1\boldsymbol{E}_2-\boldsymbol{E}_2\boldsymbol{D}_1\Big)\Big]\end{aligned} \tag{6.5.25}$$

类似地，应用并矢高斯散度定理，对式 (6.5.24) 作体积分，可以导出频域角动量互易方程的积分形式，有

$$\begin{aligned}&\int_V\boldsymbol{r}\times(\boldsymbol{J}_1\times\boldsymbol{B}_2+\boldsymbol{J}_2\times\boldsymbol{B}_1-\rho_1\boldsymbol{E}_2-\rho_2\boldsymbol{E}_1)\,\mathrm{d}V\\&=-\oint_S\mathrm{d}\boldsymbol{S}\cdot\Big\{-\Big[\Big(\boldsymbol{H}_1\cdot\boldsymbol{B}_2\overline{\overline{\boldsymbol{I}}}-\boldsymbol{H}_1\boldsymbol{B}_2-\boldsymbol{B}_2\boldsymbol{H}_1\Big)\\&\quad-\Big(\boldsymbol{D}_1\cdot\boldsymbol{E}_2\overline{\overline{\boldsymbol{I}}}-\boldsymbol{D}_1\boldsymbol{E}_2-\boldsymbol{E}_2\boldsymbol{D}_1\Big)\Big]\times\boldsymbol{r}\Big\}\end{aligned} \tag{6.5.26}$$

令

$$\overline{\overline{\boldsymbol{\Phi}}}_{\mathrm{e}12}=\boldsymbol{D}_1\cdot\boldsymbol{E}_2\overline{\overline{\boldsymbol{I}}}-\boldsymbol{D}_1\boldsymbol{E}_2-\boldsymbol{E}_2\boldsymbol{D}_1$$

$$\overline{\overline{\boldsymbol{\Phi}}}_{\mathrm{m}12}=\boldsymbol{H}_1\cdot\boldsymbol{B}_2\overline{\overline{\boldsymbol{I}}}-\boldsymbol{H}_1\boldsymbol{B}_2-\boldsymbol{B}_2\boldsymbol{H}_1$$

$$\boldsymbol{g}_{f12}=\boldsymbol{D}_2\times\boldsymbol{B}_1+\boldsymbol{D}_1\times\boldsymbol{B}_2$$

$$\boldsymbol{F}_{\mathrm{e}12}=\rho_1\boldsymbol{E}_2+\rho_2\boldsymbol{E}_1$$

$$\boldsymbol{F}_{\mathrm{m}12}=\boldsymbol{J}_1\times\boldsymbol{B}_2+\boldsymbol{J}_2\times\boldsymbol{B}_1$$

$$\overline{\overline{\boldsymbol{R}}}_{\mathrm{e}12}=-\overline{\overline{\boldsymbol{\Phi}}}_{\mathrm{e}12}\times\boldsymbol{r}=-\Big(\boldsymbol{D}_1\cdot\boldsymbol{E}_2\overline{\overline{\boldsymbol{I}}}-\boldsymbol{D}_1\boldsymbol{E}_2-\boldsymbol{E}_2\boldsymbol{D}_1\Big)\times\boldsymbol{r}$$

$$\overline{\overline{\boldsymbol{R}}}_{\mathrm{m}12}=-\overline{\overline{\boldsymbol{\Phi}}}_{\mathrm{m}12}\times\boldsymbol{r}=-\Big(\boldsymbol{H}_1\cdot\boldsymbol{B}_2\overline{\overline{\boldsymbol{I}}}-\boldsymbol{H}_1\boldsymbol{B}_2-\boldsymbol{B}_2\boldsymbol{H}_1\Big)\times\boldsymbol{r}$$

$$\boldsymbol{l}_{12} = \boldsymbol{r}\times\boldsymbol{g}_{f1} = \boldsymbol{r}\times(\boldsymbol{D}_2 \times \boldsymbol{B}_1 + \boldsymbol{D}_1 \times \boldsymbol{B}_2)$$

$$\boldsymbol{r}\times\boldsymbol{F}_{\mathrm{e}12} = \boldsymbol{r}\times(\rho_1\boldsymbol{E}_2 + \rho_2\boldsymbol{E}_1)$$

$$\boldsymbol{r}\times\boldsymbol{F}_{\mathrm{m}12} = \boldsymbol{r}\times(\boldsymbol{J}_1 \times \boldsymbol{B}_2 + \boldsymbol{J}_2 \times \boldsymbol{B}_1)$$

分别为互电场动量流密度、互磁场动量流密度、互电磁场动量密度、互电场力、互磁场力、互电场角动量流密度、互磁场角动量流密度、互电磁角动量密度、互电场力矩与互磁场力矩。

式 (6.5.25) 和式 (6.5.26) 可简记为

$$\int_V (\boldsymbol{F}_{\mathrm{m}12} - \boldsymbol{F}_{\mathrm{e}12})\,\mathrm{d}V = -\oint_S \mathrm{d}\boldsymbol{S}\cdot(\overline{\overline{\boldsymbol{\Phi}}}_{\mathrm{m}12} - \overline{\overline{\boldsymbol{\Phi}}}_{\mathrm{e}1}) \tag{6.5.27}$$

$$\int_V \boldsymbol{r}\times(\boldsymbol{F}_{\mathrm{m}12} - \boldsymbol{F}_{\mathrm{e}12})\,\mathrm{d}V = -\oint_S \mathrm{d}\boldsymbol{S}\cdot(\overline{\overline{\boldsymbol{R}}}_{\mathrm{m}12} - \overline{\overline{\boldsymbol{R}}}_{\mathrm{e}1}) \tag{6.5.28}$$

式 (6.5.27) 和式 (6.5.28) 即为频域动量互易方程的积分形式。

6.5.3 电磁场互易定理一般形式

麦克斯韦在《电磁通论》中，使用了四元数，并将之用于电磁场方程。后来四元数理论成为矢量运算和矢量分析的前身。现在用四元数处理电磁场问题已不多见，尽管如此，根据狭义相对论，电磁场和源均是时空中的四物理量，四元数电磁场方程的实标部、虚标部、实矢部和虚矢部四个分量分别对应高斯电场定律、高斯磁场定律、安培定律与法拉第电磁感应定律。可以推测，利用四元数电磁场方程可以获得电磁互易定理方程，这个方程应该可以囊括现有的各种互易方程。

本书作者从四元数理论出发，推导了电磁场互易定理一般形式 (刘国强等，2022)，从中取出实标部、虚标部、实矢部和虚矢部各分量，分别对应了洛伦兹互易定理、Feld-Tai 互易定理、两组动量互易定理。

先介绍四元数预备知识 (详见许方官的著作《四元数物理学》)。

四元数定义 A 和 B 分别为

$$A = a + \boldsymbol{a}$$

$$B = b + \boldsymbol{b}$$

式中，a 和 $\boldsymbol{a}$ 分别称为四元数 A 的标部和矢部，b 和 $\boldsymbol{b}$ 分别称为四元数 B 的标部和矢部。

两个四元数 A 和 B 相乘定义为

$$AB = (a + \boldsymbol{a})(b + \boldsymbol{b}) = ab - \boldsymbol{a}\cdot\boldsymbol{b} + a\boldsymbol{b} + b\boldsymbol{a} + \boldsymbol{a}\times\boldsymbol{b}$$

$$BA = (b + \boldsymbol{b})(a + \boldsymbol{a}) = ab - \boldsymbol{a} \cdot \boldsymbol{b} + a\boldsymbol{b} + b\boldsymbol{a} + \boldsymbol{b} \times \boldsymbol{a}$$

若 b 为零，则 AB 和 BA 简化为

$$AB = (a + \boldsymbol{a})\boldsymbol{b} = -\boldsymbol{a} \cdot \boldsymbol{b} + a\boldsymbol{b} + \boldsymbol{a} \times \boldsymbol{b}$$

$$BA = \boldsymbol{b}(a + \boldsymbol{a}) = -\boldsymbol{a} \cdot \boldsymbol{b} + a\boldsymbol{b} + \boldsymbol{b} \times \boldsymbol{a}$$

四元数 A 的四元共轭为

$$\tilde{A} = a - \boldsymbol{a}$$

四电磁源的体密度为

$$J = J_S + \boldsymbol{J}$$

$$J_S = \mathrm{i}c\rho_{\mathrm{e}} - \frac{\rho_{\mathrm{m}}}{\mu_0}$$

$$\boldsymbol{J} = \boldsymbol{J}_{\mathrm{e}} + \frac{\mathrm{i}}{c\mu_0}\boldsymbol{J}_{\mathrm{m}}$$

式中，J_S 和 $\boldsymbol{J}$ 分别为四电磁源的标部和矢部，ρ_{e}、ρ_{m}、$\boldsymbol{J}_{\mathrm{e}}$ 和 $\boldsymbol{J}_{\mathrm{m}}$ 分别为电荷密度、磁荷密度、电流密度和磁流密度，$c = \dfrac{1}{\sqrt{\mu_0\varepsilon_0}}$ 为真空中的光速。

考虑到现有电磁场理论，四电磁场 G 的标部为零，只有矢部 $\boldsymbol{b}$，为

$$G = \boldsymbol{b} = \mu_0\boldsymbol{H} - \frac{\mathrm{i}}{c}\boldsymbol{E} \tag{6.5.29}$$

时谐电磁场四梯度算子为

$$\partial = d + \nabla = -\frac{\mathrm{i}}{c}\mathrm{j}\omega + \nabla$$

注意，这里 i 和 j 均是虚数单位，二者不发生运算。

四电磁场方程为

$$\partial G = \mu_0 J \tag{6.5.30}$$

先考虑真空中频率相同的两组电磁源及其产生的电磁场，分别为 J_1，G_1 与 J_2，G_2，则两组四电磁场方程为

$$\partial G_1 = \mu_0 J_1 \tag{6.5.31a}$$

$$\partial G_2 = \mu_0 J_2 \tag{6.5.31b}$$

式 (6.5.31a) 右乘 G_2，式 (6.5.31b) 左乘 G_1，有

$$(\partial G_1)\,G_2 = \mu_0 J_1 G_2$$

$$G_1\,(\partial G_2) = \mu_0 G_1 J_2$$

两式相减，有

$$(\partial G_1)\,G_2 - G_1\,(\partial G_2) = \mu_0\,(J_1 G_2 - G_1 J_2) \tag{6.5.32}$$

将式 (6.5.32) 的左端两项分别展开，有

$$(\partial G_1)\,G_2 = -d\boldsymbol{b}_1\cdot\boldsymbol{b}_2 - (\nabla\times\boldsymbol{b}_1)\cdot\boldsymbol{b}_2 - (\nabla\cdot\boldsymbol{b}_1)\,\boldsymbol{b}_2 + d\boldsymbol{b}_1\times\boldsymbol{b}_2 - \boldsymbol{b}_2\times(\nabla\times\boldsymbol{b}_1)$$

$$G_1\,(\partial G_2) = -d\boldsymbol{b}_1\cdot\boldsymbol{b}_2 - (\nabla\times\boldsymbol{b}_2)\cdot\boldsymbol{b}_1 - (\nabla\cdot\boldsymbol{b}_2)\,\boldsymbol{b}_1 + d\boldsymbol{b}_1\times\boldsymbol{b}_2 + \boldsymbol{b}_1\times(\nabla\times\boldsymbol{b}_2)$$

上面两式相减，并代入恒等式 (1.6.1) 和 (1.6.4)，有

$$(\partial G_1)\,G_2 - G_1\,(\partial G_2) = -2\,(\nabla\cdot\boldsymbol{b}_1)\,\boldsymbol{b}_2 - \nabla\cdot(\boldsymbol{b}_1\times\boldsymbol{b}_2) - \nabla\cdot(\boldsymbol{b}_1\cdot\boldsymbol{b}_2\boldsymbol{I} - \boldsymbol{b}_1\boldsymbol{b}_2 - \boldsymbol{b}_2\boldsymbol{b}_1) \tag{6.5.33}$$

注意，此处 $\boldsymbol{b}_1\boldsymbol{b}_2$ 和 $\boldsymbol{b}_2\boldsymbol{b}_1$ 是并矢，并非两个四元数相乘。

由于

$$\nabla\cdot\boldsymbol{b}_1 = \nabla\cdot\left(\mu_0\boldsymbol{H}_1 - \frac{\mathrm{i}}{c}\boldsymbol{E}_1\right) = \rho_{\mathrm{m}1} - \frac{\mathrm{i}}{c\varepsilon_0}\rho_{\mathrm{e}1} = \rho_{\mathrm{m}1} - \mathrm{i}c\mu_0\rho_{\mathrm{e}1} = -\mu J_{S1}$$

因此有

$$\begin{aligned}&(\partial G_1)\,G_2 - G_1\,(\partial G_2)\\ &= 2\mu_0 J_{S1} G_2 - \nabla\cdot(\boldsymbol{b}_1\times\boldsymbol{b}_2) - \nabla\cdot\left(\boldsymbol{b}_1\cdot\boldsymbol{b}_2\overline{\overline{\boldsymbol{I}}} - \boldsymbol{b}_1\boldsymbol{b}_2 - \boldsymbol{b}_2\boldsymbol{b}_1\right)\end{aligned} \tag{6.5.34}$$

联合式 (6.5.32) 和式 (6.5.34)，有

$$-\nabla\cdot(\boldsymbol{b}_1\times\boldsymbol{b}_2) - \nabla\cdot(\boldsymbol{b}_1\cdot\boldsymbol{b}_2\boldsymbol{I} - \boldsymbol{b}_1\boldsymbol{b}_2 - \boldsymbol{b}_2\boldsymbol{b}_1) = \mu_0\,(J_1 G_2 - G_1 J_2 - 2J_{S1} G_2) \tag{6.5.35}$$

将式 (6.5.35) 的右端项改写为

$$\mu_0\,(J_1 G_2 - G_1 J_2 - 2J_{S1} G_2) = \mu_0\left(\tilde{G}_1 J_2 - \tilde{J}_1 G_2\right) \tag{6.5.36}$$

由式 (6.5.32)，式 (6.5.35) 左端项可写为

$$\tilde{G}_1\,(\partial G_2) - \partial\tilde{G}_1 G_2 = \mu_0\left(\tilde{G}_1 J_2 - \tilde{J}_1 G_2\right) \tag{6.5.37}$$

式 (6.5.37) 就是电磁场互易定理一般形式。

为了看清楚式 (6.5.37) 的“真面目”，将它的右端项展开，则有

$$
\begin{aligned}
& -\nabla\cdot(\boldsymbol{b}_1\times\boldsymbol{b}_2)-\nabla\cdot(\boldsymbol{b}_1\cdot\boldsymbol{b}_2\boldsymbol{I}-\boldsymbol{b}_1\boldsymbol{b}_2-\boldsymbol{b}_2\boldsymbol{b}_1)\\
={}& -\mu_0(\boldsymbol{J}_1\cdot\boldsymbol{b}_2-\boldsymbol{J}_2\cdot\boldsymbol{b}_1)-\mu_0(J_{S1}\boldsymbol{b}_2+J_{S2}\boldsymbol{b}_1)+\mu_0(\boldsymbol{J}_1\times\boldsymbol{b}_2+\boldsymbol{J}_2\times\boldsymbol{b}_1)
\end{aligned}
\tag{6.5.38}
$$

将四电磁场、四电磁源代入式 (6.5.38)，进一步展开式中各项，有

$$
\boldsymbol{b}_1\times\boldsymbol{b}_2=\mu_0^2\boldsymbol{H}_1\times\boldsymbol{H}_2-\frac{1}{c^2}\boldsymbol{E}_1\times\boldsymbol{E}_2-\frac{\mathrm{i}}{c}\mu_0(\boldsymbol{E}_1\times\boldsymbol{H}_2-\boldsymbol{E}_2\times\boldsymbol{H}_1) \tag{6.5.39a}
$$

$$
\begin{aligned}
& (\boldsymbol{b}_1\cdot\boldsymbol{b}_2)\boldsymbol{I}-\boldsymbol{b}_1\boldsymbol{b}_2-\boldsymbol{b}_2\boldsymbol{b}_1\\
={}& \mu_0^2\boldsymbol{H}_1\cdot\boldsymbol{H}_2\boldsymbol{I}-\frac{1}{c^2}\boldsymbol{E}_1\cdot\boldsymbol{E}_2\boldsymbol{I}-\frac{\mathrm{i}}{c}\mu_0(\boldsymbol{E}_1\cdot\boldsymbol{H}_2+\boldsymbol{E}_2\cdot\boldsymbol{H}_1)\boldsymbol{I}\\
& -\mu_0^2(\boldsymbol{H}_1\boldsymbol{H}_2+\boldsymbol{H}_2\boldsymbol{H}_1)+\frac{1}{c^2}(\boldsymbol{E}_1\boldsymbol{E}_2+\boldsymbol{E}_2\boldsymbol{E}_1)\\
& +\frac{\mathrm{i}}{c}\mu_0(\boldsymbol{E}_1\boldsymbol{H}_2+\boldsymbol{H}_1\boldsymbol{E}_2+\boldsymbol{E}_2\boldsymbol{H}_1+\boldsymbol{H}_2\boldsymbol{E}_1)
\end{aligned}
\tag{6.5.39b}
$$

以及

$$
\begin{aligned}
\boldsymbol{J}\cdot\boldsymbol{b}&=\left(\boldsymbol{J}_{\mathrm{e}}+\frac{\mathrm{i}}{c\mu_0}\boldsymbol{J}_{\mathrm{m}}\right)\cdot\left(\mu_0\boldsymbol{H}-\frac{\mathrm{i}}{c}\boldsymbol{E}\right)\\
&=\mu_0\boldsymbol{J}_{\mathrm{e}}\cdot\boldsymbol{H}+\frac{1}{c^2\mu_0}\boldsymbol{J}_{\mathrm{m}}\cdot\boldsymbol{E}+\frac{\mathrm{i}}{c}\boldsymbol{J}_{\mathrm{m}}\cdot\boldsymbol{H}-\frac{\mathrm{i}}{c}(\boldsymbol{J}_{\mathrm{e}}\cdot\boldsymbol{E})
\end{aligned}
\tag{6.5.40a}
$$

$$
J_S\boldsymbol{b}=\left(\mathrm{i}c\rho_{\mathrm{e}}-\frac{\rho_{\mathrm{m}}}{\mu_0}\right)\cdot\left(\mu_0\boldsymbol{H}-\frac{\mathrm{i}}{c}\boldsymbol{E}\right)=\mathrm{i}c\rho_{\mathrm{e}}\mu_0\boldsymbol{H}-\rho_{\mathrm{m}}\boldsymbol{H}+\rho_{\mathrm{e}}\boldsymbol{E}+\frac{\mathrm{i}}{\mu_0 c}\rho_{\mathrm{m}}\boldsymbol{E} \tag{6.5.40b}
$$

$$
\boldsymbol{J}\times\boldsymbol{b}=\mu_0\boldsymbol{J}_{\mathrm{e}}\times\boldsymbol{H}+\frac{1}{c^2\mu_0}\boldsymbol{J}_{\mathrm{m}}\times\boldsymbol{E}+\frac{\mathrm{i}}{c}\boldsymbol{J}_{\mathrm{m}}\times\boldsymbol{H}-\frac{\mathrm{i}}{c}\boldsymbol{J}_{\mathrm{e}}\times\boldsymbol{E} \tag{6.5.40c}
$$

式 (6.5.40) 中 $\boldsymbol{J}$、$\boldsymbol{J}_S$ 和 $\boldsymbol{b}$ 可分别加下角标“1”和“2”表示两组电磁场。

将式 (6.5.39) 和式 (6.5.40) 代入式 (6.5.38)，按实标部、虚标部、实矢部和虚矢部整理，则有

$$
\nabla\cdot(\boldsymbol{H}_1\times\boldsymbol{B}_2-\boldsymbol{E}_1\times\boldsymbol{D}_2)=\boldsymbol{J}_{\mathrm{e}1}\cdot\boldsymbol{B}_2-\boldsymbol{J}_{\mathrm{e}2}\cdot\boldsymbol{B}_1+\boldsymbol{J}_{\mathrm{m}1}\cdot\boldsymbol{D}_2-\boldsymbol{J}_{\mathrm{m}2}\cdot\boldsymbol{D}_1 \tag{6.5.41a}
$$

$$
\nabla\cdot(\boldsymbol{E}_1\times\boldsymbol{H}_2-\boldsymbol{E}_2\times\boldsymbol{H}_1)=\boldsymbol{J}_{\mathrm{e}1}\cdot\boldsymbol{E}_2-\boldsymbol{J}_{\mathrm{e}2}\cdot\boldsymbol{E}_1-\boldsymbol{J}_{\mathrm{m}1}\cdot\boldsymbol{H}_2+\boldsymbol{J}_{\mathrm{m}2}\cdot\boldsymbol{H}_1 \tag{6.5.41b}
$$

$$
-\nabla\cdot[(\boldsymbol{H}_1\cdot\boldsymbol{B}_2\boldsymbol{I}-\boldsymbol{H}_1\boldsymbol{B}_2-\boldsymbol{B}_2\boldsymbol{H}_1)-(\boldsymbol{D}_1\cdot\boldsymbol{E}_2\boldsymbol{I}-\boldsymbol{D}_1\boldsymbol{E}_2-\boldsymbol{E}_2\boldsymbol{D}_1)]
$$

$$= \boldsymbol{J}_{\mathrm{e1}} \times \boldsymbol{B}_2 + \boldsymbol{J}_{\mathrm{e2}} \times \boldsymbol{B}_1 + \boldsymbol{J}_{\mathrm{m1}} \times \boldsymbol{D}_2 + \boldsymbol{J}_{\mathrm{m2}} \times \boldsymbol{D}_1 + \rho_{\mathrm{m1}}\boldsymbol{H}_2 + \rho_{\mathrm{m2}}\boldsymbol{H}_1 - \rho_{\mathrm{e1}}\boldsymbol{E}_2 - \rho_{\mathrm{e2}}\boldsymbol{E}_1 \tag{6.5.41c}$$

$$- \nabla \cdot [(\boldsymbol{D}_1 \cdot \boldsymbol{H}_2 + \boldsymbol{D}_2 \cdot \boldsymbol{H}_1)\, \boldsymbol{I} + \boldsymbol{D}_1\boldsymbol{H}_2 + \boldsymbol{H}_1\boldsymbol{D}_2 + \boldsymbol{D}_2\boldsymbol{H}_1 + \boldsymbol{H}_2\boldsymbol{D}_1]$$

$$= \boldsymbol{J}_{\mathrm{e1}} \times \boldsymbol{D}_2 + \boldsymbol{J}_{\mathrm{e2}} \times \boldsymbol{D}_1 - \varepsilon_0\boldsymbol{J}_{\mathrm{m1}} \times \boldsymbol{H}_2 - \varepsilon_0\boldsymbol{J}_{\mathrm{m2}} \times \boldsymbol{H}_1 + \rho_{\mathrm{e1}}\boldsymbol{H}_2 + \rho_{\mathrm{e2}}\boldsymbol{H}_1 + \frac{1}{\mu_0}\rho_{\mathrm{m1}}\boldsymbol{D}_2 + \frac{1}{\mu_0}\rho_{\mathrm{m2}}\boldsymbol{D}_1 \tag{6.5.41d}$$

式 (6.5.41) 中四个公式分别对应 Feld-Tai 互易定理、洛伦兹互易定理以及两组动量互易定理，这四个互易定理详见本书作者所著的《电磁场广义互易定理》。

6.6 相似定理

类似于力学领域的风洞，在研究电磁问题时也会用到缩比物理模型。

考虑无源全波电磁场方程

$$\begin{cases} \nabla^2\boldsymbol{E} - \mu\varepsilon\dfrac{\partial^2\boldsymbol{E}}{\partial t^2} - \mu\sigma\dfrac{\partial\boldsymbol{E}}{\partial t} = 0 \\ \nabla^2\boldsymbol{H} - \mu\varepsilon\dfrac{\partial^2\boldsymbol{H}}{\partial t^2} - \mu\sigma\dfrac{\partial\boldsymbol{H}}{\partial t} = 0 \end{cases} \tag{6.6.1}$$

将式 (6.6.1) 中的场量、时空坐标均写成无量纲的形式，有

$$\boldsymbol{E} = E_0\bar{\boldsymbol{E}}, \quad \boldsymbol{H} = H_0\bar{\boldsymbol{H}}$$

$$x = l_0\bar{x}, \quad y = l_0\bar{y}, \quad z = l_0\bar{z}, \quad t = t_0\bar{t}$$

式中，$\bar{\boldsymbol{E}}$、$\bar{\boldsymbol{H}}$、$\bar{x}$、$\bar{y}$，$\bar{t}$ 量为无量纲量值，l_0 和 t_0 为量纲

拉普拉斯算子和时间导数化为

$$\nabla^2 = \frac{\partial^2}{\partial x^2} + \frac{\partial^2}{\partial y^2} + \frac{\partial^2}{\partial z^2} = \frac{1}{l_0^2}\left(\frac{\partial^2}{\partial \bar{x}^2} + \frac{\partial^2}{\partial \bar{y}^2} + \frac{\partial^2}{\partial \bar{z}^2}\right) = \frac{1}{l_0^2}\bar{\nabla}^2$$

$$\frac{\partial}{\partial t} = \frac{1}{t_0}\frac{\partial}{\partial \bar{t}}, \quad \frac{\partial^2}{\partial t^2} = \frac{1}{t_0^2}\frac{\partial^2}{\partial \bar{t}^2}$$

于是，式 (6.6.1) 化为

$$\begin{cases} \bar{\nabla}^2\bar{\boldsymbol{E}} - \dfrac{l_0^2}{t_0^2}\mu\varepsilon\dfrac{\partial^2\bar{\boldsymbol{E}}}{\partial \bar{t}^2} - \dfrac{l_0^2}{t_0}\mu\sigma\dfrac{\partial\bar{\boldsymbol{E}}}{\partial \bar{t}} = 0 \\ \bar{\nabla}^2\bar{\boldsymbol{H}} - \dfrac{l_0^2}{t_0^2}\mu\varepsilon\dfrac{\partial^2\bar{\boldsymbol{H}}}{\partial \bar{t}^2} - \dfrac{l_0^2}{t_0}\mu\sigma\dfrac{\partial\bar{\boldsymbol{H}}}{\partial \bar{t}} = 0 \end{cases} \tag{6.6.2}$$

若要电磁场两个边值问题彼此相似，系数应为常数，即有

$$\frac{l_0^2}{t_0^2}\mu\varepsilon = C_1, \quad \frac{l_0^2}{t_0}\mu\sigma = C_2 \tag{6.6.3}$$

包含以下两种情况。

(1) 在理想介质或理想导体条件下，若 μ 和 ε 不变，尺寸缩减二分之一，则工作频率变为原来 2 倍。

(2) 若 μ 和 ε 不变，尺寸缩减二分之一，则工作频率和电导率各变为原来的 2 倍。

习　题

6.1　证明瞬时坡印亭矢量 $\boldsymbol{S}$ 与复数坡印亭矢量 $\dot{\boldsymbol{S}}$ 的关系是

$$\boldsymbol{S} = \mathrm{Re}\left(\dot{\boldsymbol{S}} + \frac{1}{2}\dot{\boldsymbol{E}} \times \dot{\boldsymbol{H}} e^{j2\omega t}\right)$$

式中，$\dot{\boldsymbol{E}}$ 和 $\dot{\boldsymbol{H}}$ 为电场和磁场的复数振幅。

6.2　试导出时谐电磁场动量定理。

6.3　对于线性各向同性流体，假定介电常量 ε 与密度 τ 有关，试证明电场力为

$$\boldsymbol{f} = \rho\,\boldsymbol{E} - \frac{1}{2}E^2\nabla\varepsilon + \frac{1}{2}\nabla\left(E^2\tau\frac{\partial\varepsilon}{\partial\tau}\right)$$

6.4　对于线性各向同性流体，假定磁导率 μ 与密度 τ 有关，试证明磁场力为

$$\boldsymbol{f} = \boldsymbol{J} \times \boldsymbol{B} - \frac{1}{2}H^2\nabla\mu + \frac{1}{2}\nabla\left(H^2\tau\frac{\partial\mu}{\partial\tau}\right)$$

6.5　试利用互易定理导出惠更斯原理。

6.6　利用互易定理证明无限靠近理想导电体表面的切向电流不产生电磁场。

6.7　请利用标量格林第二定理式 (1.3.6) 导出格林互易定理。

6.8　由矢量格林第二定理式 (1.3.8b) 导出洛伦兹互易定理式 (6.5.4)。

6.9　由远处辐射源激励产生的一均匀平面电磁波，在空气中某点观测得其坡印亭矢量的平均值 $\boldsymbol{S}_{av} = -\boldsymbol{e}_y 100\mathrm{mW/cm^2}$，频率 $f = 10\mathrm{MHz}$。若设电场强度 $\boldsymbol{E}$ 的方向沿 z 轴正方向，试求：该平面电磁波的 $\boldsymbol{E}$、$\boldsymbol{H}$ 的瞬时表达式。

6.10　假定在具有电磁参数 ε 和 μ 的线性均匀无耗介质中，同时存在两个频率相同彼此独立的时谐源。已知时谐电流源 $\boldsymbol{J}_1$ 和 $\boldsymbol{J}_2$ 分别激发电磁场 $\boldsymbol{E}_1$、$\boldsymbol{H}_1$ 和 $\boldsymbol{E}_2$、$\boldsymbol{H}_2$，试导出频域 Feld-Tai 互易方程

$$\oint_S (\boldsymbol{H}_1 \times \boldsymbol{B}_2 - \boldsymbol{E}_1 \times \boldsymbol{D}_2) \cdot \mathrm{d}\boldsymbol{S} = \int_V (\boldsymbol{J}_1 \cdot \boldsymbol{B}_2 - \boldsymbol{J}_2 \cdot \boldsymbol{B}_1)\,\mathrm{d}V$$

6.11　已知一组为磁流源 $\boldsymbol{J}_{\mathrm{m}1}$ 和磁荷源 $\rho_{\mathrm{m}1}$，另一组为磁流源 $\boldsymbol{J}_{\mathrm{m}2}$ 和磁荷源 $\rho_{\mathrm{m}2}$，分别激发电磁场 $\boldsymbol{E}_1$、$\boldsymbol{H}_1$ 和 $\boldsymbol{E}_2$、$\boldsymbol{H}_2$，试利用对偶原理导出磁性源动量互易方程

$$\begin{aligned}&\int_V (\boldsymbol{J}_{\mathrm{m}1} \times \boldsymbol{D}_2 + \boldsymbol{J}_{\mathrm{m}2} \times \boldsymbol{D}_1 + \rho_{\mathrm{m}1}\boldsymbol{H}_2 + \rho_{\mathrm{m}2}\boldsymbol{H}_2)\,\mathrm{d}V \\ =& -\oint_S \mathrm{d}\boldsymbol{S} \cdot \left[\left(\boldsymbol{H}_1 \cdot \boldsymbol{B}_2\overline{\overline{\boldsymbol{I}}} - \boldsymbol{H}_1\boldsymbol{B}_2 - \boldsymbol{B}_2\boldsymbol{H}_1\right) - \left(\boldsymbol{D}_1 \cdot \boldsymbol{E}_2\overline{\overline{\boldsymbol{I}}} - \boldsymbol{D}_1\boldsymbol{E}_2 - \boldsymbol{E}_2\boldsymbol{D}_1\right)\right]\end{aligned}$$

6.12　试利用动量互易定理导出惠更斯原理。

第 7 章　电磁场波动方程

考虑电性源 ρ_{e}，$\boldsymbol{J}_{\mathrm{e}}$ 和磁性源 ρ_{m}，$\boldsymbol{J}_{\mathrm{m}}$, 可从麦克斯韦方程组出发，针对均匀介质或非均匀介质，导出以电磁场量或位函数表示的各种形式的电磁场波动方程。本章除 7.6 节讨论标量波动方程解的唯一性时考虑了导电介质外，其他部分均假定介质是非导电介质。

7.1　场矢量波动方程

均匀介质的电磁特性参数与位置无关，在方程导出中可当作常数处理。非均匀介质中，介质的电磁特性参数为位置的函数，在方程中将其看作关于位置的标量函数。

为便于阅读，将对称形式的时变麦克斯韦方程组列在这里：

$$\nabla\times\boldsymbol{E}=-\boldsymbol{J}_{\mathrm{m}}-\frac{\partial\boldsymbol{B}}{\partial t}=-\boldsymbol{J}_{\mathrm{m}}-\mu\frac{\partial\boldsymbol{H}}{\partial t}\tag{7.1.1a}$$

$$\nabla\times\boldsymbol{H}=\boldsymbol{J}_{\mathrm{e}}+\frac{\partial\boldsymbol{D}}{\partial t}=\boldsymbol{J}_{\mathrm{e}}+\varepsilon\frac{\partial\boldsymbol{E}}{\partial t}\tag{7.1.1b}$$

$$\nabla\cdot\boldsymbol{D}=\nabla\cdot(\varepsilon\boldsymbol{E})=\rho_{\mathrm{e}}\tag{7.1.1c}$$

$$\nabla\cdot\boldsymbol{B}=\nabla\cdot(\mu\boldsymbol{H})=\rho_{\mathrm{m}}\tag{7.1.1d}$$

对本章及第 8 章涉及的频繁出现的符号作些说明：

(1) 电导率、介电常量和磁导率分别为 σ、ε 和 μ，它们的倒数分别为 ρ、θ 和 ϑ，且有 $\rho=\sigma^{-1}$，$\theta=\varepsilon^{-1}$ 和 $\vartheta=\mu^{-1}$，其中 ρ 和 ϑ 分别称为电阻率和磁阻率。

(2) 时变场量和时谐场相量不加以区分，用相同的符号，读者阅读时自行判断。

7.1.1　均匀介质电磁场波动方程

对式 (7.1.1a) 求旋度并联合式 (7.1.1b)，对式 (7.1.1b) 求旋度并联合式 (7.1.1a)，得到电场和磁场波动方程

$$\left\{\begin{aligned}&\nabla\times\nabla\times\boldsymbol{E}+\mu\varepsilon\frac{\partial^2\boldsymbol{E}}{\partial t^2}=-\nabla\times\boldsymbol{J}_{\mathrm{m}}-\mu\frac{\partial\boldsymbol{J}_{\mathrm{e}}}{\partial t}\\&\nabla\times\nabla\times\boldsymbol{H}+\mu\varepsilon\frac{\partial^2\boldsymbol{H}}{\partial t^2}=\nabla\times\boldsymbol{J}_{\mathrm{e}}-\varepsilon\frac{\partial\boldsymbol{J}_{\mathrm{m}}}{\partial t}\end{aligned}\right.\tag{7.1.2}$$

由式 (7.1.1c) 知 $\nabla\cdot\boldsymbol{E}=\theta\rho_{\rm e}$，由式 (7.1.1d) 知 $\nabla\cdot\boldsymbol{H}=\vartheta\rho_{\rm m}$，利用矢量恒等式 $\nabla\times\nabla\times\boldsymbol{F}=\nabla\nabla\cdot\boldsymbol{F}-\nabla^2\boldsymbol{F}$，有

$$\left\{\begin{array}{l}\nabla\times\nabla\times\boldsymbol{E}=\theta\nabla\rho_{\rm e}-\nabla^2\boldsymbol{E}\\ \nabla\times\nabla\times\boldsymbol{H}=\vartheta\nabla\rho_{\rm m}-\nabla^2\boldsymbol{H}\end{array}\right. \tag{7.1.3}$$

将式 (7.1.3) 代入式 (7.1.2)，有

$$\left\{\begin{array}{l}\nabla^2\boldsymbol{E}-\mu\varepsilon\dfrac{\partial^2\boldsymbol{E}}{\partial t^2}=\mu\dfrac{\partial\boldsymbol{J}_{\rm e}}{\partial t}+\nabla\times\boldsymbol{J}_{\rm m}+\theta\nabla\rho_{\rm e}\\ \nabla^2\boldsymbol{H}-\mu\varepsilon\dfrac{\partial^2\boldsymbol{H}}{\partial t^2}=\varepsilon\dfrac{\partial}{\partial t}\boldsymbol{J}_{\rm m}-\nabla\times\boldsymbol{J}_{\rm e}+\vartheta\nabla\rho_{\rm m}\end{array}\right. \tag{7.1.4}$$

对于时谐场，矢量波动方程为

$$\left\{\begin{array}{l}\nabla\times\nabla\times\boldsymbol{E}-k^2\boldsymbol{E}=-\nabla\times\boldsymbol{J}_{\rm m}-{\rm j}\omega\mu\boldsymbol{J}_{\rm e}\\ \nabla\times\nabla\times\boldsymbol{H}-k^2\boldsymbol{H}=\nabla\times\boldsymbol{J}_{\rm e}-{\rm j}\omega\varepsilon\boldsymbol{J}_{\rm m}\end{array}\right. \tag{7.1.5}$$

或

$$\left\{\begin{array}{l}\nabla^2\boldsymbol{E}+k^2\boldsymbol{E}={\rm j}\omega\mu\boldsymbol{J}_{\rm e}+\nabla\times\boldsymbol{J}_{\rm m}+\theta\nabla\rho_{\rm e}\\ \nabla^2\boldsymbol{H}+k^2\boldsymbol{H}={\rm j}\omega\varepsilon\boldsymbol{J}_{\rm m}-\nabla\times\boldsymbol{J}_{\rm e}+\vartheta\nabla\rho_{\rm m}\end{array}\right. \tag{7.1.6}$$

式中，$k^2=\omega^2\mu\varepsilon$，$k$ 称为电磁波的波数。

7.1.2 非均匀介质电磁场波动方程

对式 (7.1.1a) 同除磁导率 μ 后求旋度并联合式 (7.1.1b)，得到非均匀介质电场波动方程

$$\nabla\times(\vartheta\nabla\times\boldsymbol{E})+\varepsilon\frac{\partial^2\boldsymbol{E}}{\partial t^2}=-\nabla\times(\vartheta\boldsymbol{J}_{\rm m})-\frac{\partial\boldsymbol{J}_{\rm e}}{\partial t} \tag{7.1.7}$$

对应时谐场为

$$\nabla\times(\vartheta\nabla\times\boldsymbol{E})-\omega^2\varepsilon\boldsymbol{E}=-\nabla\times(\vartheta\boldsymbol{J}_{\rm m})-{\rm j}\omega\boldsymbol{J}_{\rm e} \tag{7.1.8}$$

对于无耗介质，电导率 σ 为零，没有传导电流。对于弱导电材料，当频率很高时，传导电流远小于位移电流，可以忽略。

式 (7.1.1b) 同除 ε 后再求旋度并联合式 (7.1.1a)，得到非均匀介质磁场波动方程

$$\nabla\times(\theta\nabla\times\boldsymbol{H})+\mu\frac{\partial^2\boldsymbol{H}}{\partial t^2}=\nabla\times(\theta\boldsymbol{J}_{\rm e})-\frac{\partial\boldsymbol{J}_{\rm m}}{\partial t} \tag{7.1.9}$$

对应时谐场为

$$\nabla\times(\theta\nabla\times\boldsymbol{H})-\omega^2\mu\boldsymbol{H}=\nabla\times(\theta\boldsymbol{J}_{\rm e})-{\rm j}\omega\boldsymbol{J}_{\rm m} \tag{7.1.10}$$

7.2　均匀介质矢量磁位与标量电位波动方程

将方程组 (7.1.1) 各方程中的磁流密度 $\boldsymbol{J}_{\mathrm{m}}$ 与磁荷密度 ρ_{m} 均置零，即认为空间中仅有电性源，即可得电性源的麦克斯韦方程组。电性源方程即麦克斯韦方程的一般形式为

$$\nabla\times\boldsymbol{E}=-\frac{\partial\boldsymbol{B}}{\partial t}\tag{7.2.1a}$$

$$\nabla\times\boldsymbol{H}=\boldsymbol{J}_{\mathrm{e}}+\frac{\partial\boldsymbol{D}}{\partial t}\tag{7.2.1b}$$

$$\nabla\cdot\boldsymbol{D}=\rho_{\mathrm{e}}\tag{7.2.1c}$$

$$\nabla\cdot\boldsymbol{B}=0\tag{7.2.1d}$$

结合矢量恒等式 $\nabla\cdot\nabla\times\boldsymbol{A}=0$，根据式 (7.2.1d)，则无散场 $\boldsymbol{B}$ 可表示成矢量函数 $\boldsymbol{A}$ 旋度的形式，即 $\boldsymbol{B}=\nabla\times\boldsymbol{A}$，这里 $\boldsymbol{A}$ 叫做矢量磁位，也称为磁矢量位、磁矢位、矢量磁势、磁矢量势、磁矢势。将该式代入式 (7.2.1a)，得 $\nabla\times\left(\boldsymbol{E}+\dfrac{\partial\boldsymbol{A}}{\partial t}\right)=0$，则矢量 $\boldsymbol{E}+\dfrac{\partial\boldsymbol{A}}{\partial t}$ 为无旋场，结合矢量恒等式 $\nabla\times\nabla\varphi=0$，$\boldsymbol{E}+\dfrac{\partial\boldsymbol{A}}{\partial t}$ 可表示为标量函数 φ 的梯度，即 $\boldsymbol{E}=-\nabla\varphi-\dfrac{\partial\boldsymbol{A}}{\partial t}$，这里 φ 称为标量电位，也叫作电标位、电位、标量电势、电标势、电势。

于是得到位函数 $\boldsymbol{A}$-φ 到场分布 $\boldsymbol{E}$-$\boldsymbol{B}$ 的变换对

$$\begin{cases}\boldsymbol{E}=-\nabla\varphi-\dfrac{\partial\boldsymbol{A}}{\partial t}\\ \boldsymbol{B}=\nabla\times\boldsymbol{A}\end{cases}\tag{7.2.2}$$

需要注意，此时的电场 $\boldsymbol{E}$ 不再是保守场，一般不存在势能的概念，标量电位 φ 失去了作为电场势能的意义。因此，在高频系统中，电压的概念也失去了确切的意义。在变化的电磁场中，电场和磁场是相互作用着的整体，必须把矢量磁位和标量电位作为一个整体来描述电磁场。

在均匀介质中，μ 与 ε 均为常数，将 $\boldsymbol{B}=\mu\boldsymbol{H}$ 及式 (7.2.2) 代入式 (7.2.1b)，有 $\nabla\times\nabla\times\boldsymbol{A}=\mu\boldsymbol{J}_{\mathrm{e}}-\mu\varepsilon\dfrac{\partial}{\partial t}\left(\nabla\varphi+\dfrac{\partial\boldsymbol{A}}{\partial t}\right)$，利用双旋度展开式可整理为

$$\nabla^2\boldsymbol{A}-\mu\varepsilon\frac{\partial^2\boldsymbol{A}}{\partial t^2}=-\mu\boldsymbol{J}_{\mathrm{e}}+\nabla\left(\nabla\cdot\boldsymbol{A}+\mu\varepsilon\frac{\partial\varphi}{\partial t}\right)\tag{7.2.3a}$$

将式 (7.2.2) 及 $\boldsymbol{D}=\varepsilon\boldsymbol{E}$ 代入式 (7.2.1c) 得 $\nabla\cdot\left(\nabla\varphi+\dfrac{\partial\boldsymbol{A}}{\partial t}\right)=-\theta\rho_{\mathrm{e}}$，两边补上 $-\mu\varepsilon\dfrac{\partial^2\varphi}{\partial t^2}$，经整理可导出标量位函数 φ 的波动方程

$$\nabla^2\varphi-\mu\varepsilon\frac{\partial^2\varphi}{\partial t^2}=-\theta\rho_{\mathrm{e}}-\frac{\partial}{\partial t}\left(\nabla\cdot\boldsymbol{A}+\mu\varepsilon\frac{\partial\varphi}{\partial t}\right) \tag{7.2.3b}$$

式 (7.2.3) 中的场源为电流密度 $\boldsymbol{J}_{\mathrm{e}}$ 和电荷密度 ρ，$\boldsymbol{A}$ 和 φ 是互相耦合的。设 ψ 为任意的关于时间和空间的标量函数，对位函数 $\boldsymbol{A}$-φ 作如下变换

$$\begin{cases}\boldsymbol{A}^*=\boldsymbol{A}+\nabla\psi\\ \varphi^*=\varphi-\dfrac{\partial\psi}{\partial t}\end{cases} \tag{7.2.4}$$

将式 (7.2.4) 代入式 (7.2.2)，则有

$$\begin{cases}\boldsymbol{E}=-\nabla\varphi^*-\dfrac{\partial\boldsymbol{A}^*}{\partial t}\\ \boldsymbol{B}=\nabla\times\boldsymbol{A}^*\end{cases} \tag{7.2.5}$$

式 (7.2.2) 与式 (7.2.5) 形式相同，将 $\boldsymbol{A}$-φ 变换为 $\boldsymbol{A}^*$-φ^*，电磁场量 $\boldsymbol{E}$-$\boldsymbol{B}$ 不变。式 (7.2.4) 称为规范变换，标量函数 ψ 称为规范函数。电磁场在规范变换下的不变性称为规范不变性。也就是说，采用矢量磁位 $\boldsymbol{A}$ 和标量电位 φ 描述的电磁场 $\boldsymbol{E}$ 和 $\boldsymbol{B}$ 是唯一的，但给定的 $\boldsymbol{E}$ 和 $\boldsymbol{B}$ 并不对应唯一的 $\boldsymbol{A}$ 和 φ。

从数学上来说，规范变换自由度的存在是由于在矢量磁位的定义式中只给出了 $\boldsymbol{A}$ 的旋度，而没有给出 $\boldsymbol{A}$ 的散度。根据亥姆霍兹唯一性定理，要唯一地确定 $\boldsymbol{A}$，需要同时给定 $\boldsymbol{A}$ 的旋度和散度。电磁场 $\boldsymbol{E}$ 和 $\boldsymbol{B}$ 本身对 $\boldsymbol{A}$ 的散度没有任何限制，作为确定矢量磁位的辅助条件，可以取 $\nabla\cdot\boldsymbol{A}$ 为任意值。每一种选择就对应一种规范，从计算方面考虑，在不同问题中可以采用不同的辅助条件。应用最为广泛的两种规范是洛伦兹规范和库仑规范，分别为

$$\nabla\cdot\boldsymbol{A}=-\mu\varepsilon\frac{\partial\varphi}{\partial t} \tag{7.2.6}$$

$$\nabla\cdot\boldsymbol{A}=0 \tag{7.2.7}$$

由洛伦兹规范，式 (7.2.3) 所示的波动方程化简为非耦合形式

$$\begin{cases}\nabla^2\boldsymbol{A}-\mu\varepsilon\dfrac{\partial^2\boldsymbol{A}}{\partial t^2}=-\mu\boldsymbol{J}_{\mathrm{e}}\\ \nabla^2\varphi-\mu\varepsilon\dfrac{\partial^2\varphi}{\partial t^2}=-\theta\rho_{\mathrm{e}}\end{cases} \tag{7.2.8}$$

式 (7.2.8) 即为由矢量磁位和标量电位表示的达朗贝尔 (d′ Alembert) 方程。因此，在矢量磁位 $\boldsymbol{A}$ 和标量电位 φ 满足洛伦兹规范的情况下，得到 $\boldsymbol{A}$ 和 φ 各自满足的非齐次波动方程。这样，麦克斯韦方程组的求解就归结为求解两个位函数的波动方程。

时谐形式的位函数波动方程为

$$\begin{cases} \nabla^2 \boldsymbol{A} + k^2 \boldsymbol{A} = -\mu \boldsymbol{J}_{\mathrm{e}} \\ \nabla^2 \varphi + k^2 \varphi = -\theta \rho_{\mathrm{e}} \end{cases} \tag{7.2.9}$$

式 (7.2.6) 的时谐形式为 $\nabla \cdot \boldsymbol{A} = -\mathrm{j}\omega\mu\varepsilon\varphi$，代入式 (7.2.2)，用矢量磁位表示的电磁场为

$$\begin{cases} \boldsymbol{E} = -\mathrm{j}\omega \left(\boldsymbol{A} + \dfrac{1}{k^2} \nabla\nabla \cdot \boldsymbol{A} \right) \\ \boldsymbol{B} = \nabla \times \boldsymbol{A} \end{cases} \tag{7.2.10}$$

式中，$k^2 = \omega^2 \mu\varepsilon$，$k$ 称为电磁波的波数。

式 (7.2.10) 表明，不需要给定电荷源，无需求标量电位 φ，仅由矢量磁位 $\boldsymbol{A}$ 便可以求出场量 $\boldsymbol{E}$ 和 $\boldsymbol{B}$。对于时变场，电荷与电流由电流连续性方程相联系。引入洛伦兹规范，即可保证满足电流连续性定理，使得矢量磁位和标量电位解耦，简化场量的计算。

由库仑规范，式 (7.2.3) 所示的波动方程化为

$$\begin{cases} \nabla^2 \boldsymbol{A} - \mu\varepsilon \dfrac{\partial^2 \boldsymbol{A}}{\partial t^2} = -\mu \boldsymbol{J}_{\mathrm{e}} + \mu\varepsilon \nabla \dfrac{\partial \varphi}{\partial t} \\ \nabla^2 \varphi = -\theta \rho_{\mathrm{e}} \end{cases} \tag{7.2.11}$$

虽然库仑规范下的位函数方程不如洛伦兹规范下的位函数满足的方程那样简洁对称，但库仑规范下标量电位满足泊松方程，很容易求得其解为

$$\varphi(\boldsymbol{r}, t) = \int_V \frac{\theta \rho_{\mathrm{e}}(\boldsymbol{r}', t)}{4\pi R} \mathrm{d}V' \tag{7.2.12}$$

式中，$R = |\boldsymbol{r} - \boldsymbol{r}'|$。由此可见，标量电位 $\varphi(\boldsymbol{r}, t)$ 正是由电荷密度 $\rho_{\mathrm{e}}(\boldsymbol{r}', t)$ 产生的瞬时库仑电位，这就是库仑规范名称的由来。

库仑规范用于无源情况时，标量电位 φ 为零，仅考虑矢量磁位 $\boldsymbol{A}$ 即可，更为便利的是它满足齐次波动方程，场量可由矢量磁位 $\boldsymbol{A}$ 表示，有 $\boldsymbol{E} = -\dfrac{\partial \boldsymbol{A}}{\partial t}$，$\boldsymbol{B} = \nabla \times \boldsymbol{A}$。

7.3 均匀介质矢量电位与标量磁位波动方程

7.3.1 电性源矢量电位与标量磁位波动方程

对式 (7.2.1b) 求散度，全电流 $\boldsymbol{J}_T$ 满足 $\nabla\cdot\boldsymbol{J}_T=\nabla\cdot\left(\boldsymbol{J}_{\mathrm{e}}+\dfrac{\partial\boldsymbol{D}}{\partial t}\right)=0$，引入全电流 $\boldsymbol{J}_T$ 的位函数，有 $\boldsymbol{J}_T=\boldsymbol{J}_{\mathrm{e}}+\dfrac{\partial\boldsymbol{D}}{\partial t}=\nabla\times\boldsymbol{T}$，代入式 (7.2.1b)，将磁场强度表示为 $\boldsymbol{H}=\boldsymbol{T}-\nabla\varphi_{\mathrm{m}}$，因此由 $\boldsymbol{T}$-φ_{m} 到 $\boldsymbol{J}_T$-$\boldsymbol{H}$ 的变换对为

$$\boldsymbol{J}_{\mathrm{e}}+\frac{\partial\boldsymbol{D}}{\partial t}=\nabla\times\boldsymbol{T}\tag{7.3.1a}$$

$$\boldsymbol{H}=\boldsymbol{T}-\nabla\varphi_{\mathrm{m}}\tag{7.3.1b}$$

将式 (7.2.1a) 乘以 ε 并对时间求导，有

$$\varepsilon\nabla\times\frac{\partial\boldsymbol{E}}{\partial t}=-\mu\varepsilon\frac{\partial^2\boldsymbol{H}}{\partial t^2}$$

将式 (7.3.1) 代入上式，有

$$\nabla\times\nabla\times\boldsymbol{T}-\nabla\times\boldsymbol{J}_{\mathrm{e}}=-\mu\varepsilon\frac{\partial^2}{\partial t^2}\left(\boldsymbol{T}-\nabla\varphi_{\mathrm{m}}\right)$$

利用双旋度公式，整理得

$$\nabla^2\boldsymbol{T}-\mu\varepsilon\frac{\partial^2\boldsymbol{T}}{\partial t^2}=-\nabla\times\boldsymbol{J}_{\mathrm{e}}+\nabla\left(\nabla\cdot\boldsymbol{T}-\mu\varepsilon\frac{\partial^2\varphi_{\mathrm{m}}}{\partial t^2}\right)\tag{7.3.2a}$$

将式 (7.3.1b) 代入式 (7.2.1d)，由于磁导率均匀，有 $\nabla^2\varphi_{\mathrm{m}}=\nabla\cdot\boldsymbol{T}$，该式两边加上 $-\mu\varepsilon\dfrac{\partial^2\varphi_{\mathrm{m}}}{\partial t^2}$，有

$$\nabla^2\varphi_{\mathrm{m}}-\mu\varepsilon\frac{\partial^2\varphi_{\mathrm{m}}}{\partial t^2}=\nabla\cdot\boldsymbol{T}-\mu\varepsilon\frac{\partial^2\varphi_{\mathrm{m}}}{\partial t^2}\tag{7.3.2b}$$

时变场和时谐场的洛伦兹规范为

$$\nabla\cdot\boldsymbol{T}=\mu\varepsilon\frac{\partial^2\varphi_{\mathrm{m}}}{\partial t^2}\tag{7.3.3a}$$

$$\nabla\cdot\boldsymbol{T}=-\omega^2\mu\varepsilon\varphi_{\mathrm{m}}\tag{7.3.3b}$$

采用洛伦兹规范，波动方程化简为非耦合形式

$$\begin{cases} \nabla^2 \boldsymbol{T} - \mu\varepsilon \dfrac{\partial^2 \boldsymbol{T}}{\partial t^2} = -\nabla \times \boldsymbol{J}_{\mathrm{e}} \\ \nabla^2 \varphi_{\mathrm{m}} - \mu\varepsilon \dfrac{\partial^2 \varphi_{\mathrm{m}}}{\partial t^2} = 0 \end{cases} \tag{7.3.4a}$$

时谐场波动方程为

$$\begin{cases} \nabla^2 \boldsymbol{T} + k^2 \boldsymbol{T} = -\nabla \times \boldsymbol{J}_{\mathrm{e}} \\ \nabla^2 \varphi_{\mathrm{m}} + k^2 \varphi_{\mathrm{m}} = 0 \end{cases} \tag{7.3.4b}$$

采用库仑规范

$$\nabla \cdot \boldsymbol{T} = 0 \tag{7.3.5}$$

波动方程化为

$$\begin{cases} \nabla^2 \boldsymbol{T} - \mu\varepsilon \dfrac{\partial^2 \boldsymbol{T}}{\partial t^2} = -\nabla \times \boldsymbol{J}_{\mathrm{e}} - \mu\varepsilon \dfrac{\partial^2 \nabla \varphi_{\mathrm{m}}}{\partial t^2} \\ \nabla^2 \varphi_{\mathrm{m}} = 0 \end{cases} \tag{7.3.6a}$$

时谐场波动方程为

$$\begin{cases} \nabla^2 \boldsymbol{T} + k^2 \boldsymbol{T} = -\nabla \times \boldsymbol{J}_{\mathrm{e}} + k^2 \nabla \varphi_{\mathrm{m}} \\ \nabla^2 \varphi_{\mathrm{m}} = 0 \end{cases} \tag{7.3.6b}$$

7.3.2 磁性源矢量电位与标量磁位波动方程

采用类似电性源的处理思路，可以导出磁性源激励下的洛伦兹规范，以及矢量电位 $\boldsymbol{F}$ 和标量磁位 φ_{m} 表示的达朗贝尔方程。

为了便于类比，场和源的下角标按 e 和 m 作了特殊标注，如表 7.3.1 所示。

于是，矢量磁位 $\boldsymbol{A}$ 和标量电位 φ_{e} 表示的达朗贝尔方程，以及矢量电位 $\boldsymbol{F}$ 和标量磁位 φ_{m} 表示的达朗贝尔方程，写成为

$$\begin{cases} \nabla^2 \boldsymbol{A} - \mu\varepsilon \dfrac{\partial^2 \boldsymbol{A}}{\partial t^2} = -\mu \boldsymbol{J}_{\mathrm{e}} \\ \nabla^2 \varphi_{\mathrm{e}} - \mu\varepsilon \dfrac{\partial^2 \varphi_{\mathrm{e}}}{\partial t^2} = -\theta \rho_{\mathrm{e}} \\ \nabla^2 \boldsymbol{F} - \mu\varepsilon \dfrac{\partial^2 \boldsymbol{F}}{\partial t^2} = -\varepsilon \boldsymbol{J}_{\mathrm{m}} \\ \nabla^2 \varphi_{\mathrm{m}} - \mu\varepsilon \dfrac{\partial^2 \varphi_{\mathrm{m}}}{\partial t^2} = -\vartheta \rho_{\mathrm{m}} \end{cases} \tag{7.3.7a}$$

时谐场为

$$\begin{cases} \nabla^2 \boldsymbol{A} + k^2 \boldsymbol{A} = -\mu \boldsymbol{J}_{\mathrm{e}} \\ \nabla^2 \varphi_{\mathrm{e}} + k^2 \varphi_{\mathrm{e}} = -\theta \rho_{\mathrm{e}} \\ \nabla^2 \boldsymbol{F} + k^2 \boldsymbol{F} = -\varepsilon \boldsymbol{J}_{\mathrm{m}} \\ \nabla^2 \varphi_{\mathrm{m}} + k^2 \varphi_{\mathrm{m}} = -\vartheta \rho_{\mathrm{m}} \end{cases} \tag{7.3.7b}$$

表 7.3.1 电性源和磁性源位函数波动方程

	电性源	磁性源
场方程	$\nabla \cdot \boldsymbol{B}_{\mathrm{e}} = 0$ $\Downarrow$	$\nabla \cdot \boldsymbol{D}_{\mathrm{m}} = 0$ $\Downarrow$
引入矢量位	$\boldsymbol{B}_{\mathrm{e}} = \nabla \times \boldsymbol{A}$ $\Downarrow$	$\boldsymbol{D}_{\mathrm{m}} = -\nabla \times \boldsymbol{F}$ $\Downarrow$
场方程	$\nabla \times \boldsymbol{E}_{\mathrm{e}} = -\dfrac{\partial \boldsymbol{B}_{\mathrm{e}}}{\partial t}$ $\Downarrow$	$\nabla \times \boldsymbol{H}_{\mathrm{m}} = \dfrac{\partial \boldsymbol{D}_{\mathrm{m}}}{\partial t}$ $\Downarrow$
引入标量位	$\boldsymbol{E}_{\mathrm{e}} = -\nabla \varphi_{\mathrm{e}} - \dfrac{\partial \boldsymbol{A}}{\partial t}$	$\boldsymbol{H}_{\mathrm{m}} = -\nabla \varphi_{\mathrm{m}} - \dfrac{\partial \boldsymbol{F}}{\partial t}$
场方程	$\nabla \times \boldsymbol{H}_{\mathrm{e}} = \boldsymbol{J}_{\mathrm{e}} + \dfrac{\partial \boldsymbol{D}_{\mathrm{e}}}{\partial t}$ $\Downarrow$ $\nabla\nabla \cdot \boldsymbol{A} - \nabla^2 \boldsymbol{A} = \mu \boldsymbol{J}_{\mathrm{e}}$ $+\mu\varepsilon \dfrac{\partial}{\partial t}\left(-\nabla \varphi_{\mathrm{e}} - \dfrac{\partial \boldsymbol{A}}{\partial t}\right)$	$\nabla \times \boldsymbol{E}_{\mathrm{m}} = -\boldsymbol{J}_{\mathrm{m}} - \dfrac{\partial \boldsymbol{B}_{\mathrm{m}}}{\partial t}$ $\Downarrow$ $-\left(\nabla\nabla \cdot \boldsymbol{F} - \nabla^2 \boldsymbol{F}\right) = -\varepsilon \boldsymbol{J}_{\mathrm{m}}$ $-\mu\varepsilon \dfrac{\partial}{\partial t}\left(-\nabla \varphi_{\mathrm{m}} - \dfrac{\partial \boldsymbol{F}}{\partial t}\right)$
引入洛伦兹规范	$\nabla \cdot \boldsymbol{A} = -\mu\varepsilon \dfrac{\partial \varphi_{\mathrm{e}}}{\partial t}$ $\Downarrow$	$\nabla \cdot \boldsymbol{F} = -\mu\varepsilon \dfrac{\partial \varphi_{\mathrm{m}}}{\partial t}$ $\Downarrow$
矢量位波动方程	$\nabla^2 \boldsymbol{A} - \mu\varepsilon \dfrac{\partial^2 \boldsymbol{A}}{\partial t^2} = -\mu \boldsymbol{J}_{\mathrm{e}}$	$\nabla^2 \boldsymbol{F} - \mu\varepsilon \dfrac{\partial^2 \boldsymbol{F}}{\partial t^2} = -\varepsilon \boldsymbol{J}_{\mathrm{m}}$
场方程	$\nabla \cdot \boldsymbol{D}_{\mathrm{e}} = \rho_{\mathrm{e}}$ $\Downarrow$	$\nabla \cdot \boldsymbol{B}_{\mathrm{m}} = \rho_{\mathrm{m}}$ $\Downarrow$
标量位波动方程	$\nabla^2 \varphi_{\mathrm{e}} - \mu\varepsilon \dfrac{\partial^2 \varphi_{\mathrm{e}}}{\partial t^2} = -\theta \rho_{\mathrm{e}}$	$\nabla^2 \varphi_{\mathrm{m}} - \mu\varepsilon \dfrac{\partial^2 \varphi_{\mathrm{m}}}{\partial t^2} = -\vartheta \rho_{\mathrm{m}}$

矢量位和标量位表示的瞬态电磁场和时谐电磁场分别为

$$\begin{cases} \boldsymbol{E}_{\mathrm{e}} = -\nabla \varphi_{\mathrm{e}} - \dfrac{\partial \boldsymbol{A}}{\partial t} \\ \boldsymbol{H}_{\mathrm{e}} = \vartheta \nabla \times \boldsymbol{A} \\ \boldsymbol{E}_{\mathrm{m}} = -\theta \nabla \times \boldsymbol{F} \\ \boldsymbol{H}_{\mathrm{m}} = -\nabla \varphi_{\mathrm{m}} - \dfrac{\partial \boldsymbol{F}}{\partial t} \end{cases} \tag{7.3.8a}$$

$$\begin{cases} \boldsymbol{E}_{\mathrm{e}} = -\nabla \varphi_{\mathrm{e}} - \mathrm{j}\omega \boldsymbol{A} \\ \boldsymbol{H}_{\mathrm{e}} = \vartheta \nabla \times \boldsymbol{A} \\ \boldsymbol{E}_{\mathrm{m}} = -\theta \nabla \times \boldsymbol{F} \\ \boldsymbol{H}_{\mathrm{m}} = -\nabla \varphi_{\mathrm{m}} - \mathrm{j}\omega \boldsymbol{F} \end{cases} \tag{7.3.8b}$$

洛伦兹规范为

$$\begin{cases} \nabla \cdot \boldsymbol{A} = -\mu\varepsilon \dfrac{\partial \varphi_{\mathrm{e}}}{\partial t} \\ \nabla \cdot \boldsymbol{F} = -\mu\varepsilon \dfrac{\partial \varphi_{\mathrm{m}}}{\partial t} \end{cases} \tag{7.3.9a}$$

$$\begin{cases} \nabla \cdot \boldsymbol{A} = -\mathrm{j}\omega\mu\varepsilon\varphi_{\mathrm{e}} \\ \nabla \cdot \boldsymbol{F} = -\mathrm{j}\omega\mu\varepsilon\varphi_{\mathrm{m}} \end{cases} \tag{7.3.9b}$$

矢量位表示的时谐电磁场为

$$\begin{cases} \boldsymbol{E}_{\mathrm{e}} = -\mathrm{j}\omega\left(\boldsymbol{A} + \dfrac{1}{k^2}\nabla\nabla\cdot\boldsymbol{A}\right) \\ \boldsymbol{H}_{\mathrm{e}} = \vartheta\nabla\times\boldsymbol{A} \\ \boldsymbol{E}_{\mathrm{m}} = -\theta\nabla\times\boldsymbol{F} \\ \boldsymbol{H}_{\mathrm{m}} = -\mathrm{j}\omega\left(\boldsymbol{F} + \dfrac{1}{k^2}\nabla\nabla\cdot\boldsymbol{F}\right) \end{cases} \tag{7.3.10}$$

当同时存在电性源和磁性源时，时谐电磁场有

$$\begin{cases} \boldsymbol{E} = -\mathrm{j}\omega\left(\boldsymbol{A} + \dfrac{1}{k^2}\nabla\nabla\cdot\boldsymbol{A}\right) - \theta\nabla\times\boldsymbol{F} \\ \boldsymbol{H} = -\mathrm{j}\omega\left(\boldsymbol{F} + \dfrac{1}{k^2}\nabla\nabla\cdot\boldsymbol{F}\right) + \vartheta\nabla\times\boldsymbol{A} \end{cases} \tag{7.3.11}$$

需要注意，本节中的矢量电位 $\boldsymbol{T}$ 和 $\boldsymbol{F}$ 是不同的。$\boldsymbol{T}$ 是由电流密度定义的，严格意义上应该叫矢量电流位，而 $\boldsymbol{F}$ 是由电位移矢量定义的，严格意义应该叫矢量电位移位。

7.4　赫兹矢量位波动方程

电磁理论中常用的位函数还有赫兹矢量位。对于某些类型的电磁场源，使用赫兹矢量位求解电磁场较为方便。

根据场源类型不同，电性源与磁性源对应的赫兹位分别称为电赫兹位和磁赫兹位，分别记为 $\boldsymbol{\Pi}_{\mathrm{e}}$ 和 $\boldsymbol{\Pi}_{\mathrm{m}}$，与相应的电磁场矢量位函数的关系分别为

$$\begin{cases} \boldsymbol{A} = \mu\varepsilon \dfrac{\partial \boldsymbol{\Pi}_{\mathrm{e}}}{\partial t} \\ \boldsymbol{F} = \mu\varepsilon \dfrac{\partial \boldsymbol{\Pi}_{\mathrm{m}}}{\partial t} \end{cases} \tag{7.4.1a}$$

时谐形式为

$$\begin{cases} \boldsymbol{A} = \mathrm{j}\omega\mu\varepsilon\boldsymbol{\Pi}_{\mathrm{e}} \\ \boldsymbol{F} = \mathrm{j}\omega\mu\varepsilon\boldsymbol{\Pi}_{\mathrm{m}} \end{cases} \tag{7.4.1b}$$

将式 (7.4.1) 代入洛伦兹规范，可得瞬态形式和时谐形式均为

$$\begin{cases} \varphi_{\mathrm{e}} = -\nabla\cdot\boldsymbol{\Pi}_{\mathrm{e}} \\ \varphi_{\mathrm{m}} = -\nabla\cdot\boldsymbol{\Pi}_{\mathrm{m}} \end{cases} \tag{7.4.2}$$

若将式 (7.3.7a) 中的 ρ_{e} 和 $\boldsymbol{J}_{\mathrm{e}}$ 看成是极化电荷和极化电流，ρ_{m} 和 $\boldsymbol{J}_{\mathrm{m}}$ 看成是极化磁荷和极化磁流，即

$$\begin{cases} \rho_{\mathrm{e}} = -\nabla\cdot\boldsymbol{P}_{\mathrm{e}}, \\ \boldsymbol{J}_{\mathrm{e}} = \dfrac{\partial\boldsymbol{P}_{\mathrm{e}}}{\partial t}, \end{cases} \qquad \begin{cases} \rho_{\mathrm{m}} = -\nabla\cdot\boldsymbol{P}_{\mathrm{m}} \\ \boldsymbol{J}_{\mathrm{m}} = \dfrac{\partial\boldsymbol{P}_{\mathrm{m}}}{\partial t} \end{cases} \tag{7.4.3}$$

式中，$\boldsymbol{P}_{\mathrm{e}}$ 和 $\boldsymbol{P}_{\mathrm{m}}$ 分别为电极化强度和磁极化强度。

则有

$$\begin{cases} \nabla^2\boldsymbol{A} - \mu\varepsilon\dfrac{\partial^2\boldsymbol{A}}{\partial t^2} = -\mu\dfrac{\partial\boldsymbol{P}_{\mathrm{e}}}{\partial t} \\ \nabla^2\varphi_{\mathrm{e}} - \mu\varepsilon\dfrac{\partial^2\varphi_{\mathrm{e}}}{\partial t^2} = \theta\nabla\cdot\boldsymbol{P}_{\mathrm{e}} \\ \nabla^2\boldsymbol{F} - \mu\varepsilon\dfrac{\partial^2\boldsymbol{F}}{\partial t^2} = -\varepsilon\dfrac{\partial\boldsymbol{P}_{\mathrm{m}}}{\partial t} \\ \nabla^2\varphi_{\mathrm{m}} - \mu\varepsilon\dfrac{\partial^2\varphi_{\mathrm{m}}}{\partial t^2} = \vartheta\nabla\cdot\boldsymbol{P}_{\mathrm{m}} \end{cases} \tag{7.4.4}$$

将式 (7.4.1) 和式 (7.4.2) 代入式 (7.4.4)，并对时间或空间积分，略去对位函数无意义的积分参数后，得到赫兹位满足的波动方程

$$\begin{cases} \nabla^2\boldsymbol{\Pi}_{\mathrm{e}} - \mu\varepsilon\dfrac{\partial^2\boldsymbol{\Pi}_{\mathrm{e}}}{\partial t^2} = -\dfrac{\boldsymbol{P}_{\mathrm{e}}}{\varepsilon} \\ \nabla^2\boldsymbol{\Pi}_{\mathrm{m}} - \mu\varepsilon\dfrac{\partial^2\boldsymbol{\Pi}_{\mathrm{m}}}{\partial t^2} = -\dfrac{\boldsymbol{P}_{\mathrm{m}}}{\mu} \end{cases} \tag{7.4.5}$$

无源区域，赫兹位满足齐次波动方程

$$\begin{cases} \nabla^2\boldsymbol{\Pi}_{\mathrm{e}} - \mu\varepsilon\dfrac{\partial^2\boldsymbol{\Pi}_{\mathrm{e}}}{\partial t^2} = \boldsymbol{0} \\ \nabla^2\boldsymbol{\Pi}_{\mathrm{m}} - \mu\varepsilon\dfrac{\partial^2\boldsymbol{\Pi}_{\mathrm{m}}}{\partial t^2} = \boldsymbol{0} \end{cases} \tag{7.4.6}$$

将式 (7.4.1a) 和式 (7.4.2) 代入式 (7.3.8a)，有

$$\begin{cases} \boldsymbol{E}_{\mathrm{e}} = \nabla\nabla\cdot\boldsymbol{\Pi}_{\mathrm{e}} - \mu\varepsilon\dfrac{\partial^2\boldsymbol{\Pi}_{\mathrm{e}}}{\partial t^2} \\ \boldsymbol{H}_{\mathrm{e}} = \varepsilon\nabla\times\dfrac{\partial\boldsymbol{\Pi}_{\mathrm{e}}}{\partial t} \\ \boldsymbol{E}_{\mathrm{m}} = -\mu\nabla\times\dfrac{\partial\boldsymbol{\Pi}_{\mathrm{m}}}{\partial t} \\ \boldsymbol{H}_{\mathrm{m}} = \nabla\nabla\cdot\boldsymbol{\Pi}_{\mathrm{m}} - \mu\varepsilon\dfrac{\partial^2\boldsymbol{\Pi}_{\mathrm{m}}}{\partial t^2} \end{cases} \tag{7.4.7}$$

当同时存在电性源和磁性源时，赫兹位表示的电磁场为

$$\begin{cases} \boldsymbol{E} = \nabla\nabla\cdot\boldsymbol{\Pi}_{\mathrm{e}} - \mu\varepsilon\dfrac{\partial^2\boldsymbol{\Pi}_{\mathrm{e}}}{\partial t^2} - \mu\nabla\times\dfrac{\partial\boldsymbol{\Pi}_{\mathrm{m}}}{\partial t} \\ \boldsymbol{H} = \nabla\nabla\cdot\boldsymbol{\Pi}_{\mathrm{m}} - \mu\varepsilon\dfrac{\partial^2\boldsymbol{\Pi}_{\mathrm{m}}}{\partial t^2} + \varepsilon\nabla\times\dfrac{\partial\boldsymbol{\Pi}_{\mathrm{e}}}{\partial t} \end{cases} \tag{7.4.8}$$

利用双旋度矢量恒等式，并结合波动方程式 (7.4.6)，有

$$\begin{cases} \nabla\times\nabla\times\boldsymbol{\Pi}_{\mathrm{e}} = \nabla\nabla\cdot\boldsymbol{\Pi}_{\mathrm{e}} - \mu\varepsilon\dfrac{\partial^2\boldsymbol{\Pi}_{\mathrm{e}}}{\partial t^2} \\ \nabla\times\nabla\times\boldsymbol{\Pi}_{\mathrm{m}} = \nabla\nabla\cdot\boldsymbol{\Pi}_{\mathrm{m}} - \mu\varepsilon\dfrac{\partial^2\boldsymbol{\Pi}_{\mathrm{m}}}{\partial t^2} \end{cases} \tag{7.4.9}$$

将式 (7.4.9) 代入式 (7.4.8)，有

$$\begin{cases} \boldsymbol{E} = \nabla\times\nabla\times\boldsymbol{\Pi}_{\mathrm{e}} - \mu\nabla\times\dfrac{\partial\boldsymbol{\Pi}_{\mathrm{m}}}{\partial t} \\ \boldsymbol{H} = \nabla\times\nabla\times\boldsymbol{\Pi}_{\mathrm{m}} + \varepsilon\nabla\times\dfrac{\partial\boldsymbol{\Pi}_{\mathrm{e}}}{\partial t} \end{cases} \tag{7.4.10}$$

无论是赫兹位，还是矢量电磁位和标量电磁位，均可描述电磁场量。当处理极化电荷、极化电流或极化磁荷、极化磁流源时，矢量电磁位和标量电磁位表达的波动方程中出现时间导数项或散度项，不便于处理，而这正是赫兹位波动方程的方便之处。赫兹位是赫兹研究单一振荡点电荷的辐射问题时首先使用的，可以用来描述电、磁偶极子的电磁场，能方便地用来求解横电波和横磁波。

7.5　德拜位波动方程

考虑无源区域，由库仑规范 $\nabla\cdot\boldsymbol{A}=0$，说明 $\boldsymbol{A}$ 中只有两个分量是独立的，也就是说，只要用 $\boldsymbol{A}$ 的两个独立分量即可表示无源区域中的电磁场量。实际上只

要有两个独立的标量函数即可，可以是矢量磁位 $\boldsymbol{A}$ 的两个分量，也可以是电赫兹势 $\boldsymbol{\Pi}_\mathrm{e}$ 的一个分量和磁赫兹势的 $\boldsymbol{\Pi}_\mathrm{m}$ 的一个分量。

在球坐标系中，假定电赫兹矢量 $\boldsymbol{\Pi}_\mathrm{e}$ 只有 r 分量，即 $\boldsymbol{\Pi}_\mathrm{e}=\Pi_\mathrm{e}\boldsymbol{e}_r$。将其代入波动方程，任何一个分量都无法写成标量波动方程的形式。为解决此问题，作如下处理。

取式 (7.4.7) 中的电赫兹位，有

$$\begin{cases}\boldsymbol{E}=\nabla\nabla\cdot\boldsymbol{\Pi}_\mathrm{e}-\mu\varepsilon\dfrac{\partial^2\boldsymbol{\Pi}_\mathrm{e}}{\partial t^2}\\ \boldsymbol{H}=\varepsilon\nabla\times\dfrac{\partial\boldsymbol{\Pi}_\mathrm{e}}{\partial t}\end{cases}\tag{7.5.1}$$

对式 (7.5.1) 中第一式求旋度，有

$$\nabla\times\left(\boldsymbol{E}+\mu\varepsilon\frac{\partial^2\boldsymbol{\Pi}_\mathrm{e}}{\partial t^2}\right)=0\tag{7.5.2}$$

引入一个标量函数 ϕ，有

$$\boldsymbol{E}=-\mu\varepsilon\frac{\partial^2\boldsymbol{\Pi}_\mathrm{e}}{\partial t^2}-\nabla\phi\tag{7.5.3}$$

由 ϕ 的任意性，若取 $\phi=-\dfrac{\partial\Pi_\mathrm{e}}{\partial r}$，则

$$\begin{cases}\boldsymbol{E}=-\mu\varepsilon\dfrac{\partial^2\boldsymbol{\Pi}_\mathrm{e}}{\partial t^2}+\nabla\dfrac{\partial\Pi_\mathrm{e}}{\partial r}\\ \boldsymbol{H}=\varepsilon\nabla\times\dfrac{\partial\boldsymbol{\Pi}_\mathrm{e}}{\partial t}\end{cases}\tag{7.5.4}$$

在式 (7.4.10) 中也只取电赫兹位，有

$$\begin{cases}\boldsymbol{E}=\nabla\times\nabla\times\boldsymbol{\Pi}_\mathrm{e}\\ \boldsymbol{H}=\varepsilon\nabla\times\dfrac{\partial\boldsymbol{\Pi}_\mathrm{e}}{\partial t}\end{cases}\tag{7.5.5}$$

联合式 (7.5.4) 和式 (7.5.5)，可得

$$\begin{cases}\boldsymbol{E}=\nabla\times\nabla\times\boldsymbol{\Pi}_\mathrm{e}=-\mu\varepsilon\dfrac{\partial^2\boldsymbol{\Pi}_\mathrm{e}}{\partial t^2}+\nabla\dfrac{\partial\Pi_\mathrm{e}}{\partial r}\\ \boldsymbol{H}=\varepsilon\nabla\times\dfrac{\partial\boldsymbol{\Pi}_\mathrm{e}}{\partial t}\end{cases}\tag{7.5.6}$$

将式 (7.5.6) 的第一式在球坐标系下展开，取球径方向分量有

$$\frac{\partial^2 \Pi_{\rm e}}{\partial r^2}+\frac{1}{r^2}\frac{\partial^2 \Pi_{\rm e}}{\partial \theta^2}+\frac{1}{r^2\tan\theta}\frac{\partial \Pi_{\rm e}}{\partial \theta}+\frac{1}{r^2\sin^2\theta}\frac{\partial^2 \Pi_{\rm e}}{\partial \varphi^2}-\mu\varepsilon\frac{\partial^2 \Pi_{\rm e}}{\partial t^2}=0 \tag{7.5.7}$$

若取 $\Pi_{\rm e}=rP$，代入式 (7.5.7)，有

$$\frac{\partial^2 P}{\partial r^2}+\frac{2}{r}\frac{\partial P}{\partial r}+\frac{1}{r^2}\frac{\partial^2 P}{\partial \theta^2}+\frac{1}{r^2\tan\theta}\frac{\partial P}{\partial \theta}+\frac{1}{r^2\sin^2\theta}\frac{\partial^2 P}{\partial \varphi^2}-\mu\varepsilon\frac{\partial^2 P}{\partial t^2}=0 \tag{7.5.8}$$

对比球坐标系下标量函数的拉普拉斯展开式，于是有

$$\nabla^2 P-\mu\varepsilon\frac{\partial^2 P}{\partial t^2}=0 \tag{7.5.9}$$

将式 (7.5.9) 代入式 (7.5.6)，可将无源区域中的电磁场量表示为标量 P 的函数，即

$$\begin{cases}\boldsymbol{E}=\nabla\times\nabla\times(P\boldsymbol{r})=-\mu\varepsilon\dfrac{\partial^2}{\partial t^2}(P\boldsymbol{r})+\nabla\dfrac{\partial}{\partial r}(rP)\\ \boldsymbol{H}=\varepsilon\dfrac{\partial}{\partial t}\nabla\times(P\boldsymbol{r})=\varepsilon\dfrac{\partial}{\partial t}\nabla P\times\boldsymbol{r}\end{cases} \tag{7.5.10}$$

由式 (7.5.10) 可以看出，$H_r=0$，$E_r\neq 0$，由此式 (7.5.10) 表示的电磁波为球坐标中沿 $\boldsymbol{r}$ 方向的横磁波 (TM 波)。

对于球坐标系的磁赫兹矢量 $\boldsymbol{\Pi}_{\rm m}$，假定 $\boldsymbol{\Pi}_{\rm m}$ 只有 r 分量，即 $\boldsymbol{\Pi}_{\rm m}=\Pi_{\rm m}\boldsymbol{e}_r$，令 $\Pi_{\rm m}=rQ$，同理，可导出

$$\nabla^2 Q-\mu\varepsilon\frac{\partial^2 Q}{\partial t^2}=0 \tag{7.5.11}$$

且有

$$\begin{cases}\boldsymbol{E}=-\mu\dfrac{\partial}{\partial t}\nabla\times(Q\boldsymbol{r})=-\mu\dfrac{\partial}{\partial t}\nabla Q\times\boldsymbol{r}\\ \boldsymbol{H}=\nabla\times\nabla\times(Q\boldsymbol{r})=-\mu\varepsilon\dfrac{\partial^2}{\partial t^2}(Q\boldsymbol{r})+\nabla\dfrac{\partial}{\partial r}(rQ)\end{cases} \tag{7.5.12}$$

由式 (7.5.12) 可以看出，$E_r=0$，$H_r\neq 0$，由此式 (7.5.12) 表示的电磁波为球坐标中沿 $\boldsymbol{r}$ 方向的横电波 (TE 波)。

综上所述，在球坐标系中，选取赫兹位 $\boldsymbol{\Pi}_{\rm e}=\Pi_{\rm e}\boldsymbol{e_r}$ 和 $\boldsymbol{\Pi}_{\rm m}=\Pi_{\rm m}\boldsymbol{e_r}$，可分别求得无源区沿 $\boldsymbol{r}$ 方向的 TM 波与 TE 波。在球坐标系中，$\Pi_{\rm e}$ 与 $\Pi_{\rm m}$ 不满足齐次标量波动方程，给求解带来极大的困难。为解决这一问题，德拜位 P 和 Q 的引入，将球坐标系下电磁场的计算转化为标量齐次波动方程的求解问题，简化了电磁场的计算。

7.6 波动方程解的唯一性

7.6.1 标量波动方程解的唯一性

用标量函数表示电磁场的位函数或者场量的某一个分量。标量波动方程解的唯一性定理为：对于线性介质，在一有限区域中，如果场源已知，在边界面上标量函数或其法向导数或边界面上不同部分的标量函数和其法向导数已知，换句话说，在边界面上标量函数满足第一类边界条件或第二类边界条件或混合边界条件(在边界面上部分满足第一类边界条件，部分满足第二类边界条件)，那么区域中的电磁场就被唯一地确定了。

下面利用反证法对标量波动方程解的唯一性给予证明。给定标量波动方程，方程右边有一场源项，假定该方程有两个不同的解，即

$$\nabla^2\varphi_1(\boldsymbol{r})+k^2(\boldsymbol{r})\varphi_1(\boldsymbol{r})=f(\boldsymbol{r}) \tag{7.6.1a}$$

$$\nabla^2\varphi_2(\boldsymbol{r})+k^2(\boldsymbol{r})\varphi_2(\boldsymbol{r})=f(\boldsymbol{r}) \tag{7.6.1b}$$

用式 (7.6.1a) 减去式 (7.6.1b)，有

$$\nabla^2\varphi(\boldsymbol{r})+k^2(\boldsymbol{r})\varphi(\boldsymbol{r})=0 \tag{7.6.2}$$

其中，差场 $\varphi=\varphi_1-\varphi_2$。

则差场 φ 在边界面 S 上满足第一类齐次边界条件

$$\varphi|_S=0 \tag{7.6.3a}$$

或满足第二类齐次边界条件

$$\left.\frac{\partial\varphi}{\partial n}\right|_S=0 \tag{7.6.3b}$$

或在边界面 S 的一部分 S_1 上满足第一类齐次边界条件，而在另一部分 S_2 上满足第二类齐次边界条件

$$\begin{cases}\varphi_2|_{S_1}=0\\ \left.\dfrac{\partial\varphi_2}{\partial n}\right|_{S_2}=0\end{cases} \tag{7.6.3c}$$

将式 (7.6.2) 乘以 φ^*，作体积分有

$$\int_V\varphi^*\nabla^2\varphi\mathrm{d}V+\int_V k^2\varphi^*\varphi\mathrm{d}V=0$$

利用标量格林第一定理式 (1.3.5b)，有

$$\int_V \varphi^* \nabla^2 \varphi \mathrm{d}V = \oint_S \varphi^* \frac{\partial \varphi}{\partial n} \mathrm{d}S - \int_V \nabla \varphi^* \cdot \nabla \varphi \mathrm{d}V$$

于是有

$$\oint_S \varphi^* \frac{\partial \varphi}{\partial n} \mathrm{d}S - \int_V |\nabla \varphi|^2 \mathrm{d}V + \int_V k^2 |\varphi|^2 \mathrm{d}V = 0 \tag{7.6.4}$$

取式 (7.6.4) 虚部得

$$\mathrm{Im} \oint_S \varphi^* \frac{\partial \varphi}{\partial n} \mathrm{d}S + \int_V \mathrm{Im}\left(k^2\right) |\varphi|^2 \mathrm{d}V = 0 \tag{7.6.5}$$

对于有耗介质，$k^2 = \omega^2 \mu \varepsilon - \mathrm{j}\omega\mu\sigma$，$\mathrm{Im}\left(k^2\right) \neq 0$，若在边界 S 上满足式 (7.6.3) 中任意一个，则有

$$\int_V \mathrm{Im}\left(k^2\right) |\varphi|^2 \mathrm{d}V = 0 \tag{7.6.6}$$

因为在 V 内 $|\varphi|^2$ 为非负值，而 $\mathrm{Im}\left(k^2\right) \neq 0$，只有 $\varphi = 0$ 时式 (7.6.6) 才成立。因此，在 V 内 $\varphi_1 = \varphi_2$，解唯一。

对于无耗介质，$\mathrm{Im}\left(k^2\right) = 0$，即 k^2 为实数，在边界 S 上满足式 (7.6.3) 中任意一个，这并不一定能导出在区域 V 内 φ 等于零，即不能保证解唯一。这是因为

$$\int_V |\nabla \varphi|^2 \mathrm{d}V = \int_V k^2 |\varphi|^2 \mathrm{d}V \tag{7.6.7}$$

式 (7.6.7) 的解是存在的，即谐振解，是波方程 (7.6.1) 在区域内的实谐振频率处对应的齐次解。

对于无耗介质，引入一个小的导电损耗，波数 $k = \beta - \mathrm{j}\alpha$，其中 α 为衰减因子，$\mathrm{Im}(k) < 0$，当 $r \to \infty$ 时，对应于外向波 $\mathrm{e}^{-\mathrm{j}kr} = \mathrm{e}^{-\mathrm{j}\beta r}\mathrm{e}^{-\alpha r}$ 的解呈指数减小，仅保留外向波 $\mathrm{e}^{-\mathrm{j}kr}$ 解这一项，式 (7.6.5) 的表面积分项为零而解的唯一性被保证。在无限远处加上外向波条件又称为辐射条件，辐射条件详细内容将在第 9 章详细介绍。可以用 $\mathrm{Im}(k) < 0$ 条件代替辐射条件，即假定介质具有微弱的导电损耗，以保证解的唯一性。

7.6.2 矢量场波动方程解的唯一性

给定矢量波动方程，如电场波动方程式 (7.1.8)，假定该方程有两个不同的解，即

$$\nabla \times \vartheta \nabla \times \boldsymbol{E}_1(\boldsymbol{r}) - \omega^2 \varepsilon \boldsymbol{E}_1(\boldsymbol{r}) = \boldsymbol{S}(\boldsymbol{r}) \tag{7.6.8a}$$

$$\nabla \times \vartheta \nabla \times \boldsymbol{E}_2(\boldsymbol{r}) - \omega^2 \varepsilon \boldsymbol{E}_2(\boldsymbol{r}) = \boldsymbol{S}(\boldsymbol{r}) \tag{7.6.8b}$$

式中，$\boldsymbol{S}(\boldsymbol{r}) = -\nabla \times (\vartheta \boldsymbol{J}_{\mathrm{m}}) - \mathrm{j}\omega \boldsymbol{J}_{\mathrm{e}}$ 对应于有限空间的源。

将式 (7.6.8a) 和式 (7.6.8b) 相减，有

$$\nabla \times \vartheta \nabla \times \boldsymbol{E}(\boldsymbol{r}) - \omega^2 \varepsilon \boldsymbol{E}(\boldsymbol{r}) = \boldsymbol{0} \tag{7.6.9}$$

其中，差场为 $\boldsymbol{E} = \boldsymbol{E}_1 - \boldsymbol{E}_2$。当且仅当 $\boldsymbol{E} = \boldsymbol{0}$ 时解是唯一的。

将式 (7.6.9) 点乘以 $\boldsymbol{E}^*$，作体积分有

$$\int_V \boldsymbol{E}^* \cdot \nabla \times \vartheta \nabla \times \boldsymbol{E} \mathrm{d}V - \int_V \omega^2 \varepsilon \boldsymbol{E}^* \cdot \boldsymbol{E} \mathrm{d}V = 0$$

进一步利用矢量恒等式，

$$\boldsymbol{E}^* \cdot \nabla \times \vartheta(\nabla \times \boldsymbol{E}) = -\nabla \cdot [\boldsymbol{E}^* \times \vartheta(\nabla \times \boldsymbol{E})] + \nabla \times \boldsymbol{E}^* \cdot \vartheta(\nabla \times \boldsymbol{E})$$

有

$$-\int_V \nabla \cdot [\boldsymbol{E}^* \times \vartheta(\nabla \times \boldsymbol{E})] \mathrm{d}V + \int_V \nabla \times \boldsymbol{E}^* \cdot \vartheta(\nabla \times \boldsymbol{E}) \mathrm{d}V - \int_V \omega^2 \varepsilon \boldsymbol{E}^* \cdot \boldsymbol{E} \mathrm{d}V = 0$$

利用高斯散度定理，有

$$-\oint_S \boldsymbol{n} \cdot [\boldsymbol{E}^* \times \vartheta(\nabla \times \boldsymbol{E})] \mathrm{d}S + \int_V \nabla \times \boldsymbol{E}^* \cdot \vartheta(\nabla \times \boldsymbol{E}) \mathrm{d}V - \int_V \omega^2 \varepsilon \boldsymbol{E}^* \cdot \boldsymbol{E} \mathrm{d}V = 0 \tag{7.6.10}$$

因为

$$\nabla \times \boldsymbol{E} = -\mathrm{j}\omega\mu \boldsymbol{H}$$

因此，有 $\nabla \times \boldsymbol{E}^* = \mathrm{j}\omega\mu^* \boldsymbol{H}^*$，$\boldsymbol{H}^*$ 表示 $\boldsymbol{H}$ 的共轭复数。进一步有

$$\begin{aligned} & -\oint_S \boldsymbol{n} \cdot \boldsymbol{E}^* \times \boldsymbol{H} \mathrm{d}S \\ = & \int_V \left(\omega\mu'' \boldsymbol{H}^* \cdot \boldsymbol{H} + \omega\varepsilon'' \boldsymbol{E}^* \cdot \boldsymbol{E}\right) \mathrm{d}V - \mathrm{j}\omega \int_V \left(\mu' \boldsymbol{H}^* \cdot \boldsymbol{H} - \varepsilon' \boldsymbol{E}^* \cdot \boldsymbol{E}\right) \mathrm{d}V \end{aligned} \tag{7.6.11}$$

考虑到式 (7.6.11) 等式右端两项积分的被积函数均是实数，对该式取复共轭，并乘以 $\frac{1}{2}$，

$$-\frac{1}{2} \oint_S \boldsymbol{n} \cdot \boldsymbol{E} \times \boldsymbol{H}^* \mathrm{d}S = \frac{1}{2} \int_V \left(\omega\mu'' \boldsymbol{H}^* \cdot \boldsymbol{H} + \omega\varepsilon'' \boldsymbol{E}^* \cdot \boldsymbol{E}\right) \mathrm{d}V$$

$$+ 2\mathrm{j}\omega \int_V \frac{1}{4} \left(\mu' \boldsymbol{H}^* \cdot \boldsymbol{H} - \varepsilon' \boldsymbol{E}^* \cdot \boldsymbol{E}\right) \mathrm{d}V \tag{7.6.12}$$

式 (7.6.12) 与无源区复数坡印亭定理，即式 (6.3.4) 相比，除了导电损耗项外，二者是一致的，这是因为这里不考虑导电介质。因此，矢量波方程的唯一性条件的结论与时谐电磁场的唯一性是一致的，具体分析可参考 6.3 节。

根据法拉第电磁感应定理知，$\vartheta\nabla\times\boldsymbol{E} = -\mathrm{j}\omega\boldsymbol{H}$，故 $\boldsymbol{n}\times\vartheta\nabla\times\boldsymbol{E} = -\mathrm{j}\omega\boldsymbol{n}\times\boldsymbol{H}$，因此，边界上指定 $\boldsymbol{n}\times\vartheta\nabla\times\boldsymbol{E}$，等价于指定磁场强度的切向分量 $\boldsymbol{n}\times\boldsymbol{H}$，二者相差系数 $-\mathrm{j}\omega$。同理，根据安培定律知，$\theta\nabla\times\boldsymbol{H} = \mathrm{j}\omega\boldsymbol{E}$，故 $\boldsymbol{n}\times\theta\nabla\times\boldsymbol{H} = \mathrm{j}\omega\boldsymbol{n}\times\boldsymbol{E}$，因此，边界上指定 $\boldsymbol{n}\times\theta\nabla\times\boldsymbol{H}$，等价于指定电场强度的切向分量 $\boldsymbol{n}\times\boldsymbol{E}$，二者相差系数 $\mathrm{j}\omega$。

归纳起来，假定只有电性源。时谐电场波动方程的混合边值问题为

$$\begin{cases} \nabla\times\vartheta\nabla\times\boldsymbol{E} - \omega^2\varepsilon\boldsymbol{E} = -\mathrm{j}\omega\boldsymbol{J}_{\mathrm{e}} \\ (\boldsymbol{n}\times\boldsymbol{E})|_{S_1} = \boldsymbol{E}_t \\ (\boldsymbol{n}\times\vartheta\nabla\times\boldsymbol{E})|_{S_2} = \boldsymbol{H}_t \end{cases} \tag{7.6.13}$$

时谐磁场波动方程的混合边值问题为

$$\begin{cases} \nabla\times(\theta\nabla\times\boldsymbol{H}) - \omega^2\mu\boldsymbol{H} = \nabla\times(\theta\boldsymbol{J}_{\mathrm{e}}) \\ (\boldsymbol{n}\times\boldsymbol{H})|_{S_1} = \boldsymbol{H}_t \\ (\boldsymbol{n}\times\vartheta\nabla\times\boldsymbol{H})|_{S_2} = \boldsymbol{E}_t \end{cases} \tag{7.6.14}$$

式中，$\boldsymbol{E}_t$ 和 $\boldsymbol{H}_t$ 为已知函数和常数。

习　　题

7.1　对于时间变化因子 $\mathrm{e}^{-\mathrm{j}\omega t}$，外向波为 $\mathrm{e}^{\mathrm{j}kr}$，试论述可以用 $\mathrm{Im}(k) > 0$ 条件代替辐射条件。

7.2　由电流连续性方程和 $\nabla\times(\boldsymbol{v}\times\boldsymbol{B}) = -\dfrac{\partial\boldsymbol{B}}{\partial t}$，证明 $\dfrac{\mathrm{d}}{\mathrm{d}t}\left(\dfrac{\boldsymbol{B}}{\rho}\right) = \left(\dfrac{\boldsymbol{B}}{\rho}\cdot\nabla\right)\boldsymbol{v}$。

7.3　试讨论洛伦兹规范和库仑规范的使用条件。

7.4　由洛伦兹规范导出电荷守恒定律。

7.5　试导出磁流连续性定理。

7.6　试讨论矢量电流位 $\boldsymbol{T}$ 与矢量电位移位 $\boldsymbol{F}$ 的区别。

7.7　在无源的均匀各向同性的导电介质中，令

$$\begin{cases} \boldsymbol{A}_{\mathrm{e}} = \mu(\sigma + \mathrm{j}\omega\varepsilon)\boldsymbol{\Pi}_{\mathrm{e}} \\ \boldsymbol{A}_{\mathrm{m}} = \mu(\sigma + \mathrm{j}\omega\varepsilon)\boldsymbol{\Pi}_{\mathrm{m}} \end{cases}$$

$$\begin{cases} \varphi_{\mathrm{e}} = -\boldsymbol{\nabla} \cdot \boldsymbol{\Pi}_{\mathrm{e}} \\ \varphi_{\mathrm{m}} = -\boldsymbol{\nabla} \cdot \boldsymbol{\Pi}_{\mathrm{m}} \end{cases}$$

试由时谐场的麦克斯韦方程导出赫兹位满足的波动方程

$$\begin{cases} \nabla^2 \boldsymbol{\Pi}_{\mathrm{e}} + \left(\omega^2 \mu\varepsilon - \mathrm{j}\omega\mu\sigma\right) \boldsymbol{\Pi}_{\mathrm{e}} = 0 \\ \nabla^2 \boldsymbol{\Pi}_{\mathrm{m}} + \left(\omega^2 \mu\varepsilon - \mathrm{j}\omega\mu\sigma\right) \boldsymbol{\Pi}_{\mathrm{m}} = 0 \end{cases}$$

7.8　在无源的均匀各向同性的导电介质中，证明时变电磁场的通解为

$$\begin{cases} \boldsymbol{E} = \nabla \times \nabla \times \boldsymbol{\Pi}_{\mathrm{e}} - \mu \nabla \times \dfrac{\partial \boldsymbol{\Pi}_{\mathrm{m}}}{\partial t} \\ \boldsymbol{H} = \nabla \times \nabla \times \boldsymbol{\Pi}_{\mathrm{m}} + \varepsilon \nabla \times \dfrac{\partial \boldsymbol{\Pi}_{\mathrm{e}}}{\partial t} + \sigma \nabla \times \boldsymbol{\Pi}_{\mathrm{e}} \end{cases}$$

7.9　对于球坐标系的磁赫兹矢量 $\boldsymbol{\Pi}_{\mathrm{m}}$，假定 $\boldsymbol{\Pi}_{\mathrm{m}}$ 只有 r 分量，即 $\boldsymbol{\Pi}_{\mathrm{m}} = \Pi_{\mathrm{m}} \boldsymbol{e}_r$，令 $\Pi_{\mathrm{m}} = rQ$，试导出 $\nabla^2 Q - \mu\varepsilon \dfrac{\partial^2 Q}{\partial t^2} = 0$。

7.10　试证明磁场波动方程式 (7.1.9) 解的唯一性。

第 8 章　电磁场扩散方程

对于满足磁准静态近似的电磁场，只需考虑磁场变化所产生的电场，不考虑电场变化所产生的磁场。当求解区域含有导电材料时，这类电磁场称为涡流场。在导电介质中，时变电磁场激励或磁场与介质之间相对运动都会产生涡流，若要考虑电场或磁场随时间变化的特征，则需对涡流场进行分析。

涡流场对应的方程即为电磁场扩散方程。本章讨论扩散方程的导出，重点针对非均匀介质，介绍矢量磁位 $\boldsymbol{A}$ 和标量电位 φ，以及矢量电位 $\boldsymbol{T}$ 和标量磁位 φ_{m} 两大类位函数及其相关定解问题，至于涡流场的数值求解，将在第 12 章中讨论。

8.1　涡流场的唯一性定理

涡流场是交变电磁场，其唯一性定理即是交变电磁场的唯一性定理，因此，时谐涡流场可以参考时谐电磁场来分析。为了方便处理，可以将边界上 $\boldsymbol{n}\times\boldsymbol{E}$ 为零的条件化为 $\boldsymbol{n}\cdot\boldsymbol{B}$ 为零的条件。

若边界 S 上满足 $\boldsymbol{n}\cdot\boldsymbol{B}=0$，在 S 上任取闭合回路 C，设回路 C 围成的面为 S_C，由法拉第电磁感应定律知

$$\oint_C \boldsymbol{E}\cdot \mathrm{d}l = -\int_{S_C} \boldsymbol{n}\cdot \mathrm{j}\omega\boldsymbol{B}\mathrm{d}S = 0$$

由于回路 C 的任意性，必有 $\boldsymbol{n}\times\boldsymbol{E}=\boldsymbol{0}$。

矢量恒等式

$$\boldsymbol{n}\cdot\nabla\times\boldsymbol{E}=\boldsymbol{E}\cdot\nabla\times\boldsymbol{n}-\nabla\cdot(\boldsymbol{n}\times\boldsymbol{E})$$

如果边界上 $\boldsymbol{n}\times\boldsymbol{E}$ 为零，即 $\boldsymbol{E}$ 只有法向分量 E_n，则 $\boldsymbol{E}$ 与 $\nabla\times\boldsymbol{n}$ 垂直，因此 $\boldsymbol{E}\cdot\nabla\times\boldsymbol{n}$ 为零，于是 $\boldsymbol{n}\cdot\nabla\times\boldsymbol{E}$ 为零。

由法拉第电磁感应定律可知，

$$\boldsymbol{n}\cdot\nabla\times\boldsymbol{E}=-\mathrm{j}\omega\left(\boldsymbol{n}\cdot\boldsymbol{B}\right)$$

上式表明，如果边界上 $\boldsymbol{n}\cdot\nabla\times\boldsymbol{E}$ 为零，则有 $\boldsymbol{n}\cdot\boldsymbol{B}$ 等于零。

据此，可以用边界上 $\boldsymbol{n}\cdot\boldsymbol{B}$ 为零替代 $\boldsymbol{n}\times\boldsymbol{E}$ 为零的条件。于是，对于线性介质，时谐涡流场解的唯一性定理可以采用边界上磁场强度的切向分量和磁通密度

的法向分量来描述，以避免使用电场强度切向分量引起分析问题的复杂性。时谐涡流场方程解的唯一性的具体表述可以参考稳恒磁场解的唯一性的表述。

8.2 场矢量扩散方程

8.2.1 均匀介质电磁场扩散方程

根据电磁场理论，在磁准静态近似条件下，忽略位移电流。时变涡流场为

$$\nabla \times \boldsymbol{E} = -\boldsymbol{J}_{\mathrm{m}} - \frac{\partial \boldsymbol{B}}{\partial t} \tag{8.2.1a}$$

$$\nabla \times \boldsymbol{H} = \boldsymbol{J} \tag{8.2.1b}$$

$$\nabla \cdot \boldsymbol{B} = \rho_{\mathrm{m}} \tag{8.2.1c}$$

$$\nabla \cdot \boldsymbol{J} = 0 \tag{8.2.1d}$$

$$\nabla \cdot \boldsymbol{D} = \rho_{\mathrm{e}} \tag{8.2.1e}$$

若考虑存在外源的情况，$\boldsymbol{J}$ 分为 $\boldsymbol{J}_{\mathrm{e}}$ 和 $\sigma\boldsymbol{E}$ 两部分，有

$$\boldsymbol{J} = \boldsymbol{J}_{\mathrm{e}} + \sigma\boldsymbol{E} \tag{8.2.2}$$

对于均匀介质，其电磁特性参数为与位置无关的常数，因此在方程导出中可当作常数处理。

对式 (8.2.1a) 求旋度得

$$\nabla \times \nabla \times \boldsymbol{E} = -\nabla \times \boldsymbol{J}_{\mathrm{m}} - \mu\frac{\partial \nabla \times \boldsymbol{H}}{\partial t} \tag{8.2.3}$$

将式 (8.2.1b) 和式 (8.2.2) 代入式 (8.2.3)，则均匀介质电场扩散方程

$$\nabla \times \nabla \times \boldsymbol{E} + \mu\sigma\frac{\partial \boldsymbol{E}}{\partial t} = -\nabla \times \boldsymbol{J}_{\mathrm{m}} - \mu\frac{\partial \boldsymbol{J}_{\mathrm{e}}}{\partial t} \tag{8.2.4a}$$

利用 $\nabla \cdot \boldsymbol{E} = \theta\rho_{\mathrm{e}}$，矢量恒等式 $\nabla \times \nabla \times \boldsymbol{E} = \theta\nabla\rho_{\mathrm{e}} - \nabla^2\boldsymbol{E}$，则有

$$\nabla^2\boldsymbol{E} - \mu\sigma\frac{\partial \boldsymbol{E}}{\partial t} = \nabla \times \boldsymbol{J}_{\mathrm{m}} + \mu\frac{\partial \boldsymbol{J}_{\mathrm{e}}}{\partial t} + \theta\nabla\rho_{\mathrm{e}} \tag{8.2.4b}$$

对式 (8.2.1b) 求旋度得

$$\nabla \times \nabla \times \boldsymbol{H} = \nabla \times \boldsymbol{J}_{\mathrm{e}} + \sigma\nabla \times \boldsymbol{E} \tag{8.2.5}$$

将式 (8.2.1a) 代入式 (8.2.5)，同理，可得均匀介质磁场扩散方程

$$\nabla \times \nabla \times \boldsymbol{H} + \mu\sigma \frac{\partial \boldsymbol{H}}{\partial t} = \nabla \times \boldsymbol{J}_{\mathrm{e}} - \sigma \boldsymbol{J}_{\mathrm{m}} \tag{8.2.6a}$$

$$\nabla^2 \boldsymbol{H} - \mu\sigma \frac{\partial \boldsymbol{H}}{\partial t} = -\nabla \times \boldsymbol{J}_{\mathrm{e}} + \sigma \boldsymbol{J}_{\mathrm{m}} + \vartheta \nabla \rho_{\mathrm{m}} \tag{8.2.6b}$$

总结一下，电磁场扩散方程为

$$\begin{cases} \nabla \times \nabla \times \boldsymbol{E} + \mu\sigma \dfrac{\partial \boldsymbol{E}}{\partial t} = -\nabla \times \boldsymbol{J}_{\mathrm{m}} - \mu \dfrac{\partial \boldsymbol{J}_{\mathrm{e}}}{\partial t} \\ \nabla \times \nabla \times \boldsymbol{H} + \mu\sigma \dfrac{\partial \boldsymbol{H}}{\partial t} = \nabla \times \boldsymbol{J}_{\mathrm{e}} - \sigma \boldsymbol{J}_{\mathrm{m}} \end{cases} \tag{8.2.7}$$

或

$$\begin{cases} \nabla^2 \boldsymbol{E} - \mu\sigma \dfrac{\partial \boldsymbol{E}}{\partial t} = \nabla \times \boldsymbol{J}_{\mathrm{m}} + \mu \dfrac{\partial \boldsymbol{J}_{\mathrm{e}}}{\partial t} + \theta \nabla \rho_{\mathrm{e}} \\ \nabla^2 \boldsymbol{H} - \mu\sigma \dfrac{\partial \boldsymbol{H}}{\partial t} = -\nabla \times \boldsymbol{J}_{\mathrm{e}} + \sigma \boldsymbol{J}_{\mathrm{m}} + \vartheta \nabla \rho_{\mathrm{m}} \end{cases} \tag{8.2.8}$$

对于时谐场，电磁场扩散方程为

$$\begin{cases} \nabla \times \nabla \times \boldsymbol{E} - k^2 \boldsymbol{E} = -\nabla \times \boldsymbol{J}_{\mathrm{m}} - \mathrm{j}\omega\mu \boldsymbol{J}_{\mathrm{e}} \\ \nabla \times \nabla \times \boldsymbol{H} - k^2 \boldsymbol{H} = \nabla \times \boldsymbol{J}_{\mathrm{e}} - \sigma \boldsymbol{J}_{\mathrm{m}} \end{cases} \tag{8.2.9}$$

或

$$\begin{cases} \nabla^2 \boldsymbol{E} + k^2 \boldsymbol{E} = \nabla \times \boldsymbol{J}_{\mathrm{m}} + \mathrm{j}\omega\mu \boldsymbol{J}_{\mathrm{e}} + \theta \nabla \rho_{\mathrm{e}} \\ \nabla^2 \boldsymbol{H} + k^2 \boldsymbol{H} = -\nabla \times \boldsymbol{J}_{\mathrm{e}} + \sigma \boldsymbol{J}_{\mathrm{m}} + \vartheta \nabla \rho_{\mathrm{m}} \end{cases} \tag{8.2.10}$$

式中，$k^2 = -\mathrm{j}\omega\mu\sigma$，$k$ 称为电磁波的波数。

8.2.2 电磁场扩散方程瞬态解的唯一性

下面以式 (8.2.6a) 磁场扩散方程为例，给出定解问题，并证明解的唯一性。初边值问题为

$$\begin{cases} \nabla \times \nabla \times \boldsymbol{H} + \mu\sigma \dfrac{\partial \boldsymbol{H}}{\partial t} = \nabla \times \boldsymbol{J}_{\mathrm{e}} - \sigma \boldsymbol{J}_{\mathrm{m}} \\ (\boldsymbol{n} \times \boldsymbol{H})|_S = \boldsymbol{H}_t \\ \boldsymbol{H}|_{t=0} = \boldsymbol{H}_0 \end{cases} \tag{8.2.11}$$

下面利用反证法对唯一性定理给予证明。

假设在线性介质区域内的解不是唯一的，设 $(\boldsymbol{E}_1, \boldsymbol{H}_1)$ 和 $(\boldsymbol{E}_2, \boldsymbol{H}_2)$ 是两组解，它们的差场为 $(\boldsymbol{e}, \boldsymbol{h})$, 其中 $\boldsymbol{h}$ 满足

$$\begin{cases} \nabla \times \nabla \times \boldsymbol{h} + \mu\sigma \dfrac{\partial \boldsymbol{h}}{\partial t} = 0 \\ (\boldsymbol{n} \times \boldsymbol{h})|_S = \boldsymbol{0} \\ \boldsymbol{h}|_{t=0} = \boldsymbol{0} \end{cases} \tag{8.2.12}$$

对式 (8.2.12) 中的方程点乘 $\boldsymbol{h}$，并作体积分，有

$$\begin{aligned} \int_V \boldsymbol{h} \cdot \nabla \times \nabla \times \boldsymbol{h} \mathrm{d}V &= \int_V |\nabla \times \boldsymbol{h}|^2 \, \mathrm{d}V + \oint_S \boldsymbol{n} \cdot (\nabla \times \boldsymbol{h}) \times \boldsymbol{h} \mathrm{d}S \\ &= -\int_V \boldsymbol{h} \cdot \mu\sigma \frac{\partial \boldsymbol{h}}{\partial t} \mathrm{d}V \end{aligned}$$

将 $\nabla \times \boldsymbol{h} = \sigma \boldsymbol{e}$ 代入上式，整理得

$$\oint_S \boldsymbol{e} \cdot \boldsymbol{n} \times \boldsymbol{h} \mathrm{d}S = \int_V \sigma \boldsymbol{e}^2 \mathrm{d}V + \int_V \frac{\partial}{\partial t} \left(\frac{1}{2} \mu h^2 \right) \mathrm{d}V$$

由于积分区域不随时间变化，上式右端第二项对时间 t 的偏导数可以移到积分号外，有

$$\oint_S \boldsymbol{e} \cdot \boldsymbol{n} \times \boldsymbol{h} \mathrm{d}S = \int_V \sigma e^2 \mathrm{d}V + \frac{\mathrm{d}W_\mathrm{m}}{\mathrm{d}t} \tag{8.2.13}$$

式中，磁场能 W_m 为

$$W_\mathrm{m} = \int_V \frac{1}{2} \mu H^2 \mathrm{d}V$$

当 $t > 0$ 时，由于边界面上 $\boldsymbol{n} \times \boldsymbol{h}$ 为零，式 (8.2.13) 中面积分项为零。在这种情况下，可得

$$\frac{\mathrm{d}W_\mathrm{m}}{\mathrm{d}t} = -\int_V \sigma e^2 \mathrm{d}V \tag{8.2.14}$$

参考 6.3 节的分析方法，当 $t > 0$ 时式 (8.2.14) 成立的条件是，差场 $(\boldsymbol{e}, \boldsymbol{h})$ 为零，即 $\boldsymbol{E}_1 = \boldsymbol{E}_2$，$\boldsymbol{H}_1 = \boldsymbol{H}_2$，即两个解完全相同，这就证明了解的唯一性。

实际上，电磁扩散方程亦属于时变电磁场，可以直接利用时变电磁场解的唯一性予以分析。采用磁准静态近似，电磁扩散方程中忽略了介电常数的影响，无源区时变电磁场坡印亭定理式 (6.3.1) 省去了电场储能项，可直接得到式 (8.2.13)。

8.2.3 非均匀介质电磁场扩散方程

非均匀介质中，介质的电磁特性参数为空间位置的函数，在方程中将其看作关于位置的标量函数。

式 (8.2.1a) 除磁导率 μ 再求旋度，有

$$\nabla \times (\vartheta \nabla \times \boldsymbol{E}) = -\nabla \times (\vartheta \boldsymbol{J}_{\mathrm{m}}) - \frac{\partial \nabla \times \boldsymbol{H}}{\partial t}$$

将式 (8.2.1b) 和式 (8.2.2) 代入上式，非均匀介质电场扩散方程为

$$\nabla \times (\vartheta \nabla \times \boldsymbol{E}) + \sigma \frac{\partial \boldsymbol{E}}{\partial t} = -\nabla \times (\vartheta \boldsymbol{J}_{\mathrm{m}}) - \frac{\partial \boldsymbol{J}_{\mathrm{e}}}{\partial t} \tag{8.2.15}$$

对应时谐场扩散方程为

$$\nabla \times (\vartheta \nabla \times \boldsymbol{E}) + \mathrm{j}\omega\sigma \boldsymbol{E} = -\nabla \times (\vartheta \boldsymbol{J}_{\mathrm{m}}) - \mathrm{j}\omega \boldsymbol{J}_{\mathrm{e}} \tag{8.2.16}$$

式 (8.2.1b) 除以 σ 后再求旋度，并将 (8.2.1a) 代入，非均匀导电介质磁场扩散方程为

$$\nabla \times (\rho \nabla \times \boldsymbol{H}) + \mu \frac{\partial \boldsymbol{H}}{\partial t} = -\boldsymbol{J}_{\mathrm{m}} + \nabla \times (\rho \boldsymbol{J}_{\mathrm{e}}) \tag{8.2.17}$$

对应时谐场方程为

$$\nabla \times (\rho \nabla \times \boldsymbol{H}) + \mathrm{j}\omega\mu \boldsymbol{H} = -\boldsymbol{J}_{\mathrm{m}} + \nabla \times (\rho \boldsymbol{J}_{\mathrm{e}}) \tag{8.2.18}$$

注意，此处 ρ 为介质电阻率。

8.3　均匀介质位函数扩散方程

对于具体的工程问题，如果直接求解麦克斯韦方程组并不方便，通常需要引入不同的电磁位，导出电势或磁位的偏微分方程。一般情况下，可以用任一组“位函数对”求解，最后由位函数确定场分布。

对于均匀介质，可以用矢量磁位 $\boldsymbol{A}$ 和标量电位 φ 求解，亦可以用矢量电位 $\boldsymbol{T}$ 和标量磁位 φ_{m} 求解。

在本节只考虑电性源，即式 (8.2.1) 中 $\boldsymbol{J}_{\mathrm{m}}$ 和 ρ_{m} 为零。

8.3.1　矢量磁位与标量电位扩散方程

根据矢量恒等式 $\nabla \cdot \nabla \times \boldsymbol{A} = 0$，引入矢量磁位 $\boldsymbol{A}$，根据式 (8.2.1c) 可以将磁感应强度 $\boldsymbol{B}$ 表示为其旋度，即 $\boldsymbol{B} = \nabla \times \boldsymbol{A}$，由式 (8.2.1a) 可以将电场强度表示为 $\boldsymbol{E} = -\nabla\varphi - \dfrac{\partial \boldsymbol{A}}{\partial t}$，因此由 $\boldsymbol{A}$-φ 到 $\boldsymbol{E}$-$\boldsymbol{B}$ 的变换对为

$$\begin{cases} \boldsymbol{E} = -\nabla\varphi - \dfrac{\partial \boldsymbol{A}}{\partial t} \\ \boldsymbol{B} = \nabla \times \boldsymbol{A} \end{cases} \tag{8.3.1}$$

对于均匀介质，由式 (8.3.1)、式 (8.2.1b) 和式 (8.2.2)，有

$$\nabla \times \nabla \times \boldsymbol{A} = \mu \boldsymbol{J}_{\mathrm{e}} - \mu\sigma \left(\nabla\varphi + \frac{\partial \boldsymbol{A}}{\partial t}\right) \tag{8.3.2}$$

利用双旋度公式有

$$\nabla\nabla \cdot \boldsymbol{A} - \nabla^2 \boldsymbol{A} = \mu \boldsymbol{J}_{\mathrm{e}} - \nabla(\mu\sigma\varphi) - \mu\sigma\frac{\partial \boldsymbol{A}}{\partial t} \tag{8.3.3}$$

引入电导率规范

$$\nabla \cdot \boldsymbol{A} = -\mu\sigma\varphi \tag{8.3.4}$$

式 (8.3.3) 可以简化为

$$\nabla^2 \boldsymbol{A} - \mu\sigma\frac{\partial \boldsymbol{A}}{\partial t} = -\mu \boldsymbol{J}_{\mathrm{e}} \tag{8.3.5}$$

将式 (8.3.1) 第一式和式 (8.3.4) 代入式 (8.2.1e)，有

$$\nabla^2 \varphi - \mu\sigma\frac{\partial \varphi}{\partial t} = -\theta\rho_{\mathrm{e}}$$

由此，得到扩散方程

$$\begin{cases} \nabla^2 \boldsymbol{A} - \mu\sigma\dfrac{\partial \boldsymbol{A}}{\partial t} = -\mu \boldsymbol{J}_{\mathrm{e}} \\ \nabla^2 \varphi - \mu\sigma\dfrac{\partial \varphi}{\partial t} = -\theta\rho_{\mathrm{e}} \end{cases} \tag{8.3.6}$$

对于时谐场，式 (8.3.6) 化为

$$\begin{cases} \nabla^2 \boldsymbol{A} - \mathrm{j}\omega\mu\sigma \boldsymbol{A} = -\mu \boldsymbol{J}_{\mathrm{e}} \\ \nabla^2 \varphi - \mathrm{j}\omega\mu\sigma\varphi = -\theta\rho_{\mathrm{e}} \end{cases} \tag{8.3.7}$$

8.3.2 矢量电位与标量磁位扩散方程

根据矢量恒等式 $\nabla \cdot \nabla \times \boldsymbol{T} = 0$，引入矢量电位 $\boldsymbol{T}$，根据式 (8.2.1d) 可以将电流密度 $\boldsymbol{J}$ 表示为其旋度，即 $\boldsymbol{J} = \nabla \times \boldsymbol{T}$，由式 (8.2.1b) 可以将磁场强度表示为 $\boldsymbol{H} = \boldsymbol{T} - \nabla\varphi_{\mathrm{m}}$，因此由 $\boldsymbol{T}$-φ_{m} 到 $\boldsymbol{J}$-$\boldsymbol{H}$ 的变换对为

$$\boldsymbol{J} = \nabla \times \boldsymbol{T} \tag{8.3.8a}$$

$$\boldsymbol{H} = \boldsymbol{T} - \nabla\varphi_{\mathrm{m}} \tag{8.3.8b}$$

联合式 (8.3.8a) 和式 (8.2.2)，有

$$\boldsymbol{E}=\sigma^{-1}\left(\nabla\times\boldsymbol{T}-\boldsymbol{J}_{\mathrm{e}}\right) \tag{8.3.9}$$

将式 (8.3.8b) 和式 (8.3.9) 代入式 (8.2.1a) 中，由于电导率均匀，有

$$\nabla\times\nabla\times\boldsymbol{T}-\nabla\times\boldsymbol{J}_{\mathrm{e}}=-\mu\sigma\frac{\partial}{\partial t}(\boldsymbol{T}-\nabla\varphi_{\mathrm{m}}) \tag{8.3.10}$$

利用双旋度公式，由于磁导率亦均匀，有

$$\nabla\nabla\cdot\boldsymbol{T}-\nabla^{2}\boldsymbol{T}-\nabla\times\boldsymbol{J}_{\mathrm{e}}=-\mu\sigma\frac{\partial\boldsymbol{T}}{\partial t}+\nabla\left(\mu\sigma\frac{\partial\varphi_{\mathrm{m}}}{\partial t}\right) \tag{8.3.11}$$

引入电导率规范

$$\nabla\cdot\boldsymbol{T}=\mu\sigma\frac{\partial\varphi_{\mathrm{m}}}{\partial t} \tag{8.3.12}$$

式 (8.3.11) 可以简化为

$$\nabla^{2}\boldsymbol{T}-\mu\sigma\frac{\partial\boldsymbol{T}}{\partial t}=-\nabla\times\boldsymbol{J}_{\mathrm{e}} \tag{8.3.13}$$

将式 (8.3.8b) 代入式 (8.2.1c)，考虑到磁导率均匀，有

$$\nabla\cdot(\boldsymbol{T}-\nabla\varphi_{\mathrm{m}})=0 \tag{8.3.14}$$

利用电导率规范，式 (8.3.14) 可化为

$$\nabla^{2}\varphi_{\mathrm{m}}-\mu\sigma\frac{\partial\varphi_{\mathrm{m}}}{\partial t}=0 \tag{8.3.15}$$

由此，得到扩散方程

$$\begin{cases}\nabla^{2}\boldsymbol{T}-\mu\sigma\dfrac{\partial\boldsymbol{T}}{\partial t}=-\nabla\times\boldsymbol{J}_{\mathrm{e}}\\[2mm]\nabla^{2}\varphi_{\mathrm{m}}-\mu\sigma\dfrac{\partial\varphi_{\mathrm{m}}}{\partial t}=0\end{cases} \tag{8.3.16}$$

对于时谐场，电导率规范化为

$$\nabla\cdot\boldsymbol{T}=\mathrm{j}\omega\mu\sigma\varphi_{\mathrm{m}} \tag{8.3.17}$$

式 (8.3.16) 可化为

$$\begin{cases}\nabla^{2}\boldsymbol{T}-\mathrm{j}\omega\mu\sigma\boldsymbol{T}=-\nabla\times\boldsymbol{J}_{\mathrm{e}}\\\nabla^{2}\varphi_{\mathrm{m}}-\mathrm{j}\omega\mu\sigma\varphi_{\mathrm{m}}=0\end{cases} \tag{8.3.18}$$

8.4 非均匀介质矢量磁位与标量电位扩散方程

涡流存在于导体内，为了简化问题的讨论，在求解过程中，通常将求解区域分为涡流区 V_1 和非涡流区 V_2，激励源包含在涡流区或非涡流区中，可以导出不同区域内的位函数方程，之后进行全域求解。如果在导电区就能获得完整的定解问题，则可使求解区限制在导电区域内部，降低求解方程的阶数。

为了便于理解，本书将求解区分为三个区：涡流区、非涡流区和激励源区。对于涡流区，可以采用矢量磁位和标量电位的组合对，如 $\boldsymbol{A}$-φ、$\boldsymbol{A}_\mathrm{r}$-$\varphi$，$\boldsymbol{A}_\mathrm{r}$ 为修正矢量磁位；也可以采用改进的矢量磁位 $\boldsymbol{A}^*$。对于非涡流区，既可以采用矢量磁位 $\boldsymbol{A}$ 或修正矢量磁位 $\boldsymbol{A}_\mathrm{r}$，也可以采用标量磁位 φ_m。于是，求解涡流区和非涡流区的不同位函数有多种不同形式的组合，形成了多种不同的涡流场求解方法，如 $\boldsymbol{A},\varphi$-$\boldsymbol{A}$ 法、$\boldsymbol{A}_\mathrm{r},\varphi$-$\boldsymbol{A}_\mathrm{r}$ 法等。上述方法的命名中，“-”前后分别指的是涡流区和非涡流区采用的位函数。

图 8.4.1 表示一个涡流场问题的典型求解区域 V，其中 V_1 为涡流区，含有导电介质，但不含电流源 $\boldsymbol{J}_\mathrm{e}$；$V_2$ 为非涡流区；V_3 为激励源区，其中包含给定的电流源 $\boldsymbol{J}_\mathrm{e}$。$S_{12}$ 为 V_1 和 V_2 的内部边界面。V 的外边界 S 由 S_B 和 S_H 两部分组成。在 S_B 上给定磁感应强度的法向分量，在 S_H 上给定磁场强度的切向分量。

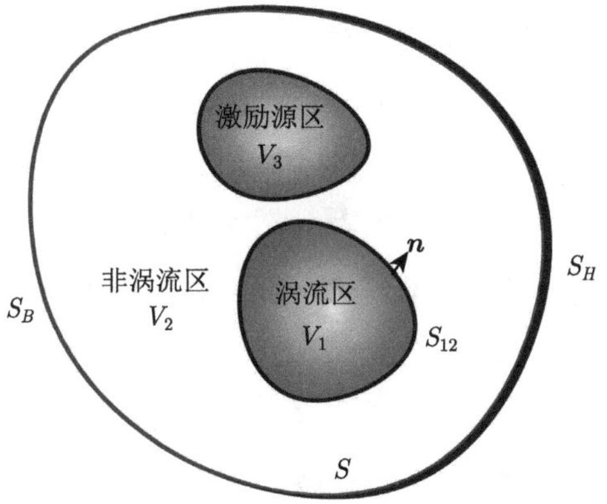

图 8.4.1 涡流场模型

在整个区域 V，电磁场方程为

$$\nabla\times\boldsymbol{E}=-\frac{\partial\boldsymbol{B}}{\partial t}=-\mu\frac{\partial\boldsymbol{H}}{\partial t}\tag{8.4.1a}$$

$$\nabla\cdot\boldsymbol{B}=0\tag{8.4.1b}$$

在涡流区 V_1，电磁场方程为

$$\nabla \times \boldsymbol{H} = \boldsymbol{J} = \sigma \boldsymbol{E} \tag{8.4.2a}$$

在非涡流区 V_2，电磁场方程为

$$\nabla \times \boldsymbol{H} = 0 \tag{8.4.2b}$$

在激励源区 V_3，电磁场方程为

$$\nabla \times \boldsymbol{H} = \boldsymbol{J}_\mathrm{e} \tag{8.4.2c}$$

在涡流区 V_1，电流连续性方程为

$$\nabla \cdot \boldsymbol{J} = 0 \tag{8.4.3}$$

在内部交界面 S_{12} 上，有

$$(\boldsymbol{n} \cdot \boldsymbol{B}_1)|_{S_{12}} = (\boldsymbol{n} \cdot \boldsymbol{B}_2)|_{S_{12}} \tag{8.4.4a}$$

$$(\boldsymbol{n} \times \boldsymbol{H}_1)|_{S_{12}} = (\boldsymbol{n} \times \boldsymbol{H}_2)|_{S_{12}} \tag{8.4.4b}$$

$$[\boldsymbol{n} \cdot (\sigma \boldsymbol{E}_1)]|_{S_{12}} = 0 \tag{8.4.4c}$$

此处，假定交界面 S_{12} 上没有面电流源。

边界面条件

$$(\boldsymbol{n} \cdot \boldsymbol{B})|_{S_B} = B_n \tag{8.4.5a}$$

$$(\boldsymbol{n} \times \boldsymbol{H})|_{S_H} = \boldsymbol{H}_t \tag{8.4.5b}$$

式中，$\boldsymbol{n}$ 为边界面 S 的单位外法向分量；S_{12} 的单位外法向分量也用 $\boldsymbol{n}$ 表示，方向从 V_1 指向 V_2。

8.4.1 全域解法

$\boldsymbol{A},\varphi$-$\boldsymbol{A}$ 法是一种经典的涡流场全域计算方法，此方法在涡流区使用矢量磁位 $\boldsymbol{A}$ 和标量电位 φ，在非涡流区使用矢量磁位 $\boldsymbol{A}$ 来求解。

在涡流区 V_1，非涡流区 V_2 和激励源区 V_3，将 $\boldsymbol{A}$-φ 到 $\boldsymbol{E}$-$\boldsymbol{B}$ 的变换对，代入式 (8.4.2)，并参考 1.12 节的处理方法，并入 $\nabla(\vartheta\nabla \cdot \boldsymbol{A})$ 项，三个区域的方程为

$$\nabla \times (\vartheta \nabla \times \boldsymbol{A}) - \nabla(\vartheta \nabla \cdot \boldsymbol{A}) + \sigma\left(\nabla\varphi + \frac{\partial \boldsymbol{A}}{\partial t}\right) = 0 \tag{8.4.6a}$$

$$\nabla \times (\vartheta \nabla \times \boldsymbol{A}) - \nabla(\vartheta \nabla \cdot \boldsymbol{A}) = 0 \tag{8.4.6b}$$

$$\nabla \times (\vartheta \nabla \times \boldsymbol{A}) - \nabla (\vartheta \nabla \cdot \boldsymbol{A}) = \boldsymbol{J}_{\mathrm{e}} \tag{8.4.6c}$$

由电流连续性定理，在涡流区 V_1，有

$$\nabla \cdot \left[\sigma \left(\nabla \varphi + \frac{\partial \boldsymbol{A}}{\partial t}\right)\right] = 0 \tag{8.4.7}$$

在内部交界面 S_{12} 上，由式 (8.4.4)，可得

$$\boldsymbol{A}_1|_{S_{12}} = \boldsymbol{A}_2|_{S_{12}} \tag{8.4.8a}$$

$$\vartheta_1 (\boldsymbol{n} \times \nabla \times \boldsymbol{A}_1)|_{S_{12}} = \vartheta_2 (\boldsymbol{n} \times \nabla \times \boldsymbol{A}_2)|_{S_{12}} \tag{8.4.8b}$$

$$\left.\left[\sigma \boldsymbol{n} \cdot \left(\nabla \varphi_1 + \frac{\partial \boldsymbol{A}_1}{\partial t}\right)\right]\right|_{S_{12}} = 0 \tag{8.4.8c}$$

对式 (8.4.6a) 求散度，并考虑式 (8.4.7)，有 $\nabla^2 (\vartheta \nabla \cdot \boldsymbol{A}) = 0$，参考式 (1.12.6)，在内部交界面 S_{12} 上，规定 $\vartheta \nabla \cdot \boldsymbol{A}$ 的连续性边界条件

$$(\vartheta_1 \nabla \cdot \boldsymbol{A}_1)|_{S_{12}} = (\vartheta_2 \nabla \cdot \boldsymbol{A}_2)|_{S_{12}} \tag{8.4.8d}$$

参考 1.12 节，在边界面 S 上，由式 (8.4.5) 可得

$$(\boldsymbol{n} \times \boldsymbol{A})|_{S_B} = \boldsymbol{A}_t \tag{8.4.9a}$$

$$\vartheta (\boldsymbol{n} \times \nabla \times \boldsymbol{A})|_{S_H} = \boldsymbol{H}_t \tag{8.4.9b}$$

还需要补充如下条件。

在边界面 S 上，补充条件

$$(\boldsymbol{n} \cdot \boldsymbol{A})|_S = 0 \tag{8.4.10a}$$

或者在 S_B 和 S_H 上分别补充

$$(\vartheta \nabla \cdot \boldsymbol{A})|_{S_B} = 0 \tag{8.4.10b}$$

$$(\boldsymbol{n} \cdot \boldsymbol{A})|_{S_H} = 0 \tag{8.4.10c}$$

此外，还应补充初始条件，并指定标量电位 φ 的参考点。

式 (8.4.6a) 中前两项与稳恒场矢量泊松方程是一致的，其唯一性分析亦可参考 1.12 节，稍加处理即可得到证明。

该方法的优点：① 既考虑到场的唯一性，又考虑到求解量 $\boldsymbol{A}$ 和 φ 的唯一性，能够得到稳定的数值解，计算精度高。② 适用于含有多联通域的导体区。③ 源

电流处理方便。方法的缺点：未知数总数较多，涡流区每个节点上有 4 个未知数，非涡流区每个节点上有 3 个未知数。

除了上述方法外，$\boldsymbol{A}_{\mathrm{r}}, \varphi\text{-}\boldsymbol{A}_{\mathrm{r}}$ 法也是比较常用的方法。在涡流区利用修正的矢量磁位 $\boldsymbol{A}_{\mathrm{r}}$ 和标量电位 φ、在非涡流区利用修正的矢量磁位 $\boldsymbol{A}_{\mathrm{r}}$ 求解。利用修正的矢量磁位 $\boldsymbol{A}_{\mathrm{r}}$ 有很多优势，例如，对于复杂的线圈结构，不需要网格化，线圈产生的场可以直接通过积分计算得到。

将矢量磁位 $\boldsymbol{A}$ 分为两部分 $\boldsymbol{A}_{\mathrm{r}}$ 和 $\boldsymbol{A}_{\mathrm{e}}$，分别为修正矢量磁位和激励源产生的矢量磁位，即

$$\boldsymbol{A} = \boldsymbol{A}_{\mathrm{r}} + \boldsymbol{A}_{\mathrm{e}} \tag{8.4.11}$$

将式 (8.4.11) 代入 $\boldsymbol{A}\text{-}\varphi$ 到 $\boldsymbol{E}\text{-}\boldsymbol{B}$ 的变换对，有

$$\begin{cases} \boldsymbol{E} = -\nabla\varphi - \dfrac{\partial \boldsymbol{A}_{\mathrm{r}}}{\partial t} - \dfrac{\partial \boldsymbol{A}_{\mathrm{e}}}{\partial t} \\ \boldsymbol{B} = \nabla \times \boldsymbol{A}_{\mathrm{r}} + \nabla \times \boldsymbol{A}_{\mathrm{e}} \end{cases} \tag{8.4.12}$$

激励源产生的矢量磁位 $\boldsymbol{A}_{\mathrm{e}}$ 可以通过积分直接得到

$$\boldsymbol{A}_{\mathrm{e}} = \frac{\mu_2}{4\pi}\int_V \frac{\boldsymbol{J}_{\mathrm{e}}}{R}\mathrm{d}V \tag{8.4.13}$$

注意，式 (8.4.13) 的积分区域为激励源区 V_3，但 $\boldsymbol{A}_{\mathrm{e}}$ 分布在整个区域 V 中。

在涡流区 V_1，将式 (8.4.12) 代入式 (8.4.6a)，并引入 $\nabla(\vartheta\nabla\cdot\boldsymbol{A}_{\mathrm{r}})$ 项，有

$$\nabla\times(\vartheta\nabla\times\boldsymbol{A}_{\mathrm{r}}) - \nabla(\vartheta\nabla\cdot\boldsymbol{A}_{\mathrm{r}}) + \sigma\left(\frac{\partial \boldsymbol{A}_{\mathrm{r}}}{\partial t} + \nabla\varphi\right) = -\nabla\times(\vartheta\nabla\times\boldsymbol{A}_{\mathrm{e}}) - \sigma\frac{\partial \boldsymbol{A}_{\mathrm{e}}}{\partial t} \tag{8.4.14a}$$

在非涡流区 V_2，电导率为零，有

$$\nabla\times(\vartheta\nabla\times\boldsymbol{A}_{\mathrm{r}}) - \nabla(\vartheta\nabla\cdot\boldsymbol{A}_{\mathrm{r}}) = -\nabla\times(\vartheta\nabla\times\boldsymbol{A}_{\mathrm{e}}) \tag{8.4.14b}$$

在涡流区 V_1，由电流连续性定理，有

$$\nabla\cdot\left[\sigma\left(\nabla\varphi + \frac{\partial \boldsymbol{A}_{\mathrm{r}}}{\partial t}\right)\right] = -\nabla\cdot\left(\sigma\frac{\partial \boldsymbol{A}_{\mathrm{e}}}{\partial t}\right) \tag{8.4.14c}$$

该方法的缺点：需要预先用数值积分法计算源电流产生的矢量磁位。

8.4.2 分域解法

当求解工程实际问题时，若仅对涡流区的电磁场感兴趣，可以不作全域求解分析，只在涡流区或涡流区的一部分求解，以减小求解区域，节约计算资源。

当求解涡流场问题时，通过规范变换，可以消去标量电位，得到仅含矢量磁位的微分方程。从而减少节点自由度，减轻计算工作量。为此定义一个新的矢量磁位 $\boldsymbol{A}^*$，满足

$$\boldsymbol{A}^* = \boldsymbol{A} + \int \nabla\varphi \mathrm{d}t \tag{8.4.15}$$

由此，$\boldsymbol{E} = -\dfrac{\partial \boldsymbol{A}^*}{\partial t}$。

实际上只有满足一定的条件，才能消去标量电位。

由式 (8.4.3) 有

$$\nabla \cdot \boldsymbol{E} = -\frac{\nabla\sigma \cdot \boldsymbol{E}}{\sigma} \tag{8.4.16a}$$

引入 $\boldsymbol{A}$-φ 到 $\boldsymbol{E}$-$\boldsymbol{B}$ 的变换对，则有

$$\nabla^2\varphi = -\frac{\partial\nabla \cdot \boldsymbol{A}}{\partial t} + \frac{\nabla\sigma \cdot \boldsymbol{E}}{\sigma} \tag{8.4.16b}$$

(1) 对于电导率均匀的介质，即电导率 σ 为常数，式 (8.4.16b) 可化为

$$\nabla^2\varphi = 0$$

由于 φ 为调和函数，若指定 φ 的齐次边界，必有 φ 处处为零。

(2) 对于轴对称介质，激励电流垂直子午面，矢量磁位和电场强度只有 φ 分量，自然满足库仑规范 $\nabla \cdot \boldsymbol{A} = 0$，由于 $\nabla\sigma$ 的方向在子午面内，电场强度 $\boldsymbol{E}$ 和 $\nabla\sigma$ 垂直，也可以导出 $\nabla^2\varphi$ 为零，必有 φ 处处为零。

(3) 对于平面对称介质，激励电流垂直于平面，矢量磁位和电场强度只有 z 分量，自然满足库仑规范 $\nabla \cdot \boldsymbol{A} = 0$，由于 $\nabla\sigma$ 的方向在平面内，电场强度 $\boldsymbol{E}$ 和 $\nabla\sigma$ 垂直，也可以导出 $\nabla^2\varphi$ 为零，必有 φ 处处为零。

(4) 对于二维问题，电流分布在平面内或子午面内，或者三维非均匀介质情况，由于 $\nabla\sigma$ 和 $\boldsymbol{E}$ 方向不垂直，即使施加库仑规范 $\nabla \cdot \boldsymbol{A} = 0$，也无法导出 φ 为零。

这说明，上述前三种情况，可以消去标量电位，只用矢量磁位即可求解涡流场问题。对于含有多种导电介质的三维场，由于式 (8.4.16b) 中的 $\nabla\sigma\cdot\boldsymbol{E}\neq 0$，因而在库仑规范下的 $\nabla^2\varphi\neq 0$，从而 $\nabla^2\varphi^*\neq 0$。若按照上述方法选择库仑规范，使 $\nabla^2\varphi^* = 0$，则这一变换与原方程及库仑规范不相容。因为，若消去 φ，只用 $\boldsymbol{A}$ 的控制方程，则电流连续性不能保证。原因在于，当满足电流连续性条件 $\boldsymbol{J}_{1n} = \boldsymbol{J}_{2n}$，即 $\sigma_1\boldsymbol{E}_{1n} = \sigma_2\boldsymbol{E}_{2n}$ 时，只要 $\sigma_1 \neq \sigma_2$，就应有 $\boldsymbol{E}_{1n} \neq \boldsymbol{E}_{2n}$；但消去 φ 以后，有 $\boldsymbol{E}_{1n} = \boldsymbol{E}_{2n} = \dfrac{\partial \boldsymbol{A}_n}{\partial t}$，与上述事实矛盾。因此，在一般情况下，标量电位不能消去。

在涡流区 V_1，将 $\boldsymbol{A}$-φ 到 $\boldsymbol{E}$-$\boldsymbol{B}$ 的变换对，代入式 (8.4.2a)，并引入改进的矢量磁位 $\boldsymbol{A}^*$，有

$$\nabla \times (\vartheta \nabla \times \boldsymbol{A}^*) + \sigma \frac{\partial \boldsymbol{A}^*}{\partial t} = 0 \tag{8.4.17}$$

对应的时谐涡流场为

$$\nabla \times \vartheta \nabla \times \boldsymbol{A}^* + \mathrm{j}\omega\sigma \boldsymbol{A}^* = 0 \tag{8.4.18}$$

注意，式 (8.4.18) 未并入 $\nabla(\vartheta \nabla \cdot \boldsymbol{A}^*)$ 项。

下面以时谐涡流场分域 $\boldsymbol{A}^*$ 法为例，通过解的唯一性分析，明确在涡流区边界施加的条件。

假定方程有两个不同的解 $\boldsymbol{A}_1^*$ 和 $\boldsymbol{A}_2^*$，则差场为 $\boldsymbol{a}^* = \boldsymbol{A}_1^* - \boldsymbol{A}_2^*$，$\boldsymbol{h} = \boldsymbol{H}_1 - \boldsymbol{H}_2$，$\boldsymbol{e} = \boldsymbol{E}_1 - \boldsymbol{E}_2$，有

$$\nabla \times \vartheta \nabla \times \boldsymbol{a}^* + \mathrm{j}\omega\sigma \boldsymbol{a}^* = 0 \tag{8.4.19}$$

将式 (8.4.19) 点乘 $\boldsymbol{a}^*$ 的复共轭 $\boldsymbol{a}^+$ 并作体积分，有

$$\int_V \boldsymbol{a}^+ \cdot \nabla \times \vartheta \nabla \times \boldsymbol{a}^* \mathrm{d}V + \int_V \mathrm{j}\omega\sigma \boldsymbol{a}^+ \cdot \boldsymbol{a}^* \mathrm{d}V = 0 \tag{8.4.20}$$

除了 $\mathrm{j}\omega\sigma\boldsymbol{a}^*$ 外，式 (8.4.19) 与双旋度方程形式一致。参考 1.11 节双旋度方程的分析方法导出

$$\begin{aligned}&\int_V \vartheta \nabla \times \boldsymbol{a}^+ \cdot \nabla \times \boldsymbol{a}^* \mathrm{d}V + \int_V \mathrm{j}\omega\sigma \boldsymbol{a}^+ \cdot \boldsymbol{a}^* \mathrm{d}V \\ =& -\oint_S \boldsymbol{a}^+ \cdot \boldsymbol{n} \times \boldsymbol{h} \mathrm{d}S = \oint_S \boldsymbol{h} \cdot \boldsymbol{n} \times \boldsymbol{a}^+ \mathrm{d}S\end{aligned} \tag{8.4.21}$$

需要注意，式 (8.4.21) 中 $\boldsymbol{h} = \vartheta \nabla \times \boldsymbol{a}^*$。

与稳恒磁场分析不同的是，表面上看方程并未加入库仑规范，实际上不是这样的。对式 (8.4.19) 求散度，有 $\nabla\cdot(\mathrm{j}\omega\sigma\boldsymbol{a}^*)$ 为零，$-\mathrm{j}\omega\boldsymbol{a}^*$ 正是 $\boldsymbol{e}$，即 $\nabla\cdot(\sigma\boldsymbol{e}) = 0$。由于式 (8.4.16a) 只在均匀介质或二维平面与轴对称模型中成立，根据式 (8.4.16a)，知 $\nabla\cdot\boldsymbol{e}$ 为零，即 $\nabla\cdot\boldsymbol{a}^*$ 为零，库仑规范成立。

在边界 S 上，若施加第一类条件，有 $\boldsymbol{n} \times \boldsymbol{a}^+$ 为零，则式 (8.4.21) 中面积分为零，于是有 $\nabla \times \boldsymbol{a}^*$ 处处为零，且 $\boldsymbol{a}^*$ 处处为零，于是 $\boldsymbol{A}^*$ 解唯一。

在边界 S 上，若施加第二类条件，有 $\boldsymbol{n} \times \vartheta\nabla \times \boldsymbol{a}^*$ 为零，则式 (8.4.21) 中面积分为零，于是有 $\nabla \times \boldsymbol{a}^*$ 处处为零，且 $\boldsymbol{a}^*$ 处处为零，于是 $\boldsymbol{A}^*$ 解唯一。

对稳恒磁场分析，还应该加入 $\boldsymbol{n}\cdot\boldsymbol{a}^*$ 齐次边界条件。如前所述，在二维平面与轴对称模型中，矢量磁位只有一个分量，与外表面的法向垂直，因此，$\boldsymbol{n}\cdot\boldsymbol{a}^*$ 满

足齐次条件是隐含成立的，不必给出。这也说明，只要边界上 $\boldsymbol{n}\times\boldsymbol{a}^*$ 为零就意味着边界上 $\boldsymbol{a}^*$ 为零。

在边界 S 上，若施加混合边界条件，亦可得出同样结论。

有如下边值问题。

第一类边值问题

$$\begin{cases} \nabla\times\vartheta\nabla\times\boldsymbol{A}^*+\mathrm{j}\omega\sigma\boldsymbol{A}^*=\boldsymbol{J}_\mathrm{e} \\ \boldsymbol{A}^*\big|_S=\boldsymbol{A}_0^* \end{cases} \tag{8.4.22a}$$

第二类边值问题

$$\begin{cases} \nabla\times\vartheta\nabla\times\boldsymbol{A}^*+\mathrm{j}\omega\sigma\boldsymbol{A}^*=\boldsymbol{J}_\mathrm{e} \\ \vartheta\left(\boldsymbol{n}\times\nabla\times\boldsymbol{A}^*\right)\big|_S=\boldsymbol{H}_t \end{cases} \tag{8.4.22b}$$

混合边值问题

$$\begin{cases} \nabla\times\vartheta\nabla\times\boldsymbol{A}^*+\mathrm{j}\omega\sigma\boldsymbol{A}^*=\boldsymbol{J}_\mathrm{e} \\ \boldsymbol{A}^*\big|_{S_B}=\boldsymbol{A}_0^* \\ \vartheta\left(\boldsymbol{n}\times\nabla\times\boldsymbol{A}^*\right)\big|_{S_H}=\boldsymbol{H}_t \end{cases} \tag{8.4.22c}$$

式中，$\boldsymbol{A}_0^*$ 和 $\boldsymbol{H}_t$ 为已知函数，$\boldsymbol{J}_\mathrm{e}$ 为电流密度源。

考虑第一类边界条件，$\boldsymbol{A}_0^*$ 浮动任一常数，都可以得到与之对应的 $\boldsymbol{A}^*$ 和 $\boldsymbol{B}$ 的唯一解。若 $\boldsymbol{A}_0^*$ 选不同的值，导致区域涡流密度 $\boldsymbol{J}=-\mathrm{j}\omega\sigma\boldsymbol{A}^*$ 不唯一，则需要增加新的约束条件，对于三维涡流场，这个条件是

$$\int_V \boldsymbol{J}\mathrm{d}V=\boldsymbol{G} \tag{8.4.23a}$$

在二维涡流场中，式 (8.4.23a) 的体积分化为面积分：

$$\int_S \boldsymbol{n}\cdot\boldsymbol{J}\mathrm{d}S=I \tag{8.4.23b}$$

式中，I 为导电体上所通的电流。

需要注意，式 (8.4.23) 中的积分区域分别是三维求解区域和二维求解区域。

下面以二维平面模型为例，说明施加约束条件的一种方法。

线性涡流边值问题为

$$\begin{cases} -\nabla\cdot\vartheta\nabla A^*+\mathrm{j}\omega\sigma A^*=J_\mathrm{e} \\ A^*\big|_S=A_0^* \end{cases} \tag{8.4.24}$$

对于电流 I，只有一个对应的 A_0^* 为正确的边界值，只不过这个值事先并不知道，考虑二者之间的线性关系

$$I=CA_0^*+D \tag{8.4.25a}$$

分别给定两组边界值 A_{01}^* 和 A_{02}^*，通过边值问题求解，进一步求得导电体上总电流 I_1 和 I_2，于是有

$$I_1 = CA_{01}^* + D \tag{8.4.25b}$$

$$I_2 = CA_{02}^* + D \tag{8.4.25c}$$

式中，C 和 D 为复常数。

联立式 (8.4.25)，求得

$$A_0^* = \frac{A_{02}^*(I_1 - I) - A_{01}^*(I_2 - I)}{I_1 - I_2} \tag{8.4.26}$$

利用式 (8.4.26) 算出的 A_0^* 作为式 (8.4.24) 中的第一类边界条件，可以得到正确的涡流密度。

若边界上给定磁场强度的切向分量，则式 (8.4.23) 约束条件自动满足。这是因为：

(1) 对于三维问题，对 $\nabla\times\boldsymbol{H}=\boldsymbol{J}$ 作体积分，并利用旋度定理，即式 (1.3.3b)，得

$$\int_V \nabla\times\boldsymbol{H}\mathrm{d}V = \oint_S \boldsymbol{n}\times\boldsymbol{H}\mathrm{d}S = \int_V \boldsymbol{J}\mathrm{d}V = \boldsymbol{G}$$

当边界面上磁场强度的切向分量已知时，电流密度解是唯一的。

(2) 对于二维问题，由安培环路定律，知

$$\oint_l \boldsymbol{H}\cdot\mathrm{d}\boldsymbol{l} = \int_S (\nabla\times\boldsymbol{H})\cdot\mathrm{d}\boldsymbol{S} = \int_S \boldsymbol{J}\cdot\mathrm{d}\boldsymbol{S} = I$$

由于磁场强度 $\boldsymbol{H}$ 的切向分量与求解区边界线 l 的方向处处一致，磁场强度的切向分量已知，电流密度的解唯一。

对于低电导率介质，在计算电场强度时，忽略二次磁场，于是矢量磁位近似为一次矢量磁位，即电源产生的矢量磁位 $\boldsymbol{A}_\mathrm{e}$，表达式为式 (8.4.13)，用 $\boldsymbol{A}_\mathrm{e}$ 代替式 (8.4.7) 中的 $\boldsymbol{A}$，在涡流区 V_1，有

$$\nabla\cdot\left[\sigma\left(\nabla\varphi+\frac{\partial\boldsymbol{A}_\mathrm{e}}{\partial t}\right)\right]=0 \tag{8.4.27}$$

再根据式 (8.4.8c) 知，

$$\left[\sigma\boldsymbol{n}\cdot\left(\nabla\varphi+\frac{\partial\boldsymbol{A}_\mathrm{e}}{\partial t}\right)\right]\bigg|_{S_{12}}=0 \tag{8.4.28}$$

由于求解区就是涡流区，只需要求解标量电位即可，相比于其他方法，有效地减少了未知数数目，这是一种有效计算低电导率介质中瞬态涡流场的数值方法，可以获得较高的计算效率。

8.5 非均匀介质矢量电位与标量磁位扩散方程

与矢量磁位和标量电位求解方法对应的另一种方法是矢量电位和标量磁位求解方法。矢量电位描述的是电流密度，它只在导电区域内有定义，因此矢量电位的求解域被限制在导体内，而且导体边界为电流线，因此比较容易确定其边界条件。所以，引入矢量电位，有可能使涡流场的计算得以简化。

对于涡流区，可以采用矢量电位和标量磁位的组合对，如 $\boldsymbol{T},\varphi_{\mathrm{m}}$-$\varphi_{\mathrm{m}}$ 法，在涡流区利用位函数矢量电位 $\boldsymbol{T}$ 和标量磁位 φ_{m}，在非涡流区用标量磁位 φ_{m} 求解。

8.5.1 全域解法

在保证计算精度的条件下，尽可能地缩小计算规模，是电磁场数值计算研究中始终追求的目标。$\boldsymbol{T},\varphi_{\mathrm{m}}$-$\varphi_{\mathrm{m}}$ 法在涡流区利用位函数 $\boldsymbol{T}$ 和 φ_{m}；在非涡流区利用位函数 φ_{m} 来实现涡流场的求解。此方法可以减小求解区域内未知数的数量，缩短计算时间。

涡流场模型见图 8.4.1。

参考式 (8.3.8)，在涡流区 V_1，由 $\boldsymbol{T}$-φ_{m} 到 $\boldsymbol{J}$-$\boldsymbol{H}$ 的变换对为

$$\boldsymbol{J}=\nabla\times\boldsymbol{T} \tag{8.5.1a}$$

$$\boldsymbol{H}=\boldsymbol{H}_{\mathrm{e}}+\boldsymbol{T}-\nabla\varphi_{\mathrm{m}} \tag{8.5.1b}$$

在非涡流区 V_2 中，根据式 (8.4.2b) 引入标量磁位 φ_{m}，有

$$\boldsymbol{H}=\boldsymbol{H}_{\mathrm{e}}-\nabla\varphi_{\mathrm{m}} \tag{8.5.2}$$

式 (8.5.1b) 和式 (8.5.2) 中并入了磁场 $\boldsymbol{H}_{\mathrm{e}}$，是考虑了激励源 $\boldsymbol{J}_{\mathrm{e}}$ 的作用，即

$$\boldsymbol{H}_{\mathrm{e}}=\frac{1}{4\pi}\int_{V_3}\frac{\boldsymbol{J}_{\mathrm{e}}\times\boldsymbol{e}_R}{R^2}\mathrm{d}V \tag{8.5.3}$$

需要注意，在 8.3 节，电流源 $\boldsymbol{J}_{\mathrm{e}}$ 处于均匀导电介质中，而这里考虑的是电流源 $\boldsymbol{J}_{\mathrm{e}}$ 与导电介质分布在不同区域中，前者采用总电流定义矢量电位 $\boldsymbol{T}$，而后者采用涡流定义矢量电位 $\boldsymbol{T}$。也就是说，涡流区中的电流不包含 $\boldsymbol{J}_{\mathrm{e}}$，但涡流区中的磁场既包含涡流产生的磁场也包含外部电流源产生的磁场，非涡流区中磁场同样如此。式 (8.5.3) 虽然积分区域限于 V_3 中，但整个磁场分布于全空间中。

在涡流区 V_1，将式 (8.5.1) 代入式 (8.4.1a) 中，有

$$\nabla\times(\rho\nabla\times\boldsymbol{T})=-\mu\frac{\partial}{\partial t}(\boldsymbol{H}_{\mathrm{e}}+\boldsymbol{T}-\nabla\varphi_{\mathrm{m}}) \tag{8.5.4a}$$

参考 1.12 节的处理方法，并入 $\nabla(\rho\nabla\cdot\boldsymbol{T})$ 项，有

$$\nabla\times(\rho\nabla\times\boldsymbol{T})-\nabla(\rho\nabla\cdot\boldsymbol{T})=-\mu\frac{\partial}{\partial t}(\boldsymbol{H}_{\mathrm{e}}+\boldsymbol{T}-\nabla\varphi_{\mathrm{m}}) \tag{8.5.4b}$$

在涡流区 V_1 和非涡流区 V_2，将式 (8.5.1b) 和式 (8.5.2) 分别代入式 (8.4.1b)，两个区域的方程为

$$\nabla\cdot[\mu(\boldsymbol{H}_{\mathrm{e}}+\boldsymbol{T}-\nabla\varphi_{\mathrm{m}})]=0 \tag{8.5.4c}$$

$$\nabla\cdot[\mu(\boldsymbol{H}_{\mathrm{e}}-\nabla\varphi_{\mathrm{m}})]=0 \tag{8.5.4d}$$

若在涡流区的边界面上，给定 $\rho\nabla\cdot\boldsymbol{T}$ 第一类边界条件，则它将在体积 V_1 内处处为零，而 ρ 为有限值，由此可保证矢量电位 $\boldsymbol{T}$ 满足库仑规范。

在非涡流区，$\boldsymbol{T}_2$ 没有定义。在交界面 S_{12} 上，有

$$\boldsymbol{n}\cdot\mu_1(\boldsymbol{T}_1-\nabla\varphi_{\mathrm{m}1})|_{S_{12}}=\boldsymbol{n}\cdot\mu_2(-\nabla\varphi_{\mathrm{m}2})|_{S_{12}} \tag{8.5.5a}$$

$$\varphi_{\mathrm{m}1}|_{S_{12}}=\varphi_{\mathrm{m}2}|_{S_{12}} \tag{8.5.5b}$$

$$(\boldsymbol{n}\times\boldsymbol{T}_1)|_{S_{12}}=0 \tag{8.5.5c}$$

式 (8.5.5c) 矢量电位的切向分量为零，是根据涡流区边界上电流密度法向为零导出的。

在边界面上，标量磁位满足

$$\varphi_{\mathrm{m}}|_{S_H}=\varphi_{\mathrm{m}0} \tag{8.5.6a}$$

$$\mu_2\left.\frac{\partial\varphi_{\mathrm{m}}}{\partial n}\right|_{S_B}=-B_t \tag{8.5.6b}$$

式中，$\varphi_{\mathrm{m}0}$ 和 B_t 为已知函数或常数。

此外，还应补充初始条件。

具体实现过程，首先采用毕奥–萨伐尔定律，求解出 $\boldsymbol{H}_{\mathrm{e}}$，之后利用方程 (8.5.4) 并配上合适的初边值条件，就可以求解涡流场问题。

$\boldsymbol{T},\varphi_{\mathrm{m}}$-$\varphi_{\mathrm{m}}$ 法在非涡流区具有未知数少的优点。该方法的缺点是：①在解有限元方程之前需要先按照毕奥–萨伐尔定律通过积分计算 $\boldsymbol{H}_{\mathrm{e}}$，为保证导体表面电流连续性，需要强制矢量电位的切向分量为零，增加了处理过程的复杂性。②处理多连通域问题困难，为避免标量磁位多值性需设置壁障面，对不便于设置壁障面的情况，需将导电区内部电导率为零的区域设置成电导率很小的数值才能求解。

8.5.2 分域解法

与 8.4 节类似，在求解涡流场问题时，通过规范变换，可以消去标量磁位，得到仅含矢量电位的微分方程。从而减少节点自由度，减轻计算工作量。为此定义一个新的矢量电位 $\boldsymbol{T}^*$，满足

$$\boldsymbol{T}^* = \boldsymbol{T} - \nabla\varphi_{\mathrm{m}} \tag{8.5.7}$$

涡流场方程化为

$$\nabla\times(\rho\nabla\times\boldsymbol{T}^*) = -\mu\frac{\partial}{\partial t}(\boldsymbol{H}_{\mathrm{e}}+\boldsymbol{T}^*) \tag{8.5.8}$$

对应的时谐涡流场为

$$\nabla\times\rho\nabla\times\boldsymbol{T}^* + \mathrm{j}\omega\mu\boldsymbol{T}^* = -\mathrm{j}\omega\mu\boldsymbol{H}_{\mathrm{e}} \tag{8.5.9}$$

注意，式 (8.5.9) 未并入 $\nabla(\rho\nabla\cdot\boldsymbol{T}^*)$ 项。

参考式 (8.4.22)，有如下边值问题：

第一类边值问题

$$\begin{cases}\nabla\times\rho\nabla\times\boldsymbol{T}^* + \mathrm{j}\omega\mu\boldsymbol{T}^* = -\mathrm{j}\omega\mu\boldsymbol{H}_{\mathrm{e}}\\ \boldsymbol{T}^*\big|_S = \boldsymbol{T}_0^*\end{cases} \tag{8.5.10a}$$

第二类边值问题

$$\begin{cases}\nabla\times\rho\nabla\times\boldsymbol{T}^* + \mathrm{j}\omega\mu\boldsymbol{T}^* = -\mathrm{j}\omega\mu\boldsymbol{H}_{\mathrm{e}}\\ \rho\left(\boldsymbol{n}\times\nabla\times\boldsymbol{T}^*\right)\big|_S = \boldsymbol{E}_t\end{cases} \tag{8.5.10b}$$

混合边值问题

$$\begin{cases}\nabla\times\rho\nabla\times\boldsymbol{T}^* + \mathrm{j}\omega\mu\boldsymbol{T}^* = -\mathrm{j}\omega\mu\boldsymbol{H}_{\mathrm{e}}\\ \boldsymbol{T}^*\big|_{S_1} = \boldsymbol{T}_0^*\\ \rho\left(\boldsymbol{n}\times\nabla\times\boldsymbol{T}^*\right)\big|_{S_2} = \boldsymbol{E}_t\end{cases} \tag{8.5.10c}$$

式中，$\boldsymbol{T}_0^*$ 和 $\boldsymbol{E}_t$ 为已知函数或常数，$\boldsymbol{H}_{\mathrm{e}}$ 为电流密度源产生的磁场。

考虑第一类边界条件，$\boldsymbol{T}_0^*$ 浮动任一常数，都可以得到与之对应的 $\boldsymbol{T}^*$ 和 $\boldsymbol{J}$ 的唯一解。若 $\boldsymbol{T}_0^*$ 选不同的值，导致区域磁通密度 $\boldsymbol{B}$ 不唯一，则需要增加新的约束条件，与 8.4 节中约束条件和处理方法相同，若边界上给定约束条件或矢量电位的切向分量，磁通密度解是唯一的。

8.6　非均匀介质电位与磁位混合方程

实际上，除了 8.4 节和 8.5 节介绍的方法，也可以采用矢量电位、矢量磁位、标量电位和标量磁位的多种组合方式对涡流场求解。

比如 $\boldsymbol{A},\varphi$-φ_{m} 法，在涡流区采用矢量磁位和标量电位，而非涡流区采用标量磁位；$\boldsymbol{A}^*$-φ_{m} 法，在涡流区利用 $\boldsymbol{A}^*$，在非涡流区利用标量磁位 φ_{m} 来求解。

对于涡流区为多连通域时，可以采用 $\boldsymbol{T},\varphi_{\mathrm{m}}$-$\varphi_{\mathrm{m}},\boldsymbol{A}$ 法，在涡流区利用矢量电位 $\boldsymbol{T}$ 和标量磁位 φ_{m} 求解，在涡流区外部的非涡流区用标量磁位 φ_{m} 求解，在涡流区内部的非涡流区，利用位函数矢量磁位 $\boldsymbol{A}$ 求解。

对于涡流区为多连通域时，也可以采用 $\boldsymbol{A},\varphi$-$\boldsymbol{A},\varphi_{\mathrm{m}}$ 法，在涡流区采用矢量磁位 $\boldsymbol{A}$ 和标量电位 φ 求解，将非涡流区分为两部分，分别用矢量磁位 $\boldsymbol{A}$ 和标量磁位 φ_{m} 求解。

(1) $\boldsymbol{A},\varphi$-φ_{m} 法。

在涡流区 V_1，利用矢量磁位 $\boldsymbol{A}$ 和标量电位 φ 来求解，方程和 $\boldsymbol{A},\varphi$-$\boldsymbol{A}$ 法中的涡流场求解方程式 (8.4.6a) 相同

$$\nabla\times\vartheta\nabla\times\boldsymbol{A}-\nabla\left(\vartheta\nabla\cdot\boldsymbol{A}\right)+\sigma\left(\nabla\varphi+\frac{\partial\boldsymbol{A}}{\partial t}\right)=0 \tag{8.6.1a}$$

在非涡流区 V_2，利用标量磁位 φ_{m} 来求解，由式 (8.4.2b)，引入标量磁位 φ_{m}，即有 $\boldsymbol{H}=-\nabla\varphi_{\mathrm{m}}$，并代入式 (8.4.1b) 中，有

$$\nabla\cdot(\mu\nabla\varphi_{\mathrm{m}})=0 \tag{8.6.1b}$$

在激励源区 V_3，方程和 $\boldsymbol{A},\varphi$-$\boldsymbol{A}$ 法中的涡流场求解方程式 (8.4.6c) 相同

$$\nabla\times(\vartheta\nabla\times\boldsymbol{A})-\nabla\left(\vartheta\nabla\cdot\boldsymbol{A}\right)=\boldsymbol{J}_{\mathrm{e}} \tag{8.6.1c}$$

在交界面 S_{12} 上，由式 (8.4.4)，可得

$$\left.(\boldsymbol{n}\cdot\nabla\times\boldsymbol{A})\right|_{S_{12}}=\left.(-\mu_2\boldsymbol{n}\cdot\nabla\varphi_{\mathrm{m}})\right|_{S_{12}} \tag{8.6.2a}$$

$$\left.\vartheta_1\left(\boldsymbol{n}\times\nabla\times\boldsymbol{A}\right)\right|_{S_{12}}=\left.-\left(\boldsymbol{n}\times\nabla\varphi_{\mathrm{m}}\right)\right|_{S_{12}} \tag{8.6.2b}$$

$$\left.\left[\sigma\boldsymbol{n}\cdot\left(\nabla\varphi+\frac{\partial\boldsymbol{A}}{\partial t}\right)\right]\right|_{S_{12}}=0 \tag{8.6.2c}$$

该方法的优点：① 未知数总数少，计算量减小，求解精度高。② 对含有多连通域导体区的情况也可以直接应用。$\boldsymbol{A},\varphi$-φ_{m} 法的缺点：离散化方程含耦合面积分项，需要特殊处理。

(2) $\boldsymbol{A}^*$-φ_{m} 法。

在涡流区利用 $\boldsymbol{A}^*$，在非涡流区利用标量磁位 φ_{m} 来求解。

在涡流区 V_1，参考式 (8.4.17)，引入 $\nabla(\vartheta\nabla\cdot\boldsymbol{A}^*)$ 有

$$\nabla\times\vartheta\nabla\times\boldsymbol{A}^*-\nabla(\vartheta\nabla\cdot\boldsymbol{A}^*)+\sigma\frac{\partial\boldsymbol{A}^*}{\partial t}=0 \tag{8.6.3a}$$

矢量磁位 $\boldsymbol{A}^*$ 的引入使 $\boldsymbol{E}=-\dfrac{\partial\boldsymbol{A}^*}{\partial t}$。

在非涡流区 V_2，方程与式 (8.6.1b) 相同

$$\nabla\cdot(\mu\nabla\varphi_{\mathrm{m}})=0 \tag{8.6.3b}$$

在激励源区 V_3，有

$$\nabla\times\vartheta\nabla\times\boldsymbol{A}^*-\nabla(\vartheta\nabla\cdot\boldsymbol{A}^*)=\boldsymbol{J}_{\mathrm{e}} \tag{8.6.3c}$$

在交界面 S_{12} 上，由式 (8.4.4)，可得

$$(\boldsymbol{n}\cdot\nabla\times\boldsymbol{A}^*)|_{S_{12}}=(-\mu_2\boldsymbol{n}\cdot\nabla\varphi_{\mathrm{m}})|_{S_{12}} \tag{8.6.4a}$$

$$\vartheta_1(\boldsymbol{n}\times\nabla\times\boldsymbol{A}^*)|_{S_{12}}=-(\boldsymbol{n}\times\nabla\varphi_{\mathrm{m}})|_{S_{12}} \tag{8.6.4b}$$

$$\sigma\boldsymbol{n}\cdot\left.\frac{\partial\boldsymbol{A}^*}{\partial t}\right|_{S_{12}}=0 \tag{8.6.4c}$$

该方法的优点：① 求解的未知数总数少。② 源电流便于处理。该方法的缺点：多连通域导电区处理困难，离散化方程含耦合面积分项，需要做特殊处理。

(3) $\boldsymbol{T},\varphi_{\mathrm{m}}$-$\varphi_{\mathrm{m}}$-$\boldsymbol{A}$ 法。

当涡流区为多连通域时，涡流场的求解方法有很多种。如图 8.6.1 所示，V 为求解区域。

V_1 为涡流区，V_1 包围一个非涡流区 V_{12}，在 V_1 外部为非涡流区 V_2 和激励源区 V_3，V_3 中包含给定的电流源 $\boldsymbol{J}_{\mathrm{e}}$。在 V_1 中采用位函数 $\boldsymbol{T}$ 和 φ_{m}，在 V_{12} 中，采用位函数 $\boldsymbol{A}$，在 V_2 中采用位函数 φ_{m}。V 的外边界 S 分为 S_B 和 S_H 两部分。在 S_B 上给定磁感应强度的法向分量，在 S_H 上给定磁场强度的切向分量。

在涡流区 V_1 中，方程和 $\boldsymbol{T},\varphi_{\mathrm{m}}$-$\varphi_{\mathrm{m}}$ 法中涡流场的求解方程式 (8.5.4b) 和式 (8.5.4c) 相同

$$\nabla\times(\rho\nabla\times\boldsymbol{T})-\nabla(\rho\nabla\cdot\boldsymbol{T})=-\mu\frac{\partial}{\partial t}(\boldsymbol{H}_{\mathrm{e}}+\boldsymbol{T}-\nabla\varphi_{\mathrm{m}}) \tag{8.6.5a}$$

$$\nabla\cdot[\mu(\boldsymbol{H}_{\mathrm{e}}+\boldsymbol{T}-\nabla\varphi_{\mathrm{m}})]=0 \tag{8.6.5b}$$

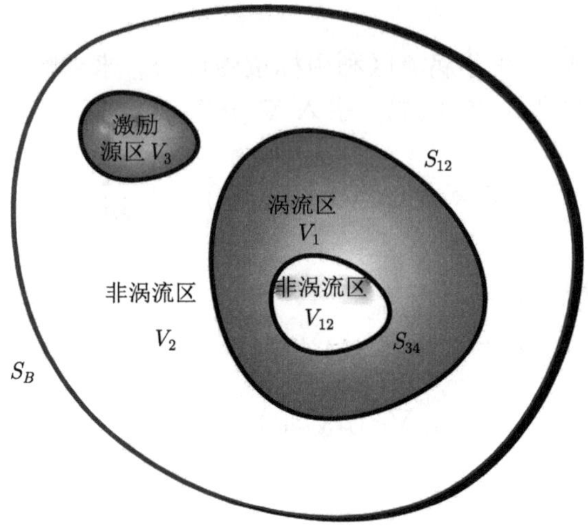

图 8.6.1　典型多连通域的涡流场模型之一

式中，$\boldsymbol{H}_{\rm e}$ 可通过式 (8.5.3) 积分求得。

在非涡流区 V_2 中利用位函数 $\varphi_{\rm m}$，如式 (8.5.4d)

$$\nabla\cdot[\mu(\boldsymbol{H}_{\rm e}-\nabla\varphi_{\rm m})]=0 \tag{8.6.5c}$$

在非涡流区 V_{12} 利用矢量磁位 $\boldsymbol{A}$ 来求解

$$\nabla\times\vartheta\nabla\times\boldsymbol{A}-\nabla(\vartheta\nabla\cdot\boldsymbol{A})=0 \tag{8.6.5d}$$

在交界面 S_{12} 上，边界条件与 $\boldsymbol{T},\varphi_{\rm m}$-$\varphi_{\rm m}$ 法的边界条件完全一致。

在涡流区内部交界面 S_{34} 上，由式 (8.4.4)，可得

$$\mu_1\boldsymbol{n}\cdot(\boldsymbol{H}_{\rm e}+\boldsymbol{T}-\nabla\varphi_{\rm m})\big|_{S_{34}}=\boldsymbol{n}\cdot(\nabla\times\boldsymbol{A})\big|_{S_{34}} \tag{8.6.6a}$$

$$\boldsymbol{n}\times(\boldsymbol{H}_{\rm e}+\boldsymbol{T}-\nabla\varphi_{\rm m})\big|_{S_{34}}=\vartheta_2\,\boldsymbol{n}\times(\nabla\times\boldsymbol{A})\big|_{S_{34}} \tag{8.6.6b}$$

$$(\boldsymbol{n}\times\boldsymbol{T})\big|_{S_{34}}=0 \tag{8.6.6c}$$

以上三种方法，在边界面 S_H 和 S_B 上，标量磁位可以指定如式 (8.5.6) 的边界条件。此外，必须指定初始条件。

(4) $\boldsymbol{A},\varphi$-$\boldsymbol{A}$-$\varphi_{\rm m}$ 法。

当求解域的涡流区是多连通域时，在涡流区中利用 $\boldsymbol{A},\varphi$，在非涡流区只用位函数 $\varphi_{\rm m}$ 不能完成求解，需要加上位函数 $\boldsymbol{A}$。

图 8.6.2 表示一个涡流场问题的典型求解区域 V，其中 V_1 为涡流区为多连通域，分为两部分，均用 V_1 表示，V_2 和 V_3 为非涡流区；V_4 为激励源区，其中

包含给定的电流源 $\boldsymbol{J}_{\rm e}$。V 的外边界 S 分为 S_B 和 S_H 两部分。在 S_B 上给定磁感应强度的法向分量，在 S_H 上给定磁场强度的切向分量。

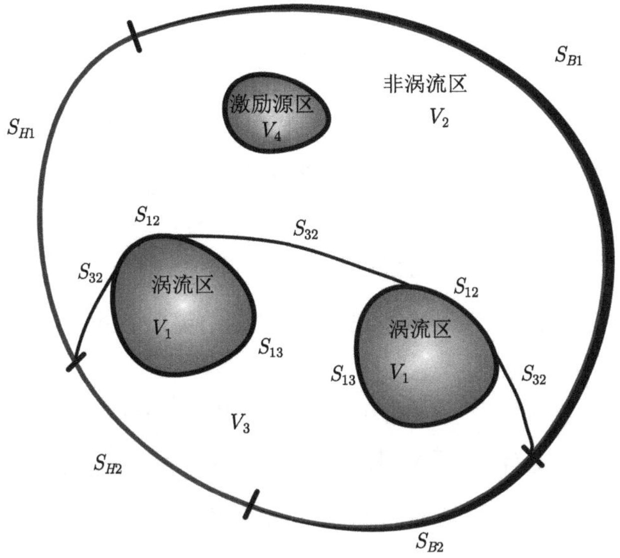

图 8.6.2　典型多连通域的涡流场模型之二

在涡流区 V_1 中，利用矢量磁位 $\boldsymbol{A}$ 和标量电位 φ 来求解；在非涡流区 V_3 中，利用矢量磁位 $\boldsymbol{A}$ 求解；在非涡流区 V_2 中，用标量磁位 $\varphi_{\rm m}$ 来求解。因此非涡流区需要两个位函数 $\boldsymbol{A}$ 和 $\varphi_{\rm m}$ 来求解。

在涡流区 V_1，利用矢量磁位 $\boldsymbol{A}$ 和标量电位 φ 来求解，方程和 $\boldsymbol{A},\varphi$-$\boldsymbol{A}$ 法中的涡流场的求解方程相同

$$\nabla\times\vartheta\nabla\times\boldsymbol{A}-\nabla\left(\vartheta\nabla\cdot\boldsymbol{A}\right)+\sigma\left(\nabla\varphi+\frac{\partial\boldsymbol{A}}{\partial t}\right)=0 \tag{8.6.7a}$$

$$\nabla\cdot\left[\sigma\left(\nabla\varphi+\frac{\partial\boldsymbol{A}}{\partial t}\right)\right]=0 \tag{8.6.7b}$$

在非涡流区 V_3 中，利用矢量磁位 $\boldsymbol{A}$ 求解

$$\nabla\times\vartheta\nabla\times\boldsymbol{A}-\nabla\left(\vartheta\nabla\cdot\boldsymbol{A}\right)=0 \tag{8.6.7c}$$

在非涡流区 V_2 利用标量磁位 $\varphi_{\rm m}$ 求解

$$\nabla\cdot\left(\mu\nabla\varphi_{\rm m}\right)=0 \tag{8.6.7d}$$

在激励源 V_4 中，利用矢量磁位 $\boldsymbol{A}$ 求解

$$\nabla\times\left(\vartheta\nabla\times\boldsymbol{A}\right)-\nabla\left(\vartheta\nabla\cdot\boldsymbol{A}\right)=\boldsymbol{J}_{\rm e} \tag{8.6.7e}$$

内部的边界分为三部分 S_{12}、S_{32} 和 S_{13}。

在边界 S_{12} 上，边界条件与 $\boldsymbol{A},\varphi\text{-}\varphi_{\mathrm{m}}$ 法的边界条件式 (8.6.2) 完全相同。

在边界 S_{13} 上，边界条件与 $\boldsymbol{A},\varphi\text{-}\boldsymbol{A}$ 法的边界条件一致，参考式 (8.4.8)，有

$$\boldsymbol{A}_1|_{S_{13}} = \boldsymbol{A}_3|_{S_{13}} \tag{8.6.8a}$$

$$\vartheta_1 (\boldsymbol{n} \times \nabla \times \boldsymbol{A}_1)|_{S_{13}} = \vartheta_3 (\boldsymbol{n} \times \nabla \times \boldsymbol{A}_3)|_{S_{13}} \tag{8.6.8b}$$

$$\left[\sigma \boldsymbol{n} \cdot \left(\nabla\varphi_1 + \frac{\partial \boldsymbol{A}_1}{\partial t}\right)\right]\bigg|_{S_{13}} = 0 \tag{8.6.8c}$$

$$(\vartheta_1 \nabla \cdot \boldsymbol{A}_1)|_{S_{13}} = (\vartheta_3 \nabla \cdot \boldsymbol{A}_3)|_{S_{13}} \tag{8.6.8d}$$

在边界 S_{32} 上，边界条件可参考 $\boldsymbol{A}^*\text{-}\varphi_{\mathrm{m}}$ 法的边界条件式 (8.6.4a) 和式 (8.6.4b)，有

$$(\boldsymbol{n} \cdot \nabla \times \boldsymbol{A}_3)|_{S_{32}} = (-\mu_2 \boldsymbol{n} \cdot \nabla\varphi_{\mathrm{m}})|_{S_{32}} \tag{8.6.9a}$$

$$\vartheta_3 (\boldsymbol{n} \times \nabla \times \boldsymbol{A}_3)|_{S_{32}} = -(\boldsymbol{n} \times \nabla\varphi_{\mathrm{m}})|_{S_{32}} \tag{8.6.9b}$$

需要注意，V_2 和 V_3 都是非涡流区，式 (8.6.4c) 表示的电流密度法向分量为零条件在这里不用考虑。

外部边界分为四个部分：S_{B1}、S_{H1}、S_{B2} 和 S_{H2}。

参考式 (8.5.6)，标量磁位满足

$$\varphi_{\mathrm{m}}|_{S_{H1}} = \varphi_{\mathrm{m0}} \tag{8.6.10a}$$

$$\mu_2 \frac{\partial \varphi_{\mathrm{m}}}{\partial n}\bigg|_{S_{B1}} = -B_t \tag{8.6.10b}$$

式中，φ_{m0} 和 B_t 为已知函数或常数。

参考式 (8.4.9) 和式 (8.4.10)，矢量磁位满足

$$(\boldsymbol{n} \times \boldsymbol{A})|_{S_{B2}} = \boldsymbol{A}_t \tag{8.6.11a}$$

$$\vartheta (\boldsymbol{n} \times \nabla \times \boldsymbol{A})|_{S_{H2}} = \boldsymbol{H}_t \tag{8.6.11b}$$

$$(\boldsymbol{n} \cdot \boldsymbol{A})|_{S_{B2}} = 0 \tag{8.6.11c}$$

$$(\boldsymbol{n} \cdot \boldsymbol{A})|_{S_{H2}} = 0 \tag{8.6.11d}$$

本章给出了利用不同位函数求解涡流场的计算方法，这些方法都有各自的优缺点和适用场合，所有方法研究的出发点都是使求解过程中未知数总数尽量少，计算量减小，求解精度高。同时，实践证明，根据物理模型合理地选择位函数及其规范非常重要，往往可以使计算达到事半功倍的效果。

8.7 全波电磁场与位函数方程

第 7 章和本章讨论了电磁场波动方程和扩散方程。实际上，有些电磁场问题需要求解全波电磁场，在电磁场方程中既要考虑波动项也要考虑扩散项。就是说，在波动方程中，要考虑导电损耗，在扩散方程中，要考虑波动特性。因此，对于瞬态场，可以将两章对应的方程结合起来，得到全波电磁场方程。

举几个例子说明。

8.7.1 均匀介质全波方程

将均匀介质电磁场波动方程式 (7.1.2) 和电场扩散方程式 (8.2.7) 结合，式 (7.1.4) 与式 (8.2.8) 结合，得到均匀介质全波电场方程为

$$\begin{cases} \nabla\times\nabla\times\boldsymbol{E}+\mu\varepsilon\dfrac{\partial^2\boldsymbol{E}}{\partial t^2}+\mu\sigma\dfrac{\partial\boldsymbol{E}}{\partial t}=-\nabla\times\boldsymbol{J}_{\mathrm{m}}-\mu\dfrac{\partial\boldsymbol{J}_{\mathrm{e}}}{\partial t} \\ \nabla\times\nabla\times\boldsymbol{H}+\mu\varepsilon\dfrac{\partial^2\boldsymbol{H}}{\partial t^2}+\mu\sigma\dfrac{\partial\boldsymbol{H}}{\partial t}=\nabla\times\boldsymbol{J}_{\mathrm{e}}-\sigma\boldsymbol{J}_{\mathrm{m}}-\varepsilon\dfrac{\partial\boldsymbol{J}_{\mathrm{m}}}{\partial t} \end{cases} \tag{8.7.1a}$$

$$\begin{cases} \nabla^2\boldsymbol{E}-\mu\varepsilon\dfrac{\partial^2\boldsymbol{E}}{\partial t^2}-\mu\sigma\dfrac{\partial\boldsymbol{E}}{\partial t}=\nabla\times\boldsymbol{J}_{\mathrm{m}}+\mu\dfrac{\partial\boldsymbol{J}_{\mathrm{e}}}{\partial t}+\theta\nabla\rho_{\mathrm{e}} \\ \nabla^2\boldsymbol{H}-\mu\varepsilon\dfrac{\partial^2\boldsymbol{H}}{\partial t^2}-\mu\sigma\dfrac{\partial\boldsymbol{H}}{\partial t}=-\nabla\times\boldsymbol{J}_{\mathrm{e}}+\sigma\boldsymbol{J}_{\mathrm{m}}+\varepsilon\dfrac{\partial}{\partial t}\boldsymbol{J}_{\mathrm{m}}+\vartheta\nabla\rho_{\mathrm{m}} \end{cases} \tag{8.7.1b}$$

将波动方程式 (7.2.8) 和扩散方程式 (8.3.6) 结合，得到矢量磁位与标量电位方程

$$\begin{cases} \nabla^2\boldsymbol{A}-\mu\varepsilon\dfrac{\partial^2\boldsymbol{A}}{\partial t^2}-\mu\sigma\dfrac{\partial\boldsymbol{A}}{\partial t}=-\mu\boldsymbol{J}_{\mathrm{e}} \\ \nabla^2\varphi-\mu\varepsilon\dfrac{\partial^2\varphi}{\partial t^2}-\mu\sigma\dfrac{\partial\varphi}{\partial t}=-\theta\rho_{\mathrm{e}} \end{cases} \tag{8.7.2}$$

将式 (7.2.6) 和式 (8.3.4) 结合，得到洛伦兹规范为

$$\nabla\cdot\boldsymbol{A}=-\mu\varepsilon\frac{\partial\varphi}{\partial t}-\mu\sigma\varphi \tag{8.7.3}$$

波动方程式 (7.3.4a) 和扩散方程式 (8.3.16) 结合，得到矢量电位与标量磁位方程

$$\begin{cases} \nabla^2\boldsymbol{T}-\mu\varepsilon\dfrac{\partial^2\boldsymbol{T}}{\partial t^2}-\mu\sigma\dfrac{\partial\boldsymbol{T}}{\partial t}=-\nabla\times\boldsymbol{J}_{\mathrm{e}} \\ \nabla^2\varphi_{\mathrm{m}}-\mu\varepsilon\dfrac{\partial^2\varphi_{\mathrm{m}}}{\partial t^2}-\mu\sigma\dfrac{\partial\varphi_{\mathrm{m}}}{\partial t}=0 \end{cases} \tag{8.7.4}$$

将式 (7.3.3a) 和式 (8.3.12) 结合，得到洛伦兹规范为

$$\nabla\cdot\boldsymbol{T}=\mu\varepsilon\frac{\partial^2\varphi_{\mathrm{m}}}{\partial t^2}+\mu\sigma\frac{\partial\varphi_{\mathrm{m}}}{\partial t} \tag{8.7.5}$$

对于时谐场，导出全波电磁场很容易。有两种途径：一是从波动方程出发，将介电常量 ε 替换为 $\varepsilon^* = \varepsilon - \dfrac{\mathrm{j}\sigma}{\omega}$，将 $k^2 = \omega^2\mu\varepsilon$ 替换为 $k^2 = \omega^2\mu\varepsilon - \mathrm{j}\omega\mu\sigma = \omega^2\mu\varepsilon^*$；二是从扩散方程出发，将电导率 σ 替换为 $\sigma^* = \sigma + \mathrm{j}\omega\varepsilon$。

由时谐形式的位函数波动方程 (7.2.9) 得到全波位函数波动方程，形式仍为

$$\begin{cases} \nabla^2 \boldsymbol{A} + k^2 \boldsymbol{A} = -\mu \boldsymbol{J}_\mathrm{e} \\ \nabla^2 \varphi + k^2 \varphi = -\theta \rho_\mathrm{e} \end{cases} \tag{8.7.6}$$

式中，$k^2 = \omega^2\mu\varepsilon - \mathrm{j}\omega\mu\sigma = \omega^2\mu\varepsilon^*$，$k$ 为波数。

8.7.2 非均匀介质全波方程

将非均匀介质电场波动方程式 (7.1.7) 和电场扩散方程式 (8.2.15) 结合，得到非均匀介质全波电场方程为

$$\nabla \times (\vartheta \nabla \times \boldsymbol{E}) + \varepsilon \frac{\partial^2 \boldsymbol{E}}{\partial t^2} + \sigma \frac{\partial \boldsymbol{E}}{\partial t} = -\nabla \times (\vartheta \boldsymbol{J}_\mathrm{m}) - \frac{\partial \boldsymbol{J}_\mathrm{e}}{\partial t} \tag{8.7.7}$$

将非均匀介质时谐电场波动方程式 (7.1.8) 中 ε 换成 ε^*，则有

$$\nabla \times (\vartheta \nabla \times \boldsymbol{E}) - \omega^2 \left(\varepsilon - \frac{\mathrm{j}\sigma}{\omega}\right) \boldsymbol{E} = -\nabla \times (\vartheta \boldsymbol{J}_\mathrm{m}) - \mathrm{j}\omega \boldsymbol{J}_\mathrm{e}$$

即

$$\nabla \times (\vartheta \nabla \times \boldsymbol{E}) - \omega^2 \varepsilon \boldsymbol{E} + \mathrm{j}\omega\sigma \boldsymbol{E} = -\nabla \times (\vartheta \boldsymbol{J}_\mathrm{m}) - \mathrm{j}\omega \boldsymbol{J}_\mathrm{e} \tag{8.7.8}$$

或将非均匀介质时谐电场扩散方程式 (8.2.16) 中 σ 换成 σ^*，则有

$$\nabla \times (\vartheta \nabla \times \boldsymbol{E}) + \mathrm{j}\omega \left(\sigma + \mathrm{j}\omega\varepsilon\right) \boldsymbol{E} = -\nabla \times (\vartheta \boldsymbol{J}_\mathrm{m}) - \mathrm{j}\omega \boldsymbol{J}_\mathrm{e}$$

即

$$\nabla \times (\vartheta \nabla \times \boldsymbol{E}) + \mathrm{j}\omega\sigma \boldsymbol{E} - \omega^2 \varepsilon \boldsymbol{E} = -\nabla \times (\vartheta \boldsymbol{J}_\mathrm{m}) - \mathrm{j}\omega \boldsymbol{J}_\mathrm{e} \tag{8.7.9}$$

式 (8.7.8) 与式 (8.7.9) 是相同的。

习　题

8.1　试讨论电导率规范、洛伦兹规范和库仑规范，并说明设定规范遵循的原则。

8.2　试导出二维平面对称问题的涡流场方程。

8.3　试导出二维轴对称问题的涡流场方程。

8.4　对于磁导率 μ、电导率 σ 和介电常量 ε 的非均匀介质，有一线圈通入时谐电流密度 $\boldsymbol{J}_\mathrm{e}$，时间变化因子为 $\mathrm{e}^{\mathrm{j}\omega t}$。试用矢量磁位 $\boldsymbol{A}$ 和标量电位 φ 导出全波电磁位方程，在方程中并入库仑规范。

8.5　与上题同样的介质和电流源，试用矢量电位 $\boldsymbol{T}$ 和标量磁位 φ_{m} 导出全波电磁位方程，在方程中需要体现库仑规范。

8.6　在平行板电容器中填充两种厚度分别为 d_1 和 d_2，电导率和介电常量分别为 σ_1、ε_1 和 σ_2、ε_2 的导电介质，导电介质的交界面与电容器的极板平行，在 $t \geqslant 0$ 时刻，电容器的端电压为 u。试分析交界面上自由电荷的积累过程，并证明弛豫时间 τ 和自由电荷面密度 σ_s 分别为

$$\tau = \frac{d_2\varepsilon_1 + d_2\varepsilon_2}{d_2\sigma_1 + d_1\sigma_2}$$

$$\sigma_s = \frac{\varepsilon_2\sigma_1 - \varepsilon_1\sigma_2}{d_2\sigma_1 + d_1\sigma_2} u \left(1 - \mathrm{e}^{-\frac{t}{\tau}}\right)$$

8.7　三维边值问题，对于笛卡儿坐标系下，改进的矢量磁位 $\boldsymbol{A}^*$ 可分成三个分量独立求解，请说明，在圆柱坐标系下或球坐标系下是否也可以这样处理。

8.8　试讨论矢量磁位解法中消去标量电位的条件。

8.9　试讨论矢量电位解法中消去标量磁位的条件。

8.10　试讨论 $\boldsymbol{T}_0^*$ 分域解法中必须施加的约束条件。

第 9 章　格林函数积分解法

点源产生的场，即格林函数解，分布源产生的场是分布源与格林函数解的积分。

9.1　标量波动方程的格林函数积分解

9.1.1　波动方程的标量格林函数

电磁场的标量位满足标量波动方程，电磁场或其矢量位满足矢量波动方程，在频率域波动方程亦称为亥姆霍兹方程。在直角坐标系下，电磁场或其矢量位的任一分量满足标量波动方程。

标量波动方程记为

$$\nabla^2\varphi(\boldsymbol{r},t)-\frac{1}{c^2}\frac{\partial^2}{\partial t^2}\varphi(\boldsymbol{r},t)=-f(\boldsymbol{r},t) \tag{9.1.1}$$

格林函数是在某一时刻的脉冲点源激发的场，无界空间电磁场方程具有时间和空间的平移不变性，空间和时间变量是以它们的差的形式出现在格林函数的表达式中，即

$$g(\boldsymbol{r},\boldsymbol{r}',t,t')=g(\boldsymbol{r}-\boldsymbol{r}',t-t') \tag{9.1.2}$$

格林函数满足的方程为

$$\nabla^2 g(\boldsymbol{r},\boldsymbol{r}',t,t')-\frac{1}{c^2}\frac{\partial^2}{\partial t^2}g(\boldsymbol{r},\boldsymbol{r}',t,t')=-\delta(\boldsymbol{r}-\boldsymbol{r}')\,\delta(t-t') \tag{9.1.3}$$

式 (9.1.2) 和式 (9.1.3) 中，r' 和 t' 表示点源的位置和激励时刻，通常 t' 为已知常量，为了方便常取在零时刻。

对式 (9.1.1) 作关于 t 的傅里叶变换，有

$$\nabla^2\varphi(\boldsymbol{r})+k^2\varphi(\boldsymbol{r})=-f(\boldsymbol{r}) \tag{9.1.4a}$$

对式 (9.1.3) 作关于 t 的傅里叶变换，有

$$\nabla^2 g(\boldsymbol{r},\boldsymbol{r}')+k^2 g(\boldsymbol{r},\boldsymbol{r}')=-\delta(\boldsymbol{r}-\boldsymbol{r}') \tag{9.1.4b}$$

其中 $k=\dfrac{\omega}{c}$，此处 $\varphi(\boldsymbol{r},\omega)$、$f(\boldsymbol{r},\omega)$ 和 $g(\boldsymbol{r},\boldsymbol{r}',\omega)$ 分别简记为 $\varphi(\boldsymbol{r})$、$f(\boldsymbol{r})$ 和 $g(\boldsymbol{r},\boldsymbol{r}')$。

下面求解式 (9.1.4b)，如果坐标系的原点选取在 $R=|\boldsymbol{r}-\boldsymbol{r}'|=0$，则均匀无界空间中点源的格林函数是球对称的，对应的齐次方程为 $\dfrac{1}{R}\dfrac{\partial^2(Rg)}{\partial R^2}+k^2g=0$，即 $\dfrac{\partial^2(Rg)}{\partial R^2}+k^2(gR)=0$，该方程的解可以写为 $Rg=a\mathrm{e}^{-\mathrm{j}kR}+b\mathrm{e}^{\mathrm{j}kR}$，即 $g=a\dfrac{\mathrm{e}^{-\mathrm{j}kR}}{R}+b\dfrac{\mathrm{e}^{\mathrm{j}kR}}{R}$。

因为无限远处是无源的，所以只有外向波的解才存在。于是

$$g=a\frac{\mathrm{e}^{-\mathrm{j}kR}}{R}$$

式 (9.1.4b) 的右端项为 δ 函数，常数 a 通过匹配公式两边在原点处的奇异性来确定，比较方便的处理是利用矢量恒等式 $\nabla^2\dfrac{1}{R}=-4\pi\delta(R)$，有 $a=\dfrac{1}{4\pi}$，则频率域格林函数为

$$g(\boldsymbol{r},\boldsymbol{r}')=\frac{\mathrm{e}^{-\mathrm{j}kR}}{4\pi R} \tag{9.1.5a}$$

对式 (9.1.5a) 作傅里叶逆变换，得到时域格林函数为

$$g(\boldsymbol{r},\boldsymbol{r}',t,t'=0)=\frac{1}{2\pi}\int_{-\infty}^{+\infty}\frac{\mathrm{e}^{-\mathrm{j}kR}}{4\pi R}\mathrm{e}^{\mathrm{j}\omega t}\mathrm{d}\omega=\frac{\delta\left(t-\dfrac{R}{c}\right)}{4\pi R} \tag{9.1.5b}$$

9.1.2 标量波索末菲辐射条件

假定场源限制在均匀无界空间的有限区域内，全部源被闭合面 S 包围，在源区外作一无限大球面 S_∞，在 S_∞ 和 S 之间的区域为研究区域 V，边界为 $S+S_\infty$，外法向单位矢量为 $\boldsymbol{n}$，如图 9.1.1 所示。

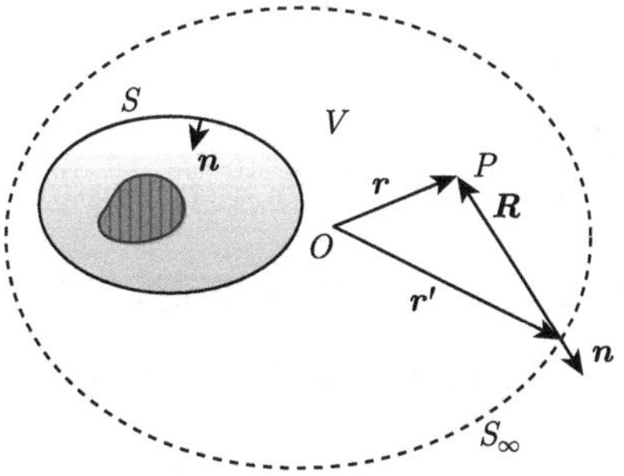

图 9.1.1 辐射条件

区域 V 是无源的，则根据式 (9.1.4)，可以导出

$$\begin{cases} \nabla^2\varphi(\boldsymbol{r}) = -k^2\varphi(\boldsymbol{r}) \\ \nabla^2 g(\boldsymbol{r},\boldsymbol{r}') = -k^2 g(\boldsymbol{r},\boldsymbol{r}') - \delta(\boldsymbol{r}-\boldsymbol{r}') \end{cases} \tag{9.1.6}$$

将 $\psi = g$ 代入到标量格林第二定理式 (1.3.6) 中，有

$$\int_V \left(\varphi\nabla^2 g - g\nabla^2\varphi\right)\mathrm{d}V = \oint_S (\varphi\nabla g - g\nabla\varphi)\cdot\boldsymbol{n}\mathrm{d}S + \oint_{S_\infty}(\varphi\nabla g - g\nabla\varphi)\cdot\boldsymbol{n}\mathrm{d}S \tag{9.1.7}$$

利用式 (9.1.6)，由 δ 函数的挑选性，式 (9.1.7) 化为

$$\varphi(\boldsymbol{r}') = -\oint_S (\varphi\nabla g - g\nabla\varphi)\cdot\boldsymbol{n}\mathrm{d}S - \oint_{S_\infty}(\varphi\nabla g - g\nabla\varphi)\cdot\boldsymbol{n}\mathrm{d}S \tag{9.1.8a}$$

将式 (9.1.8a) 中 $\boldsymbol{r}$ 和 $\boldsymbol{r}'$ 互换，并考虑格林函数的对称性，有

$$\varphi(\boldsymbol{r}) = -\oint_S (\varphi\nabla' g - g\nabla'\varphi)\cdot\boldsymbol{n}\mathrm{d}S' - \oint_{S_\infty}(\varphi\nabla' g - g\nabla'\varphi)\cdot\boldsymbol{n}\mathrm{d}S' \tag{9.1.8b}$$

注意，式 (9.1.8a) 的面积分中 φ 是 $\boldsymbol{r}$ 的函数，式 (9.1.8b) 的面积分中 φ 是 $\boldsymbol{r}'$ 的函数。

将式 (9.1.5a) 代入式 (9.1.8b) 中的第二项，由于只存在辐射场，不存在来自无限远处的内向波，因此 S_∞ 上的积分必须为零，有

$$\oint_{S_\infty}(\varphi\nabla' g - g\nabla'\varphi)\cdot\boldsymbol{n}\mathrm{d}S' = 0 \tag{9.1.9}$$

式 (9.1.9) 中，格林函数的梯度可化为

$$\nabla' g = \nabla'\frac{\mathrm{e}^{-\mathrm{j}kR}}{4\pi R} = \left(\mathrm{j}k + \frac{1}{R}\right)g\boldsymbol{e}_R = -\left(\mathrm{j}k + \frac{1}{R}\right)g\boldsymbol{n} \tag{9.1.10}$$

注意，在无限远处，$\boldsymbol{n}$ 与 $\boldsymbol{e}_R$ 方向相反。

将式 (9.1.10) 代入式 (9.1.9)，有

$$\oint_{S_\infty}\left(\frac{\partial\varphi}{\partial R} + \mathrm{j}k\varphi\right)g\mathrm{d}S' + \oint_{S_\infty}\frac{\varphi}{R}g\mathrm{d}S' = 0 \tag{9.1.11}$$

对波函数 φ 的性质预先规定，当 $R\to\infty$ 时，φR 为有限值。波函数 φ 和格林函数都是 $\dfrac{1}{R}$ 级的小量，式 (9.1.11) 中第二项为零。如果 φ 满足

$$\lim_{R\to\infty} R\left(\frac{\partial\varphi}{\partial R} + \mathrm{j}k\varphi\right) = 0 \tag{9.1.12}$$

则式 (9.1.11) 中第一项为零，因而保证了式 (9.1.9) 成立。

这是辐射电磁场在远场满足的条件，称为 Sommerfeld(索末菲) 辐射条件，简称辐射条件或无限远处的边界条件。

考虑辐射条件后，有

$$\varphi(\boldsymbol{r}) = -\oint_S (\varphi\nabla' g - g\nabla'\varphi)\cdot\boldsymbol{n}\mathrm{d}S' \tag{9.1.13}$$

9.1.3 标量绕射公式

惠更斯原理指的是闭合面上每一个点 (等效面源) 都可以作为二次波源向闭合面外再次辐射电磁场。

在均匀无界空间中，若假定场源限制在有限区域内，全部源被闭合面 S 包围，在源区外作一无限大球面 S_∞，按照图 9.1.2 所示，讨论惠更斯原理。

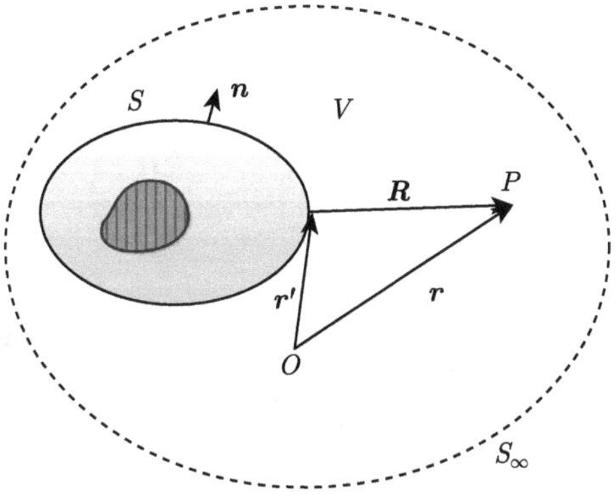

图 9.1.2 推导惠更斯原理时的几何关系

在闭合面 S 和 S_∞ 之间是无源区，电磁场满足齐次矢量亥姆霍兹方程。在直角坐标系下，电磁场任一分量满足齐次标量亥姆霍兹方程。根据式 (9.1.13)，闭合面外任意点 P 的波函数为

$$\varphi(\boldsymbol{r}) = \oint_S (\varphi\nabla' g - g\nabla'\varphi)\cdot\boldsymbol{n}\mathrm{d}S' = \oint_S \left(\varphi\frac{\partial g}{\partial n} - g\frac{\partial \varphi}{\partial n}\right)\mathrm{d}S' \tag{9.1.14}$$

式 (9.1.14) 即标量绕射公式，也称为克希霍夫绕射式，表示的是闭合面外任一点的波函数与闭合面上波函数及其导数的定量关系，是惠更斯原理的数学表述。

注意，式 (9.1.14) 与式 (9.1.13) 相差一负号，这是因为此处 $\boldsymbol{n}$ 是 S 的外法向单位矢量，也是 S_∞ 和 S 之间的区域的内法向单位矢量，与式 (9.1.13) 中 $\boldsymbol{n}$ 的定义相反。

对于矢量场或矢量位，可将式 (9.1.14) 中的 φ 看成矢量场或矢量位的直角坐标分量，由此得到三个标量积分方程，再合成矢量积分方程。对于电磁场，有

$$\begin{cases} \boldsymbol{E}(\boldsymbol{r}) = \oint_S \left(\boldsymbol{E}\dfrac{\partial g}{\partial n} - g\dfrac{\partial \boldsymbol{E}}{\partial n} \right) \mathrm{d}S' \\ \boldsymbol{H}(\boldsymbol{r}) = \oint_S \left(\boldsymbol{H}\dfrac{\partial g}{\partial n} - g\dfrac{\partial \boldsymbol{H}}{\partial n} \right) \mathrm{d}S' \end{cases} \tag{9.1.15}$$

9.1.4　标量波表面积分方程

如图 9.1.3 所示，在区域 V_1 中包含源，区域 V_2 中不包含源。区域 V_2 的边界为闭合面 S，外法向单位矢量为 $\boldsymbol{n}_2$。区域 V_1 的边界为 $S+S_\infty$，外法向单位矢量为 $\boldsymbol{n}_1$。区域 V_1 和 V_2 的波数分别为 k_1 和 k_2。

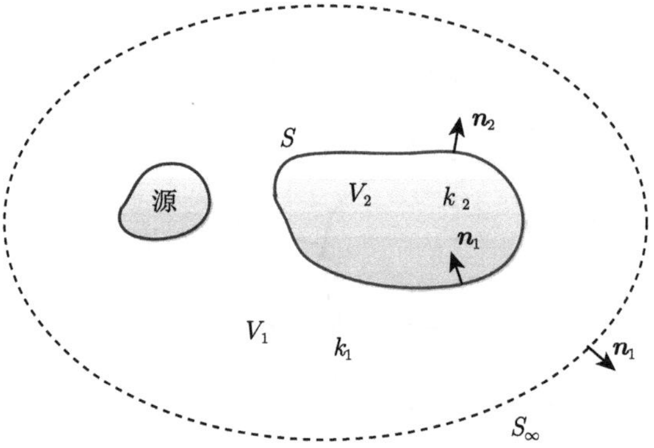

图 9.1.3　含源求解区图

在两个区域中，满足的标量波方程为

$$\begin{cases} \nabla^2\varphi_1(\boldsymbol{r}) + k_1^2\varphi_1(\boldsymbol{r}) = -f(\boldsymbol{r}) \\ \nabla^2\varphi_2(\boldsymbol{r}) + k_2^2\varphi_2(\boldsymbol{r}) = 0 \end{cases} \tag{9.1.16}$$

格林函数满足

$$\begin{cases} \nabla^2 g_1 + k_1^2 g_1 = -\delta(\boldsymbol{r}-\boldsymbol{r}') \\ \nabla^2 g_2 + k_2^2 g_2 = -\delta(\boldsymbol{r}-\boldsymbol{r}') \end{cases} \tag{9.1.17}$$

先考虑区域 V_1。

将 $\psi = g_1$ 代入标量格林第二定理式 (1.3.6) 中，有

$$\int_{V_1} \left(\varphi_1\nabla^2 g_1 - g_1\nabla^2\varphi_1 \right) \mathrm{d}V = \oint_S (\varphi_1\nabla g_1 - g_1\nabla\varphi_1)\cdot\boldsymbol{n}_1\mathrm{d}S$$

$$+\oint_{S_\infty}(\varphi_1\nabla g_1-g_1\nabla\varphi_1)\cdot\boldsymbol{n}_1\mathrm{d}S \tag{9.1.18}$$

将式 (9.1.16) 和式 (9.1.17) 代入式 (9.1.18)，并利用 δ 函数的挑选性，当 $\boldsymbol{r}'\in V_1$ 时，有

$$\varphi_1(\boldsymbol{r}')=\int_{V_1}g_1f\mathrm{d}V-\oint_S(\varphi_1\nabla g_1-g_1\nabla\varphi_1)\cdot\boldsymbol{n}_1\mathrm{d}S-\oint_{S_\infty}(\varphi_1\nabla g_1-g_1\nabla\varphi_1)\cdot\boldsymbol{n}_1\mathrm{d}S \tag{9.1.19a}$$

将式 (9.1.19a) 中 $\boldsymbol{r}$ 和 $\boldsymbol{r}'$ 互换，并考虑格林函数的对称性，当 $\boldsymbol{r}\in V_1$ 时，波函数 $\varphi_1(\boldsymbol{r})$ 为

$$\begin{aligned}\varphi_1(\boldsymbol{r})=&\int_{V_1}g_1f\mathrm{d}V'-\oint_S(\varphi_1\nabla'g_1-g_1\nabla'\varphi_1)\cdot\boldsymbol{n}_1\mathrm{d}S'\\&-\oint_{S_\infty}(\varphi_1\nabla'g_1-g_1\nabla'\varphi_1)\cdot\boldsymbol{n}_1\mathrm{d}S'\end{aligned} \tag{9.1.19b}$$

由标量波辐射条件可知，无限远处面积分为零，则式 (9.1.19b) 可以化为

$$\varphi_1(\boldsymbol{r})=\int_{V_1}g_1f\mathrm{d}V'-\oint_S(\varphi_1\nabla'g_1-g_1\nabla'\varphi_1)\cdot\boldsymbol{n}_1\mathrm{d}S' \tag{9.1.20a}$$

或

$$\varphi_1(\boldsymbol{r})=\varphi_{\mathrm{inc}}(\boldsymbol{r})-\oint_S(\varphi_1\nabla'g_1-g_1\nabla'\varphi_1)\cdot\boldsymbol{n}_1\mathrm{d}S' \tag{9.1.20b}$$

其中

$$\varphi_{\mathrm{inc}}(\boldsymbol{r})=\int_{V_1}g_1(\boldsymbol{r},\boldsymbol{r}')f(\boldsymbol{r}')\mathrm{d}V' \tag{9.1.21}$$

式 (9.1.21) 是当不存在散射体 S 时，由源 $f(\boldsymbol{r}')$ 产生的入射场。

若 $\boldsymbol{r}\notin V_1$，则式 (9.1.20) 中 $\varphi_1(\boldsymbol{r})=0$，因此有

$$\varphi_{\mathrm{inc}}(\boldsymbol{r})-\oint_S(\varphi_1\nabla'g_1-g_1\nabla'\varphi_1)\cdot\boldsymbol{n}_1\mathrm{d}S'=\begin{cases}\varphi_1(\boldsymbol{r}), & \boldsymbol{r}\in V_1\\0, & \boldsymbol{r}\in V_2\end{cases} \tag{9.1.22a}$$

对第二区作同样的推导，可得

$$-\oint_S(\varphi_2\nabla'g_2-g_2\nabla'\varphi_2)\cdot\boldsymbol{n}_2\mathrm{d}S'=\begin{cases}\varphi_2(\boldsymbol{r}), & \boldsymbol{r}\in V_2\\0, & \boldsymbol{r}\in V_1\end{cases} \tag{9.1.22b}$$

取式 (9.1.22) 下半部分，令 $\boldsymbol{n}_1=-\boldsymbol{n}_2=\boldsymbol{n}$，有

$$\begin{cases}\oint_S(\varphi_1\nabla'g_1-g_1\nabla'\varphi_1)\cdot\boldsymbol{n}\mathrm{d}S'=\varphi_{\mathrm{inc}}(\boldsymbol{r})\\\oint_S(\varphi_2\nabla'g_2-g_2\nabla'\varphi_2)\cdot\boldsymbol{n}\mathrm{d}S'=0\end{cases} \tag{9.1.23}$$

式 (9.1.23) 在面 S 上包含四个独立的未知量 φ_1，φ_2，$\boldsymbol{n}_1\cdot\nabla'\varphi_1$ 和 $\boldsymbol{n}_2\cdot\nabla'\varphi_2$，利用边界条件可以消去两个，这是因为，在交界面上，位函数或其导数连续，即

$$\begin{cases}\varphi_1(\boldsymbol{r})|_S=\varphi_2(\boldsymbol{r})|_S\\ \boldsymbol{n}\cdot\nabla'\varphi_1(\boldsymbol{r})|_S=\boldsymbol{n}\cdot\nabla'\varphi_2(\boldsymbol{r})|_S\end{cases}$$

先利用式 (9.1.21) 求解入射波场 $\varphi_{inc}(\boldsymbol{r})$，之后求解式 (9.1.23)，得到表面波函数，再利用式 (9.1.22) 上半部分，求解空间任一点的场。尽管 g_1 和 g_2 不必是均匀介质的格林函数，但出于简化计算考虑，通常可以选择均匀介质中的格林函数。将式 (9.1.5a) 代入式 (9.1.20a)，得到波函数 $\varphi_1(\boldsymbol{r})$ 为

$$\varphi_1(\boldsymbol{r})=\frac{1}{4\pi}\int_{V_1}\frac{\mathrm{e}^{-\mathrm{j}kR}}{R}f\mathrm{d}V'-\frac{1}{4\pi}\oint_S\left(\varphi_1\nabla'\frac{\mathrm{e}^{-\mathrm{j}kR}}{R}-\frac{\mathrm{e}^{-\mathrm{j}kR}}{R}\nabla'\varphi_1\right)\cdot\boldsymbol{n}_1\mathrm{d}S' \tag{9.1.24}$$

式 (9.1.24) 是有源的稳态波动方程的解，$\boldsymbol{r}$ 点的复振幅是空间各点源的贡献的叠加，位于 $\boldsymbol{r}'$ 点的源对点 $\boldsymbol{r}$ 的贡献的幅度与两点间的距离成反比，相位延迟与距离成正比。

9.1.5 均匀无界空间非齐次波动方程

对任一时变场，如果场源分布在有限空间 V 内，对于自由无界空间，即空间内不含有散射体，则式 (9.1.24) 中的有效体积分区域实际上就是源所在区域，而面积分为零。于是，区域中的场就是入射场，略去时谐波函数的下角标，有

$$\varphi(\boldsymbol{r})=\frac{1}{4\pi}\int_{V_1}\frac{\mathrm{e}^{-\mathrm{j}kR}}{R}f\mathrm{d}V' \tag{9.1.25a}$$

由式 (9.1.5b)，对应的瞬态波函数为

$$\varphi(\boldsymbol{r},t)=\frac{1}{4\pi}\int_{-\infty}^{+\infty}\mathrm{d}\tau\int_{V_1}\frac{\delta\left(t-\tau-\dfrac{R}{c}\right)}{R}f(\boldsymbol{r}',\tau)\,\mathrm{d}V'=\frac{1}{4\pi}\int_{V_1}\frac{f\left(\boldsymbol{r}',t-\dfrac{R}{c}\right)}{R}\,\mathrm{d}V' \tag{9.1.25b}$$

利用式 (9.1.25a) 和式 (9.1.25b)，容易得到 7.3 节中电性源达朗贝尔方程的时谐解和瞬态解，分别为

$$\begin{cases}\varphi(\boldsymbol{r})=\dfrac{1}{4\pi\varepsilon}\displaystyle\int_V\frac{\rho_{\mathrm{e}}(\boldsymbol{r}')\,\mathrm{e}^{-\mathrm{j}kR}}{R}\mathrm{d}V'\\ \boldsymbol{A}(\boldsymbol{r})=\dfrac{\mu}{4\pi}\displaystyle\int_V\frac{\boldsymbol{J}_{\mathrm{e}}(\boldsymbol{r}')\mathrm{e}^{-\mathrm{j}kR}}{R}\mathrm{d}V'\end{cases} \tag{9.1.26a}$$

$$\begin{cases}\varphi\left(\boldsymbol{r},t\right)=\dfrac{1}{4\pi\varepsilon}\displaystyle\int_V\frac{\rho_{\mathrm{e}}\left(\boldsymbol{r}',t-\dfrac{R}{c}\right)}{R}\mathrm{d}V'\\ \boldsymbol{A}\left(\boldsymbol{r},t\right)=\dfrac{\mu}{4\pi}\displaystyle\int_V\frac{\boldsymbol{J}_{\mathrm{e}}\left(\boldsymbol{r}',t-\dfrac{R}{c}\right)}{R}\mathrm{d}V'\end{cases}\tag{9.1.26b}$$

若考虑近区，有 $kR\approx 0$ 或 $kR=\dfrac{2\pi}{\lambda}R\ll 1$，即 $R\ll\dfrac{\lambda}{6}$，则瞬态解为

$$\boldsymbol{A}\left(\boldsymbol{r},t\right)=\frac{\mu}{4\pi}\int_V\frac{\boldsymbol{J}_{\mathrm{e}}\left(\boldsymbol{r}',t\right)}{R}\mathrm{d}V'\tag{9.1.27}$$

对比稳恒磁场下的解

$$\boldsymbol{A}\left(\boldsymbol{r}\right)=\frac{\mu}{4\pi}\int_V\frac{\boldsymbol{J}_{\mathrm{e}}\left(\boldsymbol{r}'\right)}{R}\mathrm{d}V'\tag{9.1.28}$$

式 (9.1.27) 与式 (9.1.28) 形式是一致的。

同理，磁性源达朗贝尔方程的时谐解和瞬态解为

$$\begin{cases}\varphi_{\mathrm{m}}\left(\boldsymbol{r}\right)=\dfrac{1}{4\pi\mu}\displaystyle\int_V\frac{\rho_{\mathrm{m}}\left(\boldsymbol{r}'\right)\mathrm{e}^{-\mathrm{j}kR}}{R}\mathrm{d}V'\\ \boldsymbol{F}\left(\boldsymbol{r}\right)=\dfrac{\varepsilon}{4\pi}\displaystyle\int_V\frac{\boldsymbol{J}_{\mathrm{m}}(\boldsymbol{r}')\mathrm{e}^{-\mathrm{j}kR}}{R}\mathrm{d}V'\end{cases}\tag{9.1.29a}$$

$$\begin{cases}\varphi_{\mathrm{m}}\left(\boldsymbol{r},t\right)=\dfrac{1}{4\pi\mu}\displaystyle\int_V\frac{\rho_{\mathrm{m}}\left(\boldsymbol{r}',t-\dfrac{R}{c}\right)}{R}\mathrm{d}V'\\ \boldsymbol{F}\left(\boldsymbol{r},t\right)=\dfrac{\varepsilon}{4\pi}\displaystyle\int_V\frac{\boldsymbol{J}_{\mathrm{m}}\left(\boldsymbol{r}',t-\dfrac{R}{c}\right)}{R}\mathrm{d}V'\end{cases}\tag{9.1.29b}$$

9.1.6 标量波体积分方程

如图 9.1.4 所示，设源所在区域为 V_S，有界区域 V 中的非均匀介质的介电常量和磁导率分别为 $\varepsilon\left(\boldsymbol{r}\right)$ 和 $\mu\left(\boldsymbol{r}\right)$，波数平方为 $k^2\left(\boldsymbol{r}\right)=\omega^2\mu\left(\boldsymbol{r}\right)\varepsilon\left(\boldsymbol{r}\right)$，区域 V 外部介质的介电常量和磁导率分别为 ε_b 和 μ_b，波数平方为 $k_b^2=\omega^2\mu_b\varepsilon_b$。

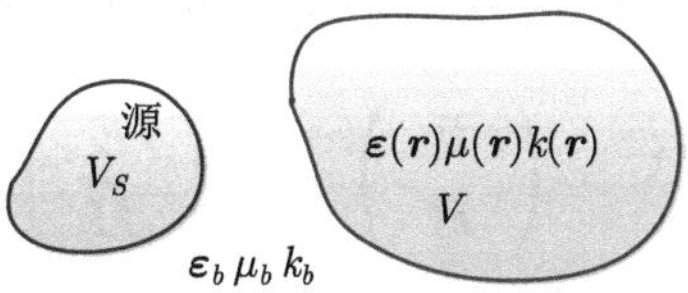

图 9.1.4 求解区

标量波方程为

$$\nabla^2\varphi(\boldsymbol{r})+k^2\varphi(\boldsymbol{r})=-f(\boldsymbol{r})$$

上式两边补上 $k_b^2\varphi(\boldsymbol{r})$，改写为

$$\nabla^2\varphi(\boldsymbol{r})+k_b^2\varphi(\boldsymbol{r})=-f(\boldsymbol{r})-\left(k^2-k_b^2\right)\varphi(\boldsymbol{r}) \tag{9.1.30}$$

式 (9.1.30) 右端可视为等效源。

格林函数为

$$\nabla^2 g(\boldsymbol{r},\boldsymbol{r}')+k_b^2 g(\boldsymbol{r},\boldsymbol{r}')=-\delta(\boldsymbol{r}-\boldsymbol{r}')$$

则有

$$\varphi(\boldsymbol{r})=\varphi_{\text{inc}}(\boldsymbol{r})+\int_V g(\boldsymbol{r},\boldsymbol{r}')\left(k^2-k_b^2\right)\varphi(\boldsymbol{r}')\,\mathrm{d}V' \tag{9.1.31}$$

$$\varphi_{\text{inc}}(\boldsymbol{r})=\int_{V_S} g(\boldsymbol{r},\boldsymbol{r}')f(\boldsymbol{r}')\,\mathrm{d}V' \tag{9.1.32}$$

式 (9.1.32) 为入射场。

式 (9.1.31) 中，如果知道区域 V 中的总场 $\varphi(\boldsymbol{r})$，则空间任意点的场均可求得。而实际上 $\varphi(\boldsymbol{r})$ 为未知量，可以将区域限定在 V 中，则有

$$\varphi_{\text{inc}}(\boldsymbol{r})=\varphi(\boldsymbol{r})-\int_V g(\boldsymbol{r},\boldsymbol{r}')\left(k^2-k_b^2\right)\varphi(\boldsymbol{r}')\,\mathrm{d}V',\quad \boldsymbol{r}\in V \tag{9.1.33}$$

上述积分限定在体积上，故该方程命名为体积积分方程，也称为第二类弗雷德霍姆积分方程，未知量既出现在积分内又出现在积分外。体积积分方程通常被用于逆散射成像。

9.2　矢量波动方程的格林函数积分解

9.2.1　矢量波索末菲辐射条件

假定场源限制在均匀无界空间的有限区域内，全部源被闭合面 S 包围，在源区外作一无限大球面 S_∞，在 S_∞ 和 S 之间的区域为研究区域 V，边界为 $S+S_\infty$，外法向单位矢量分别为 $\boldsymbol{n}$，如图 9.1.1 所示。

区域 V 是无源的，电磁场矢量波动方程和标量格林函数方程为

$$\nabla\times\nabla\times\begin{pmatrix}\boldsymbol{E}\\ \boldsymbol{H}\end{pmatrix}-k^2\begin{pmatrix}\boldsymbol{E}\\ \boldsymbol{H}\end{pmatrix}=0 \tag{9.2.1a}$$

$$\nabla^2 g(\boldsymbol{r},\boldsymbol{r}')+k^2 g(\boldsymbol{r},\boldsymbol{r}')=-\delta(\boldsymbol{r}-\boldsymbol{r}') \tag{9.2.1b}$$

记 $\boldsymbol{P}=\begin{pmatrix}\boldsymbol{E}\\\boldsymbol{H}\end{pmatrix}$，式 (9.2.1) 改写为

$$\nabla\times\nabla\times\boldsymbol{P}=k^2\boldsymbol{P} \tag{9.2.2a}$$

$$\nabla^2 g=-k^2 g-\delta(\boldsymbol{r}-\boldsymbol{r}') \tag{9.2.2b}$$

矢量–标量格林定理式 (1.3.15a) 为

$$\begin{aligned}&\int_V\left[g\nabla\times\nabla\times\boldsymbol{P}+\boldsymbol{P}\nabla^2 g+(\nabla\cdot\boldsymbol{P})\nabla g\right]\mathrm{d}V\\=&\oint_S\left[g\boldsymbol{n}\times\nabla\times\boldsymbol{P}+(\boldsymbol{n}\times\boldsymbol{P})\times\nabla g+(\boldsymbol{n}\cdot\boldsymbol{P})\nabla g\right]\mathrm{d}S\end{aligned}$$

将式 (9.2.2) 代入上式，并利用 δ 函数的挑选性，有

$$\begin{aligned}\boldsymbol{P}(\boldsymbol{r}')=&\int_V(\nabla\cdot\boldsymbol{P})\nabla g\mathrm{d}V-\oint_{S+S_\infty}\left[g\boldsymbol{n}\times\nabla\times\boldsymbol{P}+(\boldsymbol{n}\times\boldsymbol{P})\times\nabla g+(\boldsymbol{n}\cdot\boldsymbol{P})\nabla g\right]\mathrm{d}S\\=&-\oint_{S+S_\infty}\left[g\boldsymbol{n}\times\nabla\times\boldsymbol{P}+(\boldsymbol{n}\times\boldsymbol{P})\times\nabla g+(\boldsymbol{n}\cdot\boldsymbol{P})\nabla g\right]\mathrm{d}S\end{aligned} \tag{9.2.3}$$

式 (9.2.3) 中积分项内的 $\boldsymbol{P}$ 为 $\boldsymbol{r}$ 的函数，体积分项为零，是因为区域 V 是无源的，则 $\nabla\cdot\boldsymbol{P}=0$。

将上式中 $\boldsymbol{r}$ 和 $\boldsymbol{r}'$ 互换，并考虑格林函数的对称性，有

$$\boldsymbol{P}(\boldsymbol{r})=-\oint_{S+S_\infty}\left[g\boldsymbol{n}\times\nabla'\times\boldsymbol{P}+(\boldsymbol{n}\times\boldsymbol{P})\times\nabla' g+(\boldsymbol{n}\cdot\boldsymbol{P})\nabla' g\right]\mathrm{d}S'$$

由于只存在辐射场，不存在来自无限远处的内向波，因此 S_∞ 上的积分必须为零，有

$$-\oint_{S_\infty}\left[g\boldsymbol{n}\times\nabla'\times\boldsymbol{P}+(\boldsymbol{n}\times\boldsymbol{P})\times\nabla' g+(\boldsymbol{n}\cdot\boldsymbol{P})\nabla' g\right]\mathrm{d}S'=0 \tag{9.2.4}$$

令 $\nabla'\times\boldsymbol{P}=\boldsymbol{Q}$，将格林函数式 (9.1.5a) 及其梯度式 (9.1.10) 代入式 (9.2.4) 中的被积函数，有

$$\begin{aligned}\boldsymbol{f}&=-g\boldsymbol{n}\times\boldsymbol{Q}+g\left(\mathrm{j}k+\frac{1}{R}\right)(\boldsymbol{n}\times\boldsymbol{P})\times\boldsymbol{n}+g(\boldsymbol{n}\cdot\boldsymbol{P})\left(\mathrm{j}k+\frac{1}{R}\right)\boldsymbol{n}\\&=-g\boldsymbol{n}\times\boldsymbol{Q}+g\left(\mathrm{j}k+\frac{1}{R}\right)\left[(\boldsymbol{n}\times\boldsymbol{P})\times\boldsymbol{n}+(\boldsymbol{n}\cdot\boldsymbol{P})\boldsymbol{n}\right]\end{aligned}$$

$$= (\mathrm{j}k\boldsymbol{P} - \boldsymbol{n} \times \boldsymbol{Q})\, g + \frac{\boldsymbol{P}}{R} g$$

上式推导过程利用了二重矢积 $(\boldsymbol{n} \times \boldsymbol{P}) \times \boldsymbol{n} + \boldsymbol{n}(\boldsymbol{n} \cdot \boldsymbol{P}) = \boldsymbol{P}$。

因为 $\boldsymbol{P}$ 表示电磁场量，根据麦克斯韦方程组的两个旋度方程，除了相差一个系数外，$\boldsymbol{Q}$ 仍是电磁场量。在无限远处，电磁场 $\boldsymbol{P}$ 或 $\boldsymbol{Q}$ 和格林函数都是 $\dfrac{1}{R}$ 级的小量，$\mathrm{j}k\boldsymbol{P} - \boldsymbol{n} \times \boldsymbol{Q}$ 是 $\dfrac{1}{R^2}$ 级的小量，为使式 (9.2.4) 成立，必须满足下面条件

$$\lim_{R\to\infty} R\boldsymbol{P} = \text{有限值} \tag{9.2.5a}$$

$$\lim_{R\to\infty} R(\mathrm{j}k\boldsymbol{P} - \boldsymbol{n} \times \boldsymbol{Q}) = 0 \tag{9.2.5b}$$

用 $\boldsymbol{n}$ 点乘式 (9.2.5b)，有

$$\lim_{R\to\infty} R(\boldsymbol{n} \cdot \boldsymbol{P}) = 0 \tag{9.2.5c}$$

式 (9.2.5) 是辐射电磁场在远场满足的条件，称为矢量波索末菲辐射条件，简称辐射条件或无限远处的边界条件。

取 $\boldsymbol{P} = \begin{pmatrix} \boldsymbol{E} \\ \boldsymbol{H} \end{pmatrix}$，代入式 (9.2.5a)，有

$$\begin{cases} \lim\limits_{R\to\infty} R\boldsymbol{E} = \text{有限值} \\ \lim\limits_{R\to\infty} R\boldsymbol{H} = \text{有限值} \end{cases} \tag{9.2.6a}$$

代入式 (9.2.5b)，并利用麦克斯韦方程组的两个旋度方程，有

$$\begin{cases} \lim\limits_{R\to\infty} R(\boldsymbol{E} + \eta\boldsymbol{n} \times \boldsymbol{H}) = 0 \\ \lim\limits_{R\to\infty} R\left(\boldsymbol{H} - \dfrac{1}{\eta}\boldsymbol{n} \times \boldsymbol{E}\right) = 0 \end{cases} \tag{9.2.6b}$$

代入式 (9.2.5c)，有

$$\begin{cases} \lim\limits_{R\to\infty} R(\boldsymbol{n} \cdot \boldsymbol{E}) = 0 \\ \lim\limits_{R\to\infty} R(\boldsymbol{n} \cdot \boldsymbol{H}) = 0 \end{cases} \tag{9.2.6c}$$

式 (9.2.6c) 表明，$\boldsymbol{E}$ 和 $\boldsymbol{H}$ 的 $\boldsymbol{n}$ 方向分量比 $\dfrac{1}{R}$ 减小要快，且当 $R \to \infty$ 时，$\boldsymbol{E}$、$\boldsymbol{H}$ 与 $\boldsymbol{n}$ 互相垂直。

进一步，还可以导出

$$\begin{cases}\lim\limits_{R\to\infty} R\left(\mathrm{j}k\boldsymbol{n}\times\boldsymbol{E}+\nabla\times\boldsymbol{E}\right)=0\\ \lim\limits_{R\to\infty} R\left(\mathrm{j}k\boldsymbol{n}\times\boldsymbol{H}+\nabla\times\boldsymbol{H}\right)=0\end{cases}\tag{9.2.6d}$$

式中，$k=\omega\sqrt{\mu\varepsilon}$ 为波数，$\eta=\sqrt{\dfrac{\mu}{\varepsilon}}$ 为波阻抗。

考虑到无限远处的辐射条件，则闭合面 S 外任意点的电磁场为

$$\boldsymbol{P}\left(\boldsymbol{r}\right)=-\oint_S\left[g\boldsymbol{n}\times\nabla'\times\boldsymbol{P}+\left(\boldsymbol{n}\times\boldsymbol{P}\right)\times\nabla' g+\left(\boldsymbol{n}\cdot\boldsymbol{P}\right)\nabla' g\right]\mathrm{d}S'\tag{9.2.7a}$$

即为

$$\begin{cases}\boldsymbol{E}\left(\boldsymbol{r}\right)=\oint_S\left[\mathrm{j}\omega\mu g\boldsymbol{n}\times\boldsymbol{H}\left(\boldsymbol{r}'\right)+\nabla' g\times\boldsymbol{n}\times\boldsymbol{E}\left(\boldsymbol{r}'\right)-\boldsymbol{n}\cdot\boldsymbol{E}\left(\boldsymbol{r}'\right)\nabla' g\right]\mathrm{d}S'\\ \boldsymbol{H}\left(\boldsymbol{r}\right)=\oint_S\left[-\mathrm{j}\omega\varepsilon g\boldsymbol{n}\times\boldsymbol{E}\left(\boldsymbol{r}'\right)+\nabla' g\times\boldsymbol{n}\times\boldsymbol{H}\left(\boldsymbol{r}'\right)-\boldsymbol{n}\cdot\boldsymbol{H}\left(\boldsymbol{r}'\right)\nabla' g\right]\mathrm{d}S'\end{cases}\tag{9.2.7b}$$

式 (9.2.7) 就是著名的斯特莱顿-朱兰成 (Stratton-Chu) 公式，式 (9.2.7) 的面积分代表 V 外的源在 $\boldsymbol{r}$ 处产生的场，它是 V 内的源等于零时的解，即亥姆霍兹方程的齐次解。

9.2.2 矢量绕射公式

在均匀无界空间中，若假定场源限制在有限区域内，全部源被闭合面 S 包围，在源区外作一无限大球面 S_∞，如图 9.1.2 所示。

在闭合面 S 和 S_∞ 之间是无源区，电磁场满足齐次矢量亥姆霍兹方程。根据式 (9.2.7b)，闭合面外任意点 P 的电磁场为

$$\begin{cases}\boldsymbol{E}\left(\boldsymbol{r}\right)=-\oint_S\left[\mathrm{j}\omega\mu g\boldsymbol{n}\times\boldsymbol{H}\left(\boldsymbol{r}'\right)+\nabla' g\times\boldsymbol{n}\times\boldsymbol{E}\left(\boldsymbol{r}'\right)-\boldsymbol{n}\cdot\boldsymbol{E}\left(\boldsymbol{r}'\right)\nabla' g\right]\mathrm{d}S'\\ \boldsymbol{H}\left(\boldsymbol{r}\right)=-\oint_S\left[-\mathrm{j}\omega\varepsilon g\boldsymbol{n}\times\boldsymbol{E}\left(\boldsymbol{r}'\right)+\nabla' g\times\boldsymbol{n}\times\boldsymbol{H}\left(\boldsymbol{r}'\right)-\boldsymbol{n}\cdot\boldsymbol{H}\left(\boldsymbol{r}'\right)\nabla' g\right]\mathrm{d}S'\end{cases}\tag{9.2.8}$$

式中，$\boldsymbol{n}$ 为闭合曲面 S 的外法向单位矢量。

式 (9.2.8) 与式 (9.2.7b) 差一负号，这是因为单位法向矢量的定义不同。

式 (9.2.8) 即矢量绕射公式，表示闭合面外任一点的电磁场与闭合面上电磁场的定量关系，是惠更斯原理的数学表述。

可以证明，矢量绕射式与标量绕射式是等价的。

9.2.3 矢量波表面积分方程

如图 9.1.3 所示，在区域 V_1 中包含源，区域 V_2 中不包含源。区域 V_2 的边界为闭合面 S，外法向单位矢量为 $\boldsymbol{n}_2$。区域 V_1 的边界为 $S+S_\infty$，外法向单位矢量为 $\boldsymbol{n}_1$。区域 V_1 和 V_2 的波数分别为 k_1 和 k_2。

根据式 (7.1.5)，在两个区域中，记

$$\boldsymbol{P}_1=\begin{pmatrix}\boldsymbol{E}_1\\ \boldsymbol{H}_1\end{pmatrix},\quad \boldsymbol{P}_2=\begin{pmatrix}\boldsymbol{E}_2\\ \boldsymbol{H}_2\end{pmatrix},\quad \boldsymbol{T}=\begin{pmatrix}-\boldsymbol{J}_\mathrm{m}\\ \boldsymbol{J}_\mathrm{e}\end{pmatrix}$$

$$\boldsymbol{Z}=\begin{pmatrix}\mu_1\boldsymbol{J}_\mathrm{e}\\ \varepsilon_1\boldsymbol{J}_\mathrm{m}\end{pmatrix},\quad w=\begin{pmatrix}\theta_1\rho_\mathrm{e}\\ \vartheta_1\rho_\mathrm{m}\end{pmatrix}$$

矢量波方程为

$$\begin{cases}\nabla\times\nabla\times\boldsymbol{P}_1-k_1^2\boldsymbol{P}_1=\nabla\times\boldsymbol{T}-\mathrm{j}\omega\boldsymbol{Z}\\ \nabla\times\nabla\times\boldsymbol{P}_2-k_2^2\boldsymbol{P}_2=0\end{cases}\tag{9.2.9a}$$

对应的格林函数为

$$\begin{cases}\nabla^2 g_1(\boldsymbol{r},\boldsymbol{r}')+k_1^2 g_1(\boldsymbol{r},\boldsymbol{r}')=-\delta(\boldsymbol{r}-\boldsymbol{r}')\\ \nabla^2 g_2(\boldsymbol{r},\boldsymbol{r}')+k_2^2 g_2(\boldsymbol{r},\boldsymbol{r}')=-\delta(\boldsymbol{r}-\boldsymbol{r}')\end{cases}\tag{9.2.9b}$$

考虑区域 V_1。

将式 (9.2.9) 代入矢量-标量格林定理式 (1.3.15a)，有

$$\begin{aligned}&\int_V\left[g_1\nabla\times\nabla\times\boldsymbol{P}_1+\boldsymbol{P}_1\nabla^2 g_1+(\nabla\cdot\boldsymbol{P}_1)\nabla g_1\right]\mathrm{d}V\\ =&\oint_{S+S_\infty}\left[g_1\boldsymbol{n}_1\times\nabla\times\boldsymbol{P}_1+(\boldsymbol{n}_1\times\boldsymbol{P}_1)\times\nabla g_1+(\boldsymbol{n}_1\cdot\boldsymbol{P}_1)\nabla g_1\right]\mathrm{d}S\end{aligned}$$

先分析体积分项 $\boldsymbol{I}_V$，利用 δ 函数的挑选性，当 $\boldsymbol{r}'\in V_1$ 时，有

$$\boldsymbol{I}_V=-\boldsymbol{P}_1(\boldsymbol{r}')+\int_{V_1}g_1\nabla\times\boldsymbol{T}\mathrm{d}V+\int_{V_1}-\mathrm{j}\omega g_1\boldsymbol{Z}\mathrm{d}V+\int_{V_1}(\nabla\cdot\boldsymbol{P}_1)\nabla g_1\mathrm{d}V\tag{9.2.10}$$

利用恒等式 (1.3.13)

$$\int_V f\nabla\times\boldsymbol{a}\mathrm{d}V=\oint_S f\boldsymbol{n}\times\boldsymbol{a}\mathrm{d}S+\int_V\boldsymbol{a}\times\nabla f\mathrm{d}V$$

式 (9.2.10) 中第一个体积分项为

$$\boldsymbol{I}_{V1}=\int_{V_1}g_1\nabla\times\boldsymbol{T}\mathrm{d}V=\oint_{S+S_\infty}g_1\boldsymbol{n}_1\times\boldsymbol{T}\mathrm{d}S+\int_{V_1}\boldsymbol{T}\times\nabla g_1\mathrm{d}V=\int_{V_1}\boldsymbol{T}\times\nabla g_1\mathrm{d}V$$

上式中面积分为零，是因为在闭合面上不存在源。

式 (9.2.10) 中第三个体积分项为

$$\boldsymbol{I}_{V3} = \int_{V_1} w \nabla g_1 \mathrm{d}V$$

于是有

$$\begin{aligned}\boldsymbol{P}_1(\boldsymbol{r}') = & \int_{V_1} (\boldsymbol{T} \times \nabla g_1 - \mathrm{j}\omega g_1 \boldsymbol{Z} + w \nabla g_1)\,\mathrm{d}V \\ & - \oint_{S+S_\infty} [g_1 \boldsymbol{n}_1 \times \nabla \times \boldsymbol{P}_1 + (\boldsymbol{n}_1 \times \boldsymbol{P}_1) \times \nabla g_1 + (\boldsymbol{n}_1 \cdot \boldsymbol{P}_1) \nabla g_1]\,\mathrm{d}S\end{aligned}$$

式中，积分项内的 $\boldsymbol{P}$ 为 $\boldsymbol{r}$ 的函数，将上式中 $\boldsymbol{r}$ 和 $\boldsymbol{r}'$ 互换，并考虑格林函数的对称性，当 $\boldsymbol{r} \in V_1$ 时，电磁场为

$$\begin{aligned}\boldsymbol{P}_1(\boldsymbol{r}) = & \int_{V_1} (\boldsymbol{T} \times \nabla' g_1 - \mathrm{j}\omega g_1 \boldsymbol{Z} + w \nabla' g_1)\,\mathrm{d}V' \\ & - \oint_{S+S_\infty} [g_1 \boldsymbol{n}_1 \times \nabla' \times \boldsymbol{P}_1 + (\boldsymbol{n}_1 \times \boldsymbol{P}_1) \times \nabla' g_1 + (\boldsymbol{n}_1 \cdot \boldsymbol{P}_1) \nabla' g_1]\,\mathrm{d}S'\end{aligned} \tag{9.2.11}$$

由矢量波辐射条件可知，无限远处面积分为零，则式 (9.2.11) 可以化为

$$\boldsymbol{P}_1(\boldsymbol{r}) = \boldsymbol{P}_{\text{inc}}(\boldsymbol{r}) - \oint_{S} [g_1 \boldsymbol{n}_1 \times \nabla' \times \boldsymbol{P}_1 + (\boldsymbol{n}_1 \times \boldsymbol{P}_1) \times \nabla' g_1 + (\boldsymbol{n}_1 \cdot \boldsymbol{P}_1) \nabla' g_1]\,\mathrm{d}S' \tag{9.2.12}$$

$$\boldsymbol{P}_{\text{inc}}(\boldsymbol{r}) = \int_{V_1} (\boldsymbol{T} \times \nabla' g_1 - \mathrm{j}\omega g_1 \boldsymbol{Z} + w \nabla' g_1)\,\mathrm{d}V' \tag{9.2.13}$$

式 (9.2.12) 中，体积分 $\boldsymbol{P}_{\text{inc}}(\boldsymbol{r})$ 代表区域 V_1 内的源在 $\boldsymbol{r}$ 处产生的场，是当不存在散射体时源产生的入射场，而面积分代表 V_1 外的源在 $\boldsymbol{r}$ 处产生的场，它是 V_1 内的源等于零时的解，即亥姆霍兹方程的齐次解。

若 $\boldsymbol{r} \notin V_1$，则式 (9.2.12) 中 $\boldsymbol{P}_1(\boldsymbol{r}) = 0$

因此，有

$$\begin{aligned}& \boldsymbol{P}_{\text{inc}}(\boldsymbol{r}) - \oint_{S} [g_1 \boldsymbol{n}_1 \times \nabla' \times \boldsymbol{P}_1 + (\boldsymbol{n}_1 \times \boldsymbol{P}_1) \times \nabla' g_1 + (\boldsymbol{n}_1 \cdot \boldsymbol{P}_1) \nabla' g_1]\,\mathrm{d}S' \\ & = \begin{cases} \boldsymbol{P}_1(\boldsymbol{r}), & \boldsymbol{r} \in V_1 \\ 0, & \boldsymbol{r} \in V_2 \end{cases}\end{aligned} \tag{9.2.14a}$$

对第二区作同样的推导，可得

$$-\oint_S \left[g_2\boldsymbol{n}_2\times\nabla'\times\boldsymbol{P}_2+(\boldsymbol{n}_2\times\boldsymbol{P}_2)\times\nabla' g_2+(\boldsymbol{n}_2\cdot\boldsymbol{P}_2)\nabla' g_2\right]\mathrm{d}S' = \begin{cases}\boldsymbol{P}_2(\boldsymbol{r}), & \boldsymbol{r}\in V_2\\ 0, & \boldsymbol{r}\in V_1\end{cases} \tag{9.2.14b}$$

取式 (9.2.14) 下半部分，令 $\boldsymbol{n}_1=-\boldsymbol{n}_2=\boldsymbol{n}$，有

$$\begin{cases}\oint_S \left[g_1\boldsymbol{n}\times\nabla'\times\boldsymbol{P}_1+(\boldsymbol{n}\times\boldsymbol{P}_1)\times\nabla' g_1+(\boldsymbol{n}\cdot\boldsymbol{P}_1)\nabla' g_1\right]\mathrm{d}S'=\boldsymbol{P}_{\mathrm{inc}}(\boldsymbol{r})\\ \oint_S \left[g_2\boldsymbol{n}\times\nabla'\times\boldsymbol{P}_2+(\boldsymbol{n}\times\boldsymbol{P}_2)\times\nabla' g_2+(\boldsymbol{n}\cdot\boldsymbol{P}_2)\nabla' g_2\right]\mathrm{d}S'=0\end{cases} \tag{9.2.15}$$

考虑 $\boldsymbol{P}$ 为 $\boldsymbol{E}$ 的情况。

$$\begin{cases}\oint_S \left[g_1\boldsymbol{n}\times\nabla'\times\boldsymbol{E}_1+(\boldsymbol{n}\times\boldsymbol{E}_1)\times\nabla' g_1+(\boldsymbol{n}\cdot\boldsymbol{E}_1)\nabla' g_1\right]\mathrm{d}S'=\boldsymbol{E}_{\mathrm{inc}}(\boldsymbol{r})\\ \oint_S \left[g_2\boldsymbol{n}\times\nabla'\times\boldsymbol{E}_2+(\boldsymbol{n}\times\boldsymbol{E}_2)\times\nabla' g_2+(\boldsymbol{n}\cdot\boldsymbol{E}_2)\nabla' g_2\right]\mathrm{d}S'=0\end{cases} \tag{9.2.16}$$

代入法拉第电磁感应定律，有

$$\begin{cases}\oint_S \left[-\mathrm{j}\omega\mu_1 g_1\boldsymbol{n}\times\boldsymbol{H}_1+(\boldsymbol{n}\times\boldsymbol{E}_1)\times\nabla' g_1+(\boldsymbol{n}\cdot\boldsymbol{E}_1)\nabla' g_1\right]\mathrm{d}S'=\boldsymbol{E}_{\mathrm{inc}}(\boldsymbol{r})\\ \oint_S \left[-\mathrm{j}\omega\mu_2 g_2\boldsymbol{n}\times\boldsymbol{H}_2+(\boldsymbol{n}\times\boldsymbol{E}_2)\times\nabla' g_2+(\boldsymbol{n}\cdot\boldsymbol{E}_2)\nabla' g_2\right]\mathrm{d}S'=0\end{cases} \tag{9.2.17}$$

式 (9.2.17) 在面 S 上包含三对未知量 $\boldsymbol{n}\cdot\boldsymbol{E}_1$，$\boldsymbol{n}\cdot\boldsymbol{E}_2$，$\boldsymbol{n}\times\boldsymbol{E}_1$，$\boldsymbol{n}\times\boldsymbol{E}_2$，$\boldsymbol{n}\times\boldsymbol{H}_1$，$\boldsymbol{n}\times\boldsymbol{H}_2$，利用边界条件可以先消去三个。这是因为，在交界面上电通密度法向分量、磁场强度切向分量和电场强度切向分量连续，这里假定交界面 S 两侧不包含金属导体，即

$$\begin{cases}\varepsilon_1\,\boldsymbol{n}\cdot\boldsymbol{E}_1|_S=\varepsilon_2\,\boldsymbol{n}\cdot\boldsymbol{E}_2|_S\\ \boldsymbol{n}\times\boldsymbol{E}_1|_S=\boldsymbol{n}\times\boldsymbol{E}_2|_S\\ \boldsymbol{n}\times\boldsymbol{H}_1|_S=\boldsymbol{n}\times\boldsymbol{H}_2|_S\end{cases} \tag{9.2.18}$$

此外，在交界面上，由于 $\varepsilon\boldsymbol{n}\cdot\boldsymbol{E}$ 与 $\boldsymbol{n}\times\boldsymbol{H}$ 不是独立的，通过电流连续性定理联系起来，因此未知量只有两个。

由式 (9.2.13)，则入射波为

$$\boldsymbol{E}_{\text{inc}}(\boldsymbol{r})=\int_{V_1}\left(-\boldsymbol{J}_{\text{m}}\times\nabla' g_1-\text{j}\omega g_1\mu_1\boldsymbol{J}_{\text{e}}+\theta_1\rho_{\text{e}}\nabla' g_1\right)\text{d}V' \tag{9.2.19a}$$

联合式 (9.2.17)、式 (9.2.18) 和式 (9.2.19a)，得到表面波函数 $\boldsymbol{n}\cdot\boldsymbol{E}_1$，$\boldsymbol{n}\cdot\boldsymbol{E}_2$，$\boldsymbol{n}\times\boldsymbol{E}_1$，$\boldsymbol{n}\times\boldsymbol{E}_2$，$\boldsymbol{n}\times\boldsymbol{H}_1$，$\boldsymbol{n}\times\boldsymbol{H}_2$。

取式 (9.2.14) 上半部分，令 $\boldsymbol{n}_1=-\boldsymbol{n}_2=\boldsymbol{n}$，并代入法拉第电磁感应定律，可以得到空间任一点的电场。

这里，列出 V_1 内的电场

$$\boldsymbol{E}_1(\boldsymbol{r})=\boldsymbol{E}_{\text{inc}}(\boldsymbol{r})-\oint_S\left[-\text{j}\omega\mu_1 g_1\boldsymbol{n}\times\boldsymbol{H}_1+(\boldsymbol{n}\times\boldsymbol{E}_1)\times\nabla' g_1+(\boldsymbol{n}\cdot\boldsymbol{E}_1)\nabla' g_1\right]\text{d}S' \tag{9.2.19b}$$

类似地，可以求出磁场

$$\boldsymbol{H}_{\text{inc}}(\boldsymbol{r})=\int_{V_1}\left(\boldsymbol{J}_{\text{e}}\times\nabla' g_1-\text{j}\omega g_1\varepsilon_1\boldsymbol{J}_{\text{m}}+\vartheta_1\rho_{\text{m}}\nabla' g_1\right)\text{d}V' \tag{9.2.20a}$$

$$\boldsymbol{H}_1(\boldsymbol{r})=\boldsymbol{H}_{\text{inc}}(\boldsymbol{r})-\oint_S\left[\boldsymbol{n}\cdot\boldsymbol{H}_1\nabla' g_1+\text{j}\omega g_1\varepsilon_1\boldsymbol{n}\times\boldsymbol{E}_1+(\boldsymbol{n}\times\boldsymbol{H}_1)\times\nabla' g_1\right]\text{d}S' \tag{9.2.20b}$$

在导出磁场过程中，需要注意，在边界面上，$\mu\boldsymbol{n}\cdot\boldsymbol{H}$ 与 $\boldsymbol{n}\times\boldsymbol{E}$ 也不是独立的，它们通过磁流连续性定理联系起来。

9.2.4 分界面上场分量与荷流的关系

针对对称形式的麦克斯韦方程组的四个方程，在体积 V 内作体积分，利用旋度定理和高斯散度定理，可以导出

$$\begin{cases}\displaystyle\oint_S\boldsymbol{n}\times\boldsymbol{E}\text{d}S=\int_V\left(-\boldsymbol{J}_{\text{m}}-\frac{\partial\boldsymbol{B}}{\partial t}\right)\text{d}V\\ \displaystyle\oint_S\boldsymbol{n}\times\boldsymbol{H}\text{d}S=\int_V\left(\boldsymbol{J}_{\text{e}}+\frac{\partial\boldsymbol{D}}{\partial t}\right)\text{d}V\\ \displaystyle\oint_S(\boldsymbol{n}\cdot\boldsymbol{B})\text{d}S=\oint_S\mu(\boldsymbol{n}\cdot\boldsymbol{H})\text{d}S=\int_V\rho_{\text{m}}\text{d}V\\ \displaystyle\oint_S(\boldsymbol{n}\cdot\boldsymbol{D})\text{d}S=\oint_S\varepsilon(\boldsymbol{n}\cdot\boldsymbol{E})\text{d}S=\int_V\rho_{\text{e}}\text{d}V\end{cases} \tag{9.2.21}$$

这里 $\boldsymbol{n}$ 为区域 V 的闭合面 S 的单位外法向矢量。

从式 (9.2.21) 每一方程左右对比，可以看出，边界面上电磁场量的切向或法向分量对应区域中的荷流项。具体来说，如图 9.1.3 所示，对于区域 V_2，$-\boldsymbol{n}_2\times\boldsymbol{E}_2$、

$\boldsymbol{n}_2 \times \boldsymbol{H}_2$、$\mu_2 (\boldsymbol{n}_2 \cdot \boldsymbol{H}_2)$ 和 $\varepsilon_2 (\boldsymbol{n}_2 \cdot \boldsymbol{E}_2)$ 分别表示分界面上的面磁流 $\boldsymbol{J}_{\mathrm{m}s}$、面电流 $\boldsymbol{J}_{\mathrm{e}s}$、面磁荷 $\rho_{\mathrm{m}s}$ 和面电荷 $\rho_{\mathrm{e}s}$。

由于在区域 V_1 和区域 V_2 的边界上，满足电场强度、磁场强度的切向分量连续，磁通密度和电通密度的法向分量连续，即

$$\begin{cases} \boldsymbol{n}_1 \times \boldsymbol{E}_1|_S = -\boldsymbol{n}_2 \times \boldsymbol{E}_2|_S \\ \boldsymbol{n}_1 \times \boldsymbol{H}_1|_S = -\boldsymbol{n}_2 \times \boldsymbol{H}_2|_S \\ \mu_1\, \boldsymbol{n}_1 \cdot \boldsymbol{H}_1|_S = -\mu_2\, \boldsymbol{n}_2 \cdot \boldsymbol{H}_2|_S \\ \varepsilon_1\, \boldsymbol{n}_1 \cdot \boldsymbol{E}_1|_S = -\varepsilon_2\, \boldsymbol{n}_2 \cdot \boldsymbol{E}_2|_S \end{cases}$$

因此，等效源为

$$\begin{cases} \boldsymbol{J}_{\mathrm{m}s} = \boldsymbol{n}_1 \times \boldsymbol{E}_1 \\ \boldsymbol{J}_{\mathrm{e}s} = -\boldsymbol{n}_1 \times \boldsymbol{H}_1 \\ \rho_{\mathrm{m}s} = -\mu_1 (\boldsymbol{n}_1 \cdot \boldsymbol{H}_1) \\ \rho_{\mathrm{e}s} = -\varepsilon_1 (\boldsymbol{n}_1 \cdot \boldsymbol{E}_1) \end{cases} \tag{9.2.22}$$

将式 (9.2.19) 分别按照包含 $(\times\nabla' g_1)$、g_1 和 $\nabla' g_1$ 分为三对积分，每对积分中一个是体积分，一个是面积分。

$$\begin{aligned} \boldsymbol{E}_1(\boldsymbol{r}) = & \int_{V_1} -\boldsymbol{J}_{\mathrm{m}} \times \nabla' g_1 \mathrm{d}V' + \oint_S -\boldsymbol{J}_{\mathrm{m}s} \times \nabla' g_1 \mathrm{d}S' \\ & + \int_{V_1} -\mathrm{j}\omega g_1 \mu_1 \boldsymbol{J}_{\mathrm{e}} \mathrm{d}V' + \oint_S -\mathrm{j}\omega g_1 \mu_1 \boldsymbol{J}_{\mathrm{e}s} \mathrm{d}S' \\ & + \int_{V_1} \theta_1 \rho_{\mathrm{e}} \nabla' g_1 \mathrm{d}V' + \oint_S \theta_1 \rho_{\mathrm{e}s} \nabla' g_1 \mathrm{d}S' \end{aligned} \tag{9.2.23a}$$

类似地，可以求出磁场

$$\begin{aligned} \boldsymbol{H}_1(\boldsymbol{r}) = & \int_{V_1} \boldsymbol{J}_{\mathrm{e}} \times \nabla' g_1 \mathrm{d}V' + \oint_S \boldsymbol{J}_{\mathrm{e}s} \times \nabla' g_1 \mathrm{d}S' \\ & + \int_{V_1} -\mathrm{j}\omega g_1 \varepsilon_1 \boldsymbol{J}_{\mathrm{m}} \mathrm{d}V' + \oint_S -\mathrm{j}\omega g_1 \varepsilon_1 \boldsymbol{J}_{\mathrm{m}s} \mathrm{d}S' \\ & + \int_{V_1} \vartheta_1 \rho_{\mathrm{m}} \nabla' g_1 \mathrm{d}V' + \oint_S \vartheta_1 \rho_{\mathrm{m}s} \nabla' g_1 \mathrm{d}S' \end{aligned} \tag{9.2.23b}$$

可以看出式 (9.2.23) 中面积分项的源为等效面源。利用式 (9.2.23) 可以计算所研究区域内的电磁场。需要知道的条件是：已知电流、磁流、电荷、磁荷，以及边界面 S 上的场值。式中，体积分代表区域 V_1 内的源在 $\boldsymbol{r}$ 处产生的场，而面

积分代表 V_1 外的等效面源 (散射体的表面) 在 $\boldsymbol{r}$ 处产生的场，它是 V_1 内的源等于零时的解，即亥姆霍兹方程的齐次解。

例 9.2.1 试由电性源和磁性源的位函数导出式 (9.2.23)。

解

为简化起见，下面的推导过程中，区域和电磁物质参数 μ、ε、ϑ 和 θ 不再写下角标。

由电磁位函数表示的电磁场为

$$\begin{cases} \boldsymbol{E} = -\nabla\varphi_{\mathrm{e}} - \mathrm{j}\omega\boldsymbol{A} - \theta\nabla\times\boldsymbol{F} \\ \boldsymbol{H} = \vartheta\nabla\times\boldsymbol{A} - \nabla\varphi_{\mathrm{m}} - \mathrm{j}\omega\boldsymbol{F} \end{cases} \tag{9.2.24}$$

电性源和磁性源的位函数为

$$\begin{cases} \varphi_{\mathrm{e}}(\boldsymbol{r}) = \dfrac{1}{4\pi}\displaystyle\int_V \theta\rho_{\mathrm{e}}(\boldsymbol{r}')\frac{\mathrm{e}^{-\mathrm{j}kR}}{R}\mathrm{d}V' + \frac{1}{4\pi}\oint_S \theta\rho_{\mathrm{es}}(\boldsymbol{r}')\frac{\mathrm{e}^{-\mathrm{j}kR}}{R}\mathrm{d}S' \\ \boldsymbol{A}(\boldsymbol{r}) = \dfrac{1}{4\pi}\displaystyle\int_V \mu\boldsymbol{J}_{\mathrm{e}}(\boldsymbol{r}')\frac{\mathrm{e}^{-\mathrm{j}kR}}{R}\mathrm{d}V' + \frac{1}{4\pi}\oint_S \mu\boldsymbol{J}_{\mathrm{es}}(\boldsymbol{r}')\frac{\mathrm{e}^{-\mathrm{j}kR}}{R}\mathrm{d}S' \end{cases} \tag{9.2.25a}$$

$$\begin{cases} \varphi_{\mathrm{m}}(\boldsymbol{r}) = \dfrac{1}{4\pi}\displaystyle\int_V \vartheta\rho_{\mathrm{m}}(\boldsymbol{r}')\frac{\mathrm{e}^{-\mathrm{j}kR}}{R}\mathrm{d}V' + \frac{1}{4\pi}\oint_S \vartheta\rho_{\mathrm{ms}}(\boldsymbol{r}')\frac{\mathrm{e}^{-\mathrm{j}kR}}{R}\mathrm{d}S' \\ \boldsymbol{F}(r) = \dfrac{1}{4\pi}\displaystyle\int_V \varepsilon\boldsymbol{J}_{\mathrm{m}}(\boldsymbol{r}')\frac{\mathrm{e}^{-\mathrm{j}kR}}{R}\mathrm{d}V' + \frac{1}{4\pi}\oint_S \varepsilon\boldsymbol{J}_{\mathrm{ms}}(\boldsymbol{r}')\frac{\mathrm{e}^{-\mathrm{j}kR}}{R}\mathrm{d}S' \end{cases} \tag{9.2.25b}$$

利用式 (9.1.5a)，上式可以简化为

$$\begin{cases} \varphi_{\mathrm{e}}(\boldsymbol{r}) = \displaystyle\int_V \theta\rho_{\mathrm{e}} g\mathrm{d}V' + \oint_S \theta\rho_{\mathrm{es}} g\mathrm{d}S' \\ \boldsymbol{A}(\boldsymbol{r}) = \displaystyle\int_V \mu\boldsymbol{J}_{\mathrm{e}} g\mathrm{d}V' + \oint_S \mu\boldsymbol{J}_{\mathrm{es}} g\mathrm{d}S' \end{cases} \tag{9.2.26a}$$

$$\begin{cases} \varphi_{\mathrm{m}}(\boldsymbol{r}) = \displaystyle\int_V \vartheta\rho_{\mathrm{m}} g\mathrm{d}V' + \oint_S \vartheta\rho_{\mathrm{ms}} g\mathrm{d}S' \\ \boldsymbol{F}(r) = \displaystyle\int_V \varepsilon\boldsymbol{J}_{\mathrm{m}} g\mathrm{d}V' + \oint_S \varepsilon\boldsymbol{J}_{\mathrm{ms}} g\mathrm{d}S' \end{cases} \tag{9.2.26b}$$

因为

$$-\nabla\varphi_{\mathrm{e}} = -\int_V \theta\rho_{\mathrm{e}}\nabla g\mathrm{d}V' - \oint_S \theta\rho_{\mathrm{es}}\nabla g\mathrm{d}S' = \int_V \theta\rho_{\mathrm{e}}\nabla' g\mathrm{d}V' + \oint_S \theta\rho_{\mathrm{es}}\nabla' g\mathrm{d}S' \tag{9.2.27a}$$

$$-\mathrm{j}\omega \boldsymbol{A} = -\int_V \mathrm{j}\omega\mu \boldsymbol{J}_\mathrm{e} g \mathrm{d}V' - \oint_S \mathrm{j}\omega\mu \boldsymbol{J}_\mathrm{es} g \mathrm{d}S' \tag{9.2.27b}$$

第三项为

$$\begin{aligned}
-\theta\nabla\times\boldsymbol{F} &= -\nabla\times\int_V \boldsymbol{J}_\mathrm{m} g \mathrm{d}V' - \nabla\times\oint_S \boldsymbol{J}_\mathrm{ms} g \mathrm{d}S' \\
&= -\int_V \nabla\times(\boldsymbol{J}_\mathrm{m} g)\,\mathrm{d}V' - \oint_S \nabla\times(\boldsymbol{J}_\mathrm{ms} g)\,\mathrm{d}S' \\
&= -\int_V \nabla g\times\boldsymbol{J}_\mathrm{m}\mathrm{d}V' - \oint_S \nabla g\times\boldsymbol{J}_\mathrm{ms}\mathrm{d}S' \\
&= \int_V \nabla' g\times\boldsymbol{J}_\mathrm{m}\mathrm{d}V' + \oint_S \nabla' g\times\boldsymbol{J}_\mathrm{ms}\mathrm{d}S' \\
&= -\int_V \boldsymbol{J}_\mathrm{m}\times\nabla' g\mathrm{d}V' - \oint_S \boldsymbol{J}_\mathrm{ms}\times\nabla' g\mathrm{d}S'
\end{aligned} \tag{9.2.27c}$$

于是，电场强度 $\boldsymbol{E}$ 为

$$\begin{aligned}
\boldsymbol{E}(\boldsymbol{r}) = &\int_V \theta\rho_\mathrm{e}\nabla' g\mathrm{d}V' + \oint_S \theta\rho_\mathrm{es}\nabla' g\mathrm{d}S' \\
&- \int_V \mathrm{j}\omega\mu\boldsymbol{J}_\mathrm{e} g\mathrm{d}V' - \oint_S \mathrm{j}\omega\mu\boldsymbol{J}_\mathrm{es} g\mathrm{d}S' \\
&- \int_V \boldsymbol{J}_\mathrm{m}\times\nabla' g\mathrm{d}V' - \oint_S \boldsymbol{J}_\mathrm{ms}\times\nabla' g\mathrm{d}S'
\end{aligned} \tag{9.2.28}$$

在不考虑下角标的情况下，式 (9.2.28) 与式 (9.2.23a) 是一致的。同理，亦可以导出式 (9.2.23b)。

9.3　矢量波动方程的并矢格林函数积分解

9.3.1　矢量波动方程的并矢格林函数

考虑均匀无界空间的时谐场，电性源 $\boldsymbol{J}_\mathrm{e}$ 激励下的电场矢量波动方程为

$$\nabla\times\nabla\times\boldsymbol{E} - k^2\boldsymbol{E} = -\mathrm{j}\omega\mu\boldsymbol{J}_\mathrm{e} \tag{9.3.1}$$

考虑放置在 $\boldsymbol{r}'$ 处的指向 $i=(x,y,z)$ 方向的电流源，如图 9.3.1 所示。
电流源 $\boldsymbol{J}_\mathrm{e}^{(i)}(\boldsymbol{r}')$ 表示为

$$\boldsymbol{J}_\mathrm{e}^{(i)}(\boldsymbol{r}') = -\frac{1}{\mathrm{j}\omega\mu}\delta(\boldsymbol{r}-\boldsymbol{r}')\boldsymbol{e}_i \tag{9.3.2}$$

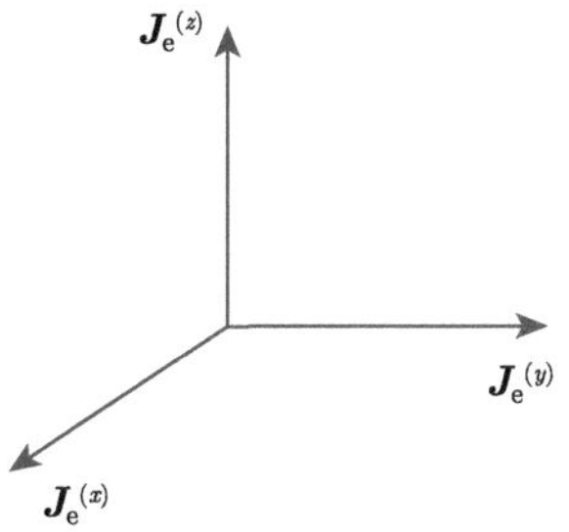

图 9.3.1 指向 x, y, z 三个方向的电流源

电流源在 $\boldsymbol{r}$ 处产生的电场强度为 $\boldsymbol{G}_{\mathrm{e}}^{(i)}(\boldsymbol{r}, \boldsymbol{r}')$，将式 (9.3.2) 代入式 (9.3.1)，有

$$\nabla \times \nabla \times \boldsymbol{G}_{\mathrm{e}}^{(i)}(\boldsymbol{r}, \boldsymbol{r}') - k^2 \boldsymbol{G}_{\mathrm{e}}^{(i)}(\boldsymbol{r}, \boldsymbol{r}') = \delta(\boldsymbol{r} - \boldsymbol{r}') \boldsymbol{e}_i \tag{9.3.3}$$

定义电并矢格林函数

$$\overline{\overline{\boldsymbol{G}}}_{\mathrm{e}}(\boldsymbol{r}, \boldsymbol{r}') = \sum_i \boldsymbol{G}_{\mathrm{e}}^{(i)}(\boldsymbol{r}, \boldsymbol{r}') \boldsymbol{e}_i \tag{9.3.4}$$

其中含有三个矢量格林函数 $\boldsymbol{G}_{\mathrm{e}}^{(i)}(\boldsymbol{r}, \boldsymbol{r}')$。

将式 (9.3.3) 写成并矢形式，得到电并矢波动方程

$$\nabla \times \nabla \times \overline{\overline{\boldsymbol{G}}}_{\mathrm{e}}(\boldsymbol{r}, \boldsymbol{r}') - k^2 \overline{\overline{\boldsymbol{G}}}_{\mathrm{e}}(\boldsymbol{r}, \boldsymbol{r}') = \overline{\overline{\boldsymbol{I}}} \delta(\boldsymbol{r} - \boldsymbol{r}') \tag{9.3.5}$$

与电场矢量波动方程等价的磁场矢量波动方程为

$$\nabla \times \nabla \times \boldsymbol{H} - k^2 \boldsymbol{H} = \nabla \times \boldsymbol{J}_{\mathrm{e}} \tag{9.3.6}$$

若记磁并矢格林函数为 $\overline{\overline{\boldsymbol{G}}}_{\mathrm{m}}(\boldsymbol{r}, \boldsymbol{r}')$，则磁并矢波动方程为

$$\nabla \times \nabla \times \overline{\overline{\boldsymbol{G}}}_{\mathrm{m}}(\boldsymbol{r}, \boldsymbol{r}') - k^2 \overline{\overline{\boldsymbol{G}}}_{\mathrm{m}}(\boldsymbol{r}, \boldsymbol{r}') = \nabla \times \left[\overline{\overline{\boldsymbol{I}}} \delta(\boldsymbol{r} - \boldsymbol{r}')\right] \tag{9.3.7}$$

且有

$$\nabla \times \overline{\overline{\boldsymbol{G}}}_{\mathrm{e}}(\boldsymbol{r}, \boldsymbol{r}') = \overline{\overline{\boldsymbol{G}}}_{\mathrm{m}}(\boldsymbol{r}, \boldsymbol{r}') \tag{9.3.8}$$

例 9.3.1 试导出并矢格林函数与标量格林函数的关系。

解

利用并矢双旋度公式，由式 (9.3.5)，可导出

$$\nabla \nabla \cdot \overline{\overline{\boldsymbol{G}}}_{\mathrm{e}}(\boldsymbol{r}, \boldsymbol{r}') - \left[\nabla^2 \overline{\overline{\boldsymbol{G}}}_{\mathrm{e}}(\boldsymbol{r}, \boldsymbol{r}') + k^2 \overline{\overline{\boldsymbol{G}}}_{\mathrm{e}}(\boldsymbol{r}, \boldsymbol{r}')\right] = \overline{\overline{\boldsymbol{I}}} \delta(\boldsymbol{r} - \boldsymbol{r}') \tag{9.3.9a}$$

对式 (9.3.5) 求散度，有

$$-k^2\nabla\cdot\overline{\overline{\boldsymbol{G}}}_{\mathrm{e}}(\boldsymbol{r},\boldsymbol{r}')=\nabla\cdot\left[\overline{\overline{\boldsymbol{I}}}\delta(\boldsymbol{r}-\boldsymbol{r}')\right]$$

对上式作用 $\dfrac{1}{k^2}\nabla$，有

$$-\nabla\nabla\cdot\overline{\overline{\boldsymbol{G}}}_{\mathrm{e}}(\boldsymbol{r},\boldsymbol{r}')=\frac{1}{k^2}\nabla\nabla\cdot\left[\overline{\overline{\boldsymbol{I}}}\delta(\boldsymbol{r},\boldsymbol{r}')\right]=\frac{1}{k^2}\nabla\nabla\delta(\boldsymbol{r}-\boldsymbol{r}') \tag{9.3.9b}$$

将式 (9.3.9) 中两式相加，有

$$\nabla^2\overline{\overline{\boldsymbol{G}}}_{\mathrm{e}}(\boldsymbol{r},\boldsymbol{r}')+k^2\overline{\overline{\boldsymbol{G}}}_{\mathrm{e}}(\boldsymbol{r},\boldsymbol{r}')=-\left(\overline{\overline{\boldsymbol{I}}}+\frac{1}{k^2}\nabla\nabla\right)\delta(\boldsymbol{r}-\boldsymbol{r}') \tag{9.3.10}$$

标量格林函数 $g(\boldsymbol{r},\boldsymbol{r}')$ 满足的方程为

$$\nabla^2 g(\boldsymbol{r},\boldsymbol{r}')+k^2 g(\boldsymbol{r},\boldsymbol{r}')=-\delta(\boldsymbol{r}-\boldsymbol{r}') \tag{9.3.11}$$

式 (9.3.10) 与式 (9.3.11) 对比，可以得出

$$\overline{\overline{\boldsymbol{G}}}_{\mathrm{e}}(\boldsymbol{r},\boldsymbol{r}')=\left(\overline{\overline{\boldsymbol{I}}}+\frac{1}{k^2}\nabla\nabla\right)g(\boldsymbol{r},\boldsymbol{r}') \tag{9.3.12}$$

9.3.2 并矢格林函数的辐射条件

假定场源限制在均匀无界空间的有限区域内，全部源被闭合面 S 包围，在源区外作一无限大球面 S_∞，在 S_∞ 和 S 之间的区域为研究区域 V，边界为 $S+S_\infty$，外法向单位矢量分别为 $\boldsymbol{n}$，如图 9.1.1 所示。

区域 V 是无源的，电磁场矢量 $\boldsymbol{P}=\begin{pmatrix}\boldsymbol{E}\\ \boldsymbol{H}\end{pmatrix}$ 的波动方程和并矢格林函数方程为

$$\nabla\times\nabla\times\boldsymbol{P}-k^2\boldsymbol{P}=0 \tag{9.3.13a}$$

$$\nabla\times\nabla\times\overline{\overline{\boldsymbol{G}}}_{\mathrm{e}}(\boldsymbol{r},\boldsymbol{r}')=k^2\overline{\overline{\boldsymbol{G}}}_{\mathrm{e}}(\boldsymbol{r},\boldsymbol{r}')+\overline{\overline{\boldsymbol{I}}}\delta(\boldsymbol{r}-\boldsymbol{r}') \tag{9.3.13b}$$

式中，$\overline{\overline{\boldsymbol{I}}}$ 为单位并矢。

将 $\boldsymbol{P}$ 和 $\overline{\overline{\boldsymbol{G}}}_{\mathrm{e}}(\boldsymbol{r},\boldsymbol{r}')$ 代入并矢第二格林定理式 (1.3.10b) 中，有

$$\int_V\left[(\nabla\times\nabla\times\boldsymbol{P})\cdot\overline{\overline{\boldsymbol{G}}}_{\mathrm{e}}-\boldsymbol{P}\cdot\left(\nabla\times\nabla\times\overline{\overline{\boldsymbol{G}}}_{\mathrm{e}}\right)\right]\mathrm{d}V$$

$$= \oint_{S+S_\infty} \left[(\boldsymbol{n} \times \boldsymbol{P}) \cdot \nabla \times \overline{\overline{\boldsymbol{G}}}_{\mathrm{e}} + (\boldsymbol{n} \times \nabla \times \boldsymbol{P}) \cdot \overline{\overline{\boldsymbol{G}}}_{\mathrm{e}} \right] \mathrm{d}S \tag{9.3.14}$$

将式 (9.3.13) 代入式 (9.3.14) 中，有

$$\begin{aligned} \boldsymbol{P}(\boldsymbol{r}') &= \int_V [\boldsymbol{P}\delta(\boldsymbol{r} - \boldsymbol{r}')] \mathrm{d}V \\ &= -\oint_{S+S_\infty} \left[(\boldsymbol{n} \times \boldsymbol{P}) \cdot \nabla \times \overline{\overline{\boldsymbol{G}}}_{\mathrm{e}} + (\boldsymbol{n} \times \nabla \times \boldsymbol{P}) \cdot \overline{\overline{\boldsymbol{G}}}_{\mathrm{e}} \right] \mathrm{d}S \end{aligned} \tag{9.3.15}$$

将式 (9.3.15) 中 $\boldsymbol{r}$ 和 $\boldsymbol{r}'$ 互换，有

$$\boldsymbol{P}(\boldsymbol{r}) = -\oint_{S+S_\infty} \left[(\boldsymbol{n} \times \boldsymbol{P}) \cdot \nabla' \times \overline{\overline{\boldsymbol{G}}}_{\mathrm{e}}(\boldsymbol{r}', \boldsymbol{r}) + (\boldsymbol{n} \times \nabla' \times \boldsymbol{P}) \cdot \overline{\overline{\boldsymbol{G}}}_{\mathrm{e}}(\boldsymbol{r}', \boldsymbol{r}) \right] \mathrm{d}S' \tag{9.3.16}$$

考虑并矢格林函数的互易条件

$$\left[\overline{\overline{\boldsymbol{G}}}_{\mathrm{e}}(\boldsymbol{r}', \boldsymbol{r}) \right]^{\mathrm{T}} = \overline{\overline{\boldsymbol{G}}}_{\mathrm{e}}(\boldsymbol{r}, \boldsymbol{r}'), \quad \left[\nabla' \times \overline{\overline{\boldsymbol{G}}}_{\mathrm{e}}(\boldsymbol{r}', \boldsymbol{r}) \right]^{\mathrm{T}} = \nabla \times \overline{\overline{\boldsymbol{G}}}_{\mathrm{e}}(\boldsymbol{r}, \boldsymbol{r}') \tag{9.3.17}$$

有

$$\boldsymbol{P}(\boldsymbol{r}) = -\oint_{S+S_\infty} \left[\nabla \times \overline{\overline{\boldsymbol{G}}}_{\mathrm{e}} \cdot (\boldsymbol{n} \times \boldsymbol{P}) + \overline{\overline{\boldsymbol{G}}}_{\mathrm{e}} \cdot (\boldsymbol{n} \times \nabla' \times \boldsymbol{P}) \right] \mathrm{d}S' \tag{9.3.18}$$

在不致引起误解的情况下，式 (9.3.18) 仍简记 $\overline{\overline{\boldsymbol{G}}}_{\mathrm{e}}(\boldsymbol{r}, \boldsymbol{r}')$ 为 $\overline{\overline{\boldsymbol{G}}}_{\mathrm{e}}$。

由于只存在辐射场，不存在来自无限远处的内向波，在无限远处电磁场满足辐射条件，因此 S_∞ 上的积分必须为零。根据式 (9.3.1)~ 式 (9.3.3)，可知式 (9.3.4) 中的三个矢量格林函数 $\boldsymbol{G}_{\mathrm{e}}^{(i)}(\boldsymbol{r}, \boldsymbol{r}')$ 均满足辐射条件 (9.2.6d)，有

$$\lim_{R \to \infty} R \left[\nabla \times \boldsymbol{G}_{\mathrm{e}}^{(i)} + \mathrm{j}k\boldsymbol{n} \times \boldsymbol{G}_{\mathrm{e}}^{(i)} \right] = \boldsymbol{0}$$

将三个辐射条件合并在一起，有

$$\lim_{R \to \infty} R \left[\nabla \times \overline{\overline{\boldsymbol{G}}}_{\mathrm{e}} + \mathrm{j}k\boldsymbol{n} \times \overline{\overline{\boldsymbol{G}}}_{\mathrm{e}} \right] = \boldsymbol{0} \tag{9.3.19}$$

式 (9.3.19) 是自由空间并矢格林函数辐射条件。

考虑到辐射边界条件，则无源区内电磁场为

$$\boldsymbol{P}(\boldsymbol{r}) = -\oint_S \left[\nabla \times \overline{\overline{\boldsymbol{G}}}_{\mathrm{e}} \cdot (\boldsymbol{n} \times \boldsymbol{P}) + \overline{\overline{\boldsymbol{G}}}_{\mathrm{e}} \cdot (\boldsymbol{n} \times \nabla' \times \boldsymbol{P}) \right] \mathrm{d}S' \tag{9.3.20}$$

即

$$\begin{cases} \boldsymbol{E}(\boldsymbol{r}) = -\oint_S \left[\nabla \times \overline{\overline{\boldsymbol{G}}}_{\mathrm{e}} \cdot (\boldsymbol{n} \times \boldsymbol{E}) - \mathrm{j}\omega\mu\overline{\overline{\boldsymbol{G}}}_{\mathrm{e}} \cdot (\boldsymbol{n} \times \boldsymbol{H})\right] \mathrm{d}S' \\ \boldsymbol{H}(\boldsymbol{r}) = -\oint_S \left[\nabla \times \overline{\overline{\boldsymbol{G}}}_{\mathrm{e}} \cdot (\boldsymbol{n} \times \boldsymbol{H}) + \mathrm{j}\omega\varepsilon\overline{\overline{\boldsymbol{G}}}_{\mathrm{e}} \cdot (\boldsymbol{n} \times \boldsymbol{E})\right] \mathrm{d}S' \end{cases} \tag{9.3.21}$$

例 9.3.2　证明式 (9.3.20) 与式 (9.2.7a) 是等价的。

证明　令 $\nabla' \times \boldsymbol{P} = \boldsymbol{Q}$，$\boldsymbol{n} \times \nabla' \times \boldsymbol{P} = \boldsymbol{n} \times \boldsymbol{Q} = \boldsymbol{U}$，式 (9.3.20) 可以写为

$$\boldsymbol{P}(\boldsymbol{r}) = -\oint_S \left[\nabla \times \overline{\overline{\boldsymbol{G}}}_{\mathrm{e}} \cdot (\boldsymbol{n} \times \boldsymbol{P}) + \overline{\overline{\boldsymbol{G}}}_{\mathrm{e}} \cdot \boldsymbol{U}\right] \mathrm{d}S' \tag{9.3.22}$$

利用并矢恒等式

$$\nabla \times \left(\varphi\overline{\overline{\boldsymbol{I}}}\right) = \nabla\varphi \times \overline{\overline{\boldsymbol{I}}}$$

$$\overline{\overline{\boldsymbol{I}}} \times \boldsymbol{a} = \boldsymbol{a} \times \overline{\overline{\boldsymbol{I}}}$$

$$\left(\overline{\overline{\boldsymbol{I}}} \times \boldsymbol{a}\right) \cdot \boldsymbol{b} = \boldsymbol{a} \cdot \left(\overline{\overline{\boldsymbol{I}}} \times \boldsymbol{b}\right) = \boldsymbol{a} \times \boldsymbol{b}$$

$$(\boldsymbol{a} \times \boldsymbol{b}) \cdot \overline{\boldsymbol{c}} = \boldsymbol{a} \cdot (\boldsymbol{b} \times \overline{\boldsymbol{c}}) = -\boldsymbol{b} \cdot (\boldsymbol{a} \times \overline{\boldsymbol{c}})$$

并矢格林函数的旋度为

$$\nabla \times \overline{\overline{\boldsymbol{G}}}_{\mathrm{e}} = \nabla \times \left(\overline{\overline{\boldsymbol{I}}}g + \frac{1}{k^2}\nabla\nabla g\right) = \nabla \times \left(g\overline{\overline{\boldsymbol{I}}}\right) = \nabla g \times \overline{\overline{\boldsymbol{I}}} = \overline{\overline{\boldsymbol{I}}} \times \nabla g = -\overline{\overline{\boldsymbol{I}}} \times \nabla' g$$

于是

$$\left(\nabla \times \overline{\overline{\boldsymbol{G}}}_{\mathrm{e}}\right) \cdot (\boldsymbol{n} \times \boldsymbol{P}) = -\left(\overline{\overline{\boldsymbol{I}}} \times \nabla' g\right) \cdot (\boldsymbol{n} \times \boldsymbol{P}) = (\boldsymbol{n} \times \boldsymbol{P}) \times \nabla' g$$

式 (9.3.22) 中第一项积分为

$$\boldsymbol{I}_1 = -\oint_S \left(\nabla \times \overline{\overline{\boldsymbol{G}}}_{\mathrm{e}}\right) \cdot (\boldsymbol{n} \times \boldsymbol{P})\, \mathrm{d}S' = -\oint_S (\boldsymbol{n} \times \boldsymbol{P}) \times \nabla' g \mathrm{d}S'$$

由于

$$\begin{aligned} \overline{\overline{\boldsymbol{G}}}_{\mathrm{e}} \cdot \boldsymbol{U} &= \left(\overline{\overline{\boldsymbol{I}}}g + \frac{1}{k^2}\nabla\nabla g\right) \cdot \boldsymbol{U} = g\boldsymbol{U} + \frac{1}{k^2}\nabla\nabla g \cdot \boldsymbol{U} \\ &= g\boldsymbol{U} + \frac{1}{k^2}\nabla\nabla g \cdot (\boldsymbol{n} \times \boldsymbol{Q}) = g\boldsymbol{n} \times \nabla' \times \boldsymbol{P} + \boldsymbol{n} \cdot \boldsymbol{Q} \times \left(\frac{1}{k^2}\nabla'\nabla' g\right) \end{aligned}$$

式 (9.3.22) 中第二项积分为

$$\boldsymbol{I}_2=-\oint_S\overline{\overline{\boldsymbol{G}}}_{\rm e}\cdot\boldsymbol{U}{\rm d}S'=-\oint_S g\boldsymbol{n}\times\nabla'\times\boldsymbol{P}{\rm d}S'-\oint_S\boldsymbol{n}\cdot\boldsymbol{Q}\times\left(\frac{1}{k^2}\nabla'\nabla'g\right){\rm d}S'$$

将上式分为两项，有

$$\boldsymbol{I}_{21}=-\oint_S g\boldsymbol{n}\times\nabla'\times\boldsymbol{P}{\rm d}S'$$

$$\boldsymbol{I}_{22}=-\oint_S\boldsymbol{n}\cdot\boldsymbol{Q}\times\left(\frac{1}{k^2}\nabla'\nabla'g\right){\rm d}S'$$

利用高斯散度定理，有

$$\begin{aligned}\boldsymbol{I}_{22}&=-\int_V\nabla'\cdot\left[\boldsymbol{Q}\times\left(\frac{1}{k^2}\nabla'\nabla'g\right)\right]{\rm d}V'=-\int_V(\nabla'\times\boldsymbol{Q})\cdot\left(\frac{1}{k^2}\nabla'\nabla'g\right){\rm d}V'\\&=-\int_V(\nabla'\times\nabla'\times\boldsymbol{P})\cdot\left(\frac{1}{k^2}\nabla'\nabla'g\right){\rm d}V'=-\int_V\boldsymbol{P}\cdot\nabla'\nabla'g{\rm d}V'\end{aligned}$$

参考式 (1.3.14)，有

$$\int_V\boldsymbol{P}\cdot\nabla'\nabla'g{\rm d}V'=\oint_S\boldsymbol{n}\cdot\boldsymbol{P}\nabla'g{\rm d}S'$$

于是有

$$\boldsymbol{I}_{22}=-\oint_S\boldsymbol{n}\cdot\boldsymbol{P}\nabla'g{\rm d}S'$$

综合 $\boldsymbol{I}_1$、$\boldsymbol{I}_{21}$ 和 $\boldsymbol{I}_{22}$，有

$$\boldsymbol{P}(\boldsymbol{r})=-\oint_S(\boldsymbol{n}\times\boldsymbol{P})\times\nabla'g{\rm d}S'-\oint_S g\boldsymbol{n}\times\nabla'\times\boldsymbol{P}{\rm d}S'-\oint_S\boldsymbol{n}\cdot\boldsymbol{P}\nabla'g{\rm d}S'\quad(9.3.23)$$

式 (9.3.23) 正是式 (9.2.7a)。

9.3.3 并矢绕射公式

在均匀无界空间中，若假定场源限制在有限区域内，全部源被闭合面 S 包围，在源区外作一无限大球面 S_∞，如图 9.1.2 所示。

在闭合面 S 和 S_∞ 之间是无源区，电磁场满足齐次矢量亥姆霍兹方程。根据式 (9.3.21)，闭合面外任意点 P 的电磁场为

$$\begin{cases}\boldsymbol{E}(\boldsymbol{r})=\oint_S\left[\nabla\times\overline{\overline{\boldsymbol{G}}}_{\rm e}\cdot(\boldsymbol{n}\times\boldsymbol{E})-{\rm j}\omega\mu\overline{\overline{\boldsymbol{G}}}_{\rm e}\cdot(\boldsymbol{n}\times\boldsymbol{H})\right]{\rm d}S'\\\boldsymbol{H}(\boldsymbol{r})=\oint_S\left[\nabla\times\overline{\overline{\boldsymbol{G}}}_{\rm e}\cdot(\boldsymbol{n}\times\boldsymbol{H})+{\rm j}\omega\varepsilon\overline{\overline{\boldsymbol{G}}}_{\rm e}\cdot(\boldsymbol{n}\times\boldsymbol{E})\right]{\rm d}S'\end{cases}\quad(9.3.24)$$

式中，$\boldsymbol{n}$ 为闭合面 S 的外法向单位矢量。

式 (9.3.24) 与式 (9.3.21) 差一负号，该式称为并矢绕射公式。

需要注意，标量绕射、矢量绕射和并矢绕射公式都要求包含波源的面 S 是闭合的。如果对非闭合面进行积分，将会带来误差。

9.3.4 矢量波并矢表面积分方程

如图 9.1.3 所示，在区域 V_1 中包含源，区域 V_2 中不包含源。区域 V_2 的边界为闭合面 S，外法向单位矢量为 $\boldsymbol{n}_2$。区域 V_1 的边界为 $S+S_\infty$，外法向单位矢量为 $\boldsymbol{n}_1$。区域 V_1 和 V_2 的波数分别为 k_1 和 k_2。

根据式 (7.1.5)，在两个区域中，记

$$\boldsymbol{P}_1=\begin{pmatrix}\boldsymbol{E}_1\\ \boldsymbol{H}_1\end{pmatrix},\quad \boldsymbol{P}_2=\begin{pmatrix}\boldsymbol{E}_2\\ \boldsymbol{H}_2\end{pmatrix},\quad \boldsymbol{T}=\begin{pmatrix}-\boldsymbol{J}_{\mathrm{m}}\\ \boldsymbol{J}_{\mathrm{e}}\end{pmatrix}$$

$$\boldsymbol{Z}=\begin{pmatrix}\mu_1\boldsymbol{J}_{\mathrm{e}}\\ \varepsilon_1\boldsymbol{J}_{\mathrm{m}}\end{pmatrix},\quad w=\begin{pmatrix}\theta_1\rho_{\mathrm{e}}\\ \vartheta_1\rho_{\mathrm{m}}\end{pmatrix}$$

矢量波方程为

$$\begin{cases}\nabla\times\nabla\times\boldsymbol{P}_1-k_1^2\boldsymbol{P}_1=\nabla\times\boldsymbol{T}-\mathrm{j}\omega\boldsymbol{Z}\\ \nabla\times\nabla\times\boldsymbol{P}_2-k_2^2\boldsymbol{P}_2=0\end{cases}\tag{9.3.25a}$$

对应的并矢格林函数方程为

$$\begin{cases}\nabla\times\nabla\times\overline{\overline{\boldsymbol{G}}}_{\mathrm{e}1}(\boldsymbol{r},\boldsymbol{r}')-k_1^2\overline{\overline{\boldsymbol{G}}}_{\mathrm{e}1}(\boldsymbol{r},\boldsymbol{r}')=\overline{\overline{\boldsymbol{I}}}\delta(\boldsymbol{r}-\boldsymbol{r}')\\ \nabla\times\nabla\times\overline{\overline{\boldsymbol{G}}}_{\mathrm{e}2}(\boldsymbol{r},\boldsymbol{r}')-k_2^2\overline{\overline{\boldsymbol{G}}}_{\mathrm{e}2}(\boldsymbol{r},\boldsymbol{r}')=\overline{\overline{\boldsymbol{I}}}\delta(\boldsymbol{r}-\boldsymbol{r}')\end{cases}\tag{9.3.25b}$$

考虑区域 V_1。

将式 (9.3.25) 代入并矢第二格林定理式 (1.3.10b)，利用 δ 函数的挑选性，以及辐射条件，当 $\boldsymbol{r}'\in V_1$ 时，有

$$\begin{aligned}\boldsymbol{P}_1(\boldsymbol{r}')=&\int_{V_1}(\nabla\times\boldsymbol{T}-\mathrm{j}\omega\boldsymbol{Z})\cdot\overline{\overline{\boldsymbol{G}}}_{\mathrm{e}1}\mathrm{d}V\\ &-\oint_S\left[(\boldsymbol{n}_1\times\boldsymbol{P}_1)\cdot\nabla\times\overline{\overline{\boldsymbol{G}}}_{\mathrm{e}1}+(\boldsymbol{n}_1\times\nabla\times\boldsymbol{P}_1)\cdot\overline{\overline{\boldsymbol{G}}}_{\mathrm{e}1}\right]\mathrm{d}S\end{aligned}\tag{9.3.26}$$

式中，积分项内的 $\boldsymbol{T}$、$\boldsymbol{Z}$ 和 $\boldsymbol{P}_1$ 是 $\boldsymbol{r}$ 的函数，将上式中 $\boldsymbol{r}$ 和 $\boldsymbol{r}'$ 互换，并考虑格林函数的互易条件，当 $\boldsymbol{r}\in V_1$ 时，电磁场为

$$\boldsymbol{P}_1(\boldsymbol{r})=\boldsymbol{P}_{\mathrm{inc}}(\boldsymbol{r})-\oint_S\left[\nabla\times\overline{\overline{\boldsymbol{G}}}_{\mathrm{e}1}\cdot(\boldsymbol{n}_1\times\boldsymbol{P}_1)+\overline{\overline{\boldsymbol{G}}}_{\mathrm{e}1}\cdot(\boldsymbol{n}_1\times\nabla'\times\boldsymbol{P}_1)\right]\mathrm{d}S'\tag{9.3.27}$$

$$\boldsymbol{P}_{\text{inc}}(\boldsymbol{r})=\int_{V_1}\overline{\overline{\boldsymbol{G}}}_{\text{e}1}\cdot(\nabla'\times\boldsymbol{T}-\text{j}\omega\boldsymbol{Z})\,\text{d}V' \tag{9.3.28}$$

式 (9.3.27) 中，体积分 $\boldsymbol{P}_{\text{inc}}(\boldsymbol{r})$ 代表区域 V_1 内的源在 $\boldsymbol{r}$ 处产生的场，是当不存在散射体时源产生的入射场，而面积分代表 V_1 外的源在 $\boldsymbol{r}$ 处产生的场，它是 V_1 内的源等于零时的解，即亥姆霍兹方程的齐次解。

若 $\boldsymbol{r}\notin V_1$，则式 (9.3.27) 中 $\boldsymbol{P}_1(\boldsymbol{r})=0$

因此，有

$$\boldsymbol{P}_{\text{inc}}(\boldsymbol{r})-\oint_S\left[\nabla\times\overline{\overline{\boldsymbol{G}}}_{\text{e}1}\cdot(\boldsymbol{n}_1\times\boldsymbol{P}_1)+\overline{\overline{\boldsymbol{G}}}_{\text{e}1}\cdot(\boldsymbol{n}_1\times\nabla'\times\boldsymbol{P}_1)\right]\text{d}S'$$
$$=\begin{cases}\boldsymbol{P}_1(\boldsymbol{r}), & \boldsymbol{r}\in V_1\\ 0, & \boldsymbol{r}\in V_2\end{cases} \tag{9.3.29a}$$

对第二区作同样的推导，可得

$$-\oint_S\left[\nabla\times\overline{\overline{\boldsymbol{G}}}_{\text{e}2}\cdot(\boldsymbol{n}_2\times\boldsymbol{P}_2)+\overline{\overline{\boldsymbol{G}}}_{\text{e}2}\cdot(\boldsymbol{n}_2\times\nabla'\times\boldsymbol{P}_2)\right]\text{d}S'=\begin{cases}\boldsymbol{P}_2(\boldsymbol{r}), & \boldsymbol{r}\in V_2\\ 0, & \boldsymbol{r}\in V_1\end{cases} \tag{9.3.29b}$$

取式 (9.3.29) 下半部分，令 $\boldsymbol{n}_1=-\boldsymbol{n}_2=\boldsymbol{n}$，有

$$\begin{cases}\displaystyle\oint_S\left[\nabla\times\overline{\overline{\boldsymbol{G}}}_{\text{e}1}\cdot(\boldsymbol{n}\times\boldsymbol{P}_1)+\overline{\overline{\boldsymbol{G}}}_{\text{e}1}\cdot(\boldsymbol{n}\times\nabla'\times\boldsymbol{P}_1)\right]\text{d}S'=\boldsymbol{P}_{\text{inc}}(\boldsymbol{r})\\ \displaystyle\oint_S\left[\nabla\times\overline{\overline{\boldsymbol{G}}}_{\text{e}2}\cdot(\boldsymbol{n}\times\boldsymbol{P}_2)+\overline{\overline{\boldsymbol{G}}}_{\text{e}2}\cdot(\boldsymbol{n}\times\nabla'\times\boldsymbol{P}_2)\right]\text{d}S'=0\end{cases} \tag{9.3.30}$$

式 (9.3.30) 在面 S 上包含四个未知量 $\boldsymbol{n}\times\boldsymbol{P}_1$, $\boldsymbol{n}\times\boldsymbol{P}_2$, $\boldsymbol{n}\times\nabla'\times\boldsymbol{P}_1$, $\boldsymbol{n}\times\nabla'\times\boldsymbol{P}_1$，利用边界条件可以消去两个，即

$$\begin{cases}\boldsymbol{n}\times\boldsymbol{P}_1|_S=\boldsymbol{n}\times\boldsymbol{P}_2|_S\\ \boldsymbol{n}\times\nabla'\times\boldsymbol{P}_1|_S=\boldsymbol{n}\times\nabla'\times\boldsymbol{P}_1|_S\end{cases} \tag{9.3.31}$$

举例来说，将 $\boldsymbol{P}$ 换成 $\boldsymbol{E}$，有

$$\begin{cases}\displaystyle\oint_S\left[\nabla\times\overline{\overline{\boldsymbol{G}}}_{\text{e}1}\cdot(\boldsymbol{n}\times\boldsymbol{E}_1)-\text{j}\omega\mu\overline{\overline{\boldsymbol{G}}}_{\text{e}1}\cdot(\boldsymbol{n}\times\boldsymbol{H}_1)\right]\text{d}S'=\boldsymbol{E}_{\text{inc}}(\boldsymbol{r})\\ \displaystyle\oint_S\left[\nabla\times\overline{\overline{\boldsymbol{G}}}_{\text{e}2}\cdot(\boldsymbol{n}\times\boldsymbol{E}_2)-\text{j}\omega\mu\overline{\overline{\boldsymbol{G}}}_{\text{e}2}\cdot(\boldsymbol{n}\times\boldsymbol{H}_2)\right]\text{d}S'=0\end{cases} \tag{9.3.32}$$

边界条件为

$$\begin{cases}\boldsymbol{n}\times\boldsymbol{E}_1|_S=\boldsymbol{n}\times\boldsymbol{E}_2|_S\\ \boldsymbol{n}\times\boldsymbol{H}_1|_S=\boldsymbol{n}\times\boldsymbol{H}_2|_S\end{cases} \tag{9.3.33}$$

在交界面上，磁场强度切向分量或电场强度切向分量连续，这里假定交界面 S 两侧不包含金属导体。

磁场强度相关的方程，亦可以利用对偶原理，由对应的电场强度方程中导出。

例 9.3.3　试从并矢格林函数积分表达式 (9.3.27) 导出式 (9.2.12)。

证明

式 (9.3.27) 和式 (9.2.12) 中的面积分项等价，可以参考例题 9.3.2 证明，因此只需证明两式的体积分项等价即可，也就是证明式 (9.3.28) 与式 (9.2.13) 等价。

利用并矢格林函数的互易条件，式 (9.3.28) 化为

$$\boldsymbol{P}_{\text{inc}}(\boldsymbol{r}) = \int_{V_1} (\nabla' \times \boldsymbol{T} - \mathrm{j}\omega \boldsymbol{Z}) \cdot \overline{\overline{\boldsymbol{G}}}_{\mathrm{e}1}(\boldsymbol{r}', \boldsymbol{r})\, \mathrm{d}V' \tag{9.3.34}$$

被积函数分为三项

$$\begin{aligned}\boldsymbol{f} &= (\nabla' \times \boldsymbol{T} - \mathrm{j}\omega \boldsymbol{Z}) \cdot \left(\overline{\overline{\boldsymbol{I}}} g_1 + \frac{1}{k_1^2}\nabla'\nabla' g_1\right) \\ &= g_1 \nabla' \times \boldsymbol{T} - \mathrm{j}\omega g_1 \boldsymbol{Z} + (\nabla' \times \boldsymbol{T} - \mathrm{j}\omega \boldsymbol{Z}) \cdot \frac{1}{k_1^2}\nabla'\nabla' g_1\end{aligned}$$

利用式 (1.3.13)

$$\int_V f \nabla \times \boldsymbol{a} \mathrm{d}V = \oint_S f \boldsymbol{n} \times \boldsymbol{a} \mathrm{d}S + \int_V \boldsymbol{a} \times \nabla f \mathrm{d}V$$

第一项积分为

$$\boldsymbol{I}_1 = \int_{V_1} g_1 \nabla' \times \boldsymbol{T} \mathrm{d}V' = \oint_{S+S_\infty} g_1 \boldsymbol{n} \times \boldsymbol{T} \mathrm{d}S' + \int_V \boldsymbol{T} \times \nabla' g_1 \mathrm{d}V' = \int_V \boldsymbol{T} \times \nabla' g_1 \mathrm{d}V' \tag{9.3.35}$$

式 (9.3.35) 中面积分为零，是因为边界面上没有激励源。

第二项积分为

$$\boldsymbol{I}_2 = \int_{V_1} -\mathrm{j}\omega g_1 \boldsymbol{Z} \mathrm{d}V' \tag{9.3.36}$$

第三项积分为

$$\boldsymbol{I}_3 = \int_{V_1} (\nabla' \times \boldsymbol{T} - \mathrm{j}\omega \boldsymbol{Z}) \cdot \frac{1}{k_1^2}\nabla'\nabla' g_1 \mathrm{d}V'$$

利用式 (1.3.14)

$$\int_V \boldsymbol{a} \cdot \nabla\nabla f \mathrm{d}V = \oint_S \boldsymbol{n} \cdot \boldsymbol{a} \nabla f \mathrm{d}S - \int_V (\nabla \cdot \boldsymbol{a}) \nabla f \mathrm{d}V$$

对第三项积分的两部分分别处理

$$\begin{aligned}\boldsymbol{I}_{31} &= \int_{V_1} (\nabla' \times \boldsymbol{T}) \cdot \frac{1}{k_1^2} \nabla' \nabla' g_1 \mathrm{d}V' \\ &= \oint_{\boldsymbol{S}+\boldsymbol{S}_\infty} \boldsymbol{n} \cdot (\nabla' \times \boldsymbol{T}) \frac{1}{k_1^2} \nabla' \boldsymbol{g}_1 \mathrm{d}\boldsymbol{S}' - \int_V \frac{1}{k_1^2} \nabla \cdot (\nabla' \times \boldsymbol{T}) \nabla' \boldsymbol{g}_1 \mathrm{d}\boldsymbol{V}' = \mathbf{0}\end{aligned} \tag{9.3.37a}$$

$$\begin{aligned}\boldsymbol{I}_{32} &= \int_{V_1} -\mathrm{j}\omega \boldsymbol{Z} \cdot \frac{1}{k_1^2} \nabla' \nabla' g_1 \mathrm{d}V' \\ &= \oint_{S+S_\infty} -\boldsymbol{n} \cdot \mathrm{j}\omega \boldsymbol{Z} \frac{1}{k_1^2} \nabla' g_1 \mathrm{d}S' - \int_V \frac{1}{k_1^2} \nabla \cdot (-\mathrm{j}\omega \boldsymbol{Z}) \nabla' g_1 \mathrm{d}V' \\ &= \int_V \mathrm{j}\omega \frac{1}{k_1^2} (\nabla' \cdot \boldsymbol{Z}) \nabla' \boldsymbol{g}_1 \mathrm{d}\boldsymbol{V}'\end{aligned} \tag{9.3.37b}$$

上式中面积分为零，是因为边界面上没有激励源。

由于

$$\boldsymbol{Z} = \begin{pmatrix} \mu_1 \boldsymbol{J}_\mathrm{e} \\ \varepsilon_1 \boldsymbol{J}_\mathrm{m} \end{pmatrix}, \quad w = \begin{pmatrix} \theta_1 \rho_\mathrm{e} \\ \vartheta_1 \rho_\mathrm{m} \end{pmatrix}$$

考虑连续性定理，则有

$$\nabla' \cdot \boldsymbol{Z} = \begin{pmatrix} \mu_1 \nabla' \cdot \boldsymbol{J}_\mathrm{e} \\ \varepsilon_1 \nabla' \cdot \boldsymbol{J}_\mathrm{m} \end{pmatrix} = -\mathrm{j}\omega \begin{pmatrix} \mu_1 \rho_\mathrm{e} \\ \varepsilon_1 \rho_\mathrm{m} \end{pmatrix} = -\mathrm{j}\omega \mu_1 \varepsilon_1 \begin{pmatrix} \theta_1 \rho_\mathrm{e} \\ \vartheta_1 \rho_\mathrm{m} \end{pmatrix} = -\mathrm{j}\omega \mu_1 \varepsilon_1 w \tag{9.3.38}$$

第三项积分进一步化为

$$\boldsymbol{I}_3 = \boldsymbol{I}_{32} = \int_V w \nabla' g_1 \mathrm{d}V' \tag{9.3.39}$$

综合三项积分有

$$\boldsymbol{P}_\mathrm{inc}(\boldsymbol{r}) = \int_V \boldsymbol{T} \times \nabla' g_1 \mathrm{d}V' + \int_{V_1} -\mathrm{j}\omega g_1 \boldsymbol{Z} \mathrm{d}V' + \int_V w \nabla' g_1 \mathrm{d}V'$$

上式正是式 (9.2.13)。

9.3.5 矢量波体积分方程

如图 9.1.4 所示，设源所在区域为 V_S，有界区域 V 中的非均匀介质的介电常量和磁导率分别为 $\varepsilon(\boldsymbol{r})$ 和 $\mu(\boldsymbol{r})$，波数平方为 $k^2(\boldsymbol{r}) = \omega^2 \mu(\boldsymbol{r}) \varepsilon(\boldsymbol{r})$，区域 V 外

部介质的介电常量和磁导率分别为 ε_b 和 μ_b，波数平方为 $k_b^2=\omega^2\mu_b\varepsilon_b$，$\vartheta=\mu^{-1}$，$\vartheta_b=\mu_b^{-1}$。

参考式 (7.1.8)，只考虑电性源，电场波动方程为

$$\nabla\times(\vartheta\nabla\times\boldsymbol{E})-\omega^2\varepsilon\boldsymbol{E}=-\mathrm{j}\omega\boldsymbol{J}_{\mathrm{e}} \tag{9.3.40a}$$

并矢格林函数满足

$$\nabla\times\left[\vartheta_b\nabla\times\overline{\overline{\boldsymbol{G}}}_{\mathrm{e}}(\boldsymbol{r},\boldsymbol{r}')\right]-\omega^2\varepsilon_b\overline{\overline{\boldsymbol{G}}}_{\mathrm{e}}(\boldsymbol{r},\boldsymbol{r}')=\vartheta_b\overline{\overline{\boldsymbol{I}}}\delta(\boldsymbol{r}-\boldsymbol{r}') \tag{9.3.40b}$$

式 (9.3.40a) 改写为

$$\nabla\times(\vartheta_b\nabla\times\boldsymbol{E})-\omega^2\varepsilon_b\boldsymbol{E}=-\mathrm{j}\omega\boldsymbol{J}_{\mathrm{e}}+\omega^2(\varepsilon-\varepsilon_b)\boldsymbol{E}-\nabla\times[(\vartheta-\vartheta_b)\nabla\times\boldsymbol{E}]$$

上式右端可视为等效源，则有

$$\boldsymbol{E}(\boldsymbol{r})=\boldsymbol{E}_{\mathrm{inc}}(\boldsymbol{r})+\int_V\omega^2(\varepsilon-\varepsilon_b)\mu_b\overline{\overline{\boldsymbol{G}}}_{\mathrm{e}}\cdot\boldsymbol{E}\mathrm{d}V'-\int_V\mu_b\overline{\overline{\boldsymbol{G}}}_{\mathrm{e}}\cdot\nabla'\times[(\vartheta-\vartheta_b)\nabla'\times\boldsymbol{E}]\mathrm{d}V' \tag{9.3.41}$$

$$\boldsymbol{E}_{\mathrm{inc}}(\boldsymbol{r})=-\int_{V_S}\mathrm{j}\omega\mu_b\overline{\overline{\boldsymbol{G}}}_{\mathrm{e}}\cdot\boldsymbol{J}_{\mathrm{e}}\mathrm{d}V' \tag{9.3.42}$$

式 (9.3.42) 为入射场。

当磁导率为常数时，有

$$\boldsymbol{E}(\boldsymbol{r})=\boldsymbol{E}_{\mathrm{inc}}(\boldsymbol{r})+\int_V\left[k^2(\boldsymbol{r}')-k_b^2\right]\overline{\overline{\boldsymbol{G}}}_{\mathrm{e}}\cdot\boldsymbol{E}\mathrm{d}V' \tag{9.3.43}$$

因为激励源已知，所以通常 $\boldsymbol{E}_{\mathrm{inc}}$ 是已知的，如果知道区域 V 中的总场 $\boldsymbol{E}(\boldsymbol{r})$，则空间任意点的场均可求得。而实际上 $\boldsymbol{E}(\boldsymbol{r})$ 为未知量，可以将区域限定在 V 中。

$$\boldsymbol{E}_{\mathrm{inc}}(\boldsymbol{r})=\boldsymbol{E}(\boldsymbol{r})-\int_V\left[k^2(\boldsymbol{r}')-k_b^2\right]\overline{\overline{\boldsymbol{G}}}_{\mathrm{e}}\cdot\boldsymbol{E}\mathrm{d}V' \tag{9.3.44}$$

上述方程为体积积分方程，即第二类弗雷德霍姆方程，未知量既出现在积分内又出现在积分外。

习 题

9.1 试证一维、二维和三维标量波动方程的格林函数分别为

$$g(x,x')=-\frac{\mathrm{j}}{2k}\mathrm{e}^{-\mathrm{j}k|x-x'|}$$

$$g\left(\boldsymbol{\rho}, \boldsymbol{\rho}'\right) = -\frac{\mathrm{j}}{4} H_0^2\left(\left|\boldsymbol{\rho} - \boldsymbol{\rho}'\right|\right)$$

$$g\left(\boldsymbol{r}, \boldsymbol{r}'\right) = \frac{\mathrm{e}^{-\mathrm{j}k\left|\boldsymbol{r}-\boldsymbol{r}'\right|}}{4\pi\left|\boldsymbol{r}-\boldsymbol{r}'\right|}$$

式中，x'、$\boldsymbol{\rho}'$ 和 $\boldsymbol{r}'$ 分别表示直角坐标系、圆柱坐标系和球坐标系下的源点坐标，x、$\boldsymbol{\rho}$ 和 $\boldsymbol{r}$ 表示对应坐标系下的场点坐标。

9.2　试导出球面波、柱面波和平面波的索末菲辐射条件

$$\lim_{r\to\infty} r\left(\frac{\partial\varphi}{\partial r} + \mathrm{j}k\varphi\right) = 0$$

$$\lim_{\rho\to\infty} \sqrt{\rho}\left(\frac{\partial\varphi}{\partial\rho} + \mathrm{j}k\varphi\right) = 0$$

$$\lim_{z\to\pm\infty} z\left(\frac{\partial\varphi}{\partial z} \pm \mathrm{j}k\varphi\right) = 0$$

9.3　证明无界的均匀介质的并矢格林函数满足

$$\nabla\times\overline{\overline{\boldsymbol{G}}}_{\mathrm{e}}\left(\boldsymbol{r},\boldsymbol{r}'\right) = \nabla\times\left[\overline{\overline{\boldsymbol{I}}}g\left(\boldsymbol{r},\boldsymbol{r}'\right)\right] = -\nabla'\times\left[\overline{\overline{\boldsymbol{I}}}g\left(\boldsymbol{r},\boldsymbol{r}'\right)\right]$$

9.4　试推导磁场强度的矢量波体积分方程。

9.5　证明矢量绕射式与标量绕射式是等同的。

9.6　证明并矢绕射式与标量绕射式是等同的。

9.7　证明推迟势 $\varphi\left(\boldsymbol{r},t\right) = \dfrac{1}{4\pi\varepsilon}\displaystyle\int_V \frac{\rho\left(\boldsymbol{r}', t-\dfrac{R}{c}\right)}{R}\mathrm{d}V'$ 满足非齐次波动方程 $\nabla^2\varphi\left(\boldsymbol{r},t\right) - \dfrac{1}{c^2}\dfrac{\partial^2}{\partial t^2}\varphi\left(\boldsymbol{r},t\right) = -\dfrac{\rho\left(\boldsymbol{r},t\right)}{\varepsilon}$。

9.8　已知小环形天线上的电流密度为 $\boldsymbol{J}\left(\boldsymbol{r}\right) = I\delta\left(\rho-a\right)\delta\left(z\right)\boldsymbol{e}_{\varphi}$，$a$ 为天线的半径，I 为电流，试用并矢格林函数求解无界空间的场 $\boldsymbol{E}\left(\boldsymbol{r}\right)$ 和 $\boldsymbol{H}\left(\boldsymbol{r}\right)$。

9.9　在矢量格林定理式 (1.3.8b) 中，分别令

$$\begin{cases} \boldsymbol{b} = \boldsymbol{E}\left(\boldsymbol{r}\right), \\ \boldsymbol{a} = g\boldsymbol{c}\left(\boldsymbol{r}\right), \end{cases} \qquad \begin{cases} \boldsymbol{b} = \boldsymbol{E}\left(\boldsymbol{r}\right) \\ \boldsymbol{a} = \nabla g\times\boldsymbol{c}\left(\boldsymbol{r}\right) \end{cases}$$

式中，g 为标量格林函数。试证明，由前一种取法，表面积分方程式中同时出现 $\boldsymbol{n}\cdot\boldsymbol{E}$、$\boldsymbol{n}\times\boldsymbol{E}$ 与 $\boldsymbol{n}\times\boldsymbol{H}$ 项，由后一种取法，则只有 $\boldsymbol{n}\times\boldsymbol{E}$ 与 $\boldsymbol{n}\times\boldsymbol{H}$ 项。

9.10　试证明，无损耗介质中，沿任意方向传播的均匀平面波在任何时刻任何地点，电场储能密度等于磁场储能密度。

第 10 章 电磁波的辐射与传播

本章重点介绍电磁波的辐射与传播。包括辐射场的多极展开、电偶极辐射与磁偶极辐射，以及电磁波在有耗介质、导电介质和波导中的传播。

10.1 有限分布源产生的场

10.1.1 有限分布源产生的电磁场

有限分布源如图 10.1.1 所示。

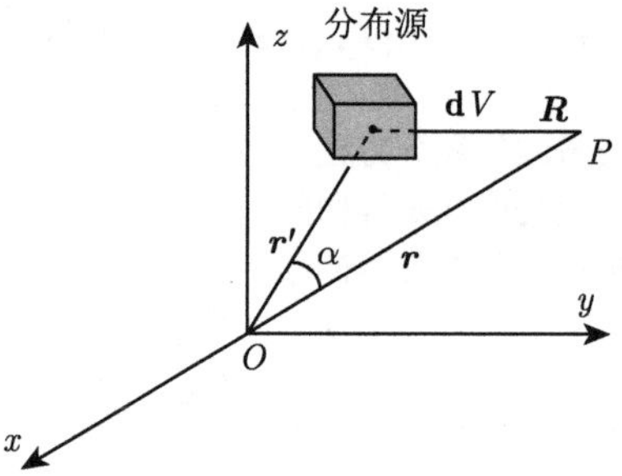

图 10.1.1 有限分布源

参考式 (9.2.13)，略去下角标 1，有

$$\boldsymbol{P}(\boldsymbol{r})=\int_V(\boldsymbol{T}\times\nabla' g-\mathrm{j}\omega g\boldsymbol{Z}+w\nabla' g)\,\mathrm{d}V' \tag{10.1.1a}$$

式 (10.1.1a) 中既包含流源也包含荷源，前两项为流源，第三项为荷源。具体为

$$\boldsymbol{T}=\begin{pmatrix}-\boldsymbol{J}_{\mathrm{m}}\\ \boldsymbol{J}_{\mathrm{e}}\end{pmatrix},\quad \boldsymbol{Z}=\begin{pmatrix}\mu\boldsymbol{J}_{\mathrm{e}}\\ \varepsilon\boldsymbol{J}_{\mathrm{m}}\end{pmatrix},\quad w=\begin{pmatrix}\theta\rho_{\mathrm{e}}\\ \vartheta\rho_{\mathrm{m}}\end{pmatrix} \tag{10.1.1b}$$

式 (10.1.1a) 中的第三项积分正是式 (9.3.39) 中的 $\boldsymbol{I}_{32}$，参考式 (9.3.37b)，该项积分化为

$$\int_V w\nabla' g\mathrm{d}V'=\int_V -\mathrm{j}\omega\boldsymbol{Z}\cdot\frac{1}{k^2}\nabla'\nabla' g\mathrm{d}V'=\int_V\frac{1}{\mathrm{j}\omega\mu\varepsilon}\boldsymbol{Z}\cdot\nabla'\nabla' g\mathrm{d}V'$$

于是

$$\boldsymbol{P}(\boldsymbol{r})=\int_V\left(\boldsymbol{T}\times\nabla' g-\mathrm{j}\omega g\boldsymbol{Z}+\frac{1}{\mathrm{j}\omega\mu\varepsilon}\boldsymbol{Z}\cdot\nabla'\nabla' g\right)\mathrm{d}V' \tag{10.1.2}$$

式 (10.1.2) 中只有流源。

参考式 (9.1.5a) 和式 (9.1.10)，标量格林函数为

$$g(\boldsymbol{r},\boldsymbol{r}')=\frac{\mathrm{e}^{-\mathrm{j}kR}}{4\pi R} \tag{10.1.3a}$$

标量格林函数的梯度为

$$\nabla' g=\nabla'\frac{\mathrm{e}^{-\mathrm{j}kR}}{4\pi R}=\frac{1}{4\pi}\left(\mathrm{j}k+\frac{1}{R}\right)\frac{\mathrm{e}^{-\mathrm{j}kR}}{R}\boldsymbol{e}_R=\left(\mathrm{j}k+\frac{1}{R}\right)g\boldsymbol{e}_R \tag{10.1.3b}$$

矢量 $\nabla' g$ 的梯度为

$$\begin{aligned}\nabla'\nabla' g&=\nabla'\nabla'\frac{\mathrm{e}^{-\mathrm{j}kR}}{4\pi R}\\&=\nabla'\left[\left(\mathrm{j}k+\frac{1}{R}\right)g\boldsymbol{e}_R\right]=\nabla'\left[\left(\mathrm{j}k+\frac{1}{R}\right)g\right]\boldsymbol{e}_R+\left(\mathrm{j}k+\frac{1}{R}\right)g\nabla'\boldsymbol{e}_R\end{aligned}$$

式中

$$\nabla'\left[\left(\mathrm{j}k+\frac{1}{R}\right)g\right]=\nabla'\left[\left(\mathrm{j}k+\frac{1}{R}\right)\right]g+\left(\mathrm{j}k+\frac{1}{R}\right)\nabla' g=\left(-k^2+\frac{2\mathrm{j}k}{R}+\frac{2}{R^2}\right)g\boldsymbol{e}_R$$

$$\nabla'\boldsymbol{e}_R=\nabla'\frac{\boldsymbol{R}}{R}=\frac{1}{R}\nabla'\boldsymbol{R}+\boldsymbol{R}\nabla'\frac{1}{R}=-\frac{\overline{\overline{\boldsymbol{I}}}}{R}+\frac{\boldsymbol{e}_R\boldsymbol{e}_R}{R}$$

式中，$\overline{\overline{\boldsymbol{I}}}$ 为单位并矢。

于是

$$\nabla'\left[\left(\mathrm{j}k+\frac{1}{R}\right)g\right]\boldsymbol{e}_R=\left(-k^2+\frac{2\mathrm{j}k}{R}+\frac{2}{R^2}\right)g\boldsymbol{e}_R\boldsymbol{e}_R$$

$$\left(\mathrm{j}k+\frac{1}{R}\right)g\nabla'\boldsymbol{e}_R=-\left(\mathrm{j}k\frac{1}{R}+\frac{1}{R^2}\right)g\overline{\overline{\boldsymbol{I}}}+\left(\frac{\mathrm{j}k}{R}+\frac{1}{R^2}\right)g\boldsymbol{e}_R\boldsymbol{e}_R$$

则有

$$\nabla'\nabla' g=\left(-k^2+\frac{3\mathrm{j}k}{R}+\frac{3}{R^2}\right)g\boldsymbol{e}_R\boldsymbol{e}_R-\left(\mathrm{j}k\frac{1}{R}+\frac{1}{R^2}\right)g\overline{\overline{\boldsymbol{I}}} \tag{10.1.3c}$$

电磁场为

$$\boldsymbol{P}(\boldsymbol{r})=\int_V \boldsymbol{f_P}\mathrm{d}V' \tag{10.1.4a}$$

式中被积函数为

$$\begin{aligned}\boldsymbol{f_P}=&\left(\mathrm{j}k+\frac{1}{R}\right)g\boldsymbol{T}\times\boldsymbol{e}_R-\mathrm{j}\omega\boldsymbol{Z}\left(1+\frac{1}{\mathrm{j}kR}-\frac{1}{k^2R^2}\right)g\\&-\mathrm{j}\omega\boldsymbol{Z}\cdot\boldsymbol{e}_R\boldsymbol{e}_R\left(-1-\frac{3}{\mathrm{j}kR}+\frac{3}{k^2R^2}\right)g\end{aligned} \tag{10.1.4b}$$

将式 (10.1.1b) 代入式 (10.1.4b)，则电场积分和磁场积分方程中被积函数为

$$\left\{\begin{aligned}\boldsymbol{f_E}=&-\left(\mathrm{j}k+\frac{1}{R}\right)g\boldsymbol{J}_\mathrm{m}\times\boldsymbol{e}_R-\mathrm{j}\omega\mu\boldsymbol{J}_\mathrm{e}\left(1+\frac{1}{\mathrm{j}kR}-\frac{1}{k^2R^2}\right)g-\mathrm{j}\omega\mu\boldsymbol{J}_\mathrm{e}\\&\cdot\boldsymbol{e}_R\boldsymbol{e}_R\left(-1-\frac{3}{\mathrm{j}kR}+\frac{3}{k^2R^2}\right)g\\\boldsymbol{f_H}=&\left(\mathrm{j}k+\frac{1}{R}\right)g\boldsymbol{J}_\mathrm{e}\times\boldsymbol{e}_R-\mathrm{j}\omega\varepsilon\boldsymbol{J}_\mathrm{m}\left(1+\frac{1}{\mathrm{j}kR}-\frac{1}{k^2R^2}\right)g-\mathrm{j}\omega\varepsilon\boldsymbol{J}_\mathrm{m}\\&\cdot\boldsymbol{e}_R\boldsymbol{e}_R\left(-1-\frac{3}{\mathrm{j}kR}+\frac{3}{k^2R^2}\right)g\end{aligned}\right. \tag{10.1.4c}$$

给定电流源和磁流源分布，原则上根据式 (10.1.4)，即可求得电磁场分布。但当源分布比较复杂时，积分困难。可根据场点距离分布源的远近，作近似处理，求近似解。

10.1.2　空间电磁场的区域划分

求解公式中，影响振幅的因子是 $\dfrac{1}{R}$，通常情况下 $r\gg r'$，$\dfrac{1}{R}$ 近似为 $\dfrac{1}{r}$ 已经足够，而影响相位的因子是 kR，也就是 $\dfrac{2\pi}{\lambda}R$，必须考虑分布源尺寸 r' 相对于波长 λ 的大小，如果分布源尺寸较大，即使保留至高阶项也会引起很大的相位误差。

R 可写为

$$R=\left|\boldsymbol{r}-\boldsymbol{r}'\right|=\left(r^2+r'^2-2\boldsymbol{r}\cdot\boldsymbol{r}'\right)^{\frac{1}{2}}=r(1+\tau)^{\frac{1}{2}}$$

其中，$\tau=y^2-2y\cos\alpha$，$y=\dfrac{r'}{r}$，$\cos\alpha=\boldsymbol{e}_r\cdot\boldsymbol{e}_{r'}$。

将 $(1+\tau)^{\frac{1}{2}}$ 作泰勒展开，保留 y^3 以下各项，有

$$(1+\tau)^{\frac{1}{2}}=1+\frac{1}{2}\tau-\frac{1}{8}\tau^2+\frac{1}{16}\tau^3+\cdots$$

$$
\begin{aligned}
&= 1 + \frac{1}{2}\left(y^2 - 2y\cos\alpha\right) - \frac{1}{8}\left(y^2 - 2y\cos\alpha\right)^2 + \frac{1}{16}\left(y^2 - 2y\cos\alpha\right)^3 + \cdots \\
&= 1 - y\cos\alpha + \frac{1}{2}y^2\sin^2\alpha + \frac{1}{2}y^3\cos\alpha\sin^2\alpha + \frac{1}{8}y^4\left(6\cos^2\alpha - 1\right) \\
&\quad - \frac{3}{8}y^5\cos\alpha + \frac{1}{16}y^6 + \cdots \\
&= 1 - y\cos\alpha + \frac{1}{2}y^2\sin^2\alpha + \frac{1}{2}y^3\cos\alpha\sin^2\alpha + \cdots
\end{aligned}
\tag{10.1.5}
$$

则有

$$
kR = \frac{2\pi}{\lambda}R = \frac{2\pi}{\lambda}\left(r - r'\cos\alpha + \frac{1}{2}\frac{r'^2}{r}\sin^2\alpha + \frac{1}{2}\frac{r'^3}{r^2}\cos\alpha\sin^2\alpha\right) \tag{10.1.6}
$$

根据工程实际经验，如果相位误差小于 $\frac{\pi}{8}$，场强计算不会产生显著误差。设分布源的尺度为 D，令坐标原点位于分布源尺度的中点，即 $r' = \frac{D}{2}$。若对式 (10.1.6) 取一次近似，kR 仅保留前两项，即

$$
kR = \frac{2\pi}{\lambda}\left(r - r'\cos\alpha\right)
$$

相位误差的最大项来自式 (10.1.6) 中的第三项，其最大值为 $\frac{\pi}{4\lambda}\frac{D^2}{r}$。为了满足相位误差小于 $\frac{\pi}{8}$，有

$$
\frac{\pi}{4\lambda}\frac{D^2}{r} \leqslant \frac{\pi}{8}
$$

则场点距离 r 必须满足

$$
r \geqslant \frac{2D^2}{\lambda} \tag{10.1.7a}
$$

若对式 (10.1.6) 取二次近似，kR 仅保留前三项，即

$$
kR = \frac{2\pi}{\lambda}\left(r - r'\cos\alpha + \frac{1}{2}\frac{r'^2}{r}\sin^2\alpha\right)
$$

相位误差的最大项来自式 (10.1.6) 中的第四项 $\frac{\pi}{8\lambda}\frac{D^3}{r^2}\cos\alpha\sin^2\alpha$。为求该项的最大值，将该项对 α 求导，令导数为零，即

$$
2\sin\alpha\cos^2\alpha - \sin^3\alpha = 0
$$

可以解出 $\alpha=\arctan\sqrt{2}$,取第四项 $\dfrac{\pi}{8\lambda}\dfrac{D^3}{r^2}\cos\alpha\sin^2\alpha$ 的最大值为 $0.3849\dfrac{\pi}{8\lambda}\dfrac{D^3}{r^2}$。为了满足相位误差小于 $\dfrac{\pi}{8}$，则有

$$0.3849\frac{\pi}{8\lambda}\frac{D^3}{r^2}\leqslant\frac{\pi}{8}$$

则场点距离 r 必须满足

$$r\geqslant 0.62\sqrt{\frac{D^3}{\lambda}} \tag{10.1.7b}$$

当场点距离满足

$$0<r<0.62\sqrt{\frac{D^3}{\lambda}} \tag{10.1.7c}$$

时，为避免引起更大的误差，区域需要保留式 (10.1.6) 中更多的项。

分布源产生空间电磁场在不同的观测距离呈现的特性不同，根据式 (10.1.7) 可以将空间电磁场分为三个区域：近区 (感应近场区)、中区 (辐射近场区) 和远区 (辐射远场区)。

空间电磁场的近区、中区和远区的区域划分，如图 10.1.2 所示，图中 $R_1=0.62\sqrt{\dfrac{D^3}{\lambda}}$，$R_2=\dfrac{2D^2}{\lambda}$。

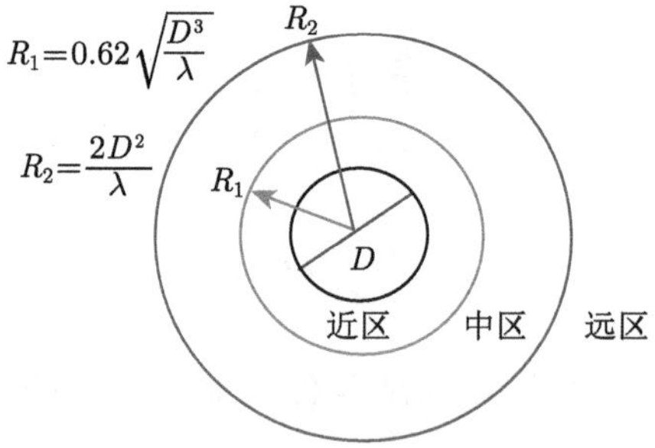

图 10.1.2　空间电磁场的近区、中区和远区

(1) 近区 (感应近场区):近场区指的是靠近分布源的区域,距离满足式 (10.1.7c)。近区也称为电抗性近场区，在近场区储存着能量，感应场分量占主导地位，辐射能量所占比重很小。

(2) 中区 (辐射近场区)：中区距离满足式 (10.1.7b)。中区也称为菲涅尔区 (Fresnel 区)。

(3) 远区 (辐射远场区)：远区距离满足式 (10.1.7a)。远区也称为夫琅禾费区 (Fraunhofer 区)。

10.2 远区辐射场与辐射功率

在夫琅禾费区，若同时满足 $R \gg \lambda$，$\dfrac{k}{R} = \dfrac{2\pi}{R\lambda} \gg \dfrac{1}{R^2}$，只考虑 $\dfrac{1}{R}$ 项，略去高阶量。注意 g 也是 $\dfrac{1}{R}$ 量，则式 (10.1.4b) 可以简化为

$$\boldsymbol{f_P} = \mathrm{j}kg\boldsymbol{T} \times \boldsymbol{e}_R - \mathrm{j}\omega g\boldsymbol{Z} + \mathrm{j}\omega g\boldsymbol{Z} \cdot \boldsymbol{e}_R\boldsymbol{e}_R \tag{10.2.1}$$

于是，电磁场为

$$\boldsymbol{P}(\boldsymbol{r}) = -\mathrm{j}\omega \int_V (\boldsymbol{Z} - \boldsymbol{Z} \cdot \boldsymbol{e}_R\boldsymbol{e}_R - \sqrt{\mu\varepsilon}\boldsymbol{T} \times \boldsymbol{e}_R)\, g\mathrm{d}V' \tag{10.2.2}$$

实际上，式 (10.2.2) 还可以继续简化。

将 R 和 $\dfrac{1}{R}$ 作泰勒展开，由于 $r \gg r'$，r' 值很小，将 r'^2 舍去，在远区，只保留 $\dfrac{1}{r}$ 项，因此有

$$\begin{cases} R = |\boldsymbol{r} - \boldsymbol{r}'| = \left(r^2 + r'^2 - 2\boldsymbol{r} \cdot \boldsymbol{r}'\right)^{\frac{1}{2}} \approx r - \boldsymbol{r}' \cdot \boldsymbol{e}_r \\ \dfrac{1}{R} \approx \left(r^2 - 2\boldsymbol{r} \cdot \boldsymbol{r}'\right)^{-\frac{1}{2}} \approx \dfrac{1}{r} \\ \boldsymbol{e}_R \approx \boldsymbol{e}_r \end{cases} \tag{10.2.3}$$

标量格林函数为

$$g \approx \frac{\mathrm{e}^{-\mathrm{j}kr}}{4\pi r}\mathrm{e}^{\mathrm{j}k\boldsymbol{r}' \cdot \boldsymbol{e}_r} \tag{10.2.4}$$

于是，电磁场化为

$$\boldsymbol{P}(\boldsymbol{r}) = -\mathrm{j}\omega \frac{\mathrm{e}^{-\mathrm{j}kr}}{4\pi r} \int_V (\boldsymbol{Z} - \boldsymbol{Z} \cdot \boldsymbol{e}_r\boldsymbol{e}_r - \sqrt{\mu\varepsilon}\boldsymbol{T} \times \boldsymbol{e}_r)\, \mathrm{e}^{\mathrm{j}k\boldsymbol{r}' \cdot \boldsymbol{e}_r}\mathrm{d}V' \tag{10.2.5}$$

即

$$\boldsymbol{E}(\boldsymbol{r}) = -\mathrm{j}\omega \frac{\mathrm{e}^{-\mathrm{j}kr}}{4\pi r} \int_V (\mu\boldsymbol{J}_\mathrm{e} - \mu\boldsymbol{J}_\mathrm{e} \cdot \boldsymbol{e}_r\boldsymbol{e}_r + \sqrt{\mu\varepsilon}\boldsymbol{J}_\mathrm{m} \times \boldsymbol{e}_r)\, \mathrm{e}^{\mathrm{j}k\boldsymbol{r}' \cdot \boldsymbol{e}_r}\mathrm{d}V' \tag{10.2.6a}$$

$$\boldsymbol{H}(\boldsymbol{r}) = -\mathrm{j}\omega \frac{\mathrm{e}^{-\mathrm{j}kr}}{4\pi r} \int_V (\varepsilon\boldsymbol{J}_\mathrm{m} - \varepsilon\boldsymbol{J}_\mathrm{m} \cdot \boldsymbol{e}_r\boldsymbol{e}_r - \sqrt{\mu\varepsilon}\boldsymbol{J}_\mathrm{e} \times \boldsymbol{e}_r)\, \mathrm{e}^{\mathrm{j}k\boldsymbol{r}' \cdot \boldsymbol{e}_r}\mathrm{d}V' \tag{10.2.6b}$$

式中的积分与 r 无关，所以当 $r\to\infty$ 时，$r\boldsymbol{E}$ 和 $r\boldsymbol{H}$ 保持为有限值。不难证明，在远区，电磁场满足辐射条件，电场、磁场与 $\boldsymbol{e}_r$ 垂直。在不同方向，$\boldsymbol{r}'\cdot\boldsymbol{e}_r$ 不相等，说明一切辐射体都具有方向性。辐射场相位既取决于 $\mathrm{e}^{-\mathrm{j}kr}$，也取决于积分值，因此，辐射场不一定是球面波。

实际上，对于远区场，不必经过上述复杂的推导过程，可以从式 (10.1.2) 直接导出式 (10.2.5)。

例 10.2.1　在球坐标系下，试导出电场分量和磁场分量。

解　将场源分解为三个分量，有

$$\begin{cases}\boldsymbol{J}=J_r\boldsymbol{e}_r+J_\theta\boldsymbol{e}_\theta+J_\varphi\boldsymbol{e}_\varphi\\ \boldsymbol{J}-(\boldsymbol{J}\cdot\boldsymbol{e}_r)\,\boldsymbol{e}_r=J_\theta\boldsymbol{e}_\theta+J_\varphi\boldsymbol{e}_\varphi\\ \boldsymbol{J}\times\boldsymbol{e}_r=J_\theta\left(\boldsymbol{e}_\theta\times\boldsymbol{e}_r\right)+J_\varphi\left(\boldsymbol{e}_\varphi\times\boldsymbol{e}_r\right)=J_\theta\boldsymbol{e}_\varphi-J_\varphi\boldsymbol{e}_\theta\end{cases}$$

代入式 (10.2.6)，可得

$$\boldsymbol{E}\left(\boldsymbol{r}\right)=-\mathrm{j}\omega\frac{\mathrm{e}^{-\mathrm{j}kr}}{4\pi r}\int_V\left(\mu J_{\mathrm{e}\theta}\boldsymbol{e}_\theta+\mu J_{\mathrm{e}\varphi}\boldsymbol{e}_\varphi+\sqrt{\mu\varepsilon}J_{\mathrm{m}\theta}\boldsymbol{e}_\varphi-\sqrt{\mu\varepsilon}J_{\mathrm{m}\varphi}\boldsymbol{e}_\theta\right)\mathrm{e}^{\mathrm{j}k\boldsymbol{r}'\cdot\boldsymbol{e}_r}\mathrm{d}V'$$

$$\boldsymbol{H}\left(\boldsymbol{r}\right)=-\mathrm{j}\omega\frac{\mathrm{e}^{-\mathrm{j}kr}}{4\pi r}\int_V\left(\varepsilon J_{\mathrm{m}\theta}\boldsymbol{e}_\theta+\varepsilon J_{\mathrm{m}\varphi}\boldsymbol{e}_\varphi-\sqrt{\mu\varepsilon}J_{\mathrm{e}\theta}\boldsymbol{e}_\varphi+\sqrt{\mu\varepsilon}J_{\mathrm{e}\varphi}\boldsymbol{e}_\theta\right)\mathrm{e}^{\mathrm{j}k\boldsymbol{r}'\cdot\boldsymbol{e}_r}\mathrm{d}V'$$

电场写成分量形式，有

$$\begin{cases}E_\theta\left(\boldsymbol{r}\right)=-\mathrm{j}\omega\dfrac{\mathrm{e}^{-\mathrm{j}kr}}{4\pi r}\displaystyle\int_V\left(\mu J_{\mathrm{e}\theta}-\sqrt{\mu\varepsilon}J_{\mathrm{m}\varphi}\right)\mathrm{e}^{\mathrm{j}k\boldsymbol{r}'\cdot\boldsymbol{e}_r}\mathrm{d}V'\\ E_\varphi\left(\boldsymbol{r}\right)=-\mathrm{j}\omega\dfrac{\mathrm{e}^{-\mathrm{j}kr}}{4\pi r}\displaystyle\int_V\left(\mu J_{\mathrm{e}\varphi}+\sqrt{\mu\varepsilon}J_{\mathrm{m}\theta}\right)\mathrm{e}^{\mathrm{j}k\boldsymbol{r}'\cdot\boldsymbol{e}_r}\mathrm{d}V'\end{cases}$$

磁场写成分量形式，有

$$\begin{cases}H_\theta\left(\boldsymbol{r}\right)=-\mathrm{j}\omega\dfrac{\mathrm{e}^{-\mathrm{j}kr}}{4\pi r}\displaystyle\int_V\left(\varepsilon J_{\mathrm{m}\theta}+\sqrt{\mu\varepsilon}J_{\mathrm{e}\varphi}\right)\mathrm{e}^{\mathrm{j}k\boldsymbol{r}'\cdot\boldsymbol{e}_r}\mathrm{d}V'\\ H_\varphi\left(\boldsymbol{r}\right)=-\mathrm{j}\omega\dfrac{\mathrm{e}^{-\mathrm{j}kr}}{4\pi r}\displaystyle\int_V\left(\varepsilon J_{\mathrm{m}\varphi}-\sqrt{\mu\varepsilon}J_{\mathrm{e}\theta}\right)\mathrm{e}^{\mathrm{j}k\boldsymbol{r}'\cdot\boldsymbol{e}_r}\mathrm{d}V'\end{cases}$$

例 10.2.2　试从式 (10.1.2) 出发直接导出式 (10.2.5)。

证明　格林函数的梯度为

$$\nabla' g=\nabla'\frac{\mathrm{e}^{-\mathrm{j}kR}}{4\pi R}=\frac{1}{4\pi}\left(\mathrm{j}k+\frac{1}{R}\right)\frac{\mathrm{e}^{-\mathrm{j}kR}}{R}\boldsymbol{e}_R\approx\mathrm{j}kg\boldsymbol{e}_R\approx\mathrm{j}kg\boldsymbol{e}_r$$

矢量 $\nabla' g$ 的梯度为

$$\nabla'\nabla' g = \nabla'\nabla' \frac{\mathrm{e}^{-\mathrm{j}kR}}{4\pi R} \approx -k^2 g \boldsymbol{e}_R \boldsymbol{e}_R \approx -k^2 g \boldsymbol{e}_r \boldsymbol{e}_r$$

上两式表明，在远区，算子 ∇' 可近似为

$$\nabla' \approx \mathrm{j}k\boldsymbol{e}_R \approx \mathrm{j}k\boldsymbol{e}_r$$

于是，式 (10.1.2) 可化为

$$\begin{aligned}\boldsymbol{P}(\boldsymbol{r}) &= \int_V \left(\mathrm{j}k\boldsymbol{T} \times \boldsymbol{e}_r - \mathrm{j}\omega g\boldsymbol{Z} - \frac{1}{\mathrm{j}\omega\mu\varepsilon} k^2 \boldsymbol{Z} \cdot \boldsymbol{e}_r \boldsymbol{e}_r\right) g \mathrm{d}V' \\ &= -\mathrm{j}\omega \frac{\mathrm{e}^{-\mathrm{j}kr}}{4\pi r} \int_V \left(\boldsymbol{Z} - \boldsymbol{Z} \cdot \boldsymbol{e}_r \boldsymbol{e}_r - \sqrt{\mu\varepsilon}\boldsymbol{T} \times \boldsymbol{e}_r\right) \mathrm{e}^{\mathrm{j}k\boldsymbol{r}'\cdot\boldsymbol{e}_r} \mathrm{d}V' \end{aligned} \quad \text{(证毕)}$$

下面分析辐射功率。

假定介质为无耗介质，ε 和 μ 均为实数，只考虑电性源情况，时谐场坡印亭定理为

$$-\frac{1}{2}\mathrm{Re}\int_V \boldsymbol{E} \cdot \boldsymbol{J}_\mathrm{e}^* \mathrm{d}V = \frac{1}{2}\mathrm{Re}\oint_S \boldsymbol{n} \cdot \boldsymbol{E} \times \boldsymbol{H}^* \mathrm{d}S \tag{10.2.7a}$$

$$-\frac{1}{2}\mathrm{Im}\int_V \boldsymbol{E} \cdot \boldsymbol{J}_\mathrm{e}^* \mathrm{d}V = \frac{1}{2}\mathrm{Im}\oint_S \boldsymbol{n} \cdot \boldsymbol{E} \times \boldsymbol{H}^* \mathrm{d}S + 2\omega\left[\int_V \frac{1}{4}\left(\mu\boldsymbol{H}\cdot\boldsymbol{H}^* - \varepsilon\boldsymbol{E}\cdot\boldsymbol{E}^*\right)\mathrm{d}V\right] \tag{10.2.7b}$$

式中，$\boldsymbol{n}$ 为闭合面 S 的单位外法向矢量。

式 (10.2.7) 取全空间 V_∞ 时，闭合曲面为 S_∞，由于源分布在有限体积 V 内，因此，对 V_∞ 积分和 V 积分是一样的，有

$$-\frac{1}{2}\mathrm{Im}\int_V \boldsymbol{E} \cdot \boldsymbol{J}_\mathrm{e}^* \mathrm{d}V = \frac{1}{2}\mathrm{Im}\oint_{S_\infty} \boldsymbol{e}_r \cdot \boldsymbol{E} \times \boldsymbol{H}^* \mathrm{d}S + 2\omega\left[\int_{V_\infty} \frac{1}{4}\left(\mu\boldsymbol{H}\cdot\boldsymbol{H}^* - \varepsilon\boldsymbol{E}\cdot\boldsymbol{E}^*\right)\mathrm{d}V\right] \tag{10.2.8}$$

式中，$\boldsymbol{e}_r$ 为闭合面 S_∞ 的单位外法向矢量。

在远区，$\boldsymbol{E}$ 与 $\boldsymbol{H}$ 同相位，因此 $\boldsymbol{E} \times \boldsymbol{H}^*$ 为实数，式 (10.2.8) 中等号右端第一项为零，有

$$-\frac{1}{2}\mathrm{Im}\int_V \boldsymbol{E} \cdot \boldsymbol{J}_\mathrm{e}^* \mathrm{d}V = 2\omega\left[\int_{V_\infty} \frac{1}{4}\left(\mu\boldsymbol{H}\cdot\boldsymbol{H}^* - \varepsilon\boldsymbol{E}\cdot\boldsymbol{E}^*\right)\mathrm{d}V\right] \tag{10.2.9}$$

将式 (10.2.9) 代入式 (10.2.7b)，有

$$\frac{1}{2}\mathrm{Im}\oint_S \boldsymbol{n} \cdot \boldsymbol{E} \times \boldsymbol{H}^* \mathrm{d}S = 2\omega\left[\int_{V_\infty - V} \frac{1}{4}\left(\mu\boldsymbol{H}\cdot\boldsymbol{H}^* - \varepsilon\boldsymbol{E}\cdot\boldsymbol{E}^*\right)\mathrm{d}V\right] \tag{10.2.10}$$

式 (10.2.10) 表明，从闭合面内流出的虚功率等于 V 外空间磁能与电能时间平均值之差的 2ω 倍。

而式 (10.2.7a) 正是辐射功率的时间平均值，等号两边均可用于计算辐射功率。

$$P = -\frac{1}{2}\mathrm{Re}\int_V \boldsymbol{E}\cdot\boldsymbol{J}_{\mathrm{e}}^*\mathrm{d}V \tag{10.2.11a}$$

$$P = \frac{1}{2}\mathrm{Re}\oint_S \boldsymbol{n}\cdot\boldsymbol{E}\times\boldsymbol{H}^*\mathrm{d}S = \frac{1}{2}\mathrm{Re}\oint_{S_\infty} \boldsymbol{e}_r\cdot\boldsymbol{E}\times\boldsymbol{H}^*\mathrm{d}S \tag{10.2.11b}$$

10.3　辐射场的多极展开

考虑电磁场位函数

$$\begin{cases} \varphi(\boldsymbol{r}) = \dfrac{1}{4\pi\varepsilon}\displaystyle\int_V \frac{\rho\mathrm{e}^{-\mathrm{j}kR}}{R}\mathrm{d}V' \\ \boldsymbol{A}(\boldsymbol{r}) = \dfrac{\mu}{4\pi}\displaystyle\int_V \frac{\boldsymbol{J}\mathrm{e}^{-\mathrm{j}kR}}{R}\mathrm{d}V' \end{cases} \tag{10.3.1}$$

将 $\dfrac{\mathrm{e}^{-\mathrm{j}kR}}{R}$ 展成泰勒级数，有

$$\frac{\mathrm{e}^{-\mathrm{j}kR}}{R} = \sum_{n=0}^{\infty}\frac{1}{n!}(-\boldsymbol{r}'\cdot\nabla)^n\frac{\mathrm{e}^{-\mathrm{j}kr}}{r}$$

因此

$$\begin{cases} \varphi(\boldsymbol{r}) = \displaystyle\sum_{n=0}^{\infty}\frac{1}{4\pi\varepsilon}\int_V \rho\frac{1}{n!}(-\boldsymbol{r}'\cdot\nabla)^n\frac{\mathrm{e}^{-\mathrm{j}kr}}{r}\mathrm{d}V' \\ \boldsymbol{A}(\boldsymbol{r}) = \displaystyle\sum_{n=0}^{\infty}\frac{\mu}{4\pi}\int_V \boldsymbol{J}\frac{1}{n!}(-\boldsymbol{r}'\cdot\nabla)^n\frac{\mathrm{e}^{-\mathrm{j}kr}}{r}\mathrm{d}V' \end{cases}$$

式中，上角标 n 表示 n 阶导数。

将上式记为

$$\begin{cases} \varphi(\boldsymbol{r}) = \displaystyle\sum_{n=0}^{\infty} I_n \\ \boldsymbol{A}(\boldsymbol{r}) = \displaystyle\sum_{n=0}^{\infty} \boldsymbol{I}_n \end{cases} \tag{10.3.2}$$

列出其中前三项

$$\begin{cases} I_0 = \dfrac{1}{4\pi\varepsilon}\dfrac{\mathrm{e}^{-\mathrm{j}kr}}{r}\displaystyle\int_V \rho\mathrm{d}V' \\ \boldsymbol{I}_0 = \dfrac{\mu}{4\pi}\dfrac{\mathrm{e}^{-\mathrm{j}kr}}{r}\displaystyle\int_V \boldsymbol{J}\mathrm{d}V' \end{cases} \tag{10.3.3a}$$

$$\begin{cases} I_1 = \dfrac{1}{4\pi\varepsilon}\displaystyle\int_V \rho\left(-\boldsymbol{r}'\cdot\nabla\right)\dfrac{\mathrm{e}^{-jkr}}{r}\mathrm{d}V' \\ \boldsymbol{I}_1 = \dfrac{\mu}{4\pi}\displaystyle\int_V \boldsymbol{J}\left(-\boldsymbol{r}'\cdot\nabla\right)\dfrac{\mathrm{e}^{-jkr}}{r}\mathrm{d}V' \end{cases} \tag{10.3.3b}$$

$$\begin{cases} I_2 = \dfrac{1}{4\pi\varepsilon}\displaystyle\int_{V'} \dfrac{1}{2}\rho\boldsymbol{r}'\boldsymbol{r}' : \nabla\nabla\dfrac{\mathrm{e}^{-jkr}}{r}\mathrm{d}V' = \dfrac{1}{4\pi\varepsilon}\mathrm{j}\omega\overline{\overline{\boldsymbol{Q}}} : \nabla\nabla\dfrac{\mathrm{e}^{-jkr}}{r} \\ \boldsymbol{I}_2 = \dfrac{\mu}{4\pi}\displaystyle\int_{V'} \dfrac{1}{2}\boldsymbol{J}\boldsymbol{r}'\boldsymbol{r}' : \nabla\nabla\dfrac{\mathrm{e}^{-jkr}}{r}\mathrm{d}V' = \dfrac{\mu}{4\pi}\mathrm{j}\omega\overline{\overline{\boldsymbol{M}}} : \nabla\nabla\dfrac{\mathrm{e}^{-jkr}}{r} \end{cases} \tag{10.3.3c}$$

(1) 分析 I_0 和 $\boldsymbol{I}_0$。

考虑有限区域内电流源，由电流连续性定理知，

$$\nabla'\cdot\boldsymbol{J} = -\mathrm{j}\omega\rho \tag{10.3.4}$$

对式 (10.3.4) 作体积分，并利用高斯散度定理，有

$$\int_V \nabla'\cdot\boldsymbol{J}\mathrm{d}V' = \oint_S \boldsymbol{n}\cdot\boldsymbol{J}\mathrm{d}S' = -\mathrm{j}\omega\int_V \rho\mathrm{d}V' = 0$$

因此，有

$$\int_V \rho\left(\boldsymbol{r}'\right)\mathrm{d}V' = 0 \tag{10.3.5}$$

由式 (10.3.4)，并利用恒等式 $\nabla\cdot(\boldsymbol{ab}) = (\nabla\cdot\boldsymbol{a})\,\boldsymbol{b} + \boldsymbol{a}\cdot\nabla\boldsymbol{b}$，可得

$$\nabla'\cdot(\boldsymbol{J}\boldsymbol{r}') = (\nabla'\cdot\boldsymbol{J})\,\boldsymbol{r}' + \boldsymbol{J}\cdot\nabla'\boldsymbol{r}' = -\mathrm{j}\omega\rho\boldsymbol{r}' + \boldsymbol{J}$$

对上式作体积分，利用高斯散度定理，有

$$\begin{aligned}\int_V \boldsymbol{J}\mathrm{d}V' &= \int_V \nabla'\cdot(\boldsymbol{J}\boldsymbol{r}')\,\mathrm{d}V' + \mathrm{j}\omega\int_V \boldsymbol{r}'\rho\mathrm{d}V' \\ &= \oint_S \boldsymbol{n}\cdot\boldsymbol{J}\boldsymbol{r}'\mathrm{d}S' + \mathrm{j}\omega\int_V \boldsymbol{r}'\rho\mathrm{d}V' = \mathrm{j}\omega\int_V \boldsymbol{r}'\rho\mathrm{d}V'\end{aligned}$$

电偶极矩定义为

$$\boldsymbol{p} = \int_V \boldsymbol{r}'\rho\mathrm{d}V' \tag{10.3.6}$$

则

$$\int_V \boldsymbol{J}\mathrm{d}V' = \mathrm{j}\omega\boldsymbol{p} \tag{10.3.7}$$

于是，有

$$\begin{cases} I_0 = 0 \\ \boldsymbol{I}_0 = \dfrac{\mathrm{j}\omega\mu}{4\pi}\dfrac{\mathrm{e}^{-\mathrm{j}kr}}{r}\boldsymbol{p} \end{cases} \tag{10.3.8}$$

(2) 分析 I_1 和 $\boldsymbol{I}_1$。

利用式 (10.3.6)，有

$$I_1 = \frac{1}{4\pi\varepsilon}\int_V \rho(\boldsymbol{r}')(-\boldsymbol{r}'\cdot\nabla)\frac{\mathrm{e}^{-\mathrm{j}kr}}{r}\mathrm{d}V' = -\frac{1}{4\pi\varepsilon}\boldsymbol{p}\cdot\nabla\frac{\mathrm{e}^{-\mathrm{j}kr}}{r} \tag{10.3.9}$$

由式 (10.3.4)，并利用恒等式，可得

$$\begin{aligned}\nabla'\cdot(\boldsymbol{J}\boldsymbol{r}'\boldsymbol{r}') = (\nabla'\cdot\boldsymbol{J})\boldsymbol{r}'\boldsymbol{r}' + \boldsymbol{J}\cdot\nabla'(\boldsymbol{r}'\boldsymbol{r}') &= -\mathrm{j}\omega\rho\boldsymbol{r}'\boldsymbol{r}' + \boldsymbol{J}\cdot\nabla'(\boldsymbol{r}'\boldsymbol{r}') \\ &= -\mathrm{j}\omega\rho\boldsymbol{r}'\boldsymbol{r}' + \boldsymbol{J}\boldsymbol{r}' + \boldsymbol{r}'\boldsymbol{J}\end{aligned} \tag{10.3.10}$$

对式 (10.3.10) 作体积分，并利用并矢高斯散度定理，有

$$\begin{aligned}\int_V (\boldsymbol{J}\boldsymbol{r}' + \boldsymbol{r}'\boldsymbol{J})\mathrm{d}V' &= \int_V \nabla'\cdot(\boldsymbol{J}\boldsymbol{r}'\boldsymbol{r}')\mathrm{d}V' + \mathrm{j}\omega\int_V \rho\boldsymbol{r}'\boldsymbol{r}'\mathrm{d}V' \\ &= \oint_S \boldsymbol{n}\cdot\boldsymbol{J}\boldsymbol{r}'\boldsymbol{r}'\mathrm{d}S' + \mathrm{j}\omega\int_V \rho\boldsymbol{r}'\boldsymbol{r}'\mathrm{d}V' = \mathrm{j}\omega\int_V \rho\boldsymbol{r}'\boldsymbol{r}'\mathrm{d}V'\end{aligned}$$

定义电四极矩 $\overline{\overline{\boldsymbol{Q}}}$(对称张量)

$$\overline{\overline{\boldsymbol{Q}}} = \frac{1}{2}\int_V \boldsymbol{r}'\boldsymbol{r}'\rho(\boldsymbol{r}')\mathrm{d}V' \tag{10.3.11}$$

则有

$$\frac{1}{2}\int_V (\boldsymbol{J}\boldsymbol{r}' + \boldsymbol{r}'\boldsymbol{J})\mathrm{d}V' = \mathrm{j}\omega\overline{\overline{\boldsymbol{Q}}}$$

将并矢写成对称部分和反对称部分之和

$$\boldsymbol{J}\boldsymbol{r}' = \frac{1}{2}(\boldsymbol{r}'\boldsymbol{J} + \boldsymbol{J}\boldsymbol{r}') - \frac{1}{2}(\boldsymbol{r}'\boldsymbol{J} - \boldsymbol{J}\boldsymbol{r}')$$

因此

$$\boldsymbol{I}_1 = -\frac{\mu}{4\pi}\mathrm{j}\omega\overline{\overline{\boldsymbol{Q}}}\cdot\nabla\frac{\mathrm{e}^{-\mathrm{j}kr}}{r} + \frac{\mu}{4\pi}\int_V \frac{1}{2}(\boldsymbol{r}'\boldsymbol{J} - \boldsymbol{J}\boldsymbol{r}')\cdot\nabla\frac{\mathrm{e}^{-\mathrm{j}kr}}{r}\mathrm{d}V'$$

利用二重矢积

$$\boldsymbol{a}\times(\boldsymbol{b}\times\boldsymbol{c}) = \boldsymbol{b}(\boldsymbol{c}\cdot\boldsymbol{a}) - \boldsymbol{c}(\boldsymbol{b}\cdot\boldsymbol{a})$$

有

$$\int_V \frac{1}{2}(\boldsymbol{r}'\boldsymbol{J}-\boldsymbol{J}\boldsymbol{r}')\cdot\nabla\frac{\mathrm{e}^{-\mathrm{j}kr}}{r}\mathrm{d}V'=\int_V \frac{1}{2}(\boldsymbol{r}'\times\boldsymbol{J})\times\nabla\frac{\mathrm{e}^{-\mathrm{j}kr}}{r}\mathrm{d}V'$$

于是有

$$\boldsymbol{I}_1=-\frac{\mu}{4\pi}\mathrm{j}\omega\overline{\overline{\boldsymbol{Q}}}\cdot\nabla\frac{\mathrm{e}^{-\mathrm{j}kr}}{r}+\frac{\mu}{4\pi}\int_V \frac{1}{2}(\boldsymbol{r}'\times\boldsymbol{J})\times\nabla\frac{\mathrm{e}^{-\mathrm{j}kr}}{r}\mathrm{d}V'$$

对于体电流分布，将线电流元 $I\mathrm{d}\boldsymbol{l}'$ 换成体电流元 $\boldsymbol{J}\mathrm{d}V'$，定义体电流的磁偶极矩为

$$\boldsymbol{m}=\frac{1}{2}\int_V \boldsymbol{r}'\times\boldsymbol{J}\mathrm{d}V' \tag{10.3.12}$$

则

$$\boldsymbol{I}_1=-\frac{\mu}{4\pi}\mathrm{j}\omega\overline{\overline{\boldsymbol{Q}}}\cdot\nabla\frac{\mathrm{e}^{-\mathrm{j}kr}}{r}+\frac{\mu}{4\pi}\boldsymbol{m}\times\nabla\frac{\mathrm{e}^{-\mathrm{j}kr}}{r} \tag{10.3.13}$$

于是

$$\begin{cases} I_1=-\dfrac{1}{4\pi\varepsilon}\boldsymbol{p}\cdot\nabla\dfrac{\mathrm{e}^{-\mathrm{j}kr}}{r} \\ \boldsymbol{I}_1=-\dfrac{\mu}{4\pi}\mathrm{j}\omega\overline{\overline{\boldsymbol{Q}}}\cdot\nabla\dfrac{\mathrm{e}^{-\mathrm{j}kr}}{r}+\dfrac{\mu}{4\pi}\boldsymbol{m}\times\nabla\dfrac{\mathrm{e}^{-\mathrm{j}kr}}{r} \end{cases} \tag{10.3.14}$$

(3) 分析 I_2 和 $\boldsymbol{I}_2$。

定义磁四极矩

$$\overline{\overline{\boldsymbol{M}}}=\frac{1}{2}\int_V \boldsymbol{J}\boldsymbol{r}'\boldsymbol{r}'\mathrm{d}V' \tag{10.3.15}$$

于是

$$\begin{cases} I_2(\boldsymbol{r})=\dfrac{1}{4\pi\varepsilon}\displaystyle\int_V \frac{1}{2}\rho\boldsymbol{r}'\boldsymbol{r}':\nabla\nabla\frac{\mathrm{e}^{-\mathrm{j}kr}}{r}\mathrm{d}V'=\dfrac{1}{4\pi\varepsilon}\overline{\overline{\boldsymbol{Q}}}:\nabla\nabla\dfrac{\mathrm{e}^{-\mathrm{j}kr}}{r} \\ \boldsymbol{I}_2(\boldsymbol{r})=\dfrac{\mu}{4\pi}\displaystyle\int_V \frac{1}{2}\boldsymbol{J}\boldsymbol{r}'\boldsymbol{r}':\nabla\nabla\frac{\mathrm{e}^{-\mathrm{j}kr}}{r}\mathrm{d}V'=\dfrac{\mu}{4\pi}\mathrm{j}\omega\overline{\overline{\boldsymbol{M}}}:\nabla\nabla\dfrac{\mathrm{e}^{-\mathrm{j}kr}}{r} \end{cases} \tag{10.3.16}$$

因此

$$\begin{cases} \varphi(\boldsymbol{r})=-\dfrac{1}{4\pi\varepsilon}\boldsymbol{p}\cdot\nabla\dfrac{\mathrm{e}^{-\mathrm{j}kr}}{r}+\dfrac{1}{4\pi\varepsilon}\overline{\overline{\boldsymbol{Q}}}:\nabla\nabla\dfrac{\mathrm{e}^{-\mathrm{j}kr}}{r}+\cdots \\ \boldsymbol{A}(\boldsymbol{r})=\dfrac{\mathrm{j}\omega\mu}{4\pi}\dfrac{\mathrm{e}^{-\mathrm{j}kr}}{r}\boldsymbol{p}-\dfrac{\mu}{4\pi}\mathrm{j}\omega\overline{\overline{\boldsymbol{Q}}}\cdot\nabla\dfrac{\mathrm{e}^{-\mathrm{j}kr}}{r}+\dfrac{\mu}{4\pi}\boldsymbol{m}\times\nabla\dfrac{\mathrm{e}^{-\mathrm{j}kr}}{r} \\ \qquad\qquad +\dfrac{\mu}{4\pi}\mathrm{j}\omega\overline{\overline{\boldsymbol{M}}}:\nabla\nabla\dfrac{\mathrm{e}^{-\mathrm{j}kr}}{r}+\cdots \end{cases}$$

若记 $g=\dfrac{1}{4\pi}\dfrac{\mathrm{e}^{-\mathrm{j}kr}}{r}$ 为球对称格林函数，则上式可写为

$$\begin{cases}\varphi(\boldsymbol{r})=-\dfrac{1}{\varepsilon}\boldsymbol{p}\cdot\nabla g+\dfrac{1}{\varepsilon}\overline{\overline{\boldsymbol{Q}}}:\nabla\nabla g+\cdots\\ \boldsymbol{A}(\boldsymbol{r})=\mathrm{j}\omega\mu\boldsymbol{p}g-\mathrm{j}\omega\mu\overline{\overline{\boldsymbol{Q}}}\cdot\nabla g+\mu\boldsymbol{m}\times\nabla g+\mathrm{j}\omega\mu\overline{\overline{\boldsymbol{M}}}:\nabla\nabla g+\cdots\end{cases}\tag{10.3.17}$$

式 (10.3.17) 中各项对应于各级电、磁多极子辐射。

对于线性系统，合成电磁场是不同极矩的各种多极子单独辐射的场的矢量和。通过如下公式

$$\begin{cases}\boldsymbol{E}=-\nabla\varphi-\mathrm{j}\omega\boldsymbol{A}\\ \boldsymbol{H}=\dfrac{1}{\mu}\nabla\times\boldsymbol{A}\end{cases}\tag{10.3.18}$$

就可以求得它们对应的电磁场。

电偶极子、磁偶极子和电四极子的位函数分别为

$$\begin{cases}\varphi_{ed}(\boldsymbol{r})=-\dfrac{1}{\varepsilon}\boldsymbol{p}\cdot\nabla g,\\ \boldsymbol{A}_{ed}(\boldsymbol{r})=\mathrm{j}\omega\mu\boldsymbol{p}g,\end{cases}\qquad\begin{cases}\varphi_{md}(\boldsymbol{r})=0\\ \boldsymbol{A}_{md}(\boldsymbol{r})=\mu\boldsymbol{m}\times\nabla g\end{cases}$$
$$\begin{cases}\varphi_{eQ}(\boldsymbol{r})=\dfrac{1}{\varepsilon}\mathrm{j}\omega\overline{\overline{\boldsymbol{Q}}}:\nabla\nabla g\\ \boldsymbol{A}_{eQ}(\boldsymbol{r})=-\mathrm{j}\omega\mu\overline{\overline{\boldsymbol{Q}}}\cdot\nabla g\end{cases}\tag{10.3.19}$$

10.4　电偶极辐射

由 (10.3.19) 可知，电偶极子的位函数为

$$\begin{cases}\varphi=-\dfrac{1}{\varepsilon}\boldsymbol{p}\cdot\nabla g\\ \boldsymbol{A}=\mathrm{j}\omega\mu\boldsymbol{p}g\end{cases}\tag{10.4.1}$$

将式 (10.4.1) 代入式 (10.3.18)，可以求得电偶极子的辐射场为

$$\begin{cases}\boldsymbol{E}=\dfrac{1}{\varepsilon}\left[\nabla(\boldsymbol{p}\cdot\nabla g)+k^2\boldsymbol{p}g\right]=\dfrac{1}{\varepsilon}\left[(\boldsymbol{p}\cdot\nabla)\nabla g+k^2\boldsymbol{p}g\right]\\ \boldsymbol{H}=\mathrm{j}\omega\nabla\times(\boldsymbol{p}g)=-\mathrm{j}\omega\boldsymbol{p}\times\nabla g\end{cases}\tag{10.4.2}$$

取球坐标系，有

$$\begin{cases} \nabla g = \left(-\mathrm{j}k - \dfrac{1}{r}\right) g\boldsymbol{e}_r \\ (\boldsymbol{p} \cdot \nabla) \nabla g = p_r \left(-k^2 + \dfrac{2\mathrm{j}k}{r} + \dfrac{2}{r^2}\right) g\boldsymbol{e}_r \\ \qquad + p_\theta \left(-\dfrac{\mathrm{j}k}{r} - \dfrac{1}{r^2}\right) g\boldsymbol{e}_\theta + p_\varphi \left(-\dfrac{\mathrm{j}k}{r} - \dfrac{1}{r^2}\right) g\boldsymbol{e}_\varphi \\ \boldsymbol{p} \times \nabla g = -p_\varphi \left(\mathrm{j}k + \dfrac{1}{r}\right) g\boldsymbol{e}_\theta + p_\theta \left(\mathrm{j}k + \dfrac{1}{r}\right) g\boldsymbol{e}_\varphi \end{cases} \tag{10.4.3}$$

电偶极子的辐射场为

$$\begin{cases} E_r = \dfrac{1}{\varepsilon} p_r \left(\dfrac{2\mathrm{j}k}{r} + \dfrac{2}{r^2}\right) g \\ E_\theta = \dfrac{1}{\varepsilon} p_\theta \left(-\dfrac{\mathrm{j}k}{r} - \dfrac{1}{r^2} + k^2\right) g \\ E_\varphi = \dfrac{1}{\varepsilon} p_\varphi \left(-\dfrac{\mathrm{j}k}{r} - \dfrac{1}{r^2} + k^2\right) g \end{cases} \tag{10.4.4a}$$

$$\begin{cases} H_r = 0 \\ H_\theta = \mathrm{j}\omega p_\varphi \left(\mathrm{j}k + \dfrac{1}{r}\right) g \\ H_\varphi = -\mathrm{j}\omega p_\theta \left(\mathrm{j}k + \dfrac{1}{r}\right) g \end{cases} \tag{10.4.4b}$$

若 $\boldsymbol{p}$ 用直角坐标系给出，那么由球坐标系与直角坐标系单位矢量间的关系得

$$\begin{cases} p_r = p_x \sin\theta \cos\varphi + p_y \sin\theta \sin\varphi + p_z \cos\theta \\ p_\theta = p_x \cos\theta \cos\varphi + p_y \cos\theta \sin\varphi - p_z \sin\theta \\ p_\varphi = -p_x \sin\varphi + p_y \cos\varphi \end{cases} \tag{10.4.5}$$

将式 (10.4.5) 代入式 (10.4.4)，就可以得到 $\boldsymbol{p}$ 用直角坐标系给出的电磁场解。举一个简单的例子，当 $\boldsymbol{p}$ 只有 z 分量时，有

$$\begin{cases} p_r = p_z \cos\theta \\ p_\theta = -p_z \sin\theta \\ p_\varphi = 0 \end{cases} \tag{10.4.6}$$

将式 (10.4.6) 代入式 (10.4.4)，有

$$\begin{cases} E_r = \dfrac{1}{\varepsilon} p_z \cos\theta \left(\dfrac{2\mathrm{j}k}{r} + \dfrac{2}{r^2}\right) g \\ E_\theta = -\dfrac{1}{\varepsilon} p_z \sin\theta \left(-\dfrac{\mathrm{j}k}{r} - \dfrac{1}{r^2} + k^2\right) g \\ E_\varphi = 0 \end{cases} \tag{10.4.7a}$$

$$\begin{cases} H_r = 0 \\ H_\theta = 0 \\ H_\varphi = \mathrm{j}\omega p_z \sin\theta \left(\mathrm{j}k + \dfrac{1}{r}\right) g \end{cases} \tag{10.4.7b}$$

对于远场，考虑 $g = \dfrac{1}{4\pi}\dfrac{\mathrm{e}^{-\mathrm{j}kr}}{r}$，$E_r$ 中包含 $\dfrac{1}{r^2}$ 和 $\dfrac{1}{r^3}$，E_θ 中包含 $\dfrac{1}{r}$、$\dfrac{1}{r^2}$ 和 $\dfrac{1}{r^3}$，H_φ 中包含 $\dfrac{1}{r}$ 和 $\dfrac{1}{r^2}$，可以只保留 $\dfrac{1}{r}$，忽略 $\dfrac{1}{r^2}$ 和 $\dfrac{1}{r^3}$ 项，因此有

$$\begin{cases} E_r = E_\varphi = H_r = H_\theta = 0 \\ E_\theta = -\dfrac{1}{\varepsilon} p_z k^2 g \sin\theta \\ H_\varphi = -\omega p_z k g \sin\theta \end{cases} \tag{10.4.8}$$

电偶极子如图 10.4.1 所示。

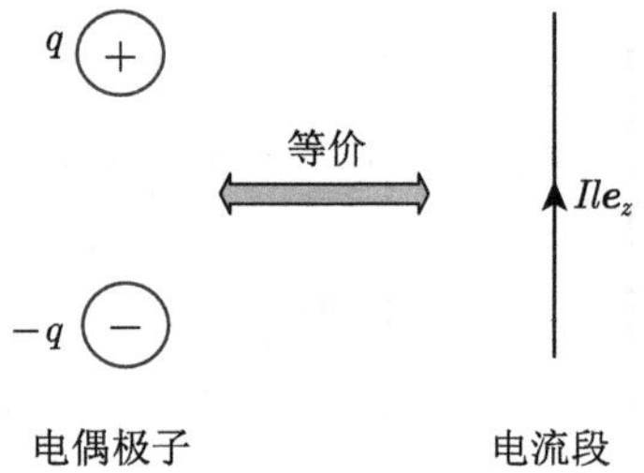

图 10.4.1 电偶极子

由式 (10.3.7) 可得

$$\mathrm{j}\omega p_z = Il \tag{10.4.9}$$

将式 (10.4.9) 代入式 (10.4.8)，有

$$H_\varphi = \frac{\mathrm{j}kIl\mathrm{e}^{-\mathrm{j}kr}}{4\pi r}\sin\theta \tag{10.4.10a}$$

$$E_\theta = \frac{\mathrm{j}\omega\mu Il\mathrm{e}^{-\mathrm{j}kr}}{4\pi r}\sin\theta \tag{10.4.10b}$$

实际上，时谐电偶极子也可以直接由矢量磁位求得。

考虑式 (10.3.1) 中的矢量磁位公式，将电流元 $\boldsymbol{J}\mathrm{d}V'$ 的积分换成 $Il\boldsymbol{e}_z$。在远区，有

$$\boldsymbol{A} \approx \frac{\mu Il\mathrm{e}^{-\mathrm{j}kr}}{4\pi r}\boldsymbol{e}_z = \frac{\mu Il\mathrm{e}^{-\mathrm{j}kr}}{4\pi r}(\cos\theta\boldsymbol{e}_r - \sin\theta\boldsymbol{e}_\theta) = A\boldsymbol{e}_z \tag{10.4.11}$$

则

$$\begin{aligned}\boldsymbol{H} &= \frac{1}{\mu}\nabla\times\boldsymbol{A} = -\frac{\mathrm{j}}{\mu}\boldsymbol{k}\times\boldsymbol{A} \\ &= -\frac{\mathrm{j}}{\mu}k\frac{\mu Il\mathrm{e}^{-\mathrm{j}kr}}{4\pi r}\begin{bmatrix}\boldsymbol{e}_r & \boldsymbol{e}_\theta & \boldsymbol{e}_\varphi \\ 1 & 0 & 0 \\ \cos\theta & -\sin\theta & 0\end{bmatrix} = jk\frac{Il\mathrm{e}^{-\mathrm{j}kr}}{4\pi r}\sin\theta\boldsymbol{e}_\varphi\end{aligned} \tag{10.4.12a}$$

由

$$\nabla\times\boldsymbol{H} = \mathrm{j}\omega\varepsilon\boldsymbol{E}$$

可以推出

$$\boldsymbol{E} = \frac{-\mathrm{j}k\boldsymbol{e}_r\times\boldsymbol{H}}{\mathrm{j}\omega\varepsilon} = \frac{k}{\omega\varepsilon}\mathrm{j}k\frac{Il\mathrm{e}^{-\mathrm{j}kr}}{4\pi r}\sin\theta\begin{bmatrix}\boldsymbol{e}_r & \boldsymbol{e}_\theta & \boldsymbol{e}_\varphi \\ 0 & 0 & 1 \\ 1 & 0 & 0\end{bmatrix} = \frac{\mathrm{j}\omega\mu Il\mathrm{e}^{-\mathrm{j}kr}}{4\pi r}\sin\theta\boldsymbol{e}_\theta \tag{10.4.12b}$$

式 (10.4.12) 与式 (10.4.10) 是一致的。

10.5 磁偶极辐射

由式 (10.3.19) 可知，磁偶极子的位函数为

$$\begin{cases}\varphi(\boldsymbol{r}) = 0 \\ A(\boldsymbol{r}) = \mu\boldsymbol{m}\times\nabla g\end{cases} \tag{10.5.1}$$

代入式 (10.3.18)，可以求得磁偶极子的辐射场为

$$\begin{cases}\boldsymbol{E} = -\mathrm{j}\omega\mu\boldsymbol{m}\times\nabla g \\ \boldsymbol{H} = \nabla\times(\boldsymbol{m}\times\nabla g)\end{cases} \tag{10.5.2}$$

利用矢量恒等式

$$\nabla\times(\boldsymbol{a}\times\boldsymbol{b}) = \boldsymbol{a}\nabla\cdot\boldsymbol{b} - \boldsymbol{b}\nabla\cdot\boldsymbol{a} + (\boldsymbol{b}\cdot\nabla\boldsymbol{a}) - (\boldsymbol{a}\cdot\nabla)\boldsymbol{b}$$

考虑到 $\boldsymbol{m}$ 为常矢量，则有

$$\nabla\times(\boldsymbol{m}\times\nabla g) = -(\boldsymbol{m}\cdot\nabla)\nabla g + \boldsymbol{m}\nabla^2 g$$

在远场有

$$\nabla\times(\boldsymbol{m}\times\nabla g) = -(\boldsymbol{m}\cdot\nabla)\nabla g - k^2\boldsymbol{m}g \tag{10.5.3}$$

将式 (10.5.3) 代入式 (10.5.2)，有

$$\begin{cases} \boldsymbol{E}= -\mathrm{j}\omega\mu\boldsymbol{m}\times\nabla g \\ \boldsymbol{H} = -(\boldsymbol{m}\cdot\nabla)\nabla g - k^2\boldsymbol{m}g \end{cases} \tag{10.5.4a}$$

记 $\boldsymbol{p}_\mathrm{m} = \mu\boldsymbol{m}$，则式 (10.5.4a) 可化为

$$\begin{cases} \boldsymbol{E} = -\mathrm{j}\omega\boldsymbol{p}_m\times\nabla g \\ \boldsymbol{H} = -\dfrac{1}{\mu}\left[(\boldsymbol{p}_m\cdot\nabla)\nabla g + k^2\boldsymbol{p}_m g\right] \end{cases} \tag{10.5.4b}$$

对比式 (10.5.4b) 和式 (10.4.2)，可知式 (10.5.4b) 可以利用对偶原理由式 (10.4.2) 直接写出。同理，可以由电偶极子辐射场导出磁偶极子的辐射场。

例 10.5.1　当 $\boldsymbol{m}$ 只有 z 分量时，试导出磁偶极子的远场辐射场。

磁偶极子如图 10.5.1 所示。

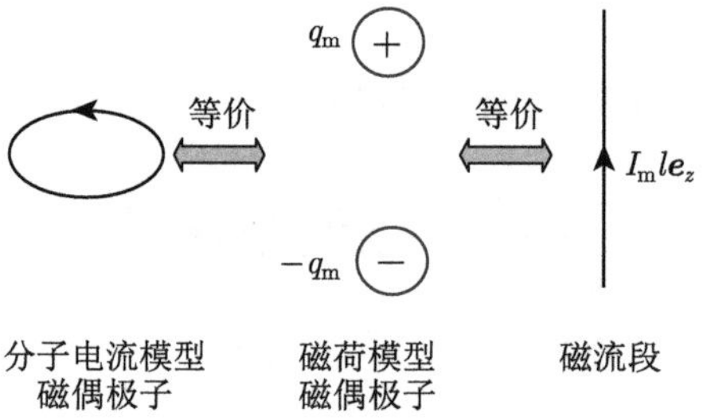

图 10.5.1　磁偶极子

由对偶式 (6.4.2)

$$\boldsymbol{E}_\mathrm{e}\to\boldsymbol{H}_\mathrm{m},\quad \boldsymbol{H}_\mathrm{e}\to-\boldsymbol{E}_\mathrm{m},\quad \boldsymbol{J}_\mathrm{e}\to\boldsymbol{J}_\mathrm{m},\quad \rho_\mathrm{e}\to\rho_\mathrm{m},\quad \mu\to\varepsilon,\quad \varepsilon\to\mu$$

可知

$$I\to I_\mathrm{m},\quad k\to k$$

由式 (10.4.10)，可以导出磁偶极子的远场辐射场为

$$E_\varphi = -\frac{\mathrm{j}kI_\mathrm{m}l\mathrm{e}^{-\mathrm{j}kr}}{4\pi r}\sin\theta \tag{10.5.5a}$$

$$H_\theta = \frac{\mathrm{j}\omega\varepsilon I_\mathrm{m}l\mathrm{e}^{-\mathrm{j}kr}}{4\pi r}\sin\theta \tag{10.5.5b}$$

也可以直接从矢量电位出发，导出磁偶极子的远场辐射场。

考虑式 (9.1.29a) 中的矢量电位公式，将磁流元 $\boldsymbol{J}_{\mathrm{m}}\mathrm{d}V'$ 的积分换成 $I_{\mathrm{m}}l\boldsymbol{e}_z$。在远区，有

$$\boldsymbol{F} \approx \frac{\varepsilon I_{\mathrm{m}} l \mathrm{e}^{-\mathrm{j}kr}}{4\pi r}\boldsymbol{e}_z = \frac{\varepsilon I_{\mathrm{m}} l \mathrm{e}^{-\mathrm{j}kr}}{4\pi r}(\cos\theta\boldsymbol{e}_r - \sin\theta\boldsymbol{e}_\theta)$$

因此，电通密度为

$$\boldsymbol{D} = -\nabla\times\boldsymbol{F} = \mathrm{j}\boldsymbol{k}\times\boldsymbol{F} = \mathrm{j}k\frac{\varepsilon I_{\mathrm{m}} l \mathrm{e}^{-\mathrm{j}kr}}{4\pi r}\begin{bmatrix} \boldsymbol{e}_r & \boldsymbol{e}_\theta & \boldsymbol{e}_\varphi \\ 1 & 0 & 0 \\ \cos\theta & -\sin\theta & 0 \end{bmatrix}$$

$$= -\mathrm{j}k\frac{\varepsilon I_{\mathrm{m}} l \mathrm{e}^{-\mathrm{j}kr}}{4\pi r}\sin\theta\boldsymbol{e}_\varphi$$

电场强度为

$$\boldsymbol{E} = \frac{-\mathrm{j}kI_{\mathrm{m}} l \mathrm{e}^{-\mathrm{j}kr}}{4\pi r}\sin\theta\boldsymbol{e}_\varphi$$

由 $\nabla\times\boldsymbol{E}= -\mathrm{j}\omega\mu\boldsymbol{H}$，可以推出

$$\boldsymbol{H} = \frac{k}{\omega\mu}\boldsymbol{e}_r\times\boldsymbol{E} = \frac{k}{\omega\mu}\frac{-\mathrm{j}kI_{\mathrm{m}} l \mathrm{e}^{-\mathrm{j}kr}}{4\pi r}\sin\theta\begin{bmatrix} \boldsymbol{e}_r & \boldsymbol{e}_\theta & \boldsymbol{e}_\varphi \\ 1 & 0 & 0 \\ 0 & 0 & 1 \end{bmatrix} = \frac{\mathrm{j}\omega\varepsilon I_{\mathrm{m}} l \mathrm{e}^{-\mathrm{j}kr}}{4\pi r}\sin\theta\boldsymbol{e}_\theta$$

进一步，磁极距为 $p_{\mathrm{m}} = q_{\mathrm{m}}l$，对于时谐场，$\mathrm{j}\omega p_{\mathrm{m}} = I_{\mathrm{m}}l$，代入 $p_{\mathrm{m}} = \mu m = \mu IS$，则有

$$I_{\mathrm{m}}l = \mathrm{j}\omega\mu IS$$

式中，S 为磁偶极子的面积。这样就将 $I_{\mathrm{m}}l$ 和实际可控的参数联系起来。

10.6 电磁波在有耗介质中的传播

10.6.1 有耗介质中传播的均匀平面电磁波

有耗介质的介电常量和磁导率在一定频率下是复数，即有

$$\begin{cases} \varepsilon = \varepsilon' - \mathrm{j}\varepsilon'' \\ \mu = \mu' - \mathrm{j}\mu'' \end{cases} \tag{10.6.1}$$

式中，虚部表示电磁波在介质中的损耗，通常用损耗角的正切表示损耗的大小。

电损耗角正切和磁损耗角正切分别为

$$\begin{cases} \tan\delta_{\mathrm{e}} = \dfrac{\varepsilon''}{\varepsilon'} \\ \tan\delta_{\mathrm{m}} = \dfrac{\mu''}{\mu'} \end{cases} \tag{10.6.2}$$

波阻抗为

$$Z = \sqrt{\frac{\mu}{\varepsilon}} = \sqrt{\frac{\mu' - \mathrm{j}\mu''}{\varepsilon' - \mathrm{j}\varepsilon''}} = \sqrt{\left|\frac{\mu}{\varepsilon}\right|}\mathrm{e}^{\mathrm{j}\frac{\delta_{\mathrm{e}}-\delta_{\mathrm{m}}}{2}} \tag{10.6.3a}$$

式中，$|\mu| = \sqrt{\mu'^2 + \mu''^2}$，$|\varepsilon| = \sqrt{\varepsilon'^2 + \varepsilon''^2}$。

电磁波的传播常数为

$$\gamma = \mathrm{j}\omega\sqrt{\mu\varepsilon} = \mathrm{j}\omega\sqrt{(\mu' - \mathrm{j}\mu'')(\varepsilon' - \mathrm{j}\varepsilon'')} = \alpha + \mathrm{j}\beta$$

其中

$$\begin{cases} \alpha = \omega\sqrt{\dfrac{\mu'\varepsilon' - \mu''\varepsilon''}{2}\left[\sqrt{1 + \dfrac{(\mu'\varepsilon'' + \varepsilon'\mu'')^2}{(\mu'\varepsilon' - \mu''\varepsilon'')^2}} - 1\right]} \\ \beta = \omega\sqrt{\dfrac{\mu'\varepsilon' - \mu''\varepsilon''}{2}\left[\sqrt{1 + \dfrac{(\mu'\varepsilon'' + \varepsilon'\mu'')^2}{(\mu'\varepsilon' - \mu''\varepsilon'')^2}} + 1\right]} \end{cases} \tag{10.6.3b}$$

实部 α 是表示电磁波传播单位距离的衰减程度的一个常数，称为衰减常数，单位为 Np/m(奈培/米) 或 dB/m(分贝/米)，二者的换算关系为 $1\mathrm{Np} = \dfrac{20}{\ln 10}\mathrm{dB} = 8.686\mathrm{dB}$。

虚部 β 是反映电磁波在传播过程中相位落后的情况的一个常数，称为相移常数，单位为 rad/m(弧度/米)。

复波矢量定义为 $\boldsymbol{k} = \boldsymbol{\beta} - \mathrm{j}\boldsymbol{\alpha}$，一般 $\boldsymbol{\alpha}$ 和 $\boldsymbol{\beta}$ 的方向不一致。但对于均匀平面波，二者的方向是一致的，有

$$\boldsymbol{k} = (\beta - \mathrm{j}\alpha)\,\boldsymbol{e}_k = -\mathrm{j}\gamma\boldsymbol{e}_k \tag{10.6.4}$$

对于良好电介质，忽略磁损耗，即 $\mu'' = 0$，由于 $\tan\delta_{\mathrm{e}} = \dfrac{\varepsilon''}{\varepsilon'} \ll 1$，利用近似公式

$$(1 + x)^{\frac{1}{n}} \approx 1 + \frac{x}{n}$$

$$\mathrm{e}^{x} \approx 1 + x + \frac{1}{2}x^2$$

且

$$\delta_e \approx \tan\delta_e$$

则式 (10.6.3) 近似为

$$\begin{cases} Z \approx \sqrt{\dfrac{\mu'}{\varepsilon'}}\left(1-\dfrac{3}{8}\tan^2\delta_e+\dfrac{1}{2}\mathrm{j}\tan\delta_e\right) \\ \alpha \approx \dfrac{\omega}{2}\sqrt{\mu'\varepsilon'}\tan\delta_e \\ \beta \approx \omega\sqrt{\mu'\varepsilon'}\left(1+\dfrac{1}{8}\tan^2\delta_e\right) \end{cases} \tag{10.6.5}$$

10.6.2 导电介质中传播的均匀平面电磁波

对于导电介质，等效复介电常量为 $\varepsilon^* = \varepsilon - \mathrm{j}\dfrac{\sigma}{\omega}$，与有耗介质对比，有 $\varepsilon' \sim \varepsilon$，$\varepsilon'' \sim \dfrac{\sigma}{\omega}$ 对应关系,忽略磁损耗,$\mu = \mu'$,定义导电介质的损耗角正切为 $\tan\delta_c = \dfrac{\sigma}{\omega\varepsilon}$，由式 (10.6.3)，有

$$\begin{cases} Z = \sqrt{\dfrac{\mu}{\varepsilon - \mathrm{j}\dfrac{\sigma}{\omega}}} = \sqrt{\dfrac{\mu}{\varepsilon^2+\left(\dfrac{\sigma}{\omega}\right)^2}}\mathrm{e}^{\mathrm{j}\frac{\delta_c}{2}} \\ \alpha \approx \omega\sqrt{\dfrac{\mu\varepsilon}{2}\left[\sqrt{1+\left(\dfrac{\sigma}{\omega\varepsilon}\right)^2}-1\right]} \\ \beta = \omega\sqrt{\dfrac{\mu\varepsilon}{2}\left[\sqrt{1+\left(\dfrac{\sigma}{\omega\varepsilon}\right)^2}+1\right]} \end{cases} \tag{10.6.6}$$

对于良导体，$\dfrac{\sigma}{\omega\varepsilon} \gg 1$，则有

$$\alpha = \beta \approx \sqrt{\frac{\omega\mu\sigma}{2}} \tag{10.6.7}$$

$$Z = \sqrt{\frac{\omega\mu}{\sigma}}\mathrm{e}^{\mathrm{j}\frac{\pi}{4}} \tag{10.6.8}$$

在无耗介质中传播的均匀平面电磁波，其电场和磁场的能量密度相等。但在良导体中，电磁波的电场和磁场能量密度之比为

$$\left|\frac{w_e}{w_m}\right| = \left|\frac{\frac{1}{2}\varepsilon E^2}{\frac{1}{2}\mu H^2}\right| = \left|\frac{\varepsilon Z^2}{\mu}\right| = \frac{\omega\varepsilon}{\sigma} \ll 1$$

这说明在良导体中电磁波的能量主要是磁场能量，这是因为导体损耗的能量主要是电场能量。对于有耗介质，也有类似的情况。

例 10.6.1　假定土壤的电导率为 0.001S/m，相对介电常量为 5，海水的电导率为 4S/m，相对介电常量为 80。当一均匀平面电磁波在空气中传播时，其波长为 300m。分别计算此电磁波进入土壤和海水后的相速、波长及其振幅和能量衰减一半的传播距离。

解

电磁波的频率为 $f=\dfrac{c}{\lambda}=\dfrac{3\times10^{8}}{300}=10^{6}\text{Hz}$

对于土壤，有

$$\frac{\sigma}{\omega\varepsilon}=\frac{0.001}{2\pi\times10^{6}\times8.85\times10^{-1}\times5}\approx3.6$$

可见，土壤对于 10^6Hz 电磁波，属于半导电介质。于是有

$$\alpha\approx\omega\sqrt{\frac{\mu_0\varepsilon}{2}\left[\sqrt{1+\left(\frac{\sigma}{\omega\varepsilon}\right)^2}-1\right]}\approx0.055\text{Np/m}$$

$$\beta\approx\omega\sqrt{\frac{\mu_0\varepsilon}{2}\left[\sqrt{1+\left(\frac{\sigma}{\omega\varepsilon}\right)^2}+1\right]}\approx0.072\text{rad/m}$$

电磁波在土壤中传播时的相速和波长分别为

$$v=\frac{\omega}{\beta}=8.73\times10^{7}\text{m/s}$$

$$\lambda=\frac{v}{f}=87.3\text{m}$$

由 $\mathrm{e}^{-\alpha l_a}=\dfrac{1}{2}$ 可得电磁波的振幅在土壤中衰减一半的传播距离为

$$l_a=\frac{\ln2}{\alpha}\approx12.6\text{m}$$

由 $\mathrm{e}^{-2\alpha l_e}=\dfrac{1}{2}$ 可得电磁波的能量在土壤中衰减一半的传播距离为

$$l_e=\frac{\ln2}{2\alpha}\approx6.3\text{m}$$

对于海水，有

$$\frac{\sigma}{\omega\varepsilon}=\frac{4}{2\pi\times10^{6}\times8.85\times10^{-12}\times80}\approx900$$

可见，海水对于 10^6Hz 电磁波，可视为良导体。于是有

$$\alpha = \sqrt{\pi f \mu_0 \sigma} \approx 4\text{Np/m}$$

$$\beta = \sqrt{\pi f \mu_0 \sigma} \approx 4\text{rad/m}$$

电磁波在海水中传播时的相速和波长分别为

$$v = \frac{\omega}{\beta} = 1.57 \times 10^6 \text{m/s}$$

$$\lambda = \frac{v}{f} = 1.57\text{m}$$

由 $\mathrm{e}^{-\alpha l_a} = \dfrac{1}{2}$ 可得电磁波的振幅在海水中衰减一半的传播距离为

$$l_a = \frac{\ln 2}{\alpha} \approx 0.17\text{m}$$

由 $\mathrm{e}^{-2\alpha l_e} = \dfrac{1}{2}$ 可得电磁波的能量在海水中衰减一半的传播距离为

$$l_e = \frac{\ln 2}{2\alpha} \approx 0.087\text{m}$$

由此可见，当电磁波在导电介质中传播时，随着电导率的增加，相速越来越慢，波长越来越短，波的衰减越来越快；而随着频率的增加，相速越来越大。

10.7 电磁波在波导中的传播

波导通常起到导行电磁波的作用，用作电力和信息传输。对于柱形波导，假定电磁场沿着轴向 z 传播。电磁波可以分为两种类型：横电波和横磁波，即 TE 波和 TM 波。TE 波指的是，电场只有横向分量 E_x 和 E_y，没有轴向分量 E_z；TM 波指的是，磁场只有横向分量 H_x 和 H_y，没有轴向分量 H_z。在波导中的电磁场通常是 TE 波或 TM 波或二者之和。

若按是否有金属壁，波导可分为封闭波导和开放波导两类。前者包括均匀波导，后者包括非屏蔽微带线、光纤等。

10.7.1 均匀波导中电磁波传播

为简化分析，假定波导为均匀波导。考虑无源麦克斯韦的两个旋度方程

$$\nabla \times \boldsymbol{E}(x, y, z) = -\mathrm{j}\omega\mu \boldsymbol{H}(x, y, z) \tag{10.7.1a}$$

$$\nabla \times \boldsymbol{H}(x, y, z) = \mathrm{j}\omega\varepsilon \boldsymbol{E}(x, y, z) \tag{10.7.1b}$$

假定

$$\begin{cases} \boldsymbol{E}(x,y,z)=\boldsymbol{E}(x,y)\,\mathrm{e}^{-\mathrm{j}k_z z} \\ \boldsymbol{H}(x,y,z)=\boldsymbol{H}(x,y)\,\mathrm{e}^{-\mathrm{j}k_z z} \end{cases} \tag{10.7.2}$$

式 (10.7.2) 简记为

$$\begin{cases} \boldsymbol{E}(x,y,z)=\boldsymbol{E}\mathrm{e}^{-\mathrm{j}k_z z} \\ \boldsymbol{H}(x,y,z)=\boldsymbol{H}\mathrm{e}^{-\mathrm{j}k_z z} \end{cases} \tag{10.7.3}$$

在直角坐标系下展开式 (10.7.1)，并将式 (10.7.3) 代入，有

$$\frac{\partial E_z}{\partial y}+\mathrm{j}k_z E_y=-\mathrm{j}\omega\mu H_x \tag{10.7.4a}$$

$$-\mathrm{j}k_z E_x-\frac{\partial E_z}{\partial x}=-\mathrm{j}\omega\mu H_y \tag{10.7.4b}$$

$$\frac{\partial E_y}{\partial x}-\frac{\partial E_x}{\partial y}=-\mathrm{j}\omega\mu H_z \tag{10.7.4c}$$

$$\frac{\partial H_z}{\partial y}+\mathrm{j}k_z H_y=\mathrm{j}\omega\varepsilon E_x \tag{10.7.4d}$$

$$-\mathrm{j}k_z H_x-\frac{\partial H_z}{\partial x}=\mathrm{j}\omega\varepsilon E_y \tag{10.7.4e}$$

$$\frac{\partial H_y}{\partial x}-\frac{\partial H_x}{\partial y}=\mathrm{j}\omega\varepsilon E_z \tag{10.7.4f}$$

联合式 (10.7.4a) 和式 (10.7.4e)，式 (10.7.4b) 和式 (10.7.4d)，有

$$\begin{bmatrix} -\mathrm{j}\omega\mu & -\mathrm{j}k_z \\ -\mathrm{j}k_z & -\mathrm{j}\omega\varepsilon \end{bmatrix}\begin{bmatrix} H_x \\ E_y \end{bmatrix}=\begin{bmatrix} \partial E_z/\partial y \\ \partial H_z/\partial x \end{bmatrix} \tag{10.7.5a}$$

$$\begin{bmatrix} \mathrm{j}\omega\mu & -\mathrm{j}k_z \\ -\mathrm{j}k_z & \mathrm{j}\omega\varepsilon \end{bmatrix}\begin{bmatrix} H_y \\ E_x \end{bmatrix}=\begin{bmatrix} \partial E_z/\partial x \\ \partial H_z/\partial y \end{bmatrix} \tag{10.7.5b}$$

解得

$$\begin{cases} H_x=\dfrac{1}{k_t^2}\left(\mathrm{j}\omega\varepsilon\dfrac{\partial E_z}{\partial y}-\mathrm{j}k_z\dfrac{\partial H_z}{\partial x}\right) \\ H_y=-\dfrac{1}{k_t^2}\left(\mathrm{j}\omega\varepsilon\dfrac{\partial E_z}{\partial x}+\mathrm{j}k_z\dfrac{\partial H_z}{\partial y}\right) \\ E_x=-\dfrac{1}{k_t^2}\left(\mathrm{j}\omega\mu\dfrac{\partial H_z}{\partial y}+\mathrm{j}k_z\dfrac{\partial E_z}{\partial x}\right) \\ E_y=\dfrac{1}{k_t^2}\left(\mathrm{j}\omega\mu\dfrac{\partial H_z}{\partial x}-\mathrm{j}k_z\dfrac{\partial E_z}{\partial y}\right) \end{cases} \tag{10.7.6}$$

式中

$$k_t^2 = k^2 - k_z^2 = \omega^2 \mu\varepsilon - k_z^2 \tag{10.7.7}$$

式 (10.7.6) 说明，只要求出 E_z 和 H_z 就可以得到波导中电磁波的全部分量。于是，波导中电磁场的求解归结为 E_z 和 H_z 的求解。

可以区分出两组独立的模式，如果 $E_z = 0$，则得到 TE 波，即

$$\begin{cases} H_x = -\dfrac{1}{k_t^2}\mathrm{j}k_z\dfrac{\partial H_z}{\partial x} \\ H_y = -\dfrac{1}{k_t^2}\mathrm{j}k_z\dfrac{\partial H_z}{\partial y} \\ E_x = -\dfrac{1}{k_t^2}\mathrm{j}\omega\mu\dfrac{\partial H_z}{\partial y} \\ E_y = \dfrac{1}{k_t^2}\mathrm{j}\omega\mu\dfrac{\partial H_z}{\partial x} \end{cases} \tag{10.7.8a}$$

如果 $H_z = 0$，则得到 TM 波，即

$$\begin{cases} H_x = \dfrac{1}{k_t^2}\mathrm{j}\omega\varepsilon\dfrac{\partial E_z}{\partial y} \\ H_y = -\dfrac{1}{k_t^2}\mathrm{j}\omega\varepsilon\dfrac{\partial E_z}{\partial x} \\ E_x = -\dfrac{1}{k_t^2}\mathrm{j}k_z\dfrac{\partial E_z}{\partial x} \\ E_y = -\dfrac{1}{k_t^2}\mathrm{j}k_z\dfrac{\partial E_z}{\partial y} \end{cases} \tag{10.7.8b}$$

对于 TE 波，求解 H_z，对于 TM 波求解 E_z。

由式 (10.7.7)，有

$$k_z^2 = k^2 - k_t^2$$

$$k_z = \sqrt{k^2 - k_t^2}$$

当 $k^2 > k_t^2$，k_z 为实数时，电磁波沿着 z 轴传播；当 $k^2 \leqslant k_t^2$，k_z 为虚数，$\mathrm{e}^{-\mathrm{j}k_z z} = \mathrm{e}^{-\sqrt{k_t^2-k^2}z}$ 时，电磁波沿着 z 轴按指数规律衰减；当 $k^2 = k_t^2$，k_z 为零，$\mathrm{e}^{-\mathrm{j}k_z z} = 1$ 时，在 z 轴上没有波的传播。特征值 k_t 对应截止波数 k_c，有 $k_c = \omega_c\sqrt{\mu\varepsilon}$，因此截止频率 $\omega_c = \dfrac{k_c}{\sqrt{\mu\varepsilon}}$，截止波长 $\lambda_c = \dfrac{2\pi}{k_c}$。

波导中电磁波有截止频率，当激发电磁场频率 ω 低于截止频率 ω_c 时，电磁波的振幅沿轴向按指数规律衰减。换句话说，只有工作波长 λ 小于截止波长 λ_c，该模式才能在波导中传播。

10.7.2　均匀波导电磁场边值问题

参考式 (7.1.6)，考虑无源电磁场波动方程

$$\begin{cases} \nabla^2 \boldsymbol{E} + k^2 \boldsymbol{E} = \boldsymbol{0} \\ \nabla^2 \boldsymbol{H} + k^2 \boldsymbol{H} = \boldsymbol{0} \end{cases} \tag{10.7.9}$$

将式 (10.7.3) 代入式 (10.7.9)，并取 z 分量有

$$\begin{cases} \nabla_t^2 E_z + k_t^2 E_z = 0 \\ \nabla_t^2 H_z + k_t^2 H_z = 0 \end{cases} \tag{10.7.10}$$

式中，$\nabla_t^2 = \dfrac{\partial^2}{\partial x^2} + \dfrac{\partial^2}{\partial y^2}$ 称为横向拉普拉斯算子。

若将波导壁看成理想导体，则电场完全垂直波导壁表面，磁场完全与波导壁相切，波导壁边界上电场强度切向分量为零，磁场强度法向分量为零，即有 E_z 为零。

如图 10.7.1 所示，假定边界位于 xOz 平面，有 E_x 为零，H_y 为零。参考式 (10.7.6) 可知，若 $\dfrac{\partial H_z}{\partial y}$ 为零，有 E_x 和 H_y 都为零。由于横向上 x 轴和 y 轴选取的任意性，可以看到 $\dfrac{\partial H_z}{\partial n}$ 为零。

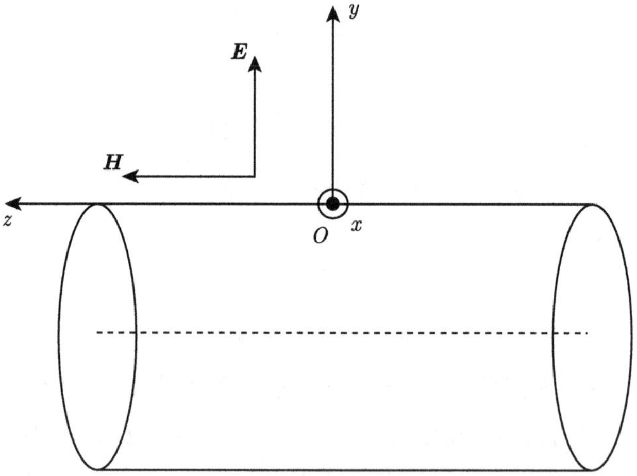

图 10.7.1　波导壁电场与磁场

因此，E_z 和 H_z 分别满足如下边值问题

$$\begin{cases} \nabla_t^2 E_z + k_t^2 E_z = 0 \\ E_z|_S = 0 \end{cases} \tag{10.7.11a}$$

$$\begin{cases} \nabla_t^2 H_z + k_t^2 H_z = 0 \\ \left.\dfrac{\partial H_z}{\partial n}\right|_S = 0 \end{cases} \tag{10.7.11b}$$

尽管 TE 和 TM 模式的微分方程形式相同，但由于它们边界条件不同，两种模式的特征也不相同。

对于矩形波导、圆形波导和椭圆形波导等形状规则的波导，或者管壁和坐标线相同的波导，可以用分离变量法和特殊函数推导解析解，求解截止频率或波型。对于形状不规则的波导，可以采用有限元等数值解作近似计算。

习　题

10.1　电磁波在导电介质中传播时，能量逐渐减少，试由麦克斯韦方程组推导衰减系数的表达式。

10.2　试解释电磁波在导电介质中传播时的相速变慢和波长变短的原因。

10.3　波导中 TE 和 TM 模式的微分方程形式相同，为何两种模的特征不同。

10.4　假定电流分布在有限区域，试证明 $\int_V (\boldsymbol{J} + \boldsymbol{r}\nabla\cdot\boldsymbol{J})\,\mathrm{d}V = 0$。

10.5　假定电流分布在有限区域，试证明 $\int_V (\boldsymbol{J}\boldsymbol{r} + \boldsymbol{r}\boldsymbol{J})\,\mathrm{d}V = -\int_V (\nabla\cdot\boldsymbol{J})\,\boldsymbol{r}\boldsymbol{r}\mathrm{d}V$。

10.6　电偶极矩为 $\boldsymbol{p} = p_0\cos(\omega t)\,\boldsymbol{e}_z$ 的电偶极子置于坐标原点，p_0 为常量，$k = \dfrac{\omega}{c}$，在球坐标系下，试证明：远区的矢量磁位、磁感应强度、电场强度、平均能量密度和总功率分别为

$$\boldsymbol{A} = \frac{\mu_0\omega p_0}{4\pi r}\sin(kr - \omega t)\,\boldsymbol{e}_z;\quad \boldsymbol{B} = -\frac{\mu_0\omega k p_0}{4\pi r}\cos(kr - \omega t)\sin\theta\boldsymbol{e}_\varphi$$

$$\boldsymbol{E} = -\frac{\mu_0\omega^2 p_0}{4\pi r}\cos(kr - \omega t)\sin\theta\boldsymbol{e}_\theta;\quad \bar{\boldsymbol{S}} = \frac{\mu_0\omega^4 p_0^2}{32\pi^2 c}\frac{\sin^2\theta}{r^2}\boldsymbol{e}_r;\quad P = \frac{\mu_0\omega^4 p_0^2}{12c}$$

10.7　半径为 a 通有电流 $Ie^{-\mathrm{j}\omega t}$ 的小电流环 (磁偶极子)，I 为常量，$m = I\pi a^2$。在球坐标系下，证明：远区的矢量磁位、电场强度、磁场强度、平均能量密度和总功率分别为

$$\boldsymbol{A} = -\mathrm{j}\frac{\mu_0 mk}{4\pi}\frac{\mathrm{e}^{\mathrm{j}(kr-\omega t)}}{r}\sin\theta\boldsymbol{e}_\varphi;\quad \boldsymbol{E} = \frac{\mu_0 m\omega k}{4\pi}\frac{\mathrm{e}^{\mathrm{j}(kr-\omega t)}}{r}\sin\theta\boldsymbol{e}_\varphi$$

$$\boldsymbol{H} = -\frac{mk^2}{4\pi}\frac{\mathrm{e}^{\mathrm{j}(kr-\omega t)}}{r}\sin\theta\boldsymbol{e}_\theta;\quad \bar{\boldsymbol{S}} = \frac{\mu_0 m^2}{32\pi^2 c^3}\frac{\sin^2\theta}{r^2}\boldsymbol{e}_r;\quad P = \frac{\mu_0 m^2\omega k^3}{12\pi}$$

10.8　半径为 a 磁化强度为 $\boldsymbol{M}$ 的均匀磁化球，以角速度 ω 绕通过球心且垂直于 $\boldsymbol{M}$ 的轴旋转。在球坐标系下，试证明：远区的磁场强度、电场强度和平均能量密度分别为

$$\boldsymbol{H} = \frac{k^2 M a^3}{3}\frac{\mathrm{e}^{\mathrm{j}(kr-\omega t+\varphi)}}{r}(\cos\theta\boldsymbol{e}_\theta + \mathrm{j}\boldsymbol{e}_\varphi);\quad \boldsymbol{E} = \frac{\mu_0\omega k M a^3}{3}\frac{\mathrm{e}^{\mathrm{j}(kr-\omega t+\varphi)}}{r}(\mathrm{j}\boldsymbol{e}_\theta - \cos\theta\boldsymbol{e}_\varphi)$$

$$\bar{\boldsymbol{S}} = \frac{\mu_0\omega k^3 M^2 a^6}{18}\frac{\left(1+\cos^2\theta\right)}{r^2}\boldsymbol{e}_r$$

10.9　半径为 a 电流为 I 的通电圆环，以角速度 ω 绕某一直径旋转。若取圆心为球心，转轴为极轴。在球坐标系下，试解释，只要将习题 10.8 中的 a^3M 替换为 $\dfrac{3}{4}a^2I$，即可得到远区的磁场强度、电场强度和平均能量密度。

10.10　真空中有电荷量为 $-q$、$2q$ 和 $-q$ 的三个点电荷在同一直线上，其间距都是 a，所有电荷量都随时间因子 $\mathrm{e}^{-\mathrm{j}\omega t}$ 变化，即 $q = q_0\mathrm{e}^{-\mathrm{j}\omega t}$。设 $\omega a \ll c$，c 为真空中的光速。如习题 10.10 图所示。对于 $r \gg a$ 的区域来说，这三个点电荷构成一个线性电四极子。试求该线性电四极子在 P 点产生的磁矢位、电磁场、平均能流密度和辐射总功率。

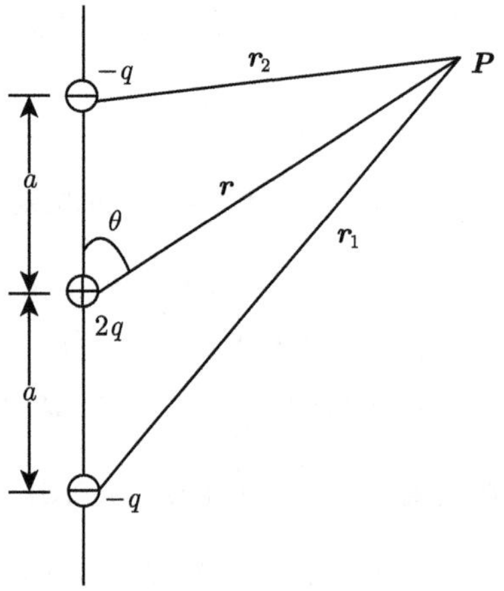

习题 10.10 图

第 11 章　电磁场近似解

电磁场问题可以用场函数或位函数的偏微分方程、边界条件和初始条件来描述。对于许多工程问题，找到初边值问题的精确解和解析解通常是困难的，尝试找到问题的近似解不失为一种有效的方法。寻找方程近似解可以分为两大类：加权余量法和变分法。加权余量法根据不同的应用要求又可以分为配点法，子域法，最小二乘法和伽辽金法等，其中最小二乘法和伽辽金法最为常用。变分法则通过构造泛函并将初边值问题的求解化为泛函的变分。两种方法的近似解都是用一系列线性独立的尝试函数表示，将问题转变为对未知的待定系数的求解。

11.1　电磁场标量方程的加权余量法

11.1.1　加权余量法概述

对于算子方程

$$\begin{cases} Lu = -f \in V \\ Bu = g \in S \end{cases}$$

若精确解难以求得，可以用近似解来估计。设 $\bar{u}$ 表示边值问题精确解 u 的近似解，可以用一组线性独立的函数 φ_i 来表示

$$\bar{u} = \sum_{i=1}^{n} C_i\varphi_i$$

式中，n 为尝试函数的个数，即自由度，C_i 为待定系数，φ_i 为尝试函数。

尝试函数的形式多种多样，为方便求解，一般选择形式简单的尝试函数 φ_i。例如，对于一维问题，可以用 x 的幂指数。

加权余量法就是通过近似解误差极小化求出问题的近似解。误差可以用区域 V 和边界 S 的余量表示。余量定义为近似解和精确解之间在区域 V 内和边界 S 上施加算子作用后的误差，即

$$\begin{cases} R_V = L\bar{u} - Lu \in V \\ R_S = B\bar{u} - Bu \in S \end{cases}$$

式中，R_V 和 R_S 分别为区域内和边界上的余量，$\bar{u}$ 为近似解，算子 L 和算子 B 可以表示任意线性微分算子。

余量反映的是算子在区域内和边界上对它们施加作用之后的差别。如果近似解与精确解之间存在差异，余量则不为零。为了达到更好降低误差的效果，通常要选取适当的加权函数使余量与该加权函数的积分为零，这种数值计算法称为加权余量法，也称为加权残数法。在区域内和边界上选取 n 个加权函数 $W_j(j=1,2,\cdots,n)$，当加权后的余量的平均值为零，即

$$\int_V W_j R_V \mathrm{d}V + \int_S W_j R_S \mathrm{d}S = 0 \quad (j=1,2,\cdots,n)$$

这里加权函数的个数与待定系数的个数相同。

在构造余量积分的过程中，并没有对加权函数进行特殊限制，因此加权函数的选取是有多种形式的。比较常用的加权函数有以下几种形式。

(1) 配点法：将求解域中 n 个特定点的余量设为零，加权函数取为狄拉克函数 $\delta_j\,(j=1,2,\cdots,n)$，即

$$W_j = \begin{cases} \delta_j, & \boldsymbol{r} = \boldsymbol{r}_j \\ 0, & \boldsymbol{r} \neq \boldsymbol{r}_j \end{cases}$$

(2) 子域法：在 n 个子域 $V_j(j=1,2,\cdots,n)$ 上进行余量积分，加权函数 W_j 为子域上定义的阶跃函数，即

$$W_j = \begin{cases} 1 \in V_j \\ 0 \notin V_j \end{cases}$$

(3) 最小二乘法：余量的平方在整个区域内和边界上进行积分，构成最小二乘函数 $F\,(R)$

$$F\,(R) = \int_V R_V^2 \mathrm{d}V + \int_S R_S^2 \mathrm{d}S$$

具体方法是令最小二乘函数 $F\,(R)$ 对待定系数 C_j 的导数为零，以便构成 n 个线性方程，用于确定 n 个待定系数

$$\frac{\partial F}{\partial C_j} = 0 \quad (j=1,2,\cdots,n)$$

因此

$$\int_V R_V \frac{\partial R_V}{\partial C_j} \mathrm{d}V + \int_S R_S \frac{\partial R_S}{\partial C_j} \mathrm{d}S = 0$$

加权函数是 $\dfrac{\partial R_V}{\partial C_j}$ 和 $\dfrac{\partial R_S}{\partial C_j}$，可以通过选取待定系数 C_j，使 $F\,(R)$ 最小化，进而使近似解与精确解差异最小化。

(4) 伽辽金法：加权函数选为尝试函数本身，即

$$W_j = \varphi_j$$

依照这一原则确定加权余量，并令加权余量的平均值为零，构成如下加权余量的表达式

$$\int_V W_j R_V \mathrm{d}V + \int_S W_j R_S \mathrm{d}S = \int_V \varphi_j R_V \mathrm{d}V + \int_S \varphi_j R_S \mathrm{d}S = 0 \quad (j = 1, 2, \cdots, n)$$

通过选择加权函数，降低对尝试函数连续性的要求，进而增加了尝试函数的选择范围。诺伊曼边界条件可以包括在余量积分式中，这样可以形成自然边界条件，使得求解过程得到简化。

11.1.2 电磁场标量方程的通用形式

用 u 表示需要求解的函数，例如 u 可以是电场中的电位分布函数，也可以是磁标势分布函数或磁矢势分布函数的一个分量。

通用形式标量方程的初边值问题可写为

$$\begin{cases} e_a\ddot{u} + d_a\dot{u} + \nabla\cdot(-c\nabla u - \boldsymbol{\alpha} u + \boldsymbol{\gamma}) + au + \boldsymbol{\beta}\cdot\nabla u = f \\ u|_{S_1} = g \\ [\boldsymbol{n}\cdot(c\nabla u + \boldsymbol{\alpha} u - \boldsymbol{\gamma}) + qu]|_{S_2} = h \\ u|_{t=0} = u_0 \\ \dot{u}|_{t=0} = \dot{u}_0 \end{cases} \tag{11.1.1}$$

式中，$\dot{u} = \dfrac{\partial u}{\partial t}$ 为 u 对时间的一阶导数，$\ddot{u} = \dfrac{\partial^2 u}{\partial t^2}$ 为 u 对时间的二阶导数，e_a 为质量系数，d_a 为阻尼系数或质量系数 (当 $e_a = 0$ 时)，c 为扩散系数，$\boldsymbol{\alpha}$ 为守恒通量对流系数，$\boldsymbol{\beta}$ 为对流系数，a 为吸收系数，$\boldsymbol{\gamma}$ 为保守通量源项。g 表示在狄利克雷边界 S_1 上的场值，q 和 h 分别表示在诺伊曼边界 S_2 上的吸收系数和源项，u_0 为 u 的初始值，$\dot{u}_0$ 为 $\dot{u}$ 的初始值。

当式 (11.1.1) 中各系数取不同值时，可以得到拉普拉斯方程、泊松方程、波动方程等形式，对于电磁场问题，可以得到静电场、稳恒电场等不同类型电磁场的方程。

取 $e_a = 0$，$d_a = 0$，$\boldsymbol{\alpha} = \boldsymbol{0}$，$\boldsymbol{\gamma} = \boldsymbol{0}$，$a = 0$，$\boldsymbol{\beta} = \boldsymbol{0}$。

若取 $c = \varepsilon$，$f = \rho$，则电位 u 满足的静电场方程为

$$\nabla\cdot(-\varepsilon\nabla u) = \rho$$

若取 $c=1$，$f=\dfrac{\rho}{\varepsilon}$，假定 ε 为均匀介质，此时电位 u 满足的静电场泊松方程为

$$\nabla^2 u=-\frac{\rho}{\varepsilon}$$

若取 $c=1$，$f=0$，假定 ε 为均匀介质，此时电位 u 满足的静电场拉普拉斯方程为

$$\nabla^2 u=0$$

取 $e_a=0$，$d_a=0$，$\boldsymbol{\alpha}=\mathbf{0}$，$\boldsymbol{\gamma}=\mathbf{0}$，$a=0$，$\boldsymbol{\beta}=\mathbf{0}$，$f=0$，$c=\sigma$，即电位 u 满足的稳恒电场方程为

$$\nabla\cdot(-\sigma\nabla u)=0$$

若取 $c=\vartheta$，$f=J$，$u=A$。这里 J 为电流源的 z 分量，则矢量磁位的 z 分量 A 满足的二维平面对称模型稳恒磁场方程为

$$\nabla\cdot(\vartheta\nabla A)=-J$$

取 $e_a=\mu\varepsilon$，$d_a=0$，$\boldsymbol{\alpha}=\mathbf{0}$，$\boldsymbol{\gamma}=\mathbf{0}$，$a=0$，$\boldsymbol{\beta}=\mathbf{0}$，$f=0$，$c=1$，即标量位或电磁场量的分量 u 满足的波动方程为

$$\mu\varepsilon\frac{\partial^2 u}{\partial t^2}-\nabla^2 u=0$$

取 $e_a=0$，$d_a=\mu\sigma$，$\boldsymbol{\alpha}=\mathbf{0}$，$\boldsymbol{\gamma}=\mathbf{0}$，$a=0$，$\boldsymbol{\beta}=\mathbf{0}$，$f=\dfrac{\rho}{\varepsilon}$，$c=1$，即电位 u 满足的电磁场扩散方程为

$$\mu\sigma\frac{\partial u}{\partial t}-\nabla^2 u=\frac{\rho}{\varepsilon}$$

取 $e_a=0$，$d_a=0$，$\boldsymbol{\alpha}=\mathbf{0}$，$\boldsymbol{\gamma}=\mathbf{0}$，$a=k_t^2$，$\boldsymbol{\beta}=\mathbf{0}$，$f=0$，$c=-1$，$\nabla^2=\nabla_t^2$，即均匀波导中电场强度 z 分量 E_z 或磁场强度 z 分量 H_z 满足的亥姆霍兹方程为

$$\nabla_t^2 E_z+k_t^2 E_z=0$$

$$\nabla_t^2 H_z+k_t^2 H_z=0$$

11.1.3　电磁场标量方程边值问题的加权余量法

为了便于说明加权余量法具体步骤，这里考虑如下边值问题

$$\begin{cases}\nabla\cdot(-c\nabla u-\boldsymbol{\alpha}u+\boldsymbol{\gamma})+au+\boldsymbol{\beta}\cdot\nabla u=f\\ u|_{S_1}=g\\ [\boldsymbol{n}\cdot(c\nabla u+\boldsymbol{\alpha}u-\boldsymbol{\gamma})+qu]|_{S_2}=h\end{cases}\tag{11.1.2}$$

用 $\bar{u}$ 表示近似解，有

$$\bar{u}=\sum_{i=1}^{n}C_i\varphi_i \tag{11.1.3}$$

利用加权余量法求解该问题时，余量为

$$\begin{cases} R_V=\nabla\cdot(-c\nabla\bar{u}-\boldsymbol{\alpha}\bar{u}+\boldsymbol{\gamma})+a\bar{u}+\boldsymbol{\beta}\cdot\nabla\bar{u}-f \\ R_{S_1}=\bar{u}-g \\ R_{S_2}=\boldsymbol{n}\cdot(c\nabla\bar{u}+\boldsymbol{\alpha}\bar{u}-\boldsymbol{\gamma})+q\bar{u}-h \end{cases}$$

令余量在区域内及边界上的积分之和为零，即

$$\begin{aligned}&\int_V W_j\left[\nabla\cdot(-c\nabla\bar{u}-\boldsymbol{\alpha}\bar{u}+\boldsymbol{\gamma})+a\bar{u}+\boldsymbol{\beta}\cdot\nabla\bar{u}-f\right]\mathrm{d}V\\&+\int_{S_1}W_j(\bar{u}-g)\mathrm{d}S+\int_{S_2}W_j\left[\boldsymbol{n}\cdot(c\nabla\bar{u}+\boldsymbol{\alpha}\bar{u}-\boldsymbol{\gamma})+q\bar{u}-h\right]\mathrm{d}S=0\end{aligned} \tag{11.1.4}$$

其中，W_j 为对应于区域 V、边界 S_1 和边界 S_2 上的加权函数，这里 $j=1,2,\cdots,n$。

为简化计算，选择某些特殊形式的尝试函数，使狄利克雷边界条件构成选择尝试函数的一个限制条件，在边界 S_1 上狄利克雷边界条件 $\bar{u}|_{S_1}=g$ 自然满足，即

$$\int_{S_1}W_j(\bar{u}-g)\mathrm{d}S=0 \tag{11.1.5}$$

于是式 (11.1.4) 可化为

$$\begin{aligned}&\int_V W_j\left[\nabla\cdot(-c\nabla\bar{u}-\boldsymbol{\alpha}\bar{u}+\boldsymbol{\gamma})\right]\mathrm{d}V+\int_V W_j\left(a\bar{u}+\boldsymbol{\beta}\cdot\nabla\bar{u}-f\right)\mathrm{d}V\\&+\int_{S_2}W_j\boldsymbol{n}\cdot\left(c\nabla\bar{u}+\boldsymbol{\alpha}\bar{u}-\boldsymbol{\gamma}\right)\mathrm{d}S+\int_{S_2}W_j\left(q\bar{u}-h\right)\mathrm{d}S=0\end{aligned} \tag{11.1.6}$$

由积分恒等式 (1.3.12)

$$\int_V \boldsymbol{g}\cdot\nabla f\mathrm{d}V=-\int_V f\nabla\cdot\boldsymbol{g}\mathrm{d}V+\oint_S f\boldsymbol{n}\cdot\boldsymbol{g}\mathrm{d}S$$

式 (11.1.6) 第一项体积分化为

$$\int_V W_j\left[\nabla\cdot(-c\nabla\bar{u}-\boldsymbol{\alpha}\bar{u}+\boldsymbol{\gamma})\right]\mathrm{d}V=-\int_V(-c\nabla\bar{u}-\boldsymbol{\alpha}\bar{u}+\boldsymbol{\gamma})\cdot\nabla W_j\mathrm{d}V$$

$$+\int_{S_1}\left[W_j\boldsymbol{n}\cdot(-c\nabla\bar{u}-\boldsymbol{\alpha}\bar{u}+\boldsymbol{\gamma})\right]\mathrm{d}S+\int_{S_2}\left[W_j\boldsymbol{n}\cdot(-c\nabla\bar{u}-\boldsymbol{\alpha}\bar{u}+\boldsymbol{\gamma})\right]\mathrm{d}S \tag{11.1.7}$$

如果通过适当地选取 S_1 上的加权函数 W_j，使之在狄利克雷边界上的值为零，即 $W_j|_{S_1}=0$，则式 (11.1.7) 可以化为

$$\begin{aligned}&\int_V W_j\left[\nabla\cdot(-c\nabla\bar{u}-\boldsymbol{\alpha}\bar{u}+\boldsymbol{\gamma})\right]\mathrm{d}V\\=&\int_{S_2}\left[W_j\boldsymbol{n}\cdot(-c\nabla\bar{u}-\boldsymbol{\alpha}\bar{u}+\boldsymbol{\gamma})\right]\mathrm{d}S-\int_V\left[\nabla W_j\cdot(-c\nabla\bar{u}-\boldsymbol{\alpha}\bar{u}+\boldsymbol{\gamma})\right]\mathrm{d}V\end{aligned}$$

于是，式 (11.1.6) 化为

$$\begin{aligned}&\int_V\left[\nabla W_j\cdot(c\nabla\bar{u}+\boldsymbol{\alpha}\bar{u})+W_j\left(a\bar{u}+\boldsymbol{\beta}\cdot\nabla\bar{u}\right)\right]\mathrm{d}V+\int_{S_2}W_jq\bar{u}\mathrm{d}S\\=&\int_V\left(\nabla W_j\cdot\boldsymbol{\gamma}+W_jf\right)\mathrm{d}V+\int_{S_2}W_jh\mathrm{d}S\end{aligned} \tag{11.1.8a}$$

若取加权函数 W_j 为尝试函数 φ_j，则伽辽金积分方程为

$$\begin{aligned}&\int_V\left[\nabla\varphi_j\cdot(c\nabla\bar{u}+\boldsymbol{\alpha}\bar{u})+\varphi_j\left(a\bar{u}+\boldsymbol{\beta}\cdot\nabla\bar{u}\right)\right]\mathrm{d}V+\int_{S_2}\varphi_jq\bar{u}\mathrm{d}S\\=&\int_V\left(\nabla\varphi_j\cdot\boldsymbol{\gamma}+\varphi_jf\right)\mathrm{d}V+\int_{S_2}\varphi_jh\mathrm{d}S\end{aligned} \tag{11.1.8b}$$

上述方法本质上是通过分部积分公式，将待求函数的二阶导数、加权函数的零阶导数变成了未知函数一阶导数和加权函数的一阶导数，通过提高加权函数的光滑性，降低了对未知函数光滑性的要求。从光滑性看，相对于原来的偏微分方程，解为广义解，称为弱解，弱解的积分形式，简称为“弱形式”。通过分部积分，$\dfrac{\partial\bar{u}}{\partial n}$ 没有明显地出现在弱解积分方程中，第三类边界条件不需要额外处理，这类条件通常称为自然边界条件，而狄利克雷边界条件需要强制满足。

由式 (11.1.3)，式 (11.1.8b) 可化为

$$\begin{aligned}&\sum_{i=1}^{n}\left\{\int_V\left[\nabla\varphi_j\cdot(c\nabla\varphi_i+\boldsymbol{\alpha}\varphi_i)+\varphi_j\left(a\varphi_i+\boldsymbol{\beta}\cdot\nabla\varphi_i\right)\right]\mathrm{d}V+\int_{S_2}q\varphi_i\varphi_j\mathrm{d}S\right\}C_i\\=&\int_V\left(\nabla\varphi_j\cdot\boldsymbol{\gamma}+\varphi_jf\right)\mathrm{d}V+\int_{S_2}\varphi_jh\mathrm{d}S\end{aligned} \tag{11.1.9}$$

写成矩阵形式为

$$[\mathrm{K}]\,[\mathrm{C}]=[\mathrm{F}]+[\mathrm{B}] \tag{11.1.10}$$

其中，[K] 为系数矩阵，[C] 为待定系数，[F] 为激励源项，[B] 为边界项。

$$\begin{bmatrix} k_{11} & k_{12} & \cdots & k_{1n} \\ k_{21} & k_{22} & \cdots & k_{2n} \\ \vdots & \vdots & & \vdots \\ k_{n1} & k_{n2} & \cdots & k_{nn} \end{bmatrix}\begin{bmatrix} c_1 \\ c_2 \\ \vdots \\ c_n \end{bmatrix}=\begin{bmatrix} f_1 \\ f_2 \\ \vdots \\ f_n \end{bmatrix}+\begin{bmatrix} b_1 \\ b_2 \\ \vdots \\ b_n \end{bmatrix} \tag{11.1.11}$$

式中

$$\left\{\begin{aligned} k_{ji} &= \int_V \left[c\nabla\varphi_i\cdot\nabla\varphi_j+\varphi_i\boldsymbol{\alpha}\cdot\nabla\varphi_j+a\varphi_i\varphi_j+(\boldsymbol{\beta}\cdot\nabla\varphi_i)\,\varphi_j\right]\mathrm{d}V+\int_{S_2} q\varphi_i\varphi_j\mathrm{d}S \\ f_j &= \int_V (\nabla\varphi_j\cdot\boldsymbol{\gamma}+\varphi_j f)\,\mathrm{d}V \\ b_j &= \int_{S_2}\varphi_j h\mathrm{d}S \end{aligned}\right. \tag{11.1.12}$$

对于相对简单的泊松方程，式 (11.1.1) 中取 $c=1,\boldsymbol{\alpha}=\mathbf{0}$，$\boldsymbol{\gamma}=\mathbf{0}$，$a=0$，$\boldsymbol{\beta}=\mathbf{0}$，$q=0$，有如下边值问题

$$\left\{\begin{aligned} &\nabla^2 u=-f \\ &u|_{S_1}=g \\ &\left.\frac{\partial u}{\partial n}\right|_{S_2}=h \end{aligned}\right. \tag{11.1.13}$$

若将上述问题看成均匀介质有源静电场混合边值问题，则 u 表示电位函数，f 表示电荷激励项，g 表示在狄利克雷边界 S_1 上的电位值，h 表示在诺伊曼边界 S_2 上的电位沿外法向的导数值。

伽辽金加权余量法弱形式为

$$\int_V \nabla\varphi_j\cdot\nabla\bar{u}\mathrm{d}V=\int_V\varphi_j f\mathrm{d}V+\int_{S_2}\varphi_j h\mathrm{d}S$$

即

$$\sum_{i=1}^{n}\left(\int_V\nabla\varphi_i\cdot\nabla\varphi_j\ \mathrm{d}V\right)C_i=\int_V\varphi_j f\ \mathrm{d}V+\int_{S_2}\varphi_j h\ \mathrm{d}S \tag{11.1.14}$$

式 (11.1.14) 对应的各项简化为

$$
\begin{cases}
k_{ij}=k_{ji}=\int_V \nabla\varphi_i\cdot\nabla\varphi_j\mathrm{d}V \\
f_j=\int_V \varphi_j f\mathrm{d}V \\
b_j=\int_{S_2} \varphi_j h\mathrm{d}S
\end{cases}
\tag{11.1.15}
$$

对于泊松方程，伽辽金加权余量法得到的计算矩阵为对称矩阵，简化了计算。而且根据不同的情况，激励源矩阵和边界矩阵可能为零，也使计算得到简化。

例 11.1.1　使用伽辽金加权余量法求解下面方程

$$
\nabla^2 u=\frac{\mathrm{d}^2 u}{\mathrm{d}x^2}=-\mathrm{e}^x
$$

$$
u|_{x=0}=0
$$

$$
\left.\frac{\partial u}{\partial x}\right|_{x=1}=-\mathrm{e}
$$

该方程解析解为

$$
u=-\mathrm{e}^x+1
$$

下面介绍使用伽辽金加权余量法求解该方程近似解的过程。

假设方程近似解为 $\bar{u}=C_0+C_1x+C_2x^2$，强制满足第一类边界条件 $\bar{u}|_{x=0}=0$，则有 C_0 为零，此时近似解为

$$
\bar{u}=C_1x+C_2x^2=\sum_{i=1}^{2}C_i\varphi_i
$$

其中，$\varphi_1=x,\varphi_2=x^2$，$\varphi_1'=1,\varphi_2'=2x$。

使用伽辽金法进行求解。

对于一维问题，梯度退化为导数，体积分 $k_{ij}=\int_V \nabla\varphi_i\cdot\nabla\varphi_j\mathrm{d}V$ 退化为线积分 $k_{ij}=\int_0^1 \varphi_i'\varphi_j'\mathrm{d}x$，于是

$$
k_{11}=\int_0^1 \varphi_1'^2\mathrm{d}x=1,\quad k_{22}=\int_0^1 \varphi_2'^2\mathrm{d}x=\frac{4}{3}
$$

$$
k_{12}=k_{21}=\int_0^1 \varphi_1'\varphi_2'\mathrm{d}x=1
$$

体积分 $f_j = \int_V \varphi_j f \mathrm{d}V$ 退化为线积分 $f_j = \int_0^1 \varphi_j f \mathrm{d}x$，于是

$$f_1 = \int_0^1 x\mathrm{e}^x \mathrm{d}x = 1, \quad f_2 = \int_0^1 x^2\mathrm{e}^x \mathrm{d}x = \mathrm{e} - 2$$

边界 S_2 为 $x = 1$ 的点，由 $b_j = |\varphi_j, h|_{S_2}$，知

$$b_1 = |\varphi_1, -\mathrm{e}|_{x=1} = -\mathrm{e}x|_{x=1} = -\mathrm{e}$$

$$b_2 = |\varphi_2, -\mathrm{e}|_{x=1} = -\mathrm{e}x^2\big|_{x=1} = -\mathrm{e}$$

代入求解矩阵 [K] [C] = [F] + [B] 中，有

$$\begin{bmatrix} 1 & 1 \\ 1 & \dfrac{4}{3} \end{bmatrix} \begin{bmatrix} C_1 \\ C_2 \end{bmatrix} = \begin{bmatrix} 1 \\ \mathrm{e} - 2 \end{bmatrix} + \begin{bmatrix} -\mathrm{e} \\ -\mathrm{e} \end{bmatrix}$$

因此，

$$\begin{cases} C_1 + C_2 = 1 - \mathrm{e} \\ C_1 + \dfrac{4}{3}C_2 = -2 \end{cases}$$

解得

$$\begin{cases} C_1 = 10 - 4\mathrm{e} \overset{\mathrm{e}\approx 2.718}{\Longleftrightarrow} -0.872 \\ C_2 = 3\mathrm{e} - 9 \overset{\mathrm{e}\approx 2.718}{\Longleftrightarrow} -0.846 \end{cases}$$

近似解为 $\bar{u} = -0.872x - 0.846x^2$。

近似解与解析解比较如图 11.1.1 所示。

随着 $\bar{u} = \sum_{i=1}^{2} C_i\varphi_i$ 中 i 取值的增加，近似解会越来越逼近解析解。

在理解了加权余量法之后，不必采用前面烦琐的推导过程，可以直接写出式 (11.1.2) 的伽辽金弱形式。

选取虚位移函数 δu (可理解为加权函数 W_j)，有

$$\int_V \delta u \left[\nabla \cdot (-c\nabla u - \boldsymbol{\alpha} u + \boldsymbol{\gamma})\right] \mathrm{d}V + \int_V (au\delta u + \delta u \boldsymbol{\beta} \cdot \nabla u)\, \mathrm{d}V = \int_V f\delta u \mathrm{d}V \tag{11.1.16}$$

参考式 (11.1.7) 处理式 (11.1.16) 中的第一项体积分，选取 $\delta u|_{S_1} = 0$，并代入 S_2 上的边界条件，有

$$\int_V \delta u \left[\nabla \cdot (-c\nabla u - \boldsymbol{\alpha} u + \boldsymbol{\gamma})\right] \mathrm{d}V$$

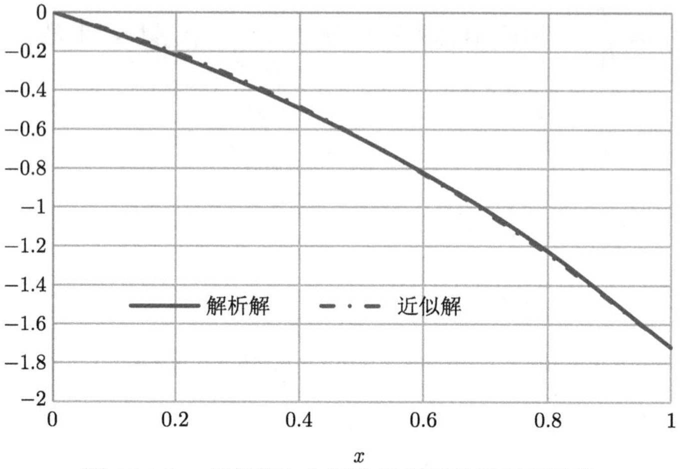

图 11.1.1　解析解与伽辽金法得到的近似解比较

$$= \int_{S_2} \delta u\,(qu-h)\,\mathrm{d}S + \int_V \nabla\delta u\cdot(c\nabla u+\boldsymbol{\alpha}u-\boldsymbol{\gamma})\,\mathrm{d}V \tag{11.1.17}$$

整理，有

$$\int_V [\nabla\delta u\cdot(c\nabla u+\boldsymbol{\alpha}u)+\delta u\,(au+\boldsymbol{\beta}\cdot\nabla u)]\,\mathrm{d}V + \int_{S_2}\delta uqu\mathrm{d}S$$
$$= \int_V (\nabla\delta u\cdot\boldsymbol{\gamma}+f\delta u)\,\mathrm{d}V + \int_{S_2} h\delta u\mathrm{d}S \tag{11.1.18}$$

如果将式 (11.1.18) 中 δu 换成 W_j 或 φ_j，u 换成 $\bar{u}$，上式与式 (11.1.8) 完全一致。

式 (11.1.18) 将原来未知函数的二阶导数、虚位移变成了未知函数一阶导数、虚位移一阶导数，通过提高虚位移的可微性，降低了对未知函数的可微性的要求。通过这样处理，从可微性看，获得的解相对原来微分方程是近似解，这个广义解即弱解。

对于泊松方程的边值问题，即式 (11.1.13)，直接写出弱形式，有

$$\int_V \nabla\delta u\cdot\nabla u\mathrm{d}V = \int_V \delta uf\mathrm{d}V + \int_{S_2}\delta uh\mathrm{d}S \tag{11.1.19}$$

关于初边值问题，将在第 12 章中重点讨论。

11.2　稳态电磁场矢量方程加权余量法

稳态场包括稳恒磁场、稳恒电场和时谐涡流场，方程中包含双旋度项或矢量泊松项。

11.2.1 双旋度方程的弱形式

参考式 (1.11.7c)，双旋度方程的混合边值问题为

$$\begin{cases} \nabla \times (\beta \nabla \times \boldsymbol{A}) = \boldsymbol{Q} \\ (\boldsymbol{n} \times \boldsymbol{A})|_{S_1} = \boldsymbol{A}_t \\ \beta (\boldsymbol{n} \times \nabla \times \boldsymbol{A})|_{S_2} = \boldsymbol{G}_t \end{cases} \tag{11.2.1}$$

设虚位移为 $\delta \boldsymbol{A}$，点乘式 (11.2.1) 中方程并作体积分，有

$$\int_V \delta \boldsymbol{A} \cdot \nabla \times (\beta \nabla \times \boldsymbol{A}) \, \mathrm{d}V = \int_V \delta \boldsymbol{A} \cdot \boldsymbol{Q} \mathrm{d}V \tag{11.2.2}$$

利用矢量恒等式 (1.3.11)

$$\int_V \boldsymbol{G} \cdot \nabla \times \boldsymbol{F} \mathrm{d}V = \int_V (\nabla \times \boldsymbol{G}) \cdot \boldsymbol{F} \mathrm{d}V + \oint_S \boldsymbol{G} \cdot \boldsymbol{n} \times \boldsymbol{F} \mathrm{d}S$$

有

$$\int_V \beta (\nabla \times \boldsymbol{A}) \cdot (\nabla \times \delta \boldsymbol{A}) \, \mathrm{d}V - \int_V \delta \boldsymbol{A} \cdot \boldsymbol{Q} \mathrm{d}V + \int_{S_2} \delta \boldsymbol{A} \cdot (\boldsymbol{n} \times \beta \nabla \times \boldsymbol{A}) \, \mathrm{d}S$$
$$- \int_{S_1} (\boldsymbol{n} \times \delta \boldsymbol{A}) \cdot (\beta \nabla \times \boldsymbol{A}) \, \mathrm{d}S = 0 \tag{11.2.3}$$

选取 $\boldsymbol{n} \times \delta \boldsymbol{A}|_{S_1} = 0$，并将 $\beta (\boldsymbol{n} \times \nabla \times \boldsymbol{A})|_{S_2} = \boldsymbol{G}_t$ 代入式 (11.2.3)，则伽辽金弱形式化为

$$\int_V \beta (\nabla \times \boldsymbol{A}) \cdot (\nabla \times \delta \boldsymbol{A}) \, \mathrm{d}V = \int_V \delta \boldsymbol{A} \cdot \boldsymbol{Q} \mathrm{d}V - \int_{S_2} \delta \boldsymbol{A} \cdot \boldsymbol{G}_t \mathrm{d}S \tag{11.2.4}$$

另外，式 (11.2.1) 中狄利克雷边界条件需要强制满足。

若将上述方程看成稳恒磁场方程，则 $\boldsymbol{Q}$ 为电流密度 $\boldsymbol{J}$，β 为磁阻率 ϑ，如 1.11 节所述，若不强制库仑规范，$\boldsymbol{A}$ 不唯一，但 $\boldsymbol{B}$ 和 $\boldsymbol{H}$ 都是唯一的，能量 $W = \dfrac{1}{2} \displaystyle\int_V \vartheta \left| \nabla \times \boldsymbol{A} \right|^2 \mathrm{d}V$ 也是唯一的。

原因是：将 $\boldsymbol{A}$ 分解为两部分，$\boldsymbol{A}_0$ 和 $\nabla \varphi$，$\boldsymbol{A}_0$ 的散度为零，满足库仑规范，$\nabla \varphi$ 的旋度为零，故 $\nabla \times \boldsymbol{A}$ 是唯一的，由此磁通密度和能量均是唯一的。

此外，能量也可通过积分 $W = \displaystyle\int_V \boldsymbol{J} \cdot \boldsymbol{A} \mathrm{d}V$ 计算获得，$\boldsymbol{A}$ 分解为两部分，同样积分也可以分为两部分，其中 $W_2 = \displaystyle\int_V \boldsymbol{J} \cdot \nabla \varphi \mathrm{d}V = \oint_S \varphi \boldsymbol{J} \cdot \mathrm{d}\boldsymbol{S} - \int_V \varphi \nabla \cdot \boldsymbol{J} \mathrm{d}V$，

这两项积分均为零。这说明，能量积分与 $\nabla\varphi$ 无关，用此积分公式获得的能量也是唯一的。

考虑边值问题

$$\begin{cases} \nabla\times(\vartheta\nabla\times\boldsymbol{A})=\boldsymbol{J} \\ \boldsymbol{A}|_{S_\infty}=\boldsymbol{0} \end{cases} \tag{11.2.5}$$

则式 (11.2.4) 中的诺依曼边界条件不存在，边值问题式 (11.2.5) 的弱形式简化为

$$\int_V \vartheta(\nabla\times\boldsymbol{A})\cdot(\nabla\times\delta\boldsymbol{A})\,\mathrm{d}V=\int_V \delta\boldsymbol{A}\cdot\boldsymbol{J}\mathrm{d}V \tag{11.2.6}$$

另外，无限远条件为狄利克雷边界条件，需要强制满足。

11.2.2　矢量泊松方程的弱形式

参考式 (1.12.8d)，矢量泊松方程为

$$\begin{cases} \nabla\times(\beta\nabla\times\boldsymbol{A})-\nabla(\beta\nabla\cdot\boldsymbol{A})=\boldsymbol{Q} \\ (\boldsymbol{n}\times\boldsymbol{A})|_{S_1}=\boldsymbol{A}_t \\ \beta(\boldsymbol{n}\times\nabla\times\boldsymbol{A})|_{S_2}=\boldsymbol{G}_t \\ (\boldsymbol{n}\cdot\boldsymbol{A})|_S=0 \end{cases} \tag{11.2.7}$$

式中，$\boldsymbol{A}_t$ 和 $\boldsymbol{G}_t$ 为已知函数和常数。

设虚位移为 $\delta\boldsymbol{A}$，点乘式 (11.2.7) 中方程并作体积分，有

$$\int_V \delta\boldsymbol{A}\cdot\nabla\times(\beta\nabla\times\boldsymbol{A})-\delta\boldsymbol{A}\cdot\nabla(\beta\nabla\cdot\boldsymbol{A})\,\mathrm{d}V=\int_V \delta\boldsymbol{A}\cdot\boldsymbol{Q}\mathrm{d}V \tag{11.2.8}$$

式中双旋度项处理方法参考式 (11.2.3)，并利用矢量恒等式 (1.3.12)

$$\int_V \boldsymbol{G}\cdot\nabla f\mathrm{d}V=-\int_V f\nabla\cdot\boldsymbol{G}\mathrm{d}V+\oint_S f\boldsymbol{n}\cdot\boldsymbol{G}\mathrm{d}S$$

有

$$\begin{aligned}&\int_V[\beta(\nabla\times\boldsymbol{A})\cdot(\nabla\times\delta\boldsymbol{A})+\beta(\nabla\cdot\boldsymbol{A})(\nabla\cdot\delta\boldsymbol{A})]\,\mathrm{d}V-\int_V\delta\boldsymbol{A}\cdot\boldsymbol{Q}\mathrm{d}V\\&-\int_{S_2}\delta\boldsymbol{A}\cdot(\boldsymbol{n}\times\beta\nabla\times\boldsymbol{A})\,\mathrm{d}S-\int_{S_1}(\boldsymbol{n}\times\delta\boldsymbol{A})\cdot(\beta\nabla\times\boldsymbol{A})\,\mathrm{d}S\\&-\int_{S_1}(\beta\nabla\cdot\boldsymbol{A})(\boldsymbol{n}\cdot\delta\boldsymbol{A})\,\mathrm{d}S-\int_{S_2}(\beta\nabla\cdot\boldsymbol{A})(\boldsymbol{n}\cdot\delta\boldsymbol{A})\,\mathrm{d}S=0\end{aligned} \tag{11.2.9}$$

选取 $\boldsymbol{n}\times\delta\boldsymbol{A}|_{S_1}=0$，$\boldsymbol{n}\cdot\delta\boldsymbol{A}|_{S}=0$，并将 $\beta\left(\boldsymbol{n}\times\nabla\times\boldsymbol{A}\right)|_{S_2}=\boldsymbol{G}_t$ 代入式 (11.2.9)，则伽辽金弱形式化为

$$\begin{aligned}&\int_V\left[\beta\left(\nabla\times\boldsymbol{A}\right)\cdot\left(\nabla\times\delta\boldsymbol{A}\right)+\beta\left(\nabla\cdot\boldsymbol{A}\right)\left(\nabla\cdot\delta\boldsymbol{A}\right)\right]\mathrm{d}V\\&=\int_V\delta\boldsymbol{A}\cdot\boldsymbol{Q}\mathrm{d}V-\int_{S_2}\delta\boldsymbol{A}\cdot\boldsymbol{G}_t\mathrm{d}S\end{aligned}\tag{11.2.10}$$

另外，式 (11.2.7) 中两个狄利克雷边界条件需要强制满足。

11.2.3 涡流场方程的弱形式

式 (8.4.6) ~ 式 (8.4.10) 给出了时变涡流场定解问题，为简化起见，这里只讨论对应的时谐涡流场弱形式。

将式 (8.4.6) 的时谐场统一写成

$$\nabla\times\left(\vartheta\nabla\times\boldsymbol{A}\right)-\nabla\left(\vartheta\nabla\cdot\boldsymbol{A}\right)+\sigma\nabla\varphi+\mathrm{j}\omega\sigma\boldsymbol{A}=\boldsymbol{J}_{\mathrm{e}}\tag{11.2.11a}$$

这里 $\boldsymbol{J}_{\mathrm{e}}$ 和 σ 可以理解为分区函数。

在涡流区 V_1

$$\nabla\cdot\left(\sigma\nabla\varphi+\mathrm{j}\omega\sigma\boldsymbol{A}\right)=0\tag{11.2.11b}$$

设虚位移为 $\delta\boldsymbol{A}$ 点乘式 (11.2.11a) 并作体积分，有

$$\int_V\delta\boldsymbol{A}\cdot\left[\nabla\times\left(\vartheta\nabla\times\boldsymbol{A}\right)-\nabla\left(\vartheta\nabla\cdot\boldsymbol{A}\right)+\sigma\nabla\varphi+\mathrm{j}\omega\sigma\boldsymbol{A}\right]\mathrm{d}V=\int_V\delta\boldsymbol{A}\cdot\boldsymbol{J}_{\mathrm{e}}\mathrm{d}V\tag{11.2.12}$$

式中前两项处理方法参考式 (11.2.9)，有

$$\begin{aligned}&\int_V\left[\vartheta\left(\nabla\times\boldsymbol{A}\right)\cdot\left(\nabla\times\delta\boldsymbol{A}\right)+\vartheta\left(\nabla\cdot\boldsymbol{A}\right)\left(\nabla\cdot\delta\boldsymbol{A}\right)\right]\mathrm{d}V\\&+\int_V\left(\sigma\nabla\varphi+\mathrm{j}\omega\sigma\boldsymbol{A}\right)\cdot\delta\boldsymbol{A}\mathrm{d}V=\int_V\delta\boldsymbol{A}\cdot\boldsymbol{J}_{\mathrm{e}}\mathrm{d}V-\int_{S_2}\delta\boldsymbol{A}\cdot\boldsymbol{G}_t\mathrm{d}S\end{aligned}\tag{11.2.13a}$$

用 δA 乘以式 (11.2.11b) 并作体积分，并利用恒等式 (1.3.12)，注意，体积分区域为 V_1，面积分区域为 S_{12}，

$$\int_{V_1}f\nabla\cdot\boldsymbol{g}\mathrm{d}V=-\int_{V_1}\boldsymbol{g}\cdot\nabla f\mathrm{d}V+\oint_{S_{12}}f\boldsymbol{n}\cdot\boldsymbol{g}\mathrm{d}S$$

有

$$\int_{V_1}\delta A\nabla\cdot\left(\sigma\nabla\varphi+\mathrm{j}\omega\sigma\boldsymbol{A}\right)\mathrm{d}V$$

$$= -\int_{V_1} (\sigma\nabla\varphi + \mathrm{j}\omega\sigma\boldsymbol{A}) \cdot \nabla\delta A \mathrm{d}V + \oint_{S_{12}} \delta A\boldsymbol{n} \cdot (\sigma\nabla\varphi + \mathrm{j}\omega\sigma\boldsymbol{A})\,\mathrm{d}S = 0$$

考虑到涡流区和非涡流区交界面，电流密度法向分量为零，上式化为

$$\int_{V_1} (\sigma\nabla\varphi + \mathrm{j}\omega\sigma\boldsymbol{A}) \cdot \nabla\delta A \mathrm{d}V = 0 \tag{11.2.13b}$$

式 (11.2.13) 即为涡流场问题的弱形式，此外还需强制狄利克雷边界条件。

11.2.4 时谐电场波动方程的弱形式

参考式 (7.1.8)，若只考虑电性源，则时谐电场波动方程边值问题为

$$\begin{cases} \nabla \times \vartheta\nabla \times \boldsymbol{E} - \omega^2\varepsilon\boldsymbol{E} = -\mathrm{j}\omega\boldsymbol{J}_\mathrm{e} \\ (\boldsymbol{n} \times \boldsymbol{E})|_{S_1} = \boldsymbol{E}_t \\ (\boldsymbol{n} \times \vartheta\nabla \times \boldsymbol{E})|_{S_2} = \boldsymbol{H}_t \end{cases} \tag{11.2.14}$$

式中，$\boldsymbol{E}_t$ 和 $\boldsymbol{H}_t$ 为已知函数和常数。

设虚位移为 $\delta\boldsymbol{E}$，点乘式 (11.2.14) 中的方程并作体积分，有

$$\int_V \left[\delta\boldsymbol{E} \cdot (\nabla \times \vartheta\nabla \times \boldsymbol{E}) - \omega^2\varepsilon\delta\boldsymbol{E} \cdot \boldsymbol{E}\right] \mathrm{d}V = \int_V -\mathrm{j}\omega\delta\boldsymbol{E} \cdot \boldsymbol{J}_\mathrm{e}\mathrm{d}V \tag{11.2.15}$$

参考式 (11.2.3)，有

$$\begin{aligned} &\int_V \left[\vartheta\,(\nabla \times \boldsymbol{E}) \cdot (\nabla \times \delta\boldsymbol{E}) - \omega^2\varepsilon\delta\boldsymbol{E} \cdot \boldsymbol{E}\right] \mathrm{d}V \\ &+ \int_V \mathrm{j}\omega\delta\boldsymbol{E} \cdot \boldsymbol{J}_\mathrm{e}\mathrm{d}V + \int_{S_2} \delta\boldsymbol{E} \cdot (\boldsymbol{n} \times \vartheta\nabla \times \boldsymbol{E})\,\mathrm{d}S \\ &- \int_{S_1} (\boldsymbol{n} \times \delta\boldsymbol{E}) \cdot (\vartheta\nabla \times \boldsymbol{E})\,\mathrm{d}S = 0 \end{aligned} \tag{11.2.16}$$

选取 $\boldsymbol{n} \times \delta\boldsymbol{E}|_{S_1} = 0$，并将 $(\boldsymbol{n} \times \vartheta\nabla \times \boldsymbol{E})|_{S_2} = \boldsymbol{H}_t$ 代入式 (11.2.16)，则伽辽金弱形式化为

$$\int_V \left[\vartheta\,(\nabla \times \boldsymbol{E}) \cdot (\nabla \times \delta\boldsymbol{E}) - \omega^2\varepsilon\delta\boldsymbol{E} \cdot \boldsymbol{E}\right] \mathrm{d}V = -\int_V \mathrm{j}\omega\delta\boldsymbol{E} \cdot \boldsymbol{J}_\mathrm{e}\mathrm{d}V - \int_{S_2} \delta\boldsymbol{E} \cdot \boldsymbol{H}_t\mathrm{d}S \tag{11.2.17}$$

此外还需强制狄利克雷边界条件。

11.3 电磁场标量方程的变分法

对于稳恒电场或稳恒磁场边值问题，泛函常常被写作电场储能或磁场储能相

关的形式，物理上，电场储能或磁场储能总是趋于最小，从数学意义上讲，泛函也要最小化，通过泛函取极值确定近似解的待定系数。对于时谐电磁场，涉及的泛函既可能是实泛函，也可能是复泛函。实泛函通常对应功率或储能等物理量，而复泛函，无需考虑极值问题。

对于静电场，考虑泛函

$$F[u(\boldsymbol{r})]=\frac{1}{2}\int_V \boldsymbol{D}\cdot\boldsymbol{E}\mathrm{d}V-\int_V \rho u\mathrm{d}V=\frac{1}{2}\int_V(\varepsilon\nabla u\cdot\nabla u-2\rho u)\,\mathrm{d}V \tag{11.3.1a}$$

在直角坐标系下展开，有

$$F[u(\boldsymbol{r})]=\frac{1}{2}\int_V\left(\varepsilon u_x^2+\varepsilon u_y^2+\varepsilon u_z^2-2\rho u\right)\mathrm{d}V \tag{11.3.1b}$$

式中，u_x,u_y 和 u_z 即 $\dfrac{\partial u}{\partial x},\dfrac{\partial u}{\partial y}$ 和 $\dfrac{\partial u}{\partial z}$ 的简写。

利用泛函和对应的欧拉方程

$$F=\int_V f(x,y,z,u_x,u_y,u_z)\,\mathrm{d}V \tag{11.3.2a}$$

$$\frac{\partial}{\partial x}\left(\frac{\partial f}{\partial u_x}\right)+\frac{\partial}{\partial y}\left(\frac{\partial f}{\partial u_y}\right)+\frac{\partial}{\partial z}\left(\frac{\partial f}{\partial u_z}\right)=\frac{\partial f}{\partial u} \tag{11.3.2b}$$

式 (11.3.1) 的欧拉方程为

$$\frac{\partial}{\partial x}(\varepsilon u_x)+\frac{\partial}{\partial y}(\varepsilon u_y)+\frac{\partial}{\partial z}(\varepsilon u_z)=-\rho \tag{11.3.3}$$

即泊松方程

$$\nabla\cdot(\varepsilon\nabla u)=-\rho \tag{11.3.4}$$

考虑泊松方程边值问题，对式 (11.3.4) 加上边界条件

$$u|_S=g$$

与该边值问题等价的泛函极值问题也要加上边界条件，求解边值问题转化为求解泛函极值问题。

对 (11.3.1) 取变分，并令其等于零，有

$$\delta F=\int_V(\varepsilon\nabla\delta u\cdot\nabla u-\rho\delta u)\,\mathrm{d}V=0 \tag{11.3.5}$$

式中，δu 换成 φ_j，u 换成 $\bar{u}$，并代入 $\bar{u}=\sum\limits_{i=1}^{n}C_i\varphi_i$，有

$$\sum_{i=1}^{n}\int_V \varepsilon\nabla\varphi_j\cdot\nabla\varphi_i \mathrm{d}VC_i=\int_V \rho\varphi_j \mathrm{d}V \quad (j=1,2,\cdots,n) \tag{11.3.6}$$

上式构成了 n 个代数方程，其中 n 为待定系数的个数。

将式 (11.3.6) 写成矩阵形式，即

$$[\mathrm{K}]\,[\mathrm{C}]=[\mathrm{F}] \tag{11.3.7}$$

式中

$$k_{ij}=k_{ji}=\int_V \varepsilon\nabla\varphi_i\cdot\nabla\varphi_j \mathrm{d}V \tag{11.3.8a}$$

$$f_j=\int_V \rho\varphi_j \mathrm{d}V \tag{11.3.8b}$$

综上，构造一个静电储能有关的泛函，对泛函变分，并利用一组线性独立的尝试函数来表示偏微分方程的近似解，形成代数方程组，求得待定系数，从而得到近似解。这种求解偏微分方程近似解的方法称为里兹方法。应用该方法的前提是有确定的泛函可以使用。

考虑比静电场方程更一般的形式，令式 (11.1.2) 中的 $\boldsymbol{\alpha}$、$\boldsymbol{\beta}$ 和 $\boldsymbol{\gamma}$ 均为零，有

$$\nabla\cdot(-c\nabla u)+au=f \tag{11.3.9a}$$

$$u|_{S_1}=g \tag{11.3.9b}$$

$$\left.\left(c\frac{\partial u}{\partial n}+qu\right)\right|_{S_2}=h \tag{11.3.9c}$$

泛函为

$$F(u)=\frac{1}{2}\int_V\left(c\left|\nabla u\right|^2+au^2\right)\mathrm{d}V-\int_V fu\mathrm{d}V+\frac{1}{2}\int_{S_2}\left(qu^2-2hu\right)\mathrm{d}S \tag{11.3.10}$$

对应的变分问题为

$$\begin{cases}\delta F=0\\ u|_{S_1}=g\end{cases}$$

对式 (11.3.10) 取变分，令其等于零，有

$$\delta F=\int_V(c\nabla\delta u\cdot\nabla u+au\delta u)\,\mathrm{d}V+\int_{S_2}qu\delta u\mathrm{d}S-\int_V f\delta u\mathrm{d}V-\int_{S_2}h\delta u\mathrm{d}S=0 \tag{11.3.11}$$

整理得

$$\int_V(c\nabla\delta u\cdot\nabla u+au\delta u)\,\mathrm{d}V+\int_{S_2}qu\delta u\mathrm{d}S=\int_V f\delta u\mathrm{d}V+\int_{S_2}h\delta u\mathrm{d}S \tag{11.3.12}$$

若令式 (11.1.18) 中 $\boldsymbol{\alpha}$、$\boldsymbol{\beta}$ 和 $\boldsymbol{\gamma}$ 均为零，则式 (11.3.12) 和式 (11.1.18) 是相同的。

若进一步将 δu 换成 φ_j，u 换成 $\bar{u}$，并代入 $\bar{u}=\sum\limits_{i=1}^{n}C_i\varphi_i$，可以导出

$$[\mathrm{K}]\,[\mathrm{C}]=[\mathrm{F}]+[\mathrm{B}] \tag{11.3.13}$$

式中

$$k_{ij}=k_{ji}=\int_V(c\nabla\varphi_i\cdot\nabla\varphi_j+a\varphi_i\varphi_j)\,\mathrm{d}V+\int_{S_2}q\varphi_i\varphi_j\mathrm{d}S \tag{11.3.14a}$$

$$f_j=\int_V\varphi_j f\mathrm{d}V \tag{11.3.14b}$$

$$b_j=\int_{S_2}\varphi_j h\mathrm{d}S \tag{11.3.14c}$$

泛函 F 能使诺伊曼边界条件得到自然的满足，而狄利克雷边界条件需要强制。实际上，也可以改造泛函，加入狄利克雷边界条件的限制，使得狄利克雷边界条件也得到自然的满足。在式 (11.3.10) 所示的泛函再补充一项

$$F_2=-\int_{S_1}\left[c\frac{\partial u}{\partial n}(u-g)\right]\mathrm{d}S \tag{11.3.15}$$

补充后的泛函为

$$\begin{aligned}F(u)=&\frac{1}{2}\int_V\left(c\left|\nabla u\right|^2+au^2\right)\mathrm{d}V-\int_V fu\mathrm{d}V-\int_{S_1}c\frac{\partial u}{\partial n}(u-g)\,\mathrm{d}S\\&+\frac{1}{2}\int_{S_2}\left(qu^2-2hu\right)\mathrm{d}S\end{aligned} \tag{11.3.16}$$

对式 (11.3.15) 取变分，并增补到式 (11.3.11) 中，有

$$\delta F=\int_V(c\nabla\delta u\cdot\nabla u+au\delta u)\,\mathrm{d}V+\int_{S_2}qu\delta u\mathrm{d}S-\int_V f\delta u\mathrm{d}V-\int_{S_2}h\delta u\mathrm{d}S$$

$$-\int_{S_1}c\left(\delta u\frac{\partial u}{\partial n}+u\frac{\partial\delta u}{\partial n}\right)\mathrm{d}S+\int_{S_1}cg\frac{\partial\delta u}{\partial n}\mathrm{d}S=0 \tag{11.3.17}$$

整理得

$$\int_V(c\nabla\delta u\cdot\nabla u+au\delta u)\,\mathrm{d}V-\int_{S_1}c\left(\delta u\frac{\partial u}{\partial n}+u\frac{\partial\delta u}{\partial n}\right)\mathrm{d}S+\int_{S_2}qu\delta u\mathrm{d}S$$

$$=\int_V f\delta u\mathrm{d}V-\int_{S_1}cg\frac{\partial\delta u}{\partial n}\mathrm{d}S+\int_{S_2}h\delta u\mathrm{d}S \tag{11.3.18}$$

将 δu 换成 φ_j，u 换成 $\bar{u}$，并代入 $\bar{u}=\sum\limits_{i=1}^{n}C_i\varphi_i$，可以导出式 (11.3.13)，系数则化为

$$k_{ij}=k_{ji}$$

$$=\int_V(c\nabla\varphi_i\cdot\nabla\varphi_j+a\varphi_i\varphi_j)\,\mathrm{d}V-\int_{S_1}c\left(\frac{\partial\varphi_j}{\partial n}\varphi_i+\varphi_j\frac{\partial\varphi_i}{\partial n}\right)\mathrm{d}S+\int_{S_2}q\varphi_i\varphi_j\mathrm{d}S \tag{11.3.19a}$$

$$f_j=\int_V\varphi_j f\mathrm{d}V \tag{11.3.19b}$$

$$b_j=-\int_{S_1}cg\frac{\partial\varphi_j}{\partial n}\mathrm{d}S+\int_{S_2}\varphi_j h\mathrm{d}S \tag{11.3.19c}$$

此时，狄利克雷边界条件也不用强制满足。

对于泊松方程式 (11.1.13)，式 (11.3.18) 和式 (11.3.19) 中取 $c=1$，a 和 q 均为零，则有

$$\int_V\nabla\delta u\cdot\nabla u\mathrm{d}V-\int_{S_1}\left(\delta u\frac{\partial u}{\partial n}+u\frac{\partial\delta u}{\partial n}\right)\mathrm{d}S=\int_V f\delta u\mathrm{d}V-\int_{S_1}g\frac{\partial\delta u}{\partial n}\mathrm{d}S+\int_{S_2}h\delta u\mathrm{d}S \tag{11.3.20}$$

系数为

$$k_{ij}=k_{ji}=\int_V\nabla\varphi_i\cdot\nabla\varphi_j\mathrm{d}V-\int_{S_1}\left(\frac{\partial\varphi_j}{\partial n}\varphi_i+\varphi_j\frac{\partial\varphi_i}{\partial n}\right)\mathrm{d}S \tag{11.3.21a}$$

$$f_j=\int_V\varphi_j f\mathrm{d}V \tag{11.3.21b}$$

$$b_j = -\int_{S_1} g\frac{\partial\varphi_j}{\partial n}\mathrm{d}S + \int_{S_2}\varphi_j h\mathrm{d}S \tag{11.3.21c}$$

例 11.3.1 试从式 (11.3.18) 出发导出电磁场标量方程边值问题式 (11.3.9)。

解

格林第一定理 (1.3.5a) 为

$$\int_V [\psi\nabla\cdot(c\nabla\varphi) + c\nabla\psi\cdot\nabla\varphi]\,\mathrm{d}V = \oint_S c\psi\frac{\partial\varphi}{\partial n}\mathrm{d}S$$

取上式中的 ψ 为 δu，φ 为 u，并整理得

$$\int_V c\nabla\delta u\cdot\nabla u\mathrm{d}V = \int_V \delta u\nabla\cdot(-c\nabla u)\,\mathrm{d}V + \int_{S_1} c\delta u\frac{\partial u}{\partial n}\mathrm{d}S + \int_{S_2} c\delta u\frac{\partial u}{\partial n}\mathrm{d}S \tag{11.3.22}$$

将式 (11.3.22) 代入式 (11.3.18)，并分别按体积分、面 S_1 和面 S_2 积分合并，有

$$\begin{aligned}&\int_V \delta u\,[\nabla\cdot(-c\nabla u) + au - f]\,\mathrm{d}V\\&+\int_{S_2}\delta u\left(c\frac{\partial u}{\partial n} + qu - h\right)\mathrm{d}S + \int_{S_1} c\,(g-u)\,\frac{\partial\delta u}{\partial n}\mathrm{d}S = 0\end{aligned} \tag{11.3.23}$$

以上各项积分都是任意积分，为保证它们的和为零，则必须要求其中的每一项均为零，进而要求被积函数为零，由于 δu 任意选择性，因此有

$$\nabla\cdot(-c\nabla u) + au = f \tag{11.3.24a}$$

$$u|_{S_1} = g \tag{11.3.24b}$$

$$\left(c\frac{\partial u}{\partial n} + qu\right)\bigg|_{S_2} = h \tag{11.3.24c}$$

式 (11.3.24) 结果正是如式 (11.3.9) 给出的电磁场标量方程边值问题。

例 11.3.2 尝试导出下面边值问题的近似解。

$$\begin{cases}\nabla^2 u = \dfrac{\mathrm{d}^2 u}{\mathrm{d}x^2} = -1\\ u|_{x=0} = 0\\ u|_{x=1} = 0\end{cases}$$

方程解析解为 $u = \dfrac{x - x^2}{2}$。

下面求解该问题近似解。

$$\bar{u}=C_1x+C_2x^2=\sum_{i=1}^{2}C_i\varphi_i$$

由 $\varphi_1=x$，$\varphi_2=x^2$ 知 $\varphi_1'=1$，$\varphi_2'=2x$。

使用变分法求近似解。对于一维问题，式 (11.3.21) 中体积分化为线积分，面积分化为边界上的取值，有

$$k_{ij}=\int_0^1\varphi_i'\varphi_j'\mathrm{d}x-[\varphi_i',\varphi_j]\big|_{\substack{x=0\\x=1}}-[\varphi_i,\varphi_j']\big|_{\substack{x=0\\x=1}} \tag{11.3.25a}$$

$$f_j=\int_0^1\varphi_j\mathrm{d}x \tag{11.3.25b}$$

$$b_j=0 \tag{11.3.25c}$$

于是

$$k_{11}=\int_0^1\varphi_1'^2\mathrm{d}x-[\varphi_1',\varphi_1]_{\substack{x=0\\x=1}}-[\varphi_1,\varphi_1']_{\substack{x=0\\x=1}}=1-[2x]_{\substack{x=0\\x=1}}=-1$$

$$k_{12}=\int_0^1\varphi_1'\varphi_2'\mathrm{d}x-[\varphi_1,\varphi_2']_{\substack{x=0\\x=1}}-[\varphi_1',\varphi_2]_{\substack{x=0\\x=1}}=1-\left[3x^2\right]_{\substack{x=0\\x=1}}=-2$$

$$k_{22}=\int_0^1\varphi_2'^2\mathrm{d}x-2\left[\varphi_2,\varphi_2'\right]_{\substack{x=0\\x=1}}=\frac{4}{3}-\left[4x^3\right]_{\substack{x=0\\x=1}}=-\frac{8}{3}$$

$$f_1=\int_0^1\varphi_1\mathrm{d}x=\frac{1}{2}$$

$$f_2=\int_0^1\varphi_2\mathrm{d}x=\frac{1}{3}$$

由于 [K] [C] = [F] + [B]，则

$$\begin{bmatrix}-1 & -2\\ -2 & -\dfrac{8}{3}\end{bmatrix}\begin{bmatrix}C_1\\ C_2\end{bmatrix}=\begin{bmatrix}\dfrac{1}{2}\\ \dfrac{1}{3}\end{bmatrix}+\begin{bmatrix}0\\ 0\end{bmatrix}$$

解得 $C_1=\frac{1}{2}$，$C_2=-\frac{1}{2}$，则近似解为 $\bar{u}=\frac{x-x^2}{2}$，需要注意，这里近似解与解析解完全相同，纯属巧合。一般情况下，二者的表达式是不同的，更多的情况是许多问题难以导出解析解。

11.4 稳态电磁场矢量方程的变分法

11.4.1 双旋度方程的变分方法

参考式 (1.11.7c)，双旋度方程边值问题

$$\begin{cases} \nabla \times (\beta \nabla \times \boldsymbol{A}) = \boldsymbol{Q} \\ (\boldsymbol{n} \times \boldsymbol{A})|_{S_1} = \boldsymbol{A}_t \\ \beta\,(\boldsymbol{n} \times \nabla \times \boldsymbol{A})|_{S_2} = \boldsymbol{G}_t \end{cases} \tag{11.4.1}$$

泛函

$$F\,(\boldsymbol{A}) = \frac{1}{2}\int_V \beta\,|\nabla \times \boldsymbol{A}|^2\,\mathrm{d}V - \int_V \boldsymbol{Q}\cdot\boldsymbol{A}\mathrm{d}V + \int_{S_2} \boldsymbol{G}_t\cdot\boldsymbol{A}\mathrm{d}S \tag{11.4.2}$$

与边值问题 (11.4.1) 等价的变分问题为

$$\begin{cases} \delta F = 0 \\ (\boldsymbol{n} \times \boldsymbol{A})|_{S_1} = \boldsymbol{A}_t \end{cases} \tag{11.4.3}$$

取式 (11.4.2) 变分并令其等于零，有

$$\int_V \beta\,(\nabla \times \boldsymbol{A})\cdot(\nabla \times \delta\boldsymbol{A})\,\mathrm{d}V = \int_V \boldsymbol{Q}\cdot\delta\boldsymbol{A}\mathrm{d}V - \int_{S_2} \boldsymbol{G}_t\cdot\delta\boldsymbol{A}\mathrm{d}S \tag{11.4.4}$$

式 (11.4.4) 与式 (11.2.4) 是一致的。

如前所述，泛函 F 能使诺伊曼边界条件得到自然的满足，而狄利克雷边界条件需要强制。

例 11.4.1 试从变分问题即式 (11.4.3) 和式 (11.4.4) 导出双旋度边值问题式 (11.4.1)。

解

利用矢量格林第一定理式 (1.3.7a)，可以导出

$$\begin{aligned} \int_V \beta\,(\nabla \times \boldsymbol{A})\cdot(\nabla \times \delta\boldsymbol{A})\,\mathrm{d}V = & \int_V \delta\boldsymbol{A}\cdot(\nabla \times \beta\nabla \times \boldsymbol{A})\,\mathrm{d}V \\ & + \int_{S_1} (\boldsymbol{n} \times \delta\boldsymbol{A})\cdot\beta\,(\nabla \times \boldsymbol{A})\mathrm{d}S \\ & - \int_{S_2} \delta\boldsymbol{A}\cdot\boldsymbol{n} \times \beta\,(\nabla \times \boldsymbol{A})\mathrm{d}S \end{aligned} \tag{11.4.5}$$

由于在边界 S_1 上 $\boldsymbol{n}\times\boldsymbol{A}$ 已知，所以令边界 S_1 上 $\boldsymbol{n}\times\delta\boldsymbol{A}$ 为零，因此有

$$\begin{aligned}&\int_V \beta\,(\nabla\times\boldsymbol{A})\cdot(\nabla\times\delta\boldsymbol{A})\,\mathrm{d}V\\&=\int_V \delta\boldsymbol{A}\cdot(\nabla\times\beta\nabla\times\boldsymbol{A})\,\mathrm{d}V-\int_{S_2}\delta\boldsymbol{A}\cdot\boldsymbol{n}\times\beta\,(\nabla\times\boldsymbol{A})\mathrm{d}S\end{aligned}\tag{11.4.6}$$

将式 (11.4.6) 代入 (11.4.4)，并分别按体积分和面 S_2 积分合并，有

$$\int_V \delta\boldsymbol{A}\cdot[(\nabla\times\beta\nabla\times\boldsymbol{A})-\boldsymbol{Q}]\,\mathrm{d}V-\int_{S_2}\delta\boldsymbol{A}\cdot[\boldsymbol{n}\times\beta\,(\nabla\times\boldsymbol{A})-\boldsymbol{G}_t]\mathrm{d}S=0\tag{11.4.7}$$

由于 $\delta\boldsymbol{A}$ 任意选择性，式 (11.4.1) 的方程和诺依曼边界条件成立，再加上狄利克雷边界条件，由此导出双旋度边值问题式 (11.4.1)。

11.4.2　矢量泊松方程的变分方法

参考式 (1.12.8d)，矢量泊松方程边值问题为

$$\begin{cases}\nabla\times(\beta\nabla\times\boldsymbol{A})-\nabla\,(\beta\nabla\cdot\boldsymbol{A})=\boldsymbol{Q}\\(\boldsymbol{n}\times\boldsymbol{A})|_{S_1}=\boldsymbol{A}_t\\\beta\,(\boldsymbol{n}\times\nabla\times\boldsymbol{A})|_{S_2}=\boldsymbol{G}_t\\(\boldsymbol{n}\cdot\boldsymbol{A})|_S=0\end{cases}\tag{11.4.8}$$

泛函

$$F\,(\boldsymbol{A})=\frac{1}{2}\int_V\beta\left(|\nabla\times\boldsymbol{A}|^2+|\nabla\cdot\boldsymbol{A}|^2\right)\mathrm{d}V-\int_V\boldsymbol{Q}\cdot\boldsymbol{A}\mathrm{d}V+\int_{S_2}\boldsymbol{G}_t\cdot\boldsymbol{A}\mathrm{d}S\tag{11.4.9}$$

与边值问题 (11.4.8) 等价的变分问题为

$$\begin{cases}\delta F=0\\(\boldsymbol{n}\times\boldsymbol{A})|_{S_1}=\boldsymbol{A}_t\\(\boldsymbol{n}\cdot\boldsymbol{A})|_S=0\end{cases}\tag{11.4.10}$$

式 (11.4.10) 中第一个方程化为

$$\int_V\beta\,[(\nabla\times\boldsymbol{A})\cdot(\nabla\times\delta\boldsymbol{A})+(\nabla\cdot\boldsymbol{A})\,(\nabla\cdot\delta\boldsymbol{A})]\,\mathrm{d}V=\int_V\boldsymbol{Q}\cdot\delta\boldsymbol{A}\mathrm{d}V-\int_{S_2}\boldsymbol{G}_t\cdot\delta\boldsymbol{A}\mathrm{d}S\tag{11.4.11}$$

如前所述，泛函 F 能使诺伊曼边界条件得到自然的满足，而狄利克雷边界条件需要强制。

式 (11.4.11) 与式 (11.2.10) 是一致的。

11.4.3 时谐电磁场波动方程的变分方法

参考式 (7.1.8)，若只考虑电性源，时谐电场波动方程边值问题为

$$\begin{cases} \nabla \times \vartheta \nabla \times \boldsymbol{E} - \omega^2 \varepsilon \boldsymbol{E} = -\mathrm{j}\omega \boldsymbol{J}_\mathrm{e} \\ (\boldsymbol{n} \times \boldsymbol{E})|_{S_1} = \boldsymbol{E}_t \\ (\boldsymbol{n} \times \vartheta \nabla \times \boldsymbol{E})|_{S_2} = \boldsymbol{H}_t \end{cases} \tag{11.4.12}$$

式中，$\boldsymbol{E}_t$ 和 $\boldsymbol{H}_t$ 为已知函数和常数。

泛函

$$F(\boldsymbol{E}) = \frac{1}{2}\int_V \left(\vartheta |\nabla \times \boldsymbol{E}|^2 - \omega^2 \varepsilon |\boldsymbol{E}|^2\right) \mathrm{d}V + \int_V \mathrm{j}\omega \boldsymbol{J}_\mathrm{e} \cdot \boldsymbol{E} \mathrm{d}V + \int_{S_2} \boldsymbol{H}_t \cdot \boldsymbol{E} \mathrm{d}S \tag{11.4.13}$$

与边值问题 (11.4.12) 等价的变分问题为

$$\begin{cases} \delta F = 0 \\ (\boldsymbol{n} \times \boldsymbol{E})|_{S_1} = \boldsymbol{E}_t \end{cases} \tag{11.4.14}$$

式 (11.4.14) 中第一个方程化为

$$\int_V \left[\vartheta (\nabla \times \boldsymbol{E}) \cdot (\nabla \times \delta \boldsymbol{E}) - \omega^2 \varepsilon \boldsymbol{E} \cdot \delta \boldsymbol{E}\right] \mathrm{d}V = -\int_V \mathrm{j}\omega \boldsymbol{J}_\mathrm{e} \cdot \delta \boldsymbol{E} \mathrm{d}V - \int_{S_2} \boldsymbol{H}_t \cdot \delta \boldsymbol{E} \mathrm{d}S \tag{11.4.15}$$

如前所述，泛函 F 能使诺伊曼边界条件得到自然的满足，而狄利克雷边界条件需要强制。

式 (11.4.15) 与式 (11.2.18) 是一致的。

习　　题

11.1　试说明加权余量法求解边值问题近似解的基本思想与思路。

11.2　试说明变分法求解边值问题近似解的基本思想与思路。

11.3　试证明如下分部积分公式

$$\int_V \frac{\partial f}{\partial x} g \mathrm{d}V = -\int_V f \frac{\partial g}{\partial x} \mathrm{d}V + \oint_S f n_x \mathrm{d}S$$

$$\int_V \frac{\partial f}{\partial y} g \mathrm{d}V = -\int_V f \frac{\partial g}{\partial y} \mathrm{d}V + \oint_S f n_y \mathrm{d}S$$

$$\int_V \frac{\partial f}{\partial z} g \mathrm{d}V = -\int_V f \frac{\partial g}{\partial z} \mathrm{d}V + \oint_S f n_z \mathrm{d}S$$

式中，n_x、n_y 和 n_z 分别为闭合面 S 上单位外法向向量的三个分量。上式在推导弱形式时经常用到。

11.4　用迦辽金法求如下边值问题的近似解

$$\begin{cases} \dfrac{\mathrm{d}}{\mathrm{d}x}\left(x\dfrac{\mathrm{d}u}{\mathrm{d}x}\right)=\dfrac{2}{x^2}(1\leqslant x\leqslant 2) \\ u|_{x=1}=2 \\ -x\dfrac{\partial u}{\partial x}\Big|_{x=2}=\dfrac{1}{2} \end{cases}$$

并与精确解 $u=\dfrac{2}{x}+\dfrac{1}{2}\ln x$ 作对比。

11.5　用迦辽金法求如下边值问题的近似解

$$\begin{cases} \dfrac{\mathrm{d}^2u}{\mathrm{d}x^2}+u+x=0(0\leqslant x\leqslant 1) \\ u|_{x=0}=0 \\ u|_{x=1}=0 \end{cases}$$

并与精确解 $u=\dfrac{\sin x}{\sin 1}-x$ 作对比。

11.6　试由变分法求解亥姆霍兹方程

$$\begin{cases} \nabla^2u+k^2u=-f \\ u|_{S_1}=g \\ \dfrac{\partial u}{\partial n}\Big|_{S_2}=0 \end{cases}$$

11.7　试给出时谐磁场波动方程的变分方法。

11.8　请自学已识别的拉格朗日乘子法 (method of identified Lagrange multiplier)。

11.9　请自学电磁场修正变分原理。

11.10　请自学电磁场广义变分原理。

第 12 章　电磁场有限元解

在第 11 章，通过迦辽金法求解近似解法采用全域积分，每个元素常采用分部积分法，既复杂，又浪费时间，难以计算机数值计算。对计算近似解有很多改进方法，有限元就是其中一种，本章重点介绍电磁场有限元的求解思路。

12.1　有限元概述

自 20 世纪 40 年代特别是 50 年代以来，应用数学家和力学工程师提出了有限元法 (finite element method，FEM)。传统的有限元法以变分原理为基础，将所求偏微分方程的定解问题，首先转化为相应的变分问题，即泛函极值问题；然后，利用剖分插值，离散化变分问题为多元函数的极值问题，最终归结为求解定解问题的数值解。由于变分原理描述了物理学中的最小作用原理，离散化过程保持明显的物理意义。对于时谐电磁场问题，近年来发展了广义变分原理，通过构造复泛函，将偏微分方程的定解问题，等价于求解复泛函变分问题，最终目的是求解出边值问题，而解是否对应于泛函极值问题并不重要。

在工程领域各类数学物理问题求解的需求牵引下，通过加权余量法、迦辽金法或最小二乘法同样可以得到有限元方程，这样有限元法就不再局限于变分原理的导出基础，即不必要求待求物理场和泛函极值之间的对应关系，可应用加权余量法直接导出与任何类型边值问题相关的虚位移方程，进而得到有限元方程。实践证明，有限元法是最有效的一种数值方法，一直占主导地位。

有限元的一般思路：

(1) 区域分割成许多子区域；

(2) 对所有子区域独立处理和运算；

(3) 恰当选取尝试函数，使得每一个单元计算简单；

(4) 对每个单元计算结果总和起来，形成整体矩阵，表达整个区域的解；

(5) 区域常常是稀疏矩阵，进一步简化和加快求解过程。

12.2　泊松方程的有限元方法

12.2.1　一维泊松方程有限元

考虑如下电磁场问题：电容器，z 向很长，在数值上介电常量与极板上的电荷密度相等，即 $\varepsilon = \rho$。极板上电压均为 0.5V，板间的距离为 2m。如图 12.2.1 所示。

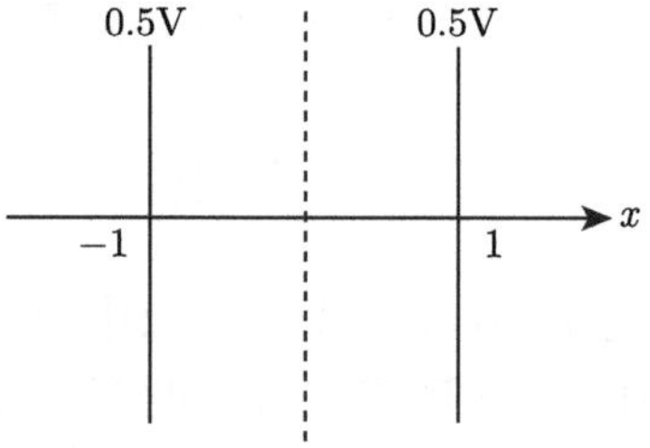

图 12.2.1　一维电容器模型

步骤 1：建模

考虑静电场问题，满足泊松方程

$$\nabla \cdot (\varepsilon \nabla u) = -\rho$$

由于 $\varepsilon = \rho$，可以导出

$$\nabla^2 u = -1$$

问题可以简化为一维模型，如图 12.2.1 所示。则方程可化为

$$\frac{\mathrm{d}^2 u}{\mathrm{d}x^2} = -1$$

由对称性将求解区域 $(-1, 1)$ 简化为 $(0, 1)$，且当 $x = 0$ 时，电位沿 x 方向变化率为零。因此有如下边值问题

$$\begin{cases} \dfrac{\mathrm{d}^2 u}{\mathrm{d}x^2} = -1 \\ u\big|_{x=1} = 0.5 \\ \dfrac{\partial u}{\partial x}\bigg|_{x=0} = 0 \end{cases}$$

步骤 2：导出边值问题的弱形式

参考式 (11.1.14) 和式 (11.1.15)，有

$$\sum_{i=1}^{n}\int_V \nabla N_i\cdot\nabla N_j\ \mathrm{d}V u_i=\int_V N_j f\ \mathrm{d}V+\int_{S_2} N_j h\mathrm{d}S,\quad j=1,2,\cdots,n$$

$$k_{ij}=k_{ji}=\int_V \nabla N_i\cdot\nabla N_j \mathrm{d}V$$

$$f_j=\int_V N_j f\mathrm{d}V$$

$$b_j=\int_{S_2} N_j h\mathrm{d}S$$

$$\begin{bmatrix} k_{11} & \cdots & k_{1n}\\ \vdots & & \vdots\\ k_{n1} & \cdots & k_{nn}\end{bmatrix}\begin{bmatrix} u_1\\ \vdots\\ u_n\end{bmatrix}=\begin{bmatrix} f_1\\ \vdots\\ f_n\end{bmatrix}+\begin{bmatrix} b_1\\ \vdots\\ b_n\end{bmatrix}$$

与近似解不同的是，有限元法则令待定系数 C_i 为各节点上的电位值 u_i，求解待定系数和求解节点电位成为统一的计算过程。这里将尝试函数记为 N_i，在有限元算法中，尝试函数通常称为形函数。

步骤 3：单元剖分

如图 12.2.2 所示，对求解区域进行单元剖分。对于一维问题，求解区域是直线或曲线，将直线切割成 4 段，也就是说，将求解区剖分为 4 个单元，分别为 e_1、e_2、e_3 和 e_4。这样形成 5 个节点，总体节点编号为 1,2,3,4,5。

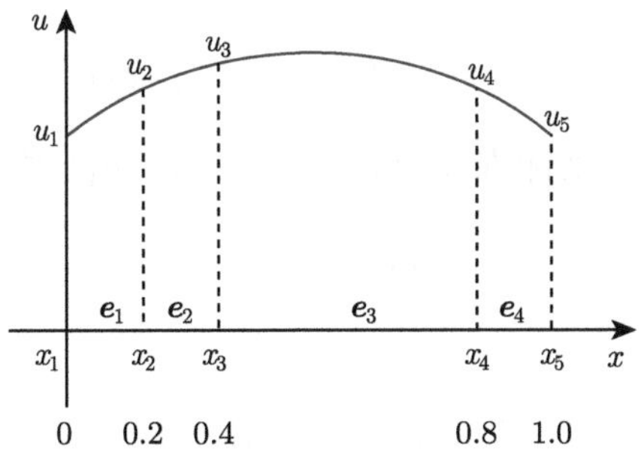

图 12.2.2 求解区域单元剖分

每个单元均为线段，4 个单元的局部节点编号均为 1,2。为了便于将每个单元计算结果总和起来，需要建立总体节点编号和局部节点编号的映射关系。单元 e_1 的总体节点编号为 1,2；单元 e_2 的总体节点编号为 2,3；单元 e_3 的总体节点编号为 3,4；单元 e_4 的总体节点编号为 4,5。

单元及节点坐标如表 12.2.1 所示。

表 12.2.1　单元及节点坐标

单元	节点		节点坐标	
	1	2	x_1	x_2
1	1	2	0	0.2
2	2	3	0.2	0.4
3	3	4	0.4	0.8
4	4	5	0.8	1

形函数通常定义在单元内，如图 12.2.3 所示。

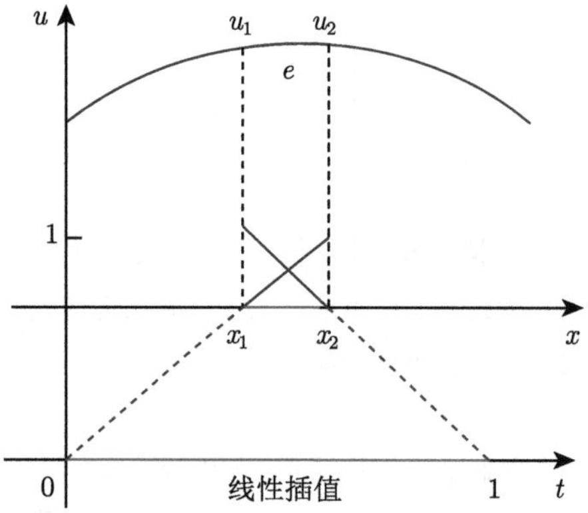

图 12.2.3　形函数

场函数可表示为

$$u\left(x\right)=N_1\left(x\right)u_1+N_2\left(x\right)u_2 \tag{12.2.1}$$

每个单元的两个节点坐标为 x_1 和 x_2，将 (x_1,u_1) 和 (x_2,u_2) 代入如下方程

$$u\left(x\right)=a+bx$$

有

$$u_1=a+bx_1$$

$$u_2=a+bx_2$$

写成矩阵形式，有

$$\begin{bmatrix}1 & x_1\\ 1 & x_2\end{bmatrix}\begin{bmatrix}a\\ b\end{bmatrix}=\begin{bmatrix}u_1\\ u_2\end{bmatrix}$$

于是

$$a=\frac{\begin{vmatrix} u_1 & x_1 \\ u_2 & x_2 \end{vmatrix}}{\begin{vmatrix} 1 & x_1 \\ 1 & x_2 \end{vmatrix}}=\frac{x_2u_1-x_1u_2}{x_2-x_1}$$

$$b=\frac{\begin{vmatrix} 1 & u_1 \\ 1 & u_2 \end{vmatrix}}{\begin{vmatrix} 1 & x_1 \\ 1 & x_2 \end{vmatrix}}=\frac{u_2-u_1}{x_2-x_1}$$

因此有

$$u(x)=\frac{x_2u_1-x_1u_2}{x_2-x_1}+\frac{u_2-u_1}{x_2-x_1}x=\frac{x_2-x}{x_2-x_1}u_1+\frac{x-x_1}{x_2-x_1}u_2 \tag{12.2.2}$$

对比式 (12.2.1) 和式 (12.2.2)，有

$$N_1(x)=\frac{x_2-x}{x_2-x_1} \tag{12.2.3a}$$

$$N_2(x)=\frac{x-x_1}{x_2-x_1} \tag{12.2.3b}$$

由式 (12.2.3) 可知形函数满足

$$N_i(x_j)=\delta_{ij}=\begin{cases} 1, & i=j \\ 0, & i\neq j \end{cases}$$

按照自然坐标导出形函数更简洁。

自然坐标如图 12.2.4 所示。图中，线段单元的节点为 1 和 2，坐标分别为 x_1 和 x_2，其长度记为 l，P 为单元内的任意一点，坐标为 x，P 与点 2 构成线段 1，其长度记为 l_1，P 与点 1 构成线段 2，其长度记为 l_2。

图 12.2.4　自然坐标

定义长度比为

$$t_1=\frac{l_1}{l},\quad t_2=\frac{l_2}{l}$$

有

$$t_1 + t_2 = 1$$

取新的坐标系 t_2，于是，形成了由 x 到 t_2 的变换。这里将 t_2 记成 t。

形函数为

$$N_1(t) = 1 - t, \quad N_2(t) = t$$

容易验证，$N_1(0) = 1$，$N_1(1) = 0$，$N_2(1) = 1$，$N_2(0) = 0$。

$$u(t) = N_1(t)\,u_1 + N_2(t)\,u_2$$

N_i 在节点 i 上为 1，在左右相邻节点线性减小为 0，这种特殊形式的形函数，使得可按单元独立处理，利于计算机计算。

步骤 4：形成单元刚度矩阵与单元载荷向量

在单元 e 内，单元矩阵为

$$K_{ij}^e = \int_{V_e} \nabla N_i \cdot \nabla N_j \mathrm{d}V$$

$$f_j^e = \int_{V_e} N_j f \mathrm{d}V$$

采用线性插值，单元内两个节点，则有

$$K^e = \begin{bmatrix} K_{11}^e & K_{12}^e \\ K_{21}^e & K_{22}^e \end{bmatrix}$$

$$f^e = \begin{bmatrix} f_1^e \\ f_2^e \end{bmatrix}$$

采用自然坐标

$$t = \frac{x - x_1}{x_2 - x_1} = \frac{x - x_1}{l_e}$$

有

$$\mathrm{d}t = \frac{\mathrm{d}x}{l_e}$$

于是有

$$\frac{\mathrm{d}N_i}{\mathrm{d}x} = \frac{\mathrm{d}N_i}{\mathrm{d}t}\frac{\mathrm{d}t}{\mathrm{d}x} = \frac{1}{l_e}\frac{\mathrm{d}N_i}{\mathrm{d}t}$$

则单元刚度矩阵与载荷向量

$$K_{ij}^{e}=\int_{V_e}\nabla N_i\cdot\nabla N_j\mathrm{d}V=\int_{x_i}^{x_{i+1}}\frac{\mathrm{d}N_i\left(x\right)}{\mathrm{d}x}\frac{\mathrm{d}N_j\left(x\right)}{\mathrm{d}x}\mathrm{d}x=\frac{1}{l_e}\int_0^1\frac{\mathrm{d}N_i}{\mathrm{d}t}\frac{\mathrm{d}N_j}{\mathrm{d}t}\mathrm{d}t$$

$$f_j^e=\int_{V_e}N_jf\mathrm{d}V=\int_{x_i}^{x_{i+1}}N_j\mathrm{d}x=\int_0^1N_jl_e\mathrm{d}t=l_e\int_0^1N_j(t)\mathrm{d}t$$

单元刚度矩阵的各元素为

$$K_{11}^e=\frac{1}{l_e}\int_0^1\left(-1\right)\left(-1\right)\mathrm{d}t=\frac{1}{l_e}$$

$$K_{12}^e=K_{21}^e=\frac{1}{l_e}\int_0^1\left(-1\right)\cdot1\mathrm{d}t=-\frac{1}{l_e}$$

$$K_{22}^e=\frac{1}{l_e}\int_0^1 1\cdot1\mathrm{d}t=\frac{1}{l_e}$$

单元载荷向量的各元素为

$$f_1^e=l_e\int_0^1(1-t)\mathrm{d}t=\frac{l_e}{2}$$

$$f_2^e=l_e\int_0^1 t\mathrm{d}t=\frac{l_e}{2}$$

单元刚度矩阵与载荷向量为

$$K^e=\frac{1}{l_e}\begin{bmatrix}1 & -1\\ -1 & 1\end{bmatrix}$$

$$f^e=l_e\begin{bmatrix}\frac{1}{2}\\ \frac{1}{2}\end{bmatrix}$$

具体地，在本算例中，单元刚度矩阵和载荷向量为

$$K^{e_1}=K^{e_2}=K^{e_4}=\frac{1}{0.2}\begin{bmatrix}1 & -1\\ -1 & 1\end{bmatrix}=\begin{bmatrix}5 & -5\\ -5 & 5\end{bmatrix}$$

$$K^{e_3}=\frac{1}{0.4}\begin{bmatrix}1 & -1\\ -1 & 1\end{bmatrix}=\begin{bmatrix}2.5 & -2.5\\ -2.5 & 2.5\end{bmatrix}$$

$$f^{e_1}=f^{e_2}=f^{e_4}=0.2\begin{bmatrix}\dfrac{1}{2}\\ \dfrac{1}{2}\end{bmatrix}=\begin{bmatrix}0.1\\0.1\end{bmatrix}$$

$$f^{e_3}=0.4\begin{bmatrix}\dfrac{1}{2}\\ \dfrac{1}{2}\end{bmatrix}=\begin{bmatrix}0.2\\0.2\end{bmatrix}$$

步骤 5：组装成总体刚度矩阵和总体载荷向量

本例总节点数是 5，总体刚度矩阵为 $[K]_{5\times5}$。

以单元 e_1 和 e_2 为例说明单元刚度矩阵组装成总体刚度矩阵的过程。

单元 e_1 的局部节点编号 1,2 分别对应总体节点编号 1,2，则单元刚度矩阵元素 $k_{11}^{e_1}$ 和 $k_{12}^{e_1}$ 在总体刚度矩阵中对应 K_{11} 和 K_{12}；单元刚度矩阵元素 $k_{21}^{e_1}$ 和 $k_{22}^{e_1}$ 在总体刚度矩阵中对应 K_{21} 和 K_{22}。

单元 e_2 的局部节点编号 1,2 分别对应总体节点编号 2,3，则单元刚度矩阵元素 $k_{11}^{e_2}$ 和 $k_{12}^{e_2}$ 在总体刚度矩阵中对应 K_{22} 和 K_{23}；单元刚度矩阵元素 $k_{21}^{e_2}$ 和 $k_{22}^{e_2}$ 在总体刚度矩阵中对应 K_{32} 和 K_{33}。

类似的方法处理单元 e_3 和 e_4。将所有单元贡献叠加，形成总体刚度矩阵

$$[K]=\begin{bmatrix}k_{11}^{e_1}&k_{12}^{e_1}&0&0&0\\k_{21}^{e_1}&k_{22}^{e_1}&0&0&0\\0&0&0&0&0\\0&0&0&0&0\\0&0&0&0&0\end{bmatrix}+\begin{bmatrix}0&0&0&0&0\\0&k_{11}^{e_2}&k_{12}^{e_2}&0&0\\0&k_{21}^{e_2}&k_{22}^{e_2}&0&0\\0&0&0&0&0\\0&0&0&0&0\end{bmatrix}$$

$$+\begin{bmatrix}0&0&0&0&0\\0&0&0&0&0\\0&0&k_{11}^{e_3}&k_{12}^{e_3}&0\\0&0&k_{21}^{e_3}&k_{22}^{e_3}&0\\0&0&0&0&0\end{bmatrix}+\begin{bmatrix}0&0&0&0&0\\0&0&0&0&0\\0&0&0&0&0\\0&0&0&k_{11}^{e_4}&k_{12}^{e_4}\\0&0&0&k_{21}^{e_4}&k_{22}^{e_4}\end{bmatrix}$$

同理，总体载荷向量为

$$[F]=\begin{bmatrix}f_1^{e_1}\\f_2^{e_1}\\0\\0\\0\end{bmatrix}+\begin{bmatrix}0\\f_1^{e_2}\\f_2^{e_2}\\0\\0\end{bmatrix}+\begin{bmatrix}0\\0\\f_1^{e_3}\\f_2^{e_3}\\0\end{bmatrix}+\begin{bmatrix}0\\0\\0\\f_1^{e_4}\\f_2^{e_4}\end{bmatrix}$$

刚度矩阵组装的实质就是将每一个 2×2 的单元刚度矩阵，按照局部节点和总体节点的映射关系，置于 5×5 的总体刚度矩阵中；载荷向量组装的实质就是将每一个 2×1 的单元载荷向量，按照局部节点和总体节点的映射关系，置于 5×1 的总体载荷向量中。

写成矩阵形式有

$$[K]\,[u]=[F]$$

$$\begin{bmatrix} K_{11}^{e_1} & K_{12}^{e_1} & 0 & 0 & 0 \\ K_{21}^{e_1} & K_{22}^{e_1}+K_{11}^{e_2} & K_{12}^{e_2} & 0 & 0 \\ 0 & K_{21}^{e_2} & K_{22}^{e_2}+K_{11}^{e_3} & K_{12}^{e_3} & 0 \\ 0 & 0 & K_{21}^{e_3} & K_{22}^{e_3}+K_{11}^{e_4} & K_{12}^{e_4} \\ 0 & 0 & 0 & K_{21}^{e_4} & K_{22}^{e_4} \end{bmatrix}\begin{bmatrix} u_1 \\ u_2 \\ u_3 \\ u_4 \\ u_5 \end{bmatrix}=\begin{bmatrix} f_1^{e_1} \\ f_2^{e_1}+f_1^{e_2} \\ f_2^{e_2}+f_1^{e_3} \\ f_2^{e_3}+f_1^{e_4} \\ f_2^{e_4} \end{bmatrix}$$

于是有

$$\begin{bmatrix} 5 & -5 & 0 & 0 & 0 \\ -5 & 10 & -5 & 0 & 0 \\ 0 & -5 & 7.5 & -2.5 & 0 \\ 0 & 0 & -2.5 & 7.5 & -5 \\ 0 & 0 & 0 & -5 & 5 \end{bmatrix}\begin{bmatrix} u_1 \\ u_2 \\ u_3 \\ u_4 \\ u_5 \end{bmatrix}=\begin{bmatrix} 0.1 \\ 0.2 \\ 0.3 \\ 0.3 \\ 0.1 \end{bmatrix}$$

步骤 6：强制第一类边界条件

狄利克雷边界条件确定了节点 5 的电位值，未知节点有 4 个，强制第一类边界条件，则矩阵方程缩为 4 阶，即

$$\begin{bmatrix} K_{11} & K_{12} & K_{13} & K_{14} \\ K_{21} & K_{22} & K_{23} & K_{24} \\ K_{31} & K_{32} & K_{33} & K_{34} \\ K_{41} & K_{42} & K_{43} & K_{44} \end{bmatrix}\begin{bmatrix} u_1 \\ u_2 \\ u_3 \\ u_4 \end{bmatrix}=\begin{bmatrix} f_1-K_{15}u_5 \\ f_2-K_{25}u_5 \\ f_3-K_{35}u_5 \\ f_4-K_{45}u_5 \end{bmatrix}$$

由于 $K_{15}=K_{25}=K_{35}=0$，则载荷向量的前 3 个元素和强制前相同。第 4 个元素为 $0.3+0.5\times 5=2.8$。有限元方程变为

$$\begin{bmatrix} 5 & -5 & 0 & 0 \\ -5 & 10 & -5 & 0 \\ 0 & -5 & 7.5 & -2.5 \\ 0 & 0 & -2.5 & 7.5 \end{bmatrix}\begin{bmatrix} u_1 \\ u_2 \\ u_3 \\ u_4 \end{bmatrix}=\begin{bmatrix} 0.1 \\ 0.2 \\ 0.3 \\ 2.8 \end{bmatrix}$$

步骤 7：有限元方程组的求解

对上面有限元方程组求解，得到

$$u = \begin{bmatrix} 1 & 0.98 & 0.92 & 0.68 & 0.5 \end{bmatrix}^{\mathrm{T}}$$

计算结果与解析解 $u = 1 - \dfrac{x^2}{2}$ 在相关节点上的值相吻合。

通过上面一维有限元算例，总结有限元有如下优点：

(1) 待定系数 C_i 为各节点上的电位值 u_i，求解待定系数和求解节点电位成为统一计算过程。

(2) N_i 在节点 i 上为 1，在左右相邻节点线性减小为 0，这种特殊形式的形函数，使得可按单元独立处理，利于计算机计算。

(3) 令狄利克雷边界上的各节点电位为给定的值，同时尝试函数在这些边界节点上的值为 1，使得狄利克雷边界上的电位为已知量，减少未知量个数。

(4) 积分局域化，尝试函数代表了近似解的插值形式，决定了近似解在单元上的形状，也称为形函数。在本例中，涉及一维问题，形函数为 1 阶，为直线，也可以采用高阶，为曲线。对于二维问题，形函数为 1 阶，为平面，也可以采用高阶，为曲面。

12.2.2　二维拉普拉斯方程有限元

考虑微带电路静电场问题：如图 12.2.5 所示。在二维截面内，长和宽分别为 0.2m 和 0.16m，无自由电荷，A、B 和 C 三面电压为 0V，D 面电压为 1V，则满足的二维静电场方程为

$$\frac{\partial^2 u}{\partial x^2} + \frac{\partial^2 u}{\partial y^2} = 0$$

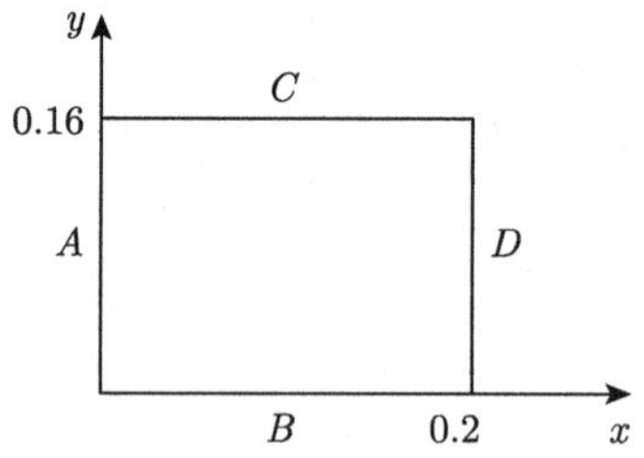

图 12.2.5　微带电路结构图

步骤 1：建模

边值问题为

$$\begin{cases} \dfrac{\partial^2 u}{\partial x^2}+\dfrac{\partial^2 u}{\partial y^2}=0 \\ u|_{A\backslash B\backslash C}=0 \\ u|_D=1 \end{cases}$$

由于满足对称性，只需取图 12.2.5 的二分之一即可，如图 12.2.6 所示。

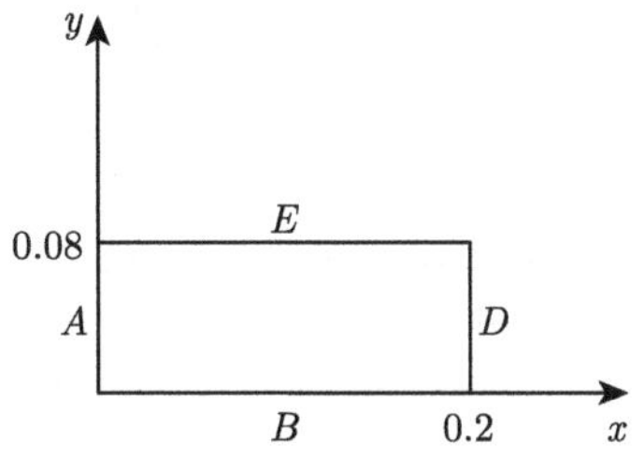

图 12.2.6 二分之一模型

边值问题为

$$\begin{cases} \dfrac{\partial^2 u}{\partial x^2}+\dfrac{\partial^2 u}{\partial y^2}=0 \\ u|_{A\cup B}=0 \\ u|_D=1 \\ \left.\dfrac{\partial u}{\partial y}\right|_E=0 \end{cases}$$

步骤 2：导出边值问题的弱形式

这个步骤与一维情形类似，不详细展开。

步骤 3：单元剖分

将求解区剖分为共有 M 个三角形单元，节点数有 N 个。如图 12.2.7 所示，$M=8$，$N=9$。

单元及节点坐标如表 12.2.2 所示。

在表 12.2.2 中，单元局部节点编号均为 1,2,3。对于每一个三角形单元，需要建立局部节点编号 1,2,3 与总体节点编号的映射关系。二者之间的映射不是任意的，所有单元的节点必须遵循同样的绕行顺序：顺时针或逆时针，至于单元中哪个总体节点映射为局部节点 1 并不重要。在本例中，选择逆时针顺序。举例说明，对于单元 e_1，与局部节点编号 1,2,3 对应的总体节点编号是 1,5,4，也可以是 5,4,1 或者 4,1,5，而 4,5,1 则是不允许的。

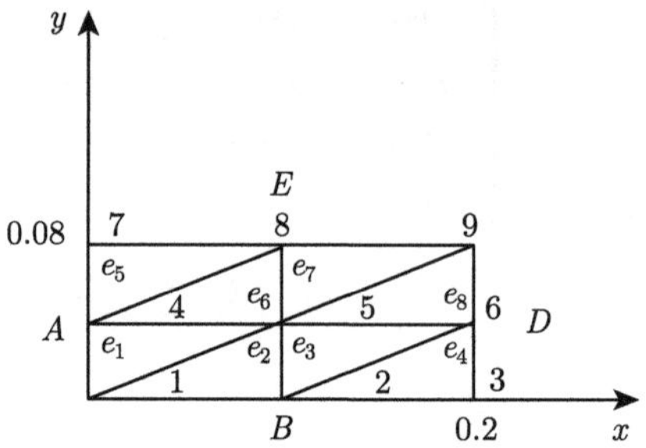

图 12.2.7　求解区网格剖分 ($M=8$，$N=9$)

表 12.2.2　单元及节点坐标

单元	节点			节点坐标					
	1	2	3	x_1	y_1	x_2	y_2	x_3	y_3
1	1	5	4	0	0	0.1	0.04	0	0.04
2	1	2	5	0	0	0.1	0	0.1	0.04
3	2	6	5	0.1	0	0.2	0.04	0.1	0.04
4	2	3	6	0.1	0	0.2	0	0.2	0.04
5	4	8	7	0	0.04	0.1	0.08	0	0.08
6	4	5	8	0	0.04	0.1	0.04	0.1	0.08
7	5	9	8	0.1	0.04	0.2	0.08	0.1	0.08
8	5	6	9	0.1	0.04	0.2	0.04	0.2	0.08

场函数为

$$u(x,y)=\sum_{i=1}^{3}N_i(x,y)u_i \tag{12.2.4}$$

其中三角形函数为

$$N_i(x,y)=a_i+b_ix+c_iy,\quad i=1,2,3 \tag{12.2.5}$$

$N_i(x,y)$ 满足

$$N_i(x_j,y_j)=\delta_{ij}=\begin{cases}1, & i=j\\ 0, & i\neq j\end{cases} \tag{12.2.6}$$

形函数如图 12.2.8 所示。图中，三角形单元的节点为 1，2，3，坐标分别为 $(x_i,y_i)\,i=1,2,3$, 由 $P23$ 构成的三角形为形函数 $N_1(x,y)$，由 $P13$ 构成的三角形为形函数 $N_2(x,y)$，由 $P12$ 构成的三角形为形函数 $N_3(x,y)$。

先求 $N_1(x,y)$，即求系数 a_1、b_1 和 c_1。

为此，将 $i=1$ 代入式 (12.2.5)，有

$$N_1(x,y)=a_1+b_1x+c_1y$$

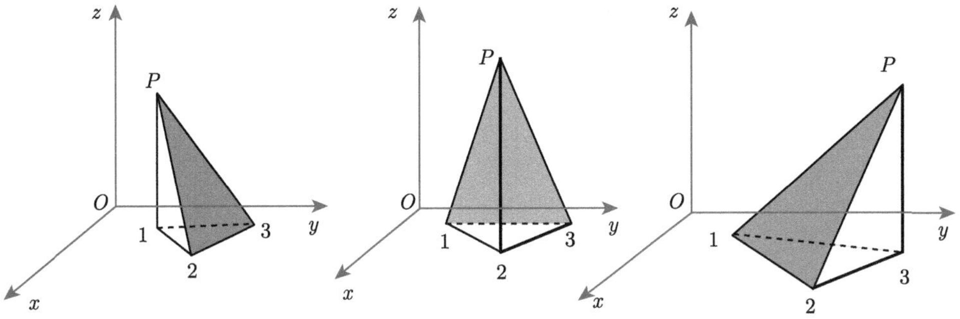

(a) 形函数$N_1(x,\ y)$ (b) 形函数$N_2(x,\ y)$ (c) 形函数$N_3(x,\ y)$

图 12.2.8 三角形单元和形函数

取 $i=1$，$j=1,2,3$ 代入式 (12.2.6)，有

$$N_1(x_1,y_1)=a_1+b_1x_1+c_1y_1=1$$

$$N_1(x_2,y_2)=a_1+b_1x_2+c_1y_2=0$$

$$N_1(x_3,y_3)=a_1+b_1x_3+c_1y_3=0$$

将上面三个方程写成矩阵形式有

$$\begin{bmatrix}1 & x_1 & y_1\\ 1 & x_2 & y_2\\ 1 & x_3 & y_3\end{bmatrix}\begin{bmatrix}a_1\\ b_1\\ c_1\end{bmatrix}=\begin{bmatrix}1\\ 0\\ 0\end{bmatrix}$$

其中

$$a_1=\frac{\begin{vmatrix}1 & x_1 & y_1\\ 0 & x_2 & y_2\\ 0 & x_3 & y_3\end{vmatrix}}{\begin{vmatrix}1 & x_1 & y_1\\ 1 & x_2 & y_2\\ 1 & x_3 & y_3\end{vmatrix}}=\frac{\begin{vmatrix}x_2 & y_2\\ x_3 & y_3\end{vmatrix}}{2\Delta}=\frac{x_2y_3-x_3y_2}{2\Delta}$$

$$b_1=-\frac{\begin{vmatrix}1 & y_2\\ 1 & y_3\end{vmatrix}}{\begin{vmatrix}1 & x_1 & y_1\\ 1 & x_2 & y_2\\ 1 & x_3 & y_3\end{vmatrix}}=\frac{y_2-y_3}{2\Delta},\quad c_1=\frac{\begin{vmatrix}1 & x_2\\ 1 & x_3\end{vmatrix}}{\begin{vmatrix}1 & x_1 & y_1\\ 1 & x_2 & y_2\\ 1 & x_3 & y_3\end{vmatrix}}=\frac{x_3-x_2}{2\Delta}$$

式中，Δ 为三角形单元的面积，

$$\Delta = \frac{1}{2}\begin{vmatrix} 1 & x_1 & y_1 \\ 1 & x_2 & y_2 \\ 1 & x_3 & y_3 \end{vmatrix}$$

于是有

$$N_1(x,y) = \frac{\begin{vmatrix} x_2 & y_2 \\ x_3 & y_3 \end{vmatrix}}{2\Delta} - \frac{\begin{vmatrix} 1 & y_2 \\ 1 & y_3 \end{vmatrix}}{2\Delta}x + \frac{\begin{vmatrix} 1 & x_2 \\ 1 & x_3 \end{vmatrix}}{2\Delta}y = \frac{\begin{vmatrix} 1 & x & y \\ 1 & x_2 & y_2 \\ 1 & x_3 & y_3 \end{vmatrix}}{2\Delta} \tag{12.2.7a}$$

同理，可求系数 a_2、b_2 和 c_2，以及系数 a_3、b_3 和 c_3，为

$$a_2 = \frac{x_3y_1 - x_1y_3}{2\Delta}, \quad b_2 = \frac{y_3 - y_1}{2\Delta}, \quad c_2 = \frac{x_1 - x_3}{2\Delta}$$

$$a_3 = \frac{x_1y_2 - x_2y_1}{2\Delta}, \quad b_3 = \frac{y_1 - y_2}{2\Delta}, \quad c_3 = \frac{x_2 - x_1}{2\Delta}$$

于是

$$N_2(x,y) = \frac{\begin{vmatrix} 1 & x & y \\ 1 & x_3 & y_3 \\ 1 & x_1 & y_1 \end{vmatrix}}{2\Delta} \tag{12.2.7b}$$

$$N_3(x,y) = \frac{\begin{vmatrix} 1 & x & y \\ 1 & x_1 & y_1 \\ 1 & x_2 & y_2 \end{vmatrix}}{2\Delta} \tag{12.2.7c}$$

需要注意，本书用到的二维形函数式 (12.2.5)，与一些有限元书籍中的形函数 $N_i'(x,y)$ 形式有所不同，为便于对比，均列在下面

$$N_i(x,y) = a_i + b_ix + c_iy, \quad i = 1,2,3 \tag{12.2.8a}$$

$$N_i'(x,y) = \frac{1}{2\Delta}(a_i' + b_i'x + c_i'y), \quad i = 1,2,3 \tag{12.2.8b}$$

实际上，$N_i(x,y)$ 与 $N_i'(x,y)$ 是相等的，只是系数有所不同，但系数之间满足如下关系

$$a_i = \frac{1}{2\Delta}a_i', \quad b_i = \frac{1}{2\Delta}b_i', \quad c_i = \frac{1}{2\Delta}c_i'$$

因此，在涉及形函数积分，如果用系数表示时，会有所不同。

自然坐标如图 12.2.9 所示。图中，三角形单元的节点为 1，2，3，坐标分别为 $(x_i, y_i), i = 1, 2, 3$，其面积记为 Δ，P 为三角形单元内的任意一点，坐标为 (x, y)。

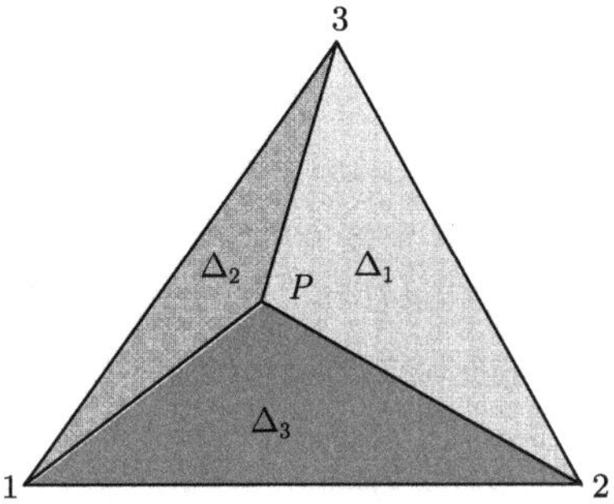

图 12.2.9 自然坐标

点 P 与点 2 和点 3 构成三角形 1，其面积记为 Δ_1；点 P 与点 1 和点 3 构成三角形 2，其面积记为 Δ_2；点 P 与点 1 和点 2 构成三角形 3，其面积记为 Δ_3。

定义面积比为

$$t_i = \frac{\Delta_i}{\Delta}, \quad i = 1, 2, 3$$

有

$$t_1 + t_2 + t_3 = 1$$

取新的坐标系 (t_2, t_3)，于是，形成了由 (x, y) 到 (t_2, t_3) 的变换。

形函数为

$$N_1(t_2, t_3) = 1 - t_2 - t_3, \quad N_2(t_2, t_3) = t_2, \quad N_3(t_2, t_3) = t_3$$

即

$$N_i(t_2, t_3) = \frac{\Delta_i}{\Delta} \tag{12.2.9}$$

则

$$u(t_2, t_3) = \sum_{i=1}^{3} N_i(t_2, t_3)\, u_i \tag{12.2.10}$$

式 (12.2.7) 与式 (12.2.9) 是等价的，但自然坐标的形函数更简洁明快。

步骤 4：形成单元刚度矩阵与单元载荷向量

采用线性插值，单元内三个节点，则单元刚度矩阵为

$$K^e = \begin{bmatrix} k_{11}^e & k_{12}^e & k_{13}^e \\ k_{21}^e & k_{22}^e & k_{23}^e \\ k_{31}^e & k_{32}^e & k_{33}^e \end{bmatrix}$$

$$f^e = \begin{bmatrix} f_1^e \\ f_2^e \\ f_3^e \end{bmatrix}$$

由式 (12.2.5) 可知

$$\nabla N_i(x, y) = b_i \boldsymbol{e}_x + c_i \boldsymbol{e}_y, \quad i = 1, 2, 3 \tag{12.2.11a}$$

$$\nabla N_j(x, y) = b_j \boldsymbol{e}_x + c_j \boldsymbol{e}_y, \quad j = 1, 2, 3 \tag{12.2.11b}$$

则单元刚度矩阵与载荷向量

$$k_{ij}^e = \int_{V_e} \nabla N_i \cdot \nabla N_j \mathrm{d}V = \int_{V_e} (b_i b_j + c_i c_j) \mathrm{d}x\mathrm{d}y = \Delta (b_i b_j + c_i c_j)$$

$$f_j^e = \int_{V_e} N_j f \mathrm{d}V = \int_{V_e} (a_j + b_j x + c_j y) f \mathrm{d}V = \frac{f}{3}\Delta$$

需要注意，对于二维问题，在直角坐标系下，$\mathrm{d}V$ 实际上为 $\mathrm{d}x\mathrm{d}y$。具体地，有

$$k_{11}^e = \Delta (b_1 b_1 + c_1 c_1) = \frac{(y_2 - y_3)(y_2 - y_3) + (x_3 - x_2)(x_3 - x_2)}{4\Delta}$$

$$k_{22}^e = \Delta (b_2 b_2 + c_2 c_2) = \frac{(y_3 - y_1)(y_3 - y_1) + (x_1 - x_3)(x_1 - x_3)}{4\Delta}$$

$$k_{33}^e = \Delta (b_3 b_3 + c_3 c_3) = \frac{(y_1 - y_2)(y_1 - y_2) + (x_2 - x_1)(x_2 - x_1)}{4\Delta}$$

$$k_{12}^e = k_{21}^e = \Delta (b_1 b_2 + c_1 c_2) = \frac{(y_2 - y_3)(y_3 - y_1) + (x_3 - x_2)(x_1 - x_3)}{4\Delta}$$

$$k_{13}^e = k_{31}^e = \Delta (b_1 b_3 + c_1 c_3) = \frac{(y_2 - y_3)(y_1 - y_2) + (x_3 - x_2)(x_2 - x_1)}{4\Delta}$$

$$k_{23}^e = k_{32}^e = \Delta (b_2 b_3 + c_2 c_3) = \frac{(y_3 - y_1)(y_1 - y_2) + (x_1 - x_3)(x_2 - x_1)}{4\Delta}$$

$$f_1^e = f_2^e = f_3^e = \frac{f}{3}\Delta$$

步骤 5：组装成总体刚度矩阵和总体载荷向量

本例总节点数是 9，总体刚度矩阵为 $[K]_{9\times 9}$。

以单元 e_1 为例说明如何由单元刚度矩阵组装成总体刚度矩阵。如前所述，单元 e_1 的局部节点编号 1,2,3 分别对应总体节点编号 1,5,4，则单元刚度矩阵元素 $k_{11}^{e_1}$、$k_{12}^{e_1}$ 和 $k_{13}^{e_1}$ 在总体刚度矩阵中对应 K_{11}、K_{15} 和 K_{14}；单元刚度矩阵元素 $k_{21}^{e_1}$、$k_{22}^{e_1}$ 和 $k_{23}^{e_1}$ 在总体刚度矩阵中对应 K_{51}、K_{55} 和 K_{54}；单元刚度矩阵元素 $k_{31}^{e_1}$、$k_{32}^{e_1}$ 和 $k_{33}^{e_1}$ 在总体刚度矩阵中对应 K_{41}、K_{45} 和 K_{44}，即有

$$
\begin{array}{c} \\ \\ \\ \\ \\ [K]^{e_1} = \end{array}
\begin{array}{c}
\begin{array}{ccccccccc} 1 & 2 & 3 & 4 & 5 & 6 & 7 & 8 & 9 \end{array} \\
\begin{bmatrix}
k_{11}^{e_1} & 0 & 0 & k_{13}^{e_1} & k_{12}^{e_1} & 0 & 0 & 0 & 0 \\
0 & 0 & 0 & 0 & 0 & 0 & 0 & 0 & 0 \\
0 & 0 & 0 & 0 & 0 & 0 & 0 & 0 & 0 \\
k_{31}^{e_1} & 0 & 0 & k_{33}^{e_1} & k_{32}^{e_1} & 0 & 0 & 0 & 0 \\
k_{21}^{e_1} & 0 & 0 & k_{23}^{e_1} & k_{22}^{e_1} & 0 & 0 & 0 & 0 \\
0 & 0 & 0 & 0 & 0 & 0 & 0 & 0 & 0 \\
0 & 0 & 0 & 0 & 0 & 0 & 0 & 0 & 0 \\
0 & 0 & 0 & 0 & 0 & 0 & 0 & 0 & 0 \\
0 & 0 & 0 & 0 & 0 & 0 & 0 & 0 & 0
\end{bmatrix}
\end{array}
\begin{array}{c} \\ 1 \\ 2 \\ 3 \\ 4 \\ 5 \\ 6 \\ 7 \\ 8 \\ 9 \end{array}
$$

式中，$[K]^{e_1}$ 表示由单元 e_1 形成总体刚度矩阵 $[K]$ 的那部分。

组装的实质就是将每一个 3×3 的单元刚度矩阵，按照局部节点和总体节点的映射关系，置于 9×9 的总体刚度矩阵中。

采用类似的方法依次处理 e_2 到 e_8，得到 $[K]^{e_2}$ 到 $[K]^{e_8}$。

于是，总体刚度矩阵为

$$[K] = [K]^{e_1} + [K]^{e_2} + \cdots + [K]^{e_8}$$

同理，由单元载荷向量组装得到总体载荷向量。

写成矩阵形式有

$$[K]\,[u] = [F]$$

下面以总体刚度矩阵元素 K_{55} 和 K_{58} 为例进行分析。

总体刚度矩阵元素 K_{55} 涉及 $e_1, e_2, e_3, e_6, e_7, e_8$ 六个单元。从表 12.2.2 可见，与总体编号 5 对应的六个单元的局部节点编号分别为 2,3,3,2,1,1，有

$$K_{55} = k_{22}^{e_1} + k_{33}^{e_2} + k_{33}^{e_3} + k_{22}^{e_6} + k_{11}^{e_7} + k_{11}^{e_8}$$

于是，有

$$\Delta = 0.002$$

$$k_{22}^{e_1} = \frac{(y_3 - y_1)(y_3 - y_1) + (x_1 - x_3)(x_1 - x_3)}{4\Delta} = \frac{(0 - 0.04)^2 + (0 - 0)^2}{4 \times 0.002} = 0.2$$

$$k_{33}^{e_2} = \frac{(y_1 - y_2)(y_1 - y_2) + (x_2 - x_1)(x_2 - x_1)}{4\Delta} = \frac{(0 - 0)^2 + (0 - 0.1)^2}{4 \times 0.002} = 1.25$$

$$k_{33}^{e_3} = \frac{(y_1 - y_2)(y_1 - y_2) + (x_2 - x_1)(x_2 - x_1)}{4\Delta} = \frac{(0 - 0.04)^2 + (0.1 - 0.2)^2}{4 \times 0.002} = 1.45$$

$$k_{22}^{e_6} = \frac{(y_3 - y_1)(y_3 - y_1) + (x_1 - x_3)(x_1 - x_3)}{4\Delta} = \frac{(0.04 - 0.08)^2 + (0 - 0.1)^2}{4 \times 0.002} = 1.45$$

$$k_{11}^{e_7} = \frac{(y_2 - y_3)(y_2 - y_3) + (x_3 - x_2)(x_3 - x_2)}{4\Delta} = \frac{(0.08 - 0.08)^2 + (0.1 - 0.2)^2}{4 \times 0.002} = 1.25$$

$$k_{11}^{e_8} = \frac{(y_2 - y_3)(y_2 - y_3) + (x_3 - x_2)(x_3 - x_2)}{4\Delta} = \frac{(0.08 - 0.04)^2 + (0.2 - 0.2)^2}{4 \times 0.002} = 0.2$$

因此，总体刚度矩阵元素

$$K_{55} = k_{22}^{e_1} + k_{33}^{e_2} + k_{33}^{e_3} + k_{22}^{e_6} + k_{11}^{e_7} + k_{11}^{e_8} = 5.8$$

接下来，考虑总体刚度矩阵元素 K_{58} 的计算。K_{58} 涉及 e_6 和 e_7 两个单元。与总体编号 5 对应的上述两个单元的局部节点编号分别为 2 和 1，与总体编号 8 对应的上述两个单元的局部节点编号均为 3。因此，有

$$K_{58} = k_{23}^{e_6} + k_{13}^{e_7}$$

具体地，有

$$\begin{aligned} k_{23}^{e_6} &= \frac{(y_3 - y_1)(y_1 - y_2) + (x_1 - x_3)(x_2 - x_1)}{4\Delta} \\ &= \frac{(0.08 - 0.04)(0.1 - 0.1) + (0 - 0.1)(0.1 - 0)}{4 \times 0.002} = -1.25 \end{aligned}$$

$$\begin{aligned} k_{13}^{e_7} &= \frac{(y_2 - y_3)(y_1 - y_2) + (x_3 - x_2)(x_2 - x_1)}{4\Delta} \\ &= \frac{(0.08 - 0.08)(0.08 - 0.04) + (0.2 - 0.1)(0.1 - 0.2)}{4 \times 0.002} = -1.25 \end{aligned}$$

总体刚度矩阵元素为

$$K_{58}=k_{23}^{e_6}+k_{13}^{e_7}=-2.5$$

其他元素采用类似的处理方式，最后总体刚度矩阵为

$$[K]=\begin{bmatrix} 1.45 & -0.2 & 0 & -1.25 & 0 & 0 & 0 & 0 & 0 \\ -0.2 & 2.9 & -0.2 & 0 & -2.5 & 0 & 0 & 0 & 0 \\ 0 & -0.2 & 1.45 & 0 & 0 & -1.25 & 0 & 0 & 0 \\ -1.25 & 0 & 0 & 2.9 & -0.4 & 0 & -1.25 & 0 & 0 \\ 0 & -2.5 & 0 & -0.4 & 5.8 & -0.4 & 0 & -2.5 & 0 \\ 0 & 0 & -1.25 & 0 & -0.4 & 2.9 & 0 & 0 & -1.25 \\ 0 & 0 & 0 & -1.25 & 0 & 0 & 1.45 & -0.2 & 0 \\ 0 & 0 & 0 & 0 & -2.5 & 0 & -0.2 & 2.9 & -0.2 \\ 0 & 0 & 0 & 0 & 0 & -1.25 & 0 & -0.2 & 1.45 \end{bmatrix}$$

由于偏微分方程是齐次的，总体载荷向量的元素都为零。

步骤 6：强制第一类边界条件

狄利克雷边界条件确定了 7 个节点的电位值，未知节点只有 5 和 8 两个，则矩阵方程缩为 2 阶

$$\begin{bmatrix} K_{55} & K_{58} \\ K_{85} & K_{88} \end{bmatrix}\begin{bmatrix} u_5 \\ u_8 \end{bmatrix}$$

$$=\begin{bmatrix} -K_{51}u_1-K_{52}u_2-K_{53}u_3-K_{54}u_4-K_{56}u_6-K_{57}u_7-K_{59}u_9 \\ -K_{81}u_1-K_{82}u_2-K_{83}u_3-K_{84}u_4-K_{86}u_6-K_{87}u_7-K_{89}u_9 \end{bmatrix}$$

即为

$$\begin{bmatrix} 5.8 & -2.5 \\ -2.5 & 2.9 \end{bmatrix}\begin{bmatrix} u_5 \\ u_8 \end{bmatrix}=\begin{bmatrix} 0.4 \\ 0.2 \end{bmatrix}$$

步骤 7：有限元方程组的求解

求解矩阵方程，可以得到节点 5 和 8 上的电位值

$$\begin{bmatrix} u_5 \\ u_8 \end{bmatrix}=\begin{bmatrix} 0.1570 \\ 0.2044 \end{bmatrix}$$

若采用软件计算，逐次加密网格，当电位分布受网格密度影响足够小时，得到的电位值为

$$\begin{bmatrix} u_5 \\ u_8 \end{bmatrix}=\begin{bmatrix} 0.1248 \\ 0.1741 \end{bmatrix}$$

由于本例中剖分网格很粗，相对误差较大。

以上是二维有限元的求解步骤。

为了获得更好的计算结果，将网格加密，考虑如图 12.2.10 所示的剖分，$M = 40$，$N = 33$。

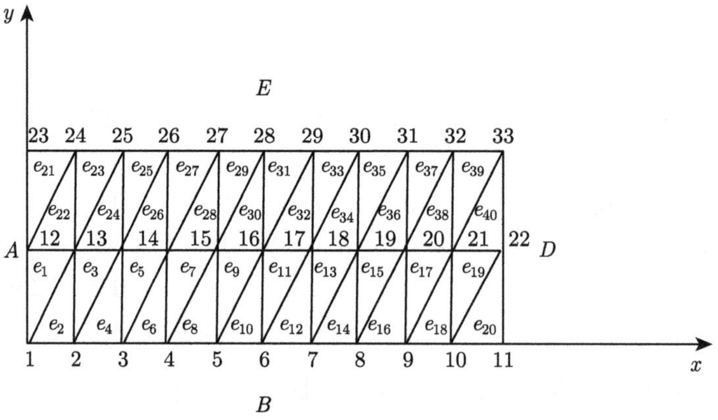

图 12.2.10　求解区网格剖分 ($M = 40$，$N = 33$)

与 COMSOL 软件计算结果的比较如表 12.2.3 所示。

表 12.2.3　计算结果比较

节点	本例	COMSOL	相对误差/%	节点	本例	COMSOL	相对误差/%
13	0.0149	0.0143	4.196	24	0.0209	0.0202	3.465
14	0.0319	0.0309	3.236	25	0.0449	0.0436	2.982
15	0.0538	0.0523	2.868	26	0.0753	0.0737	2.171
16	0.0837	0.0819	2.198	27	0.1164	0.1151	1.129
17	0.1236	0.1248	0.962	28	0.1739	0.1741	0.115
18	0.1886	0.1881	0.266	29	0.2552	0.2587	1.353
19	0.2815	0.2844	1.02	30	0.3697	0.3788	2.402
20	0.4227	0.4343	2.671	31	0.5284	0.5438	2.832
21	0.6431	0.67	4.015	32	0.74	0.7558	2.091

网格加密后，计算结果较为精确，相对误差控制在 5%以内，如果继续加密网格，将会获得更好的计算结果。

12.2.3　三维拉普拉斯方程的有限元方法

本节重点介绍四面体形函数、单元刚度矩阵和载荷向量，不再提供具体的算例。

场函数为

$$u(x,y,z)=\sum_{i=1}^{4}N_i(x,y,z)u_i \tag{12.2.12}$$

其中四面体形函数为

$$N_i(x,y,z)=a_i+b_ix+c_iy+d_iz,\quad i=1,2,3,4 \tag{12.2.13}$$

$N_i(x,y,z)$ 满足

$$N_i(x_j,y_j,z_j)=\delta_{ij}=\begin{cases}1, & i=j\\ 0, & i\neq j\end{cases} \tag{12.2.14}$$

先求 $N_1(x,y,z)$，即求系数 a_1、b_1、c_1 和 d_1。
为此，将 $i=1$ 代入式 (12.2.13)，有

$$N_1(x,y,z)=a_1+b_1x+c_1y+d_1z$$

取 $i=1$，$j=1,2,3,4$ 代入式 (12.2.14)，有

$$N_1(x_1,y_1,z_1)=a_1+b_1x_1+c_1y_1+d_1z_1=1$$

$$N_1(x_2,y_2,z_2)=a_1+b_1x_2+c_1y_2+d_1z_2=0$$

$$N_1(x_3,y_3,z_3)=a_1+b_1x_3+c_1y_3+d_1z_3=0$$

$$N_1(x_4,y_4,z_4)=a_1+b_1x_4+c_1y_4+d_1z_4=0$$

将上面四个方程写成矩阵形式有

$$\begin{bmatrix}1 & x_1 & y_1 & z_1\\ 1 & x_2 & y_2 & z_2\\ 1 & x_3 & y_3 & z_3\\ 1 & x_4 & y_4 & z_4\end{bmatrix}\begin{bmatrix}a_1\\ b_1\\ c_1\\ d_1\end{bmatrix}=\begin{bmatrix}1\\ 0\\ 0\\ 0\end{bmatrix}$$

其中

$$a_1=\frac{\begin{vmatrix}1 & x_1 & y_1 & z_1\\ 0 & x_2 & y_2 & z_2\\ 0 & x_3 & y_3 & z_3\\ 0 & x_4 & y_4 & z_4\end{vmatrix}}{\begin{vmatrix}1 & x_1 & y_1 & z_1\\ 1 & x_2 & y_2 & z_2\\ 1 & x_3 & y_3 & z_3\\ 1 & x_4 & y_4 & z_4\end{vmatrix}}=\frac{\begin{vmatrix}x_2 & y_2 & z_2\\ x_3 & y_3 & z_3\\ x_4 & y_4 & z_4\end{vmatrix}}{6V_e}$$

$$b_1 = \frac{\begin{vmatrix} 1 & 1 & y_1 & z_1 \\ 1 & 0 & y_2 & z_2 \\ 1 & 0 & y_3 & z_3 \\ 1 & 0 & y_4 & z_4 \end{vmatrix}}{\begin{vmatrix} 1 & x_1 & y_1 & z_1 \\ 1 & x_2 & y_2 & z_2 \\ 1 & x_3 & y_3 & z_3 \\ 1 & x_4 & y_4 & z_4 \end{vmatrix}} = -\frac{\begin{vmatrix} 1 & y_2 & z_2 \\ 1 & y_3 & z_3 \\ 1 & y_4 & z_4 \end{vmatrix}}{6V_e}$$

$$c_1 = \frac{\begin{vmatrix} 1 & x_1 & 1 & z_1 \\ 1 & x_2 & 0 & z_2 \\ 1 & x_3 & 0 & z_3 \\ 1 & x_4 & 0 & z_4 \end{vmatrix}}{\begin{vmatrix} 1 & x_1 & y_1 & z_1 \\ 1 & x_2 & y_2 & z_2 \\ 1 & x_3 & y_3 & z_3 \\ 1 & x_4 & y_4 & z_4 \end{vmatrix}} = \frac{\begin{vmatrix} 1 & x_2 & z_2 \\ 1 & x_3 & z_3 \\ 1 & x_4 & z_4 \end{vmatrix}}{6V_e}$$

$$d_1 = \frac{\begin{vmatrix} 1 & x_1 & y_1 & 1 \\ 1 & x_2 & y_2 & 0 \\ 1 & x_3 & y_3 & 0 \\ 1 & x_4 & y_4 & 0 \end{vmatrix}}{\begin{vmatrix} 1 & x_1 & y_1 & z_1 \\ 1 & x_2 & y_2 & z_2 \\ 1 & x_3 & y_3 & z_3 \\ 1 & x_4 & y_4 & z_4 \end{vmatrix}} = -\frac{\begin{vmatrix} 1 & x_2 & y_2 \\ 1 & x_3 & y_3 \\ 1 & x_4 & y_4 \end{vmatrix}}{6V_e}$$

式中，V_e 为四面体单元的体积，

$$V_e = \frac{1}{6}\begin{vmatrix} 1 & x_1 & y_1 & z_1 \\ 1 & x_2 & y_2 & z_2 \\ 1 & x_3 & y_3 & z_3 \\ 1 & x_4 & y_4 & z_4 \end{vmatrix}$$

于是有

$$N_1(x,y,z)=\frac{\begin{vmatrix} x_2 & y_2 & z_2 \\ x_3 & y_3 & z_3 \\ x_4 & y_4 & z_4 \end{vmatrix}}{6V_e}-\frac{\begin{vmatrix} 1 & y_2 & z_2 \\ 1 & y_3 & z_3 \\ 1 & y_4 & z_4 \end{vmatrix}}{6V_e}x+\frac{\begin{vmatrix} 1 & y_2 & z_2 \\ 1 & y_3 & z_3 \\ 1 & y_4 & z_4 \end{vmatrix}}{6V_e}y$$

$$-\frac{\begin{vmatrix} 1 & y_2 & z_2 \\ 1 & y_3 & z_3 \\ 1 & y_4 & z_4 \end{vmatrix}}{6V_e}z=\frac{\begin{vmatrix} 1 & x & y & z \\ 1 & x_2 & y_2 & z_2 \\ 1 & x_3 & y_3 & z_3 \\ 1 & x_4 & y_4 & z_4 \end{vmatrix}}{6V_e} \tag{12.2.15a}$$

同理，可求系数 a_i、b_i、c_i 和 d_i，$i=2,3,4$。

于是

$$N_2(x,y,z)=\frac{\begin{vmatrix} 1 & x_1 & y_1 & z_1 \\ 1 & x & y & z \\ 1 & x_3 & y_3 & z_3 \\ 1 & x_4 & y_4 & z_4 \end{vmatrix}}{6V_e} \tag{12.2.15b}$$

$$N_3(x,y,z)=\frac{\begin{vmatrix} 1 & x & y & z \\ 1 & x_1 & y_1 & z_1 \\ 1 & x_2 & y_2 & z_2 \\ 1 & x_4 & y_4 & z_4 \end{vmatrix}}{6V_e} \tag{12.2.15c}$$

$$N_4(x,y,z)=\frac{\begin{vmatrix} 1 & x & y & z \\ 1 & x_1 & y_1 & z_1 \\ 1 & x_3 & y_3 & z_3 \\ 1 & x_2 & y_2 & z_2 \end{vmatrix}}{6V_e} \tag{12.2.15d}$$

考虑自然坐标。如图 12.2.11 所示。

四面体单元的节点为 1，2，3，4，坐标分别为 $(x_i,y_i,z_i)\,,i=1,2,3,4$，其体积记为 V_e，设 P 为四面体单元内的任意一点，坐标为 (x,y,z)。

点 P 与点 2、点 3 和点 4 构成四面体 1，其体积记为 V_1；点 P 与点 1、点 3 和点 4 构成四面体 2，其体积记为 V_2；点 P 与点 1、点 2 和点 4 构成四面体 3，其体积记为 V_3；点 P 与点 1、点 2 和点 3 构成四面体 4，其体积记为 V_4。

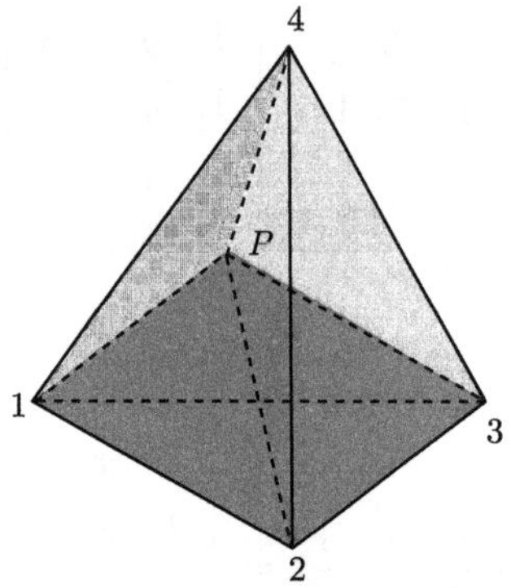

图 12.2.11　四面体自然坐标

定义体积比为

$$t_i = \frac{V_i}{V_e}, \quad i = 1, 2, 3, 4$$

有

$$t_1 + t_2 + t_3 + t_4 = 1$$

取新的坐标系 (t_2, t_3, t_4)，于是，形成了由 (x, y, z) 到 (t_2, t_3, t_4) 的变换。形函数为

$$N_1(t_2, t_3, t_4) = 1 - t_2 - t_3 - t_4, \quad N_2(t_2, t_3, t_4) = t_2$$

$$N_3(t_2, t_3, t_4) = t_3, \quad N_4(t_2, t_3, t_4) = t_4$$

即

$$N_i(t_2, t_3, t_4) = \frac{V_i}{V_e} \tag{12.2.16}$$

则

$$u(t_2, t_3, t_4) = \sum_{i=1}^{4} N_i(t_2, t_3, t_4)\, u_i \tag{12.2.17}$$

式 (12.2.15) 与式 (12.2.16) 是等价的，但自然坐标的形函数更简洁明快。采用线性插值，单元内四个节点，则有

$$K^e = \begin{bmatrix} k_{11}^e & k_{12}^e & k_{13}^e & k_{14}^e \\ k_{21}^e & k_{22}^e & k_{23}^e & k_{24}^e \\ k_{31}^e & k_{32}^e & k_{33}^e & k_{34}^e \\ k_{41}^e & k_{42}^e & k_{43}^e & k_{44}^e \end{bmatrix}$$

$$f^e = \begin{bmatrix} f_1^e \\ f_2^e \\ f_3^e \\ f_4^e \end{bmatrix}$$

由式 (12.2.12) 可知

$$\nabla N_i(x,y) = b_i \boldsymbol{e}_x + c_i \boldsymbol{e}_y + d_i \boldsymbol{e}_z, \quad i=1,2,3,4 \tag{12.2.18a}$$

$$\nabla N_j(x,y) = b_j \boldsymbol{e}_x + c_j \boldsymbol{e}_y + d_j \boldsymbol{e}_z, \quad j=1,2,3,4 \tag{12.2.18b}$$

与二维形函数类似，需要注意，本书用到的三维形函数，与一些有限元书籍中的形函数 $N_i'(x,y)$ 形式有所不同，为便于对比，均列在下面

$$N_i(x,y) = a_i + b_i x + c_i y + d_i z, \quad i=1,2,3,4 \tag{12.2.19a}$$

$$N_i'(x,y) = \frac{1}{6V_e}\left(a_i' + b_i' x + c_i' y + d_i' z\right), \quad i=1,2,3,4 \tag{12.2.19b}$$

实际上，$N_i(x,y)$ 与 $N_i'(x,y)$ 是相等的，只是系数有所不同，但系数之间满足如下关系

$$a_i = \frac{1}{6V_e}a_i', \quad b_i = \frac{1}{6V_e}b_i', \quad c_i = \frac{1}{6V_e}c_i', \quad d_i = \frac{1}{6V_e}d_i'$$

因此，涉及形函数积分，如果用系数表示，形式会有所不同。

例如

$$K_{ij}^e = \int_{V_e} \nabla N_i \cdot \nabla N_j \mathrm{d}V_e = \int_{V_e} (b_i b_j + c_i c_j + d_i d_j)\, \mathrm{d}x\mathrm{d}y\mathrm{d}z \tag{12.2.20a}$$

$$K_{ij}'^e = \int_{V_e} \nabla N_i \cdot \nabla N_j \mathrm{d}V_e = \frac{1}{36V_e^2}\int_{V_e} \left(b_i' b_j' + c_i' c_j' + d_i' d_j'\right) \mathrm{d}x\mathrm{d}y\mathrm{d}z \tag{12.2.20b}$$

但二者是等价的。

12.2.4 有限元分析中常用的积分

对于三角形单元或四面体单元，常常涉及求如下积分

$$\int_S g(N_1, N_2, N_3)\, f \mathrm{d}x\mathrm{d}y \tag{12.2.21a}$$

$$\int_V g(N_1, N_2, N_3)\, f \mathrm{d}x\mathrm{d}y\mathrm{d}z \tag{12.2.21b}$$

式中，S 和 V 分别为面单元和体单元，f 为定义在单元内的函数。

当剖分单元很小时，可设单元内函数 f 为常数，式 (12.2.21) 积分化为

$$f\int_S g\left(N_1,N_2,N_3\right)\mathrm{d}x\mathrm{d}y$$

$$f\int_V g\left(N_1,N_2,N_3\right)\mathrm{d}x\mathrm{d}y\mathrm{d}z$$

如图 12.2.12 为自然坐标系，包括三角形单元坐标和四面体单元坐标。

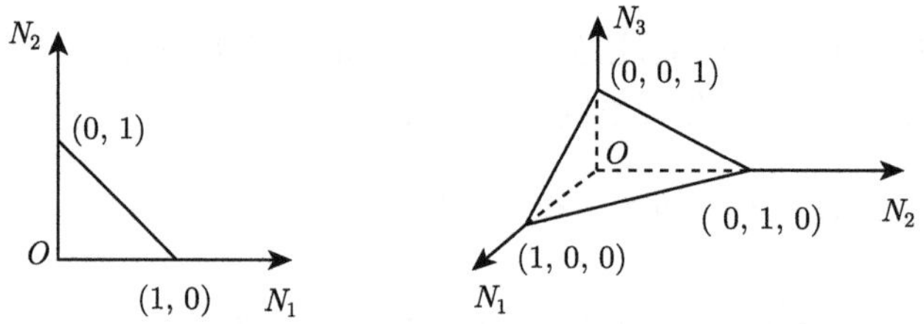

(a) 三角形单元坐标　　(b) 四面体单元坐标

图 12.2.12　自然坐标系

应用面积坐标可将 xy 平面上任意三角形单元变换为自然坐标系 N_1N_2 平面上的标准单元，变换的导数行列式为

$$\frac{\partial\left(N_1,N_2\right)}{\partial\left(x,y\right)}=\begin{vmatrix}\dfrac{\partial N_1}{\partial x} & \dfrac{\partial N_1}{\partial y}\\ \dfrac{\partial N_2}{\partial x} & \dfrac{\partial N_2}{\partial y}\end{vmatrix}=\begin{vmatrix}b_1 & c_1\\ b_2 & c_2\end{vmatrix}=\frac{1}{2\Delta}$$

应用体积坐标可将 xyz 体上任意四面体单元变换为自然坐标系 $N_1N_2N_3$ 上的标准单元，变换的导数行列式为

$$\frac{\partial\left(N_1,N_2,N_3\right)}{\partial\left(x,y,z\right)}=\begin{vmatrix}\dfrac{\partial N_1}{\partial x} & \dfrac{\partial N_1}{\partial y} & \dfrac{\partial N_1}{\partial z}\\ \dfrac{\partial N_2}{\partial x} & \dfrac{\partial N_2}{\partial y} & \dfrac{\partial N_2}{\partial z}\\ \dfrac{\partial N_3}{\partial x} & \dfrac{\partial N_3}{\partial y} & \dfrac{\partial N_3}{\partial z}\end{vmatrix}=\begin{vmatrix}b_1 & c_1 & d_1\\ b_2 & c_2 & d_2\\ b_3 & c_3 & d_3\end{vmatrix}=\frac{1}{6V_e}$$

于是有

$$\frac{\partial\left(x,y\right)}{\partial\left(N_1,N_2\right)}=2\Delta$$

$$\frac{\partial(x,y,z)}{\partial(N_1,N_2,N_3)}=6V_e$$

式中，Δ 和 V_e 分别为单元面积和单元体积。

这样，在任意单元上的面积分或体积分，可以变换到自然坐标系中，特别方便。

$$\int_S g(N_1,N_2,N_3)\,\mathrm{d}x\mathrm{d}y=2\Delta\int_0^1\int_0^{1-N_1} g(N_1,N_2,1-N_1-N_2)\mathrm{d}N_2\mathrm{d}N_1 \tag{12.2.22a}$$

$$\int_V g(N_1,N_2,N_3)\,\mathrm{d}x\mathrm{d}y\mathrm{d}z=6V_e\int_0^1\int_0^{1-N_1}\int_0^{1-N_1-N_2} g(N_1,N_2,N_3)\mathrm{d}N_3\mathrm{d}N_2\mathrm{d}N_1 \tag{12.2.22b}$$

需要注意，式 (12.2.22a) 和式 (12.2.22b) 中 N_1,N_2,N_3 的含义不同。面积坐标中只有两个是独立的，且有 $N_3=1-N_1-N_2$，体积坐标中 N_1,N_2,N_3 是独立的。

欧拉公式为

$$\int_0^1 x^m(1-x)^n\,\mathrm{d}x=\frac{m!n!}{(m+n+1)!} \tag{12.2.23}$$

例 12.2.1 试利用式 (12.2.22) 和式 (12.2.23)，导出

(1) 适用于三角形单元的面积分公式为

$$\int_S N_1^a N_2^b N_3^c\mathrm{d}x\mathrm{d}y=\frac{a!b!c!}{(a+b+c+2)!}2\Delta \tag{12.2.24}$$

(2) 适用于四面体单元的体积分公式为

$$\int_V N_1^a N_2^b N_3^c\mathrm{d}x\mathrm{d}y\mathrm{d}z=\frac{a!b!c!}{(a+b+c+3)!}6V_e \tag{12.2.25}$$

式中，! 表示阶乘。

解

(1) 由式 (12.2.22a)，式 (12.2.24) 可以变换为

$$\int_S N_1^a N_2^b N_3^c\mathrm{d}x\mathrm{d}y=2\Delta\int_0^1 N_1^a\left[\int_0^{1-N_1} N_2^b(1-N_1-N_2)^c\mathrm{d}N_2\right]\mathrm{d}N_1 \tag{12.2.26}$$

先处理内层积分，令 $p=\dfrac{N_2}{1-N_1}$，则有

$$N_2^b=(1-N_1)^b p^b,\quad (1-N_1-N_2)^c=(1-N_1)^c(1-p)^c,\quad \mathrm{d}N_2=(1-N_1)\,\mathrm{d}p$$

利用欧拉公式 (12.2.23)，内层积分化为

$$\int_0^{1-N_1} N_2^b (1-N_1-N_2)^c \mathrm{d}N_2 = (1-N_1)^{b+c+1}\int_0^1 p^b (1-p)^c \mathrm{d}p = (1-N_1)^{b+c+1}\frac{b!c!}{(b+c+1)!} \tag{12.2.27}$$

代入式 (12.2.26)，进行外层积分，仍利用欧拉公式 (12.2.23)，有

$$\int_S N_1^a N_2^b N_3^c \mathrm{d}x\mathrm{d}y = 2\Delta\frac{b!c!}{(b+c+1)!}\int_0^1 N_1^a (1-N_1)^{b+c+1}\mathrm{d}N_1 = 2\Delta\frac{b!c!}{(b+c+1)!}\frac{a!(b+c+1)!}{(a+b+c+2)!} = \frac{a!b!c!}{(a+b+c+2)!}2\Delta \tag{12.2.28}$$

(2) 由式 (12.2.22b)，式 (12.2.25) 可以变换为

$$\int_V N_1^a N_2^b N_3^c \mathrm{d}x\mathrm{d}y\mathrm{d}z = 6V_e \int_0^1 N_1^a \left[\int_0^{1-N_1} N_2^b \left(\int_0^{1-N_1-N_2} N_3^c \mathrm{d}N_3\right)\mathrm{d}N_2\right]\mathrm{d}N_1 \tag{12.2.29}$$

先处理内层积分 I_3，有

$$I_3 = \int_0^{1-N_1-N_2} N_3^c \mathrm{d}N_3 = \frac{(1-N_1-N_2)^{c+1}}{c+1}$$

再处理第二层积分 I_2，有

$$I_2 = \int_0^{1-N_1} N_2^b \left(\int_0^{1-N_1-N_2} N_3^c \mathrm{d}N_3\right)\mathrm{d}N_2 = \frac{1}{c+1}\int_0^{1-N_1} N_2^b (1-N_1-N_2)^{c+1}\mathrm{d}N_2 \tag{12.2.30}$$

比较式 (12.2.30) 和式 (12.2.27)，可知

$$I_2 = \frac{1}{c+1}(1-N_1)^{b+c+2}\frac{b!(c+1)!}{(b+c+2)!} = (1-N_1)^{b+c+2}\frac{b!c!}{(b+c+2)!}$$

将 I_2 代入式 (12.2.25) 并利用欧拉公式 (12.2.23) 有

$$\int_V N_1^a N_2^b N_3^c \mathrm{d}x\mathrm{d}y\mathrm{d}z = 6V_e\frac{b!c!}{(b+c+2)!}\int_0^1 N_1^a (1-N_1)^{b+c+2}\mathrm{d}N_1 = 6V_e\frac{b!c!}{(b+c+2)!}\frac{a!(b+c+2)!}{(a+b+c+3)!} = \frac{a!b!c!}{(a+b+c+3)!}6V_e \tag{12.2.31}$$

式 (12.2.24) 和式 (12.2.25) 在单元积分分析中特别有用，下面举例说明。

令 $a=1$，$b=c=0$，则有

$$\int_S N_1 \mathrm{d}x\mathrm{d}y = \frac{1}{3!}2\Delta = \frac{\Delta}{3} \tag{12.2.32a}$$

$$\int_V N_1 \mathrm{d}x\mathrm{d}y\mathrm{d}z = \frac{1}{4!}6V_e = \frac{V_e}{4} \tag{12.2.32b}$$

令 $a=b=1$，$c=0$，则有

$$\int_S N_1 N_2 \mathrm{d}x\mathrm{d}y = \frac{1}{4!}2\Delta = \frac{\Delta}{12} \tag{12.2.32c}$$

$$\int_V N_1 N_2 \mathrm{d}x\mathrm{d}y\mathrm{d}z = \frac{1}{5!}6V_e = \frac{V_e}{20} \tag{12.2.32d}$$

令 $a=2$，$b=c=0$，则有

$$\int_S N_1^2 \mathrm{d}x\mathrm{d}y = \frac{2!}{4!}2\Delta = \frac{\Delta}{6} \tag{12.2.32e}$$

12.3 亥姆霍兹方程的有限元方法

本节重点讨论齐次亥姆霍兹方程和齐次边界条件，具体应用实例是波导问题。通常波导中材料为线性材料，对于形状不规则波导，可以采用有限元方法计算截止频率。

参考 10.7 节，考虑均匀波导。采用 u 表示 E_z 或 H_z，a 表示 k_t^2，将式 (10.7.11) 重新写为

$$\begin{cases} \nabla_t^2 u + au = 0 \\ u|_S = 0 \end{cases} \tag{12.3.1a}$$

$$\begin{cases} \nabla_t^2 u + au = 0 \\ \left.\dfrac{\partial u}{\partial n}\right|_S = 0 \end{cases} \tag{12.3.1b}$$

式 (12.3.1a) 表示 TM 波，只有狄利克雷边界条件，式 (12.3.1b) 表示 TE 波，只有诺依曼边界条件。

选取虚位移函数 δu，式 (12.3.1) 的弱形式为

$$\int_V (\nabla_t \delta u \cdot \nabla_t u - \delta u a u)\,\mathrm{d}V = 0 \tag{12.3.2}$$

对求解区域进行单元剖分，式 (12.3.2) 化为

$$\sum_e \int_{V_e} (\nabla_t \delta u \cdot \nabla_t u - \delta u a u) \, \mathrm{d}V = 0$$

式中，被积函数定义在单元上。

考虑 n 节点单元，$u = \sum_{i=1}^{n} N_i u_i$，$\delta u = N_j$，$N$ 为形函数。上式写成矩阵形式

$$[K^e][u^e] = 0 \tag{12.3.3}$$

式中

$$[K^e] = \int_{V_e} \nabla_t N_i \cdot \nabla_t N_j \mathrm{d}V - a \int_{V_e} N_i N_j \mathrm{d}V$$

由于 a 是待求量，将 $[K^e]$ 分解为

$$[K^e] = [A^e] - a[B^e] \tag{12.3.4}$$

式中

$$\left\{\begin{aligned} [A^e] &= \int_{V_e} \nabla_t N_i \cdot \nabla_t N_j \mathrm{d}V \\ [B^e] &= \int_{V_e} N_i N_j \mathrm{d}V \end{aligned}\right. \tag{12.3.5}$$

于是有

$$[A^e][u^e] - a[B^e][u^e] = 0 \tag{12.3.6}$$

将单元矩阵组装成总体矩阵，有

$$[A][u] - a[B][u] = 0 \tag{12.3.7}$$

通过对广义特征值求解，得到 a。

12.4 非线性稳态电磁场标量方程有限元方法

为简化叙述，对于稳态电磁场标量方程，$e_a = d_a = 0$，仅考虑 $\boldsymbol{\alpha} = \boldsymbol{\beta} = \boldsymbol{\gamma} = \mathbf{0}$ 的情况。非线性稳态方程为

$$\left\{\begin{array}{l} \nabla \cdot [-c(u) \nabla u] + au = f \\ u|_{S_1} = g \\ [\boldsymbol{n} \cdot c(u) \nabla u + qu]|_{S_2} = h \end{array}\right. \tag{12.4.1}$$

式中，$c(u)$ 为非线性系数，若 c 不依赖于 u，则 $c(u)$ 简化为 c，问题简化为线性问题。

选取虚位移函数 δu，式 (12.4.1) 的弱形式为

$$\int_V [c(u)\nabla\delta u\cdot\nabla u+\delta uau]\,\mathrm{d}V+\int_{S_2}\delta uqu\mathrm{d}S=\int_V f\delta u\mathrm{d}V+\int_{S_2}h\delta u\mathrm{d}S \quad (12.4.2)$$

对求解区域进行单元剖分，式 (12.4.2) 化为

$$\begin{aligned}&\sum_e\int_{V_e}[c(u)\nabla\delta u\cdot\nabla u+\delta uau]\,\mathrm{d}V+\sum_e\int_{S_{2e}}\delta uqu\mathrm{d}S\\&=\sum_e\int_{V_e}f\delta u\mathrm{d}V+\sum_e\int_{S_{2e}}h\delta u\mathrm{d}S\end{aligned}$$

式中，被积函数定义在单元上，区域与边界上的单元数不一定相同。

在单元上，有

$$\int_{V_e}[c(u)\nabla\delta u\cdot\nabla u+\delta uau]\,\mathrm{d}V+\int_{S_{2e}}\delta uqu\mathrm{d}S=\int_{V_e}f\delta u\mathrm{d}V+\int_{S_{2e}}h\delta u\mathrm{d}S \quad (12.4.3)$$

考虑 n 节点单元，$u=\sum_{i=1}^{n}N_iu_i$，$\delta u=N_j$，N 为形函数。式 (12.4.3) 写成矩阵形式

$$[K^e(u^e)][u^e]=[F^e] \quad (12.4.4)$$

单元刚度矩阵 $[K^e]$ 和载荷向量 $[F^e]$ 的各元素为

$$\begin{cases}K_{ij}^e=\int_{V_e}[c(u)\nabla N_i\cdot\nabla N_j+aN_iN_j]\,\mathrm{d}V+\int_{S_{2e}}qN_iN_j\mathrm{d}S\\ f_j=\int_{V_e}N_jf\mathrm{d}V+\int_{S_{2e}}N_jh\mathrm{d}S\end{cases} \quad (12.4.5)$$

将单元刚度矩阵和单元载荷向量组装成总体刚度矩阵和载荷向量

$$[K(u)][u]=[F] \quad (12.4.6)$$

求解有限元方程，就可以解得节点上的未知函数。

对于线性问题，式 (12.4.6) 为线性方程组，不难求解。

对于非线性问题，式 (12.4.6) 为非线性方程组，有很多求解方法，通常是将非线性方程组线性化再迭代处理。常用的是牛顿–拉弗森方法，该方法也可以用于反问题求解，这部分内容将在第 14 章详细介绍。

针对非线性，另外介绍两种松弛迭代求解方法。

(1) 用松弛迭代法处理解向量。

$$u_{m+1} = u_m + \omega \left[u_{m+1} - u_m\right] \tag{12.4.7}$$

式中，ω 为松弛因子，u_{m+1} 和 u_m 分别为第 $m+1$ 次和第 m 次迭代的解向量。

根据当前迭代增量 $d_2 = u_{m+1} - u_m$ 与上一步的迭代增量 $d_1 = u_m - u_{m-1}$ 之间的夹角 θ 调整松弛因子的大小，θ 为

$$\theta = a\cos \frac{d_1 \cdot d_2}{|d_1|\,|d_2|} \tag{12.4.8}$$

当 θ 为锐角时，增大 ω；当 θ 为钝角时，减小 ω。

定义绝对迭代误差和相对迭代误差

$$\text{err} = \|u_{m+1} - u_m\|^2 \tag{12.4.9a}$$

$$R_{\text{err}} = \|u_{m+1} - u_m\|^2 / \|u_m\|^2 \tag{12.4.9b}$$

算法步骤：

对于第 m 个迭代步的解向量 u_m，求出 c 参数值 $c(u_m)$；用 $c(u_m)$ 代替式 (12.4.5) 中的 $c(u)$，建立线性方程组 $[K(u_m)][u_{m+1}] = [F]$；求解方程组得到 u_{m+1}；读取上一迭代步的解向量 u_m 及增量 d_1，计算当前的增量 d_2；按式 (12.4.8) 计算夹角 θ 并调整松弛因子 ω；按式 (12.4.7) 求得更新后的 u_{m+1}；按式 (12.4.9) 计算绝对误差 err 和相对误差 R_{err}；根据误差判断是否达到迭代终止条件。

(2) 用松弛迭代法处理非线性系数 c，即

$$c_{m+1} = c_m + \omega \left[c(u_m) - c_m\right] \tag{12.4.10}$$

式中，ω 为松弛因子，c_{m+1} 和 c_m 分别为第 $m+1$ 次和第 m 次迭代的 c 参数值，$c(u_m)$ 则是与第 m 次的解向量对应的 c 参数值。

算法步骤：

对于第 m 个迭代步的 c 参数 c_m，用 c_m 代替式 (12.4.5) 中的 $c(u)$，建立线性方程组 $[K][u_m] = [F]$，求解方程组得到 u_m，计算 $c(u_m)$；按式 (12.4.10) 更新 c_{m+1}；计算绝对误差 $\|c_m - c(u_m)\|^2$ 和相对误差 $\|c_m - c(u_m)\|^2 / \|c_m\|^2$，根据误差判断是否达到迭代终止条件。

12.5 非线性瞬态电磁场标量方程有限元方法

由式 (11.1.1) 简化为如下初边值问题

$$\begin{cases} e_a\ddot{u}+d_a\dot{u}+\nabla\cdot[-c(u)\nabla u]+au=f \\ u|_{S_1}=g \\ [\boldsymbol{n}\cdot c(u)\nabla u+qu]|_{S_2}=h \\ u|_{t=0}=u_0 \\ \dot{u}|_{t=0}=\dot{u}_0 \end{cases} \tag{12.5.1}$$

若式中 c 不依赖于 u，则 $c(u)$ 简化为 c，问题简化为线性瞬态问题。

选取虚位移函数 δu，式 (12.5.1) 的弱形式为

$$\begin{aligned}&\int_V(e_a\delta u\ddot{u}+d_a\delta u\dot{u})\,\mathrm{d}V+\int_V[c(u)\nabla\delta u\cdot\nabla u+\delta uau]\,\mathrm{d}V+\int_{S_2}\delta uqu\mathrm{d}S\\ &=\int_V f\delta u\mathrm{d}V+\int_{S_2}h\delta u\mathrm{d}S\end{aligned} \tag{12.5.2}$$

对求解区域进行单元剖分，式 (12.5.2) 化为

$$\begin{aligned}&\sum_e\int_{V_e}(e_a\delta u\ddot{u}+d_a\delta u\dot{u})\,\mathrm{d}V+\sum_e\int_{V_e}[c(u)\nabla\delta u\cdot\nabla u+\delta uau]\,\mathrm{d}V\\ &+\sum_e\int_{S_{2e}}\delta uqu\,\mathrm{d}S=\sum_e\int_{V_e}f\delta u\mathrm{d}V+\sum_e\int_{S_{2e}}h\delta u\,\mathrm{d}S\end{aligned}$$

在单元上，有

$$\begin{aligned}&\int_{V_e}(e_a\delta u\ddot{u}+d_a\delta u\dot{u})\,\mathrm{d}V+\int_{V_e}[c(u)\nabla\delta u\cdot\nabla u+\delta uau]\,\mathrm{d}V\\ &+\int_{S_{2e}}\delta uqu\,\mathrm{d}S=\int_{V_e}f\delta u\mathrm{d}V+\int_{S_{2e}}h\delta u\,\mathrm{d}S\end{aligned} \tag{12.5.3}$$

考虑 n 节点单元，$u(\boldsymbol{r},t)=\sum_{i=1}^{n}N_i(\boldsymbol{r})\,u_i(t)$，$\delta u=N_j$，$N$ 为形函数。式 (12.5.3) 写成矩阵形式

$$[M^e][\ddot{u}^e]+[C^e][\dot{u}^e]+[K^e(u^e)][u^e]=[F^e] \tag{12.5.4}$$

单元质量矩阵 $[M^e]$、单元阻尼矩阵 $[C^e]$、单元刚度矩阵 $[K^e]$ 和单元载荷向量 $[F^e]$ 的各元素为

$$
\begin{cases}
M_{ij}^e = \int_{V_e} e_a N_i N_j \ \mathrm{d}V \\
C_{ij}^e = \int_{V_e} d_a N_i N_j \ \mathrm{d}V \\
K_{ij}^e = \int_{V_e} [c(u)\nabla N_i \cdot \nabla N_j + a N_i N_j]\,\mathrm{d}V + \int_{S_{2e}} q N_i N_j \ \mathrm{d}S \\
f_j = \int_{V_e} N_j f \ \mathrm{d}V + \int_{S_{2e}} N_j h \ \mathrm{d}S
\end{cases}
\tag{12.5.5}
$$

对单元矩阵和载荷向量组装，得到总体有限元方程

$$
[M]\,[\ddot{u}] + [C]\,[\dot{u}] + [K\,(u)]\,[u] = [F] \tag{12.5.6}
$$

式 (12.5.6) 为以时间为变量的二阶非线性常微分方程组。若将 u 看成位移，则该式为动力学分析中的平衡方程，因此在下面将按照动力学领域的术语叙述。

对线性瞬态问题和非线性瞬态问题分别讨论。

(1) 线性瞬态问题分析。

式 (12.5.6) 简化为线性常微分方程组，可以采用多种有限差分格式求解。

对时间变量离散 $t = k\Delta t\,(k = 0, 1, 2, \cdots)$，将式 (12.5.6) 中 u，$\dot{u}$ 和 $\ddot{u}$ 看成 k 时刻的值，采用中心差分，有

$$
\dot{u} = \frac{u^{k+1} - u^{k-1}}{2\Delta t} \tag{12.5.7a}
$$

$$
\ddot{u} = \frac{u^{k+1} - 2u^k + u^{k-1}}{(\Delta t)^2} \tag{12.5.7b}
$$

代入式 (12.5.6)，整理有

$$
\left\{\frac{[M]}{(\Delta t)^2} + \frac{[C]}{2\Delta t}\right\}[u^{k+1}] = \left\{\frac{2\,[M]}{(\Delta t)^2} - [K]\right\}[u^k] + \left\{\frac{[C]}{2\Delta t} - \frac{[M]}{(\Delta t)^2}\right\}[u^{k-1}] + [F^k] \tag{12.5.7c}
$$

中心差分法的求解思路：给定初值和激励，应用式 (12.5.7c) 可逐步计算出后续各个时刻的未知变量。

计算 $u\,(t + \Delta t)$ 时，使用的是 t 时刻的平衡方程。因此，该方法为显式积分法，是条件稳定的。有条件稳定方法具体使用时受限制，下面介绍无条件稳定方

法，理论上讲，无条件稳定方法时间步长可自由选择，但基于精度的要求，还是要选取适宜的时间步长。

Newmark 在 1959 年提出的直接积分方法是常用的无条件稳定求解方法。基本公式为

$$\dot{u}^{k+1} = \dot{u}^k + \left[(1-\gamma)\,\ddot{u}^k + \gamma\ddot{u}^{k+1}\right]\Delta t \tag{12.5.8a}$$

$$u^{k+1} = u^k + \dot{u}^k\Delta t + \left[\left(\frac{1}{2}-\beta\right)\ddot{u}^k + \beta\ddot{u}^{k+1}\right](\Delta t)^2 \tag{12.5.8b}$$

式中，k 为时间步，γ 和 β 是控制数值分析精度和稳定性的参数。一般 γ 取 $\dfrac{1}{2}$，最常用的三种 Newmak 方法的形式是：$\beta=0$ 时为常加速度法；$\beta=\dfrac{1}{6}$ 时为线性加速度法；$\beta=\dfrac{1}{4}$ 时为平均常加速度法。这是 Newmark 最初提出的无条件稳定的积分格式。

由式 (12.5.8) 可得

$$\ddot{u}^{k+1} = a_1\left(u^{k+1}-u^k\right) - a_2\dot{u}^k - a_3\ddot{u}^k \tag{12.5.9a}$$

$$\dot{u}^{k+1} = b_1\left(u^{k+1}-u^k\right) - b_2\dot{u}^k - b_3\ddot{u}^k \tag{12.5.9b}$$

式中

$$a_1 = \frac{1}{\beta\,(\Delta t)^2},\quad a_2 = \frac{1}{\beta\Delta t},\quad a_3 = \frac{1}{2\beta}-1$$

$$b_1 = \frac{\gamma}{\beta\Delta t},\quad b_2 = \frac{\gamma}{\beta}-1,\quad b_3 = \left(\frac{\gamma}{2\beta}-1\right)\Delta t$$

与中心差分方法采用 t 时刻的平衡方程不同，Newmark 采用的是 $t+\Delta t$ 时刻的平衡方程。因此，Newmark 积分法属于隐式积分法。

将式 (12.5.6) 中 u, $\dot{u}$ 和 $\ddot{u}$ 看成 $k+1$ 时刻的值，将式 (12.5.9) 代入式 (12.5.6)，整理得

$$\begin{aligned}\{[M]\,a_1+[C]\,b_1+[K]\}\left[u^{k+1}\right] = \left[F^{k+1}\right] + [M]\left\{a_1u^k+a_2\dot{u}^k+a_3\ddot{u}^k\right\}\\ +[C]\left\{b_1u^k+b_2\dot{u}^k+b_3\ddot{u}^k\right\}\end{aligned} \tag{12.5.10a}$$

将式 (12.5.10a) 记为

$$[K^*]\left[u^{k+1}\right] = [F^*] \tag{12.5.10b}$$

式中

$$[K^*] = \{[M]\,a_1+[C]\,b_1+[K]\}\left[u^{k+1}\right] \tag{12.5.11a}$$

$$[F^*] = \left[F^{k+1}\right] + [M]\left\{a_1 u^k + a_2 \dot{u}^k + a_3 \ddot{u}^k\right\} + [C]\left\{b_1 u^k + b_2 \dot{u}^k + b_3 \ddot{u}^k\right\} \tag{12.5.11b}$$

整体求解思路是：对时间变量离散 $t = k\Delta t\,(k = 0, 1, 2, \cdots)$；在 k 时刻，已知 u^k，$\dot{u}^k$ 和 $\ddot{u}^k$ 以及激励 F^{k+1}，通过式 (12.5.11) 求得有效刚度矩阵 $[K^*]$ 和有效载荷向量 $[F^*]$；求解线性方程组式 (12.5.10b)，计算出 u^{k+1}；再由式 (12.5.9) 计算 $\dot{u}^{k+1}$ 和 $\ddot{u}^{k+1}$；依次可以求得下个任意时刻的未知量。

(2) 非线性瞬态问题分析。

对于非线性瞬态问题，可以应用上述的线性分析中的中心差分法和 Newmark 方法。牛顿–拉弗森方法以及 12.4 节中介绍的松弛迭代法同样适用，这里不再赘述。需要注意，非线性瞬态问题的分析在迭代时对每一时间步的要求比稳态分析更严格。

关于 Newmark 积分方法的详细介绍和改进算法，同学们可以详细阅读一些动力学的相关书籍 (巴特，2016)。

12.6　稳态电磁场矢量方程的有限元方法

在第 11 章，导出了稳态电磁场矢量方程的弱形式，不难得到有限元方程。关于瞬态电磁场矢量方程，空间项处理可参考稳态矢量方程，时间项处理可参考瞬态标量方程，本书不再涉及。

12.6.1　双旋度方程的有限元方法

双旋度方程的混合边值问题为

$$\begin{cases} \nabla \times (\beta \nabla \times \boldsymbol{A}) = \boldsymbol{Q} \\ (\boldsymbol{n} \times \boldsymbol{A})\big|_{s_1} = \boldsymbol{A}_t \\ \beta(\boldsymbol{n} \times \nabla \times \boldsymbol{A})\big|_{s_2} = \boldsymbol{G}_t \end{cases} \tag{12.6.1}$$

式中，$\boldsymbol{A}_t$ 和 $\boldsymbol{G}_t$ 为已知函数和常数。

伽辽金弱形式为

$$\int_V \beta\,(\nabla \times \boldsymbol{A}) \cdot (\nabla \times \delta \boldsymbol{A})\,\mathrm{d}V = \int_V \delta \boldsymbol{A} \cdot \boldsymbol{Q}\mathrm{d}V - \int_{S_2} \delta\,\boldsymbol{A} \cdot \boldsymbol{G}_t \mathrm{d}S \tag{12.6.2}$$

对求解区域进行单元剖分，式 (12.6.2) 化为

$$\sum_e \int_{V_e} \beta\,(\nabla \times \boldsymbol{A}) \cdot (\nabla \times \delta \boldsymbol{A})\,\mathrm{d}V = \sum_e \int_{V_e} \delta \boldsymbol{A} \cdot \boldsymbol{Q}\mathrm{d}V - \sum_e \int_{S_{2e}} \delta\,\boldsymbol{A} \cdot \boldsymbol{G}_t \mathrm{d}S$$

式中，被积函数定义在单元上，区域与边界上的单元数不一定相同。

考虑 n 节点单元，$\delta\boldsymbol{A}$ 可分别取为

$$\boldsymbol{N}_{jx}^e = N_j^e\boldsymbol{e}_x,\quad \boldsymbol{N}_{jy}^e = N_j^e\boldsymbol{e}_y,\quad \boldsymbol{N}_{jz}^e = N_j^e\boldsymbol{e}_z \tag{12.6.3}$$

则

$$\boldsymbol{A} = \sum_{i=1}^{n} N_i^e\boldsymbol{A}_i = \sum_{i=1}^{n}(N_i^e A_{xi}\boldsymbol{e}_x + N_i^e A_{yi}\boldsymbol{e}_y + N_i^e A_{zi}\boldsymbol{e}_z) \tag{12.6.4}$$

在单元上，有

$$\left\{\begin{aligned} &\int_{V_e}\beta(\nabla\times\boldsymbol{A})\cdot\left[\nabla\times\left(N_j^e\boldsymbol{e}_x\right)\right]\mathrm{d}V = \int_{V_e}N_j^eQ_x\mathrm{d}V - \int_{S_{2e}}N_j^eG_x\mathrm{d}S \\ &\int_{V_e}\beta(\nabla\times\boldsymbol{A})\cdot\left[\nabla\times\left(N_j^e\boldsymbol{e}_y\right)\right]\mathrm{d}V = \int_{V_e}N_j^eQ_y\mathrm{d}V - \int_{S_{2e}}N_j^eG_y\mathrm{d}S \\ &\int_{V_e}\beta(\nabla\times\boldsymbol{A})\cdot\left[\nabla\times\left(N_j^e\boldsymbol{e}_z\right)\right]\mathrm{d}V = \int_{V_e}N_j^eQ_z\mathrm{d}V - \int_{S_{2e}}N_j^eG_z\mathrm{d}S \end{aligned}\right. \tag{12.6.5}$$

式中

$$\begin{aligned}\nabla\times\boldsymbol{A} = \sum_{i=1}^{n}&\left[\left(\frac{\partial N_i^e}{\partial y}A_{zi} - \frac{\partial N_i^e}{\partial z}A_{yi}\right)\boldsymbol{e}_x + \left(\frac{\partial N_i^e}{\partial z}A_{xi} - \frac{\partial N_i^e}{\partial x}A_{zi}\right)\boldsymbol{e}_y\right. \\ &\left. + \left(\frac{\partial N_i^e}{\partial x}A_{yi} - \frac{\partial N_i^e}{\partial y}A_{xi}\right)\boldsymbol{e}_z\right]\end{aligned}$$

$$\nabla\times\left(N_j^e\boldsymbol{e}_x\right) = \begin{vmatrix}\boldsymbol{e}_x & \boldsymbol{e}_y & \boldsymbol{e}_z \\ \dfrac{\partial}{\partial x} & \dfrac{\partial}{\partial y} & \dfrac{\partial}{\partial z} \\ N_j^e & 0 & 0\end{vmatrix} = \frac{\partial N_j^e}{\partial z}\boldsymbol{e}_y - \frac{\partial N_j^e}{\partial y}\boldsymbol{e}_z$$

$$\nabla\times\left(N_j^e\boldsymbol{e}_y\right) = \begin{vmatrix}\boldsymbol{e}_x & \boldsymbol{e}_y & \boldsymbol{e}_z \\ \dfrac{\partial}{\partial x} & \dfrac{\partial}{\partial y} & \dfrac{\partial}{\partial z} \\ 0 & N_j^e & 0\end{vmatrix} = -\frac{\partial N_j^e}{\partial z}\boldsymbol{e}_x + \frac{\partial N_j^e}{\partial x}\boldsymbol{e}_z$$

$$\nabla\times\left(N_j^e\boldsymbol{e}_z\right) = \begin{vmatrix}\boldsymbol{e}_x & \boldsymbol{e}_y & \boldsymbol{e}_z \\ \dfrac{\partial}{\partial x} & \dfrac{\partial}{\partial y} & \dfrac{\partial}{\partial z} \\ 0 & 0 & N_j^e\end{vmatrix} = \frac{\partial N_j^e}{\partial y}\boldsymbol{e}_x - \frac{\partial N_j^e}{\partial x}\boldsymbol{e}_y$$

于是

$$\sum_{i=1}^{n}\int_{V_e}\beta\left[\left(\frac{\partial N_i^e}{\partial y}\frac{\partial N_j^e}{\partial y} + \frac{\partial N_i^e}{\partial z}\frac{\partial N_j^e}{\partial z}\right)A_{xi} - \frac{\partial N_i^e}{\partial x}\frac{\partial N_j^e}{\partial y}A_{yi} - \frac{\partial N_i^e}{\partial x}\frac{\partial N_j^e}{\partial z}A_{zi}\right]\mathrm{d}V$$

$$= \int_{V_e} N_j^e Q_x \mathrm{d}V - \int_{S_{2e}} N_j^e G_x \mathrm{d}S \tag{12.6.6a}$$

$$\sum_{i=1}^{n} \int_{V_e} \beta \left[-\frac{\partial N_i^e}{\partial y}\frac{\partial N_j^e}{\partial x} A_{xi} + \left(\frac{\partial N_i^e}{\partial x}\frac{\partial N_j^e}{\partial x} + \frac{\partial N_i^e}{\partial z}\frac{\partial N_j^e}{\partial z} \right) A_{yi} - \frac{\partial N_i^e}{\partial y}\frac{\partial N_j^e}{\partial z} A_{zi} \right] \mathrm{d}V$$

$$= \int_{V_e} N_j^e Q_y \mathrm{d}V - \int_{S_{2e}} N_j^e G_y \mathrm{d}S \tag{12.6.6b}$$

$$\sum_{i=1}^{n} \int_{V_e} \beta \left[-\frac{\partial N_i^e}{\partial z}\frac{\partial N_j^e}{\partial x} A_{xi} - \frac{\partial N_i^e}{\partial z}\frac{\partial N_j^e}{\partial y} A_{yi} - \left(\frac{\partial N_i^e}{\partial x}\frac{\partial N_j^e}{\partial x} + \frac{\partial N_i^e}{\partial y}\frac{\partial N_j^e}{\partial y} \right) A_{zi} \right] \mathrm{d}V$$

$$= \int_{V_e} N_j^e Q_z \mathrm{d}V - \int_{S_{2e}} N_j^e G_z \mathrm{d}S \tag{12.6.6c}$$

定义矩阵为

$$[k_{ji}^e]_{3\times 3} = \begin{bmatrix} k_{ji}^{xx} & k_{ji}^{xy} & k_{ji}^{xz} \\ k_{ji}^{yx} & k_{ji}^{yy} & k_{ji}^{yz} \\ k_{ji}^{zx} & k_{ji}^{zy} & k_{ji}^{zz} \end{bmatrix}_{3\times 3}$$

$$= \begin{bmatrix} \int_{V_e} \beta \left(\frac{\partial N_i^e}{\partial y}\frac{\partial N_j^e}{\partial y} + \frac{\partial N_i^e}{\partial z}\frac{\partial N_j^e}{\partial z} \right) \mathrm{d}V & -\int_{V_e} \beta \frac{\partial N_i^e}{\partial x}\frac{\partial N_j^e}{\partial y} \mathrm{d}V & -\int_{V_e} \beta \frac{\partial N_i^e}{\partial x}\frac{\partial N_j^e}{\partial z} \mathrm{d}V \\ -\int_{V_e} \beta \frac{\partial N_i^e}{\partial y}\frac{\partial N_j^e}{\partial x} \mathrm{d}V & \int_{V_e} \beta \left(\frac{\partial N_i^e}{\partial x}\frac{\partial N_j^e}{\partial x} + \frac{\partial N_i^e}{\partial z}\frac{\partial N_j^e}{\partial z} \right) \mathrm{d}V & -\int_{V_e} \beta \frac{\partial N_i^e}{\partial y}\frac{\partial N_j^e}{\partial z} \mathrm{d}V \\ -\int_{V_e} \beta \frac{\partial N_i^e}{\partial z}\frac{\partial N_j^e}{\partial x} \mathrm{d}V & -\int_{V_e} \beta \frac{\partial N_i^e}{\partial z}\frac{\partial N_j^e}{\partial y} \mathrm{d}V & \int_{V_e} \beta \left(\frac{\partial N_i^e}{\partial x}\frac{\partial N_j^e}{\partial x} + \frac{\partial N_i^e}{\partial y}\frac{\partial N_j^e}{\partial y} \right) \mathrm{d}V \end{bmatrix} \tag{12.6.7a}$$

$$[f_j^e]_{3\times 1} = \begin{bmatrix} f_{jx} \\ f_{jy} \\ f_{jz} \end{bmatrix}_{3\times 1} = \begin{bmatrix} \int_{V_e} N_j^e Q_x \mathrm{d}V - \int_{S_{2e}} N_j^e G_x \mathrm{d}S \\ \int_{V_e} N_j^e Q_y \mathrm{d}V - \int_{S_{2e}} N_j^e G_y \mathrm{d}S \\ \int_{V_e} N_j^e Q_z \mathrm{d}V - \int_{S_{2e}} N_j^e G_z \mathrm{d}S \end{bmatrix} \tag{12.6.7b}$$

$$[u_i^e]_{3\times 1} = \begin{bmatrix} A_{xi} \\ A_{yi} \\ A_{zi} \end{bmatrix}_{3\times 1} \tag{12.6.7c}$$

将式 (12.6.6) 简记为

$$\begin{cases} \sum_{i=1}^{n} \left(k_{ji}^{xx} A_{xi} + k_{ji}^{xy} A_{yi} + k_{ji}^{xz} A_{zi} \right) = f_{jx} \\ \sum_{i=1}^{n} \left(k_{ji}^{yx} A_{xi} + k_{ji}^{yy} A_{yi} + k_{ji}^{yz} A_{zi} \right) = f_{jy} \\ \sum_{i=1}^{n} \left(k_{ji}^{zx} A_{xi} + k_{ji}^{zy} A_{yi} + k_{ji}^{zz} A_{zi} \right) = f_{jz} \end{cases} \tag{12.6.8}$$

取 $j=1$，有

$$k_{11}^{xx} A_{xi} + k_{11}^{xy} A_{yi} + k_{11}^{xz} A_{zi} + \cdots + k_{1n}^{xx} A_{nx} + k_{1n}^{xy} A_{ny} + k_{1n}^{xz} A_{nz} = f_{1x}$$

$$k_{11}^{yx} A_{xi} + k_{11}^{yy} A_{yi} + k_{11}^{yz} A_{zi} + \cdots + k_{1n}^{yx} A_{nx} + k_{1n}^{yy} A_{ny} + k_{1n}^{yz} A_{nz} = f_{1y}$$

$$k_{11}^{zx} A_{xi} + k_{11}^{zy} A_{yi} + k_{11}^{zz} A_{zi} + \cdots + k_{1n}^{zx} A_{nx} + k_{1n}^{zy} A_{ny} + k_{1n}^{zz} A_{nz} = f_{1z}$$

$$\cdots$$

取 $j=n$，有

$$k_{n1}^{xx} A_{xi} + k_{n1}^{xy} A_{yi} + k_{n1}^{xz} A_{zi} + \cdots + k_{nn}^{xx} A_{nx} + k_{nn}^{xy} A_{ny} + k_{nn}^{xz} A_{nz} = f_{nx}$$

$$k_{n1}^{yx} A_{xi} + k_{n1}^{yy} A_{yi} + k_{n1}^{yz} A_{zi} + \cdots + k_{nn}^{yx} A_{nx} + k_{nn}^{yy} A_{ny} + k_{nn}^{yz} A_{nz} = f_{ny}$$

$$k_{n1}^{zx} A_{xi} + k_{n1}^{zy} A_{yi} + k_{n1}^{zz} A_{zi} + \cdots + k_{nn}^{zx} A_{nx} + k_{nn}^{zy} A_{ny} + k_{nn}^{zz} A_{nz} = f_{nz}$$

定义单元刚度矩阵 $[K^e]$、载荷向量 $[f^e]$ 和解向量 $[u^e]$ 为

$$[K^e]_{3n\times 3n} = \begin{bmatrix} [k_{11}^e] & \cdots & [k_{1n}^e] \\ \vdots & & \vdots \\ [k_{n1}^e] & \cdots & [k_{nn}^e] \end{bmatrix} = \begin{bmatrix} k_{11}^{xx} & k_{11}^{xy} & k_{11}^{xz} & \cdots & k_{1n}^{xx} & k_{1n}^{xy} & k_{1n}^{xz} \\ k_{11}^{yx} & k_{11}^{yy} & k_{11}^{yz} & \cdots & k_{1n}^{yx} & k_{1n}^{yy} & k_{1n}^{yz} \\ k_{11}^{zx} & k_{11}^{zy} & k_{11}^{zz} & \cdots & k_{1n}^{zx} & k_{1n}^{zy} & k_{1n}^{zz} \\ & \vdots & & & & \vdots & \\ k_{n1}^{xx} & k_{n1}^{xy} & k_{n1}^{xz} & \cdots & k_{nn}^{xx} & k_{nn}^{xy} & k_{nn}^{xz} \\ k_{n1}^{yx} & k_{n1}^{yy} & k_{n1}^{yz} & \cdots & k_{nn}^{yx} & k_{nn}^{yy} & k_{nn}^{yz} \\ k_{n1}^{zx} & k_{n1}^{zy} & k_{n1}^{zz} & \cdots & k_{nn}^{zx} & k_{nn}^{zy} & k_{nn}^{zz} \end{bmatrix}_{3n\times 3n} \tag{12.6.9a}$$

$$[f^e]_{3n\times 1} = \begin{bmatrix} [f_1^e] \\ \vdots \\ [f_n^e] \end{bmatrix}_{3n\times 1} = [f_{1x}\ f_{1y}\ f_{1z}\ \cdots\ f_{nx}\ f_{ny}\ f_{nz}]^{\mathrm{T}} \tag{12.6.9b}$$

$$[u^e]_{3n\times 1} = \begin{bmatrix} [u_1^e] \\ \cdots \\ [u_n^e] \end{bmatrix}_{3n\times 1} = [A_{x1}\ A_{y1}\ A_{z1}\ \cdots\ A_{xn}\ A_{yn}\ A_{zn}]^{\mathrm{T}} \tag{12.6.9c}$$

单元有限元方程为

$$[K^e]\,[u^e] = [f^e] \tag{12.6.10}$$

若采用四面体单元，则形函数为

$$N_i^e\,(x,y,z) = a_i^e + b_i^e x + c_i^e y + d_i^e z, \quad i = 1,2,3,4 \tag{12.6.11a}$$

$$N_j^e\,(x,y,z) = a_j^e + b_j^e x + c_j^e y + d_j^e z, \quad j = 1,2,3,4 \tag{12.6.11b}$$

式中，系数 a_i^e、b_i^e、c_i^e 和 d_i^e 可参考 12.2 节。

则

$$\left[k_{ji}^e\right]_{3\times 3} = \begin{bmatrix} k_{ji}^{xx} & k_{ji}^{xy} & k_{ji}^{xz} \\ k_{ji}^{yx} & k_{ji}^{yy} & k_{ji}^{yz} \\ k_{ji}^{zx} & k_{ji}^{zy} & k_{ji}^{zz} \end{bmatrix} = V_e\beta \begin{bmatrix} c_i^e c_j^e + d_i^e d_j^e & -b_i^e c_j^e & -b_i^e d_j^e \\ -c_i^e b_j^e & b_i^e b_j^e + d_i^e d_j^e & -c_i^e d_j^e \\ -d_i^e b_j^e & -d_i^e c_j^e & b_i^e b_j^e + c_i^e c_j^e \end{bmatrix} \tag{12.6.12a}$$

$$\begin{aligned}\left[f_j^e\right]_{3\times 1} = \begin{bmatrix} f_{jx} \\ f_{jy} \\ f_{jz} \end{bmatrix}_{3\times 1} &= \begin{bmatrix} \displaystyle\int_{V_e} N_j^e Q_x \mathrm{d}V - \int_{S_{2e}} N_j^e G_x \mathrm{d}S \\ \displaystyle\int_{V_e} N_j^e Q_y \mathrm{d}V - \int_{S_{2e}} N_j^e G_y \mathrm{d}S \\ \displaystyle\int_{V_e} N_j^e Q_z \mathrm{d}V - \int_{S_{2e}} N_j^e G_z \mathrm{d}S \end{bmatrix} \\ &= \begin{bmatrix} \dfrac{1}{4}V_e Q_x - \dfrac{1}{3}\Delta_{2e} G_x \\ \dfrac{1}{4}V_e Q_y - \dfrac{1}{3}\Delta_{2e} G_y \\ \dfrac{1}{4}V_e Q_z - \dfrac{1}{3}\Delta_{2e} G_z \end{bmatrix}\end{aligned} \tag{12.6.12b}$$

式中，V_e 为四面体单元的体积，Δ_{2e} 为 S_2 上单元的面积。

将单元刚度矩阵和单元载荷向量组装成总体刚度矩阵和载荷向量，形成有限元方程组，再强制第一类边界条件，即可求解。

12.6.2 矢量泊松方程的有限元方法

矢量泊松方程为

$$\begin{cases} \nabla \times (\beta \nabla \times \boldsymbol{A}) - \nabla (\beta \nabla \cdot \boldsymbol{A}) = \boldsymbol{Q} \\ (\boldsymbol{n} \times \boldsymbol{A})|_{S_1} = \boldsymbol{A}_t \\ \beta (\boldsymbol{n} \times \nabla \times \boldsymbol{A})|_{S_2} = \boldsymbol{G}_t \\ (\boldsymbol{n} \cdot \boldsymbol{A})|_S = 0 \end{cases} \tag{12.6.13}$$

式中，$\boldsymbol{A}_t$ 和 $\boldsymbol{G}_t$ 为已知函数和常数。

伽辽金弱形式化为

$$\int_V [\beta (\nabla \times \boldsymbol{A}) \cdot (\nabla \times \delta \boldsymbol{A}) + \beta (\nabla \cdot \boldsymbol{A}) (\nabla \cdot \delta \boldsymbol{A})] \, \mathrm{d}V = \int_V \delta \boldsymbol{A} \cdot \boldsymbol{Q} \mathrm{d}V - \int_{S_2} \delta \, \boldsymbol{A} \cdot \boldsymbol{G}_t \mathrm{d}S \tag{12.6.14}$$

在单元上，

$$\begin{cases} \displaystyle\int_{V_e} \beta (\nabla \times \boldsymbol{A}) \cdot \left(\nabla \times N_j^e \boldsymbol{e}_x\right) \mathrm{d}V + \int_{V_e} \beta (\nabla \cdot \boldsymbol{A}) \nabla \cdot \left(N_j^e \boldsymbol{e}_x\right) \mathrm{d}V \\ \displaystyle\quad = \int_{V_e} N_j^e Q_x \mathrm{d}V - \int_{S_{2e}} N_j^e G_x \mathrm{d}S \\ \displaystyle\int_{V_e} \beta (\nabla \times \boldsymbol{A}) \cdot \left(\nabla \times N_j^e \boldsymbol{e}_y\right) \mathrm{d}V + \int_{V_e} \beta (\nabla \cdot \boldsymbol{A}) \nabla \cdot \left(N_j^e \boldsymbol{e}_y\right) \mathrm{d}V \\ \displaystyle\quad = \int_{V_e} N_j^e Q_y \mathrm{d}V - \int_{S_{2e}} N_j^e G_y \mathrm{d}S \\ \displaystyle\int_{V_e} \beta (\nabla \times \boldsymbol{A}) \cdot \left(\nabla \times N_j^e \boldsymbol{e}_z\right) \mathrm{d}V + \int_{V_e} \beta (\nabla \cdot \boldsymbol{A}) \nabla \cdot \left(N_j^e \boldsymbol{e}_z\right) \mathrm{d}V \\ \displaystyle\quad = \int_{V_e} N_j^e Q_z \mathrm{d}V - \int_{S_{2e}} N_j^e G_z \mathrm{d}S \end{cases} \tag{12.6.15}$$

式中

$$\nabla \cdot \boldsymbol{A} = \sum_{i=1}^{n} \left(\frac{\partial N_i^e}{\partial x} A_{xi} + \frac{\partial N_i^e}{\partial y} A_{yi} + \frac{\partial N_i^e}{\partial z} A_{zi} \right)$$

$$\nabla \cdot \left(N_j^e \boldsymbol{e}_x\right) = \frac{\partial N_j^e}{\partial x}, \quad \nabla \cdot \left(N_j^e \boldsymbol{e}_y\right) = \frac{\partial N_j^e}{\partial y}, \quad \nabla \cdot \left(N_j^e \boldsymbol{e}_z\right) = \frac{\partial N_j^e}{\partial z}$$

式 (12.6.15) 与式 (12.6.5) 相比，多了一项体积分，单独处理这一项即可。于是

$$\int_{V_e} \beta (\nabla \cdot \boldsymbol{A}) \left[\nabla \cdot \left(N_j^e \boldsymbol{e}_x\right)\right] \mathrm{d}V$$

$$=\sum_{i=1}^{n}\int_{V_e}\beta\left(\frac{\partial N_i^e}{\partial x}\frac{\partial N_j^e}{\partial x}A_{xi}+\frac{\partial N_i^e}{\partial y}\frac{\partial N_j^e}{\partial x}A_{yi}+\frac{\partial N_i^e}{\partial z}\frac{\partial N_j^e}{\partial x}A_{zi}\right)\mathrm{d}V \tag{12.6.16a}$$

$$\int_{V_e}\beta\left(\nabla\cdot\boldsymbol{A}\right)\left[\nabla\cdot\left(N_j^e\boldsymbol{e}_y\right)\right]\mathrm{d}V$$
$$=\sum_{i=1}^{n}\int_{V_e}\beta\left(\frac{\partial N_i^e}{\partial x}\frac{\partial N_j^e}{\partial y}A_{xi}+\frac{\partial N_i^e}{\partial y}\frac{\partial N_j^e}{\partial y}A_{yi}+\frac{\partial N_i^e}{\partial z}\frac{\partial N_j^e}{\partial y}A_{zi}\right)\mathrm{d}V \tag{12.6.16b}$$

$$\int_{V_e}\beta\left(\nabla\cdot\boldsymbol{A}\right)\left[\nabla\cdot\left(N_j^e\boldsymbol{e}_z\right)\right]\mathrm{d}V$$
$$=\sum_{i=1}^{n}\int_{V_e}\beta\left(\frac{\partial N_i^e}{\partial x}\frac{\partial N_j^e}{\partial z}A_{xi}+\frac{\partial N_i^e}{\partial y}\frac{\partial N_j^e}{\partial z}A_{yi}+\frac{\partial N_i^e}{\partial z}\frac{\partial N_j^e}{\partial z}A_{zi}\right)\mathrm{d}V \tag{12.6.16c}$$

定义矩阵

$$\begin{bmatrix}\int_{V_e}\beta\frac{\partial N_i^e}{\partial x}\frac{\partial N_j^e}{\partial x}\,\mathrm{d}V & \int_{V_e}\beta\frac{\partial N_i^e}{\partial y}\frac{\partial N_j^e}{\partial x}\,\mathrm{d}V & \int_{V_e}\beta\frac{\partial N_i^e}{\partial z}\frac{\partial N_j^e}{\partial x}\,\mathrm{d}V\\ \int_{V_e}\beta\frac{\partial N_i^e}{\partial x}\frac{\partial N_j^e}{\partial y}\,\mathrm{d}V & \int_{V_e}\beta\frac{\partial N_i^e}{\partial y}\frac{\partial N_j^e}{\partial y}\,\mathrm{d}V & \int_{V_e}\beta\frac{\partial N_i^e}{\partial z}\frac{\partial N_j^e}{\partial y}\,\mathrm{d}V\\ \int_{V_e}\beta\frac{\partial N_i^e}{\partial x}\frac{\partial N_j^e}{\partial z}\,\mathrm{d}V & \int_{V_e}\beta\frac{\partial N_i^e}{\partial y}\frac{\partial N_j^e}{\partial z}\,\mathrm{d}V & \int_{V_e}\beta\frac{\partial N_i^e}{\partial z}\frac{\partial N_j^e}{\partial z}\,\mathrm{d}V\end{bmatrix} \tag{12.6.17}$$

将上式定义的矩阵补充到式 (12.6.7a) 中，形成本例中的矩阵 $\left[k_{ji}^e\right]$

$$\left[k_{ji}^e\right]_{3\times3}=\begin{bmatrix}k_{ji}^{xx} & k_{ji}^{xy} & k_{ji}^{xz}\\ k_{ji}^{yx} & k_{ji}^{yy} & k_{ji}^{yz}\\ k_{ji}^{zx} & k_{ji}^{zy} & k_{ji}^{zz}\end{bmatrix}_{3\times3}$$

$$=\left[\begin{matrix}\int_{V_e}\beta\left(\frac{\partial N_i^e}{\partial y}\frac{\partial N_j^e}{\partial y}+\frac{\partial N_i^e}{\partial z}\frac{\partial N_j^e}{\partial z}\right)\mathrm{d}V & -\int_{V_e}\beta\frac{\partial N_i^e}{\partial x}\frac{\partial N_j^e}{\partial y}\mathrm{d}V\\ -\int_{V_e}\beta\frac{\partial N_i^e}{\partial y}\frac{\partial N_j^e}{\partial x}\mathrm{d}V & \int_{V_e}\beta\left(\frac{\partial N_i^e}{\partial x}\frac{\partial N_j^e}{\partial x}+\frac{\partial N_i^e}{\partial z}\frac{\partial N_j^e}{\partial z}\right)\mathrm{d}V\\ -\int_{V_e}\beta\frac{\partial N_i^e}{\partial z}\frac{\partial N_j^e}{\partial x}\mathrm{d}V & -\int_{V_e}\beta\frac{\partial N_i^e}{\partial z}\frac{\partial N_j^e}{\partial y}\mathrm{d}V\end{matrix}\right.$$

$$\left.\begin{matrix} -\int_{V_e}\beta\frac{\partial N_i^e}{\partial x}\frac{\partial N_j^e}{\partial z}\mathrm{d}V \\ -\int_{V_e}\beta\frac{\partial N_i^e}{\partial y}\frac{\partial N_j^e}{\partial z}\mathrm{d}V \\ \int_{V_e}\beta\left(\frac{\partial N_i^e}{\partial x}\frac{\partial N_j^e}{\partial x}+\frac{\partial N_i^e}{\partial y}\frac{\partial N_j^e}{\partial y}\right)\mathrm{d}V \end{matrix}\right]$$

$$+\begin{bmatrix} \int_{V_e}\beta\frac{\partial N_i^e}{\partial x}\frac{\partial N_j^e}{\partial x}\mathrm{d}V & \int_{V_e}\beta\frac{\partial N_i^e}{\partial y}\frac{\partial N_j^e}{\partial x}\mathrm{d}V & \int_{V_e}\beta\frac{\partial N_i^e}{\partial z}\frac{\partial N_j^e}{\partial x}\mathrm{d}V \\ \int_{V_e}\beta\frac{\partial N_i^e}{\partial x}\frac{\partial N_j^e}{\partial y}\mathrm{d}V & \int_{V_e}\beta\frac{\partial N_i^e}{\partial y}\frac{\partial N_j^e}{\partial y}\mathrm{d}V & \int_{V_e}\beta\frac{\partial N_i^e}{\partial z}\frac{\partial N_j^e}{\partial y}\mathrm{d}V \\ \int_{V_e}\beta\frac{\partial N_i^e}{\partial x}\frac{\partial N_j^e}{\partial z}\mathrm{d}V & \int_{V_e}\beta\frac{\partial N_i^e}{\partial y}\frac{\partial N_j^e}{\partial z}\mathrm{d}V & \int_{V_e}\beta\frac{\partial N_i^e}{\partial z}\frac{\partial N_j^e}{\partial z}\mathrm{d}V \end{bmatrix} \tag{12.6.18}$$

参考式 (12.6.12a)，有

$$\left[k_{ji}^e\right]_{3\times3}=V_e\beta\begin{bmatrix} b_i^e b_j^e+c_i^e c_j^e+d_i^e d_j^e & c_i^e b_j^e-b_i^e c_j^e & d_i^e b_j^e-b_i^e d_j^e \\ b_i^e c_j^e-c_i^e b_j^e & b_i^e b_j^e+c_i^e c_j^e+d_i^e d_j^e & d_i^e c_j^e-c_i^e d_j^e \\ b_i^e d_j^e-d_i^e b_j^e & c_i^e d_j^e-d_i^e c_j^e & b_i^e b_j^e+c_i^e c_j^e+d_i^e d_j^e \end{bmatrix} \tag{12.6.19}$$

除此之外，$\left[f_j^e\right]_{3\times1}$ 等项均与双旋度方程有限元的对应项一致。

12.6.3 涡流场方程的有限元方法

时谐场方程为

$$\nabla\times(\vartheta\nabla\times\boldsymbol{A})-\nabla(\vartheta\nabla\cdot\boldsymbol{A})+\mathrm{j}\omega\sigma(\nabla\phi+\boldsymbol{A})=\boldsymbol{J}_e \tag{12.6.20a}$$

在涡流区 V_1

$$\nabla\cdot[\mathrm{j}\omega\sigma(\nabla\phi+\boldsymbol{A})]=0 \tag{12.6.20b}$$

为了形成对称刚度矩阵，令 $\varphi=\mathrm{j}\omega\phi$，求解量已经由 φ 变为 ϕ。

伽辽金弱形式化为

$$\int_V[\vartheta(\nabla\times\boldsymbol{A})\cdot(\nabla\times\delta\boldsymbol{A})+\vartheta(\nabla\cdot\boldsymbol{A})(\nabla\cdot\delta\boldsymbol{A})]\mathrm{d}V$$

$$+\int_V\mathrm{j}\omega\sigma(\nabla\phi+\boldsymbol{A})\cdot\delta\boldsymbol{A}\mathrm{d}V=\int_V\delta\boldsymbol{A}\cdot\boldsymbol{J}_\mathrm{e}\mathrm{d}V-\int_{S_2}\delta\,\boldsymbol{A}\cdot\boldsymbol{G}_t\mathrm{d}S \tag{12.6.21a}$$

$$\int_{V_1}\mathrm{j}\omega\sigma(\nabla\phi+\boldsymbol{A})\cdot\nabla\delta A\mathrm{d}V=0 \tag{12.6.21b}$$

考虑 n 节点单元，δA 取为 N_j^e，则有

$$\boldsymbol{A}=\sum_{i=1}^{n}N_i^e\boldsymbol{A}_i=\sum_{i=1}^{n}\left(N_i^eA_{xi}\boldsymbol{e}_x+N_i^eA_{yi}\boldsymbol{e}_y+N_i^eA_{zi}\boldsymbol{e}_z\right) \tag{12.6.22a}$$

$$\phi=\sum_{i=1}^{n}N_i^e\phi_i \tag{12.6.22b}$$

在单元上，有

$$\begin{aligned}&\int_{V_e}\vartheta\left(\nabla\times\boldsymbol{A}\right)\cdot\left(\left[\nabla\times\left(N_j^e\boldsymbol{e}_x\right)\right]\right)\mathrm{d}V+\int_{V_e}\vartheta\left(\nabla\cdot\boldsymbol{A}\right)\left[\nabla\cdot\left(N_j^e\boldsymbol{e}_x\right)\right]\mathrm{d}V\\&+\int_{V_e}\mathrm{j}\omega\sigma\left(\nabla\phi+\boldsymbol{A}\right)\cdot\left(N_j^e\boldsymbol{e}_x\right)\mathrm{d}V=\int_{V_e}N_j^eQ_x\mathrm{d}V-\int_{S_{2e}}N_j^eG_x\mathrm{d}S\end{aligned} \tag{12.6.23a}$$

$$\begin{aligned}&\int_{V_e}\vartheta\left(\nabla\times\boldsymbol{A}\right)\cdot\left[\nabla\times\left(N_j^e\boldsymbol{e}_y\right)\right]\mathrm{d}V+\int_{V_e}\vartheta\left(\nabla\cdot\boldsymbol{A}\right)\left[\nabla\cdot\left(N_j^e\boldsymbol{e}_y\right)\right]\mathrm{d}V\\&+\int_{V_e}\mathrm{j}\omega\sigma\left(\nabla\phi+\boldsymbol{A}\right)\cdot\left(N_j^e\boldsymbol{e}_y\right)\mathrm{d}V=\int_{V_e}N_j^eQ_y\mathrm{d}V-\int_{S_{2e}}N_j^eG_y\mathrm{d}S\end{aligned} \tag{12.6.23b}$$

$$\begin{aligned}&\int_{V_e}\vartheta\left(\nabla\times\boldsymbol{A}\right)\cdot\left[\nabla\times\left(N_j^e\boldsymbol{e}_z\right)\right]\mathrm{d}V+\int_{V_e}\vartheta\left(\nabla\cdot\boldsymbol{A}\right)\left[\nabla\cdot\left(N_j^e\boldsymbol{e}_z\right)\right]\mathrm{d}V\\&+\int_{V_e}\mathrm{j}\omega\sigma\left(\nabla\phi+\boldsymbol{A}\right)\cdot\left(N_j^e\boldsymbol{e}_z\right)\mathrm{d}V=\int_{V_e}N_j^eQ_z\mathrm{d}V-\int_{S_{2e}}N_j^eG_z\mathrm{d}S\end{aligned} \tag{12.6.23c}$$

$$\int_{V_{1e}}j\omega\sigma\left(\nabla\phi+\boldsymbol{A}\right)\cdot\nabla\delta A\mathrm{d}V=0 \tag{12.6.23d}$$

式中

$$\nabla\phi=\sum_{i=1}^{n}\nabla N_i^e\phi_i=\sum_{i=1}^{n}\left(\frac{\partial N_i^e}{\partial x}\phi_i\boldsymbol{e}_x+\frac{\partial N_i^e}{\partial y}\phi_i\boldsymbol{e}_y+\frac{\partial N_i^e}{\partial z}\phi_i\boldsymbol{e}_z\right)$$

$$\nabla\delta A=\nabla N_j^e=\frac{\partial N_j^e}{\partial x}\boldsymbol{e}_x+\frac{\partial N_j^e}{\partial y}\boldsymbol{e}_y+\frac{\partial N_j^e}{\partial z}\boldsymbol{e}_z$$

式 (12.6.23) 与式 (12.6.15) 相比，前三个方程中多了一项体积分，此外还多了一个方程式 (12.6.23d)。对这项体积分以及式 (12.6.23d) 中的体积分处理，有

$$\int_{V_e}\mathrm{j}\omega\sigma\left(\nabla\phi+\boldsymbol{A}\right)\cdot\left(N_j^e\boldsymbol{e}_x\right)\mathrm{d}V=\sum_{i=1}^{n}\int_{V_e}\mathrm{j}\omega\sigma\left(\frac{\partial N_i^e}{\partial x}N_j^e\phi_i+N_i^eN_j^eA_{xi}\right)\mathrm{d}V \tag{12.6.24a}$$

$$\int_{V_e} \mathrm{j}\omega\sigma\left(\nabla\phi+\boldsymbol{A}\right)\cdot\left(N_j^e\boldsymbol{e_y}\right)\mathrm{d}V=\sum_{i=1}^{n}\int_{V_e}\mathrm{j}\omega\sigma\left(\frac{\partial N_i^e}{\partial y}N_j^e\phi_i+N_i^eN_j^eA_{yi}\right)\mathrm{d}V \tag{12.6.24b}$$

$$\int_{V_e} \mathrm{j}\omega\sigma\left(\nabla\phi+\boldsymbol{A}\right)\cdot\left(N_j^e\boldsymbol{e}_z\right)\mathrm{d}V=\sum_{i=1}^{n}\int_{V_e}\mathrm{j}\omega\sigma\left(\frac{\partial N_i^e}{\partial z}N_j^e\phi_i+N_i^eN_j^eA_{zi}\right)\mathrm{d}V \tag{12.6.24c}$$

$$\begin{aligned}&\int_{V_{1e}}\mathrm{j}\omega\sigma\left(\nabla\phi+\boldsymbol{A}\right)\cdot\nabla\delta A\mathrm{d}V\\&=\sum_{i=1}^{n}\int_{V_{1e}}\mathrm{j}\omega\sigma\left(N_i^e\frac{\partial N_j^e}{\partial x}A_{xi}+N_i^e\frac{\partial N_j^e}{\partial y}A_{yi}+N_i^e\frac{\partial N_j^e}{\partial z}A_{zi}\right)\mathrm{d}V\\&\quad+\sum_{i=1}^{n}\int_{V_{1e}}\mathrm{j}\omega\sigma\left(\frac{\partial N_i^e}{\partial x}\frac{\partial N_j^e}{\partial x}+\frac{\partial N_i^e}{\partial y}\frac{\partial N_j^e}{\partial y}+\frac{\partial N_i^e}{\partial z}\frac{\partial N_j^e}{\partial z}\right)\phi_i\mathrm{d}V\end{aligned} \tag{12.6.24d}$$

考虑到在每一个节点上，求解量多了一个 ϕ，可知形成的矩阵 $\left[k_{ji}^e\right]$ 也将由 3×3 变为 4×4，因此，式 (12.6.23) 前三个方程中的前两项形成的矩阵 $\left[k_{ji}^e\right]_{3\times3}$，即式 (12.6.18)，组装在下面扩展的 $\left[k_{ji}^e\right]_{4\times4}$ 中。

$$\left[k_{ji}^e\right]_{4\times4}=\begin{bmatrix}k_{ji}^{xx}&k_{ji}^{xy}&k_{ji}^{xz}&k_{ji}^{x\phi}\\k_{ji}^{yx}&k_{ji}^{yy}&k_{ji}^{yz}&k_{ji}^{y\phi}\\k_{ji}^{zx}&k_{ji}^{zy}&k_{ji}^{zz}&k_{ji}^{z\phi}\\k_{ji}^{\phi x}&k_{ji}^{\phi y}&k_{ji}^{\phi z}&k_{ji}^{\phi\phi}\end{bmatrix}_{4\times4}=\begin{bmatrix}\left[k_{ji}^e\right]_{3\times3}&[0]_{3\times1}\\{[0]_{1\times3}}&[0]_{1\times1}\end{bmatrix} \tag{12.6.25a}$$

由式 (12.6.24)，定义矩阵

$$\begin{bmatrix}\int_{V_e}\mathrm{j}\omega\sigma N_i^eN_j^e\mathrm{d}V&0&0\\0&\int_{V_e}\mathrm{j}\omega\sigma N_i^eN_j^e\mathrm{d}V&0\\0&0&\int_{V_e}\mathrm{j}\omega\sigma N_i^eN_j^e\mathrm{d}V\\\int_{V_e}\mathrm{j}\omega\sigma N_i^e\frac{\partial N_j^e}{\partial x}\mathrm{d}V&\int_{V_e}\mathrm{j}\omega\sigma N_i^e\frac{\partial N_j^e}{\partial y}\mathrm{d}V&\int_{V_e}\mathrm{j}\omega\sigma N_i^e\frac{\partial N_j^e}{\partial z}\mathrm{d}V\end{bmatrix}$$

$$
\begin{bmatrix}
\displaystyle\int_{V_e} \mathrm{j}\omega\sigma \frac{\partial N_i^e}{\partial x} N_j^e \mathrm{d}V \\
\displaystyle\int_{V_e} \mathrm{j}\omega\sigma \frac{\partial N_i^e}{\partial y} N_j^e \mathrm{d}V \\
\displaystyle\int_{V_e} \mathrm{j}\omega\sigma \frac{\partial N_i^e}{\partial z} N_j^e \mathrm{d}V \\
\displaystyle\int_{V_e} \mathrm{j}\omega\sigma \left(\frac{\partial N_i^e}{\partial x}\frac{\partial N_j^e}{\partial x} + \frac{\partial N_i^e}{\partial y}\frac{\partial N_j^e}{\partial y} + \frac{\partial N_i^e}{\partial z}\frac{\partial N_j^e}{\partial z} \right) \mathrm{d}V
\end{bmatrix} \tag{12.6.25b}
$$

于是，最后的系数矩阵将是式 (12.6.25a) 与式 (12.6.25b) 之和。

向量 $\left[f_j^e\right]$ 和 $[u_i^e]$ 也将由 3×1 变为 4×1，即

$$
\left[f_j^e\right]_{4\times 1} = \begin{bmatrix} f_{jx} \\ f_{jy} \\ f_{jz} \\ 0 \end{bmatrix}
= \begin{bmatrix}
\displaystyle\int_{V_e} N_j^e Q_x \mathrm{d}V - \int_{S_{2e}} N_j^e G_x \mathrm{d}S \\
\displaystyle\int_{V_e} N_j^e Q_y \mathrm{d}V - \int_{S_{2e}} N_j^e G_y \mathrm{d}S \\
\displaystyle\int_{V_e} N_j^e Q_z \mathrm{d}V - \int_{S_{2e}} N_j^e G_z \mathrm{d}S \\
0
\end{bmatrix} \tag{12.6.26}
$$

$$
[u_i^e]_{4\times 1} = \begin{bmatrix} A_{xi} \\ A_{yi} \\ A_{zi} \\ \phi_i \end{bmatrix} \tag{12.6.27}
$$

定义单元刚度矩阵、载荷向量和解向量为

$$
[K^e]_{4n\times 4n} = \begin{bmatrix} [k_{11}^e] & \cdots & [k_{n1}^e] \\ \vdots & & \vdots \\ [k_{1n}^e] & \cdots & [k_{nn}^e] \end{bmatrix}
$$

$$
= \begin{bmatrix}
k_{11}^{xx} & k_{11}^{xy} & k_{11}^{xz} & k_{11}^{x\phi} & \cdots & k_{n1}^{xx} & k_{n1}^{xy} & k_{n1}^{xz} & k_{n1}^{x\phi} \\
k_{11}^{yx} & k_{11}^{yy} & k_{11}^{yz} & k_{11}^{y\phi} & \cdots & k_{n1}^{yx} & k_{n1}^{yy} & k_{n1}^{yz} & k_{n1}^{y\phi} \\
k_{11}^{zx} & k_{11}^{zy} & k_{11}^{zz} & k_{11}^{z\phi} & \cdots & k_{n1}^{zx} & k_{n1}^{zy} & k_{n1}^{zz} & k_{n1}^{z\phi} \\
k_{11}^{\phi x} & k_{11}^{\phi y} & k_{11}^{\phi z} & k_{11}^{\phi\phi} & \cdots & k_{n1}^{\phi x} & k_{n1}^{\phi y} & k_{n1}^{\phi z} & k_{n1}^{\phi\phi} \\
 & \vdots & & & & & \vdots & & \\
k_{1n}^{xx} & k_{1n}^{xy} & k_{1n}^{xz} & k_{1n}^{x\phi} & \cdots & k_{nn}^{xx} & k_{nn}^{xy} & k_{nn}^{xz} & k_{nn}^{x\phi} \\
k_{1n}^{yx} & k_{1n}^{yy} & k_{1n}^{yz} & k_{1n}^{y\phi} & \cdots & k_{nn}^{yx} & k_{nn}^{yy} & k_{nn}^{yz} & k_{nn}^{y\phi} \\
k_{1n}^{zx} & k_{1n}^{zy} & k_{1n}^{zz} & k_{1n}^{z\phi} & \cdots & k_{nn}^{zx} & k_{nn}^{zy} & k_{nn}^{zz} & k_{nn}^{z\phi} \\
k_{1n}^{\phi x} & k_{1n}^{\phi y} & k_{1n}^{\phi z} & k_{1n}^{\phi\phi} & \cdots & k_{nn}^{\phi x} & k_{nn}^{\phi y} & k_{nn}^{\phi z} & k_{nn}^{\phi\phi}
\end{bmatrix} \tag{12.6.28a}
$$

$$
[f^e]_{4n\times 1} = \begin{bmatrix} [f_1^e] \\ \vdots \\ [f_n^e] \end{bmatrix} = [f_{1x}\ f_{1y}\ f_{1z}\ 0\ \cdots\ f_{nx}\ f_{ny}\ f_{nz}\ 0]^{\mathrm{T}} \tag{12.6.28b}
$$

$$
[u^e]_{4n\times 1} = \begin{bmatrix} [u_1^e] \\ \cdots \\ [u_n^e] \end{bmatrix} = [A_{x1}\ A_{y1}\ A_{z1}\ \phi_1\ \cdots\ A_{xn}\ A_{yn}\ A_{zn}\ \phi_n]^{\mathrm{T}} \tag{12.6.28c}
$$

单元有限元方程为

$$
[K^e][u^e] = [f^e] \tag{12.6.29}
$$

对于四面体单元，参考式 (12.6.19)，由式 (12.6.25)，$[k_{ji}^e]$ 化为

$$
\begin{aligned}
[k_{ji}^e]_{4\times 4} = {} & V_e\vartheta \begin{bmatrix}
b_i^e b_j^e + c_i^e c_j^e + d_i^e d_j^e & c_i^e b_j^e - b_i^e c_j^e & d_i^e b_j^e - b_i^e d_j^e & 0 \\
b_i^e c_j^e - c_i^e b_j^e & b_i^e b_j^e + c_i^e c_j^e + d_i^e d_j^e & d_i^e c_j^e - c_i^e d_j^e & 0 \\
b_i^e d_j^e - d_i^e b_j^e & c_i^e d_j^e - d_i^e c_j^e & b_i^e b_j^e + c_i^e c_j^e + d_i^e d_j^e & 0 \\
0 & 0 & 0 & 0
\end{bmatrix} \\
& + \mathrm{j}\omega\sigma V_e \begin{bmatrix}
\dfrac{1}{20} & 0 & 0 & \dfrac{1}{4} b_i^e \\
0 & \dfrac{1}{20} & 0 & \dfrac{1}{4} c_i^e \\
0 & 0 & \dfrac{1}{20} & \dfrac{1}{4} d_i^e \\
\dfrac{1}{4} b_j^e & \dfrac{1}{4} c_j^e & \dfrac{1}{4} d_j^e & b_i^e b_j^e + c_i^e c_j^e + d_i^e d_j^e
\end{bmatrix}
\end{aligned} \tag{12.6.30}
$$

由式 (12.6.26)，向量 $\left[f_j^e\right]$ 为

$$\left[f_j^e\right]_{4\times1}=\begin{bmatrix}f_{jx}\\f_{jy}\\f_{jz}\\0\end{bmatrix}=\begin{bmatrix}\frac{1}{4}V_eQ_x-\frac{1}{3}\Delta_{2e}G_x\\\frac{1}{4}V_eQ_y-\frac{1}{3}\Delta_{2e}G_y\\\frac{1}{4}V_eQ_z-\frac{1}{3}\Delta_{2e}G_z\\0\end{bmatrix}\tag{12.6.31}$$

在此基础上，可以得到总体刚度矩阵、载荷向量和解向量，不再赘述。

12.7 COMSOL 有限元求解

COMSOL 软件具有多物理场建模功能，包含电磁模块、声学模块、地球科学、结构力学等模块。除此之外，还包含功能强大的 PDE 模块，可以根据用户的需求通过系数型、泛用型和弱项型 3 种 PDE 模式方便地设置求解方程，实现用户方程的“定制”和求解。实际上，若掌握了电磁场理论和有限元方法，可以采用 PDE 模式做出电磁模块。此外，对于新导出的 PDE 方程和边界条件，如果利用 C 或 FORTRAN 等语言编写有限元程序，开发周期长。利用 COMSOL 软件可以“轻松”快速地将新导出的定解问题给出有限元数值解。

本节给出的例子，完全可以直接采用 COMSOL 中的 AC/DC 模块直接求解，为了使读者掌握“私人定制”的技术，直接从场方程出发，给出推导过程和定制方法。

对于稳恒磁场问题，矢量磁位满足双旋度方程，在无限远处场衰减为零

$$\begin{cases}\nabla\times\vartheta\nabla\times\boldsymbol{A}=\boldsymbol{J}\\\boldsymbol{A}|_S=\boldsymbol{0}\end{cases}\tag{12.7.1}$$

考虑二维轴对称模型，假定磁导率均匀，则电流密度、矢量磁位只有周向分量，分别简记为 J 和 A。

12.7.1　$\boldsymbol{A}$ 求解

设虚位移为 $\delta\boldsymbol{A}$，取式 (12.7.1) 的弱形式，有

$$\int_V\boldsymbol{H}\cdot(\nabla\times\delta\boldsymbol{A})\,\mathrm{d}V=\int_V\delta\boldsymbol{A}\cdot\boldsymbol{J}\mathrm{d}V\tag{12.7.2}$$

磁通密度和虚位移矢量的旋度为

$$\begin{cases} \boldsymbol{B}=\nabla\times\boldsymbol{A}=-\dfrac{\partial A}{\partial z}\boldsymbol{e}_r+\left(\dfrac{\partial A}{\partial r}+\dfrac{A}{r}\right)\boldsymbol{e}_z \\ \nabla\times\delta\boldsymbol{A}=-\dfrac{\partial\delta A}{\partial z}\boldsymbol{e}_r+\left(\dfrac{\partial\delta A}{\partial r}+\dfrac{\delta A}{r}\right)\boldsymbol{e}_z \end{cases} \tag{12.7.3}$$

在轴对称坐标系下，有 $\mathrm{d}V=r\mathrm{d}r\mathrm{d}z$，式 (12.7.2) 化为

$$\int_V\left[(\boldsymbol{J}\cdot\delta\,\boldsymbol{A}-\boldsymbol{H}\cdot\nabla\times\delta\boldsymbol{A})\,r\right]\mathrm{d}r\mathrm{d}z=0 \tag{12.7.4}$$

对于二维轴对称模型，矢量磁位对应的虚位移也只有周向分量，简记为 δA。

磁通密度的径向分量和轴向分量分别记为 B_r 和 B_z, $\nabla\times\delta\boldsymbol{A}$ 的径向分量和轴向分量分别记为 $\nabla\times\delta\boldsymbol{A}|_r$ 和 $\nabla\times\delta\boldsymbol{A}|_z$，结合式 (12.7.3)，表达式分别为

$$B_r=-\frac{\partial A}{\partial z},\quad B_z=\frac{\partial A}{\partial r}+\frac{A}{r}$$

$$\nabla\times\delta\boldsymbol{A}|_r=-\frac{\partial\delta A}{\partial z},\quad \nabla\times\delta\boldsymbol{A}|_z=\frac{\partial\delta A}{\partial r}+\frac{\delta A}{r}$$

在对称轴 $r=0$ 上，$A=0$，按洛必达法则有

$$\frac{A}{r}=\lim_{r\to 0}\frac{\partial A}{\partial r}=\frac{\partial A}{\partial r}$$

因此，有

$$B_z=\begin{cases} 2\dfrac{\partial A}{\partial r}, & r=0 \\ \dfrac{\partial A}{\partial r}+\dfrac{A}{r}, & r\neq 0 \end{cases}$$

按软件约定，若求解变量记为 A，则对应的虚位移 δA 写为 $test\,(A)$，对应的导数可以记成如下形式

$$Ar=\frac{\partial A}{\partial r},\quad Arr=\frac{\partial^2 A}{\partial r^2},\quad Arz=\frac{\partial^2 A}{\partial r\partial z},\quad test\,(Ar)=\frac{\partial\delta A}{\partial r}$$

磁场强度的径向分量和轴向变量分别为 Hr 和 Hz，磁导率为 miu，COMSOL 代码如下

$Bz=if\,(abs\,(r)<0.001, 2*Ar, A/r+Ar)$

$Br=-Az$

$Hz=Bz/miu$

$Hr = Br/miu$

式 (12.7.4) 积分内部方括号部分为

$$(\boldsymbol{J}\cdot\delta\boldsymbol{A}-\boldsymbol{H}\cdot\nabla\times\delta\boldsymbol{A})\,r=r\left[J\delta A+H_r\frac{\partial\delta A}{\partial z}-H_z\left(\frac{\partial\delta A}{\partial r}+\frac{\delta A}{r}\right)\right]$$

翻译成 COMSOL 的语言就是

$$r*(J*test\,(A)+Hr*test\,(Az)-Hz*(test\,(Ar)+test\,(A)\,/r))$$

将这条语句写在求解域弱项 weak 中，同时在对称轴和无限远处，矢量磁位 A 为零，给定狄利克雷边界即可求解。

12.7.2　rA 求解

实际上也可以直接对矢量泊松方程在圆柱坐标下展开，之后进行有限元求解。将式 (12.7.1) 化为

$$\nabla^2\boldsymbol{A}=-\mu\boldsymbol{J} \tag{12.7.5}$$

对于轴对称模型，式 (12.7.5) 在圆柱坐标系下展开并取周向分量，有

$$\nabla^2A-\frac{A}{r^2}=\frac{\partial^2A}{\partial r^2}+\frac{1}{r}\frac{\partial A}{\partial r}+\frac{\partial^2A}{\partial z^2}-\frac{A}{r^2}=-\mu J \tag{12.7.6}$$

参考式 (1.13.11)，令 $u=rA$，方程化为

$$\frac{\partial}{\partial r}\left[\frac{1}{r}\frac{\partial u}{\partial r}\right]+\frac{\partial}{\partial \mathrm{z}}\left[\frac{1}{r}\frac{\partial u}{\partial z}\right]=-\mu J \tag{12.7.7}$$

需要注意，在 COMSOL 的 PDE 模式的系数型和泛用型中，∇ 算子都是按照笛卡儿坐标定义的。为避免混淆，本节采用符号 ∇_c 表示，它与 4.10 节中的定义是一致的，2D 模型下具体形式为

$$\nabla_c=\frac{\partial}{\partial r}\boldsymbol{e}_r+\frac{\partial}{\partial z}\boldsymbol{e}_z$$

式 (12.7.7) 写成如下两种形式

$$\nabla_c\cdot\left(-\frac{1}{r}\nabla_c u\right)=\mu J \tag{12.7.8a}$$

$$\nabla_c\cdot\left(-\frac{1}{r}\frac{\partial u}{\partial r}\boldsymbol{e}_r-\frac{1}{r}\frac{\partial u}{\partial z}\boldsymbol{e}_z\right)=\mu J \tag{12.7.8b}$$

分别对应 COMSOL 的 PDE 中的系数型和泛用型

$$\nabla \cdot (-c\nabla u - \boldsymbol{\alpha} u + \boldsymbol{\gamma}) + au + \boldsymbol{\beta} \cdot \nabla u = f$$

$$\nabla \cdot \boldsymbol{\Gamma} = F$$

在 COMSOL 系数型中，令 $c = \frac{1}{r}, \boldsymbol{\alpha} = \boldsymbol{\gamma} = \boldsymbol{\beta} = \mathbf{0}, a = 0, f = \mu J$；在泛用型中，令 $\Gamma_r = \frac{1}{r}\frac{\partial u}{\partial r}, \Gamma_z = \frac{1}{r}\frac{\partial u}{\partial z}$，$F = \mu J$ 即可实现求解域方程的输入。

也可以采用弱形式求解。给定求解变量 u，考虑到对称轴和无限远处边界条件，设虚位移为 δu，则式 (12.7.8a) 的弱形式为

$$\int_V \left[\mu J \delta u - \frac{1}{r}\left(\frac{\partial u}{\partial r}\frac{\partial \delta u}{\partial r} + \frac{\partial u}{\partial z}\frac{\partial \delta u}{\partial z}\right)\right] \mathrm{d}r\mathrm{d}z = 0 \tag{12.7.8c}$$

需要注意，式 (12.7.8a) 是按照笛卡儿坐标定义的，对应的弱形式中 $\mathrm{d}V$ 也是按笛卡儿坐标定义的，即 $\mathrm{d}V = \mathrm{d}r\mathrm{d}z$，这与轴对称坐标系是不同的，不可混淆。

在对称轴和无限远处，矢量磁位 A 为零，考虑到 $u = rA$，对 u 给定狄利克雷边界条件。

在 COMSOL 求解域弱项 weak 中填入

$$miu * J * test\,(u) - 1/r * (ur * test\,(ur) + uz * test\,(uz)) \tag{12.7.9}$$

同时还需要对边界约束。

由于 $u = rA$，则磁通密度的径向分量和轴向分量分别为

$$\begin{cases} B_r = -\dfrac{\partial A}{\partial z} = -\dfrac{1}{r}\dfrac{\partial u}{\partial z} \\ B_z = \dfrac{1}{r}\dfrac{\partial (rA)}{\partial r} = \dfrac{1}{r}\dfrac{\partial u}{\partial r} \end{cases} \tag{12.7.10}$$

若在软件中用 $Br = -1/r * uz$，$Bz = 1/r * ur$ 计算磁通密度，由于其在坐标轴处奇异，无法获得正确结果。

可采用弱形式求解。取 B_r 和 B_z 的虚位移为 δB_r 和 δB_z，则式 (12.7.10) 的弱形式为

$$\begin{cases} \displaystyle\int_V \left(rB_r\delta B_r - u\frac{\partial \delta B_r}{\partial z}\right) \mathrm{d}r\mathrm{d}z = 0 \\ \displaystyle\int_V \left(rB_z\delta B_z + u\frac{\partial \delta B_z}{\partial r}\right) \mathrm{d}r\mathrm{d}z = 0 \end{cases} \tag{12.7.11}$$

在 COMSOL 弱项型中，定义三个求解量，分别为 u, Br 和 Bz，在求解域的三个弱项 weak 中填入

$$\begin{cases} miu * J * test\,(u) - 1/r * (ur * test\,(ur) + uz * test\,(uz)) \\ r * Br * test\,(Br) - u * test\,(Brz) \\ r * Bz * test\,(Bz) + u * test\,(Bzr) \end{cases} \tag{12.7.12}$$

式 (12.7.12) 中的第一项即为式 (12.7.9)。

12.7.3 A/r 求解

为了处理对称轴 $\dfrac{1}{r}\dfrac{\partial A}{\partial r}$ 的奇异性问题，提高计算精度，可令新待求量 $u = \dfrac{A}{r}$，则 $A = ur$，式 (12.7.6) 可化为

$$r^3\frac{\partial^2 u}{\partial r^2} + 3r^2\frac{\partial u}{\partial r} + r^3\frac{\partial^2 u}{\partial z^2} = -r^2\mu J \tag{12.7.13}$$

式 (12.7.13) 写成如下两种形式

$$\nabla_c \cdot \left(-r^3\nabla_c u\right) = r^2\mu J \tag{12.7.14a}$$

$$\nabla_c \cdot \left(-r^3\frac{\partial u}{\partial r}\boldsymbol{e}_r - r^3\frac{\partial u}{\partial z}\boldsymbol{e}_z\right) = r^2\mu J \tag{12.7.14b}$$

分别对应 COMSOL 的 PDE 中的系数型和泛用型。

在 COMSOL 系数型中，令 $c = r^3, \boldsymbol{\alpha} = \boldsymbol{\gamma} = \boldsymbol{\beta} = \boldsymbol{0}, a = 0, f = r^2\mu J$；在泛用型中，令 $\varGamma_r = r^3\dfrac{\partial u}{\partial r}, \varGamma_z = r^3\dfrac{\partial u}{\partial z}$，$F = r^2\mu J$ 即可实现求解域方程的输入。

在对称轴和无限远处，矢量磁位 A 为零，考虑到 $A = ur$，在对称轴上，由于 $r = 0$，对 u 不需要限制，在无限远处，$u = 0$，给定狄利克雷边界条件。

式 (12.7.14) 也可以采用弱形式求解。给定求解变量 u，考虑到对称轴和无限远处边界条件，设虚位移为 δu，则式 (12.7.14) 的弱形式为

$$\int_V \left[r^2\mu J\delta u - r^3\left(\frac{\partial u}{\partial r}\frac{\partial \delta u}{\partial r} + \frac{\partial u}{\partial z}\frac{\partial \delta u}{\partial z}\right)\right]\mathrm{d}r\mathrm{d}z = 0$$

在 COMSOL 弱项型中，将 $r\hat{\ }2 * miu * J * test\,(u) - r\hat{\ }3 * (ur * test\,(ur) + uz * test(uz))$ 填入到求解域弱项 weak 中，同时对边界约束即可。

在后处理中，$A = ur$，在软件中写为 $A = u * r$，则磁通密度的径向分量和轴向分量分别为

$$B_r = -\frac{\partial A}{\partial z} = -r\frac{\partial u}{\partial z}, \quad B_z = r\frac{\partial u}{\partial r} + 2u$$

在软件中写为 $Br=-r*uz$，$Bz=r*ur+2*u$。

在本章的结尾，还需补充说明一点。许多电磁场问题都可以使用有限元方法解决，但电磁场有限元仍有很多问题需要解决。例如，解不满足散度条件带来的伪解问题等。最简单的方法是从策略上消除伪解，如果感兴趣的是电场，则先用有限元求磁场，之后再借助安培定律求电场；如果感兴趣的是磁场，则先用有限元求电场，之后再利用法拉第电磁感应定律求磁场。经过这样处理，即便在有限元求解过程中掺杂了伪解，也可以通过旋度运算消除，其代价是可能降低求解精度。将求解量分布在棱边上的棱单元方法，有可能解决伪解问题。本书对此并未涉及，感兴趣的同学可以阅读金建铭的著作 (金建铭，1998)。

习　题

12.1　用迦辽金法求如下问题的有限元解

$$\begin{cases}\dfrac{\mathrm{d}^2u}{\mathrm{d}x^2}+u+x=0 & 0\leqslant x\leqslant 1\\ u|_{x=0}=0\\ u|_{x=1}=0\end{cases}$$

并与精确解 $u=\dfrac{\sin x}{\sin 1}-x$ 作对比。

12.2　试推导适用于四面体单元的体积分公式为

$$\int_V N_1^a N_2^b N_3^c N_4^d \mathrm{d}x\mathrm{d}y\mathrm{d}z=\frac{a!b!c!}{(a+b+c+d+3)!}6V_e$$

12.3　试采用 COMSOL 的电磁场模块，进行下面问题的求解：

(1) 计算电容器的静电场；

(2) 计算磁体的稳恒磁场；

(3) 计算电极注入大地的稳恒电流场；

(4) 计算感应加热的涡流场；

(5) 计算直线运动的瞬态场。

12.4　试以二维平面对称模型的涡流场为例，手工推导有限元过程。

12.5　采用 COMSOL 的 PDE 模块，实现涡流场的求解。

12.6　针对式 (12.7.6)，令新待求量 $u=Ar^{-1/2}$，试给出关于 u 的弱形式，并思考如何求得磁通密度 B_r 和 B_z。

12.7　考虑磁导率的非线性，请给出非线性稳恒磁场问题的有限元求解过程。

12.8　请采用 8.5 节中的 $\boldsymbol{T},\varphi_{\mathrm{m}}$-$\varphi_{\mathrm{m}}$ 法，给出涡流场方程的有限元求解过程。

12.9　请自学棱边元有限元方法。

12.10　请自学无网格有限元方法。

第 13 章 电磁耦合场分析

本章包含两部分内容，其一为电磁场与电路耦合，其二为多物理场耦合。均有间接耦合和直接耦合两种求解方式。

13.1 电磁场路耦合分析

以二维瞬态涡流场问题为例，介绍电磁场路耦合分析。

包含运动部件的安培定律为

$$\nabla\times \boldsymbol{H}=\boldsymbol{J}_{\mathrm{e}}+\sigma\,\boldsymbol{E}+\sigma\boldsymbol{v}\times\boldsymbol{B} \tag{13.1.1}$$

考虑平面对称模型，假定电流沿着 z 方向，$\boldsymbol{J}_{\mathrm{e}}=J\boldsymbol{e}_z$，则矢量磁位只有 z 分量，即 $\boldsymbol{A}=A\boldsymbol{e}_z$。参考 1.13 节，由 $\boldsymbol{E}=-\dfrac{\partial\boldsymbol{A}}{\partial t}$，$\boldsymbol{B}=\nabla\times\boldsymbol{A}$ 可知，矢量磁位满足的涡流场方程为

$$\nabla\times\vartheta\nabla\times\boldsymbol{A}=\boldsymbol{J}_{\mathrm{e}}-\sigma\frac{\partial\boldsymbol{A}}{\partial t}+\sigma\boldsymbol{v}\times\nabla\times\boldsymbol{A} \tag{13.1.2}$$

式中

$$\nabla\times\boldsymbol{A}=\begin{vmatrix}\boldsymbol{e}_x & \boldsymbol{e}_y & \boldsymbol{e}_z\\ \partial x & \partial y & \partial z\\ 0 & 0 & A\end{vmatrix}=\frac{\partial A}{\partial y}\boldsymbol{e}_x-\frac{\partial A}{\partial x}\boldsymbol{e}_y$$

将上式代入式 (13.1.2)，有

$$\nabla\times\vartheta\nabla\times\boldsymbol{A}=\begin{vmatrix}\boldsymbol{e}_x & \boldsymbol{e}_y & \boldsymbol{e}_z\\ \partial x & \partial y & \partial z\\ \vartheta\dfrac{\partial A}{\partial y} & -\vartheta\dfrac{\partial A}{\partial x} & 0\end{vmatrix}=J\boldsymbol{e}_z-\sigma\frac{\partial A}{\partial t}\boldsymbol{e}_z+\sigma\boldsymbol{v}\times\nabla\times\boldsymbol{A} \tag{13.1.3}$$

取式 (13.1.3) 的 z 分量，有

$$\frac{\partial}{\partial x}\left(\vartheta\frac{\partial A}{\partial x}\right)+\frac{\partial}{\partial y}\left(\vartheta\frac{\partial A}{\partial y}\right)=-J-\sigma\left(\boldsymbol{v}\times\nabla\times\boldsymbol{A}\right)\big|_z+\sigma\frac{\partial A}{\partial t} \tag{13.1.4}$$

式 (13.1.4) 在进行有限元离散时，速度项的引入，会增加矢量磁位对空间坐标的偏导数，导致系数矩阵非对称，使得计算复杂化。比较流行的处理是在控制方程中消去速度因子，同时采用变动网格或某种等效方法模拟真实的介质运动。

速度为

$$\boldsymbol{v} = v_x\boldsymbol{e}_x + v_y\boldsymbol{e}_y$$

因此，有

$$\boldsymbol{v} \times \nabla \times \boldsymbol{A} = \begin{vmatrix} \boldsymbol{e}_x & \boldsymbol{e}_y & \boldsymbol{e}_z \\ v_x & v_y & 0 \\ \dfrac{\partial A}{\partial y} & -\dfrac{\partial A}{\partial x} & 0 \end{vmatrix} = -\left(v_x\frac{\partial A}{\partial x} + v_y\frac{\partial A}{\partial y}\right)\boldsymbol{e}_z = -\left(\boldsymbol{v}\cdot\boldsymbol{\nabla}\right)A\boldsymbol{e}_z$$

即

$$\left.\left(\boldsymbol{v} \times \nabla \times \boldsymbol{A}\right)\right|_z = -\left(\boldsymbol{v}\cdot\boldsymbol{\nabla}\right)A \tag{13.1.5}$$

将式 (13.1.5) 代入式 (13.1.4)，有

$$\frac{\partial}{\partial x}\left(\vartheta\frac{\partial A}{\partial x}\right) + \frac{\partial}{\partial y}\left(\vartheta\frac{\partial A}{\partial y}\right) = -J + \sigma\left(\boldsymbol{v}\cdot\boldsymbol{\nabla}\right)A + \sigma\frac{\partial A}{\partial t} \tag{13.1.6}$$

考虑到 $A\left(x,y,t\right)$，则 A 的全导数为

$$\frac{\mathrm{d}A}{\mathrm{d}t} = \frac{\partial A}{\partial t} + \frac{\partial x}{\partial t}\frac{\partial A}{\partial x} + \frac{\partial y}{\partial t}\frac{\partial A}{\partial y} = \frac{\partial A}{\partial t} + \left(\boldsymbol{v}\cdot\boldsymbol{\nabla}\right)A \tag{13.1.7}$$

将式 (13.1.7) 代入式 (13.1.6)，有

$$\frac{\partial}{\partial x}\left(\vartheta\frac{\partial A}{\partial x}\right) + \frac{\partial}{\partial y}\left(\vartheta\frac{\partial A}{\partial y}\right) = -J + \sigma\frac{\mathrm{d}A}{\mathrm{d}t} \tag{13.1.8}$$

式 (13.1.8) 中消除了速度项，矢量磁位对时间的全导数隐含了磁场的时间变化和导电介质相对于磁场运动两个因素引起的矢量磁位变化。

含有运动部件的区域如图 13.1.1 所示。

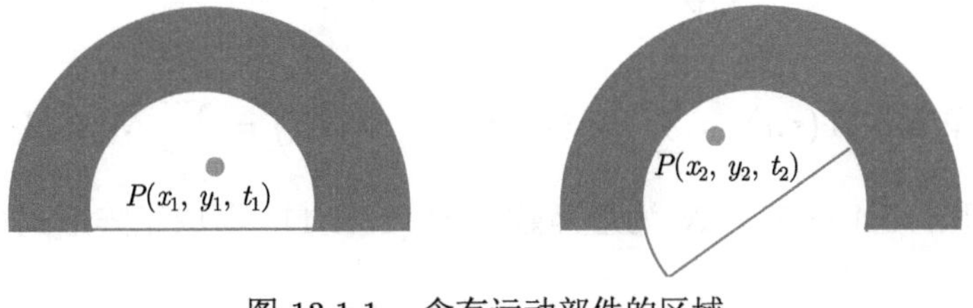

图 13.1.1 含有运动部件的区域

按照定义，偏导数和全导数分别为

$$\frac{\partial A}{\partial t}=\frac{A\left(x,y,t_2\right)-A\left(x,y,t_1\right)}{t_2-t_1},\quad \frac{\mathrm{d}A}{\mathrm{d}t}=\frac{A\left(x_2,y_2,t_2\right)-A\left(x_1,y_1,t_1\right)}{t_2-t_1}$$

可见，$\frac{\partial A}{\partial t}$ 指的是空间的某一点不动，矢量磁位随着时间的变化，而 $\frac{\mathrm{d}A}{\mathrm{d}t}$ 则指的是，空间的某一点随着运动移动到另一位置，场量随时间的变化。

将方程简记为

$$\frac{\partial}{\partial x}\left(\vartheta\frac{\partial A}{\partial x}\right)+\frac{\partial}{\partial y}\left(\vartheta\frac{\partial A}{\partial y}\right)-\sigma\dot{A}+J=0 \tag{13.1.9a}$$

电路方程为

$$u_j=i_jR_j+\dot{\varphi}_j\quad(j=1,2,\cdots,m) \tag{13.1.9b}$$

式中 $\dot{A}=\frac{\mathrm{d}A}{\mathrm{d}t}$，$\dot{\varphi}=\frac{\mathrm{d}\varphi_j}{\mathrm{d}t}$，$R_j$、$i_j$ 和 u_j 分别为第 j 条支路的电阻、电流和电压，φ_j 为第 j 条支路的绕组磁链，可通过电磁场分析求得。

不失一般性，假定 ϑ 为常数，A 满足齐次诺伊曼边界条件，并给定初始条件。

选取虚位移函数 δA，式 (13.1.9a) 的弱形式为

$$\int_V\sigma\dot{A}\delta A\mathrm{d}V+\int_V\vartheta\nabla\delta A\cdot\nabla A\mathrm{d}V-\int_V J\delta A\mathrm{d}V=0 \tag{13.1.10}$$

式中，电流密度可看成分区函数，在电流源区，其数值为 J，在非电流源区，其数值为零。

对求解区域进行单元剖分，式 (13.1.10) 化为

$$\sum_e\int_{V_e}\sigma\dot{A}\delta A\mathrm{d}V+\sum_e\int_{V_e}\vartheta\nabla\delta A\cdot\nabla A\mathrm{d}V-\sum_e\int_{V_e}J\delta A\mathrm{d}V=0$$

在单元上，有

$$\int_{V_e}\sigma\dot{A}\delta A\mathrm{d}V+\int_{V_e}\vartheta\nabla\delta A\cdot\nabla A\mathrm{d}V-\int_{V_e}J\delta A\mathrm{d}V=0 \tag{13.1.11}$$

考虑三角形单元，$A\left(\boldsymbol{r},t\right)=\sum_{i=1}^{3}N_i\left(\boldsymbol{r}\right)A_i\left(t\right)$，$J\left(\boldsymbol{r},t\right)=\sum_{i=1}^{3}N_i\left(\boldsymbol{r}\right)I_i\left(t\right)/S$，$S$ 为单元绕组面积，$\delta A=N_j$，N 为形函数。式 (13.1.11) 写成矩阵形式

$$\left[M^e\right]\left[\dot{A}^e\right]+\left[K^e\right]\left[A^e\right]+\left[P^e\right]\left[I^e\right]=0 \tag{13.1.12}$$

单元质量矩阵 $[M^e]$、单元刚度矩阵 $[K^e]$ 和 $[P^e]$ 的各元素为

$$\begin{cases} M_{ij}^e = \int_{V_e} \sigma N_i N_j \mathrm{d}V \\ K_{ij}^e = \int_{V_e} \vartheta \nabla N_i \cdot \nabla N_j \mathrm{d}V \\ P_{ij}^e = \int_{V_e} N_i N_j / S \mathrm{d}V \end{cases} \tag{13.1.13}$$

对单元矩阵组装，得到总体有限元方程

$$[M]\left[\dot{A}\right] + [K][A] + [P][I] = 0 \tag{13.1.14}$$

对时间变量离散 $t = k\Delta t\,(k = 0, 1, 2, \cdots)$，式 (13.1.9) 中的时间导数项用向后差商近似，有

$$\dot{A} = \frac{A^k - A^{k-1}}{\Delta t} \tag{13.1.15a}$$

$$\dot{\varphi} = \frac{\varphi^k - \varphi^{k-1}}{\Delta t} \tag{13.1.15b}$$

将式 (13.1.15a) 代入式 (13.1.14)，整理有

$$\left\{\frac{[M]}{\Delta t} + [K]\right\}\left[A^k\right] + [P]\left[I^k\right] = \frac{[M]}{\Delta t}\left[A^{k-1}\right] \tag{13.1.16a}$$

将式 (13.1.15b) 代入式 (13.1.9b)，将 φ 写为 $[Q][A]$，于是有

$$[Q]\left[A^k\right] + [R]\Delta t\left[I^k\right] = [Q]\left[A^{k-1}\right] + \left[u^k\right]\Delta t \tag{13.1.16b}$$

由式 (13.1.16)，将节点矢量磁位向量 $\left[A^k\right]$ 和支路电流向量 $\left[I^k\right]$ 合在一起作为求解向量，有

$$\begin{bmatrix} \dfrac{[M]}{\Delta t} + [K] & [P] \\ [Q] & [R]\Delta t \end{bmatrix}\begin{bmatrix} \left[A^k\right] \\ \left[I^k\right] \end{bmatrix} = \begin{bmatrix} \dfrac{[M]}{\Delta t}\left[A^{k-1}\right] \\ [Q]\left[A^{k-1}\right] + \left[u^k\right]\Delta t \end{bmatrix} \tag{13.1.17}$$

式中，$\left[u^k\right]$ 为 k 时刻与电压和转角有关的已知向量。

记为

$$[K^*]\left[x^k\right] = [F^*] \tag{13.1.18}$$

式中

$$[K^*] = \begin{bmatrix} \dfrac{[M]}{\Delta t} + [K] & [P] \\ [Q] & [R]\,\Delta t \end{bmatrix}, \quad [x^k] = \begin{bmatrix} [A^k] \\ [I^k] \end{bmatrix}$$

$$[F^*] = \begin{bmatrix} \dfrac{[M]}{\Delta t}\left[A^{k-1}\right] \\ [Q]\left[A^{k-1}\right] + \left[u^k\right]\Delta t \end{bmatrix}$$

对于不含运动部件的问题，电磁场方程的整体求解思路是：对时间变量离散 $t = k\Delta t\,(k = 0, 1, 2, \cdots)$，在 $k-1$ 时刻，已知 $[u^k]$ 和 $[A^{k-1}]$，求得有效刚度矩阵 $[K^*]$ 和有效载荷向量 $[F^*]$，求解线性方程组式 (13.1.18)，计算出 $[I^k]$ 和 $[A^k]$，依次可以求得下个任意时刻的未知量。

对于包含运动部件的问题，还需增补转子的运动方程。即 $\dot{\theta} = \varOmega$ 和 $\dot{\varOmega} = \dfrac{1}{J_{\mathrm{m}}}(T_{\mathrm{em}} - T_{\mathrm{L}})$，两式可以采用式 (13.1.15) 同样的方式进行离散。式中，θ 为转子的位置角，$\varOmega$ 和 J_{m} 分别为转子转速和转动惯量，T_{em} 和 T_{L} 分别为电机的电磁转矩和负载转矩。

在计算过程中，电磁场方程和电路方程直接耦合，由于每一个时间步转子角未知，而有效刚度矩阵与转子角有关，直接耦合方法烦琐，电磁系统方程和运动方程一般通过间接耦合求解。

13.2　多物理场耦合分析

与电磁场有关的多物理场耦合，包括很多类型，如电磁-热-应力耦合，主要是指电磁物理装置中，由电磁生热引起应力变化的耦合；流体-电磁耦合，主要是指导电流体受到电磁场作用；磁-热-流体耦合，主要是指电工装备内由电磁生热，热量与流体发生作用，而电磁不与流体发生作用。

下面先举例说明，耦合场求解的间接耦合与直接耦合方法，之后给出一个多物理场耦合的实际算例。

13.2.1　间接耦合与直接耦合

偏微分方程组为

$$\begin{cases} \nabla^2 u - av = -p \\ \nabla^2 v - bu = -q \end{cases} \tag{13.2.1}$$

假定边界满足狄利克雷边界条件。

从式 (13.2.1) 可看出，第一个关于 u 的方程中含有另外一个量 v，而第二个关于 v 的方程中含有另外一个量 u，也就是说两个物理场 u 和 v 是耦合的。

(1) 间接耦合求解方法。

选取虚位移 δu，式 (13.2.1) 中第一个方程的弱形式为

$$\int_V \nabla u\cdot\nabla\delta u\mathrm{d}V+\int_V \delta uav\mathrm{d}V=\int_V \delta up\mathrm{d}V \tag{13.2.2}$$

将 v 看成已知量。考虑四面体单元，$u=\sum_{i=1}^{4}N_iu_i$，$\delta u=N_j$。于是有

$$\sum_{i=1}^{4}\int_{V_e}\nabla N_i\cdot\nabla N_j\mathrm{d}V_eu_i=\int_{V_e}N_j\left(p-av\right)\mathrm{d}V_e\quad(j=1,\cdots,4) \tag{13.2.3}$$

写成矩阵形式

$$[K^e]\,[u^e]=[F^e] \tag{13.2.4}$$

单元刚度矩阵 $[K^e]$ 和 $[F^e]$ 的各元素为

$$\left\{\begin{aligned}K_{ij}^e&=\int_{V_e}\nabla N_i\cdot\nabla N_j\mathrm{d}V\\F_j^e&=\int_{V_e}N_j\left(p-av\right)\mathrm{d}V\end{aligned}\right. \tag{13.2.5}$$

对单元刚度矩阵 $[K^e]$ 和单元载荷向量 $[F^e]$ 组装，有

$$[K]\,[u]=[F] \tag{13.2.6}$$

选取虚位移 δv，式 (13.2.1) 中第二个方程的弱形式为

$$\int_V \nabla v\cdot\nabla\delta v\mathrm{d}V+\int_V \delta vbu\mathrm{d}V=\int_V \delta vq\mathrm{d}V \tag{13.2.7}$$

将 u 看成已知量，考虑四面体单元，$v=\sum_{i=1}^{4}N_iv_i$，$\delta v=N_j$。于是有

$$\sum_{i=1}^{4}\int_{V_e}\nabla N_i\cdot\nabla N_j\mathrm{d}V_ev_i=\int_{V_e}N_j\left(q-bu\right)\mathrm{d}V_e\quad(j=1,\cdots,4) \tag{13.2.8}$$

写成矩阵形式

$$[K^e]\,[v^e]=[G^e] \tag{13.2.9}$$

单元刚度矩阵 $[K^e]$ 和 $[G^e]$ 的各元素为

$$\begin{cases} K_{ij}^e = \int_{V_e} \nabla N_i \cdot \nabla N_j \mathrm{d}V \\ G_j^e = \int_{V_e} N_j \left(q - bu\right) \mathrm{d}V \end{cases} \tag{13.2.10}$$

对单元刚度矩阵 $[K^e]$ 和单元载荷向量 $[G^e]$ 组装，有

$$[K]\,[v] = [G] \tag{13.2.11}$$

间接耦合求解方法的思路是：若给定物理场 v 的初值，代入到有限元方程式 (13.2.6) 中，通过方程组求解，得到 u；将 u 代入有限元方程式 (13.2.11)，得到更新的 v，重复上述过程，经过迭代，直到满足给定的误差要求。

(2) 直接耦合求解方法。

u 和 v 均为未知量。考虑四面体单元，$u = \sum_{i=1}^{4} N_i u_i$，$v = \sum_{i=1}^{4} N_i v_i$，式 (13.2.1) 中两个方程采用同样的虚位移 N_j。于是有

$$\sum_{i=1}^{4} \int_{V_e} \nabla N_i \cdot \nabla N_j \mathrm{d}V_e u_i + \sum_{i=1}^{4} \int_{V_e} N_i N_j a \mathrm{d}V_e v_i = \int_{V_e} N_j p \mathrm{d}V_e \quad (j = 1, \cdots, 4) \tag{13.2.12a}$$

$$\sum_{i=1}^{4} \int_{V_e} \nabla N_i \cdot \nabla N_j \mathrm{d}V_e v_i + \sum_{i=1}^{4} \int_{V_e} N_i N_j b \mathrm{d}V_e u_i = \int_{V_e} N_j q \mathrm{d}V_e \quad (j = 1, \cdots, 4) \tag{13.2.12b}$$

写成矩阵形式

$$[K^e]\,[u^e] + [C^e]\,[v^e] = [P^e] \tag{13.2.13a}$$

$$[K^e]\,[v^e] + [D^e]\,[u^e] = [Q^e] \tag{13.2.13b}$$

单元刚度矩阵 $[K^e]$、$[C^e]$ 和 $[D^e]$，以及单元载荷向量 $[P^e]$ 和 $[Q^e]$ 的各元素为

$$\begin{cases} K_{ij}^e = \int_{V_e} \nabla N_i \cdot \nabla N_j \mathrm{d}V \\ C_{ij}^e = \int_{V_e} a N_i N_j \mathrm{d}V \\ D_{ij}^e = \int_{V_e} b N_i N_j \mathrm{d}V \\ P_j^e = \int_{V_e} N_j p \mathrm{d}V \\ Q_j^e = \int_{V_e} N_j q \mathrm{d}V \end{cases} \tag{13.2.14}$$

对单元刚度矩阵和载荷向量合成，有

$$[K][u]+[C][v]=[P] \tag{13.2.15a}$$

$$[K][v]+[D][u]=[Q] \tag{13.2.15b}$$

将式 (13.2.15) 中两式合成，有

$$[K^*][X]=[F^*] \tag{13.2.16}$$

其中，有效刚度矩阵、有效载荷向量和解向量为

$$[K^*]=\begin{bmatrix} [K] & [C] \\ [D] & [K] \end{bmatrix},\quad [F^*]=\begin{bmatrix} [P] \\ [Q] \end{bmatrix},\quad [X]=\begin{bmatrix} [u] \\ [v] \end{bmatrix}$$

求解式 (13.2.16) 就可以获得未知量 u 和 v 的数值解。这种同时求解两种物理场的方法称为直接耦合求解方法。

13.2.2 电磁场与固体位移场及流体声场的耦合

采用空心圆柱线圈作为激励线圈，选用铜环作为研究对象，为了便于测量将铜环与超声换能器均浸入不导电的蒸馏水中，激励线圈放置于空气中。主要物理过程是：线圈通入瞬变电流，从而激发出激励磁场，在铜环上产生感应电流，从而在铜环上产生瞬时洛伦兹力，引起铜环振动，然后在铜环与背景流体的接触面上产生质点振动，背景流体中激发出声波。假定激励线圈上的洛伦兹力传播到水中已经衰减，不影响水中声波的传播。

基于如上分析，在进行多物理场求解时，需要首先求解电磁场问题，这个过程可独立完成，获得铜环的洛伦兹力。然后，铜环中弹性固体运动方程和水中声压波动方程耦合求解，获得固体位移场和水中声场，即电磁场与固体位移场是单向耦合，前者为后者提供体力，固体位移场和流体声场是双向耦合。考虑到模型具有轴对称性，可以简化为二维轴对称问题来处理。下面分别给出电磁场、固体运动方程和声场方程。

如图 13.2.1 所示。模型求解区可分为三个区域：电磁场求解区 $V_E=V_1+V_2+V_3+V_4$，外边界 $S_E=AB+BC+CD+DA$；固体位移场求解区为 V_2，外边界 S_2；声场求解区为 V_4，外边界为 $S_A=FE+EC+CD+DF$。其中 V_1 是空气，V_4 为是蒸馏水，它们是非导电区，V_2 为铜环区，V_3 为激励线圈。

参考 8.4 节，考虑到轴对称条件，矢量磁位和电导率的梯度正交，可以消去标量电位，直接求解矢量磁位即可，方程和边界条件为

$$\begin{cases} \nabla\times\nabla\times\boldsymbol{A}+\mu\sigma\dot{\boldsymbol{A}}=\mu\boldsymbol{J} \\ \boldsymbol{A}|_{S_E}=0 \end{cases} \tag{13.2.17a}$$

式中，$\dot{\boldsymbol{A}}=\dfrac{\partial \boldsymbol{A}}{\partial t}$。

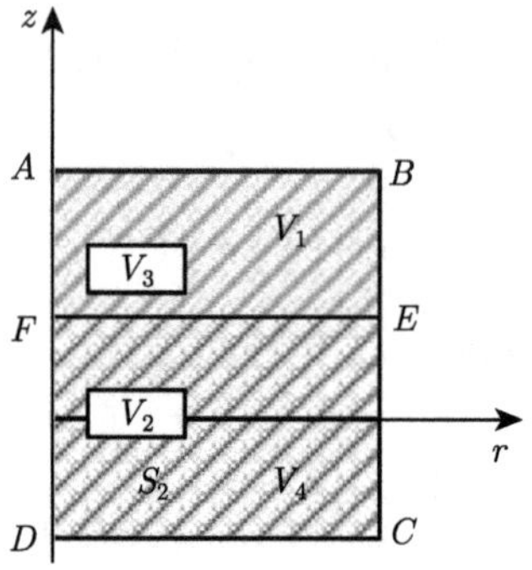

图 13.2.1　求解模型

线圈电流密度只有周向分量 J，矢量磁位只有周向分量 A，并考虑到铜和空气的磁导率相同，在圆柱坐标系下，则电流场和磁通密度为

$$J=-\sigma\frac{\partial A}{\partial t},\quad B_r=-\frac{\partial A}{\partial z},\quad B_z=\frac{\partial A}{\partial r}+\frac{A}{r}$$

铜环中的洛仑兹力为

$$\boldsymbol{f}_V=\boldsymbol{J}\times\boldsymbol{B}=J\boldsymbol{e}_\varphi\times(B_r\boldsymbol{e}_r+B_z\boldsymbol{e}_z)=JB_z\boldsymbol{e}_r-JB_r\boldsymbol{e}_z$$

根据连续介质力学的原理，在一个惯性参考系中，由动量守恒方程、质量守恒的连续方程和力学特性的本构方程可得到弹性固体的运动方程及边界条件为

$$\begin{cases}\nabla\cdot\overline{\overline{\boldsymbol{\sigma}}}+\boldsymbol{f}_V=\rho\ddot{\boldsymbol{u}}\\ \boldsymbol{n}\cdot\overline{\overline{\boldsymbol{\sigma}}}\big|_{S_2}=-\boldsymbol{n}p\end{cases}\tag{13.2.17b}$$

其中，$\boldsymbol{u}$ 是位移场，$\ddot{\boldsymbol{u}}=\dfrac{\partial^2\boldsymbol{u}}{\partial t^2}$，$\boldsymbol{f}_V$ 为单位体积力，即铜环中的洛仑兹力，ρ 是铜的密度，$\boldsymbol{n}$ 为铜环指向外部的单位法向矢量，p 为声压。

在声波求解区中，铜体受力振动后在水中产生声波，声源存在于铜体与水的接触面上，水内部没有声源，声压波动方程为

$$\begin{cases}\nabla^2 p-\dfrac{1}{c^2}\ddot{p}=0\\ p\big|_{S_A}=0\\ \boldsymbol{n}\cdot\nabla p\big|_{S_2}=\rho\boldsymbol{n}\cdot\ddot{\boldsymbol{u}}\end{cases}\tag{13.2.17c}$$

式中，$\ddot{p}=\dfrac{\partial^2 p}{\partial t^2}$，$c$ 为声波在水中的传播速度。

从固体和声场问题的分析过程中可以看到，式 (13.2.17c) 表明固体表面位移影响着声压，而式 (13.2.17b) 表明固体与流体接触面处的声压也会反向影响固体的表面位移，这说明固体振动和声场传播是交互影响的，必须采用耦合场的方法来求解。

式 (13.2.17) 还需加上初始条件。

参考第 11 章，式 (11.2.5) 和式 (11.2.6)，ϑ 为常数，方程 (13.2.17a) 的弱形式为

$$\int_{V_E}\left[(\nabla\times\boldsymbol{A})\cdot(\nabla\times\delta\boldsymbol{A})+\mu\sigma\dot{\boldsymbol{A}}\cdot\delta\boldsymbol{A}\right]\mathrm{d}V=\int_{V_E}\mu\delta\boldsymbol{A}\cdot\boldsymbol{J}\mathrm{d}V \tag{13.2.18a}$$

设虚位移为 $\delta\boldsymbol{u}$，点乘式 (13.2.17b) 中方程并作体积分，有

$$\int_{V_2}\left[(\nabla\cdot\overline{\overline{\boldsymbol{\sigma}}})\cdot\delta\boldsymbol{u}+\delta\boldsymbol{u}\cdot\boldsymbol{f}\right]\mathrm{d}V=\int_{V_2}\rho\delta\boldsymbol{u}\cdot\ddot{\boldsymbol{u}}\mathrm{d}V$$

利用并矢恒等式

$$\left(\nabla\cdot\overline{\overline{\boldsymbol{A}}}\right)\cdot\boldsymbol{b}=\nabla\cdot\left(\overline{\overline{\boldsymbol{A}}}\cdot\boldsymbol{b}\right)-\overline{\overline{\boldsymbol{A}}}:\nabla\boldsymbol{b}$$

对上式作体积分，并利用并矢高斯散度定理有

$$\begin{aligned}\int_{V_2}\left(\nabla\cdot\overline{\overline{\boldsymbol{A}}}\right)\cdot\boldsymbol{b}\mathrm{d}V&=\int_{V_2}\nabla\cdot\left(\overline{\overline{\boldsymbol{A}}}\cdot\boldsymbol{b}\right)\mathrm{d}V-\int_{V_2}\overline{\overline{\boldsymbol{A}}}:\nabla\boldsymbol{b}\mathrm{d}V\\&=\oint_{S_2}\boldsymbol{n}\cdot\overline{\overline{\boldsymbol{A}}}\cdot\boldsymbol{b}\mathrm{d}S'-\int_{V_2}\overline{\overline{\boldsymbol{A}}}:\nabla\boldsymbol{b}\mathrm{d}V\end{aligned}$$

因此

$$\int_{V_2}(\nabla\cdot\overline{\overline{\boldsymbol{\sigma}}})\cdot\delta\boldsymbol{u}\mathrm{d}V=\oint_{S_2}\boldsymbol{n}\cdot\overline{\overline{\boldsymbol{\sigma}}}\cdot\delta\boldsymbol{u}\mathrm{d}S'-\int_{V_2}\overline{\overline{\boldsymbol{\sigma}}}:\nabla\delta\boldsymbol{u}\mathrm{d}V$$

由于 $\overline{\overline{\boldsymbol{\sigma}}}$ 为对称张量，且 $\delta\boldsymbol{u}\nabla=(\nabla\delta\boldsymbol{u})^T$，则有

$$\overline{\overline{\boldsymbol{\sigma}}}:\nabla\delta\boldsymbol{u}=\frac{1}{2}\overline{\overline{\boldsymbol{\sigma}}}:(\nabla\delta\boldsymbol{u}+\delta\boldsymbol{u}\nabla)$$

在小应变、小变形条件下，几何方程为 $\overline{\overline{\boldsymbol{\varepsilon}}}=\dfrac{1}{2}(\nabla\boldsymbol{u}+\boldsymbol{u}\nabla)$，于是有

$$\int_{V_2}(\nabla\cdot\overline{\overline{\boldsymbol{\sigma}}})\cdot\delta\boldsymbol{u}\mathrm{d}V=\oint_{S_2}\boldsymbol{n}\cdot\overline{\overline{\boldsymbol{\sigma}}}\cdot\delta\boldsymbol{u}\mathrm{d}S'-\int_{V_2}\overline{\overline{\boldsymbol{\sigma}}}\cdot\delta\overline{\overline{\boldsymbol{\varepsilon}}}\mathrm{d}V$$

应力张量和应变张量均为对称张量，利用广义胡克定律 $\overline{\boldsymbol{\sigma}}=\overline{\overline{\boldsymbol{E}}}:\overline{\varepsilon}$，有 $\overline{\boldsymbol{\sigma}}\cdot\delta\overline{\varepsilon}=\delta\overline{\varepsilon}^{\mathrm{T}}:\overline{\overline{\boldsymbol{E}}}:\overline{\varepsilon}$，考虑 $\boldsymbol{n}\cdot\overline{\boldsymbol{\sigma}}\big|_{S_2}=-\boldsymbol{n}p$，有

$$\int_{V_2}(\nabla\cdot\overline{\boldsymbol{\sigma}})\cdot\delta\boldsymbol{u}\mathrm{d}V=-\oint_{S_2}p\delta\boldsymbol{u}^{\mathrm{T}}\cdot\boldsymbol{n}\mathrm{d}S'-\int_{V_2}\delta\overline{\boldsymbol{\varepsilon}}^{\mathrm{T}}:\overline{\overline{\boldsymbol{E}}}:\overline{\overline{\varepsilon}}\mathrm{d}V$$

式中，$\overline{\overline{\boldsymbol{E}}}$ 为弹性系数矩阵。

于是，弹性固体的运动方程 (13.2.17b) 的弱形式为

$$\int_{V_2}\delta\overline{\boldsymbol{\varepsilon}}^{\mathrm{T}}:\overline{\overline{\boldsymbol{E}}}:\overline{\overline{\varepsilon}}\mathrm{d}V+\int_{V_2}\rho\delta\boldsymbol{u}\cdot\ddot{\boldsymbol{u}}\mathrm{d}V=-\int_{S_2}p\delta\boldsymbol{u}^{\mathrm{T}}\cdot\boldsymbol{n}\mathrm{d}S'+\int_{V_2}\delta\boldsymbol{u}\cdot\boldsymbol{f}\mathrm{d}V \tag{13.2.18b}$$

设虚位移为 δp，声压波动方程式 (13.2.17c) 的弱形式为

$$\int_{V_4}\left(\delta p\nabla^2p-\delta p\frac{1}{c^2}\ddot{p}\right)\mathrm{d}V=0$$

利用格林第一定理式 (1.3.5)，有

$$\int_{V_4}\delta p\nabla^2p\mathrm{d}V=\oint_{S_A}\delta p\boldsymbol{n}\cdot\nabla p\mathrm{d}S'+\oint_{S_2}\delta p\boldsymbol{n}\cdot\nabla p\mathrm{d}S'-\int_{V_4}\nabla\delta p\cdot\nabla p\mathrm{d}V$$

选取 $\delta p|_{S_A}=0$，并代入 S_2 上的边界条件，则有

$$\int_{V_4}\delta p\nabla^2p\mathrm{d}V=\oint_{S_2}\rho\delta p\boldsymbol{n}\cdot\ddot{\boldsymbol{u}}\mathrm{d}S'-\int_{V_4}\nabla\delta p\cdot\nabla p\mathrm{d}V$$

于是，声压波动方程式 (13.2.17c) 的弱形式化为

$$\oint_{S_2}\rho\delta p\boldsymbol{n}\cdot\ddot{\boldsymbol{u}}\mathrm{d}S'-\int_{V_4}\nabla\delta p\cdot\nabla p\mathrm{d}V-\int_{V_4}\delta p\frac{1}{c^2}\ddot{p}\mathrm{d}V=0 \tag{13.2.18c}$$

采用伽辽金有限元求解式 (13.2.18)，即可求解上述耦合场。

习 题

13.1 变压器大电流绕组并联导线中环流损耗的计算。

13.2 感应电动机稳态启动电流的计算。

13.3 试导出电机电磁场、温度场和应力场的耦合方程。

13.4 试导出变压器噪声的多物理场耦合方程。

13.5 试导出电机冷却系统多物理场耦合方程。

13.6　谐振式无线电能传输中的场路耦合计算。

13.7　IGBT 电磁热力全耦合计算。

13.8　电磁感应加热耦合场分析。

13.9　肿瘤磁热疗系统的磁热耦合计算。

13.10　任意一个与电磁场相关的耦合场方程。

第 14 章　电磁场反问题

本章主要介绍非线性最小二乘法、改进的广义逆、非线性逆散射玻恩迭代法、广义脉冲谱法和基于物理信息的神经网络模型反演方法。

14.1　数学物理方程反问题

本节包含两部分内容，一是反问题的基本概念，二是电磁场反问题的概述。

14.1.1　反问题的基本概念

在自然科学与工程技术的诸多领域，待定未知参数反问题最为常见。在实践中，最直接的方法是测量未知参数在一定区域的离散值，但这种似乎明显的方法常常无法实现。主要原因在于：① 直接参数测量在技术上可行，但经济上十分昂贵；② 直接测量非常困难；③ 直接测量对被测体有损害。在上述情况下，为了获取待定参数，不得不转而去测量与待定参数有一定关系的其他量在边界上的信息，这些测量信息与待定参数一般通过数学物理方程相联系，通过测量信息可以反求出待定参数。这必然归结为数学物理方程的反问题的提出与求解。

反问题的求解已成为许多科学研究领域和工程应用领域中非常热门的研究课题。无论是理论物理、量子力学还是无损检测、工业过程、医学成像、地球物理勘探，以及自动控制、遥测遥感、海洋工程等。

数学物理中正问题的一般的数学模式是：偏微分方程、初始条件、边界条件(偏微分方程定解问题中的三个组成部分) 以及附加条件。在求解区 V 上，偏微分方程为 $Lu\left(r,t\right)=f\left(r,t\right)$，初始条件为 $Iu\left(r,t_0\right)=w\left(r\right)$。在区域边界 S 上，边界条件为 $Bu\left(r,t\right)=v\left(r\right)$。此外，还包括附加条件 $Au\left(r,t\right)=s\left(r,t\right)$ 等。式中 r 为求解区域和边界上的位置坐标点，t 为时间变量，t_0 为初始时刻，$u\left(r,t\right)$ 为偏微分方程的解，$f\left(r,t\right)$ 为源项，L,I,B 和 A 分别为微分算子、初始算子、边界算子和附加算子。$w\left(r\right)$ 和 $v\left(r\right)$ 是关于 r 的函数，$s\left(r,t\right)$ 是关于 r 和时间变量 t 的函数。

在上述量中，只要有一个量未知，就构成了偏微分方程的反问题。据此可将反问题分为以下几类。

(1) 参数识别问题：算子结构已知，未知的是算子中参数；

(2) 寻源反问题：源项 $f\left(r,t\right)$ 未知；

(3) 逆时间过程问题：初始条件 $w(r)$ 未知，附加条件通常是给出系统某一时刻状态，由后面状态去确定初始状态；

(4) 边界控制问题：边界 $v(r)$ 未知。

写成更一般的形式为 $\boldsymbol{y}=f(\boldsymbol{b})$，其中 f 是微分方程的算子 (包括边界算子、初始算子等)，$\boldsymbol{b}$ 为模型参数向量。如果给定模型参数 $\boldsymbol{b}$，通过求解算子方程就可以得到正问题的解 $\boldsymbol{y}$。若已知实测数据 $y_i\,(i=1,2,\cdots,N)$，通常实测数据 y_i 是离散量，则通过求解反问题就可以得到模型参数 $\boldsymbol{b}$。

如果偏微分方程定解问题满足如下三个条件：解的存在性、唯一性和稳定性，那么定解问题适定，否则，定解问题不适定。其中，稳定性即解连续依赖于数据，对数值计算至关重要。若数据的微小变化给解带来较大的改变，就使得近似解“无法计算”，因为数据的微小变化在数值计算中是无法避免的，例如，测量数据的误差、计算机的舍入误差等。

一般来说，从实际问题中归结出的正确的数学问题可能是不适定的。但如果对解加上某些定性或定量的限制 (即附加条件)，问题可以变成适定性问题。因此，以下假定任给 $\boldsymbol{y}$ 代入 $\boldsymbol{y}=f(\boldsymbol{b})$，都存在某种意义下的适定、与物理背景符合的广义解 $\boldsymbol{b}$。

一般来说，观测数据往往受噪声影响，因此在数学上精确求解算子方程意义不大，通常作法是已知观测数据，在某种可接受模型集合内，估算模型参数使其响应在某种范数下拟合实测数据。即寻找模型参数，使得在可行解集内极小化泛函。

在数学上，该问题可以利用最优化方法求解。由于目标和约束不能表示成待定变量的显函数，则需要用数值方法求问题的最优解。这种方法可以分为如下两大类，即：① 不求导数的算法。不必计算目标函数的导数，只靠计算目标函数值来搜索。一般称为直接搜索型迭代法。② 以求目标函数的导数为基础的算法 (其中包括梯度法和一些改进算法，一般将此类算法统称为梯度型迭代法)。梯度法不但要计算目标函数值，而且要计算目标函数的一阶导数或高阶导数，使求解问题时的已知信息更多，因而这类方法比直接搜索法更为有效。

上面针对一般的目标函数简要介绍了各类最优化方法。如果目标函数具有平方和的特殊形式，这类最优化问题统称为最小二乘 (或最小平方) 最优化问题。可以构造较为有效的算法，如阻尼最小二乘法等。若目标函数非线性，则称为非线性最小二乘反演。

选用阻尼最小二乘法、改进的广义逆法两种方法进行反演，它们的基本思想是经过一系列的迭代，产生点列，使之逐步接近最优点。迭代步骤如下：

(1) 给出模型参数的初始估计 $\boldsymbol{b}^{(0)}$；

(2) 寻找一个合适的方向 $\boldsymbol{p}^k(k=0,1,2,\cdots,)$，$\boldsymbol{p}^{(k)}$ 为第 $k+1$ 步的搜索方向；

(3) 沿 $\boldsymbol{p}^k$ 方向前进一步的步长设为 $\boldsymbol{\lambda}^{(k)}$，求合适的步长 $\boldsymbol{\lambda}^k$；

(4) 得到新的模型参数值 $\boldsymbol{b}^{k+1}$，它应当比原来的值 $\boldsymbol{b}^{k}$ 更接近最优点，$\boldsymbol{b}^{k+1} = \boldsymbol{b}^{k+1} + \boldsymbol{\lambda}^{k}\boldsymbol{p}^{k}$；

(5) 检验是否最优，若是最优，则迭代停止，否则令 $k = k + 1$，重复 (2) 以后各步。

不难看出，求解最优化问题的计算效率取决于搜索方向 $\boldsymbol{p}^{k}$ 和步长 $\boldsymbol{\lambda}^{k}$ 的效率。这两种方法的优点是：算法稳定，而且可以同时反演不同性质的参数 (如电阻率、几何尺寸等)。可以说，它们在实际应用中都是行之有效的方法。

14.1.2　电磁场反问题的概述

电磁场反问题与电磁场正问题概念相对。已知模型的几何结构、电磁特性参数 (电导率、磁导率、介电常量)，激励信号的源参数 (电极注入电流、线圈电流等)，求解模型内部的电磁场量 (电场强度、磁场强度等) 或其位函数 (电位、矢量磁位等) 以及相关导出量 (如电压、感应电动势等)，这在电磁场分析中被称为正问题，正问题的求解被称为正演。而反问题 (也叫逆问题) 指的是：根据边界电流、边界电压的测量值，某些情况甚至可以测得目标体内部的磁场测量值，据此求模型内的电磁特性参数分布或激励源分布。

电磁场正问题分析在电磁装备设计、电磁探测目标体的分析中发挥着重要的作用，例如，在实验系统的设计与搭建过程中，首先需要从正问题研究入手，正问题的求解实质上就是模拟实验系统的激励与测量过程，正问题的研究可为实验系统激励测量的研究提供理论指导。反过来看，电磁测量实质上是一种手段，获得探测目标电磁特性参数或激励源才是最终目的。由检测到的电磁信号反演电磁特性分布或寻找激励源，就是“倒因求果”的过程，就需要借助反问题的求解实现，这必然涉及反问题研究。通常电磁测量数据与待求参数之间关系复杂，常常需要用偏微分方程或积分方程加上尽可能符合实际的边界条件来表述。

正问题研究主要包括求解场域数学描述，模型建立和数学物理求解方法研究等。所谓求解场域的数学描述和模型的建立，指的是建立测量数据和模型参数的对应关系。模型建立后，由于反映实际情况的模型通常比较复杂，难以找到解析解，因此采用数值法求解方法对边值问题进行求解，得出场域内部和边界上的电压分布、电流密度或磁场分布。常用的数值求解方法包括有限元法、边界元法和有限体元法等。目前有许多优秀的电磁场软件可以进行正问题分析：Ansys HFSS(有限元法)、Ansys MAXWELL3D(有限元法)、CST Microwave Studio(有限体积法)、XFDTD(时域有限差分法)、FEKO(矩量法、有限元法) 等。

反问题求解比正问题要复杂得多，电磁反问题多为非线性，在求解算法方面存在很多困难。常用的求解方法可以分为线性方法和非线性方法两大类。线性方法通常是非线性问题的简单近似，而非线性方法是对非线性问题采用直接求解的方法或者先线性化并多次迭代的方法 (如牛顿–拉弗森方法等)。非线性方法在理论推导上较严密，其中优化类方法在迭代过程中要调用正问题求解过程，利用正问题的解不断修正反演参数模型，以使之最接近真实分布参数，因此反演质量高。但由于对精度以及计算机资源要求太高，非线性方法在实际应用过程难以实现实时反演。

14.2 非线性最小二乘法

非线性阻尼最小二乘重建方法是一种基于泰勒 (Taylor) 展开，把非线性函数逐次线性化的处理方法。因为在非线性最小二乘各种算法中，最基本的算法就是 Gauss-Newton 法，也叫修正牛顿–拉弗森算法，而其他算法是对该算法的改进，因此从 Gauss-Newton 算法着手来阐述最小二乘方法的基本原理。

14.2.1 修正牛顿–拉弗森算法

设测量信号与模型参数之间的非线性函数记为 $y_i = f_i(\boldsymbol{b})$，$\boldsymbol{y} = [y_1 y_2 \cdots y_m]^{\mathrm{T}}$ 表示测量电压数据，$\boldsymbol{b} = [b_1 b_2 \cdots b_n]^{\mathrm{T}}$ 是模型参数，f 表示由模型参数 $\boldsymbol{b}$ 生成数据 $\boldsymbol{y}$ 的正演算子。用向量形式表达为

$$\boldsymbol{y} = f(\boldsymbol{b}) \tag{14.2.1}$$

为求解该非线性方程组，构造如下 L_2 范数

$$Q = \|\boldsymbol{y} - f(\boldsymbol{b})\|_2^2 \tag{14.2.2}$$

要解决的问题是寻找 $\boldsymbol{b}^k$，使 $Q\left(\boldsymbol{b}^k\right) = \min$，极小化泛函有

$$\left[f'\left(\boldsymbol{b}^k\right)\right]^{\mathrm{T}} f'\left(\boldsymbol{b}^k\right) \Delta \boldsymbol{b}^k = \left[f'\left(\boldsymbol{b}^k\right)\right]^{\mathrm{T}} \left[\boldsymbol{y} - f\left(\boldsymbol{b}^k\right)\right] \tag{14.2.3}$$

式 (14.2.3) 写成矩阵形式，有

$$\boldsymbol{A}^{\mathrm{T}} \boldsymbol{A} \Delta \boldsymbol{b}^k = \boldsymbol{G} \tag{14.2.4a}$$

式中，$\boldsymbol{A}$ 为雅可比矩阵，其元素是 Fréchet 导数 $f'(\boldsymbol{b})$。
且有

$$\boldsymbol{G} = \boldsymbol{A}^{\mathrm{T}} \left[\boldsymbol{y} - f\left(\boldsymbol{b}^k\right)\right] \tag{14.2.4b}$$

$$\Delta \boldsymbol{b}^k = \boldsymbol{b}^{k+1} - \boldsymbol{b}^k \tag{14.2.4c}$$

为了更好地理解 Gauss-Newton 法，也可以从多变量函数角度推导式 (14.2.4)。

与式 (14.2.2) 相对应，设目标函数为

$$Q=\sum_{i=1}^{m}\left[y_i-f_i\left(\boldsymbol{b}\right)\right]^2 \tag{14.2.5}$$

式 (14.2.5) 是非线性的，一般无法直接求解。通常可以采用线性化近似并迭代处理。

根据最小二乘准则，目标函数取极值的必要条件为

$$\frac{\partial Q}{\partial b_j}=0,\quad j=1,2,\cdots,n \tag{14.2.6}$$

根据先验知识给出模型参数 $\boldsymbol{b}$ 的初始猜测值 $\boldsymbol{b}^0=\left(b_1^0,b_2^0,\cdots,b_n^0\right)$，将函数 $f\left(x;\boldsymbol{b}\right)=f\left(x;b_1,b_2,\cdots,b_n\right)$ 在该点作线性化，可以得到线性化方程组，而校正量为 $\Delta\boldsymbol{b}^0=\boldsymbol{b}^1-\boldsymbol{b}^0$，经过多次迭代可以得到模型参数 $\boldsymbol{b}$。

设已经由第 $k-1$ 步迭代得到近似值 $\boldsymbol{b}^k$，将它代入目标函数 (14.2.5)，并在 $\boldsymbol{b}^k$ 附近作 Taylor 展开，忽略二次及以上的高次项，得到线性化方程

$$f_i\approx f_i\left(\boldsymbol{b}^k\right)+\frac{\partial f_i}{\partial b_1}\Delta b_1^k+\frac{\partial f_i}{\partial b_2}\Delta b_2^k+\cdots+\frac{\partial f_i}{\partial b_n}\Delta b_n^k \tag{14.2.7}$$

其中，$\Delta b_j^k=b_j^{k+1}-b_j^k$。

因此有

$$\sum_{i=1}^{m}\frac{\partial f_i}{\partial b_j}\left(\frac{\partial f_i}{\partial b_1}\Delta b_1+\frac{\partial f_i}{\partial b_2}\Delta b_2+\cdots+\frac{\partial f_i}{\partial b_n}\Delta b_n\right)=\sum_{i=1}^{m}\left(y_i-f_i\right)\frac{\partial f_i}{\partial b_j} \tag{14.2.8}$$

令 $a_{ij}=\dfrac{\partial f_i}{\partial b_j}$，则有

$$\boldsymbol{A}=\begin{bmatrix}\dfrac{\partial f_1}{\partial b_1} & \cdots & \dfrac{\partial f_1}{\partial b_n}\\ \vdots & & \vdots\\ \dfrac{\partial f_m}{\partial b_1} & \cdots & \dfrac{\partial f_m}{\partial b_n}\end{bmatrix}$$

为雅可比 (Jacobi) 矩阵。

将式 (14.2.8) 用向量和矩阵表示，修正量 $\Delta\boldsymbol{b}$ 为

$$\Delta\boldsymbol{b}^k=\left(\boldsymbol{A}^{\mathrm{T}}\boldsymbol{A}\right)^{-}\boldsymbol{A}^{\mathrm{T}}\left(\boldsymbol{y}-\boldsymbol{f}\right) \tag{14.2.9}$$

从式 (14.2.4c) 中可以得到 $\boldsymbol{b}^{k+1}$，是模型参数更好的近似。在实际计算中，一般并不去求矩阵 $\boldsymbol{A}^{\mathrm{T}}\boldsymbol{A}$ 的逆，而是通过解线性方程组来得到一个校正项，令 $\Delta\boldsymbol{b}^k=\boldsymbol{b}^{k+1}-\boldsymbol{b}^k$，则有

$$\boldsymbol{A}^{\mathrm{T}}\boldsymbol{A}\Delta\boldsymbol{b}^k=\boldsymbol{A}^{\mathrm{T}}(\boldsymbol{y}-\boldsymbol{f}) \tag{14.2.10}$$

由此 Gauss-Newton 法的迭代格式为

$$\begin{cases}\boldsymbol{H}\Delta\boldsymbol{b}^k=\boldsymbol{G}\\ \boldsymbol{b}^{k+1}=\boldsymbol{b}^k+\Delta\boldsymbol{b}^k\\ \boldsymbol{H}=\boldsymbol{A}^{\mathrm{T}}\boldsymbol{A}\\ \boldsymbol{G}=\boldsymbol{A}^{\mathrm{T}}(\boldsymbol{y}-\boldsymbol{f})\end{cases} \tag{14.2.11}$$

反演具体步骤如下：

(1) 根据先验知识给出模型参数的初始猜测值 $\boldsymbol{b}^0=\left(b_1^0,b_2^0,\cdots,b_n^0\right)$ 和精度 ε；

(2) 如果 $Q<\varepsilon$，则 $\boldsymbol{b}^0$ 即为反演的模型参数，计算过程结束，否则继续；

(3) 计算雅可比矩阵 $\boldsymbol{A}$，$\boldsymbol{H}=\boldsymbol{A}^{\mathrm{T}}\boldsymbol{A}$，$\boldsymbol{G}=\boldsymbol{A}^{\mathrm{T}}(\boldsymbol{y}-\boldsymbol{f})$；

(4) 根据 $\boldsymbol{H}\Delta\boldsymbol{b}^k=\boldsymbol{G}$，求解模型参数增量 $\Delta\boldsymbol{b}^{(k)}$；

(5) 将模型参数增量 $\Delta\boldsymbol{b}^{(k)}$ 代入 $\boldsymbol{b}^{k+1}=\boldsymbol{b}^k+\Delta\boldsymbol{b}^k$，转到步骤 (2)，以上过程可以反复迭代下去，直到第 l 次满足所要求的精度为止，即 $\left\|\Delta\boldsymbol{b}^l\right\|<\varepsilon$。

此时 $\boldsymbol{b}^*\approx\boldsymbol{b}^{(l+1)}$ 即为反演的模型参数，这就是常用的 Gauss-Newton 算法。

式 (14.2.11) 的第一个方程称为法方程。可以证明：只要雅可比矩阵 $\boldsymbol{A}$ 的各列线性无关，格兰姆矩阵 $\boldsymbol{H}=\boldsymbol{A}^{\mathrm{T}}\boldsymbol{A}$ 是正定矩阵。通常线性无关的条件较容易满足，则 $\boldsymbol{H}$ 的正定性和法方程解的唯一性较容易得到保证。一般来说，法方程的系数矩阵 $\boldsymbol{H}$ 是严重病态的，因而 Gauss-Newton 法的法方程的解总是数值不稳定的，这样每步迭代所求得的校正量都有很大误差，误差传播并不断积累，以至于不能保证 $Q\left(\boldsymbol{b}^l\right)$ 单调减小，使校正结果 $\boldsymbol{b}^{k+1}$ 比 $\boldsymbol{b}^k$ 更远离 $\boldsymbol{b}^*$，最终导致迭代发散。

14.2.2 阻尼最小二乘方法

Gauss-Newton 法的收敛性较差，要提高实用性，必须对其进行改进。因此，不少学者进行了广泛而深入的研究，发展了许多有效算法，如修正 Gauss-Newton 方法 (即 Hartley 方法)、Fletcher 方法、阻尼最小二乘法 (Levenberg-Marquardt) 以及较之更为有效的改进方法修正阻尼最小二乘法 (modified damped least squares, MDLS) 等。修正方法是对阻尼最小二乘法的进一步改进，只是在具体实现的细节上略微有些差别，这里仅介绍阻尼最小二乘法。

由线性代数定理可知：对称的、具有正对角元的对角优势阵是正定的；只要实数充分大，就能使实对称阵正定。下面证明：当 λ 较大时，$\boldsymbol{H}+\lambda\boldsymbol{I}$ 是良态的。

为简化讨论，令法方程的格兰姆矩阵 $\boldsymbol{H}$ 正定，则其任一特征值 $\omega>0$，由特征值定义

$$\boldsymbol{H}\boldsymbol{x}=\omega\boldsymbol{x} \tag{14.2.12}$$

其中，$\boldsymbol{x}$ 为 ω 对应的特征向量。

则有

$$(\boldsymbol{H}+\lambda\boldsymbol{I})\,\boldsymbol{x}=(\omega+\lambda)\,\boldsymbol{x} \tag{14.2.13}$$

这里 $\boldsymbol{I}$ 为单位矩阵，式 (14.2.13) 说明 $\omega+\lambda$ 是对称阵 $\boldsymbol{H}+\lambda\boldsymbol{I}$ 的特征值。

设 ω_1、ω_2 为 $\boldsymbol{H}$ 的最大特征值、最小特征值，则 $\omega_1+\lambda$、$\omega_2+\lambda$ 为 $\boldsymbol{H}+\lambda\boldsymbol{I}$ 的最大特征值、最小特征值。由谱条件数知

$$\operatorname{cond}(\boldsymbol{H})_2=\frac{\omega_1}{\omega_2},\quad \operatorname{cond}(\boldsymbol{H}+\lambda\boldsymbol{I})_2=\frac{\omega_1+\lambda}{\omega_2+\lambda}$$

当 $\lambda=0$ 时，有 $\dfrac{\omega_1}{\omega_2}=\dfrac{\omega_1+\lambda}{\omega_2+\lambda}$，当 $\lambda\to\infty$ 时，有 $\dfrac{\omega_1+\lambda}{\omega_2+\lambda}\to 1<\dfrac{\omega_1}{\omega_2}$，对于 $\lambda>0$，有 $\operatorname{cond}(\boldsymbol{H}+\lambda\boldsymbol{I})_2<\operatorname{cond}(\boldsymbol{H})_2$。当 λ 足够大时，$\operatorname{cond}(\boldsymbol{H}+\lambda\boldsymbol{I})_2$ 趋近于 1，$\boldsymbol{H}+\lambda\boldsymbol{I}$ 呈良态。由此可知，即使对称阵 $\boldsymbol{H}$ 不正定，但在 $\boldsymbol{H}$ 的对角元素加上一足够大的正数后，也可使 $\boldsymbol{H}$ 变为正定而且良态。这样，用 $\boldsymbol{H}+\lambda\boldsymbol{I}$ 代替 Gauss-Newton 法的法方程系数阵 $\boldsymbol{H}$，适当选取足够大的 λ，就可以使每次迭代的法方程的解数值稳定，从而保证迭代收敛。

由此阻尼最小二乘法的迭代格式为

$$\begin{cases}(\boldsymbol{H}+\lambda\boldsymbol{I})\,\Delta\boldsymbol{b}^k=\boldsymbol{G}\\ \boldsymbol{b}^{k+1}=\boldsymbol{b}^k+\Delta\boldsymbol{b}^k\\ \boldsymbol{H}=\boldsymbol{A}^{\mathrm{T}}\boldsymbol{A}\\ \boldsymbol{G}=\boldsymbol{A}^{\mathrm{T}}(\boldsymbol{y}-\boldsymbol{f})\end{cases} \tag{14.2.14}$$

式中，$\Delta\boldsymbol{b}^k$ 为第 k 次迭代求得的 Marquardt 校正矢量。当 $\lambda=0$ 时，Marquardt 校正矢量就是 Gauss 校正矢量，这时迭代步长最大，若在收敛的情况下，收敛速度是最快的，但一般由于数值不稳定而易发散。当 $\lambda>0$ 且大到可以忽略 $\boldsymbol{H}$ 中所有元素时，有

$$\Delta\boldsymbol{b}^k\approx\frac{1}{\lambda}\boldsymbol{A}^{\mathrm{T}}(\boldsymbol{y}-\boldsymbol{f})=\frac{\boldsymbol{G}}{\lambda} \tag{14.2.15}$$

式 (14.2.15) 无须解方程组，自然不存在数值不稳定的问题，因而能保证收敛，但由于 λ 很大时，特别地，当 $\lambda\to\infty$ 时 $\Delta\boldsymbol{b}^{(k)}\to 0$，这说明迭代步长小导致收敛速度很慢。

可以证明：Marquardt 校正矢量随 λ 的增加转向目标函数 Q 的负梯度方向。这是因为

$$\frac{\partial Q}{\partial b_j}=\frac{\partial}{\partial b_j}\sum_{i=1}^{m}\left[y_i-f_i\left(\boldsymbol{b}\right)\right]^2=-2\sum_{i=1}^{m}\left[y_i-f_i\left(\boldsymbol{b}\right)\right]\frac{\partial f_i}{\partial b_j}=-2g_j \tag{14.2.16}$$

即 $\nabla Q=\left[\begin{array}{ccc}\dfrac{\partial Q}{\partial b_1} & \cdots & \dfrac{\partial Q}{\partial b_n}\end{array}\right]=-2\left[\begin{array}{ccc}g_1 & \cdots & g_2\end{array}\right]=-2\boldsymbol{G}$，于是 $\Delta\boldsymbol{b}^k=-\dfrac{1}{2\lambda}\nabla Q$，这里 $-\nabla Q$ 就是 $\boldsymbol{b}^k$ 点的负梯度。函数的负梯度方向是函数在该点附近函数下降最快的方向，因此总能保证收敛。

综上所述，随着 λ 从 0 到 ∞ 的增大，Marquardt 校正矢量由 Gauss 矢量方向转向负梯度方向，迭代步长逐渐趋于零。当需要使迭代收敛时，应该增大 λ，而当需要提高收敛速度时，应该减小 λ，因此它起到促进平衡的作用，故称之为阻尼因子。

实际上阻尼最小二乘法应用非常广泛，因此在文献中，该方法还被冠以许多不同的名字，如 Marquardt、Levenberg、Miller、Pucci、广义解、Wiener 滤波、Bayese 等。

阻尼最小二乘法也称为正则化 Gauss-Newton 法，通过吉洪诺夫 (Tikhonov) 正则化，也可以导出迭代格式 (14.2.14)，为此，构造如下 L_2 范数

$$Q=\left\|\boldsymbol{y}-\boldsymbol{f}\left(\boldsymbol{b}\right)\right\|_2^2+\lambda\left\|\boldsymbol{b}\right\|_2^2 \tag{14.2.17}$$

这里泛函 (14.2.17) 被称为 Tikhonov 泛函。注意到泛函 (14.2.17) 与泛函 (14.2.2) 不同，多了一项 $\lambda\left\|\boldsymbol{b}\right\|_2^2$，该项为补偿项或罚函数项，称为稳定泛函。$\lambda$ 为正则化参数，就是阻尼因子。

极小化泛函，类似地，可以得到式 (14.2.14) 一致的格式。

根据以上算法就可以编制出阻尼最小二乘法的程序。依此原理，作适当的改进，可以编制较之更为有效的改进方法 MDLS(修正阻尼最小二乘法) 和螺线方法的程序。

14.3 改进广义逆反演方法

对于反问题，一方面总是选用较多的代表物理场特征的观测数据，以便带来足够多的能够反映探测对象的信息；另一方面为了不使问题过于复杂，或者在保

证工程所要求的精度下尽可能地提高反演速度，往往有意识地控制模型参量的数目。这样法方程是超定的，没有通常意义下的解而只有最小二乘解，而且系数矩阵往往是病态的。在 14.2.2 节已经介绍过，为抑制病态，最小二乘法中加入了阻尼，它需要在每次迭代中反复调整阻尼而多次重解法方程，这就降低了求解效率；而且，这样求得的最小二乘解虽然有所改善，但仍不容易求出范数最小的解。因此病态、效率和精度问题是阻尼最小二乘法求解法方程遇到的严重困难。

针对算子方程 (14.1.1)，将 $\boldsymbol{y}$ 在 $\boldsymbol{b}^k$ 点附近作泰勒展开，略去二次及以上高次项，有

$$\boldsymbol{y} = f\left(\boldsymbol{b}^k\right) + \boldsymbol{A}\Delta\boldsymbol{b}^k$$

由此得到迭代格式

$$\begin{cases} \boldsymbol{A}\Delta\boldsymbol{b}^k = \boldsymbol{C} \\ \boldsymbol{b}^{k+1} = \boldsymbol{b}^k + \Delta\boldsymbol{b}^k \\ \boldsymbol{C} = \boldsymbol{y} - \boldsymbol{f} \end{cases} \tag{14.3.1}$$

若式 (14.3.1) 中的第一个方程两边同乘 $\boldsymbol{A}^{\mathrm{T}}$，将与式 (14.2.11) 是相同的。广义逆重建方法是在迭代过程中，用奇异值分解法直接求解方程组 (14.3.1)。对雅可比矩阵 $\boldsymbol{A}$ 作奇异值分解，有

$$\boldsymbol{A} = \boldsymbol{U}\boldsymbol{\Sigma}\boldsymbol{V}^{\mathrm{T}} \tag{14.3.2}$$

式中，$\boldsymbol{\Sigma}$ 为对角阵。

从而求得矩阵 $\boldsymbol{A}$ 的广义 Penrose 逆为

$$\boldsymbol{A}^{+} = \boldsymbol{V}\boldsymbol{\Sigma}^{-}\boldsymbol{U}^{\mathrm{T}} \tag{14.3.3}$$

于是有

$$\Delta\boldsymbol{b}^k = \boldsymbol{A}^{+}\boldsymbol{C} \tag{14.3.4}$$

由于奇异值的稳定性，原则上不论 $\boldsymbol{A}$ 是否病态，都能得到数值稳定的解。而且这个解是该次迭代中法方程的最小范数最小二乘解。通过迭代减小线性化的误差，这就比较容易得到接近真实模型的参量。

若反演过程中，测量数据通常多于模型参数，即 $m > n$，因此, 式 (14.3.1) 中方程组是超定的。最小二乘法是将超定方程组转换为法方程求解，有

$$\boldsymbol{A}^{\mathrm{T}}\boldsymbol{A}\Delta\boldsymbol{b}^{(k)} = \boldsymbol{A}^{\mathrm{T}}\boldsymbol{C}$$

当 $\boldsymbol{A}$ 列满秩时法方程有唯一解，可以表示为

$$\Delta\boldsymbol{b}^k = \left(\boldsymbol{A}^{\mathrm{T}}\boldsymbol{A}\right)^{-}\boldsymbol{A}^{\mathrm{T}}\boldsymbol{C} \tag{14.3.5}$$

式中，$\left(\boldsymbol{A}^{\mathrm{T}}\boldsymbol{A}\right)^{-}\boldsymbol{A}^{\mathrm{T}}$ 可以看作超定方程组中列满秩矩阵 $\boldsymbol{A}$ 的广义逆。由于法方程的系数矩阵 $\boldsymbol{A}^{\mathrm{T}}\boldsymbol{A}$ 病态性严重，在 $\boldsymbol{A}^{\mathrm{T}}\boldsymbol{A}$ 的对角线加入阻尼因子 λ 可以改善病态，有

$$\left(\boldsymbol{A}^{\mathrm{T}}\boldsymbol{A}+\lambda\boldsymbol{I}\right)\Delta\boldsymbol{b}^{(k)}=\boldsymbol{A}^{\mathrm{T}}\boldsymbol{C} \tag{14.3.6}$$

由此得到阻尼最小二乘方法的解

$$\Delta\boldsymbol{b}^{(k)}=\left(\boldsymbol{A}^{\mathrm{T}}\boldsymbol{A}+\lambda\boldsymbol{I}\right)^{-}\boldsymbol{A}^{\mathrm{T}}\boldsymbol{C} \tag{14.3.7}$$

将式 (14.3.2) 代入式 (14.3.5)，有

$$\begin{aligned}\Delta\boldsymbol{b}^{k}&=\left[\left(\boldsymbol{U}\boldsymbol{\Sigma}\boldsymbol{V}^{\mathrm{T}}\right)^{\mathrm{T}}\left(\boldsymbol{U}\boldsymbol{\Sigma}\boldsymbol{V}^{\mathrm{T}}\right)\right]^{-}\left(\boldsymbol{U}\boldsymbol{\Sigma}\boldsymbol{V}^{\mathrm{T}}\right)^{\mathrm{T}}\boldsymbol{C}=\left(\boldsymbol{V}\boldsymbol{\Sigma}\boldsymbol{U}^{\mathrm{T}}\boldsymbol{U}\boldsymbol{\Sigma}\boldsymbol{V}^{\mathrm{T}}\right)^{-}\boldsymbol{V}\boldsymbol{\Sigma}\boldsymbol{U}^{\mathrm{T}}\boldsymbol{C}\\&=\left(\boldsymbol{V}\boldsymbol{\Sigma}^{2}\boldsymbol{V}^{\mathrm{T}}\right)^{-}\boldsymbol{V}\boldsymbol{\Sigma}\boldsymbol{U}^{\mathrm{T}}\boldsymbol{C}=\boldsymbol{V}\boldsymbol{\Sigma}^{-2}\boldsymbol{V}^{\mathrm{T}}\boldsymbol{V}\boldsymbol{\Sigma}\boldsymbol{U}^{\mathrm{T}}\boldsymbol{C}=\boldsymbol{V}\boldsymbol{\Sigma}^{-1}\boldsymbol{U}^{\mathrm{T}}\boldsymbol{C}=\boldsymbol{A}^{+}\boldsymbol{C}\end{aligned} \tag{14.3.8}$$

式 (14.3.8) 正是广义逆法的结果。

将式 (14.3.3) 代入式 (14.3.7)，有

$$\Delta\boldsymbol{b}^{k}=\boldsymbol{V}\left(\boldsymbol{\Sigma}^{2}+\lambda\boldsymbol{I}\right)^{-}\boldsymbol{\Sigma}\boldsymbol{U}^{\mathrm{T}}\boldsymbol{C} \tag{14.3.9}$$

若记 $\boldsymbol{\Sigma}=\mathrm{diag}\vartheta_i$，则矩阵 $\boldsymbol{D}=\left(\boldsymbol{\Sigma}^{2}+\lambda\boldsymbol{I}\right)\boldsymbol{\Sigma}^{-}=\mathrm{diag}\dfrac{\vartheta_i^2+\lambda}{\vartheta_i}$，则式 (14.3.9) 化为

$$\Delta\boldsymbol{b}^{k}=\boldsymbol{V}\boldsymbol{D}^{-}\boldsymbol{U}^{\mathrm{T}}\boldsymbol{C} \tag{14.3.10}$$

记矩阵 $\boldsymbol{E}^{+}=\boldsymbol{V}\boldsymbol{D}^{-}\boldsymbol{U}^{\mathrm{T}}$，则有

$$\Delta\boldsymbol{b}^{k}=\boldsymbol{E}^{+}\boldsymbol{C} \tag{14.3.11}$$

这样可以把广义逆方法与阻尼最小二乘方法联系起来。

理论上，广义逆方法即使在包含零奇异值的情况下也能得到唯一解。但是当在计算机上进行数值计算时，遇到的多是很小的奇异值，它们会导致迭代运算不能收敛。因此在反演过程中，必须设法压制小的奇异值的不利影响，控制相应的参量改正量。将施加阻尼和压制小的奇异值两种途径统一起来，有

$$\boldsymbol{E}^{+}=\boldsymbol{V}_r\boldsymbol{D}_r^{-}\boldsymbol{U}_r^{\mathrm{T}} \tag{14.3.12}$$

式中，$r=\mathrm{rank}\left(\boldsymbol{A}\right)$，$\boldsymbol{U}_r$ 和 $\boldsymbol{V}_r$ 分别为正交矩阵 $\boldsymbol{U}$ 和 $\boldsymbol{V}$ 的前 r 列子矩阵，$\boldsymbol{D}_r=\mathrm{diag}\dfrac{\vartheta_i^{2N}+\lambda^N}{\vartheta_i^N}$ 为 r 阶对角阵，λ 为阻尼因子，N 为正整数。

当 $N \to \infty$ 时，相当于奇异值截除法，截除小于 $\sqrt{\lambda}$ 的奇异值；当 $N=1$ 时，该方法为阻尼广义逆反演方法；当 $\lambda=0$ 时，为普通广义逆反演方法

对于改进的广义逆反演方法，实践表明，只要 λ 选得合适，就可保证迭代过程稳定收敛。至于 N，一般取 1，即为阻尼广义逆反演方法，它优于阻尼最小二乘法。其优点是直接解超定方程，既保证反演的稳定性，又避免了解对信息的改造。

在程序的编制上，采用适当的技巧 (如模型参数转换等) 使换算后的反演参数同属同一个量级，再将反演参数的取值限制为正数，与参数的物理意义相符，使稳定性有所改进；而且针对雅可比矩阵作适当的处理，可使计算速度大大提高。除此之外，广义逆矩阵方法，还有一个更突出的优点是能提供有助于对反演结果进行评价的辅助信息。

14.4 非线性逆散射玻恩迭代法

玻恩 (Born) 近似方法应用较广，是由 Born 在研究介质对光的散射时提出的一种近似方法，其基本思想是：将场散射理论得到的精确的或近似给定的一套数学变换应用于观测数据，通过映象的逆映象直接求解参数，假设映象用微分运算表达，则逆运算是积分运算。通过求解某种类型的积分方程式，就可以求取模型参数。具体说就是把场视为入射场与二级散射场之和，忽略二级散射场及之后场的散射。

在电磁场领域，若入射电磁波在没有失真的情况下进入散射体并产生散射，假定散射场是由一个单次散射造成的，则构成所谓电磁场问题的 Born 近似。从物理学角度看，当入射场远大于散射场时，Born 近似成立。结合 Marquardt 法的具体数学描述可以看出，一阶 Born 近似是利用 Taylor 级数展开待求电磁场量或势函数时，用 $\Delta\sigma$ 作为小量的一阶近似。

非均匀因素对电磁场的散射是普遍存在的，电磁场的逆散射问题就是通过散射体外部的观测信息来推测散射体的内部性质。其本身存在两个固有的困难：第一，反问题受非线性因素制约，即散射场与散射体性质之间是非线性关系；第二，反问题存在不适定性：观测数据中，有效数据量不完备，导致反问题的解不唯一。解非线性问题可采用迭代方法，同时由于反问题的不适定性 (病态或多解性)，可采用 Tikhonov 正则化方法加以解决。于是，变形的 Born 迭代法 (distorted Born iterative method ，DBIM) 成为自然的选择。

14.4.1 稳恒电场积分方程的玻恩近似

考虑 3.6 节注入电流电阻抗成像问题，为了利用格林函数，需要将稳恒电流场方程右端项写成点源的形式。即由边值问题

$$\nabla \cdot (\sigma \nabla u) = 0 \tag{14.4.1a}$$

$$\sigma \left.\frac{\partial u}{\partial n}\right|_{S_t} = \frac{I}{A} \tag{14.4.1b}$$

$$\sigma \left.\frac{\partial u}{\partial n}\right|_{S_g} = 0 \tag{14.4.1c}$$

变换为如下边值问题

$$\nabla \cdot (\sigma \nabla u) = -I\left[\delta\left(\boldsymbol{r} - \boldsymbol{r}_t\right)\right] \tag{14.4.2a}$$

$$\sigma \left.\frac{\partial u}{\partial n}\right|_{S} = 0 \tag{14.4.2b}$$

式中，$\boldsymbol{r}$ 为场点坐标，$\boldsymbol{r}_t$ 为源点坐标，S 为区域的边界，将边界 S 分为 $S_g \cup S_t$，其中 S_t 为电极，A 为电极面积，$S_g\,(S_g = S \backslash S_t)$ 为绝缘边界，I 为已知注入电流。

比较式 (14.4.1) 和式 (14.4.2)，可以看到式 (14.4.1) 所描述的非齐次诺依曼边界条件融入式 (14.4.2) 的右端项中，并认为在整个边界 S 上满足齐次诺伊曼边界条件。

需要注意，上面定解问题只列出一个电极的边界条件，也没有指定零电位边界条件，只是为了简化反演方法的阐释。

下面证明两组边值问题的等价性。

选取虚位移函数 δu，则式 (14.4.1a) 和式 (14.4.2a) 的弱形式为

$$\int_V \delta u \nabla \cdot (\sigma \nabla u)\, \mathrm{d}V = 0 \tag{14.4.3a}$$

$$\int_V \delta u \nabla \cdot (\sigma \nabla u)\, \mathrm{d}V = \int_V -I\delta u \left[\delta\left(\boldsymbol{r} - \boldsymbol{r}_t\right)\right] \mathrm{d}V = -\delta u\left(\boldsymbol{r}_t\right) I\left(\boldsymbol{r}_t\right) \tag{14.4.3b}$$

根据式 (1.3.12)

$$\int_V \boldsymbol{G} \cdot \nabla f \mathrm{d}V = -\int_V f \nabla \cdot \boldsymbol{G}\, \mathrm{d}V + \oint_S f \boldsymbol{n} \cdot \boldsymbol{G} \mathrm{d}S$$

用 δu 替代式 (1.3.12) 中的 f，用 $\sigma \nabla u$ 替代 $\boldsymbol{G}$，则式 (14.4.3) 化为

$$-\int_V \sigma \nabla u \cdot \nabla \delta u \mathrm{d}V + \int_{S_t} \delta u \sigma \frac{\partial u}{\partial n} \mathrm{d}S + \int_{S_g} \delta u \sigma \frac{\partial u}{\partial n} \mathrm{d}S = 0 \tag{14.4.4a}$$

$$-\int_V \sigma \nabla u \cdot \nabla \delta u \mathrm{d}V + \oint_S f \delta u \sigma \frac{\partial u}{\partial n} \mathrm{d}S = -\delta u\left(\boldsymbol{r}_t\right) I\left(\boldsymbol{r}_t\right) \tag{14.4.4b}$$

式 (14.4.4a) 和式 (14.4.4b) 分别代入各自的边界条件，则有

$$\int_V \sigma \nabla u \cdot \nabla \delta u \mathrm{d}V = \delta u\left(\boldsymbol{r}_t\right) I\left(\boldsymbol{r}_t\right) \tag{14.4.5}$$

两组边值问题的弱形式是一样的，由此证明二者是等价的。

选取背景值 $\sigma_0(\boldsymbol{r})$，根据式 (14.4.2a)，格林函数 $g(\boldsymbol{r}, \boldsymbol{r}')$ 满足的方程为

$$\nabla \cdot \left[\sigma_0(\boldsymbol{r}) \nabla g(\boldsymbol{r}, \boldsymbol{r}')\right] = -\delta(\boldsymbol{r} - \boldsymbol{r}') \tag{14.4.6}$$

定义阻抗 $Z(\boldsymbol{r}, \boldsymbol{r}_t) = \dfrac{u(\boldsymbol{r}, \boldsymbol{r}_t)}{I}$，令 $\sigma(\boldsymbol{r}) = \sigma_0(\boldsymbol{r}) + \Delta\sigma(\boldsymbol{r})$，代入式 (14.4.2a)，可得

$$\nabla \cdot \left[\sigma_0(\boldsymbol{r}) \nabla Z(\boldsymbol{r}, \boldsymbol{r}_t)\right] = -\delta(\boldsymbol{r} - \boldsymbol{r}_t) - \nabla \cdot \left[\Delta\sigma(\boldsymbol{r}) \nabla Z(\boldsymbol{r}, \boldsymbol{r}_t)\right] \tag{14.4.7}$$

式 (14.4.7) 右端项可以看成等效源。

阻抗 $Z(\boldsymbol{r}, \boldsymbol{r}_t)$ 为格林函数 $g(\boldsymbol{r}, \boldsymbol{r}')$ 与等效源在源区 V' 的积分，即有

$$Z(\boldsymbol{r}, \boldsymbol{r}_t) = \int_V g(\boldsymbol{r}, \boldsymbol{r}') \delta(\boldsymbol{r}' - \boldsymbol{r}_t) \mathrm{d}V' + \int_V g(\boldsymbol{r}, \boldsymbol{r}') \nabla' \cdot \left[\Delta\sigma(\boldsymbol{r}') \nabla' Z(\boldsymbol{r}', \boldsymbol{r}_t)\right] \mathrm{d}V' \tag{14.4.8}$$

利用 δ 函数的挑选性，式 (14.4.8) 中的第一项为

$$\int_V g(\boldsymbol{r}, \boldsymbol{r}') \delta(\boldsymbol{r}' - \boldsymbol{r}_t) \mathrm{d}V' = g(\boldsymbol{r}, \boldsymbol{r}_t) \tag{14.4.9a}$$

利用式 (1.3.12)，考虑齐次诺依曼边界条件式 (14.4.2b)，式 (14.4.8) 中的第二项为

$$\int_V g(\boldsymbol{r}, \boldsymbol{r}') \nabla' \cdot \left[\Delta\sigma(\boldsymbol{r}') \nabla' Z(\boldsymbol{r}', \boldsymbol{r}_t)\right] \mathrm{d}V' = -\int_V \left[\Delta\sigma(\boldsymbol{r}') \nabla' Z(\boldsymbol{r}', \boldsymbol{r}_t)\right] \cdot \nabla' g(\boldsymbol{r}, \boldsymbol{r}') \mathrm{d}V' \tag{14.4.9b}$$

于是，式 (14.4.8) 化为

$$Z(\boldsymbol{r}, \boldsymbol{r}_t) = g(\boldsymbol{r}, \boldsymbol{r}_t) - \int_V \Delta\sigma(\boldsymbol{r}') \nabla' g(\boldsymbol{r}, \boldsymbol{r}') \cdot \nabla' Z(\boldsymbol{r}', \boldsymbol{r}_t) \mathrm{d}V'$$

考虑 Green 函数的互易性 $g(\boldsymbol{r}, \boldsymbol{r}') = g(\boldsymbol{r}', \boldsymbol{r})$，上式可写为

$$Z(\boldsymbol{r}, \boldsymbol{r}_t) = g(\boldsymbol{r}, \boldsymbol{r}_t) - \int_V \Delta\sigma(\boldsymbol{r}') \nabla' g(\boldsymbol{r}', \boldsymbol{r}) \cdot \nabla' Z(\boldsymbol{r}', \boldsymbol{r}_t) \mathrm{d}V' \tag{14.4.10}$$

若令

$$\Delta Z\left(\boldsymbol{r},\boldsymbol{r}_t\right)=Z\left(\boldsymbol{r},\boldsymbol{r}_t\right)-g\left(\boldsymbol{r},\boldsymbol{r}_t\right)$$

则有

$$\Delta Z\left(\boldsymbol{r},\boldsymbol{r}_t\right)=-\int_V\Delta\sigma\left(\boldsymbol{r}'\right)\nabla' g\left(\boldsymbol{r}',\boldsymbol{r}\right)\cdot\nabla' Z\left(\boldsymbol{r}',\boldsymbol{r}_t\right)\mathrm{d}V' \tag{14.4.11}$$

式 (14.4.11) 为非线性积分方程。

若用均匀背景值 σ_0 下的 Green 函数 $g\left(\boldsymbol{r}',\boldsymbol{r}_t\right)$ 近似式 (14.4.11) 右端被积函数中的 $Z\left(\boldsymbol{r},\boldsymbol{r}_t\right)$ 项，则构成 Born 近似，式 (14.4.11) 近似为

$$\Delta Z\left(\boldsymbol{r},\boldsymbol{r}_t\right)=-\int_V\Delta\sigma\left(\boldsymbol{r}'\right)\nabla' g\left(\boldsymbol{r}',\boldsymbol{r}\right)\cdot\nabla' g\left(\boldsymbol{r}',\boldsymbol{r}_t\right)\mathrm{d}V' \tag{14.4.12}$$

于是，式 (14.4.12) 成为未知数 $\Delta\sigma\left(\boldsymbol{r}'\right)$ 的线性积分方程。

由式 (14.4.12) 可直接得出 Z 对 σ 的一阶泛函微商，用 S 表示

$$S=\frac{\delta Z}{\delta\sigma}=-\nabla' g\left(\boldsymbol{r}',\boldsymbol{r}\right)\cdot\nabla' g\left(\boldsymbol{r}',\boldsymbol{r}_t\right) \tag{14.4.13}$$

为了利用式 (14.4.12) 求解 $\Delta\sigma\left(\boldsymbol{r}'\right)$，首先将源区 V' 剖分为 N 个单元，离散电导率分布函数 $\sigma\left(\boldsymbol{r}'\right)$，在单元 V_j 内电导率 σ_j 为常数，即有

$$\sigma\left(\boldsymbol{r}'\right)=\sum_j\sigma_j L_j\left(\boldsymbol{r}'\right) \tag{14.4.14}$$

式中，$L_j\left(\boldsymbol{r}'\right)$ 为不连续的形函数，它在某一区域 V_j 内取值为 1，而在区域外取值为零。

$$L_j\left(\boldsymbol{r}'\right)=\begin{cases}1, & \boldsymbol{r}'\in V_j'\\ 0, & \boldsymbol{r}'\notin V_j'\end{cases} \tag{14.4.15}$$

令式 (14.4.14) 中某一特定的 σ_j 有一变化 $\Delta\sigma_j$，而其余不变，则

$$\Delta\sigma\left(\boldsymbol{r}'\right)=\Delta\sigma_j L_j\left(\boldsymbol{r}'\right) \tag{14.4.16}$$

将式 (14.4.13) 和式 (14.4.16) 代入式 (14.4.12)，得到 Fréchet 导数

$$\frac{\partial Z}{\partial\sigma_j}=\int_{V_j}S\left(\boldsymbol{r}'\right)L_j\left(\boldsymbol{r}'\right)\mathrm{d}V' \tag{14.4.17}$$

于是式 (14.4.12) 成为

$$\Delta Z = \sum_{j=1}^{N} \Delta\sigma_j \frac{\partial Z}{\partial \sigma_j} \tag{14.4.18}$$

可以看出，经过离散化之后，测量数据变成有限个变量 $\sigma_j\,(j=1,\cdots,N)$ 的多元函数，方程 (14.4.18) 用矩阵表达为

$$\boldsymbol{S}\Delta\boldsymbol{\sigma} = \boldsymbol{Z} \tag{14.4.19}$$

式中，$\boldsymbol{Z}$ 为由 ΔZ 组成的列向量，$\Delta\boldsymbol{\sigma}$ 是由 $\Delta\sigma_j$ 组成的列向量，$\boldsymbol{S}$ 是灵敏度矩阵，其元素由式 (14.4.13) 给出。

采用吉洪诺夫正则化方法，构造目标泛函为

$$F = \|\boldsymbol{Z} - \boldsymbol{A}\Delta\boldsymbol{\sigma}\|^2 + \lambda\|\Delta\boldsymbol{\sigma}\|^2 \tag{14.4.20}$$

式中，λ 为正则化因子。

对式 (14.4.20) 求极小时得到

$$\left(\boldsymbol{A}^{\mathrm{T}}\boldsymbol{A} + \lambda\boldsymbol{I}\right)\Delta\boldsymbol{\sigma} = \boldsymbol{A}^{\mathrm{T}}\boldsymbol{Z} \tag{14.4.21}$$

利用式 (14.4.21) 对 $\Delta\boldsymbol{\sigma}$ 进行求解，在得到 $\Delta\boldsymbol{\sigma}$ 后可得 $\boldsymbol{\sigma} = \boldsymbol{\sigma}_0 + \Delta\boldsymbol{\sigma}$，再将得到的 $\boldsymbol{\sigma}$ 作为新的背景值重复上面的过程，直至产生合适的电导率值 $\boldsymbol{\sigma}$。

14.4.2　矢量波体积分方程的玻恩近似

对于矢量波体积分方程式 (9.3.43)，列在此处

$$\boldsymbol{E}(\boldsymbol{r}) = \boldsymbol{E}_{\mathrm{inc}}(\boldsymbol{r}) + \int_V \left[k^2(\boldsymbol{r}') - k_b^2\right]\overline{\overline{\boldsymbol{G}}}_e \cdot \boldsymbol{E}\mathrm{d}V' \tag{14.4.22}$$

当 $k^2 - k_b^2$ 很小，即散射体与背景的反差很小时，式 (14.4.22) 中的积分项与入射场相比很小。将总场近似为入射场，则有

$$\boldsymbol{E}(\boldsymbol{r}) \approx \boldsymbol{E}_{\mathrm{inc}}(\boldsymbol{r}) \tag{14.4.23}$$

将式 (14.4.23) 代入式 (14.4.22) 的体积分中，有

$$\boldsymbol{E}(\boldsymbol{r}) = \boldsymbol{E}_{\mathrm{inc}}(\boldsymbol{r}) + \int_V \left[k^2(\boldsymbol{r}') - k_b^2\right]\overline{\overline{\boldsymbol{G}}}_e \cdot \boldsymbol{E}_{\mathrm{inc}}(\boldsymbol{r}')\,\mathrm{d}V' \tag{14.4.24}$$

对式 (14.4.24) 的后续处理可参考 14.3 节，此处不再赘述。

14.5 广义脉冲谱法

算子识别的脉冲谱法 (PST) 是 Tsien-Chen 在求解一维流体力学反问题时提出的一种迭代法，近年来利用 PST 并配合病态问题的求解技巧成功地解决了波动方程、拉普拉斯方程相关的工程反问题和地球物理的多参数反演问题。实践证明，这是一种非常好的处理反问题的方法，它处理反问题不受维数的限制，不受方程类型的限制，无论是双曲型方程的反问题，抛物型方程的反问题或者是椭圆型方程的反问题都可以用这种方法求解。此外，还不受反问题类型的限制，即无论是待定参数的反问题，待定源项的反问题，待定区域边界的几何反问题或者待定边界条件的反问题都可以应用这种方法或者这种方法的变形进行求解。由于脉冲谱方法有很多改进的形式，Chen 将这些形式统称为广义脉冲谱 (GPST)。命名中的脉冲指的是时域，谱指的是空间复频率域。其基本出发点是：用各种牛顿型迭代方法把非线性算子线性化；用各种办法克服遇到的不适定问题而尽量保证迭代收敛；在迭代的每一步使用有限元或有限差分法求解正问题。

本节仍以注入电流电阻抗成像问题为例。

引进迭代假设

$$\sigma_{n+1}(\boldsymbol{r}) = \sigma_n(\boldsymbol{r}) + \delta\sigma_n(\boldsymbol{r}) \tag{14.5.1a}$$

$$u_{n+1}(\boldsymbol{r}) = u_n(\boldsymbol{r}) + \delta u_n(\boldsymbol{r}) \tag{14.5.1b}$$

其中，$n = 1, 2, \cdots$ 为迭代次数。

将式 (14.5.1) 代入式 (14.4.2a)，并按 u_n 和 δu_n 分类，略去高阶小量，得到两个方程

$$\nabla \cdot [\sigma_n(\boldsymbol{r}) \nabla u_n(\boldsymbol{r}, \boldsymbol{r}_t)] = -I\delta(\boldsymbol{r} - \boldsymbol{r}_t) \tag{14.5.2a}$$

$$\nabla \cdot [\sigma_n(\boldsymbol{r}) \nabla \delta u_n(\boldsymbol{r}, \boldsymbol{r}_t)] = -\nabla \cdot [\delta\sigma_n(\boldsymbol{r}) \nabla u_n(\boldsymbol{r}, \boldsymbol{r}_t)] \tag{14.5.2b}$$

参考 14.4 节，式 (14.5.2) 的解为

$$u_n(\boldsymbol{r}, \boldsymbol{r}_t) = Ig(\boldsymbol{r}, \boldsymbol{r}_t) \tag{14.5.3a}$$

$$\delta u_n = \int_V \delta\sigma_n(\boldsymbol{r}') \nabla' g(\boldsymbol{r}, \boldsymbol{r}') \cdot \nabla' u_n(\boldsymbol{r}', \boldsymbol{r}_t) \, \mathrm{d}V' \tag{14.5.3b}$$

将式 (14.5.3a) 代入式 (14.5.3b)，有

$$\delta u_n = \frac{1}{I} \int_V \delta\sigma_n(\boldsymbol{r}') \nabla' u_n(\boldsymbol{r}, \boldsymbol{r}') \cdot \nabla' u_n(\boldsymbol{r}', \boldsymbol{r}_t) \, \mathrm{d}V' \tag{14.5.4}$$

式 (14.5.4) 进一步可以记为

$$\delta \boldsymbol{u}_n = \boldsymbol{S}_n \delta \boldsymbol{\sigma}_n \tag{14.5.5}$$

其中，$\boldsymbol{S}_n$ 为第 n 次迭代过程的灵敏度矩阵

$$\boldsymbol{S}_n = \frac{1}{I} \int_V \nabla' u_n (\boldsymbol{r}, \boldsymbol{r}') \cdot \nabla' u_n (\boldsymbol{r}', \boldsymbol{r}_t) \, \mathrm{d}V'$$

对式 (14.5.4) 的后续处理，同样可以采用阻尼最小二乘或广义逆等方法，这里不再具体描述。

14.6 基于物理信息的神经网络模型反演方法

在电磁场反问题求解过程中，研究对象的复杂性，数理建模时通常会作一些近似或忽略一些影响因素，导致了模型误差的引入，此外，反问题的非线性、非适定等特性也导致其求解难度较大。人工神经网络作为一个高度非线性模型，为反问题求解提供了新的思路。目前，常用的神经网络模型在求解反问题时多依赖数据驱动的方式，网络模型通过学习大量输入输出样本对，迭代更新网络权值参数，最终获取输入和输出之间的函数映射关系。这种数据驱动的神经网络反问题求解方式在一些实际问题中取得了不错的效果。但这种方法对输入的数据规模有较高要求，常常需要大量甚至海量数据进行训练，此外，模型的内部处理机制的可解释性较差，计算流程类似“黑箱子”，缺乏物理规律约束。针对该问题，2019 年布朗大学应用数学系教授 Maziar Raissi 等提出了一种基于物理信息的神经网络 (physics-informed neural networks, PINNs) 模型，该模型有效提升了神经网络的可解释性，在偏微分、微分积分及分数微分方程或方程组的求解中均展现出了良好的性能。本节将向读者介绍神经网络模型的基础知识，同时重点关注 PINNs 模型在电磁场正/反问题求解中的应用。关于网络模型的详细介绍，同学们可以阅读相关专业书籍，如邱锡鹏 (2020) 的专著。

14.6.1 神经网络节点信号传输过程

人脑神经系统是一个异常巨大且复杂的网络。为了模拟神经系统的运行机制，早期的神经科学家提出了简单的数学模型，称为人工神经网络，简称神经网络。在深度学习领域，神经网络是指由多个节点构成的网络结构模型，这些节点间的连接强度是可学习的参数。

与生物神经元类似，人工神经网络中的节点具有携带及传输信息的作用。图 14.6.1 所示为典型神经网络中单个节点上的计算流程。

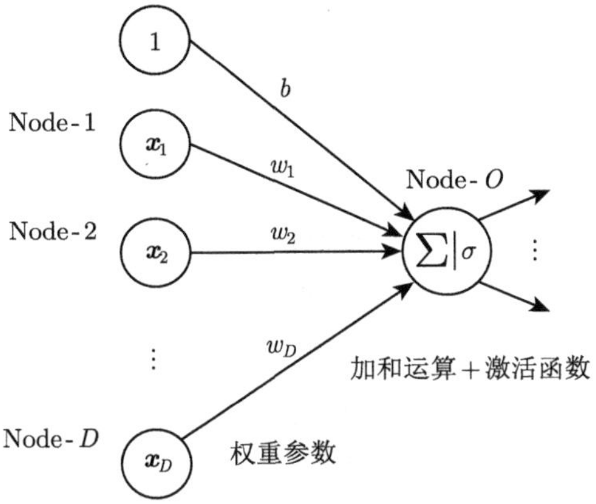

图 14.6.1 单个节点上信号传输流程

其中节点 Node-1～ Node-D 分别携带信号 $x_1, x_2, \cdots, x_D$ 与节点 O 相连接。在每条连接线上存在着权重值 $w_1, w_2 \cdots w_D$。将节点 1 到 D 携带的信号以向量的形式表示，即 $\boldsymbol{x} = [x_1 x_2 \cdots x_D]^{\mathrm{T}}$，则节点 O 接收到的信号可由下式求出

$$z = \sum_{d=1}^{D} w_d x_d + b = \boldsymbol{w}^{\mathrm{T}} \boldsymbol{x} + b \tag{14.6.1}$$

其中，$z \in R$ 表示节点 O 所获得的输入信号 $\boldsymbol{x}$ 的加权和，称为净输入；$\boldsymbol{w}= [w_1 w_2 \cdots w_D]^{\mathrm{T}} \in R^D$ 是 D 维的权重向量，表示不同信号在传递中所占比重；$\boldsymbol{b} \in R$ 称为偏置。而净输入 z 在经过一个非线性函数 $\sigma(\cdot)$ 后，即可得到神经元的活性值 a，其中非线性函数 $\sigma(\cdot)$ 称为激活函数 (activation function)。而活性值 a 即代表节点 y 上携带的信号。

$$a = \sigma(z)$$

由以上分析可知，神经网络中每个节点均代表一个特定函数，可将其他节点的信号经由加权运算，输入到一个激活函数中并得到一个新的活性值。所谓激活函数是一个非线性函数，可将线性变换得到的净输入 z“挤压”到非线性空间，大大增强了网络的表达能力。常用的激活函数包含 sigmoid 函数和双曲 (tanh) 函数，函数曲线如图 14.6.2 所示。

sigmoid 函数为

$$h(x) = \frac{1}{1 + \exp(-x)}$$

tanh 函数为

$$h(x) = \frac{\exp(x) - \exp(-x)}{\exp(x) + \exp(-x)}$$

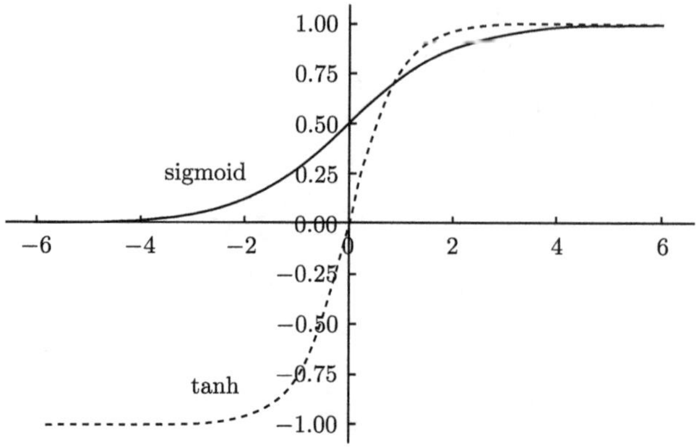

图 14.6.2　sigmoid 及 tanh 函数曲线图

14.6.2　神经网络模型传播过程

将上文介绍的神经网络节点按照不同的方式组合即可构成神经网络模型。目前常用的网络模型包含：前馈神经网络、卷积神经网络和循环神经网络。其中，前馈神经网络 (feedforward neural network，FNN) 是最早发明的网络模型，其结构也最为简单。在前馈神经网络中，每一层的节点可以接收前一层节点信号，并产生信号输出到下一层。图 14.6.3 所示为一个四层的前馈神经网络，第 0 层称为输入层，最后一层称为输出层，其他中间层称为隐藏层。

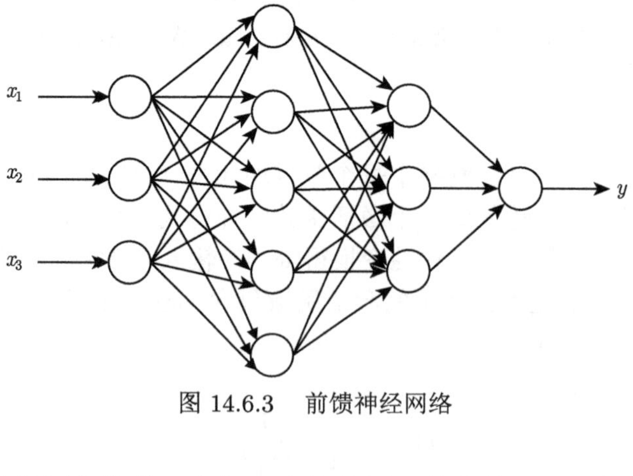

图 14.6.3　前馈神经网络

假设前馈神经网络模型中共有 L 个网络层，其中第 l 层上的节点个数为 M_l，该层的激活函数为 $\sigma_l(\cdot)$，净输入为 $\boldsymbol{z}^{(l)} \in R^{M_l}$，活性值为 $\boldsymbol{a}^{(l)} \in R^{M_l}$。需要注意：与单个神经元节点不同，此时的净输入及活性值是由各个节点上的值组成的矢量形式。此外，第 $l-1$ 层与第 l 层之间连接的权重值及偏置也需要转换为矩阵形式，$\boldsymbol{W}^{(l)} \in R^{M_l \times M_{l-1}}$ 和 $\boldsymbol{b}^{(l)} \in R^{M_l}$。

令 $\boldsymbol{a}^{(0)} = \boldsymbol{x}$，前馈神经网络通过不断迭代下式进行信号传播

$$\boldsymbol{z}^{(l)} = \boldsymbol{W}^{(l)} \boldsymbol{a}^{(l-1)} + \boldsymbol{b}^{(l)}$$

$$\boldsymbol{a}^{(l)} = \sigma_l(\boldsymbol{z}^{(l)})$$

首先根据第 l–1 层神经元的活性值 $\boldsymbol{a}^{(l-1)}$ 计算出第 l 层神经元的净活性值 $\boldsymbol{z}^{(l)}$，然后经过激活函数得到第 l 层神经元的活性值。将上述两式合并

$$\boldsymbol{z}^{(l)} = \boldsymbol{W}^{(l)} f_{l-1}\left(\boldsymbol{z}^{(l-1)}\right) + \boldsymbol{b}^{(l)}$$

或者

$$\boldsymbol{a}^{(l)} = f_l\left(\boldsymbol{W}^{(l)} \boldsymbol{a}^{(l-1)} + \boldsymbol{b}^{(l)}\right)$$

前馈神经网络可以通过逐层的信号传递，得到网络最后的输出 $\boldsymbol{a}^{(L)}$。

那么如何用神经网络来逼近函数？这里需要先介绍下通用近似定理 (universal approximation theorem)。令 $\sigma(\cdot)$ 为一个非常数、有界、单调递增的连续函数，J_D 是一个 D 维的单位超立方体 $[0,1]^D$，$C(J_D)$ 是定义在 J_D 上的连续函数集合。对于任何一个函数 $f(\cdot)\in C(J_D)$，存在一个整数 M 和一组实数 v_m，$b_m \in R$ 以及实数向量 $\boldsymbol{w}_m \in R^D$，$m=1$，$\cdots$，M，以至于可以定义函数

$$F(x) = \sum_{m=1}^{M} v_m \sigma(\boldsymbol{w}_m^T \boldsymbol{x} + b_m)$$

作为函数 $f(\cdot)$ 的近似，即

$$|F(\boldsymbol{x}) - f(\boldsymbol{x})| < \epsilon, \quad \forall\, \boldsymbol{x} \in J_D$$

其中，$\epsilon>0$ 是一个很小的正数，即给定的误差精度。

根据通用近似定理，可以把整个神经网络看作一个复合函数 $\phi(\boldsymbol{x};\boldsymbol{W},\boldsymbol{b})$：向量 $\boldsymbol{x}$ 是该函数的输入，而第 L 层的输出 $\boldsymbol{a}^{(L)}$ 是函数的输出。其中，$\boldsymbol{W}$ 和 $\boldsymbol{b}$ 表示网络中所有层的连接权重和偏置，是该复合函数的参量。对于包含了至少一个隐藏层和线性输出层的神经网络，其激活函数满足单调递增且连续有界限制，例如，上文提到的 sigmoid 和 tanh 函数，只要神经网络隐藏层节点的数量足够多，该网络可以按照任意精度近似任何一个定义在实数空间 $R^{\boldsymbol{D}}$ 中的有界闭集函数。换句话说，神经网络模型具备强大的表达能力，可以近似任意复杂系统背后的函数映射关系。

14.6.3 神经网络模型参数求解

上文介绍了神经网络模型由输入到输出的信号传播过程，在这个过程中，认为模型中的权重和偏置参数均是已知的。但是，实际问题中网络模型的权重和偏置是未知的，而用网络模型近似任意函数时，主要的任务就是确定合适的权值参数值。确定网络权值参数的过程也称为神经网络模型的“学习”过程。

那么网络模型是如何“学习”权值参数呢？其计算流程如图 14.6.4 所示。神经网络模型可以认为是一个复合函数 $\phi(\boldsymbol{x};\boldsymbol{W},\boldsymbol{b})$，根据通过仿真或实验方法获取的大量训练数据点称为正确解。训练网络模型时，首先给网络模型参数一个初始值，然后将不同工况对应的信号 $\boldsymbol{x}$ 输入神经网络模型，经过模型计算可以得到不同工况下的预测值 $\boldsymbol{y}$。通过比较预测值与正确解间的距离，即损失函数，就能判断出网络模型中权重参数是否最优。

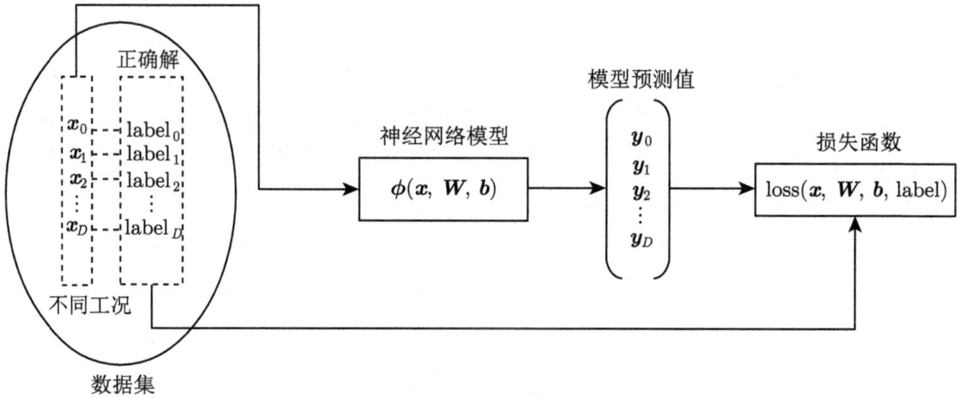

图 14.6.4 神经网络模型参数计算流程图

常用损失函数包含均方误差 (mean square error) 和交叉熵误差 (cross entropy error) 等。均方误差为

$$E=\frac{1}{2}\sum_k (y_k-t_k)^2$$

其中，y_k 表示神经网络的输出，t_k 表示正确解，k 表示数据的维度。

交叉熵误差为

$$E=-\sum_k t_k \log y_k$$

其中，log 表示以 e 为底数的自然对数 ($\log_\mathrm{e}$)。

通过观察图 14.6.4 可知：**loss**($\boldsymbol{x},\boldsymbol{W},\boldsymbol{b}$,label) 中工况信号 $\boldsymbol{x}$ 及正确解均是已知的，而权重及偏置参数 ($\boldsymbol{W}$, $\boldsymbol{b}$) 才是未知数。神经网络学习的目的是找到使损失

函数的值尽可能小的参数。这个寻找最优参数的过程称为最优化 (optimization)。常用的参数寻优算法是随机梯度下降法 (stochastic gradient descent，SGD)，以参数的梯度作为线索，沿梯度方向对参数值 $\boldsymbol{W}$ 和 $\boldsymbol{b}$ 进行更新迭代，其迭代公式如下：

$$\boldsymbol{W}_n=\boldsymbol{W}_{n-1}-\eta\frac{\partial \text{loss}}{\partial \boldsymbol{W}_{n-1}},\quad n=0,1,2,\cdots,n$$

$$\boldsymbol{b}_n=\boldsymbol{b}_{n-1}-\eta\frac{\partial \text{loss}}{\partial \boldsymbol{b}_{n-1}},\quad n=0,1,2,\cdots,n$$

但是，神经网络中的参数量往往可以达到百万甚至千万级，如何快速准确地求解出损失函数关于这些权值参数的导数，是一个非常棘手的问题，也是神经网络模型能否高效运算的核心。1974 年哈佛大学的 Paul Werbos 发明了反向传播算法 (back propagation，BP)。通过应用 BP 算法，神经网络模型可以快速计算出损失函数中多个参数的导数，从而实现模型的快速学习。接下来将从计算图的角度出发，介绍反向传播算法的基本原理。

所谓计算图是将计算过程用图形表示出来。这里说的图形是数据结构图，有多个节点和连接节点的边组。计算图可以存储中间计算的结果，同时还具备局部计算的优势。

图 14.6.5 为计算图中单个节点上的反向求导过程。此时，节点上的运算满足某个函数关系 $f(\cdot)$，正向计算流程中输入信号 x，输出为 y；反向计算中，上游函数 $L(\cdot)$ 对 y 的偏导数为 $\dfrac{\partial L}{\partial y}$。根据链式法则，只需要将该偏导数与函数 f 对 x 的偏导数相乘，即可获得上游函数 $L(\cdot)$ 对于 x 的偏导数，即 $\dfrac{\partial L}{\partial y}\dfrac{\partial y}{\partial x}$。

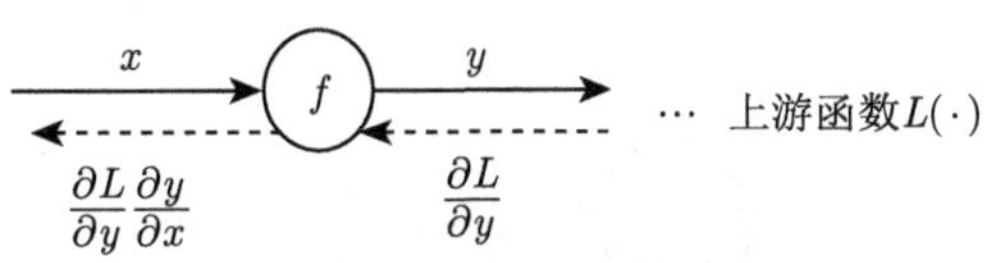

图 14.6.5 反向传播计算图

以购买苹果的过程为例：图 14.6.6 中苹果的单价为 a，个数为 b。经过节点上的乘法运算，最终得出苹果的总价为 $p=ab$。按照上面反向传播算法的计算流程，最终可得上游函数 $L(\cdot)$ 对于 a 和 b 的偏导数分别为 $\dfrac{\partial L}{\partial p}b$ 和 $\dfrac{\partial L}{\partial p}a$。由反向传播算法的计算流程可知，在计算上游函数对于下游参数的偏导数时，只需要关注每个节点附近的局部求导运算，同时借助正向传播过程中的中间计算结果，即可方便快捷地求解出上游函数对各中间参数的偏导数。

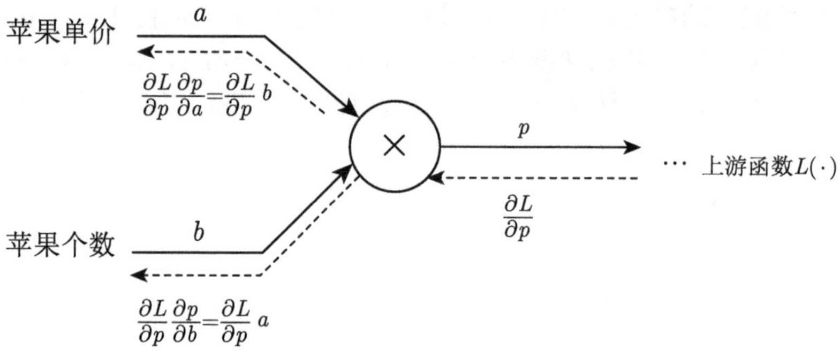

图 14.6.6　计算图求导举例

上述内容介绍了反向传播算法的基本原理，不论多么复杂的神经网络模型均可依照上述计算流程求解出不同权重参数的偏导数，从而代入随机梯度下降算法，迭代更新权值参数。目前常用的深度学习框架如 TensorFlow、Pytorch 等均内置了反向传播算法，这些软件框架具备强大的自动求导功能，不需要用户自己计算函数的导数，仅需几行代码即可完成网络参数的求导过程，大大提高了用户的工作效率。关于计算图的详细介绍，同学们可以参考相关书籍，如斋藤康毅 (2018) 的专著。

神经网络的整个计算流程可以用图 14.6.7 来描述。

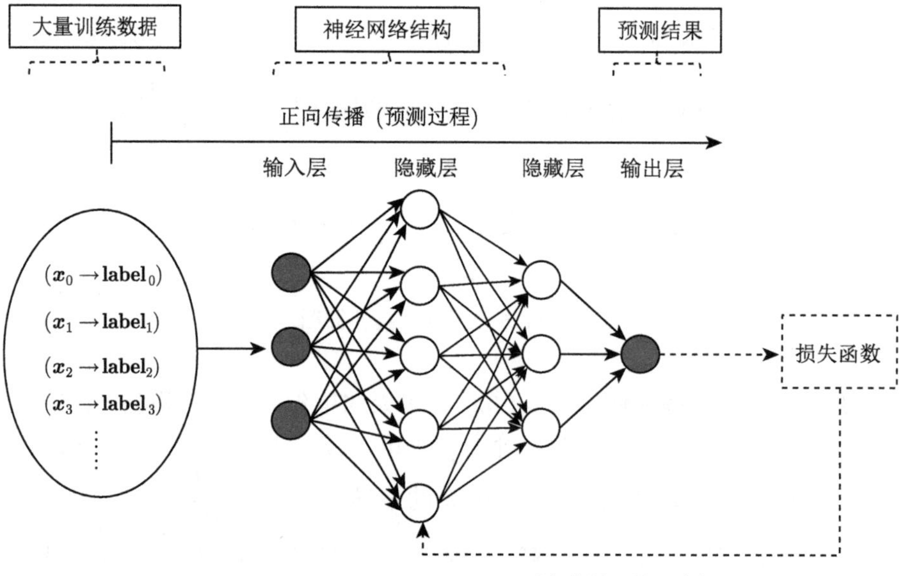

图 14.6.7　神经网络计算流程

14.6.4 PINNs

神经网络模型在计算机视觉、自然语言处理等领域均取得了广泛成功。随着GPU 性能的不断进步，神经网络模型的计算速度与预测精度都有了大幅提升。尽管如此，一些学者仍提出质疑，他们认为，目前的神经网络模型更像一个黑箱算法，内部的求解机制难以通过物理知识解释。此外，人们常常把神经网络模型视为"通用函数"近似器，但在真正需要求解复杂函数的科学计算领域，神经网络的计算效果却不尽人意。为了提高神经网络模型的可解释性，同时拓展其在科学计算领域内的应用，2019 年布朗大学提出了 PINNs 模型，该模型借助损失函数将控制方程的约束植入神经网络，最终得到满足控制方程的网络权值参数。PINNs 模型不仅能够求解已知边界与初始条件的正问题，在反问题求解中也具备独特优势。

数理方程常用的求解方式包括解析和数值解法。由于实际工况中几何域及方程自身的复杂性，难以推导出解析解，因而数值解法是实践中常用的求解方式。常规的数值解法需要对时域和频域进行离散处理，再根据不同的差分方式将控制方程转换为稀疏矩阵，通过代数计算得到方程的数值解。通过 PINNs 模型求解数理方程与数值算法的相同之处在于，计算域内的任一点均满足控制方程的约束。图 14.6.8 给出了 PINNs 模型在正问题求解中的计算流程。

以图 14.6.8 中二阶偏微分方程求解为例，将方程中的源项移到等式左边，可得

$$\frac{\partial \varphi}{\partial t}+\Delta \varphi-f(\boldsymbol{r}, t)=0 \tag{14.6.2}$$

式中，φ 为偏微分方程 (PDE) 中待求解的量，$f(\boldsymbol{r}, t)$ 表示该源项是关于空间坐标点 $\boldsymbol{r}$ 和时间 t 的函数。

式 (14.6.2) 表明，任意时刻计算域内任一点在 PDE 的约束下其计算结果均为 0。因此，可以在计算域内选取任意多个 PDE 约束下的点作为神经网络的训练数据，这些训练数据的正确解均为 0。同时，根据 PDE 的边界及初始条件，可以获取相应边界及初始时刻点集的正确解。通过这样的方式获得大量的训练数据，均满足 PDE、初始及边界条件的约束，能够轻松地找到这些点对应的正确解。

接下来，将大量的输入数据，即空间点坐标 $\boldsymbol{r}$ 和时间 t，代入神经网络模型，得到的输出值为 PDE 的解 $\varphi(\boldsymbol{W}, \boldsymbol{b}, \boldsymbol{r}, t)$。该输出值 $\varphi(\boldsymbol{W}, \boldsymbol{b}, \boldsymbol{r}, t)$ 可看作一个函数，包含了 $\boldsymbol{W}, \boldsymbol{b}, \boldsymbol{r}, t$ 四个自变量。借助计算图求导，可以求解出函数 $\varphi(\boldsymbol{W}, \boldsymbol{b}, \boldsymbol{r}, t)$ 关于这四个自变量的任意阶导数。通过这些导数即可构造出满足初始和边界条件约束的损失函数以及控制方程约束的损失函数，在图 14.6.8 中分别记为 $\mathrm{Loss}_{b\&i}$ 和 $\mathrm{Loss}_{\mathrm{PDE}}$。

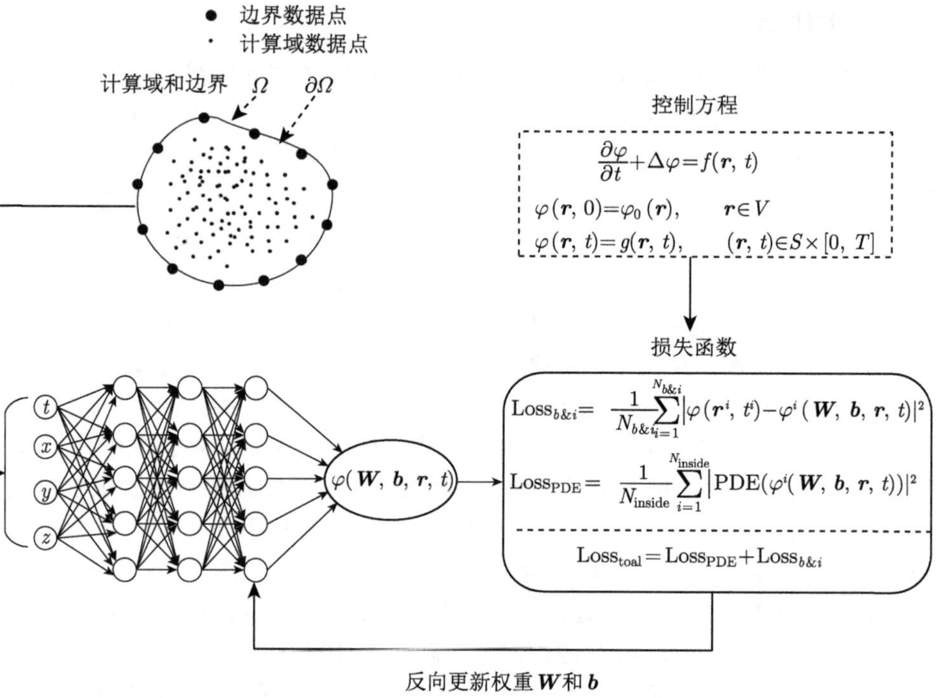

图 14.6.8　PINNs 模型对于正问题的计算流程

最后，通过随机梯度下降法等优化算法更新网络模型中的权重参数 $\boldsymbol{W}$ 和 $\boldsymbol{b}$，求解神经网络的模型参数。

对上述模型进行少量修改，即可实现反问题求解，以图 14.6.9 中控制方程为例，反问题求解是根据实验或仿真获得的未知量 φ 的计算值或测量值，求解式 (14.6.3) 中物性参数 ε 的分布。

$$\frac{\partial \varphi}{\partial t}+\nabla \cdot[\varepsilon(\nabla \varphi)]-f(\boldsymbol{r}, t)=0 \tag{14.6.3}$$

此时，PINNs 模型的输入数据中加入了实验数据点和边界上物性参数 ε 满足的约束条件。将这些数据点输入到网络模型中，此时模型的输出除了 PDE 的解 $\varphi(\boldsymbol{W}, \boldsymbol{b}, \boldsymbol{r}, t)$ 外，还包含未知参量 $\varepsilon(\boldsymbol{W}, \boldsymbol{b}, \boldsymbol{r}, t)$。随后，将这两个输出节点代入损失函数中，利用反向传播算法更新网络中的权值参数。可以看到，PINNs 对于反问题的求解流程与正问题十分相似，在求解反问题的同时还可以输出正问题的解。此外，反问题的求解过程并没有改变网络模型的结构，仅需加入一些实验测量值，得到实验数据的损失函数和边界上物性参数 ε 的损失函数，在图 14.6.9 中分别记为 $\mathrm{Loss}_{\exp}$ 和 $\mathrm{Loss}_{\varepsilon b}$，联合初始和边界条件约束的损失函数以及控制方程约束的

损失函数 $\mathrm{Loss}_{b\&i}$ 和 $\mathrm{Loss}_{\mathrm{PDE}}$，即可预测出 PDE 中未知参量的分布情况，完成逆问题求解。

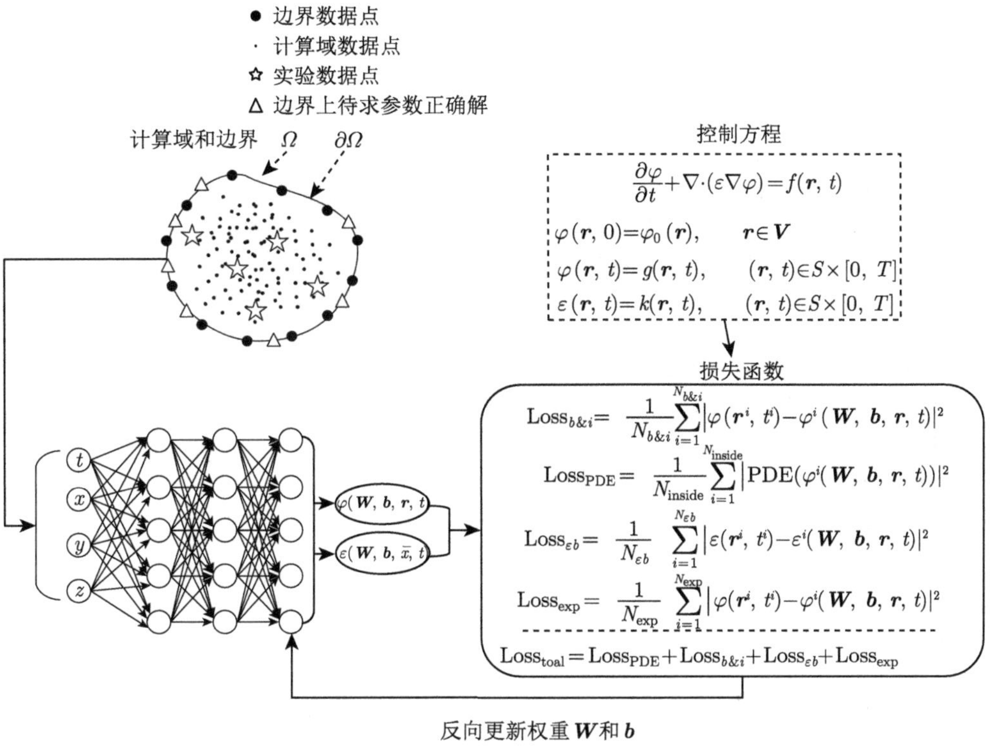

图 14.6.9 PINNs 模型对于反问题的计算流程

14.6.5 PINNs 模型方法与常用的数值求解方法的比较

与有限差分 (finite difference method)、有限元 (finite element method) 及有限体积 (finite volume method) 等常见的数值解法相比，PINNs 模型避免了复杂的网格划分过程，只需选取足够多的坐标点代入网络模型。同时，该模型还可以根据每次计算出的权重参数梯度值自动优化相关位置上坐标点的分布密度，实现自适应取点。此外，在获得了某个 PDE 的解之后，再次求解类似问题时可以直接采用训练好的权重参数进行训练，甚至不需要额外训练即可求解出新问题的解。也就是说，PINNs 模型具备良好的迁移特性。

PINNs 的独特优势在于可以对正反问题同时求解。在一些实际工程问题中，PDE 的某些参数（如物性参数）往往是未知的，传统的反演方法通常需要多次正演和迭代优化，而且还需要通过正则化克服反演矩阵的病态性，限制了反问题的求解精度。而使用 PINNs 模型只需在网络输出层中增加待求解的反演参数，再根据实验测量值，通过损失函数对网络进行反向优化，就可以得到该反演参数的近似值，并且同时求解了 PDE。只要测量的工况足够多，网络模型就可以不断逼近待求解参数的真实值。

习　题

在如下的电磁场反问题中选择一个感兴趣的问题，调研相关文献，采用一种逆问题求解方法，编程实现，并把所做的工作写成正式的论文形式。

14.1　电阻抗成像：稳恒电场正问题数值分析与电导率重建。

14.2　电容层析成像：电准静态电场正问题数值分析与介电常量重建。

14.3　海洋可控源电磁探测：低频电磁场数值分析与电导率反演。

14.4　磁体设计：稳恒磁场正问题数值分析与电流分布反问题。

14.5　变压器设计：稳恒磁场正问题数值分析与几何尺寸优化。

14.6　脑电源定位：稳恒磁场正问题数值分析与脑电反问题。

请自学如下反问题算法：

14.7　Landweber 算法。

14.8　共轭梯度算法。

14.9　滤波反投影算法。

14.10　牛顿一步重建法。

参考文献

巴特. 2016. 有限元法 (第 2 版): 理论、格式与求解方法. 轩建平, 译. 北京：高等教育出版社.

毕德显. 1985. 电磁场理论. 北京：电子工业出版社.

陈秉乾，舒幼生，胡望雨. 2001. 电磁学专题研究. 北京：高等教育出版社.

戴振铎，鲁述. 2015. 电磁理论中的并矢格林函数. 武汉：武汉大学出版社.

方能航.1986. 电磁理论导引. 北京：科学出版社.

冯慈璋. 1983. 静态电磁场. 2 版. 西安：西安交通大学出版社.

冯慈璋. 1985. 电磁场. 北京：高等教育出版社.

冯慈璋，马西奎. 2000. 工程电磁场导论. 北京：高等教育出版社.

冯康.1978. 数值计算方法. 北京：国防工业出版社.

符果行.1991. 工程电磁理论方法. 北京：人民邮电出版社.

郭硕鸿. 1979. 电动力学. 北京：人民教育出版社.

胡友秋, 程福臻.2008. 电磁学与电动力学. 北京：科学出版社.

黄克智, 薛明德, 陆明万. 2020. 张量分析. 北京：清华大学出版社.

焦其祥. 2004. 电磁场与电磁波. 北京：科学出版社.

杰克逊. 1978. 经典电动力学 (上册). 朱培豫, 译. 北京：人民教育出版社.

杰克逊. 1980. 经典电动力学 (下册). 朱培豫, 译. 北京：人民教育出版社.

金建铭. 1998. 电磁场有限元方法. 王建国, 译. 西安：西安电子科技大学出版社.

雷银照. 2000. 时谐电磁场解析解法. 北京：科学出版社.

雷银照. 2008. 电磁场. 北京：高等教育出版社.

林璇英, 张之翔. 2018. 电动力学题解. 北京: 科学出版社.

刘国强, 刘婧, 李元园. 2020. 电磁场广义互易定理. 北京：科学出版社.

刘国强, 刘婧, 李元园. 2022. 电磁场互易定理一般形式. 北京: 科学出版社.

刘鹏程. 1995. 电磁场解析方法. 北京：电子工业出版社.

楼仁海.1983. 工程电磁理论. 北京：国防工业出版社.

马西奎. 2000. 电磁场理论及应用. 西安：西安交通大学出版社.

麦克斯韦. 1994. 电磁通论 (上下册). 戈革, 译. 武汉：武汉出版社.

麦克斯韦. 2010. 电磁通论. 戈革, 译. 北京：北京大学出版社.

倪光正. 2009. 工程电磁场原理. 2 版. 北京：高等教育出版社.

倪光正, 杨仕友, 邱捷, 等. 2010. 工程电磁场数值计算. 2 版. 北京：机械工业出版社.

钱伟长. 2000. 格林函数和变分法在电磁场和电磁波计算中的应用. 上海：上海大学出版社.
邱锡鹏. 2020. 神经网络与深度学习. 北京: 机械工业出版社.
盛剑霓. 1991. 工程电磁场数值分析. 西安：西安交通大学出版社.
汤蕴璆, 梁艳萍. 2012. 电机电磁场的分析与计算. 北京：机械工业出版社.
王一平, 陈达章, 刘鹏程, 等.1985. 工程电动力学. 西安：西北电讯工程学院出版社.
王一平. 2007. 电磁场与波理论基础. 西安：西安电子科技大学出版社.
吴大猷. 1983. 理论物理（第三册）电磁学. 北京：科学出版社.
席尔维斯特, 弗拉里. 1996. 有限元在电气工程中的应用. 简柏敦, 倪光正, 译. 杭州：浙江大学出版社.
谢德馨, 杨仕友. 2009. 工程电磁场数值分析与综合. 北京：机械工业出版社.
谢德鑫, 姚缨英, 白保东, 等. 2008. 三维涡流场的有限元分析. 北京：机械工业出版社.
许方官. 2012. 四元数物理学. 北京：北京大学出版社.
许福永, 赵克玉. 2010. 电磁场与电磁波. 北京：科学出版社.
杨儒贵. 2003. 电磁场与电磁波. 北京：高等教育出版社.
杨儒贵. 2008. 高等电磁理论. 北京：高等教育出版社.
斋藤康毅. 2018. 深度学习入门基于 Python 的理论与实现. 陆宇杰, 译. 北京: 人民邮电出版社.
张榴晨, 徐松.1996. 有限元法在电磁计算中的应用. 北京：中国铁道出版社.
张秋光. 1983. 场论 (上册). 北京：地质出版社.
张秋光. 1988. 场论 (下册). 北京：地质出版社.
张善杰. 2009. 工程电磁理论. 北京：科学出版社.
郑锡琏, 惠和兴. 1992. 电动力学. 北京：电子工业出版社.
周克定. 1986. 工程电磁场专论. 武汉：华中工学院出版社.
卓里奇. 2020. 数学分析 (第 2 卷). 7 版. 李植, 译. 北京：高等教育出版社.
Chew W C. 1992. 非均匀介质中的场与波. 聂在平, 柳清火, 译. 北京：电子工业出版社.
Cybenko G. 1989. Approximations by superpositions of a sigmoidal function. Mathematics of Control, Signals and Systems, 2:183-192.
Hornik K, Stinchcombe M, White H. 1989. Multilayer feedforward networks are universal approximators. Neural Networks, 2(5):359-366.
Maxwell J C. 1865. A dynamical theory of the electromagnetic field. Philosophical Transactions of the Royal Society of London, 155 (1865): 459-512.
Maxwell J C. 1954. A Treatise on Electricity &Magnetism. New York: Dover Publications, inc.
Raissi M, Perdikaris P, Karniadakis G E. 2019. Physics-informed neural networks: a deep learning framework for solving forward and inverse problems involving nonlinear partial differential equations. Journal of Computational Physics, 378:686-707.
Silvester P, Ferrari R. 1996. Finite Elements for Electrical Engineers. 3rd ed. Cambridge: Cambridge University Press. doi:10.1017/CBO9781139170611.

附录 1　高斯单位制和国际单位制的转化

许多年代久远的电磁场书籍或文献涉及的公式是用高斯单位制写就的，仍有参考价值。为了尽快熟悉这个体系，需要翻译成为国际单位制。杰克逊书籍对此有详细阐述。

物理量	高斯制	国际单位制
光速	c	$\frac{1}{\sqrt{\mu_0\varepsilon_0}}$
电场强度 (电位)	$\boldsymbol{E}\,(u)$	$\sqrt{4\pi\varepsilon_0}\boldsymbol{E}\,(u)$
电通密度	$\boldsymbol{D}$	$\sqrt{\frac{4\pi}{\varepsilon_0}}\boldsymbol{D}$
电荷密度 (电流密度、电极化强度)	$\rho\,(\boldsymbol{J},\boldsymbol{P})$	$\frac{1}{\sqrt{4\pi\varepsilon_0}}\rho\,(\boldsymbol{J},\boldsymbol{P})$
磁通密度	$\boldsymbol{B}$	$\sqrt{\frac{4\pi}{\mu_0}}\boldsymbol{B}$
磁场强度	$\boldsymbol{H}$	$\sqrt{4\pi\mu_0}\boldsymbol{H}$
磁化强度	$\boldsymbol{M}$	$\sqrt{\frac{\mu_0}{4\pi}}\boldsymbol{M}$
电导率	σ	$\frac{\sigma}{4\pi\varepsilon_0}$
介电常量	ε	$\frac{\varepsilon}{\varepsilon_0}$
磁导率	μ	$\frac{\mu}{\mu_0}$
电阻	R	$4\pi\varepsilon_0 R$
电感	L	$4\pi\varepsilon_0 L$
电容	C	$\frac{C}{4\pi\varepsilon_0}$

附录 2　电磁场相关诗词

沁园春　麦克斯韦微分方程

刘国强

2013.3.31

电磁相生，磁电相转，波动长传。
有安培定律，感应定律，高斯通量，本构相连。
麦克斯韦，电磁场论，开创辉煌物理篇。
同牛顿，堪双星炫目，光耀长天。

电荷正负为源，似流水，或沟壑涌泉。
若直流恒定，无旋有散，交流磁动，成电涡旋。
同性相排，阴阳相吸，奇妙犹如人世间。
美哉矣！赏方程对称，沉醉心田。

(词林正韵)

水调歌头　麦克斯韦积分方程

刘国强

2017.6.10

电荷恒流转，是否有磁单。
电磁波动，广袤寰宇自由传。
动势做功环量，不过通量时变，溯本可求源。
恰似礼花放，散为一清泉。

电磁场，三生爱，万世缘。
一生有你，何意月下与花前。
唯美方程四个，堪比独孤九剑，大道简明言。
麦克斯维尔，铭刻在心间。

(词林正韵)